www.ingramcontent.com/pod-product-compliance
Lightning Source LLC
LaVergne TN
LVHW102225300926
849160LV00005B/25
9789004258709

كتاب

احسن التقاسيم في معرفة الاقاليم

جمع الشيخ الامام العالم الفاضل الكامل الاديب الاريب المفنن المورخ

شمس الدين ابى عبد الله محمد بن احمد بن ابى بكر
البناء الشامى المقدسى المعروف بالبشارى

رحمه الله تعالى وعفا عنه بمنه وكرمه

طبع
فى مدينة ليدن المحروسة
بمطبع بريل
سنة ١٨٧٧ المسيحية

بسم الله الرحمن الرحيم

رب يسر واعن بفضلك يا كريم

الحمد لله الذى خلق فقدّر وصوّر فاتقن صنع البريّة بلا مشير يناصره[a] ، ودبّرها بلا مُعين يعاضده[b] ،، اتقنها ایّ اتقان[c] ، واحكمها بلا اعوان ،، اوتد الارض بالراسيات لئلّا تميد ، واحاطها بالبحر كيلا يغلب مآؤها ويزيد ،، وبثّ فيها عباده لينظر كيف يعملون فمنهم من آمن واهتدى ، ومنهم من كفر وتولّى ،، وصلّى الله على خير البريّة ، واكرم الذريّة ،، *محمّد وعلى آله وصحبه وسلّم تسليمًا كثيرًا[d] ✿

قال ابو عبد الله محمّد بن احمد المقدسيّ اما بعد فانه ما زالت العلمآء ترغبُ فى تصنيف الكتب لئلّا تدرس[e] آثارهم ، ولا تنقطع اخبارهم[f] ،، فاحببتُ ان اتبع سُنَنَهم[g] ، واقفوَ سَنَنَهم ،، واقيم علمًا أُحيى به ذكرى ، ونفعًا للخلق أُرضى به ربّى ،، ووجدتُ العلمآء قد سبقوا الى العلوم فصنّفوا على الابتدآء ثم تبعتهم[h] الاخلاف فشرحوا كلامهم واختصروه ، فرايتُ ان اقصد علمًا قد[i] اغفلوه ، وانفردَ بفنّ لم يذكروه ،، الّا *على الاخلال[k] وهو ذكر الاقاليم الاسلاميّة وما فيها من المفاوز والبحار ، والبُحيرات والانهار ،، ووصف امصارها المشهورة ، ومدنها المذكورة ،، ومنازلها المسلوكة وطرقها المستعملة وعناصر[l] العقاقير والآلات ، ومعادن الحمل والتجارات ،، واختلاف اهل البلدان فى كلامهم واصواتهم والسنتهم والوانهم ، ومذاهبهم ومكاييلهم واوزانهم ،، ونقودهم

B = Codex Berolinensis. C = Codex Constantinopolitanus.

a) C يوازره. *b*) C يعضده. *c*) C فى ايقان. *d*) C سيدنا محمد واله وسلم. *e*) C يندرس. *f*) C ينقطع اذكارهم. *g*) C سنّتهم. *h*) C تبعهم. *i*) C om. *k*) C مختلًا. *l*) C وعناصير.

وصروفهم ، وصفة طعامهم وشرابهم وثمارهم ومياههم ،، ومعرفة مَفاخرهم وعيوبهم ، وما يحمل من عندهم واليهم ،، وذكر مواضع الاخطار *فى المفازات[a] ، وعدد المنازل فى المسافات[b] ،، وذكر السباخ والصلاب والرمال ، والتلال والسهول والجبال ،، والحواير[c] والسماق ، والسمين منها والرِّقاق ،، ومعادن السعة والخصب ، ومواضع الضيق[d] والجدب ،، وذكر المشاهد والمراصد والخصائص والرسوم ، والممالك والحدود والمصارد[e] والجروم ،، والمخاليف[f] والرموم ، *والطساسيج والتخوم[g] ، والصنائع والعلوم ،، *والمباخس والمشاجر ، والمناسك والمشاعر[g] ،، وعلمتُ انه باب لا بدّ منه للمسافرين والتجار ، ولا غنى عنه للصالحين والاخيار ،، اذ هو علم يرغب[h] فيه الملوك والكبرآء[i] ، وتطلبه القضاة والفقهآء ، وتحبّه العامّة والرؤسآء ،، وينتفع به كلّ مسافر[k] ، ويحظى به كلّ تاجر[l] ،، وما تمّ لى جمعه الّا بعد جولانى فى البلدان ودخولى اقاليم الاسلام ولقآءى العلمآء وخدمتى الملوك ومجالستى القضاة ودرسى على الفقهآء ، واختلافى الى الادبآء والقُرّآء[m] ،، وكَتَبَة الحديث ومخالطة الزهّاد والمتصوّفين ، وحضور مجالس *القُصّاص والمذكّرين[n] ،، مع لزوم التجارة فى كلّ بلد ، والمعاشرة مع كلّ احد ،، والتفطّن فى هذه الاسباب بفهم قوىّ حتّى عرفتُها ، ومساحة الاقاليم بالفراسخ *حتّى اتقنتُها[o] ،، ودورانى على التخوم حتّى حرّرتُها ، وتنقّلى[p] الى الاجناد حتّى عرفتها ،، وتفتيشى[q] عن المذاهب حتّى علمتها[r] ، وتفطّنى فى الالسن والالوان حتّى رتّبتها ،، *وتدبّرى فى الكُوَر حتّى فصّلتها ، وبحثى عن الاخرجة حتّى احصيتها[s] ،، *مع ذوق الهوآء ووزن المآء ، وشدّة العنآء[t] ،، وبذل المال ، وطلب الحلال ،، وترك المعصيّة[u] ولزوم النصح للمسلمين بالحسبة ، والصبر على الذلّ

---

a) B والمغارّات. *b*) B المفازات. *c*) B والحوابس. *d*) B om. ومواضع الضيق et habet والجذب. *e*) B et C والمصادر. Deinde B والحروم. *f*) B والمناحس i. e. والمباخس. *g*) B om. *h*) C ترغب, B نُرغب. *i*) C والوزراء. *k*) C حاضر. *l*) C باد ومسافر. *m*) B والقواد. Deinde وكسه. *n*) C tantum المذكرين. Deinde B من pro مع. *o*) B om. (C بالفراسه). Deinde C ودوران. *p*) C وتقلبى. *q*) C وتفتشى, B sine punctis. *r*) C عقلتها. *s*) Haec ex C addidi. *t*) B pro his مع روق الهواء وذوق الماء. *u*) C العصبيّة.

والغربة ، والمراقبة لله[a] والخشية ،، بعد ما رغّبتُ نفسى[b] فى الاجر ، وطمّعتها فى حسن الذكر ،، (2) وخوّفتها من الاثم وتجنّبتُ الكذب والطغيان ، وتحرّزت بالحجج من الطعان ،، ولم اودعه المجاز والمحال ، ولا سمعتُ الّا قول الثقات من الرجال ،، اعاننا الله[a] على ما قصدناه ، ووفّقنا لما يُحبّه ويرضاه ،، *فانّا له عابدون ، واليه راجعون[c] ،، ✿

مقدّمات وفصول لا بدّ منها

اعلم انى اسّستُ هذا الكتاب على قواعد محكمة واسندته بدعائم قويّة وتحرّيت جهدى الصواب ، واستعنتُ بفهم[d] اولى الالباب ،، وسألتُ الله *عزّ اسمه[e] ان يُجنّبنى الخطأ والزلل ، ويبلغنى الرجآء والامل ،، *فاعلى قواعده[f] وارصف بنيانه ما *شاهدته وعقلته ، وعرفته وعلّقته ،، وعليه رفعتُ البنيان[g] وعملتُ الدعائم والاركان ،، ومن قواعده ايضًا[h] واركانه ، وما استعنتُ به على تبيانه[i] ،، سؤال ذوى العقول من الناس ، ومن لم اعرفهم بالغفلة والالتباس ،، عن الكور والاعمال فى الاطراف التى بعدتُ عنها ، ولم يتقدّر لى الوصول اليها ،، فما وقع عليه اتّفاقهم اثبتّه ، وما اختلفوا فيه نبذته ،، وما لم يكن لى بدٌّ[k] من الوصول اليه والوقوف عليه قصدته وما لم يقرّ فى قلبى ولم يقبله عقلى اسندته الى الذى ذكره *او قلتُ زعموا[l] ووشّحتُه بفصول وجدتها فى خزائن الملوك ✿

وكلّ من سبقنا الى هذا العلم لم يسلك الطريق التى قصدتها[m] ولا طلب الفوائد التى اردتها امّا ابو عبد الله الجَيْهانىّ فانه[n] كان وزير امير خراسان وكان صاحب فلسفة ونجوم وهيئة[o] فجمع الغربآء وسألهم عن الممالك ودخلها

---

a) C add. تعالى. b) B رغبت et deinde وطمعت et وخوفت. c) C om. d) B بفهماء. e) C تعالى. f) B om. g) B pro his عقلته وعرفته ودفعت البنيان. Deinde C وعليت pro وعملت. h) C om. i) C بنيانه et om. سوال. k) B به. l) B haec om. et habet deinde ووشحته بفصول. m) C سلكتها (B الذى). n) C om. o) C وهمّه addito كذا. Apud Hádjí-Khalifa, V, p. 510 omittitur vocabulum.

وكيف المسالك اليها وارتفاع الخُنَّس[a] منها وقيام الظلّ فيها ليتوصّل بذلك الى فتوح البلدان ويعرف دخلها ويستقيم له علم[b] النجوم ودوران الفلك ألَا * ترى كيف[c] جعل العالم سبعة اقاليم وجعل لكلّ اقليم كوكبًا مرّةً يذكر النجوم والهندسة وكرّةً يورد[d] ما ليس للعوامّ * فيه فائدة[e] وتارةً ينعت اصنام الهند وطورًا يصف عجائب السند وحينًا يفصّل الخراج والردّ[f] ورايته ذكر منازل مجهولة * ومراحل مهجورة[g] ولم يفصّل الكور ولا رتّب الاجناد[h] ولا وصف المدن * ولا استوعب ذكرها[g] بل ذكر الطرق شرقًا وغربًا وشمالًا وجنوبًا مع شرح[i] ما فيها من السهول والجبال[g] والاودية والتلال والمشاجر والانهار وبذلك[k] طال كتابه وغفل عن اكثر طرق الاجناد ووصف المدائن الجياد[l] ، واما ابو زيد البلخىّ فانه قصد بكتابه الامثلة * وصورة الارض[m] بعد ما قسمها على عشرين جزءًا ثم شرح كلّ مثال واختصر ولم يذكر الاسباب المفيدة ولا اوضح الامور النافعة فى التفصيل والترتيب وترك كثيرًا من امّهات المدن فلم يذكرها وما دوّخ[n] البلدان ولا وطئ الاعمال الا ترى ان صاحب خراسان استدعاه الى حضرته ليستعين به فلمّا بلغ جيحون كتب اليه ان كنتَ استدعيتنى لِمَا بلغك من صائب رأيى فانّ رأيى يمنعنى من عبور هذا النهر فلما قرأ كتابه امره بالخروج الى بلخ ، وامّا ابن الفقيه الهمذانىّ فانه سلك طريقةً اخرى ولم يذكر الّا المدائن العظمى ولم يرتّب الكور والاجناد[o] وادخل فى كتابه ما لا يليق به من العلوم مرّةً يزهد فى الدنيا وتارةً يرغب فيها ودفعةً يُبْكِى وحينًا يُضحِك ويُلهى ، وامّا الجاحظ[p] وابن خرداذبه فان كتابيهما

---

a) In B lacuna, C الحسس. *b*) B على. *c*) C تراه et post العالم addit كـلـه. *d*) B يذكر. *e*) C به معرفة. *f*) B ....و. *g*) B om. *h*) B. العباد. *i*) B ذكر. *k*) C وبذلك. *l*) C addit: ورايت كتابه فى سبع مجلدات فى خزائن عضد الدولة غير مترجم وقيل بل هو لابن خرداذبه (Cod. جرداذبه) ورايت مختصرين بنيسابور مترجمين احدهما للجيهانى والاخر لابن خرداذبه يتفق معانيهما غير ان الجيهانى قد زاد شيئًا يسيرًا. *m*) Hádjí-Khal., IV, p. 112 والتصوير. *n*) Male H.-Khal. روّح. *o*) Male H.-Khal., V, p. 510 والاخبار. *p*) H.-Kh. الحافظ et sic C (vid. infra). Deinde B وابن خرزاد.

مختصران جدًّا لا يحصل منهما (3) كثير فائدة[a]، فهذا ما وقع الينا من المصنّفات فى هذا الباب بعد البحث والطلب وتقليب الخزائن والكتب وقد

---

a) C pro his inde a وأما ابو زيد البلخى habet: ورايت كتابا بخزانة الصاحب ينسب الى ابى زيد البلخى باشكال ورايته بعينه بنيسابور قد حمل من عند الرئيس ابى محمد الميكالى غير مترجم زعموا انه من تصنيف ابن المرزبان الكرخى ورايته ببخارا (additur ورايت) مترجمًا لابرهيم بن محمد الفارسى وهذا اصحّ لانى لقيت جماعة ممن لقيه وشاهده يصنّفه منهم الحاكم ابو حامد الهمدانى والحاكم ابو نصر الحربى (l. الحرنى ?) وهو كتاب قد اجاد اشكاله الا انه قد خلط فى مواضع كثيرة ولم يبالغ فى الشرح ولا كوّر الاقاليم، ورايتُ كتابًا صنّفه ابن الفقيه الهمذانى فى خمس مجلدات سلك طريقة اخرى ولم يذكر غير المدائن العظمى وادخل فيه فنونًا من العلوم مرّة يزهد فى الدنيا ودفعة يرغب فيها ووقتًا يبكى وساعة يضحك ويلهى، واما كتاب الامصار للجاحظ فصغير وكتاب ابن الفقيه فى معناه غير انه اكثر حشوًا وحكايات واحتجّا بانّا انما ادخلنا خلال كتبنا ما ادخلنا ليتفرّج فيها الناظر اذا ملّ وربّما كنتُ انظر فى كتاب ابن الفقيه فاقع فى حكايات وفنون انشأ اين كنت من البلدان ولم استحسن انا هذا بلى قد اوردت حكايات ومناظرات لائقة بما نحن فيه غير مشغلة عن الموضع الذى نذكره وربما سجعت فى مواضع ليتفرّج اليها عوامّ الناس لان الادبآء يختارون النثر على النظم والعوامّ يحبّون السجع والقوافى. Hic autem locus ex editione priore utilissimus est. Inter alia confirmat meam sententiam revera Abu Isḥák Ibrahím ibn Mohammed al-Fárisí al-Istakhrí esse auctorem editionis libri *Masáliko 'l-mamálik* quae ad nos pervenit. Sed refutare videtur id quod e loco nostri in descriptione Indiae derivavi (Zeitschr. d. d. m. Ges. XXV, p. 48) Istakhríum quoque al-Karkhí appellatum fuisse. Hinc enim patet librum *Masálik* quoque tributum fuisse viro docto Mohammed ibn Khalaf ibn Merzobán Abu Bekr al-Moḥawwalí, qui obiit anno 309 (vid. Abu 'l-Mahásin, II, p. ٢١٤, H.-Khal., V, p. 96 seq., Ibn Khallicán in vita n. 170 (p. ١٠٣ seq. ed. Wüstenfeld ubi male annus mortis 306 dicitur) et Jacut, IV, p. ٤٣٢, 22 seq.). Pagus المحوّل proximus jacet vico الكرخ Bagdadensi, non est

اجتهدنا فى ان لا * نذكر شيئًا قد سطروه، ولا نشرح امرًا قد اوردوه[a]،، الّا عند الضرورة لئلّا نبخس حقوقهم، ولا نسرق من تصانيفهم،، مع انّه لا يعرف فضل كتابنا هذا الّا من نظر فى كتبهم او دوّخ البلدان وكان من اهل العلم والفطنة ۞ ثم انّى لا أُبرّئ نفسى من الزلل، ولا كتابى من الخلل،، ولا اسلّمه من الزيادة والنقصان ولا افلته من الطعن على[b] كلّ حالٍ، وبعد فانّ شرحنا الاسباب التى شرطناها[c] فى الخطبة يتفاوت[d] فى الاقاليم ولا يتساوى لانّا انّما نذكر ما نعرف[e] وليس هو علم يطّرد بالقياس فيتساوى وانّما يُدرك بالمعاينة والخبر[f] فينهى

وفى كتابنا هذا اختصار لفظ يدلّ على معانٍ مثل قولنا لا نظير له نريد

---

igitur mirum hunc virum quoque الكرخى cognominatum fuisse. Locus Mokaddasii itaque vertendus esse videtur: "in hoc capite multa recepi e dictis Ibrahími ibn Mohammed al-Fárisí, cuius liber inter nos nomine al-Karkhíi circumfertur."

a) C pro his: نسطر شيئًا قد ذكروه ولا نعترض لامر قد اوردوه et deinde addit: لان العلم فى هذا الباب عندنا اوسع من ان نكرره او ننقله من كتاب او نسرقه الا ان يضيق بنا الامر او تلحقنا ضرورة كما فعلنا فى اقليم السند وحكينا من امر السدّ ولا يعرف فضل كتابنا الّا من تصفّح كتبهم او دوّخ البلدان وكان من اهل العلم والفطنة، واما الاشكال التى مثلناها قد ابدلنا (بذلنا .l) فيها المجهود حتّى صحّت بعد ما تامّلت عدّة من الصُّوَر منها صورة وجدتها بخزانة ملك المشرق على كاغدة مصوّرة مثالُ مربّع لم اعتمده واخرى على كرباسة عند ابى القاسم ابن الانماطى بنيسابور ايضًا مربّعة وما صوّر ابرهيم الفارسىّ وهى اقرب الى الصحّة يعتمد عليها وقد اخلّ وخلط فى مواضع كثيرة ورايتُ شيخًا بسرخس قد فصّل الاشكال وصوّر بلد الكفر والاسلام كلّه خطأً الّا القليل وقلتُ له هل سافرتَ قال ما جاوزتُ سرخس قلتُ قد سمعتُ بمن شرح الاقاليم بالخبر وقد وقع فى ذلك ما وقع من التخليط ولم ار من صوّر الاقاليم والنقل (بالنقل .l) غيرَك، واعلم انّى لا ابرّئ نفسى الخ.
b) C فى. *c*) B سطرناها. *d*) B ىتفاوت, C. تتفاوت et mox تتساوا. *e*) C يعرف. *f*) C om.

ان ليس مثله بتّةً مثل معنّقة[a] ببيت المقدس ونَبيذة[b] مصر ولبموه[c] البصرة وهذه اشياء لا يُرَى مثلها وان كانت اجناسًا، فان قلنا غاية فانها تعنى[d] فى الجودة من الاجناس مثل اجّاص[e] العمرى بشيراز وتين الدمشقىّ بالرملة ومشمش العصلونىّ والريباس بنيسابور، فان قلنا جيد فقد يكون اجود منه .... [f]...... الطائفىّ ونبل اريحا خير منه الزّبيدىّ وخوخ مكّة اسرى منه الدارقىّ، وربّما اجملنا القول وتحته شرح مثل قولنا فى الاهواز ليس لجامعها حرمة وذلك انه ابدًا مملوء بخلق من الشُّطّار والسوقة والجُهّال يتّعدون اليه ويجتمعون فيه ثم لا يخلو من قوم جلوس والناس فى الفريضة وهو بيت للشحّاذين ومركز للفاسقين، وكقولنا ولا اعز من اهل بيت المقدس لانك لا ترى بها بخسًا ولا تطفيفًا ولا شربًا ظاهرًا ولا سكران ولا بها دور فسق سرًّا ولا اعلانًا مع تعبّد واخلاص ولقد بلغهم ان الامير يشرب فتسوّروا عليه داره وفرّقوا اهل مجلسه، ومثل قولنا فى شيراز لا مقدار لاهل الطيالسة بها وذلك انه لباس الشريف والوضيع والعالم والجاهل وكم قد رايتُ بها من سكارى قد بعثروا بطيالسهم وسحبوها وكنتُ اذا استاذنتُ على الوزير وانا مطيلس حُجبتُ الّا اذا عُرِفْتُ واذا اتيتُ بدُرّاعة أُذِنَ لى، وربّما ذكّرنا وانّثنا فى ذكر بلدة واحدة فالتذكير مصروف الى مصر والتانيث الى قصبة ومدينة مع ان اهل الادب قد اجازوا ذلك فيما ليس له روح، والبلد يعمّ المصر والقصبة والرستاق والكورة والناحية واذا وصفنا قصبة فى كورتها ذكرناها باسمها مثل الفسطاط ونُموجْكَث[g] واليَهُوديّة وان ذكرناها فى موضع آخر ذكرناها باسمها المعروف عند الناس فقلنا بخارا اصبهان، وكلّما قلنا المشرق فهى دولة آل سامان فان قلنا الشرق اردنا ايضًا فارس[h] وكرمان والسند فان قلنا المغرب فهو الاقليم فان قلنا الغرب تبع ذلك مصر والشام ۞ وقد اودعناه

---

a) B sine punctis. In C haec omnia inde a وقد اودعناه ad وفى كتابنا desunt. b) B sine punctis. c) B ولبموا. d) B يعنى. e) B آجاص.
f) Hic quaedam deësse e.g. مثل زبيب .... اطيب منه الطايفى patet. Pro ونبل اريحا B ومثل ازيحا. g) B وبموحكث. Vulgo نُومجْكَث scribitur (ut l. apud Istakhrí), sed lectio nostri pro نُومُجْكَث facit. h) B فارسا ut saepius.

شيئًا من الغوامض والمعانى ليجلّ ويقلّ واوردنا فيه الحجج توثّقًا * والحكايات تحقّقًا والسجع تظرّفًا والاخبار تبرّكًا وبسطنا اكثره ليقف عليه العوامّ اذا تامّلوه ورتّبناه على طرق الفقه ليجلّ عند العلماء اذا تدبّروه وذكرنا الاختلافات تبحّرًا والنكت تحرّزًا وطوّلناه[a] بوصف المدن لمعانٍ شتّى وذكرنا (4) الشؤون لفوائد لا تخفى واوضحنا الطرق لان الحاجة اليها اشدّ وصوّرنا الاقاليم لان المعرفة بها اروج[b] وفصّلنا الكور لان ذلك اصوب ، وقد استخرنا الله تعالى قبل[c] جمعه وسالناه التوفيق والمعونة بعد ما استشرنا صدور الزمان والائمّة * وحملنا مُحْضَرَه الى القاضى المختار عالم خراسان واوفر قضاة الزمان[d] فكلّ اشار به وقَبِلَه وبعث على احضاره[e] ومَدَحَه[f] ✿

وقد ذكرنا ما رايناه وحكينا ما سمعناه[g] فما صحّ عندنا بالمعاينة واخبار التواتر ارسلنا به القول وما شككنا فيه او كان من طريق الآحاد اسندناه[h] الى الذى منه سمعناه[i] ، ولم نذكر فى كتابنا الّا صدرًا مشهورًا او عالمًا مذكورًا او سلطانًا[k] جليلًا *الّا عند ضرورة او خلال حكاية ولوقارة[l] ذلك ان نسمّيه رجلًا ونذكر محلّه لئلّا يدخل فى جملة الاجلّة[m] ، واعلم انّى[n] مع هذه الوثائق والشروط[o] لم اظهره حتّى بلغتُ الاربعين ، ووطئتُ جميع[p] الاقاليم

---

a) Haec recepi secundum C; B habet: وبسطنا اكثره ليقف عليه العوامّ اذا تامّلوه ورتبناه على طريق الفقه ليحل عند الفقهاء اذا تدبروه واوردنا فيه الاخبار تبركًا والحكايات توثقًا والنكت تحرّزًا وطولنا. Pro تظرفا C تطرفا. *b*) B اروح et om. وفصلنا — اصوب. *c*) B على. *d*) C haec om. Infra in capite مملكة الاسلام C pluribus verbis de dedicatione agit, ibique eum nominat ابو الحسن على بن الحسن. *e*) C اظهاره. *f*) Hic C addit: مثل القاضى الامام المختار وادقّ ائمّة الفقهاء معانيا (l. معانى) واكثرهم نظرًا فى الكتب ابى الهيثم بنيسابور وغيرهما من الائمّة والمشايخ. *g*) C addit: ونقلنا من الكتب وما نقلناه ما استصوبناه. *h*) B اسند. *i*) C منه سمعناه et addit: وما نقلناه من الكتب بيّنّاه. *k*) B وسلطانا. *l*) B sine punctis. Pro ان legi posset لـ‍ـس. *m*) Haec in C desunt. *n*) B ان. *o*) B فى الشروط. *p*) B om.

وخدمتُ اهل العلم والدين[a]، واتّفق وفآء[b] ذلك بمصر فارس فى دولة امير المؤمنين ابى بكر عبد الكريم الطائع لله * وعلى المغرب ابو منصور نزار العزيز بالله امير المؤمنين سنة ٣٧٥[c] ✿

ولم نذكر الّا مملكة الاسلام حسب * ولم نتكلّف ممالك[d] الكفّار لانها لم ندخلها ولم نر فائدة فى ذكرها بلى قد ذكرنا مواضع المسلمين منها[e]، وقد قسمناها اربعة عشر اقليمًا وافردنا اقاليم العجم[f] عن اقاليم العرب ثم فصّلنا كور كلّ اقليم * ونصبنا امصارها[g] وذكرنا قصباتها ورتّبنا مدنها واجنادها بعد ما مثّلناها ورسمنا حدودها وخِطَطها وحرّرنا طرقها المعروفة بالحمرة[h] وجعلنا رمالها الذهبيّة[i] بالصفرة وبحارها المالحة بالخضرة وانهارها المعروفة بالزرقة وجبالها المشهورة بالغبرة[k] ليقرب الوصف الى الافهام، ويقف عليه الخاصّ والعامّ[l] ،،

والاقاليم العربية جزيرة العرب ثم العراق ثم اقور[m] ثم الشام ثم مصر ثم المغرب واقاليم العجم اوّلها المشرق ثم الديلم ثم الرحاب[n] ثم الجبال ثم

---

a) C addit والكبراء والسلاطين. *b*) C om. *c*) C pro his: وايّام الامير السيد ابى القاسم نوح بن منصور مولى امير المؤمنين. *d*) C وتركنا نواحى et لانا pro لانها. *e*) C فيها et deinde وقسمنا ممالك الاسلام. *f*) C الاعاجم. *g*) C om. (B ونصبنا). *h*) C om. *i*) C الدهشة l. الدهسة. *k*) C بالكدرة. *l*) Hic C addit quae B infra in novo capite باب اختصرناه للفقهاء habet: واجريناه على التعارف والاستحسان كما اجرت ائمّة الشريعة مسائل المكاتب والايمان وجعلنا الامصار كالملوك والقصبات كالحجّاب والمدن كالجند والقرى كالرجّالة وقد اختلف فى الامصار فقالت الفقهآء المصر كلّ بلد جامع يقام فيه الحدود ويحلّه امير ويقوم بنفسه ويجمع رستاقه مثل عثّر ونابلس وزوزن وعند اهل اللغة المِصْر كلّ ما حجز بين جهتين مثل البصرة والرقّة والرجان (وارّجان l.) والمصر عند العوامّ كلّ بلد كبير جليل مثل صنعآء والرملة ومرو واما فى قياس علمنا فالمصر كلّ بلد حلّه السلطان الاعظم وجمعت اليه الدواوين وقُلّدت منه الاعمال واضيفت اليه كور الاقاليم مثل دمشق والقيروان وشيراز. Deinde habet C فالاقاليم. *m*) B آقور. *n*) B الربات.

خوزستان ثم فارس ثم كرمان ثم السند ۶ *وبين اقاليم[a] العرب بادية ووسط اقاليم الاعاجم[b] مفازة لا بدّ من افرادهما والاستقصآء فى وصفهما لشدّة الحاجة اليهما وكثرة الطرق فيهما ۶ واما البحار والانهار فقد افردنا لهما *بابًا كافيًا لشدّة الحاجة اليه والاشكال فيه[c] ۞

ذكر البحار والانهار

اعلم انّا لم نر فى الاسلام الّا بحرين حسبُ[d] احدُهما يخرج من نحو مشارق الشتآء بين بلد الصين وبلدان[e] السودان فاذا بلغ مملكة الاسلام[f] دار على جزيرة العرب *كما مثّلناه[g] وله خلجان كثيرة وشعب عدّة وقد اختلف الناس فى وصفه والمصوّرون[h] فى تمثيله فمنهم من جعله *شبه طيلسان يدور ببلد الصين والحبشة وطرف بالقلزم وطرف بعبّادان وابو زيد جعله شبه طير منقاره بالقلزم ولم يذكر شعبة وَيْلَة وعنقه بالعراق وذنبه بين حبشة والصين ورايتُه ممثّلًا على ورقةٍ فى خزانة امير خراسان وعلى كرباسة عند ابى القاسم ابن الانماطىّ بنيسابور وفى خزانة عضد الدولة والصاحب واذا كلُّ مثالٍ يخالف الآخر واذا فى بعضهنّ خلجان وشعب لا اعرفها[i] (5) واما انا فسرتُ فيه نحو الفى[k] فرسخ ودرتُ على الجزيرة كلّها من[l] القلزم الى عبّادان سوى ما توّهت[m] بنا المراكب الى جزائره ولججه وصاحبتُ مشايخَ[n] فيه وُلدوا ونشؤا من ربّانيّين واشانمة[o] .... ووكلآء وتجار ورايتُهم من أبصر الناس به وبمراسيه وارياحه وجزائره فسالتُهم عنه وعن اسبابه وحدوده ورايتُ معهم دفاتر فى ذلك يتدارسونها ويعوّلون عليها ويعملون بما فيها فعلّقتُ من

---

a) B وفى جزيرة et mox pro ووسط habet وهى (i. e. وفى ?). *b*) C العجم.
c) C هذا الباب. *d*) B om. *e*) C وبلد. *f*) B السودان. *g*) C om.
h) C واصحاب الاشكال. *i*) C tantum: شبه طيلسان ومنهم من جعله شبه طير ورايته مختلف الصور فى الصور التى ذكرت. Vide supra p. ٦ *a*. *k*) C ثلثة الاف. *l*) C add. مدينة. *m*) B ترهت. *n*) B مشايخنا, C مشايخا. Mox B وولدوا فيه. *o*) B واسامه. Deinde B ورىاصىىں, C. ورفاصيين (?).

ذلك *صدرًا صالحًا[a] بعد ما ميّزتُ وتدبّرت ثم قابلته بالصور التى ذكرتُ وبينا انا يومًا[b] جالس مع ابى علىّ ابن حازم *انظر فى البحر ونحن[c] بساحل عدن اذ قال لى ما لى اراك متفكّرًا قلتُ ايّد الله الشيخ قد *حار عقلى[d] فى هذا البحر لكثرة الاختلاف فيه والشيخُ اليومَ من اعلم الناس به لانه امام التجار ومراكبه ابدًا تسافر الى اقاصيه فان راى ان يصفه لى صفةً اعتمد عليها[e] وارجع من الشكّ اليها فعل[c] فقال على *الخبير بها[f] سقطتَ ثم مسح الرمل بكفّه ورسم البحر عليه لا طيلسان ولا طير *وجعل له معارج[g] متلسّنة وشعبًا عدّةً[h] ثم قال هذه[i] صفة هذا البحر[k] لا صورة له غيرها[c] وانا اصوّره سانجًا وأَدَعُ الشعب والخلجان الّا شعبة وَيْلَة لشهرتها وشدّة الحاجة الى معرفتها وكثرة الاسفار فيها وأَدَعُ ما اختلفوا فيه وارسم ما اتّفقوا عليه وعلى الاحوال كلّها لا شكّ انه يدور على ثلاثة ارباع جزيرة العرب وان له لسانَيْن كما ذكرنا[l] من نحو مصر يفترقان على طرف الحجاز بموضع يسمّى فاران[m] وعظم هذا البحر وامتناعه بين عدن وعمان حتّى يصير اتّساعه نحو ستّمائة فرسخ ثم يصير لسان الى عبّادان[c] ومواضع[n] الخوف فى المملكة جُبَيْلان[o] موضع غرق فرعون وهى لجّة القلزم وفيها تسير المراكب فى العِرَاض لترجع من البرّ الغامر الى البرّ العامر ثم فاران وهو موضع تهبّ فيه الرياح من مصر والشام فتتحاذيان[p] وفيه هلاك المراكب ومن رسمهم ان يبعثوا رجالًا يرقبون الريح فاذا سكنت الرياح او غلبت التى هم من نحوها ساروا والّا

---

a) C ما علّقتُ. *b*) B et C يوم. Deinde C جالسا. *c*) B om. *d*) C حرت. *e*) C اعتمدها. *f*) B الحسر سعطت. *g*) B معارجا et deinde مقلسنة ut vid. *h*) C haec om. *i*) B et C هذا. *k*) Deinde in C sequitur: وعلى الجملة لا شكّ ان له شعبتان احدهما الى ويلة والاخرى الى القلزم وخليج يذهب من الوجه الاخر الى عبادان omnibus ceteris omissis ad وله زيادات. *l*) Spectare videtur quod modo ex C adnotavi. *m*) Sic hic et infra B sine punctis. Rectius تاران. *n*) B وموضع. *o*) B حىلان. *p*) B سىحدراان *sic*. Ante مصر inserui من. Respondet verbo تقابل apud Istakhrî, p. ٣٠.

اقاموا المدّة الطويلة الى وقت الفرج ثمّ مرسى الحَوْرآء[a] كثير العرى تغترّ[b] فيه المراكب عند دخوله، ومن القلزم الى الجار عرى صعبة من اجلها لا يسيرون الّا بالنهار والربّان على الحوار[c] منكبّةً يطلع فى البحر فاذا ظهرت عراة صاح يمينًا وشمالًا وقد رتّب صبيان يصرخان بذلك وصاحب السكّان بيده حبلان يجذبهما يمينًا وشمالًا اذا سمع النداء وان غفلوا عن ذلك صدم العرى المركب فاعطبته[d] ثمّ عن جزيرة الصلاب مضيق يتّقى فيه للمراكب ويُوجَل[e] فمن اخذ ذات الشمال كان فى سعة[f] البحر ثمّ جائزة[g] وهو موضع سوء يرى[h] فيه البحر وذلك القصير كثيرًا ما يعطب فيها المراكب وعند دخول كَمَران خوفٌ وشدّة والمَنْدَم[i] مضيق صعب لا يسلك الّا فى شباب الريح وقوّتها ثمّ يتلجلج البحر الى عمان وترى ما ذكر الله امواجًا كالجبال الراسيات[k] الّا انه سليم فى الذهاب مخوف فى الرجعة من العطب والغرق جميعًا ولا بدّ فى كلّ مركب من مقاتلة ونفّاطين ثمّ مرسى عمان ردىّ مُهْلِك ثمّ فَمُ السَّبْع[l] مضيق مخوف ثمّ الخَشَبات بنسب[m] البصرة وهى الطامّة الكبرى مضيق وبحر رقيق وقد نُصب فى البحر جذوع عليها بيوت ورُتّب فيها قوم يوقدون بالليل حتّى يتباعد[n] عنهم المراكب من رقّة تلك المواضع وسمعتُ شيخًا يقول وقد لحقتنا ثَمّ شدّة وضرب المركب الارض عشر مرّات هذا موضع يسافر فيه اربعون مركبًا فيرجع واحد، ولا احبّ ان اطوّل هذا الاصل والّا ذكرتُ مراسى هذا البحر والطرق فيه[o] ✿

(7) * ولهذا البحر الصينىّ زيادات فى وسط الشهر واطرافه[p] وفى كلّ يوم

---

a) B الجوزا. *b*) B تعبر. *c*) *Sic* B. *d*) B فاعطبه. *e*) B نقى فيه المراكب ونوحّل. *f*) B سعة. *g*) B جانز. Alibi non invenio. *h*) B نرى. Pro البحر vid. leg. القعر. *i*) B والميذم. Vulgo المندب. *k*) Allusio ad Koran. 11 vs. 44. *l*) Ostium fluvii inter سليمانان et حصن مهدى, in mappa Istakhrii (Cod. O.) فم الاسد dictum. *m*) B ننسب. *n*) B نتباعد. *o*) Hic B habet in fine paginae واما الجزاير المسكونة فانى اذكرها quibus additur ab eadem manu in margine فى اقليم الغرب واما بحر الروم فخروجه بين الاندلس. Sequitur in B (p. 6) mappa maris Indici. *p*) C وله زيادات فى اطراف الشهر وفى وسطه.

ولبيلة[a] مرّتين ومنه جزر البصرة ومدّها اذا زاد دفع * دجلة فانقلبت[b] فى افواه الانهار وسقت[c] الضياع * فاذا نقص جزر[d] المآء * وقد اختلف الناس فى سببه[e] فقال قوم مَلَكٌ يغمس فيه اصبعه كلّ يوم * فيمدّ فاذا رفع اصبعه جزر[f] وقال كعب الاحبار لقى الخضر ملكًا فقال اخبرنى عن المدّ والجزر فقال الملك ان الحوت يتنفّس[g] فينساب المآء الى منخريه فذلك الجزر ثم * يتنفّس فيخرجه من منخريه[h] فذلك المدّ * وروى لنا فيه وجه آخر اذكره فى اقليم العراق[i] ۞ وفيه ضيق وعمق أَخْرَجُه[k] راس الجُمْجُمَة الى[l] الدَّيْبُل ثم بعده بحر لا يُدْرَك عمقه وفيه من الجزائر ما لا يحصى كثرة فيها[m] ملك من العرب يقال ان بها الفًا وسبعمائة جزيرة تملكهنّ امرأة وزعم من دخل مملكتها انها تجلس لرعيّتها على سرير عريانة وعليها تاج وعلى راسها اربعة آلاف وصيفة قيامًا عراة[n] ثم بحر هَرْكَنْد وهو قاموس فيه سَرَنْدِيب تكون ثمانين[o] فرسخًا فى مثلها فيها جبل آدم الذى اهبط فيه اسمه الرُّهن[p] يُرى من مسيرة ايّام عليه اثر قدم قد غرقت[q] نحو سبعين ذراعًا والاخرى على مسيرة يوم وليلةٍ فى البحر يرى عليه كلّ ليلةٍ نور وثَمّ يوجد الياقوت[r] اجوده ما احدره الريح[s] وفيه ريحانٌ شبه المسكٍ وفيها ثلاثة ملوك وثَمّ شجر كافور لا يرى

a) C om. b) C فانقلب ماء الدجلة, B quoque الدجلة. c) C واسقت. d) C واذا جزر نقص. e) C سبب ذلك. f) C ويجزر مرتين فيمد لذلك اذا رفعها. g) C تتنفس, B سفس et mox ىنتفس. h) C فيخرج النفس يرد. i) C pro his: وفيه وجه آخر نذكره فى اقليم العراق ولاهل النجوم فيه مقالة اخرى تجدها فى كتاب ابى معشر المنجم البلخى. Deinde وفى هذا البحر pro وفيه. k) C اخره. l) Pro الى C habet فى وتقبته. m) C وبها. Quae post العرب sequuntur ad finem descriptionis huius maris in C non exstant. Locus de regina male hic positus videtur. Cf. Mas'udí I, p. 335 seqq. n) Cf. Kazwini, I, p. ١٠٨, ubi illae insulae جزائر الوقواق appellantur. o) B يكون ثمانون. p) Vulgo الرُّهُون e. g. Jacut, III, p. ٨٣, 19, Abulfeda, p. ٣٧٥. q) B sine punctis. Jacut l. l.: غمس, Ibn Batuta, IV, p. 181 غاص, synonyma. r) B توجد اليواقيت. s) B. الريح. Jacut السيول والامطار. Pro وفيه quod sequitur Jacut فيها (p. ٨۴, 3).

اطول من شجرته بيضآء[a] تظلّ اكثر من مائتى رجلٍ ينقر اسفلها فينساب عليه الكافور كالصمغ ثمّ تبطل الشجرة ، تليها جزيرة الكلب فيها معادن الذهب طعامهم النارجيل بيض عراة حسان يتّصل بها جزيرة الرّمى[b] فيها اشجار البَقّم تغرس غرسًا ثمرها يشبه الخرنوب مرٌّ وعروقها شفآء من سمّ ساعة ، وجزيرة أُسْقُوطْرَة كانها صومعة فى البحر المظلم وهى سدّ البوارج[c] ومنهم تخاف المراكب ولم تزل فى هَلَعٍ حتّى جاوزنها[d] ، وهو ابرك البحرين واحمدهما عاقبة[e] ۞

(8) والبحر الآخر[f] خروجه من اقصى المغرب *بين السوس الاقصى[g] والاندلس يخرج مع المحيط عريضًا[h] ثمّ ينخرط ثمّ يعود فيعظم الى تخوم الشام *وسمعتُ بعض مشايخ المغرب يفسّر هذه الآية[i] رَبُّ ٱلْمَشْرِقَيْنِ وَرَبُّ ٱلْمَغْرِبَيْنِ قال المغربان هذان الوجهان من هذا البحر مغرب الصيف عن يمينه ومغرب الشتآء عن يساره[k] وسمعتُ جماعةً منهم يذكرون انه يضيق فى حدود طنجة حتّى يكون ......[l] واتّفقوا على انه عند معابر الاندلس اذا عاينتَ هذا البرّ ترايا[m] لك البرّ الآخر ، وذكر ابن الفقيه ان طول بحر الروم الدبورىّ الفان وخمسمائة فرسخ من انطاكية الى جزائر السعادة وعرضه فى مكان خمسمائة فرسخ وفى مكان مائتا[n] فرسخ ، فما كان من ناحية[o] القبلة من طرسوس الى

---

a) B بيضًا. Cf. Kazwini, I, p. ٣٦٣ paen. b) *Sumatra*. Jacut II, p. ٧٣٩, 17 et III, p. ٢١٨, 7 الرامى, ut quoque Ibn Khordádbeh, p. 63. c) B البوارح. Cf. Jacut III, p. ١٠٢, 15. d) B جاوزناها. e) B عاقة. Deinde sequitur اخبرنا الفقيه ابو الطيب عبد الله بن محمد الحلال بالرى قال حدثنا محمد الاستراباذى قال حدثنا العباس بن محمد .... et lacuna fere dimidii paginae. Hic nempe in priore editione (Cod. C) haec traditio collocata fuit, quae in altera (Cod. B) ad finem descriptionis Maris Mediterranei est inserta. f) C واما بحر الروم فان. g) C من طنجة. h) C om. i) Koran. 55 vs. 16 et 17. k) C haec om. et deinde habet: وسمعت اهل طنجة يقولون انه فى مواضع فراسخ وعند معابر الاندلس ستة ايام ويقال ان طوله من نحو الدبور الفان الخ. l) Lacuna in B. m) B عاىس — ترانا. Verbum ترايا est pro تراءى. n) B مادىان, C ماتان. o) C نحو et ثمن pro من.

دمياط ثمّ الى * السوس كلّهم مسلمون يعنى يسار البحر[a] وما كان من الجهة الاخرى فنصارى[b] ، وفيه ثلاث جزائر عامرة آهلة اصقلّيّة تقابل المغرب واقريطش تقابل مصر وقبرص تقابل الشام وله خلجان[c] معروفة وعلى حافته بلدان كثيرة وثغور جليلة ورباطات فاضلة وجهة منه على تخوم الروم الى حدود الاندلس والغالب عليه الروم وهو مخوف منهم جدًّا وهم واهل اصقلّيّة[d] والاندلس اخبر الناس به وحدوده وخلجانه لانهم يسافرون فيه ويغزون من هو بينهم[e] وفيه طرقهم الى مصر والشام وقد ركبتُ معهم المدّة الطويلة ابدًا اسايلهم عنه وعن اسبابه واعرض عليهم ما سمعتُ فيه فقلّ ما رايتُهم يختلفون فيه وهو بحر صعب هائج تسمع له ابدًا جلبة خاصّة[f] ليالى الجمع ، اخبرنا الفقيه ابو الطيّب * عبد الله بن محمّد الجَلَال[g] بالرىّ قال حدّثنا احمد بن محمّد بن يزيد[h] الاستراباذىّ قال حدّثنا العبّاس بن محمّد قال حدّثنا ابو سلمة قال حدّثنا سعيد بن زيد[h] قال حدّثنا ابن يسار[h] عن عبد الله بن عمرو قال ان الله لمّا[i] خلق بحر الشام اوحى اليه انّى خلقتُك وانّى حامل فيك عبادًا لى[k] يبتغون من فضلى يسبّحوننى ويقدّسوننى ويكبّروننى ويهلّلوننى[l] فكيف انت صانع بهم قال ربِّ اذًا اغرقهم قال اذهب فقد لعنتُك وساقلّ حليتك وصيدك واوحى الى بحر العراق مثل ذلك فقال ربّ اذًا احملهم

---

a) C فسلمون طنجة. b) C فروم الى تخوم الاندلس على انطاكية. Deinde apud hunc sequitur: وجميع جزائره مائة واثنتان وستّون جزيرة كانت عامرة الى ان غزاها المسلمون وخرّبوها الّا ثلاثة عظام! (ثلاثا عظاما l.) قبرس بازآء دمشق دورها مائة وثلاثة عشر فرسخا وجزيرة اقريطش بازآء برقة دورها مائة فرسخ وجزيرة اصقلّيّة وسنستقصى وصفها فى اقليم المغرب ورايت ابصر الناس به وباسبابه وارياحه وحدوده وخلجانه الروم واهل الاندلس واصقلية وقد ركبت معهم الكثير وسالتهم عنه فاقلّ الخ. c) B. خليجان. d) B h. l. صقلية. e) B بينهم. f) C بخاصة. Post الجمع hic addit: والسفن فيه مخوف من الروم. g) B h. l. ابن الحلال cf. supra p. ١٤ e. h) B sine punctis. i) C om. لما et habet deinde واوحى. k) C عبادى الذين. l) C يسبحونى ويقدسونى ويكبرونى ويهللونى.

على ظهرى فاذا سبّحوك سبّحتُك معهم * واذا قدّسوك قدّستك معهم[a] واذا كبّروك كبّرتك معهم قال اذهب فقد باركتُ فيك ساكثر حليتك[b] وصيدك، وهذا دليل على ان ليس الّا بحران[c] ✿

(10) ولا ادرى هذان البحران يقلبان فى المحيط ام يخرجان منه[d] وقراتُ فى بعض الكتب انهما يخرجان منه وهما الى القلب فيه اقرب[e] لانّك اذا خرجتَ من فرغانة لا تزال تنحدر الى مصر ثم الى اقصى المغرب واهل العراق يسمّون العجم اهل فَوْق واهل المغرب اهل أَسْفَلَ فهذا يريد ما ذهبنا اليه ويدلّ على انّها انهار اجتمعت فصبّت فى المحيط والله اعلم، وجعل ابو زيد البحار ثلاثة زاد المحيط ولم ندخله نحن فى الجملة لانه كما يقال مستدير بالعالم كالحلقة لا يعرف له غاية ولا نهاية، واما الجيهانىّ فانه جعلها خمسة زاد بحر الخزر وخليج القسطنطينيّة ونحن اقتصرنا على ما انبأ الله فى كتابه حيث يقول[f] مَرَجَ ٱلْبَحْرَيْنِ يَلْتَقِيَانِ بَيْنَهُمَا بَرْزَخٌ لَا يَبْغِيَانِ يَخْرُجُ مِنْهُمَا ٱللُّؤْلُؤُ وَٱلْمَرْجَانُ والبرزخ من الفَرَمَا الى القلزم مسيرة ثلاثة ايّام، فان قيل انّما اراد الله تعالى بالبحرين العذب والمالح لانهما[g] لا يختلطان كما قال[h] وَهُوَ ٱلَّذِى مَرَجَ ٱلْبَحْرَيْنِ الآية فالجواب ان اللؤلؤ والمرجان لا يخرجان من الحلو والله[i] يقول مِنْهُمَا ولا خلاف بين * اهل العلم[k] ان اللؤلؤ يخرج من الصينىّ[l] والمرجان من الرومىّ * فعرفنا انه انّما اراد[m] هذين البحرين، فان قيل البحار سبعة لان الله * قال عزّ وجلّ[n] وَلَوْ أَنَّ مَا فِى

---

a) B haec om. b) C حُليتك et deinde واكثر صيدك omissis verbis وهذا — الا بحران. c) Hic in B (p. 9) sequitur mappa Maris Mediterranei. d) C يخرجان من — يقلبان فيه omissis verbis وقرات — منه. e) Deinde C habet: وقد جعل صاحب الزيج وقدامة الكاتب والجيهانى البحار خمسة زادوا المحيط والخليج وبحيرة طبرستان وجعلها ابرهيم ثلثة زاد المحيط واما نحن فلم نتجاوز ما ذكره الله عز وجل فى كتابه الخ. f) Koran. 55 vs. 19 seqq. g) C ومعنى البرزخ انهما. h) C addit فى موضع اخر. Koran. 25 vs. 55. i) C addit تعالى. k) C الناس. l) C بحر الصين et mox بحر الروم. m) C فعلمنا انه انما كنا عن. n) C تعالى ذكره يقول. Koran. 31 vs. 26.

ٱلْأَرْضِ مِنْ شَجَرَةٍ أَقْلَامٌ وَٱلْبَحْرُ يَمُدُّهُ مِنْ بَعْدِهِ سَبْعَةُ أَبْحُرٍ[a] وزاد المقلوبة والخوارزميّة فالجواب لم يقل الله *تعالى ان[b] البحار سبعة وانّما ذكر بحر العرب[c] وقال لو ان سبعة مثله جعلت ايضًا مدادًا كما قال[d] وَلَوْ أَنَّ لِلَّذِينَ ظَلَمُوا مَا فِي ٱلْأَرْضِ جَمِيعًا وَمِثْلَهُ مَعَهُ مع[e] انّه يجب بهذا الدعوى ان يكون ثمانية وايضًا فانّا نلتزم هذا السؤال *وننتصب فيه[f] فنقول ان البحر هو بحر الحجاز والسبعة بحر القلزم وبحر اليمن وبحر عمان وبحر مكران وبحر كرمان وبحر فارس وبحر هجر. فهذه ثمانية كما نطقت الآية فان قيل يلزمك بهذا التاويل ان تكون اكثر من عشرة لانك تركتَ بحر الصين وبحر الهند وبحر الزنج فالجواب من وجهين احدهما ان الله تعالى خاطب العرب بما يعرفونه ويعاينونه ليوكّد[g] عليهم الحجّة وما كانت اسفارهم الّا فى هذه البحار الا ترى ان هذا[h] البحر بهذه الاسامى يدور على ديار العرب من القلزم الى عبّادان والوجه الآخر لا ننكر ان يكون البحار كثيرة وذكر الله تعالى منها[h] فى هذه الآية ثمانية فان قيل هذا يرجع عليك ويلزمك *ان البحار تجوز[i] ان تكون سبعة وانّما ذكر الله منها *فى تلك الآية[h] بحرين فالجواب هذا لا يشبه ذاك لان الله تعالى قال فى تلك مَرَجَ ٱلْبَحْرَيْنِ يَلْتَقِيَانِ فاشار الى بحرين معهودين والالف واللام اذا لم يكونا للجنس فانّما هما للتعريف وقال فى هذه يَمُدُّهُ مِنْ بَعْدِهِ سَبْعَةُ أَبْحُرٍ ولم يدخل فيه حرف[k] التعريف فيجوز ان يكون اراد به سبعة من جماعة كما قال[l] سَخَّرَهَا عَلَيْهِمْ سَبْعَ لَيَالٍ وَثَمَانِيَةَ أَيَّامٍ حُسُومًا[h] وايّام الله كثيرة وقال فى آية اخرى[m] وَعَلَى ٱلثَّلَاثَةِ ٱلَّذِينَ خُلِّفُوا فلا يجوز بان[n] يقال انهم كانوا اكثر (11) فان قيل لمَ[o] وقع الاختلاف فى تفسير هذه الآية ورأينا بحر الصين لا يلقى[p] الرومىّ سقط الاحتجاج بها وسلمت لنا الآية الاخرى *فوجب ان تكون البحار سبعة[q] فالجواب

---

a) C addit الاية deinde habens وزاد بحر قوم لوط وبحر خوارزم. *b*) C om. *c*) B الغرب. Deinde C ثم قال. *d*) Koran. 39 vs. 48. *e*) B om. *f*) B indistincte et sine punctis. C نفصل عنه. *g*) C ليؤكد. B habet علينا pro عليهم. *h*) B om. *i*) C om. *k*) C حروف. *l*) Koran. 69 vs. 7. *m*) Koran. 9 vs. 119. *n*) C. جائز ان. *o*) C لما. *p*) B addit بحر. *q*) C om.

قد ارتفع الاختلاف بقوله يَخْرُجُ مِنْهُمَا ٱللُّؤْلُؤُ وَٱلْمَرْجَانُ وامّا الالتقآء فحدّثنى جماعة من مشايخ مصر ان النيل كان يغيض فى بحر الصين الى قريب[a] فان قيل تاويلك يوجب التناقض لان فيه انهما يلتقيان وان بينهما على ما ذكرتَ ثلاثة ايّام وحاشى كتاب الله من التناقض وما تاوّلناه مستقيم لان التقآءهما جريان الحلو فوق المالح والبرزخ المنع من اختلاطهما فالجواب تاويلنا ايضًا مستقيم لان اعطينا كلّ معنى حقّه فقلنا الالتقآء ما ذكرناه من صبّ النيل فى الصينىّ وطرف النيل اليوم يغيض فى الرومىّ فبالنيل التقيا ويقال ان امّ موسى عمّ انّما طرحت تابوته فى بحر القلزم فخرج فى النيل الى مصر مع ان الالتقآء غير الاجتماع لان الملتقيين يكون بينهما فصل[b] ومسافة وما ذهبوا اليه يسمّى اختلاطًا لا التقآء فان قيل لِمَ جعلتَ بحار الاعاجم من السبعة بعد ما قلتَ ان الله خاطبهم بما يعرفونه فالجواب فيه من وجهين احدهما ان العرب قد كانت تسافر الى فارس الا ترى ان عمر بن الخطّاب رضه قال انّى تعلّمت العدل من كسرى وذكر خشيته وسيرته والآخر ان من سار الى هجر وعبّادان لا بدّ له من بحر فارس وكرمان وتيز[c] مكران أَوَلَا ترى الى كثير من الناس يسمّونه الى حدود اليمن بحر فارس وان اكثر صنّاع المراكب وملّاحيها فرس وهو من عمان الى عبّادان قليل العرض لا يجهل المسافر فيه جهته فان قيل فهلّا قلتَ هذا فى بحر القلزم الى موضع الاتّساع فالجواب قد قلنا ان من القلزم الى عيذاب وما ورآءها مفاوز خالية لم يسمع ان

---

a) Deinde C والنيل اليوم تغيض (l. يغيض) فى (adde بحر) الروم فكان التقاءهما كان بالنيل الا ترى ان ام موسى يقال انها القت تابوته فى البحر فخرج بالنيل الى مصر ولا بدّ له من الرجوع الى قولنا والّا فقل له ارنا سبعة ابحر فان ذكر المحيط فقل له ذاك على تخوم العالم وان ذكر الخليج قل ذاك خارج من الرومىّ شبه النهر فان قال المقلوبة والخوارزميّة قل من جعل هاتين من هذه الجملة لزمه ان يعدّ بحيرات فارس والرجان (l. والرحاب) فيجاوزن العشرين وان قال بحر الخزر قل تلك بحيرة ايضًا الا ترى انهم يقولون بحيرة طبرستان. Cetera ad واما الانهار om. b) B فصل. c) B وبيبر.

هذا البحر ينسب الى شئ منها مع انّا قد انفصلنا عن هذا فى بعض الجوابات ، فان قيل كيف يجوز ان يجعل بحرًا واحدًا ثمانية ابحر فالجواب ان هذا مشهور عند كلّ من ركب البحر الا ترى كيف سمّى الله بحر الروم بحرين حيث يقول[a] وَاِذْ قَالَ مُوسَى لِفَتَاهُ لَا أَبْرَحُ حَتَّى أَبْلُغَ مَجْمَعَ ٱلْبَحْرَيْنِ أَوْ أَمْضِىَ حُقُبًا فَلَمَّا بَلَغَا مَجْمَعَ بَيْنِهِمَا الآية وكان هذا كلّه بسواحل الشام واعلام ذلك ظاهرة وصخرة موسى ثَمَّ بيّنة ، فان قيل فلم لا قلتَ ان معنى قوله مَرَجَ ٱلْبَحْرَيْنِ هو بحر واحد ايضًا فالجواب هذا لا يجوز لان الله تعالى قال بَيْنَهُمَا بَرْزَخٌ والبرزخ حاجز مع انّا نقول لهذا المخالف ان كان الامر على ما تزعم فأَرِنا ثمانية بحار فى الاسلام فان ذكر المحيط قيل له ذلك على تخوم العالم بغير نهاية تعرف وان ذكر القسطنطينىّ قيل ذاك خليج من الرومىّ يخرج خلف اصقلّيّة الا ترى انهم ابدًا يغزون فيه فان ذكر الخزرىّ قيل له تلك بحيرة الا ترى ان اكثر الناس يسمّونها بحيرة طبرستان اولم تر الى قرب اطرافها (12) فان قال المقلوبة والخوارزميّة قيل له من جعل هاتين من هذه الجملة لزمه ان يجعل بحيرات الرحاب وفارس وتركستان فيجاوز العشرين فان انصف رجع الى قولنا والله اعلم ۞

واما الانهار الفائضة فى المملكة[b] فالمشهور منها فيما رايتُ وميّزتُ اثنا عشر دجلة والفرات والنيل وجيحون ونهر الشاش وسيحان وجيحان وبَرَدان ومِهْران ونهر الرَّسّ[c] ونهر الملك ونهر الاهواز يجرى فيها[d] السفن ودونها خمسة عشر اخرى نهر المرويْن ونهر هراة ونهر سجستان ونهر بلخ ونهر الصغد[e] وطَيْفُورى وزَنْدَرُود ونهر العبّاس وبَرَدَى[f] ونهر الاردنّ والمَقْلوب[g] ونهر انطاكية ونهر ارّجان

a) Koran. 18 vs. 59 seq. *b*) C الممالك. Intelligitur مملكة الاسلام ut supra p. ١١, 14. *c*) C الراس. Apud hunc in omnibus nominibus copula omissa est. Nomine نهر الملك intelligitur fluvius Samûr in Arrân. *d*) C فيهن. *e*) C. السعد. *f*) C. بردا. *g*) C om. et ponit in tertia classi loco الزاب. Faciunt igitur ambo Codd. discrimen inter المقلوب et نهر انطاكية, Orontem superiorem et inferiorem. Idem observandum de نهر ارجان qui revera idem est atque نهر طاب.

ونهر شِيرِين[a] ونهر سمندر[b] ثم ما بعدهنّ صغار نذكر بعضهنّ فى الاقاليم مثل نهر طاب والنهروان والزاب[c] ونظائرهنّ ۞ فامّا دجلة فانها عين تخرج من تحت رباط ذى القرنين عند باب الظلمات * باقليم أَقُور[d] فوق الموصل ثم يلقاها عدّة انهار * منها الزاب الى ان يلقاها الفرات وشعب النهروان ببغداد[e] ۞ واما الفرات فانه يخرج[f] من بلد الروم[g] ثم يتقوّس[h] على اقليم اقور *وينشعّب اليه الخابور ثم يدخل العراق وينبطّح خلف الكوفة ويلقى دجلة منه اربع شعب[i] ۞ واما النيل فمخرجه من بلد النوبة * ثم يشقّ اقليم مصر فينشعّب خلف الفسطاط فنهر يفيض بالاسكندريّة ونهر بدمياط ، وذكر الجيهانىّ انه يخرج من جبل القمر ثم ينصبّ فى بحيرتين خلف خطّ الاستوآء ويطيف بارض النوبة وقال غيره لا يعرف له اوّل ولا يدرى احد من اين يقبل[k] ،

a) In B lacuna; C سمس addito كذا. *b*) C سمندى; in B lacuna. Deinde C habet: ثم بعدها انهار كثيرة دونهن يطول بذكرهن الكتاب مثل. *c*) C والمقلوب. *d*) C om.; B اقور i. e. اقور cum var. l. اثور. Pro فوق الموصل C habet: بين جبلين بقرب امد ثم يلقاها نهر ياتى من مدينة بلد ثم يقع بين جبلين. *e*) C pro his: ومقدار طولها الى عبادان نحو ثمانماية ميل. *f*) C فخروجه (B male فانها et mox تتقوس). *g*) C addit: بين ملطية وشمشاط. *h*) C addit: الى نحو الجنوب. *i*) C pro his: ثم ينقسم قسمين قسم ياخذ نحو الغرب الى ان يصير الى الكوفة وقسم يستقيم فيسقى سواد بغداد ثم منه ما ينتطح (ينبطّح l.) ومنه ما يلقى دجلة بواسط بعد ما ينشعب منه عدّة انهار اسفل الانبار فيلقى دجلة بكورة بغداد فمن مخرجه براس اقور الى مستقرّه خلف واسط مائة وخمسة وثلاثون ميلًا. *k*) Pro his C habet: فى كورة الصعيد الاعلى الى مدينة اسوان ثم يعدل متعرّجًا فى جبال يقال لها بلوقيا ثم يرجع الى مقدونة (مقذونية Jacut) فيلصق بالفسطاط ثم ينقسم سبعة اقسام منها قسم الى الاسكندريّة بعد ما ينقسم قسمان (قسمين l.) يفيضان غربًا فى البحر وتجرى الستة البواقى مستقيمة الى بحرتين منهما تنّس ودمياط تفيض (تفيض .Cod) فى بحر الروم وسمعتهم يذكرون ان شعبة منه كانت تجرى الى بحر الصين فتفيض فيه فوق القلزم واروى ذلك الموضع فيحصل من مخرجه بطرف الاقليم الى مفيضه الفى ميل.

وحدّثنا *ابو الحسن[a] الخليل بن الحسن السرخسىّ قال حدّثنا ابو الحسن علىّ بن محمّد القنطرىّ قال حدّثنا المامون بن احمد السلمىّ[b] قال حدّثنا محمّد بن خلف[c] قال اخبرنا ابو صالح كاتب الليث بن سعد *عن الليث[b] قال ذكروا والله اعلم انه كان رجل[d] من بنى العيص يقال له حائذ[e] بن ابى شالوم بن العيص وانه خرج هاربًا من ملك من ملوكهم حتّى دخل ارض مصر فاقام بها سنين فلمّا راى عجائب نيلها وما ياتى به جعل لله على نفسه ان *لا يفارق ساحلها حتّى[f] يبلغ منتهاه من حيث يخرج او يموت قبل ذلك فسار حتّى انتهى الى بحر اخضر فنظر الى النيل يشقّ البحر (قال المقدسىّ هذا البحر هو المحيط[g]) قال فصعد على البحر فاذا هو برجل قائم يصلّى تحت شجرة تفّاح فلمّا رآه استانس اليه *وسلّم عليه[b] فسأله من انت قال حائذ بن ابى شالوم بن العيص بن اسحاق صلعم *فمن انت قال انا عمران بن العيص بن اسحاق عمّ[h] قال فما الذى جآء بك يا عمران قال جآء بى الذى جآء بك حتّى انتهيت الى هذا الموضع فاوحى الله تعالى الىّ[b] ان قف فى هذا الموضع حتّى ياتيك امرى قال فقال له يا عمران *اخبرنى عن النيل فقال[f] لستُ بمخبرك دون ان تفعل ما اسالك *قال وما ذاك[f] قال اذا رجعتَ الىّ وانا حىٌّ اقمتَ عندى حتّى يوحى الله الىّ[i] بامر او يتوفّانى فتدفننى[k] قال ذاك لك قال له (13) سِرْ كما انت على هذا البحر فانّك ستأتى دابّة مقاربة[l] للشمس اذا طلعت اهوت اليها لتبتلعها[m] فلا يهولنّك امرها فاركبْها فانها[n] تذهب بك الى جانب البحر فسر عليه راجعًا حتّى تنتهى الى النيل فسر عليه فانك ستبلغ ارضًا من حديد جبالها وشجرها

a) B om.; deinde C الجليل. *b*) B om. *c*) C الخلف. *d*) B رجلا. *e*) B حايد et infra جايد (C h. l. حائذ). Cf. Jacut, IV, p. ٨٩٨, 5. *f*) C om. *g*) C addit: ان شاء الله. *h*) Haec in B et C desunt. Supplevi ex Jacut. *i*) C om. sed habet: الله تعالى بامره. *k*) B et C فتدفنى (فتدفنّى). Deinde C قال لك ذلك. *l*) C مقارنة. Jacut synon. معادية. *m*) B h. l. om.; C لتبلعها. Jacut synon. لتلتقمها. *n*) B addit: دابة مقاربة للشمس اذا طلعت اهوت اليها لتبتلعها. Deinde فتذهب omisso بك.

وسهولها من[a] ارض ذهب الى ان تنتهى واذا بقبّة من ذهب فيها ينتهى اليك علم النيل فسار حتّى بلغ القبّة فاذا مآء ينحدر من السور[b] الى القبّة ثم يفترق فى الابواب الاربعة[c] فامّا ثلاثة فتغيض فى الارض واما واحد فيشقّ على وجه الارض وهو النيل فشرب منه واستراح واهوى الى * السور ليصعد[d] فاتاه مَلَكٌ فقال له يا حائذ قف مكانك فقد انتهى اليك علم النيل وهذه الجنّة * وذكر الحديث بطوله[e] ✿ واما جَيْحُون فان ابتدآءه من بلاد وخّان يمدّ الى الخُتّل[f] ثم يتّسع ويعظم ويقع اليه ستّة انهار نهر هُلْبُك[g] ثم نهر بربان[h] ثم نهر فارغر[i] ثم نهر انديجاراغ[k] ثم نهر وَخْشاب وهو اعمقهنّ ثم يلقاه نهر القواديان[l] ثم انهار الصغانيان كلّ ذلك من جانب هيطل ثم ينحدر متنجّرًا الى خوارزم فيقرّ فى بحيرة مُرّة وقد سقى عدّة من المدن مع مدن خوارزم كلّها شرقًا وغربًا ✿ * واما نهر الشاش فانه يخرج عن يمين بلد الترك ويمدّ الى بحيرة خوارزم ايضًا وهو يقارب جيحون فى العظم الّا انه شبه الميّت[m] ✿ * واما سَيْحان وجَيْحان وبَرَدان[n] فانّهنّ انهار طَرَسُوس وأَذَنَة والمَصّيصَة يخرجن من بلد الروم ثم يَغِضْن[o] فى البحر وكذلك سائر انهار الشام الّا نهر بَرَدَى والاردنّ فانهما يغيضان فى البحيرة المقلوبة وبردى ينفجّر[p] من جبال دمشق ويشقّ القصبة ويسقى الكورة ثم ينقسم فضلته فبعض ينجّر فى اقصى الكورة وبعض ينحدر الى الاردنّ[q] ✿ واما نهر مِهْران فانه يخرج من الهند ثم يغيض

---

a) Hic nonnulla desunt, quae ex Jacut l. l. p. ٨٩٩, 1—3 suppleri possunt. In C tantum habes: جبالها وشجرها من ذهب واذا الخ. b) Cf. Jacut l. l. 5. c) C ابواب اربعة. Deinde B واما ثلثة فيغيض, C فاما ثلثة فتغوص. Jacut فاما ثُلُثاه فيغيض. d) C الصعود. e) C om. f) B الجبل. g) B هليك. h) B دونار, C دوناں. Cf. de hoc et ceteris nominibus Ist. p. ٢٧٧, Ibn H. p. ٣٤٨. i) B فارعں, C فارغده. k) B et C ںحاراع. l) C supra omisso يلقاه h. l. تلقاه بعدهن. m) C (in quo initium descriptionis desideratur): ثم يخرج منه خليج الى ما بين اسروشنة وغجندة فمن ابتداءه الى انتهاءه مائة واربعون فرسخا. n) B وردان. o) B يعضن. p) B ىىفجر. q) C pro his: سيحان فان خروجه من بلد الروم عند المصّيصة يمدّ الى الاكام (l. اللكام) ويغيض

في بحر الصين بعد ما يلقاه[a] عدّة انهار * في الاقاليم وطعم مآئه ولونه وزيادته وكون التماسيح فيه كالنيل[b] ✿ واما نهر الرسّ والملك والكرّ * فانهنّ يخرجن[c] من بلاد الروم * فيسقين اقليم الرحاب ثم يفضن[d] في بحيرة الخزر[e] ✿ واما انهار[f] الاهواز فانها عدّة انهار تنحدر[g] على الاقليم من الجبال ثم تجتمع بحصن مهديّ وتفيض في بحر الصين * عند عبّادان[h] ، ووجدتُ في كتاب بالبصرة اربعة انهار من الجنّة في الدنيا النيل وجيحون والفرات والرسّ واربعة من انهار النار الزَّبَدانيّ والكُرّ وسَنْجَة[i] والسم ✿ * واما نهر المَرْوَيْن وهراة وسجستان وبلخ[k] فانها تخرج من اربع جوانب بلد الغور ثم تنحدر الى هذه الكور فتسقيها[l] ✿ واما طيفورى[m] فانه ينحدر من جبال جرجان فيسقى[n] الكورة ، ونهر الريّ يخرج من فوق البلد من شبه فوّارة ثم ينشعب[o] وينحدر على البلد ، وزَنْدَرُود ينحدر من جبال اصفهان * ثم يدخل اليهوديّة[p] ويسقى الكورة[q] ، واما انهار فارس فانها[r] تفيض في خمس بحيرات في الاقاليم[s] ونهر

في بحر الروم وطوله في الاسلام ثلثمائة ميل وسائر انهار الشام من بلاد الروم الى بحر الروم الّا بَرَدَا فانه ينفجّر من جبال فوق دمشق ويشقّ القصبة ويسقى الكورة ثم ينقسم بقسمين قسم ينبحّر شرقيّ الكورة وقسم ينزل الى الاردن ويقرّ في البحيرة المقلوبة بعد ما يلقاه عدّة من الانهار ويخرج منه خليج الى انطاكية يقلب في بحر الروم.

a) B sine punctis, C تلقاه. *b*) C pro his: وخروجه بقرب اول جيحون. *c*) C فيخرجهن. *d*) B يعصن. *e*) C pro his: ومقرّهنّ ببحر الخزر. *f*) C نهر. *g*) B ىىحدر; deinde C om. على الاقليم. *h*) C شرقى عبادان ودجلة غربيّها وعبادان جزيرة بينهما. Deinde om. verba ووجدت — والسم. *i*) B وسبخه. De nomine sequenti incertus sum. *k*) B وبلغ. *l*) C واما انهار خراسان فانها تنحدر من اربع جوانب الغور فتسقى الكور. *m*) C وطيقورى (sic) omisso فانه. *n*) C فتسقى. *o*) B ىىشعب. C om. على البلد. *p*) C om. *q*) C addit: ونهر السغد ينحدر من الجبال ثم يمد الى بخارا فيشقّ البلد وله بحيرة خلف الصغانيان. *r*) B om. ut quoque C, sed hic habet وانهار. *s*) C الاقاليم, ceteris huius capitis omissis.

طاب يقبل من البُرْج قبل[a] سُمَيْرَم ثم يمدّ على تخوم (14) فارس ثم يفيض فى بحر الصين عند سِبِنيز[b] ، ونهر ارّجان يتفجّر[c] من جبال فارس ويقع فيه ماء مالح تحت العقبة ويسقى الكورة بالقسمة ✿

ذكر الاسامى واختلافها

اعلم ان فى الاسلام بلدانًا وكورًا وقرى تتّفق اسمآؤها وتتباين مواضعها ويشكل على الناس امرها * والمنسوبون اليها[d] فراينا ان نقدّم[e] هذا الباب ونفرده لها ونذكر ايضًا الاسامى التى يختلف[f] فيها اهل الاقاليم فان ذلك يفيد من دخلها * لا محالة[g] ، * السوس كورة باقصى المغرب ومدينة باوّله واخرى بهَيْطَل وكورة بخوزستان[h] وبالمغرب سوسة ايضًا ، اطرابلس[i] مدينة على ساحل دمشق واخرى على ساحل برقة ، بيروت مدينة بدمشق ومدينة[k] بخوزستان ، عسقلان مدينة على ساحل فلسطين ومنبر[l] ببلخ ، رمادة[m] مدينة بالمغرب وقرية ببلخ واخرى بنيسابور واخرى بالرملة ، طبران مدينة على تخوم قومس * ورستاق سرخس[g] وطابران قصبة طوس وطبرستان كورة وطبرية قصبة الاردنّ * وطواران كورة بالسند[n] وطبرك موضع بالرىّ ، قوهستان كورة بخراسان ومدينة بكرمان ، طبس التمر وطبس العنّاب مدينتان[g] بقوهستان ، دهستان مدينة بكرمان وناحية[o] بجرجان وناحية ببادغيس ، نسا مدينة بخراسان واخرى بفارس واخرى بكرمان[p] ، البيضاء نسا فارس وكورة[q] بالمغرب ومدينة بالخزر[r] ،

---

a) B قبل ..... من نقبل. Coniectura supplevi البرج coll. Ist. p. ١١٩. *b*) B سبنس. Cf. Ist. l. l. ann. *l*. *c*) B ىىفجر. *d*) C om. In B fortasse والمنسوبين legitur. Rectius dixisset امرها وامر المنسوبين. *e*) C يُقدم et deinde ويُفرد. *f*) C تختلف (B sine punctis). *g*) B om. *h*) C السوس الادنى هى طنجة والاقصى على البحر المحيط وكورة بخوزستان ومدينة باسبيجاب. *i*) C طرابلس. *k*) C واخرى. Haec solet appellari بيروذ. *l*) C واخرى بمنبر. *m*) C corrupte رملاه. *n*) B om. Nomen طَوَاران et طُوران scribitur. *o*) C ورستاق. C om. وناحية ببادغيس. Cf. Jacut II, p. ٦٣٣, 20 sqq. *p*) Cf. Jacut IV, p. ٧٧٨, 5 sqq. *q*) C ومدينة et deinde واخرى. *r*) C بالجزر, B بالخور.

البصرة بالعراق[a] ومدينة بالمغرب، الحيرة مدينة كانت بالكوفة وقرية بفارس * ومنزل بسجستان[b] ومحلّة بنيسابور، * الجور مدينة بفارس والجور محلّة بنيسابور[c]، حلوان كورة بالعراق ومدينة بمصر وقرية بنيسابور واخرى بقوهستان[d]، كرخ مدينة بسامرّا[e] ومحلّة ببغداد ومنبر بالرحاب[f] وقرية ببغداد وكرخة مدينة * بخوزستان كروخ مدينة بهراة، الشاش كورة بهيطل وقرية بالرىّ، استراباذ مدينة بجرجان وقرية[g] بنَسَا خراسان، كرج ناحية ومدينة لهمذان[h] وقرية بالرىّ، دستجرد[i] مدينة بالصغانيان وقرى بالرىّ ونيسابور * ودستجرد مدينة بكرمان، مغون مدينة بقومس واخرى بكرمان[k]، باسند مدينة بالصغانيان واخرى بالسند، اوه[l] مدينتان بالجبال، الاهواز مصر خوزستان[m] وقرية بالرىّ، الرقة بأثُور[n] ومدينة بقوهستان، خوار[o] مدينة بالرىّ واخرى على تخوم قومس وخور ببلخ[p] وخُور بقوهستان، نوقان مدينة بطوس وقرية بنيسابور وموقان مدينة بالرحاب ومنوقان مدينة بكرمان، الكوفة بالعراق[q] وكوفا مدينة ببادغيس وكوفن رباط ابيورد، خانقين مدينة بحلوان العراق والخانقين بالكوفة[r] وخانوقة باثور[s] والخانقه متعبّد الكرّاميّين بايليّا، الحديثة مدينة على دجلة[t] واخرى على الفرات باقور[u] والحدث مدينة

---

a) B om. *b*) B om. (C سجستان). *c*) C om. (B والحورى pro والجور). *d*) Jacut duo posteriora unum locum esse censet, vid. II, p. ٣٢٢, 6 et imprimis *Moschtarik*, p. ١٤٣, 1. *e*) B بسامرى. *f*) B add. ومحلة. *g*) B haec om. Ad ultimum locum cf. Jacut, I, p. ٢٤٢ ult. sq. *h*) C بهمذان. *i*) B وسحر. Cf. Jacut II, p. ٥٧٣, 22 et *Moschtarik*, p. ١٨٠. *k*) B haec om. Deinde C (Cod. الصغانيات) باسند كورة بالسند ومدينة فى الصغانيان. *l*) B اوه. *m*) C كورة بخوزستان. *n*) C (l. مُضَر) قصبة ديار مصر. De loco posteriore cf. Jacut, II, p. ٨٠٤, 4. *o*) B خبولد. *p*) Coniectura supplevi ببلخ. B habet وخور وخوس, C وحور وحور. * *q*) B om. C in seqq. habet ببانغيس et B ابيور. *r*) Cf. Jacut, II, p. ٣٩٣ ult. *s*) C مدينة على الفرات omissis verbis والخانقه — بايليا. Ad haec cf. Jacut, II, p. ٣٩٣, 10, ubi male praescribitur الخانقة. *t*) B et C الدجلة. *u*) C om.

بقنّسرين والمحدثة[a] منزل ببرّيّة تيمآء ، النبك والعونيد مدينتان بالحجاز ومنزلان ببرّيّة تيمآء ، الزرقاء * قرية فى طريق الرىّ وموضع فى طريق دمشق[b] ، عكا مدينة على ساحل الاردنّ وعك[c] ، قبيلة باليمن ، اليهودية قصبة اصفهان وقصبة جُوزَجان ، الانبار مدينة لبغداد[d] وانبار مدينة بجوزجان[e] ، اصفهان كورة[f] وقرية اصفهانك فى طريقها والاصبهانات مدينة[g] بفارس ، مدينة مدينة النبىّ صلعم ومدينة الرىّ ومدينة اصفهان ومدينة السلام والمدائن بالعراق ، * كوثا ربّا وكُوثا الطريق مدينة وقرية بالعراق[h] ، الدسكرة بخوزستان ودسكرة العراق ، باراب[i] رستاق باسبيجاب (15) وفارياب بجوزجان ، الطالقان مدينة[k] بالديلم وطالقان جوزجان ، * ابشين حضرة الشار ومدينة بغزنين[l] ، هراة * خراسان ومدينة لاصطخر[m] ، بغلان العليا والسفلى مدينتان[n] بطخارستان ، اسداواذ[o] مدينة بالجبال[p] وقرية بنيسابور ، بيار[q] شبه مدينة بقومس وقرية بنسا خراسان[r] ، ووذار رستاق لسمرقند ، جرجان كورة بالديلم[s] والجرجانية

---

a) B المحدثة sine copula. Pro ببرية تيماء C hic et mox بالبادية. *b*) C ومنازل بهجر مدينة, quae ad aliud nomen pertinere videntur. *c*) C om. *d*) C بالعراق. *e*) C بجوزجانان quae forma aeque bona est. In C hic sequitur locus de الطالقان quem quoque infra habet. *f*) B om. Deinde C واصفهانك قرية tantum. *g*) B om. In seq. alterum مدينة om. C. *h*) B haec om. Deinde C الدسكرة مدينة بالعراق واخرى بخوزستان. Cf. Jacut, II, p. ٥٧٥, 11 sq. *i*) B بارات, C تاراب. Deinde B om. رستاق. Pro بجوزجان C iterum بجوزجانان ut h. l. quoque B. *k*) B om. Mox C واخرى بجوزجانان, *l*) B haec om. In C scribitur ابشير, sed infra semper ut recepi. Cf. Ist. p. ٢٧١, *k*. Apud hunc recepi نشين et apud Ibn Haukal, p. ٣٢٣ انشين. Videtur reponendum apud illum بشين, apud hunc افشين. *m*) C كورة بخراسان ومدينة باصطخر. Deinde B. بعلان, C يعلان. *n*) C om. *o*) B اسداواد. *p*) C بهمذان. *q*) B دسار, C بيان. *r*) C om. خراسان. Deinde quaedam desiderari videntur e. g. وذار قرية باصفهان (cf. Jacut, IV, p. ٩١٧, 3). B وردا ورستاق, C ووذان. Pro لسمرقند C بالصغد.

مدينة[a] بخوارزم ، *بلخ وبلخان مدينة خلف ابيورد[b] ، قزوين مدينة للرى[c] وقزوينك قرية بالدينور ، فلسطين الشام[d] وقرية بالعراق ، الرملة قصبة فلسطين وقرية بالعراق[e] وقرية الرمل مدينة بخوزستان ، فربر مدينة على جيحون وفره مدينة لسجستان[f] وافراوه رباط نسا[g] ، امل مدينة على جيحون وقصبة طبرستان[h] واتل قصبة الخزر ، بكراباذ شبه مدينة بجرجان ومنزل بسجستان ، النيل نهر مصر ومدينة بالعراق ، جبلة مدينة بحمص وجبيل على ساحل دمشق ، قبا مدينة بفرغانة[i] وقرية بيثرب[k] ومنزل بالبادية ، قومس[l] كورة بالديلم وقومسة قرية[m] باصبهان ، الشامات نواحى الشام ومدينة بكرمان وربع من سواد نيسابور ، جرش[n] مدينة باليمن وجبل جَرَش بالاردن[o] ، سنجان مدينة بالرحاب واخرى بمرو وقرية بنيسابور وسنجار مدينة باشور[p] وزنجان مدينة للرى[q] ، مرو الشاهجان ومرو الروذ[r] ، سقيا يزيد[s] مدينة ومنزل بالحجاز سُقْيا بنى غفار[t] ، حضرموت مدينة بالاحقاف ومحلّة بالموصل ، *الرصافة ربع بغداد وقرية بارّجان[u] ، نينوى القديمة والحديثة بالموصل ، عسكر ابى جعفر بجانب[v] بغداد الشرقىّ وقرية بالبصرة وعسكر مكرم كورة بخوزستان وعسكر بنجهير[w] ناحية ببلخ والعسكر محلّة بالرملة واخرى بنيسابور *وقرية ببخارا[m] ، الدورق كورة ومدينة وقرية بخوزستان ، الزبيدية[x] منزل بالجبال وآخر بالبطائح وماءة بالبادية *والزبدانى مدينة بدمشق[m] ،

---

a) B om. et habet بالخوارزم. *b*) C om. *c*) C بالرى. *d*) C كورة بالشام. De posteriore cf. Jacut, III, p. ٩١٥, 6. *e*) C ببغداد. Deinde B om. وقرية الرمل الخ. *f*) C سجستان. *g*) B فسا. *h*) C سجستان. Deinde B واتل. *i*) C بالفرغانة. *k*) C يثرب. *l*) C قومش et mox وقومشة. *m*) B om. *n*) C جُرس et mox وجَرس جبل. In B voci وجبل adscribitur صح. *o*) Hic C habet locum de عمان. *p*) C باقور. *q*) C بالرى. *r*) B الرود. *s*) C يرند. *t*) C عفان. Hic magis perspicue وسقيا بنى عفان منزل بالحجاز. *u*) B haec om. Deinde C om. نينوى الخ. *v*) C جانب. Secundum Jacut intelligitur مدينة المنصور, quae iacet in ripa occidentali. In seqq. B ter العسكر sine copula. *w*) C بنجهين. *x*) B الزبيد.

الحدادة[a] قرية بقومس والحدادية قرية[b] بالبطائح ، نيسابور وسابور وجندى سابور ثلاث[c] كور بناحية سابور[d] وبنا بارّجان مدينة بلا سابور * وباصطخر ارسابور[e] ، كرمان اقليم[f] وكرمان شاهان مدينة بالجبال وكرمينية مدينة[g] ببخارا وبينكرما[h] قرية بايليا ، عمان كورة بالجزيرة[i] وعَمّان مدينة بفلسطين ، الزاب ناحية بالمغرب ونهر باقور ، اسكاف العليا والسفلى ببغداد[k] ، جيلان بالديلم * التى تسمّيها العامّة كيلان[c] والجيل مدينة بالعراق ، جزيرة العرب اقليم[l] وجزيرة ابن عمر باقور وجزيرة بنى زغنّاية[m] وجزيرة ابى شريك بافريقيّة * والجزيرة مدينة بالفسطاط[n] وجزيرة بنى حدّان ببحر القلزم ، قلعة الصراط وقلعة القوارب وقلعة برجمة وقلعة النسور وقلعة شميت[o] وقلعة ابن الهرب وقلعة ابى ثور وقلعة البلّوط بالمغرب والقلعة بالرحاب * كلّهنّ مدن[g] ، حصن مهدىّ مدينة بالاهواز[p] وحصن السودان وحصن البرار[q] وحصن ابن صالح مدن[r] بسجلماسة حصن بلكونة[s] مدينة بالاندلس حصن الخوابى بالشام حصن منصور بالثغور ، قصر ابن هبيرة وقصر الجصّ بالعراق وقصر الفلوس مدينة[g] بتاهرت قصر الافريقىّ ومدينة القصور[t] بافريقيّة قصر الريح

---

a) C الحداد. *b*) C مدينة. *c*) C om. *d*) C addit: بن فارس. *e*) B om. Nomen ارسابور aliunde illustrare nequeo. Cf. Thaálibí, *Latáif*, p. ١١٤. *f*) B om. Deinde hic وكرماشاهان. *g*) B om. *h*) B sine copula. C وبيت كرما. *i*) C على بحر الصين. Apud nostrum الجزيرة est Arabia. *k*) C مدينتان بالعراق. *l*) B om. Mox iterum باقور. Cf. supra p. ٢. *d*. *m*) B h. l. رعنايه, infra رغنايه, C h. l. رغمايه, infra رعناى, رعنانه (رعنانه), رعنايه, رعانه et زعْناى. Nomen plene est مزغنّان s. مزغنّاى s. مزغنه s. مزغنى, in quo prima syllaba est Berbericum *Mez* (Mes) = Banu. Ipsum nomen videtur esse زغنّاى s. زغنّاية s. زغنّى, apud Ist. p. ٣٧ *d*, ٣٨ *o* in رعى et رعبى corruptum. — In B h. l. desideratur بنى. *n*) B om. et deinde om. copulam. *o*) C شميد. *p*) C بخوزستان. In seqq. B semper حصن sine copula. *q*) B البرار, C برار. Infra B et C برارة. *r*) Addidi ex C qui habet مدن سجلماسة. *s*) C باكونة. *t*) C القصر. Deinde hic افريقية. Videtur intelligi urbs بنطيوس in Castilia.

منزل[a] بنيسابور قصر اللُّصوص منزل بالجبال ، تاهرت العليا كورة والسفلى مدينة بالمغرب ، سوق (16) ابن خلف بافريقيّة[b] سوق ابن حبلة[c] سوق كرى سوق ابن مبلول[d] سوق ابراهيم مدن[e] بتاهرت اسواق على ايّام الجمعة بخوزستان مدن[f] طخارستان تسمّى اسواقًا ، *الاحساء كورة ومنزل بالحجاز ، القادسية مدينة بالكوفة ومنزل بسامرّا[g] ، غزة بفلسطين الغزة بتاهرت ، بطحاء مكّة والبطحاء مدينة بتاهرت ، هران[h] قرية باصفهان وهران مدينة بتاهرت ، *تبريز بالرحاب وتبرين[i] بتاهرت ، تاويلت[k] ابى مغول واخرى مدينتان بتاهرت[l] ، عين المغطّا باصقليّة وعين زربة[m] بالثغور وراس العين باثور[n] مدن وقرى *تنبع عيونًا وعينونا مدينة لَوْبلة[o] بيت عينون[p] قرية بايليا ، صبرة مدينة بافريقيّة واخرى ببرقة ، مرسى[q] الخرز ومرسى الحجّامين ومرسى الحجر ومرسى الدجّاج مدن بالمغرب ، خرارة[r] قرية بفارس ومدينة بتاهرت ،

---

a) C قرية. *b*) B لافريقية. *c*) B et C حبله. Infra B حلبه, خليه, C حلنه. Fortasse nomen est componendum cum حبلة مولى الاغلب Beládsorí, p. ٢٣٤ paen. *d*) C مملول. *e*) B om. *f*) B مد. Hic (ut C) اسواق omisso تسمى. *g*) B haec om. In C. haec et seqq. ad كول alieno loco exstant. Deinde C عزه et العزه. *h*) B bis هرا, nam post بتاهرت haec verba repetit. *i*) B وتبرن (pro تبريز habet تيزيز). Infra C تنزيز, B تنزين et دموين. Fort. non differt a تيزيل apud Bekri, p. ٧٧, 8. *k*) B باوتلت. C infra وثابيت et بيت, B وبابلت, بلت et وبابب. Coniectura scripsi. Pro مغول B hic معول. *l*) Haec in C desunt. *m*) C عين زربّه. *n*) B بآثور, C باقور. *o*) B ينبع عيونا مدينة لوبله. C omisso وقرى habet: وينبع بالحجاز عينونا مدينة بالحجاز. Est autem عينونا pro عين أُنا vid. Jacut, III, p. ٧٦٥, 6 sq. *p*) C عينونا. *q*) B hic مرص deinde ter مرس pro مرسى et C ter مرص semel مرس habet; idem infra recurret. Quum autem interdum recte scribatur مرسى hoc ubique restitui. *r*) B حزارة, C حرارة. Cf. Ist. p. ١٣٣. Dubium vero h. l. subiit an forte legendum esset جراوة.

كول مدائن بافريقيّة والمشرق وفارس[a] ، *جويم ابى احمد مدينة وقرية جويم بفارس[b] ، قسطنطينية[c] وقسنطينية وقسطيلية مدن بالمغرب والقسطل[d] قرية على تخوم الشام ، معرّة النعمان ومعرّة قنّسرين مدينتان بالشام ، اللجّون مدينتان بالشام ، * ثغر طرسوس وعلى ساحل الشام انطرسوس[e] ، دار البلاط بمصر الروم وبلاط مروان مدينة بالاندلس وتسمّى ايليا البلاط ، وادى القرى بالحجاز وادى الرمّان بالاندلس مع وادى الحجارة ، بانياس مدينة وباناس نهر[f] بدمشق *بيسان مدينة بالاردنّ[e] ، الرها مدينة باثور[g] وادى الرها مدينة بافريقيّة ✿

ومن المدن ما لها * اكثر من اسم نحو[h] مكّة وبكّة المدينة[i] يثرب طيبة طابة جابرة مسكينة محبورة يَنْدَر[k] الدار دار[l] الهجرة بيت المقدس ايليا القدس البلاط عمان صُحَار مَزُون[m] عدن سمران[n] الصرّة لحيس[o] البحرين هجر[p] جور فيروزاباذ نسا البيضاء[q] ✿ وثلاث قصبات تسمّى شهرستان جرجان سابور كاث[r] ، وقصبات تسمّى باسماء كورها ولهنّ[s] اسماء غيرها مثل بخارا ونيسابور ومصر[t] ✿

واما الاشياء التى يختلف فيها اهل الاقاليم فهى مثل لحّام جزّار قصّاب ، كُرْسُف عُطْب قطن ، *قطّان حلّاج[u] ، البزّازين الكرابيسيّين الرهادنة[v] ،

---

a) C pro his: كول مدينة بافريقية واخرى بفارس واخرى باسبيجاب. b) B om.; C ابن pro ابى. c) C قسطنطينه. Deinde B وقسطسه, C وقسطينه. Infra القسطنطينية. d) B sine copula. Pro الشام C فلسطين. e) C haec om. f) C مدينة ونهر. g) C باقور. h) C اسامى مثل. i) B للمدينة; C بكّة المدينة المنورة. k) B وبدر, C وبدار. Optio datur inter تندر (s. تندد) et يندر (s. يندد), vid. Samhudí, ed. Bul., p. ٩ et ٩. P. ٣٩٥ habet تيدد. Mokaddasí sequitur traditionem للمدينة عشرة اسماء. l) C ودار. m) B مروان. n) C صمران superinscripto س. Fortasse legendum est سمدان. Deinde B الصبرت. o) B et C الحبس. p) C الهجر. q) C add. بفارس. r) B كا. C وسابور وكات. s) C ولها et mox اخر pro غيرها. t) C واصفهان واسروشنة. u) B om. v) C الرهادنه.

جبّان[a] طبّاخ بقّال فاميّ تاجر، ميزاب مرزاب مزراب مثعب، باقلّى[b] فول، قدر[c] برمة، موقدة أثافيّ، زنبيل مكتل قفّة، سفل مركن[d] اجّانة تغار، قنطار بهار، منّ رطل، حبّة طسّوج، خادم قيّم مفرّك[e] بلّان، شمشك صندل، حصن قلعة قهندز كلات، صاحب ربع مصلحة[f] مسلحة صاحب الطريق عشّار مكّاس مرصديّ[g]، مخاصم خصيم[h]، حاكم قاض، وكيل جريّ[i]، شيرج سليط، زجاج قواريريّ، صفع صكّ، *بقعة موضع[k]، قطّة سنّور دمّة هرّة، معلّم خادم استاذ شيخ خصيّ[l]، دبّاغ صرّام[m] آدميّ سختيانيّ جلوديّ، فاعل روزكاري، قرباتيّ[n] رستاقيّ سواديّ، زرّاع فلّاح حرّاث، *فندق خان تيم دار التجار[o]، مرزبة آكلة، حبل قلس، وتد كنورا[p]، هديها كركرها، لصّ مشوشا، جنحت ولحت[q]، انقض زوّر[r]، قف هلي، هيارا جماعة، لكيشا كثير[s]، زرنوق دولاب (17) حنّانة[t]، *دالية كرمة[u]، مسحاة مجرفة، معول فاس، صاعدًا زقافا[v]، منحدرًا شبالًا، طاروس شرّة[w]، سكّان رجل، *ربّان راس[u]، ملّاح نوتيّ، *ساحل شطّ، رقعة بطاقة[x]، روحة نفسة، سفينة جاسوس[y] زورق *رمه (?) تلّوى عرداس[z] طيّار زبزب كاروانيّة مثلّثة واسطيّة[aa] ملقوطة شنكولية[bb] براكيّة

---

a) B om., C حبّان. C false interpungit inter طباخ et بقال. *b*) B باقلا. *c*) C قدرة quae forma aeque bona est. *d*) C om. مركن et habet لجانة. *e*) C habet (sic) قيم معرك (sic) خادم بلار. *f*) Pro مصلحة C habet مصله et pro مسلحة, quod in Codice alieno loco est, مساحه. Praecedunt ei ibi verba حصن قلعة (Cod. كلانه) قهندز كلات, quae in B desunt, quaeque inserui ante صاحب ربع. *g*) C رصدى. *h*) C خصم. Deinde B om. حاكم قاض (C قاضى). *i*) C جزى. *k*) B بقه موصع. *l*) C om. خادم et خصّى. *m*) C صدام. *n*) B وبانى *sic*, C قربانى. *o*) C haec om. *p*) B كبودا. Deinde B هدبها. *q*) B حىحت وحكت. Ego addidi vocales. *r*) B انعص رور, C انقصر رور. *s*) C كثين. *t*) B خنانة. *u*) C om. *v*) C صاعد زفافا. *w*) B et C شرته. *x*) B haec om. Deinde C om. روحة نفسة. *y*) C حاسوس. *z*) C om.; B habet ىلوى. Deinde C طيان. *aa*) C om. *bb*) C om. Deinde C براكبه, B تراكبه.

خيطيّة[a] شموط مسبّحيّة[b] جبليّة مكّيّة[c] زَبَرْبانيّة بَرْكة[d] سوقيّة معبر ولجيّة[e] طيرة برعانى[f] شبوق مركب شَدًّا برمة قارِبْ دُونيج[g] حمامة شينى[h] شلندى بيرجة[i] ، ونحو هذا كثير وان[k] استوعبناه طال الكتاب وسنتكلّم فى كلّ اقليم بلسانهم ونناظر على طريقتهم *ونضرب من امثالهم[l] لنتعرف لغتهم ورسوم[m] فقهآئهم فان كنّا[n] فى غير الاقاليم مثل هذه الابواب تكلّمنا بلغة الشام *لانها اقليمى الذى بها[o] نشأتُ وناظرتُ على طريقة القاضى ابى الحسين القزوينىّ لانه *اوّل امام[p] عليه درستُ ألَا ترى الى ابلاغتنا فى اقليم المشرق لانهم اصحّ الناس عربيّة لانهم تكلّفوها تكلّفا ، وتعلّموها تلقّفا ،، ثمّ الى رَكَاكة كلامنا فى مصر والمغرب وقبحه فى ناحية البطائح لانه لسان القوم لان قصدنا فى هذا الاصل الانهآء والتعريف ، لا المبارزة والتشقيف[r] ،، واعلم انّا قد اجرينا مسائله على التعارف والاستحسان ، كما اجرى الفقهآء كتابَى المكاتب والايمان ،، ورتّبناه على مذاهب اهل العراق لانى فيها تفقّهتُ ، وايّاها اخترتُ ،، واستعملتُ القياس فى مواضع تحسن وتليق ، وبالله التوفيق ،، ✡

ذكر الخصائص فى الاقاليم

اظرف[s] الاقاليم العراق وهو اخفّ على القلب واحدّ للذهن وبها تكون

---

a) B (جنطيه) خبطيه. Lectio C confirmatur loco in حكاية ابى القاسم البغدادى, Cod. Mus. Britt. Add. 19,913, f. 98 *a*, quem debeo amicissimo von Rosen. b) In B legi posset مسجّبيه. C hoc et tria nomina seqq. om. c) Incertum utrum حكيه am مكيه legatur. d) B fort. بركيه. e) In B legi posset دلجيه (C ولحيه). Vox sequens in C deëst. B طـبـره. f) B برعانى. Deinde om. شبوق. g) C om., B دوبنج. h) B شنى. i) B بىرجه, C om. k) C ان. l) B om. Deinde C ليعرف. m) C وطرق. n) C كان et mox تكلمت. o) C لانه اقليم به. p) C استاذى واول من. Pro iis quae sequuntur post درست C habet: وقصدنا فى هذا الفصل التعريف لا التشقيف ورتبناه على مذاهب اهل العراق لانّى اياها سلكت وحسبى الله ونعم الوكيل. q) B وبعلموها بلففا. r) B والتشقيف. s) C اطرف.

النفس اطيب والخاطر ادقّ[a] اذا كانت كفاية، واجلّها *واوسعها فواكه[b] اكثرها علماء وأَجِلّة وبردًا المشرق، واكثرها صوفًا وقزًّا[b] ودخلًا على قدره الديلم، *واجودها البانًا واعسالًا والذّها اخبازًا وامكنها زعفرانًا الجبال[b]، اكثرها ثمارًا وارخصها اسعارًا ولحومًا واثقلها قومًا الرحاب، واسفلها قومًا واشرّهم اصلًا وفصلًا خوزستان[c]، واحلاها تمورًا واوطأها قومًا كرمان، واكثرها فانيذًا[d] وارزازًا ومسكًا وكُفّارًا السند، واكيسها قومًا وتجارًا واكثرها فسقًا فارس، واشدّها *حرًّا وقحطًا[e] ونخيلًا جزيرة *العرب، واكثرها[f] بركات وصالحين وزهّادًا ومشاهد الشام، واكثرها عُبّادًا وقُرّآء واموالًا *ومتاجرًا وخصائص[g] وحبوبًا مصر، واخوفها سُبلًا واجودها خيلًا *واوسطها قومًا[h] اقور، واجفاها *واثقلها واغشّها[i] قومًا واكثرها مدنًا *واوسعها ارضًا[a] المغرب ☆ وقال عبد الرحمان بن اخى الاصمعىّ دخلتُ على الجاحظ فقلتُ افدْنى فى البلدان فائدةً قال نعم الامصار عشرة المروّة[k] ببغداد والفصاحة بالكوفة والصنعة بالبصرة والتجارة بمصر والغدر بالرىّ والجفآء بنيسابور والبخل بمرو والصّلَف ببلخ والحرفة[l] بسمرقند، وقد صدق لعمرى[m] الّا ان بنيسابور ايضًا صُنّاعًا حذّاقًا *وبمصر تجارات[b] وبمكّة فصاحة (18) وبمرو دهاة[n] وصنعآء طيّبة الهوآء، وبيت المقدس حسنة البنآء، وصُغرو[o] وجرجان موضع الوبآء، ودمشق كثيرة الانهار، وصغد ممتدّة[p] الاشجار، والرملة لذيذة الثمار، وطبرستان دائمة الامطار، *وفرغانة رخيصة الاسعار[q]، *والمروة والجحفة معدن الذعّار، والرقّة موضع الاخطار[r]، وهمذان وتنّيس[s] مركز الاحرار، والشام اقليم الاخيار، وسمرقند فرضة التجار، ونيسابور بلدة[t] الكبار،

---

a) B om. *b*) C om. *c*) C addit ودخلها عجب. *d*) C افانيذا. B semper فانيد. *e*) C tantum قحطا. *f*) B العرقى اكثرها. *g*) C ومتاجرا وخصايصا. *h*) B om. et habet deinde آقور (C اقوز). *i*) C واغنمها i. e. واغتمها. *k*) B h. l. المروّة. *l*) B والحرفه, C والجرفة. *m*) C ولعمرى لقد صدق. *n*) C دهاء. *o*) C وصغن. *p*) B كثيرة (C وسغد). *q*) C وفرغانة والملتان رخيصات الاسعار (sic) والحرجان. *r*) C pro his: والرقة موضع الذعار. *s*) B sine punctis, *t*) C بلد.

والفسطاط آهل الامصار، *وطوبى لاهل الغَرْج بعدل الشاره[a] ولاصفهان *الهوآء والحلل[b] والفخّار، ورسوم شيراز على الاسلام عار، وعدن دهليز الصين مع صُحار، وبالصغانيان الكلأ والثمار[c] والاطيار، وبخارا جليلة لولا المآء وحريق النار، وبلخ خزانة الفقه مع الرحب واليسار، وايليا *تصلح لاهل الدين والدار[d]، واهل بغداد قليلو[e] الاعمار، ✿ وصنعآء ونيسابور بالضدّ وليس[f] اكثر ولا ارذل من مذكّرى[g] نيسابور ولا اطمع من اهل مكّة ولا افقر من اهل يثرب ولا اعفّ من اهل *بيت المقدس[h] ولا آدب من اهل هراة وبِيَار[i] ولا اذهن من اهل الرىّ ولا انقب[k] من اهل سجستان ولا ابخس *من اهل عُمان ولا اجهل[l] من اهل عَمّان ولا اصحّ موازين[m] من اهل الكوفة وعسكر مكرم ولا احسن من اهل حمص وبخارا[n] ولا اقبح من اهل خوارزم ولا احسن لُحى من الديلم ولا اشرب للخمور من اهل بعلبكّ ومصر ولا افسق من اهل سيراف ولا اعصى[o] من اهل سجستان ودمشق ولا اشغب من اهل سمرقند والشاش ولا اوطأ[p] من اهل مصر ولا ابله من اهل البحرين ولا احمق من اهل حمص ولا البق من اهل *فسا ونابلس ثمّ الرىّ بعد بغداد[q] ولا احسن لسانًا[r] من اهل بغداد ولا اوحش من لسان[s] صيدا وهراة ولا اصحّ من *لسان خراسان[t] ولا احسن عجميّةً من اهل بلخ والشاش ولا اعفط[u] من اهل البطائح ولا اسلم صدورًا من اهل هيطل *ولا اخبر قومًا من اهل غرج الشار ✿[v] فان سأل سائل اىّ البلدان اطيب نُظر[w] فان *كان ممّن يطلب الدارَيْن قيل

---

a) B haec om. (C الفرج pro الغرج). b) C الهوى والجلل. c) C والفواكه. d) C يصلح لاهل الدنيا وتلك الدار. e) C قليل. f) C ولا ترى. g) Lacuna in C. h) C القدس. i) B وبار, C وبسار (كذا). k) B اىعب. l) Haec in B desunt, ubi tantum in marg. اهل exstat. Pro عَمّان C habet عُمّان. m) C om. n) C وهيطل. Deinde B واقبح omisso لا. o) B اعصى, C اعصا. p) B افطأ. q) C بغداد ثمّ فسا ونابلس والرى. r) In marg. B غير صحيح. s) C لسانا من اهل. t) C عرىه (l. عربية) المشرق. u) C احفظ. v) B om. (C عرج). w) B om.

له بيت المقدس وان[a] كان مخلصًا آمنًا من الطمع قيل مكّة[b] *وان كان ممّن يطلب النعمة والحيازة والرخص والفواكه قيل له كلّ بلد أَجْزاك[c] والّا فعليك بخمسة امصار دمشق *والبصرة والريّ وبخارا وبلخ[d] او بخمس مدائن قيساريّة وباعيناثا[e] وخجندة والدينور ونوقان[f] او بخمس نواح الصغد والصغانيان ونهاوند وجزيرة ابن عمر[g] وسابور *فاخترْ ما شئتَ منها فانها مَنازِرُ الاسلام، وامّا الاندلس فيقال انها جنّات ومستنفاص جنّات الدنيا اربع غوطة دمشق ونهر الابلّة وروضة الصغد وشعب بوّان، ومن اراد التجارة فعليه بعدن او عمان او مصر[h] ☆ وكلّما نذكر من عيوب اهل البلدان فاهل العلم والادب عنه بمعزل خاصّةً[i] الفقهاء لانّى رايتُ الفضل فيهم، واعلم ان كلّ بلد فيه صاد فاهله حمق *الّا البصرة[k] فان اجتمعت صادان مثل المصّيصة وصرصر

---

a) C om. (B الزارين pro الداربين). b) Lector in marg. B: قوله قيل مكة لا تناقض بينه وبين ما قدّمه من قوله ولا اطمع من اهل مكة لان هذا نقل وما قدّم ما عنده الا ان الصحيح الصادق هذا الذى نقل وما قدّم يشبه الكذب بل هو هو ولعل الحكم يدور على الازمنة والاشخاص والامزجة والافهام. c) C pro his: وان كان مراده الدنيا وجمع الاموال قيل له مصر وعدن او عمان وان كان سؤاله عن المياه والفواكه قيل له كل بلد اخر اسمه آن. Pro والحيازة B والميازة. d) C البصرة الرى بلخ تاهرت et deinde B وبخمس. e) B وباعيثايا, C عيناثا et hic quoque in seqq. copulam om. f) B وبوقان. g) C عمرو. h) C pro his: واختر ما شئت فانهن C بانيباس i. e. باناس جنّات الدنيا، فان كان مطلوبه الامن والعدل قيل له بخارا غرج الشار صعدة قرطبة، فان قال اريد بلدًا يجمع الدنيا والاخرة والخيرات والرخص والصلاح وطيب الهوى (l. الهواء) والفواكه المتضادّة مثل الرطب والجوز والعنب الكبير والموز والماء البارد والمعاش الواسع قيل له عليك ببيت المقدس، وقالت العقلاء جنات الدنيا اربع غوطة دمشق ونهر الابلّة وارض السغد وشعب بوّان. i) C وخاصّة. k) C حتى البصرة ومصر. In margine B scribitur argumentum: تاثير حروف الاسامى فى امزجة اهالى الامكنة المسماة.

فنعوذ بالله[a] وكلُّ بلد[b] نسبتَ صاحبَه اليه فلقبْتِ الزاى الياءَ فهو داهٍ[c] مثل رازى (19) مروزى سجزى وكلُّ بلد آخره[d] أنّ فله خاصّيّة او طيّبة مثل جرجان موقان[e] ارّجان ٬ وكلُّ بلد شديد البرد فاهله اسمن واضخم[f] واحسن واكبر لحى مثل فرغانة وخوارزم[g] وارمينيّة وكلُّ بلد على بحر او نهر فالزنآء واللواطة فيه[h] كثير مثل سيراف وبخارا وعدن وكلُّ بلد يحيط به انهار[i] فان فى اهله شغبًا وخروجًا مثل دمشق وسمرقند والصّليق وكلُّ بلد رحب[k] رخىّ فان المعايش[l] به ضيّقة الّا بَلْخَ ٬ *واعلم ان بغداد كانت جليلة فى القديم وقد تداعت الآن[m] الى الخراب واختلّت وذهب بهآؤها *ولم استطبها ولا اعجبتُ بها[n] وان مدحناها فللتعارف *وفسطاط مصر[o] اليوم كبغداد فى القديم ولا اعلم[p] فى الاسلام بلدًا اجلّ منه ٬ واما اقليم المشرق فقد فشا فيه الجور وفسد *وهو خير من غيره واقاليم الاعاجم فلا تطيب لاهل اسفل[q] ٬ ولو كان للرملة مآء جارٍ *لَمّا استثنينا[r] انها اطيب بلد فى الاسلام لانها طريفة خفيفة بين قدس وثغور وغور وبحور[s] معتدلة الهوآء لذيذة الثمار سريّة الاهل *غير ان فيهم جهلًا[k] خزانة مصر ومطرح البحرين رخيّة[t] ✿

---

a) C نعوذ بالله والمصّيصة صرصر. Deinde apud hunc sequitur: فلما قرأ احمد بن ابى [احمد ?] الهشامى هذا الفصل قال الحمد لله الذى لم يجعل السين من سرخس صادًا. b) B بلدة. c) B دهاة. Pro رازى C habet تبريزى, pro سجزى male سنجرى et addit الا القليل. d) C اسمه اخر et pro فله habet فلا بدّ له من. e) Pro موقان C حيان i. e. جَيّان. f) C om. et pro واكبر habet واوفر. g) C pro وخوارزم habet والاندلس. h) C به. i) C تحيط به انهاره. k) C om. l) B المعاش, C المعائش. Deinde C فيه. B بلخا pro بلخ. m) C وكانت بغداذ جليلة وقت نفاذ امر الخلفاء والان قد تداعت. n) C ولم تعجبنى كل الاعاجاب. o) C فى بلى فسطاط مصر مثل بغداذ et pro كبغداد. p) C addit اليوم. q) C pro his: (l. لاهل) الا فى مواضع واقاليم الاعاجم لا تطيب لا اهل اسفل الا مرو فانها على رونق بلدان العراق وقُلْ فيها ما شئت. r) C ما استثبتنا et deinde انها اجل واطيب. s) C وبحر وجبل وسهل. t) Pro رخية C وعلى الجملة اطيب البلدان ما كان اليد فيه اوسع ولو كانت قرية.

ذكر المذاهب والذمّة

اعلم ان المذاهب المستعملة اليوم فى الاسلام التى لها خاصّ وعامّ ودعاة وجمع ثمانية وعشرون مذهبًا اربعة فى الفقه واربعة فى الكلام *واربعة فى الحكم فيهما[a] واربعة مندرسة واربعة فى الحديث واربعة غلب[a] عليها اربعة واربعة رستاقيّة، فاما الفقهيّات فالحنفيّة والمالكيّة والشفعويّة[b] والداوديّة، واما الكلاميّات فالمعتزلة والنجّاريّة والكلابيّة والسالميّة، واما الذين لهم فقه وكلام فالشيعة والخوارج والكرّاميّة والباطنيّة، واما اصحاب الحديث فالحنبليّة والراهُويّة[c] والاوزاعيّة والمنذريّة، واما المندرسة فالعطائيّة[d] والثوريّة والاباضيّة والطاقيّة[e]، واما التى فى الرساتيق فالزعفرانيّة والخُرَّمْدِينيّة[f] والابيضيّة والسرخسيّة، واما التى غلب عليها اربعة من شكلها فالاشعريّة على الكلابيّة والباطنيّة على القرمطيّة والمعتزلة على القدريّة والشيعة[g] على الزيديّة والجهميّة على النجّاريّة، فهذه جمل المذاهب المستعملة اليوم ثم تنشعب[h] الى فرق لا تحصى ۞ ولمّا ذكرنا القابٌ واسماءٌ *تتكرّر ولا تزيد على ما ذكرنا يعرف[i] ذلك العلماء وهنّ اربعة ملقّبة واربعة ممتدحة واربعة منكورة واربعة مختلف فيها واربعة لُقّب بها اهلُ الحديث واربعة معناهنّ واحد واربعة يميّزهنّ النحارير[k]، فاما الملقّبة فالروافض والمُجْبِرَة[l] والمُرْجِئة والشُكّاك[m]، واما الممتدحة فاهل السنّة والجماعة واهل العدل والتوحيد والمؤمنون واصحاب الهدى، واما المنكورة فالكلابيّة ينكرون الجبر[n] والحنبليّة ينكرون النصب[o] ومثبتو الصفات ينكرون التشبيه ومنفوها[p] ينكرون التعطيل، (20) واما المختلف فيها فعند الكرّاميّة الجبر[q] جعل الاستطاعة مع الفعل وعند المعتزلة جعل الشرّ بقدر الله تعالى *وان

---

a) B om. *b*) C والشافعيّة. *c*) C والراهوئيّة. *d*) B فالعطابيه, C فالعطّايه. *e*) C om. sed ante والاباضية insert والابواتوريه. *f*) B والخرجندىىه. Deinde B والانصيه. *g*) C والشيعيّة. *h*) B ىىشعب, C ينشعب. *i*) B ولا يتكرر ىريد ىعرف. *k*) C النجارين. *l*) B والمحبره, C والمجيره. *m*) C والسكاك. *n*) B الخير. *o*) B sine punctis. *p*) B iterum male ومثبتوهما (sic). *q*) B sine punctis, C om.

يقال[a] افعال العبود مخلوقة الله ، والمرجئة[b] عند اهل الحديث مَنْ اخّر العمل عن الايمان وعند الكرّاميّة مَنْ نفى فرض الاعمال[c] وعند المامونيّة مَنْ وقف فى الايمان وعند اصحاب الكلام مَنْ وقف فى اصحاب الكبائر *ولم يجعل منزلةً بين منزلتين ، والشكّاك عند اصحاب الكلام مَنْ وقف فى القرآن وعند الكرّاميّة مَن استثنى فى الايمان[d] ، والروافض عند الشيعة مَنْ اخّر خلافة علىّ وعند غيرهم مَنْ نفى خلافة العمرين ، واما اربعة معناهنّ واحد فالزعفرانيّة والواقفيّة[e] والشكّاك والرستاقيّة ، *واما اربعة لُقّب بها اهل الحديث فالحشويّة والشكّاك والنواصب والمجبرة[f] ، واما التى[g] يميّزهنّ كلُّ نحرير فاهل الحديث من الشفعويّة والثوريّة من الحنفيّة والنجّاريّة من الجهميّة والقدريّة من المعتزلة ۞ واعلم ان اصل[h] مذاهب المسلمين كلّها منشعبة من اربع الشيعة والخوارج والمرجئة والمعتزلة[i] ؛ واصل افتراقهم قتل عثمان ثمّ تشعّبوا ولا يزالون مفترقين الى خروج المهدىّ والارجآء هاهنا هو الوقف فى اهل الكبائر يدخل فيه اهل الراى والحديث ، وقالت المعتزلة كلُّ مجتهد مصيب فى الفروع حسبُ واحتجّوا بالذين اشكلت عليهم القبلة وقتَ النبىّ صلعم فصلّى كلُّ قوم الى جهة فلم يامر من اخطأَ بالاعادة بل جعله بمَثَابة مَنْ اصابها وهذه المقالة تعجبنى الا ترى ان اصحاب النبىّ صلعم قد اختلفوا وجعل اختلافهم رحمة وقال بايّهم[k] اقتديتم اهتديتم وقال سفيان بن عيينة ان الله تعالى لا يعذب احدًا على ما اختلف فيه العلمآء أَوَلَا ترى ان القاضى اذا اجتهد فى قضيّة لم يجز لغيره ان يبطلها وان كانت عنده خطأً ، وقالت طائفة

---

a) B وقال et pro العبود C العباد. *b*) B والنرجئه. C اصحاب pro اهل. *c*) C العمل. *d*) C his omissis habet: وعند الشيعة من اخر خلافة على. Deinde apud hunc sequuntur: والرفض عند الشيعة تاخير خلافة علىّ وتقديم غيره عليه وعند الزيديّة من نفا خلافة زيد وهذا هو الاصل وعند غيرهم من نفا خلافة العمرين وهذا موضوع الا انه المعروف. *e*) B والرافعيه. *f*) B haec om. (C والماحمره). *g*) C الّواتى. *h*) C om. *i*) C والمعتزلة والمرجئة addens اعنى الواقفة فى اهل الكبائر وهو حقيقة الارجاء يدخل فيه اصحاب الراى والحديث ceteris omissis ad واما اصحاب القراات. *k*) B بابهم.

من الكرّاميّة كلّ مجتهد مصيب فى الاصول والفروع جميعًا الّا الزنادقة واحتجّ صاحب هذه المقالة وهو قول جماعة من المرجئة بخبر النبىّ صلعم يفترق امّتى على ثلاث وسبعين فرقة[a] اثنتين وسبعين فى الجنّة وواحدة فى النار وقال بقيّة الائمّة[b] لا مُصيب الّا من وافق الحقّ وهم صنف واحد واحتجّوا بالخبر الآخر اثنتان[c] وسبعون فى النار وواحدة ناجية وهذا اشهر الّا ان الاوّل اصحّ اسنادًا والله اعلم فان صحّ الاوّل فالهالكة هم الباطنيّة وان صحّ الثانى فالناجية السواد الاعظم ولم ار السواد الاعظم الّا من اربعة مذاهب اصحاب ابى حنيفة بالمشرق واصحاب مالك بالمغرب واصحاب الشافعىّ بالشاش وخزائن نيسابور واصحاب الحديث بالشام واقور والرحاب وبقيّة الاقاليم ممتزجون قد بيّنتُ ذلك فى شرح الاقاليم من هذا الكتاب ✡

واما اصحاب القرآات المستعملة اليوم[d] فعلى اربعة اقسام حروف اهل الحجاز وهنّ اربع قرآءة نافع وابن كثير (21) وشيبة وابى جعفر وحروف اهل العراق وهنّ اربع حرف[e] عاصم وحمزة والكسائىّ وابى عمرو *وقرآءة اهل الشام وهى لعبد الله بن عامر[f]، وحروف للخاصّ وهنّ اربع قرآءة يعقوب الحضرمىّ واختيار ابى عبيد[g] واختيار ابى حاتم وقرآءة الاعمش *واكثر الائمّة على ان الجميع على صواب[h] ✡ وقد اخترتُ من المذاهب مذهب ابى حنيفة رحمه للخلال[i] التى اذكرها فى اقليم العراق ومن الحروف مقرأ[k] ابى عمران عبد الله بن عامر اليحصبىّ للمعانى[l] التى اصفها فى اقليم اقور ✡

واعلم ان[m] الناس قد عدلوا عن مذهب ابى حنيفة فى اربع صلاة العيدين الّا بزَبيد وبِيار وصدقة الخيل[n] وتوجيه الميّت عند الموت[o] والتزام

---

a) B om. et habet ثلثة ut deinde اثنان. b) B الامة. c) B اثنان et post وواحدة additur semi-expunctum فى الجنة. d) B om. Deinde C فهى اربعة. e) C قراءة. f) C وقراءة ابن عامر وهى شاميّة. g) C عبيدة. Cf. Nöldeke, *Geschichte des Qorâns*, p. 293. h) C om. (B الامة pro الائمّة). i) B الخلال, C للحلال. k) B مقرًا. Pro ابى عمران C habet ابى عمرو. l) C المعانى. m) C انى رايت. n) C inserit وتكبير الامام عند قول المؤذّن قد قامت الصلاة, omissis verbis والتزام — والرى. o) C فى القبر كما يوجّه عند النزع.

الاضحية[?] الّا ببخارا والرىّ ، وعدلوا عن مذهب مالك[a] فى اربع الصلاة قدّام الامام الّا * بالمغرب ويوم الجمعة بمصر[b] وصلاة الجنائز بالشام * وفى اكل[c] لحوم الكلاب الّا بمدينتين بالمغرب * تباع جهرًا وتطرح فى هرائس مصر ويشرب سرًّا[d] وفى الخروج من الصلاة بتسليمة واحدة الّا ببعض بلدان المغرب وفى المسامحة[e] فى تسبيحات الركوع والسجود * الّا الجهّال[d] ، وعدلوا عن مذهب الشافعىّ فى اربع الجهر بالبسملة الّا بالمشرق[f] فى مساجد اصحابه[g] وكذلك القُنُوت فى الفجر[h] وفى احصار النيّة مع تكبيرة الافتتاح[i] وفى ترك القنوت فى الوتر * فى غير نصف رمضان الاخير[k] الّا بنسًا ، وعدلوا عن مذهب داوود فى اربع تزويج ما فوق الاثنتين[l] واعطآء الابنتين النصف ولا صلاة لجار المسجد الّا فى المسجد * وفى مسئلة العول[m] ، وعدلوا عن مذهب اصحاب الحديث فى اربع[n] المتعة فى الحجّ والمسح على العمامة وترك التيمّم بالرمل وانتقاض الوضوء بالقهقهة الّا انه قد[o] وافقهم فى الاربع اربعة فى القهقهة[p] ابو حنيفة رحه وفى المتعة الشيعة وفى التيمّم الشافعىّ وفى المسح على العمامة الكرّاميّة ، وعدلوا عن مذهب الشيعة فى اربع المتعة[q] ووقوع طلاق الثلاث والمسح على الرجلين والحيعلة[r] فى الاذان ، وعدلوا عن مذهب الكرّاميّة فى اربع المسامحة فى النيّة عند كلّ فريضة وصلاة الفريضة على الدابّة وجواز الصوم لمن اكل بعد طلوع الفجر وهو لا يعلم وصحّة صلاة مَنْ طلعت الشمس وهو فيها[s] ، * وخالف العوامّ الجميعَ[t] فى اربع تكبير[u] ايّام التشريق

---

a) B addit الا. b) C بمصر يوم الجمعة وبالمغرب et om. وصلاة الجنائز بالشام. c) C واكل. d) C om. e) C المساحة. f) C فى المشرق quod ponit post اصحابه. g) In C additur: وقد احدث المغربىّ ذلك فى اعماله ولم يكن يعرف. h) C addit: على ما ذكرنا et habet deinde والثالثة احصار. i) B الاستفتاح. Deinde C والرابعة ترك. k) C الا فى النصف الاخير من رمضان. l) B sine punctis. C الاربع. m) In B lacuna. n) B اربعة. o) B om. p) C الفقه. q) C متعة النساء الا بمكّة. r) C والهيعلة. s) C pro his: وجواز الجمعة باقلّ من اربعين فى غير مصر جامع. In textu fortasse inserendum عليه post الشمس. t) C وعدلوا عن مذاهب الذين ذكرناهم. u) C التكبير.

والصلاة قبل العيدين وترك الدخول من منى آخر يوم قبل الزوال وغسل القدم ثلاث مرّات فى الوضوء ✿ وقلّما رايتُ فقهآء ابى حنيفة رحّه ينفكّون من[a] اربع من الرياسة مع لَبَاقة[b] فيها والحفظ والخشية[c] والورع واصحاب مالك من اربع الثقل والبلادة والديانة والسنّة واصحاب الشافعىّ من اربع النظر والشغب والمروّة[d] والحمق واصحاب داءود من اربع *من الكبرة[e] والحدّة والكلام واليسار والمعتزلة من اربع من[f] اللطافة والدراية والفسق والسخريّة والشيعة من اربع البغضة والفتنة واليسار والصيت واصحاب الحديث من اربع القدوة والهمّة (22) والانفاق[g] والغلبة والكرّاميّة من اربع التنقى والعصبيّة والذُلّ والكدية والادبآء[h] من اربع الخفّة والعجب والتصرّف والتجمّل * والمُقرئين من اربع الطمع واللواطة و..... ... والسمعة.[i] ✿ واما الاديان الذين هم ذمّة *فاربعة اليهود[k] والنصارى والمجوس والصابئون ✿ ونحن نذكر غَلَبَة[l] كل قوم ممّن ذكرنا فى مواضعهم[m] بلا ميلٍ ولا تعصّب * ان شآء الله تعالى ونَصِفُ ما فيهم من خيرٍ وشرٍّ[n] فان قيل اكثر ما ذكرتَه خطأ وخلاف ما يعرفه الناس حتّى انك خالفتَ الاصول بجعلك الاقسام رُبَاعيّات وعدلتَ عن السُّبَاعيّات[o] بعد ما قد علمتَ ان الله عزّ اسمه خلق السموات والارض سبعًا سبعًا * والايّام والليالى سبعًا سبعًا[p] والارزاق من سبع ونزل القرآن على سبعة احرف والمساجد سبعة[q] وذكر ما سنجيب عن بعضه فالجواب انّا قد تحرّزنا بقولنا

a) C h. l. عن. *b*) C لياقة. *c*) C والخسة lectio fortasse e malignitate orta. Deinde B والورغ. *d*) B h. l. والمروّة. *e*) C الكمود i. e. الكنود. *f*) C om. Ad والدراية hic in marg. والدارية. *g*) B والانعاق. *h*) C والابا. *i*) C haec om. In B lacuna unius vocabuli. *k*) B باربعة فاليهود. *l*) Vocales in marg. B cum annotatione lectoris: اما مصدر واما جمع اسم الفاعل كنصرة كما لا يخفى. *m*) C موضعهم. *n*) C haec om. *o*) B السباعات. Deinde C وقد علمت. *p*) C h. l. om. Deinde B والاوراق. *q*) C addit: والخُنّس سبعة وامّهات المفاصل سبعة وانواع الصلوة سبع والطواف والسعى والجمار سبع سبع ويجب الصوم لسبع والليل والنهار سبع سبع واقاليم العالم سبع واصول مسائل الفرائض ذات السهام سبع. Ut h. l. saepius vitia in generi numeralium in Codd. sunt, specialiter in C.

المذاهب المستعملة ولم نقل فرق المسلمين ۶ * واما وجود الامر على خلاف ما ذكرنا فى البعض فذلك ندر والاغلب ما ذكرناه[a] ، واما السامرة فانهم صنف من اليهود الا ترى ان نبيّهم موسى عم[b] ۶ واما الرباعيّات وان كانت اتّفقت وما تقصّدناها[c] فان لها[d] نظائر فى الاصول وهى[e] ان الكتب اربعة وخلق الانسان من اربع[f] والطبائع اربع والفصول اربعة[g] والانهار اربعة واركان الكعبة اربعة واشهر الحرم اربعة وحدّثنا ابو بكر احمد بن عبدان بالاهواز قال حدّثنا محمّد بن معاوية[h] الانصارىّ قال حدّثنا اسماعيل بن صبيح *عن سفيان

---

a) C pro his: واما عبدة الاصنام بالسند فليسوا بذمّة الا ترى انهم لا يردون (يؤدّون .l) الجزية واما اليهود (المجوس .l) فلقول عمر اجروهم مجرى اهل الكتاب ۶ واما ذكرنا اهل مذهب واحد باسمين ممدوح ومذموم فليس قصدنا الاطرآء والثلب وانما هو بيان قول كلّ قوم فيهم وتسميتهم ايّاهم فينبغى لمن نظر فى هذا الكتاب ان يحصر فهمه ويجيد تامّله حتى يعرف غرضنا والّا ازدرا (أزدرى .l) به وطعن علينا. b) Hic C addit: واما ابو حنيفة فالمشهور عنه ترك الخوض فى الكلام وكذلك شاهدتُ اجلّ ائمّة هذا العصر مثل ابى بكر الحصّاص (الجصّاص .l) وابى بكر ابن الفضل والاسماعيلىّ والصعوانىّ والعقيلىّ وسمعتُ ابا الحسن (الحسين .l) القزوينىّ يقول لا شكّ ان ابا حنيفة كان مُرجئًا وترى اكثر من يدّعى الكلام من اصحابه معتزلة فاذا كان الامر على ما ذكرنا لم يجز (نجز .l) ان يجعل (نجعل .l) لابى حنيفة فقهًا وكلامًا ولكن نقول اصحابه تعاطوا الكلام والمتكلّمون نعقههوا (تفقّهوا .l). c) C تعمدناها. d) C addit ايضا. e) C الا ترى. Pro اربعة B الاربعة. f) C addit: وقسم ابرهيم من الطيور اربعة على اربعة اجزاء وجعلهن على اربعة اجبل. g) C والانهار الجنوبية والجبال والملاحم اربع اربع واربع مدائن. Deinde habet: اربع من الجنة واركان الكعبة اربع واشهر الحُرم اربع ويقسم اللمل (sic) والليل على اربع طبائع والرياح اربعة واركان الاسلام بعد الايمان اربع والوضوء على اربعة اعضاء والشهادة فى الزنا اربع ولا يجوز السلم الا فى اربعة ولا للمسلم ان يتزوّج الا اربعة وجنات الدنيا اربعة وتكبيرت الجنازة اربع والخلفاء الراشدون اربع واربعة اشياء على اربعة اصناف فريضة واخبرنا. h) C معونة.

التحريرىّ عن عبد المؤمن عن زكريّآء ابى يحيى عن الاصبغ[a] بن نباتة انه سمع عليًّا رضه يقول ان القرآن نزل ربعًا فينا وربعًا فى عدوّنا وربعًا سِيَرًا[b] وامثالًا وربعًا فرائض واحكامًا ، *فهذه اصول ايضًا لا تنكر[c] ۞

ذكر ما عاينتُ من الاسباب

اعلم ان جماعة من اهل العلم ومن الوزرآء قد صنّفوا فى هذا الباب وان كانت مختلّة[d] غير ان اكثرها *بل كلّها[c] سماع لهم ونحن فلم يبق اقليم الّا وقد دخلناه ، واقلّ[e] سبب الّا وقد عرفناه ،، وما تركنا مع ذلك البحث *والسؤال والنظر فى الغيب[f] فانتظم كتابنا هذا بثلاثة[g] اقسام احدها ما عاينّاه والثانى ما سمعناه من الثقات والثالث ما وجدناه فى[h] الكتب المصنّفة فى هذا الباب *وفى غيره[i] ، وما بقيت خزانة ملك الّا وقد لزمتُها[k] ، ولا تصانيف فرقة الّا وقد[c] تصفّحتُها ، ولا مذاهب قوم[l] الّا وقد عرفتُها ،، ولا اهل زهد الّا وقد خالطتُهم ، ولا مذكّرو بلد الّا وقد شهدتُهم ،، حتّى استقام لى ما ابتغيتُه فى هذا الباب[m] ، ولقد سُمّيتُ بستّة وثلاثين اسمًا دُعيتُ[c] وخوطبتُ بها مثل مقدسى وفلسطينى ومصرى ومغربى وخراسانى وسلمى[n] ومقرئ وفقيه[o] وصوفى وولى وعابد وزاهد وسيّاح[p] ووراق ومجلّد وتاجر ومذكّر وامام ومؤذّن وخطيب وغريب وعراقى وبغدادى[q] وشامى وحنيفى ومتودّب[r] وكرىّ ومتفقّه (23) ومتعلّم وفرائضى واستاذ ودانشومند[s] وشيخ ونشاسته وراكب

a) C haec om. Deinde pro نباتة B بناته, C نماته. Cf. Ibn Kotaiba, *Kitábo-'l-maárif*, p. ٣٠١, 3. b) C سنن, B سير, ut quoque Codd. وامثال et واحكام. c) C om. d) Subiectum مصنفاتهم subintelligitur. C مختلفة et addit ومثّلوا اشكالًا عدّة. e) C ولا. f) C والنظر ولا تفتيش الخزائن والكتب وعرضه على ائمّة الفقه والادب. g) C ثلاثة et pro احدها habet اكثره. h) C من et التى صنعت pro المصنفة. i) C وغيرها. k) C دخلتها. l) C addit لهم جلبة. m) C العلم. n) B fortasse ومسلمى. o) C addit وفقير, apud hunc vero desunt ومؤذن، وفرائضى، وشيخ، وراكب et ورسول. p) B وسباح. q) C وبغدادى. r) B ومتودبىّ, C ومتودى. Deinde B وكرى, C وكرّى. s) C ودانشق مند.

ورسول وذلك لاختلاف البلدان[a] التى حللتُها وكثرة المواضع التى دخلتُها ، ثم انه[b] لم يبق شئ مما يلحق المسافرين الّا وقد اخذتُ منه نصيبًا غير الكدية وركوب الكبيرة فقد[c] تفقّهتُ وتادّبتُ ، وتزهّدتُ وتعبّدتُ ، وفقّهتُ [b] وادّبتُ ،، وخطبتُ على المنابر ، واذّنتُ على المنائر ،، وامّمتُ فى المساجد وذكّرتُ فى الجوامع واختلفتُ الى المدارس ، *ودعوتُ فى المحافل[d] وتكلّمتُ فى المجالس ، *واكلتُ مع الصوفيّة الهرائس ،، ومع الخانقائيّين[e] الثرائد ، ومع النواتيّ العصائد ، وطُردتُ فى الليالى من المساجد ،، وسحْتُ فى البرارى ، وتهْتُ فى الصحارى ،، وصدقتُ فى الورع زمانا[f] ، واكلتُ الحرام عيانا ،، وصحبتُ عبّاد جبل لبنان ، وخالطتُ حينًا السلطان ،، وملكتُ العبيد ، وحملتُ على راسى بالزبيل ،، واشرفتُ مرارًا على الغرق ، وقُطع على قوافلنا الطرق ،، وخدمتُ القضاة والكبرآء ، وخاطبتُ السلاطين والوزرآء ،، *وصاحبتُ فى الطرق الفسّاق ، وبعتُ البضائع فى الاسواق ،، وسُجنتُ فى الحبوس ، وأُخذتُ على انى جاسوس[g] ،، وعاينتُ حرب الروم فى الشوانى ، وضرب النواقيس *فى الليالى[h] ،، *وجلّدتُ المصاحف بالكرى ، واشتريتُ المآء بالغآء ،، وركبتُ الكنائس والخيول ، ومشيتُ فى السمائم والثلوج ،، ونزلتُ فى عرصة الملوك بين الاجلّه ، وسكنتُ بين الجهّال فى محلّة الحاكه ،، وكم نلتُ العزّ والرفعه ، ودُبّر فى قتلى غير مرّه[g] ،، وحججتُ وجاورتُ ، وغزوتُ ورابطتُ ،، *وشربتُ بمكّة من السقاية السويق ، واكلتُ الخبز والجلّبان بالسيق[i] ، ومن ضيافة ابراهيم الخليل ، وجُمّيز عسقلان السبيل ،، وكُسيتُ خلع الملوك وامروا لى بالصلات ، وعريتُ وافتقرتُ مرّات[g] ، وكاتبنى السادات ،، *ووبّخنى الاشراف ، وعُرضتُ علىّ الاوقاف ، وخضعتُ للاخلاف[k] ،، ورُميتُ بالبدع ، واتُّهمتُ بالطمع ،، واقامنى الامرآء والقضاة امينا ،

---

a) C الاختلاف للبلدان. b) C om. c) C قد. d) C haec ponit post المجالس. e) B الخانقانىّ. Vulgo الخانقاهيين. f) Haec in C desiderantur. Deinde hic واكلت الحرام عيانا وخالطت السلطان زمانا واشرفت الخ. g) C haec om. h) C بالليالى. i) In margine B هذا غلط. k) B للافلاف.

ودخلتُ فى الوصايا وجُعلتُ وكيلاه[a]،، وامتحنتُ الطّواربين ، ورايتُ دُوَل العيّاربين،، *وانبعنى الارذلون ، وعاندنى الحاسدون[b]،، وسُعى بى الى السلاطين[c]،، ودخلتُ حمّامات طبريّة ، والقلاع الفارسيّة،، ورايتُ يوم الفوّارة ، وعيد بَرْبَارة،، وبئر بُضَاعَة ، وقصر يعقوب وضياعه[d]،، ومثل هذا كثير ذكرناه[e] هذا القدر ليعلم الناظر فى كتابنا[f] انّا لم نصنّفه[g] جزافا ، ولا رتّبناه مجازا،، ويميّزه[h] من غيره *فكم بين مَنْ قاسى[i] هذه الاسباب وبين من صنّف كتابه فى الرفاهيَة[k] ووضعه على السماع ، ولقد ذهب لى فى هذه الاسفار فوق[l] عشرة آلاف درهم سوى ما دخل علىّ من التقصير فى امور الشريعة ولم يبق رخصة مذهب الّا وقد استعملتُها قد مسحتُ على[m] القدمين وصلّيتُ بمُدْهَامَّتَانِ[n] ونفرتُ قبل الزوال وصلّيتُ الفريضة على الدوابّ ، ومع نجاسة فاحشة على الثياب،، *وترك التسبيح (24) فى الركوع والسجود[o] وسجود السهو قبل التسليم[p] وجمعتُ بين الصلوات ، وقصرتُ لا فى سفر الطاعات،، غير انّى لم اخرج عن قول *الفقهآء الائمّة[q] ، ولم اوخر صلاة عن وقتها بتّة[m]،، وما سرتُ فى[o] جادّة وبينى وبين مدينة عشرة فراسخ فما دونها الّا فارقتُ القافلة وانفتلتُ[r] اليها لانظرها قديمًا[o] وربّما اكتريتُ رجالًا يصحبونى *وجعلتُ مسيرى فى الليل لارجع الى رفقآئى مع اضاعة المال والهمّ[s] ✿

---

a) C pro his: وعرضت على الاوقات واستخلفنى القضاة واقامنى الامراء امينا واشحنت فى البحر مرارا deinde habens وابتليت بالطرارين. *b*) C haec om. *c*) Hic C insert: واكلت من ضيافة ابرهيم الخليل ومن جميز عسقلان السبيل. *d*) Hic C addit: والمهرجان والسنده (sic) والنيروز بعدن وعجبه وعيد الماوسرجه (l. المارسرجة). Pro والسنده fort. l. والسيّدة i. e. مريم subintellecto عيد. *e*) C وذكرت. *f*) C add. هذا. *g*) C نصعه. *h*) C ونميزه. *i*) C فشتان ما بين فارسى (B قاسا). *k*) C. الرفاهيّه. *l*) C نحو. *m*) B om. *n*) Koran. 55 vs. 64 hoc uno vocabulo constat. *o*) C om. *p*) C السلام. Pro seqq. C وقصرت وافطرت لا فى سفر الطاعه. *q*) B فقهاء الامة. *r*) B وانعلت. *s*) C وسرت بالليالى لالحق باصحابى مع اضاعة العمر والتعجب.

ذكر المواضع المختلف فيها[a]

اعلم ان فى الاسلام مواضع ومشاهد ليست بصحيحة ولا مُجْمَع عليها فوجب افراد هذا الباب لها لتباينَ الصحّة ونتحازَ[b] عنها اذا ذكرناها فى الاقاليم ، بكازرون قبّة من نحو العقبة تزعم المجوس انها وسط الدنيا ولها عيد فى كلّ سنة ، خارج ينبع نحو البحر مشهد قالوا هو لسان الارض حين قالت[c] أَتَيْنَا طَائِعِينَ ، بالجَشّ موضع قالوا ثَمَّ كانت سلسلة داءود التى كانت موضع البيّنات ، قال قوم قبر آدم عند منارة مسجد الخيف وقال آخرون عند قبر ابراهيم وقال قوم بالهند وقيل ان قبر آدم بالنبيه وزعم رجل بايليا انه راى فى النوم انه خلف جبل زيتا ، وقال اهل الكتاب قبر داءود بصهيون ، قال قوم مدائن لوط بين كرمان وخراسان ، زعم قوم ان نار ابراهيم كانت بجَرْمَق ، قال قوم الدكّة التى بالغَرِىّ هى قبر نوح ، وقبر علىّ فى محراب جامع الكوفة وقال آخرون عند المنارة المائلة ، قال قوم قبر فاطمة مع النبىّ صلعم فى الحجرة ،وقال آخرون فى البقيع ، خارج قزوين نحو سرخس رباط فيه قبر صغير زعموا انه قبر راس الحسين بن علىّ ، بفرغانة زعموا قبر أيّوب ، على قلّة جبل سينا زيتونة قالوا هى التى لَا شَرْقِيَّةٍ وَلَا غَرْبِيَّةٍ[d] على جبل زيتا اخرى يقال فيها ذلك ، وقال قوم صخرة موسى بشَرْوَان والبحر بحيرة طبرستان والقرية باجْرَوان وقتل الغلام بقرية خَزَران[e] ، قال قوم سدّ ياجوج وماجوج خلف الاندلس وقال آخرون هو درب خزران وياجوج وماجوج هم الخزر ، وسمعتُ ابا علىّ الحسن بن ابى بكر البَنّآء يقول كان قبر يوسف دكّة يقال انها قبر بعض الاسباط حتّى جآء رجل من خراسان وذكر انه راى فى المنام اذهبْ الى بيت المقدس واعلمهم ان ذاك يوسف الصدّيق قال فامر السلطانُ والدى بالخروج وخرجتُ معه قال فلم يزل الفعلة يحفرون حتّى انتهوا الى خشب العجلة واذا بها قد نَخِرت ولم ازل ارى عند عجائزنا من تلك النحاتة يستشفين[f] بها من الرَّمَد ❊

---

a) Hoc et duo sequentia capita in C non exstant. b) B لتباين — وسحاز s. لمتباين. c) Koran. 41 vs. 10. d) Koran. 24 vs. 35. e) B حرزان ut infra درب حرزان. f) B النحاته يستشفون.

باب اختصرناه للفقهآء

هذا باب افرزناه لمن احبّ ان يعرف امصار المسلمين وكور الاقاليم ويقف على عدد القصبات ومدنها ولم يكن له فراغة[a] (25) الى تدبّر ما فصّلناه، ولا حاجة فى نسخ ما شرحناه،، وطلب جملة يخفّ حملها فى الاسفار، وحفظها على الاختصار،، وكثيرًا ما سُئلتُ عن هذا القدر وابتُغى منّى هذا الباب فقدّمتُه قبل الشروع فى ذكر المملكة باختصار الالفاظ، وترك الاطناب وجعل الاغماض،، فمن فهم فقد فهم، والّا اذا نظر فى الاصل علم،، ✿ اعلم انّا جعلنا الامصار كالملوك والقصبات كالحجّاب والمدن كالجند والقرى كالرجّالة وقد اختلف فى الامصار فقالت الفقهآء المصر كلّ بلدٍ جامع يقام فيه الحدود ويحلّه امير ويقوم بنفقته[b] ويجمع رستاقه مثل عثّر ونابلس وزوزن وعند اهل اللغة المصر كلّ ما حجز بين[c] جهتين مثل البصرة والرقّة وارّجان والمصر عند العوامّ كلّ بلد كبير جليل مثل الرىّ والموصل والرملة واما نحن فجعلنا المصر كلّ بلد حلّه السلطان الاعظم وجمعت اليه الدواوين وقُلّدت منه الاعمال واضيف اليه مدن الاقليم مثل دمشق والقيروان وشيراز، وربّما كان للمصر او للقصبة نواحٍ لها مدن مثل طخارستان لبلخ والبطائح لواسط والزاب لافريقيّة، فالاقاليم اربعة عشر ستّة عربيّة جزيرة العرب ثم العراق ثم اقور ثم الشام ثم مصر ثم المغرب وثمانية عجميّة المشرق ثم الديلم ثم الرحاب * ثم الجبال[d] ثم خوزستان ثم فارس ثم كرمان ثم السند، ولا بدّ لكلّ اقليم من كور لكلّ كورة من قصبة ثم لكلّ قصبة من[d] مدن الّا الجزيرة والمشرق والمغرب فان لكلّ واحد مصرَيْن والمصر قصبة كورته وليس كلّ قصبة مصرًا ثم الامصار اسم كورها ايضًا الّا الاربع الأُول والمنصورة والثلاث الاواخر، نبتدئ من المشرق وهلمّ جرًّا الى المغرب ✿

فالامصار سمرقند ايرانشهر شهرستان اردبيل همذان الاهواز شيراز السيرجان المنصورة زبيد مكّة بغداد الموصل دمشق الفسطاط القيروان

---

a) B فراغه. *b*) C qui haec alibi habet (vid. pag. ٩ *l*) بنفسه. *c*) B حجز
ممن. T.A. المصر — الحدّ بين الارضين. *d*) B om.

قرطبة، وبقيّة القصبات سبع[a] وسبعون بُنْجِكَث نُوجكث[b] بلخ غزنين[c] بست زرنج هراة قاين مرو اليهوديّة الدامغان آمل بروان اتل مراغة دبيل الرىّ اليهوديّة السوس جنديسابور تستر العسكر الدورق[d] رامهرمز ارَّجان سيراف دَرَابجرد شهرستان اصطخر اردشير[e] نرماسير بمّ جيرفت بَنَّجْبُور[f] قزدار وَيْهِنْد قنّوج الملتان صنعآء البصرة الكوفة واسط حلوان سامرّا[g] آمد الرقّة حلب حمص طبريّة الرملة صغر الفرما بلبيس[h] العبّاسيّة اسكندريّة اسوان برقة بلرم[i] تاهرت فاس[k] سجلماسة طرفانة، نرجع الى ذكر المدن المحيطة بقصباتها فنقدّم الحاجب ونتبعه جنده فمن اشكل عليه شىء من ذلك فليفتّشه على اقليمه[l] ✿

اخسيكث نصراباذ رنجد زاركان خيرلام وشبشان[m] اشتيقان زندرامش اوزكند اوش قبا برنك مرغينان رشتان[n] باب جارك اشت توبكار اوال دكركرد نوقاد (26) مسكان بيكان[o] اشححان[p] جدغل شاودان خجندة ✿ ولاسبيجاب خورلوغ جمشلاغو اسبانيكث باراب شاوغر سوران ترار زراخ شغلجان بالاج بروكث يكانكث انخكث ده نوجيكث طراز بالوا جكل برسخان اطلخ جموكث شلجى كول سوس تكابكث بلاسكون لبان[q] شوى ابالغ مادانكث برسبان بلغ جكركان يغ يكالغ روانجم كناك شورجشمه دل اواس جركرد ✿ ولبنكث. نكّث جينانجكث نجاكث بناكث *خرشكث غرجند غنّاج جموزن وردك كبرنه نمدوانك[r] نوجكث غزك انوذكث بشكث بركوش خاتونكث جيغوكث فرنكد كداك نكالك

---

a) B سبعة. Enumerantur tantum 62. *b*) B ىىجكث ىىوجكث. *c*) B عرنىن. *d*) B الدروق. *e*) B ازدشير et deinde نرماسين. *f*) B ىحنو, infra ىىخور. Vid. infra in capite Sindiae. *g*) B سامرى ut ambo Codd. interdum. *h*) B sine punctis. *i*) B لحرم, infra نحرم. *k*) B فارس. *l*) Pleraeque variae lectiones quae annotari merentur, dabuntur ad descriptionem singularum regionum. *m*) B وشيسان. Infra بشبشان. Deinde اشىقان زرند رامس. *n*) B ورشان et mox حادك. *o*) B مسيكان ىنكان. *p*) Sic. Deinde حدعل. *q*) B لسان et mox ابالع دانكث. *r*) B شكث عرجند عىاج حمورن دردك كيرية بمدوانك.

تل اوش غزكرد زرانكث دروا فردكث اجخ، ومن نواحيها ايلاق قصبتها تونكث مدنها شاوكث بانخاش نوكث بالايان اربلخ نموذلغ خمرك سيكث كهسيم ادخكث خاس خجاكث غرجند سام سرك بسكث ✿ لبنجكث ارسبانيكث[a] كردكث غزق ساباط زامين ديزك نوجكث دزه[b] خرقانة خشت قطوان مرسمندة ✿ ولنموجكث بيكند[c] الطواويس وزندنة بمجكث خديمنكن[d] عروان بخسون سيكث ارياميثن ورخشى زرميثن كمجكث فغرسبين كشفغن نويدك وركى، ناحيتها كشّ مدنها نوقد قريش سونج اسكيفغن، ونسف[e] مدنها كسبة بزدة سيركث ✿ ولسمرقند بنجكث ورغسر ابغر كشانى اشتيخن دبوسية كرمينية وربنجان[f] قطوانة ✿ وعلى جيحون ناحية ختّل مدينتها هلبك مرند انديجارغ هلاورد[g] لاوكند كاربنك تمليات اسكندرة منك فارغر بنك، ثم مدينة ترمذ كالف زم نويده[h] آمل فربر، وكورة الصغانيان مدنها دارزنجى باسند سنكرده[i] بهام زينور ريكدشت[k] الشومان قواديان انديان[l] دستجرد هنبان ✿ ولخوارزم قصبتها الهيطليّة كات مدنها غردمان[m] وايخان ارذخيوه نوكفاغ كردر مزداخقان جشيرة سدور زردوخ قرية براتكين مدكمينيّة، قصبة الخراسانيّة الجرجانيّة مدنها نوزوار زمخشر روزوند زارمند دسكاخان خاس خشميثن مداميثن خيوه[n] كردرانخاس هزاراسف جقروند سدفر حراسة[o] جاز درغان[p] جيت ✿

ولبلخ اشفورقان سليم كركو[q] جاه مذر برواز، ناحية طخارستان مدنها ولوالج الطالقان خلم غربنك سمنجان اسكلكند روب بغلان العليا بغلان

---

a) B اسبانكث. b) B دره. Infra recte coniungitur cum قطوان. c) B ولسوجكث بيكد. d) B حرسكن. e) B وليشت ut mox ولسرقد pro ولسمرقند. f) B ورسخان. g) B بربد بجار جلاورود. h) B بنر. i) B infra in descriptione سبكبردة, in itin. سكرده, C in itin. سيكرده. Cf. سنك كرده apud Ibn-Hauk. p. ٣٧٧, 8. k) B دينور ربورست. l) B ارديان. Vid. Ist. p. ٣٤. c et cf. Ibn-Hauk. p. ٣٥٩ h. Deinde B ونشجردهينار. m) B h. l. insert اذجره, quod post وايخان (Cod. وافخار) iterum habet, ibi scribens ازدجيره. n) B حلره. o) B سدورا بجارمه. p) B دعان et deinde خنب. q) B كرر.

السفلى اسكيمشت راون آرهن[a] اندراب سراى عاصم، ناحية الباميان مدنها بسغورفند سقاوند لخراب[b] بذخشان بنجهير جاربايه بروان ✿ ولغزنى كرديس[c]، سكاوند نوه بردن دمراخى حشّ باره فرمل سرهون لجرا خواشت غراب زاوه[d] كاويل كابل لمغان (27) بودن لهوكر، وناحيتها مدنها افشين اسبيدجه مستنك شال سكيرة سيوه ✿ ولبست جالقان بان[e] قرمة بوزاد داور سروستان قرية الجوز رخود بكراواذ[f] بنجواى طلقان ✿ ولزرنج كوين زنبوك فره درهند قرنين كواربواذ بارنواذ كزه سنج باب الطعام كروادكن ونه الطاق ✿ لهراة كروخ اوبه مالن السّفَلْقَات[g] خيسار استربيان مارابان، نواحيها بوشنج[h] مدنها خركرد فلجرد كوسوى كره، وباذغيس مدنها دهستان كوغناباذ كوفا بشت جاذاوا[i] كابرون كاليون جبل الفضّة، وكنج رستاق مدنها *ببن كيف بغ[k]، واسفزار مدنها كواشان كواران كوشك ادرسكر، وناحية غرجستان قصبتها ابشين[l] ومدنها شورمين بليكان اسبون[m] ✿ ولليهوديّة انبار برزور فارياب كلان الجرزوان[n] ✿ لمرو خرق هرمزفرّه باشان سنجان سوسقان صهبة[o] كيرنك سنك عبّادى دندانقان، ناحيتها *مرو الروذ[p] مدنها قصر احنف طالقان ومدينة سرخس ✿ ولقاين تون خوست خور[q] كرى طبس الرقّة يناود[r] سناوذ طبس السفلى ✿ ولابرانشهر بوزجان زوزن طرثيث سابزوار[s] خسروجرد ازاذوار خوجان[t] ريوند مازل مالن جاجرم، *وخزائنها طوس[u]

---

a) B راوندا ادهن. *b*) B لحراب. *c*) B كردشير. *d*) B لحراب خواشب غراب ازاوه. Videtur addi غراب ut ab alio loco eiusdem nominis distinguatur. *e*) B باز. *f*) B زرخود ركبرا. Deinde دنجاوى. *g*) B السفلعات. Additur ut distinguatur a مالن باخرز. Idem additamentum habet خور pagus Astarabádhi, qui vocatur خور سفلق. *h*) B دواسبج. *i*) B شات حادواذ. *k*) B ىىصى كيفيع. Deinde واسفران. *l*) B sine punctis. Vid. supra p. ٣٩ *l*. *m*) Sic. Nomen hoc uno loco occurrit. *n*) B الجوروان. *o*) B سرسان صهبه. *p*) In B lacuna. *q*) B تنوز حوسب حوز. *r*) B بناود. Infra جنابذ. Sequens non videtur differre a سناباذ. *s*) B ساروار. *t*) B ازاوار حرجان. *u*) B ودر حزائنها كوس.

قصبتها الطابران النوقان والرادكان وجنابذ اسنورقان تروغبذ[a]، نسا مدنها . اسفينقان والسرمقان فراوة شهرستانة، وابيورد مدنها مهنة كوفن ✿

وللدامغان بسطام مغون سمنان زغنة ببار ✿ ولشهرستان آبسكون الهمّ استاراباذ آخر الرباط ✿ ولآمل سالوس[b] سارية ميلة *مامطير برجى[c] طميس هرى بسود ممطير نامية[d] تميسة ✿ ولبروان ولامر شكيرز تارم خشم، ناحيتها الجبل[e] مدنها دولاب بيلمان شهر[f] كُهَن روذ ✿ ولاتل بلغار سمندر[g] سوار بغند فيشوى[h] البيضآء خمليج بلنجر[i] ✿

ولبرذعة تفليس القلعة خنان شمكور جنزة برديج الشماخية شروان باكوه الشابران باب الابواب الابخاز قبلة شكّى ملازكرد تبلا ✿ ولدبيل بدليس خلاط ارجيش بَرْكرى خوىّ سلماس ارمية داخرّقان مراغة اهر مرند سنجان قاليقلا ✿ ولاردبيل رسبة تبريز جابروان الميانج السراة ورثان موقان ميمذ برزند ✿

وللرىّ قمّ آوه ساوة آوه[k] قزوين ابهر زنجان شلنبة ويمة ✿ ولهمذان[l] اسداباذ طزر قرماسين *سبه رامن وبه[m] سيراوند، ولها نواحٍ جليلة بلا[n] مدن مثل نهاوند ولها روذراور وكرج ابى دلف ولها كرج اخرى ومرج وبروجرد، والصيمرة بلا مدن والدينور بلا مدن وشهرزور ....[o] ✿ وللبهوديّة المدينة (28) خالنجان الرباط لوردكان سميرم يزد نابين[p] نياسنانه اردستان[q] قاشان ✿

وللسوس البذان بصنّا بيروت قرية الرمل كرخة ✿ ولجندى سابور الدز الروناش بايوه قاصبين اللور[r] ✿ ولم ار لتستر مدينة البتّة ✿ وللعسكر جوبك زيدان سوق الثلثآء حُبك ذو قرطم ✿ وللاهواز نهر تيرى جوزدك بيروه

---

a) B ىروعنه. b) B شالوس. c) B ماهطين بوبرجا. d) B هرابود ممطر ماميه. e) B الجبل. f) B بعبهى s. همهى et deinde كهزرود. g) B بلغان سمندى. h) B ىعىد فشوره. i) B بلنجرد. Deinde expuncta sequuntur nomina urbium Dyárbekrí. k) Cf. supra p. ٢٥, 9. l) B وللبهودان. m) B سنة امرية. n) B add. بد. o) Lacuna. p) B سبيرم دزد ىاين. q) B ازدستان. r) B الدن السروباس بابوه قاصبين اللوز.

سوق الاربعآء حصن مهدىّ باسيان شوراب بندم دورق خان طوق سنة مناذر الصغرى ۞ وللدورق ازم بخساباذ الدز اندبار آزر جُبّى ميراقيان ميراثيان ۞ ولرامهرمز سنبل ايذج تيرم بازنك[a] لاذ غروة بافج[b] كوزوك ۞

ولأرّجان قوستان داريان مهروبان[c] جنّابة سينيز بلا سابور هندوان ۞ ولسيراف جور ميمند نابند الصيمكان خبر خورستان الغندجان كران سميران زيرباذ[d] نجيرم نابند دون سورا راس كشم ۞ ولدرابجرد طبستان الكردبان كرم يزدخواست رستاق الرستاق برك ازبراه سنان جويم ابى احمد الاصبهانات ۞ ولشيراز البيضآء فسا المصّ كول[e] جور كارزين دشت بارين جم جوبك جمكان كورد بجّة هزار ابك ۞ ولشهرستان دريز كازرون خرّه النوبندجان كاريان[f] كندران توّز رمّ الاكراد جنبذ خشت ۞ ولاصطخر هراة ميبذ مائين[g] الفهرج البحيرة سروستان اسبانجان بوّان شهر باتف اورد الرون ده اشتران خرّمة[h] ترك نيشان صاهة ۞

ولبردسير[i] ماهان كوغون زرند جنزروذ كوه بيان قواف زاور اناس خوناوب غبيرا كارشتان، وناحيتها خبيص مدنها نشك كشيد كوك كثروا، ومن المنفردات جنزروذ فرزين ناجت خير مرزقان السورقان مغون جيروقان ۞ وللسيرجان بيمند الشامات واجب بزورك خور دشت برين كشيستان ۞ ولنرماسير باهر كرك وريكان نسا دارجين ۞ ولبمّ دارزين طوشتان اوارك مهركرد رابين مائين رائين ۞ ولجيرفت باس جكين منوقان درهقان جوى[k] سليمان كوه بارجان قوهستان مغون جاون ولاشجرد روذكان درفانى ۞

ولبنجبور مشكة كيج سرى شهر برپور خواش دمندان جالك دزك دشت على النيز كبرتون راسك به بند قصرقند اصفقة فهل فهره قنبلى ارمائيل[l] ۞ ولويهند قامهل كنباية سوبارة ......[m] اورهة زهو هر برهيروا ۞ ولقزدار[n] قنداييل بجترد[o] جترد بكانان خوزى رستاكهن موردان روذ

---

a) B بازنك. b) B sine punctis. c) B داربان ماهيروان. d) B وسوباد. e) B كرل. f) B النبوبندحان كاربان. g) B مانند مادين. h) B ده اشتراز جرمه. i) B ولازدشير. k) B خوى. l) B اصقفه فهل فهر قسلى ازامايلا. m) Hic plura desiderantur. n) B ولقزدان. o) B بجتبرد.

ماسكان كهر كور محالى كيزكانان سورة قصدار ✿ وللمنصورة ديبل زندرايج كدر مايل تنبلى[a] بيرون قالرى أنرى بلّرى المسواهى البهراج بانية منحاترى الرور سوبارة كيناس صيمور ✿

لزَبيد مَعْقِر (29) كَدْرَة مَهْجَم مَوْر عطنة الشَّرْجَة غَلافقة مُخا الحرْدَة الجُرَيب[b] التَّسْعَة شَرْمَة العَشيرة رنقة الخُصُوف الساعد الجَرِدَة الجهنة[c]، وناحية عثّر مدنها بَيْش الجُرَيْب[d] حَلْى السِّرَّيْن ✿ ولصنعآء صعدة نجران جرش العُرْف جُبْلان الجَنَد ذمار نَسَفان يَحْصب السُّحُول[e] المُذَيْخرة خَوْلان ✿ ولمكّة مِنًا أَمَج الجُحْفَة الفُرْع جَبَلَة مَهَايِعْ حَاذَة الطائف بلدة[f]، وناحية يثرب لها بَدْر الجار يَنْبُع العُشَيرة الحَوْرآء المروة سُقْيا بزيد خَيْبَر، وناحية قُرْح قصبتها وادى القرى ومدنها الحِجْر العَوْنيد بَدَا يعقوب ضَبَّة النَّبْك ✿ ولصحار نَزْوة السرّ ضنك حفيت دَبَا سلوت جُلَّفار سمد لسيا ملح، وناحية مهرة مدنها الشحر ....[g]، وناحية الاحقاف مدينتها حضرموت وناحية سبا وناحية اليمامة ✿ وللاحسآء الزرقآء سابون أُوَال العقير ✿

وللبصرة الابلّة نهر الدَّيْر مَطَارَا[h] مَذار نهر زبان بدران بَيَان نهر الامير نهر القديم عبّادان ابو الخصيب نهر دُبّا المُطَّوِعة القَنْدَل المَفْتَح الجعفريّة ✿ وللكوفة حمّام عمر الجامعَيْن سُورَا النِّيل القادسيّة عين التمر ✿ ولبغداد بَرَدان النَّهْرَوَان كارة الدَّسْكَرَة طراستان هارونيّة جَلُولا بَاجِسْرَى باقبة بُوَهْرِزْ كَلْوَاذَى[i] دريجان المداين أَسْبَانَبْر[k] كُيل سِيب دير العاقول النعمانيّة جَبُّل عَبَرْتَا بابل قصر هبيرة عندس نهروى[l] ✿ ولواسط فم الصِلْح نهر سابُس درمكان باذبين قُراقُبة سيادة السّكر قُرْقُوف الطيب[m] لهبان البَسَامِيَة اودسة، وناحية البطائح مدينتها الصَّليق ولها جَامِدَة[n] هرار الحَدّاديّة الزُّبَيْديّة ✿ ولحلوان خانقين زبوجان المرج شلاشلان[o] الجامد الحرّ السيروان

a) B تبلى. *b*) B الجرب. Hoc vero loco expungendum videtur. *c*) B الجهنه s. potius الحمضه. Alibi non memoratur. *d*) B الحريب. *e*) B السحول. *f*) Locus alibi non memoratur. *g*) Lacuna. *h*) B مكارا et deinde مدابن. *i*) B كلاواد. *k*) B اسبابين. *l*) Fort. contractum ex نهر ابّا. *m*) B الطيّب. *n*) B حامدة. *o*) B ربوحان — شلاشان.

بَنْدَنِجان ۞ ولسامرّا الكرخ عكبرا الدور الجامعين بَتّ راذانات قصر الجصّ حرى ايوانا بريقا سِنْديّة راقفروبة دمّما الانبار هيت تكريت السنّ ۞

وللموصل نونوى الحديثة مَعْلَثَاىَ الحسنيّة تلّعفر سنجار الجبال بلد اذرمة برقعيد نصيبين دارا كفرتوثا راس العين ثمانين ۞ ولآمد ميّافارقين تلّ فافان حصن كيفا الغار حانية ۞ وللرقّة المحترقة[a] الرافقة خانوقة الحريش تل محرى[b] باجروان حصن مسلمة ترعوز حرّان الرها، ومن النواحى جزيرة ابن عمر لها فيشابور باعيناثا المغيثة الزوزان، *وناحية سروج[c] ولها كفرزاب كفر سيرين، وناحية الفرات مدينتها قرقيسيا ولها الرحبة الدالية عانة الحديثة، وناحية الخابور مدينتها عرابان ولها الحُصَين الشمسينيّة ميكسين سُكَير العبّاس الخيشة السكينيّة التنانير ۞

ولحلب انطاكية بالس سُمَيساط المعرّتين منبج بَيّاس التّينات قنّسرين السُّوَيْديّة[d] ۞ ولحمص سلمية تدمر الخُناصرة كفرطاب اللاذقيّة جَبَلَة جُبَيل[e] انطرسوس بلنياس حصن (30) الخوابى لجُّون رَفَنِيّة جُوسِيَة[f] حماة شيزر وادى بطنان ۞ ولدمشق دَارَيّا[g] بانياس صيدا بيروت عرقة اطرابلس الزبدانىّ، وناحية البقاع مدينتها بعلبكّ ولها كامد عرجموش ۞ ولطبريّة بيسان اذرعات قدس كابل اللجّون عكّا صور الفراذية[h] ۞ وللرملة بيت المقدس بيت جبريل غزّة عسقلان يافة ارسوف قيساريّة نابلس اريحآء عمّان ۞ ولصُغر ويلة عينونا مدين تبوك اذرح مآب مُعان ۞

وللفرما[i] البقّارة الورّادة العريش تنّيس دمياط شطا دبقو[k] ۞ وللعبّاسيّة شبرواذه[l] دمنهور سنهور بنها العسل شطنوف مليج دميرة بورة دقهلة سنهور[m] برس[n] سندفا وسبع مدن يعرفن بالمحلّات ۞ ولبلبيس مشتول

---

a) B المخرقه. b) B فخرى. c) In B lacuna. d) B السوده. e) False hic ponitur, quia جُبَيل iacet in regione Damasci. f) B جوسيّه. g) B sine punctis. h) B h. l. الفواذيّه. i) B وللفرّما. k) B سطاد بقوا. l) B شبيرواذه. Loci diversi nomine (شبر, شبره, شبرا) شبرو a se invicem distinguuntur addito alio nomine, ut apud Ibn Hauk., p. ٩١, ubi fort. leg. l. 10 شبرو ابى مينا et l. 20 et ٩٢, 2 شبرو الاو, Edrísí, p. 181 ann. 3 cet. m) B سبهور. n) Sic. Deinde سندف.

فاقوس جرجير صندفا[a] بنها العسل دميرا طُوخ[b] طَنْتَتَنَا هو دير نتلاى ✿ وللاسكندريّة الرشيد محلّة حفص[c] ذات الحمام برلّس ✿ وللفسطاط الجزيرة الجيزة القاهرة العزيزيّة عين شمس بَهْنَى[d] المحلّة سندفا[e] دمنهور حلوان القلزم ✿ ولاسوان قوص اخميم بلينا طحا سمسطا بوصير[f] أُشمونين اجمع ، وناحية الفيّوم ✿

ولبرقة رمادة اطرابلس اجدابية[g] السوس صبرة قابس غافق ✿ لبلرم[h] الخالصة اطرابنش[i] مازر عين المغطّا قلعة البلّوط جرجنت بثيرة[k] سرقوسة لنتينى[l] قطانية الياج فطرنوا طبرمين ميقش مسينة[m] رمطة دمنّش جاراس[n] قلعة القوارب قلعة الصراط[o] قلعة ابى ثور بطرلية ثرمة[p] بورقاد قرليون قرينش[q] برطنيف اخياس بلجة[r] برطنّة ✿ وللقيروان صبرة اسفاقس المهديّة سوسة تونس بنزرد[s] طبرقة مرسى[t] الخرز بونة باجة لربس قرنة[u] مرنيسة مس بناجد[v] مرماجنّة سبيبة قمودة قفصة قسطيلية[w]

---

a) Sic. Videtur varia lectio ad سندفا, ut in hoc catalogo etiam alibi idem locus plus semel occurrit. Sic دميرا (B دمعرا) videtur esse idem quod دميرة. *b*) Intelligitur طوخ مزيد, Jacut, III, p. ٥٩٥, 12 seq. Pro طنتتنا B طنبشا. *c*) B خفص. *d*) B بهنى. Videtur intelligi locus qui a Jacut in *Moschtarik* appellatur بهنيا, apud de Sacy, *Relation*, p. 610 n. 147 et 148, p. 653 n. 48 بهناية. *e*) B سندبا. Videtur repetitio tertia nominis سندفا, nisi potius sumendum sit intelligi سندفا من البهنسا (Jacut *Moschtarik*) quod male hic cum حلوان collocatum esset. *f*) B برهم, infra B برهر, C برهم. Mappa B سرهم. De برهيم in provincia Abyár (de Sacy, *Relation*, p. 657 n. 10) cogitari nequit. Coniectura scripsi. *g*) B احدابنّه. Urbs السوس memoratur quoque supra p. ٣٤, 8 (باول المغرب); cf. Jacut. *h*) B لنحرم. *i*) B اطرابلش. *k*) B جر حفيت تبيره. *l*) B النبعى et mox السباج. *m*) B طبرمن تبقش مسنيه. *n*) B منش حاراس. *o*) B السراط. *p*) B وضرنه ترمه. *q*) B فرلمون فرنش. *r*) B احياس لنحبه. *s*) B تيبرزد. *t*) B مرص et mox تونه. *u*) B فرنه. *v*) B بنحد. *w*) B قسطنليه et deinde بفراوه.

نفزاوة لافس[a] اونة قلانس قبيشة[b] رصفة بنونش لجم[c] جزيرة ابى شريك باغاى[d] سوق ابن خلف دوفانة المسيلة اشير سوق حمزة جزيرة بنى زغنّاية متّيجة تنس[e] دار سوق ابراهيم الغزّة قلعة برجمة باغر[f] يلل * جبل توجان وهران جاراوا[g] ارزكول مليلة نكور[h] سبتة كلزاوة جبل زالاغ اسفاقس منستير[i] مرسى الحجّامين بنزرت[k] طبرقة هياجة لربس[l] مرسى الحجر جمونس[m] الصابون طرس قسطيلية نفطة تقيوس مدينة[n] القصور مسكيانة باغاى دوفانة[o] عين العصافير دار ملوّل طبنة مقّرة تيجس مدينة المهريّين[p] تامسنت دكّما قصر الافريقىّ ركوى القسطنطينيّة[q] ميلى جيجل تابرّيت سطيف وايكجا[r] مرسى الدجّاج اشير ✿ ولناهرت يمّمة تاغليسية[s] قلعة ابن الهرب هزارة الجعبة غدير الدروع لماية منداس سوق ابن حبلة[t] مطماطة جبل تجان وهران[u] شلف طير الغزّة سوق ابراهيم ورهباية[v] البطحة الزيتونة تمما يعود الخضراء (31) واريفن تنس[w] قصر الفلوس بحريّة[x] سوق كرى منجصة اوزكى تبرين[y] سوق ابن مبلول * وربا تاويلت ابى مغول تامزيت[z] تاويلت ولغوا وفكّان ✿ ولسجلماسة درعة تادنقوست[aa] اثر ايلا ويلميس[bb] حصن ابن صالح النحّاسين حصن السودان هلال امصلى دار الامير حصن برارة الخيامات

---

a) B لاقس. *b*) B فلانس فىىشه. *c*) B نجم. *d*) B باعيثى. *e*) B رعنايه متخه تنس. *f*) B باعن. *g*) B habet حبل وخان هرار حاراوا. Infra in catalogo urbium haec usque ad كلزاوة desunt. Pro جاراوا vulgo جراوة scribitur. De توجان infra ad descriptionem agetur. *h*) B بكور. *i*) B مىسىر. *k*) B ىمرت. *l*) B لربس et deinde مرس. *m*) B sine punctis. *n*) B بعنوس دىنه. *o*) B مسكنانه باعياى دوقامه. *p*) B منجس مدينة المهدتين. Deinde ut infra بامسنت. *q*) B sine punctis. Mox خيجل. *r*) B ىابرىت سنطيف وابكجا deinde مرس et mox اسبر. *s*) B تاعليسيه. Mox هراره. *t*) B حلبه. *u*) B لحان هران. *v*) B ورهابه. *w*) B نعود الحصراوين ازبعر تنس. *x*) B بحرته et mox منخصه. *y*) B تنزين. *z*) B ورىاويا ىلت ابى معول تامرىت. Deinde ىلت ولعوا ويكان. *aa*) B بادىقوست. *bb*) B ىمليس.

تازروت[a] ۞ ولفاس البصرة زلول الجاحد سوق الكنامى ورغة سبوا[b] صنهاجة هوارة تبزا[c] مطماطة كرنّاية سلا مدينة *بنى قرباس مزحاجية[d] ازيلا سبتا بلد غمار قلعة النسور نكور[e] بلش مرنيسة تابريدا وصاع مدينة مكناسة قلعة شميت مدائن برجن[f] اوزكى تيونوا مكسبين امليل املاه ابى الحسن قسطينة *نفزاوة نقاوس بسكرة قبيشة[g] ، نواحيها الزاب مدينتها المسيلة ومدنها مقّرة طبنة بسكرة بادس تهوذا طولقا جميلا بنطيوس وادنة اشير[h] ، وطنجة مدنها وليلة[i] مدركة *متروكة زفّون غزّة غميرة الحاجر ماجراجرا[k] البيضآء الخضرآء ۞ ولطرفانة اغمات ويلا وريكة تندلى[l] ماسّة *زفّون غزّة غميرة[m] الحاجر قيطون الخضرآء ۞ ومن مذكورات بلدان قرطبة طليطلة لاردة تطيلة[n] سرقسطة طرطوشة بلنسية[o] مرسية بجّانة مالقة استجة ريّة جيّان شنترة[p] غافق ترجالة قورية[q] ماردة باجة *شنترين اخشنبة اشبيلية[r] سدونة جبل طارق قرمونة[s] مورور الجزيرة ، ولو كنتُ دخلتُ الاندلس لكوّرتُها لكثرة المدن والاعمال والنواحى بها وهى نظير هيطل بل اجلّ وقد بقى يسير من مدن الاسلام لم نذكرها لجهلنا ايّاها والاندلس مثل هذا الجانب الافريقىّ او قريبة منه وذكر ابن خرداذبه[t] انها اربعون مدينة يعنى المذكورات ۞

---

a) B الحمامات باذروت. *b*) B ورعه سبرا. *c*) B بسوا et mox كربانه. *d*) B ابن قوباس مرجانه. *e*) B بكور. *f*) B برحرز. *g*) B بواوه بقاوس بسكره قيشه. *h*) B حميالا بنطنوس واذنه اشين. *i*) B ليله. *k*) B متوركه رقوى عزه عمره الحاجز ماحراجرا. *l*) B بيدلى. *m*) B برى قز حجره. Sunt haec mera repetitio, nolui vero omittere propter varias lectiones et imprimis propter nominis قيطون (Cod. sine punctis) substitutionem pro البيضاء, quae explicat nomen فيكون (Cod. Oxon. فيكون) apud Ibn Khordádbeh, p. 78. *n*) B بطيله. *o*) B بليسه. *p*) B حمار سره. Restitutio nominis posterioris incerta est. Forte l. نفزة, cf. Ist. p. ۴۱ *r*. *q*) B برحاله موريه. *r*) B سبرين اخشينه اشبيله. *s*) B مرونه. *t*) B خرداذه.

ذكر اقاليم العالم ومركز القبلة

اعلم ان كلّ *من صنّف[a] فى هذا الباب جعل الاقاليم اربعة عشر سبعة ظاهرة عامرة وسبعة خرابًا وسمعتُ بعض المنجّمين يقول الخلق كلّهم فى المغرب ولا يسكن المشرق احد من البحرّ وسمعتُ غيره يقول من البرد، وقالوا من اقصى المغرب الى هذه العامرة باقصى الترك ستّمائة فرسخ على سير مستوٍ[b] بلا تعريج وعلى هذا صنّف من ذكرنا كتبهم فى هذا الباب ونحن ننقل منها وعمّن لقينا من كبرآء المنجّمين هذا الباب لانه علم يحتاج اليه فى سمت[c] القبلة ومعرفة مواضع الاقاليم منها فانّى رايتُ خلقًا قد اختلفوا فى القبلة وحولها وتماروا فيها ولو عرفوا الوجه فى ذلك ما اختلفوا فيها ولا غيّروا ما وضعه الاوائل ☆

فاما الارض فانها كالكُرَة موضوعة جوفَ الفلك كالمُحّة جوفَ[d] البيضة والنسيم حول الارض وهو جاذب لها من جميع جوانبها الى الفلك وبنية[e] الخلق على الارض ان النسيم جاذب لما فى ايديهم[f] من الخفّة والارض جاذبة لما فى ايديهم من الثقل لان الارض بمنزلة الحجر (32) الذى يجذب الحديد، ومثّلوا الفلك بخرّاط يدير شيئًا مجوّفًا وسطه جوزة فاذا ادار ذلك الشىء وقفت الجوزة وسطه ☆ والارض مقسومة بنصفين بينهما خطّ الاستوآء وهو من المشرق الى المغرب وهذا طول الارض وهو اكبر خطّ[g] فى كرة الارض كما ان منطقة البروج اكبر خطّ[g] فى الفلك وعرض الارض من القُطْب الجنوبىّ الذى يدور حوله سُهَيل الى الشمال[h] الذى يدور حوله بنات نَعْش فاستدارة الارض موضعَ خطّ الاستوآء ثلاثمائة وستّون درجة والدرجة خمسة وعشرون فرسخًا فيكون ذلك تسعة آلاف فرسخ وبين خطّ الاستوآء وكلّ واحد من

---

a) B صنف. b) B مستوى. c) Sic ex corr. in B, antea scriptum fuit سمك. d) Haec verba in suum librum transtulit Jacut, I, p. ١٤, 17 sqq. Pro جوفَ hic فى جوف. e) B وبنّه, Jacut وبينه. Cf. Ibn Khordádbeh, ed. Barbier de Meynard, p. 26. f) Jacut hic et infra ابدانهم ut Ibn Khordádbeh. g) B خطًّا. h) Sic pro القطب الشمالى quoque Jacut, I, p. ١٧, 12.

القطبين تسعون درجةً واستدارتُها عرضًا[a] مثل ذلك لان العمارة فى الارض بعد خطّ الاستوآء اربع وعشرون درجة ثم الباقى قد غمره البحر فالخلق على[b] الربع الشمالىّ من الارض والربع الجنوبىّ خراب والنصف الذى تحتنا[c] لا ساكن فيه والرُّبْعان الظاهران هما الاربعة عشر اقليمًا التى ذكرنا ۞

الاقليم الاول ثمانية وثلاثون الف فرسخ وخمسمائة فرسخ *وعرضه الف وتسعمائة وخمسة وتسعون[d] فرسخًا *اوّله[e] حيث يكون الظلّ نصفَ النهار اذا استوى مع الليل قَدَمًا واحدة ونصفًا وعشرًا[f] وسُدْسَ عُشْرِ قَدَمٍ وآخره فى هذا الوقت قدمان وثلاثة اخماس والذى بين طرفَيْه عرضًا نحو من ثلاثمائة وتسعين ميلًا والميل اربعة آلاف ذراع ووقع وسطه قريبًا من صنعآء وعدن[g] والاحقاف ووقع طرفه الذى يلى الشام بتهامة قرب مكّة فدخل فيه من الامّهات صنعآء وعدن وحضرموت ونجران وجُرَش وجَيْشان[h] وصعدة وتبالة وعمان والبحرين وادنى ارض السودان الى المغرب وطوائف من بلد الهند والصين ممّا يلى ساحل البحر وكلّ ما فى سمت هذه البلدان شرقًا وغربًا فهو داخل فى هذا الاقليم ۞ الاقليم الثانى اوّله[e] حيث يكون الظلّ اذا استوى الليل والنهار كما قلنا عند الظهيرة قدمَيْن وثلاثة اخماس قدم والذى بين طرفيه ثلاثمائة وخمسون ميلًا قاصدًا ووقع وسطه قرب يثرب واقصى جنوبيّه ورآء مكّة والآخر من قبل الشمال عند الثعلبيّة فمكّة والثعلبيّة بين اقليمين ووقع فى هذا الاقليم من المدن مكّة ويثرب والرَّبَذة وفَيْد

a) Videntur h. l. quaedam deësse e. g. ايضا ثلاثمائة وستون درجة (تسعة الاف فرسخ (s. والمعمور من الارض طولا ستمائة فرسخ كما ذكرنا وعرضا. Eadem vero quoque desiderantur apud Ibn Khord. l. l. p. 27 et Jacut. Pro العمارة B habet العمل, pro لان Ibn Khord. الا ان et pro بعد خط الاستواء Jacut بين خط الاستواء وكل واحد. b) Jacut فى. c) Jacut تحتها. d) Ridicula haec sunt et pugnantia cum iis quae infra de latitudine dicuntur. e) B om. f) B ونصف وعشر. Cf. Jacut, I, p. ٣٩, 4. g) Secundum Jacut l. l. 9 sq. legendum ووقع طرفه الذى يلى الجنوب قريبا من ارض عدن. Apud hunc vero وحضرموت suo loco non esse videtur. h) B وحبشان.

والتعلبيّة واسوان مصر الى[a] حدّ النوبة والمنصورة واليمامة وطائفة من بلاد السند والهند وكلّ ما كان على خطّ هذه البلدان شرقًا وغربًا فهو داخل فيه ✿ الاقليم الثالث اوّله[b] حيث يكون ظلّ نصف النهار ثلاثة اقدام ونصفًا وعشرًا[c] وسدس عشر قدم وآخره حيث يكون ظلّ[d] الاستوآء فيه نصف النهار * اربعة اقدام ونصفًا وثُلْث عشر قدم فيبلغ النهار[e] فى وسطه * اربع عشرة[e] ساعة ووقع وسطه بالقرب من مدين شُعَيب فى شقّ الشام ومن واقِصَة فى شقّ العراق وصار عرضه نحوًا من ثلاثمائة ميل ونصف قاصدًا فصارت الثعلبيّة وما كان فى سمتها (33) شرقًا وغربًا فى طرفه الاقصى الذى يلى الجنوب وصارت بغداد وفارس وقَنْدَهار الهند[f] والاردنّ وبَيْرُوت فى حدّه الادنى الذى يلى الشام وكذلك كلّ ما كان فى سمت ذلك شرقًا وغربًا فواقصة وما كان فى سمتها شرقًا وغربًا بين اقليمين ووقع فيه من المدن الكوفة والبصرة وواسط ومصر والاسكندريّة والرملة[g] والاردنّ ودمشق وعسقلان والارض المقدّسة وقندهار الهند وسواحل كرمان وسجستان والقيروان وكسكر والمداين وما كان فى سمتهنّ شرقًا وغربًا فهو داخل فى الاقليم ✿ الاقليم الرابع * اوّله حيث[b] يكون الظلّ فيه فى الوقت الذى ذكرنا *اربعة اقدام وثلاثة اخماس وثُلْث خمس[b] قدم وعرضه نحوًا من مائة وستّين ميلًا ونيفًا قاصدًا ووقع وسطه بالقرب من اقور ومنبج وعرقة[h] وسلمية وقومس من نحو الرىّ ووقع طرفه الادنى * الذى يلى العراق بالقرب من بغداد وما كان على سمتها شرقًا وغربًا ووقع طرفه الاقصى[i] الذى يلى الشام بالقرب من قاليقلا وساحل طبرستان الى اردبيل وجرجان وما كان فى هذا السمت ووقع فيه[b] من المشاهير نصيبين ودارا والرقّة وقنّسرين وحلب وحرّان وسُمَيساط والثغور الشامية والموصل وسامرّا[k] وحلوان وشهرزور وماسبذان والدينور ونهاوند وهمذان واصبهان والمراغة وزنجان وقزوين وطوس وبلخ وجميع ما التفت[l] هذه

---

a) B habet الى مصر. *b*) B om. *c*) B ونصف وعشر. *d*) B om. Cf. Jacut I, p. ٣٠, 22. *e*) Haec supplevi ex Jacut, cuius textus contra interdum e nostro emendari potest. *f*) Jacut والهند. *g*) B والرقه. Coniectura edidi. *h*) B وعرقمه. *i*) Haec inserui, coll. Jacut, p. ٣٣, 8 sqq. *k*) B وسامرى. *l*) B النفت.

المدن على السمت ☆ الاقليم الخامس اوّله حيث يكون الظلّ خمسة اقدام وثلاثة اخماس وسدس خمس[a] قدم والذى بين طرفيه عرضًا[b] نحو مائتين وثلاثين ميلًا قاصدًا ووقع وسطه بالقرب من ارض تفليس من الرحاب ومرو من خراسان وارض جرجان وكلّ ما كان فى هذا السمت من البلدان شرقًا وغربًا ووقع طرفه الاقصى الذى يلى الشمال بالقرب من دُبيل فيه من البلدان قاليقلا وطبرستان وملطية ورومية وديلمان وجيلان وعمّورية وسرخس ونسا[c] وبيورد وكشّ والاندلس وما قرب من رومية وأَنْطَالِيَة[d] ☆ الاقليم السادس اوّله حيث يكون الظلّ سبعة اقدام وستّة اعشار وسدس عشر قدم يفضل آخره على ظلّ اوّله قدمًا واحدة فقط ويكون عرضه نحوًا من مائتى ميل ونيف قاصدًا ووقع طرفه الادنى الذى يلى الجنوب حيث وقع الطرف الاقصى الشمالىّ[e] الذى يليه من الاقليم الخامس وذلك سمت دُبيل شرقًا وغربًا فاما طرفه الاقصى الشمالىّ الذى يلى الشمال فوقع بالقرب من ارض خوارزم وما وراءها واسبيجاب ممّا يلى الترك ووقع وسطه[f] بالقرب من القسطنطينيّة ومن آمل خراسان ومن فرغانة وما كان فى هذا السمت شرقًا وغربًا ووقع فيه سمرقند وبرذعة *وقَبَلَة والخزر والجبيل[g] واطراف الاندلس الذى يلى الشمال واطراف الصقالبة التى يلى الجنوب ☆ الاقليم السابع اوّله[a] الذى يكون الظلّ سبعة اقدام *ونصفًا وعشرًا[h] وسدس عشر قدم كما هو فى الاقليم (34) السادس لان آخره الذى هو اوّل هذا وآخره الذى يلى الجنوب حيث وقع الطرف الاقصى الشمالىّ من الاقليم الذى يليه وهو السادس وذلك سمت خوارزم وطَرَارْبَنْد[i] شرقًا وغربًا ووقع[k] طرفه الاقصى الذى يلى الشمال فى اقاصى ارض الصقالبة واطراف الترك الذى يلى خوارزم فى الشمال ووقع وسطه فى بلاد اللان بلا مدن معروفة[l] ☆

---

a) B om. *b*) In B additur من. *c*) B ونسا. *d*) B وانطاكيه. *e*) In B additur: الذى يلى الجنوب حيث نقطع الطرف الشمالى. Apud Jacut, p. ٣٤, 3 textus mancus est. *f*) B طرفه. *g*) B وقبله والخزر والجبل. *h*) B ونصف عشر, cf. Jacut, p. ٣٤, 15 et supra l. 8, ubi ستة اعشار. *i*) B وطرازبند. Apud Jacut, p. ٣٤, 4 et 23 corruptum est in طرابزندة. *k*) B. وقع. *l*) Hic sequitur in B (media pag. 34) mappa qua diversarum regionum kibla exponitur.

وقال عبد الله بن عمرو الدنيا مسيرة خمسمائة سنة اربعمائة سنة خراب ومائة عمران موضع المسلمين منها سنة، وعن ابى الجلد[a] قال الارض اربعة وعشرون الف فرسخ السودان اثنا عشر الف فرسخ والروم ثمانية آلاف فرسخ وفارس ثلاثة آلاف والعرب الف فرسخ ✿

ذكر مملكة الاسلام

اعلم ان مملكة الاسلام حرسها الله تعالى ليست بمستوية (35) فيمكن ان توصف بتربيع او طول وعرض وانّما هى متشعّبة يعرف ذلك من تامّل مطالع الشمس ومغاربها * ودوّخ البلدان[b] وعرف المسالك * ومسح الاقاليم بالفراسخ[c] وسنجتهد فى تقريب الوصف وتصويره لذوى العقول والافهام[d] ان شآء الله تعالى ✿ الشمس[e] تغرب فى حافة[f] بلد المغرب ويرونها تنزل فى البحر المحيط وكذلك اهل الشام يرونها * تغيب فى بحر الروم[g]، واقليم مصر ياخذ من البحر الرومىّ طولًا الى بلد النوبة ويقع بين بحر القلزم وتخوم المغرب ويمتدّ المغرب[h] من تخوم مصر الى البحر المحيط مثل الشريطة يضغطه من[i] قبل الشمال بحر الروم ومن قبل الجنوب بلدان السودان، ويمدّ اقليم الشام[i] من * تخوم مصر نحو الشمال الى بلد الروم فيقع بين[k] بحر

---

a) Sic. Jacut, I, p. ١٩, 9 eadem tribuit Katádae, cuius autem cognomen est ابو الخطاب. Cognomen Abu 'l-Djild habuit Djailân ibn Farwa al-Asadí Basrensis, traditionarius, a quo traditiones accepit inter alios Abu Imrân al-Djuní (T.A.). b) C اذا دوخ الممالك. c) C فيها ووطى اقاليمها et deinde وسنجهد. d) C om. et habet انشاء. e) C والشمس. f) C اخر. g) C تغرب فى البحر الرومى. h) C (l. الزقاق) الرقاق التى فى المغرب (sic) وتمتد سريطة, omissis verbis مثل الشريطة. i) B om. k) C حد مصر نحو الروم الى الثغور ويقع من.

الروم وبادية العرب[a] ، ويتّصل البادية وبعض الشام بجزيرة العرب ويدور على الجزيرة بحر[b] الصين الى عبّادان[c] من ارض مصر، ويتّصل ارض العراق بالبادية وبعض الجزيرة، ويتّصل بتخوم العراق الشماليّة اقليم اقور فيمتدّ[d] الى بلد الروم وقد تقوّس عليه الفرات من نحو الغرب[e] ووقع خلف الفرات بقيّة البادية وطرف من الشام فهذه اقاليم العرب[f] ✿ ووقعت خوزستان والجبال على تخوم العراق الشرقيّة *وطائفة من الجبال، واقليم الرحاب على تخوم اقور الشرقيّة[g] ، ووقعت فارس وكرمان والسند *خلف خوزستان على صفّ واحد البحر جنوبيّها والمفازة وخراسان شماليّها، وتاخمت السند[g] وخراسان[h] من قبل الشرق بلدان الكفر وتاخمت الرحاب[i] بلد الروم من قبل الغرب والشمال، ووقع اقليم الديلم بين الرحاب والجبال والمفازة وخراسان ✿ فهذه مملكة الاسلام فتدبّرها[k] وفيها تفتّل وتعرّج[l] لمن شقّها من شرقها الى غربها الا ترى انك اذا اخذتَ من البحر المحيط الى مصر كنتَ على الاستواء ثم تميل يسيرًا[m] الى العراق ثم تنفتل[n] فى اقاليم الاعاجم وخراسان مائلةً الى جهة الشمال اولا ترى ان الشمس تطلع عن يمين[o] بخارا من نحو اسبيجاب ✿

واما مساحتها على الوصف الذى شرحناه فانك تاخذ من البحر المحيط *الى القيروان مائة وعشرين مرحلةً ثم الى النيل ستّين مرحلة[p] ثم الى دجلة[q] خمسين مرحلة ثم الى جيحون ستّين مرحلة ثم الى تونكث[r] خمسة عشر *يومًا ثم الى طراز خمسة عشر يومًا وان عطفتَ الى فرغانة فمن جيحون الى

---

a) C المغرب et pro ويتصل hic ودىعتل, mox وينفتل. *b*) B نحو. *c*) Hic in B et C quaedam deësse videntur e. g. من ارض العراق الى القلزم. *d*) C فيمد. *e*) C المغرب. *f*) B المغرب. *g*) C haec om. *h*) B sine copula. C واقليم المشرق et deinde B المشرق pro الشرق. *i*) Sequitur in C: واقور والشام بلدان الروم في المثال الذى رسمناه والشكل الذى صورناه تعرف ذلك. *k*) C addit: فهذه الخ. *l*) B forte وتعوّج, C وىعرج. Deinde B لما. *m*) C يسارا. *n*) B ىىفتل. *o*) B om. *p*) C الى النهر النيل مائة وثمانين يوما et quoque deinde يوما pro مرحلة. *q*) B الدجلة. *r*) B نويكث, C sed alieno loco نويكث.

اوزكند ثلاثين مرحلة[a] وان عطفتَ الى كاشغر فاربعين مرحلة، * ووجه آخر تاخذ من سواحل اليمن الى البصرة خمسين يومًا ثم الى اصفهان مائة فرسخ وثمانية وثلاثين ثم الى نيسابور ثلاثين مرحلة ثم الى جيحون عشرين مرحلة ثم الى طراز ثلاثين مرحلة وهذا على الاستوآء ويسقط اقليم مصر والمغرب والشام[b] ☆ واما العرض فمختلف جدًّا لان اقليم المغرب قليل العرض وكذلك مصر ثم اذا حاذيتَ الشام اتّسعت المملكة ثم لا تزال تتّسع[c] حتّى تصير ورآء جيحون الى بلد السند نحو ثلاثة اشهر، (36) واما ابو زيد[d] فجعل العرض من ملطية مادًّا على الجزيرة والعراق وفارس وكرمان الى ارض المنصورة ولم يذكر المراحل الّا انها تكون نحو اربعة اشهر غير عشرة ايّام والذى ذكرنا ابين واتقن فمن اقصى المشرق بكاشغر الى السوس الاقصى نحو عشرة اشهر ☆

قُدّر[e] للخليفة سنة ٢٣٢ ما يرتفع من الخراج والصدقات سوى * الحمايات والجبايات[f] من جميع المملكة[g] فبلغ الفى الف وثلاثمائة الف وعشرين الفًا ومائتين واربعة وستّين دينارًا ونصفًا[h]، قال وحُسب خراج الروم للمعتصم فبلغ خمسمائة قنطار وكذا * قنطارًا فاذا[i] به اقلّ من ثلاثة آلاف الف دينار فكتب الى ملك الروم ان اخسّ ناحية عليها اخسّ عبيدى خراجها اكثر من خراج ارضك[k] ☆

---

a) Haec omnia in B desunt. C post ستين مرحلة habet: ثم الى طراز ......
... يوما وان عطفت الى فرغانة فمن جيحون الى نونكث خمسة عشر يوما
Deinde in C. sequitur وان ملت الى كاشغر. Distantia inter طراز et تونكث revera brevior est, sed noster hic numeros plenos dat et mox habet distantiam ab Oxo ad Taráz esse 30 dierum (sec. Istakhrí p. ٣٣٧, 22), quapropter quoque restitui 30 dies tanquam distantiam ab Oxo ad Uzkend, quae sec. Istakhrí est 23. *b*) Haec in C non exstant. *c*) Sequitur in C: الى هيطل فمن اقصى المشرق بكاشغر الى البحر المحيط نحو من عشرة اشهر وقدر فراسخها نحو الفين وستمائة الـخ. *d*) Cf. Istakhrí, p. ١١, 3 a f. sq. Hic locus in C non est. *e*) C, qui haec infra habet ad finem capitis, قال وقدر. *f*) B. الحمابات والحبابات. C tantum الحمايات. *g*) C الممالك. *h*) B et C ونصف. *i*) C قنطار واذا. *k*) C addit: يعنى مصرا (l. مصر) فيما اظنّ ومصر ليس عليها خراج انّما تدفع

وطول المملكة على ما قدّمنا الفان وستّمائة[a] فرسخ كلّ مائة فرسخ الف الف ومائتنا الف[b] ذراع[c] فالفرسخ اثنا عشر الف ذراع والذراع اربعة وعشرون

الاراضى الى الزرّاعين يزرعونها فاذا بلغ الزرع ودُرس وجمع دروه (ذَرَوْه l.) وعرّموه وتركوه حتّى اذا لم تبق غلّة لاحد الّا وقد عُرّمت ورُشمت خرج صاحب السلطان وقطع الكرى بشىء معلوم ثم كال العوام (العرام l.) وقبض من كلّ عرمة مقدار كرى تلك الارض ودفع اليهم ما بقى، وعند العوامّ انما صار ذلك كذلك من وقت يوسف لان الناس باعوا املاكهم منه وليس كذلك انما هذا شىء رآه عمر بن الخطّاب وصالح عليه وانما خالفت مصر سائر الاقاليم لان النيل ربما جرى وربما قصر فتعطّلت الاراضى فلم يحب (يحبّ l.) ان يجبيهم الخراج عن ارض لا يمكن ان تزرع والشام وخراسان يغذى زروعهم الامطار والانهار الراتبة فمن عطّل ارضه فانما عطّلها باختياره ✿ واعلم انى انما ذكرت ما عهدت الامر عليه فى وقتى وقد تتغيّر الامور الا ترى انى اجتزتُ بمدينة سرخس سنة ٧٤ فرايتُ رئيسهم مخلّطًا وخطيبهم سُخْنَةَ عين، وربما سهونا عن ذكر مدن وصفتها وهى مشهورة وقد دخلناها فلا يلومنا من كان منها فان الخطأ والنسيان من شان الانسان، وايضًا فلا يستوحشنّ امرؤ ذكرنا عيوب بلده فانها لا يزيد بذلك ثلبها كما لا يزيد بذكر محاسنها مدحها ولكن هذا علم موضوع على الامانة والصدق وذكر الخير والشرّ ولو اخفيتُ عيوب بلد لاخفيتُ عيوب بلدى لشرفها وحرمتها عند الله تعالى وعند خلقه، وربما نظر الانسان فى كتابنا فظنّه يتناقض فينبغى ان يديم الفكر حتّى يعرف الغرض الا ترى ان خلقًا هلكوا بظنّهم ان كتاب الله العزيز الكريم الذى لَا يَأْتِيهِ ٱلْبَاطِلُ مِنْ بَيْنِ يَدَيْهِ وَلَا مِنْ خَلْفِهِ الآية (Koran. 41 vs. 42) يتناقض فكيف بكلام مخلوق وعاجز ساقط ✿ واعلم انّا لا نشتغل بمراتب السادات الذين نذكرهم فى كتابنا مثل جليل وفاضل لان ذلك رسم الرسائل لا رسم التصانيف، ورايتُ المصنّفين قبلى

a) B et C male addunt الف. Sunt 300 dies, igitur una statio = $8\frac{2}{3}$ Paras. *b*) Male C bis الف (B ومايتنى, C ومائتى). *c*) B et C addunt: وكل الف مائة الف الف (sic) مره e quibus verbis nihil efficere potui.

اصبعًا والاصبع ستّ حبّات شعير مصفوفة بطون بعضها الى بعضٍ والميل ثُلث الفرسخ * وفى البريد خلاف بالبادية[a] والعراق اثنا عشر ميلًا وبالشام وخراسان ستّة الا ترى كيف بنى بخراسان على كلّ فرسخين رباط ورتّب فيه اصحاب البريد فبهذا ناخذ[b] ☆

على ضربين منهم من عقد لنفسه مجلس تدريس مدّة مديدة وجمع الغربآء وحرص على تخريج التلاميذ لينتشر اسمه فى البلدان ويعرفه الخاصّ والعامّ حتّى اذا بلغ امله وعلا ذكره صنّف فيلقى كلامه بالقبول، وقبلت حكمته العقول،، والى هذا ذهب الكعبىّ والكرخىّ، ومنهم من نسب كتابه الى امير جليل، او صدر نبيل،، ليشرف تصنيفه ويعلو قدره وهذه الطريقة سلك القتيبىّ والكسى (sic) وبها اخذتُ واليها ذهبت واياها اخترتُ فتدبّرتُ الملوك والامرآء، والسادات والوزرآء،، فرايتُ احقّ من نسبتُ كتابى اليه، ونشرتُ بضاعتى عليه، وانختُ راحلتى لديه،، من يستغرق المدائح، ويستوفى المناجح، ويمنح المنائح،، صاحب التدبير المحكم، والجزم المبرم،، ومن تراه ابدًا يرفع الاحرار، ويكرم الابرار، ويحبّ الاخيار،، ابدًا تطوف ببابه العفات، ولا يملّ من العطآء والصلات،، ومن رفع الله تعالى فى السؤدد رتبته، واعلى فى الخلق ذكره،، واصطفاه عميد الدولة واستوزره، وحباه ملك المشرق واسعفه،، مناقبه لائحة، ورأيه (وارآءه .l) راجحة،، وكرمه ظاهر ولقبه فاضل ونسبه عالٍ (على .Cod) وبلده فاخر وخلقه طاهر الشيخ الفاضل السيّد ابو الحسن على بن الحسن اطال الله تعالى فى العزّ والتأبيد بقاءه، وجعل نعيم آخرته متصلة (متّصلًا .l) بنعمة دنياه، وحبّس عليه ما منحه واعطاه،، لا سيّما وهذا علم تفرّد به الوزرآء واحبّوه، وصنّفوا فيه ورفعوه،، كما ذكرنا لك فى المقدّمات غير انى جعلتُ هذا الاصل عامًّا وكتاب النسبة خاصًّا سمّيتُه كتاب المسافات والولايات لانّ الاجلّة والكبرآء يميلون الى ما قلّ من الكلام ودلّ.

a) B البادية. b) C من جعله (فمنهم .l) فمنه فى البريد اختلفوا وقد اثنا (اثنى .l) عشر ميلا ومنهم من جعله ستة اميال وبه ناخذ.

جَزِيرَةُ ٱلْعَرَبِ

انما بدانا بجزيرة العرب لان بها بيت الله الحرام، *ومدينة النبىّ عليه الصلاة والسلام[a]، ومنها انتشر دين الاسلام،، وفيها كان الخلفآء الراشدون، والانصار والمهاجرون،، وبها عقدت رايات المسلمين، وقويت امور الدين،، وايضًا فانّ[b] بها المشاعر، والمناسك والمواقيت والمناحر،، ثمّ هى عشريّة ذكرها الائمّة فى دواوينهم، ولا بدّ للمدرّسين من[b] معرفتها فى شروحهم،، ولان منها دُحِيَتِ الأَرْضُ ودعا ابراهيم عَمّ الخلق ومع ذلك فانها تشتمل على حدود جليلة *وكور كبيرة[c] واعمال نفيسة الا ترى ان[d] الحجاز كلّها واليمن باسرها *وبلد سينا والاحقاف[e] واليمامة والاسحار[f] وهجر وعمان والطائف ونجران *وحنين والمخلاف[g] وحجر صالح وديار عاد وثمود والبئر المعطّلة والقصر المَشيد وموضع ارم ذات العماد واصحاب الاخدود وحبس شدّاد وقبر هود وديار كندة وجبل طيّئٍ وبيوت الفارهين بالواد *وجبل سينا[h] ومدين شعيب وعيون موسى *فيها وهى امدّ الاقاليم مساحةً وافسحها ساحةً وافضلها تربةً واعظمها حرمةً واشرفها مدنًا[i] بها صنعآء التى فاقت *البلاد وعدن[k] التى تشدّ اليها الرحال، *والمخاليف للاسلام فيها جمال،، واليمن الجليلة والحجاز[l]، فان قال قائل لِمَ جعلتَ اليمن والمشرق والمغرب جانبين جانبين قيل له اما اليمن فالنبىّ صلعم جعلها حيث[m] فرق مواقيتها فى الاحرام[n]، واما

a) B haec om. b) B om. c) C om. d) C addit ارض. e) C وبلد الاحقاف. f) B والاسحار. C والاشجار, sed infra الاسحار. g) Id est مخلاف معاذ. C om. h) C om. iure, nam supra iam praecedit بلد سينا. i) C pro his: وهو اوسع الاقاليم بعد المغرب رقعة واجلّها بقعة واعظمها حرمة واكرمها تربة. k) C وخزانة المشرقين صحار فوجب تقديمها على كل حال. l) C pro his: وغنم. m) C حين. n) Hic C addit: (Cod. بن) فان قال انما قال ويحرم اهل نجد من قرن ولم يقل اهل اليمن قيل له لا خلاف ان اهل صنعآء منهم ثمّ لا شكّ ان صنعآء من اليمن وكان معناه يحرم اهل اليمن من يلملم الا اهل نجد وهو كما يقول الرجل لغلامه ادفع الى الاشراف الفًا الفًا والى اولاد علىّ الفين الفين وتجد لها دلائل من الكتاب والسنن. Cf. al-Bokhárí, I, p. ٣٨٧.

خراسان * فان ابا زيد[a] جعلها * اقليمين وهو امام فى هذا العلم بخاصّة فى اقليمه فلا عيب علينا ان جعلناها جانبين[b] ، فان قال فلم خالفتَه بعد ما نصبته امامًا * فصيّرتَ خراسان[c] اقليمًا واحدًا قيل له (37) لنا فى هذا جوابان احدهما انّا لم نحبّ ان نفرق مملكة آل سامان[d] اذ المشهور فى الاسلام انهم ملوك خراسان وانّما دار ملكهم * فى هيطل[e] والجواب الثانى ان ابا عبد الله الجيهانىّ * ايضًا امام فى هذا العلم وهو لم يفرق خراسان فقولنا من جهة يوافقهما ومن جهة يخالف ، وهذه صورة جزيرة العرب[f] ✿

(38) وقد جعلناه اربع[g] كور جليلة واربع نواحٍ * نفيسة والكور[h] اوّلها الحِجَاز ثم اليَمَن ثم عُمَان ثم هَجَر * والنواحى الأَحْقَاف والأَشْحَار[i] اليَمَامَة

a) C فالفارسى. b) C اقليما على حدة وهيطل آخر وهو احد الائمّة فى هذا العلم وذكر لى من لقيه انه كان فقيهًا فيهما حاكمًا. c) C فجعلت خراسان وهيطل. d) C ساسان. e) C بهيطل addens: والاستحستان عند (l. عندنا) فى هذا العلم اصل مقدم وهو احد القياسيين. f) C pro his: وابن جرداذبه (l. خرداذبه) وابن الفقيه كانوا ايضًا ائمّة فى هذا العلم ولم يفرق احد منهم اقليم المشرق فحملنا مقالة الفارسىّ على انهما جانبين ومقالة من ذكرنا على انه اقليم واحد الا ترى انه لما روى عن النبىّ صلعم انه رفع يديه حذآء منكبيه وروى حذآء اذنيه استحسن فقهاؤنا ان يرفع رفعًا يجمع فيه القولين ويستعمل فيه الخبرين ، فان قال طريقتك التى ابتدعتها تخالف طرائق جميع من ذكرتَ قيل له انما خالفناهم فى البيان وفى اشيآء غلطوا فيها ولو كانت كتبهم شافية وحكاياتهم كلّها صحيحة ولاوساط الناس فى تاليفهم فائدة ما تكلّفنا ما تكلّفناه ولكنّى ما رايتهم زادوا على المسالك والممالك والاشكال وشىء من العجائب وعلم النجوم ، واما اقليم المغرب فانّا قسمناه على اقليم المشرق والمعنى الجامع بينهما ان كلّ واحد منهما احد طرفى الاسلام فى الطول وغاية لسراج الدنيا وبالله تعالى التوفيق ، وهذا مثال هذا الاقليم وشكله غاية جهدنا كما ترى. In B (p. 37) et C sequitur mappa Arabiae. g) C وقد جعلنا هذا الاقليم سبع. h) Addidi نفيسة ex C et والكور coniectura, C enim habet فاما الكور فالحجاز. i) Id est مهرة.

قُرْح[a] ۞ فاما الحجاز فقصبته مَكّة *ومن مدنها[b] يَثْرب ويَنْبُع وقُرْح[c] وخَيْبَر والمَرْوَة والحَوْرَآء وجُدّة والطّائف والجار والسُّقْيا[d] والعَوْنيد والجُحْفَة والعُشَيرة *هذه امّهات[e] دونهنّ[e] بَدْر خُلَيْص أَمَج *الحِجْر بَدَا يعقوب[f] السُّوارقيّة[g] الفُرْع السّبْرَة[h] جَبَلَة مَهَايِعُ حاذة[i] ۞ واما اليمن *فقسمان ما كان نحو البحر فهو غور واسمه تهامة قصبته[k] زَبيد ومن مدنه مَعْقِر[l] وكَدْرة ومَوْر وعطنة[m] الشَّرْجَة دويمة الحَمِضَة غَلَافِقَة مُخَا كَمَرَان

---

a) Addidi ex C, ubi pro قرح est قَرح. Mox B وقرج. Supra p. ٥٣, 10 قَرح. b) C ومدينة. Nomina seqq. sine copula in C. c) C om. et nomen seq. corruptum habet. d) C سقيا يزيد et hic om. والعونيد. e) C haec om. et non plane eodem ordine enumerat, ponens العشيرة post السيرة. Addidi بدر ex C. f) C om. g) B et C السوار. h) B et C hic et deinde السيره. Est autem idem locus quem Ist. p. ٢١, ٢٢ et Ibn H., p. ٢٨ ult. appellant السائرة. Apud Wüstenfeld, *das Gebiet von Medina*, sub neutra forma occurrit. i) B et C حاذيه, quae est forma nominis hodierna (Hedîe). C addit: واعلم انا اول ما نشتغل بترتيب المدن على مواضعها من الكور الا فى مواضع وربما رتبناها على جلالتها كما فعلنا بالحجاز لان الصورة تنبئك عن مواضعها. k) C pro his: فما كان منها نحو البحر فانها تسمّى تهامة وهو معدن الخزّ (l. الحرّ) كثير الرمال قصبتها. Mox C مدنها. l) B معفر. Corrigatur idem in ed. Jakubii p. ١٠٣ paen. et ١٠٤ ult. et apud Johannsen, *Historia Jemanae* pro *Megfer* (p. 284) et *Hakrah* (p. 273). Deinde B وكندره. Jacut locum appellat كَدْرآء, vid. IV, p. ٢٤٤, 16 et III, p. ٢٠٢, 21, Jakubi, p. ١٠٤ paen. et ١٠٩ الكدراء, Ibn Modjâwir apud Sprenger, *die Post- und Reiserouten*, p. 148 الكدر. Vid. quoque Johannsen, *Historia Jemanae*, p. 279. m) B h. l. et infra وعطبة. Supra ut e C h. l. recepi. Nomen occurrit apud Jacut, IV, p. ١٠٣٦, 8 sub forma العطنة. Locum mox دويمة appellatum, Khazradji, *Hist. Jeman.*, Ms. 302, p. 80 appellat الدومة.

الحِرْدَة[a] اللَّسْعَة[b] شَرْمَة العَشِيرة[c] رنقة الخُصُوف[d] السَّاعِد المَهْجَم وغيرهنّ، ناحية أَبْيَن مدنها عَدَن لَهْج[e] وناحية عَثَّر[f] مدنها بَيْش حَلْيٌ السِّرْيَن وناحية السَّرَوَات، *واما ما كان من ناحية الجبال فهو جبال باردة تسمّى نجدًا[g] قصبتها صَنْعَآءُ ومن مدنها صَعْدَة نَجْران جُرَش العُرْف جُبْلَان[h] الجَنَد ذِمَار نَسَفان[i] يَحْصِبُ السُّحُول المُذَيْخِرَة خَوْلان[k]، ناحيتها الاحقاف بها من المدن حضرموت حَسْب وناحية مَهْرة *مدينتها الشِّحر وناحية سبأ[l] ۞ واما عمان فقصبتها صُحَارُ[m] ومدنها نَزْوَة السِّرّ ضَنْك[n]

---

a) B supra bis الجرده i. e. tum الحِرْدة ut praescribit Abulfeda, p. ٩١ (Jacut حَرْدة), tum الجَرَدَة (cf. Jacut in v.). Apud Jacut, IV, p. ١٠٣٦, 8 legatur الحردة. b) Non differre videtur a لَسْعَى apud Jacut (pro quo Ibn Doraid quoque لسعاء dici observat) et السلعاء apud Jakubí, p. ١٠٣ ult. quod in اللسعاء mutandum videtur. Cf. Sprenger, *die alte Geographie*, § 95 et 106. c) Cf. Jacut in v. Scherma memoratur apud Sprenger p. 148. Nomen رنقة (C رىقه) aliunde non novi. d) C ut B supra الحصوف. Vocales secundum edit. Jacut, III, p. ٩٧ et ٤٥٠. Juynboll pronuntiavit Khoçuf. Apud Jakubí, p. ١٠٤ paen. hoc restituendum est pro الخفوف. Ibidem repone والساعد. e) Sic B et C hic et infra. Vulgo appellatur لحج ut quoque in mappa C. — C pro his inde a وغيرهن tantum عدن اس لهج et deinde نبيش عثر حلىّ السرين السروات. f) B دنشر pro عثر et mox دبشر حكى السربن. Recepi حَلْيٌ secundum Jacut, vulgo autem pronuntiant Haly. g) C اما ما كان نحو الجبال تسما نجد اليمن اطيب هواء وارخص اسعارا واكثر ثمارا من تهامة. B pro نجدا habet بحذا. Pro جبال (Cod. حبال) fort. l. بلاد. h) C جيلان. i) B دسفان. C بسعان. Deinde B et C يحصب. k) C addit وغيرهن et habet deinde: وناحية الاحقاف لم اعرف من مدنها شيئا غير انى رايت رمالا كما قال الله تعالى (Koran. 51 vs. 42) مَا تَذَرُ مِنْ شَيْءٍ أَتَتْ عَلَيْهِ الَّا جَعَلَتْهُ كَالرَّمِيمِ ورايتُ قصبتها حضرموت فى وسط تلك الرمال. l) C قصبتها الشحر ولها مدن عدّة على البحر وخلفه قد انسيت اسماءها وكذلك ناحية سبا حولها عدة منابر ولها قصبة عامرة. Et supra p. ٥٣, 12 in B post الشحر lacuna est. m) C صحار. Urbs السرّ appellatur سر عمان apud Edrîsî. n) B hic et supra صنك ut C infra.

حفيت[a] دَبَا سلوت[b] جُلَّفَار[c] سَمَد[d] لسيا مِلَح ۞ واما هَجَر[e] فقصبتها الأَحْسَآء ومدنها سابون[f] الزرقآء أُوَال العُقَير[g] وناحيتها اليمامة ، واكثر مدن هذه الجزيرة صغار لكنها *على آثين المدن[h] ۞ الآن نرجع الى وصف ما امكن من بلدان الكور وندع ما لا فائدة فيه[i] ۞

مكّة هي مصر هذا الاقليم قد خُطّت حول الكعبة[k] فى شعب وادٍ رايتُ[l] لها ثلاث نظائر عَمّان بالشام واصطخر بفارس وقرية الحمرآء بخراسان بنآؤها حجارة سود *ملس وبيض ايضًا[m] وعَلْوها الآجرّ كثيرة الاجنحة من خشب الساج وهى طبقات مبيّضة نظيفة[n] حارّة فى الصيف الّا ان ليلها طيّب قد رفع الله عنهم مؤونة الدفآء[o] واراحهم من كلف[p] الاصطلآء ، وكلّما نزل عن المسجد الحرام[q] يسمّونه المَسْفَلَة وما *ارتفع عنه[r] المَعْلاة وعرضها سعة الوادى والمسجد فى ثُلْثَى البلد الى[s] المسفلة والكعبة[t] فى وسطه *وفيه طول[u] باب الكعبة مرتفع عن الارض نحو قامة عليه مصراعان ملبسان[v] بصفائح الفضّة *قد طُليت بالذهب[w] قبال المشرق طول المسجد ثلاثمائة ذراع وسبعون

---

a) B حضيت, supra حعتيت (sic). Secutus sum C, qui h. l. حعيت. *b*) Infra C سلوب. *c*) B supra حلفان, h. l. حلقان ; C خلعاں. Vid. Jacut in v. et sub جُرَّفار. *d*) B supra سهد, h. l. سمر. Pro لسيا B supra et C لسدا, infra B لسبا. Sequens ملح hodie vocatur Minah (منح) et sic habent Dimaschki ed. Mehren, p. ٢١٨ et Edrisi. *e*) C addit: وهي البحرين. *f*) Male Jacut, III, p. ٦, 15 sq. سابور. Cf. Beládsorí, p. ٨٥. *g*) C الغفير. *h*) C تسمّى مدنا على اسيها وهي. B اسن pro آثين. *i*) C فى ذكره ونبدأ بام القرى et deinde rubro atramento inscriptio مكة المشرّفة. *k*) C احاطت بالمسجد الحرام. Lectioni احاط favet Jacut, IV, p. ٦٢٥, 19 ubi hic locus exstat. *l*) C ورايت et post لها addit فى الاسلام. *m*) Jacut وبيض ملس. Deinde C sine copula علوّها. *n*) C et Jacut لطيفة. *o*) Jacut مؤنة الاستدفاء. *p*) Addidi ex Jacut, *q*) C om. *r*) C علا. *s*) C نحو. *t*) B sine copula. Quae sequuntur habet Jacut, IV, p. ٢٧٩, 16 seqq. *u*) Jacut مربّع الشكل. Deinde C وباب, Jacut بابه. *v*) C et Jacut ملبسة (Jac. ملبّسة). *w*) C والمرندجه وهو. Deinde Jacut مقابلا للمشرق. Pro طول C et Jacut وطول.

ذراعًا وعرضه ثلاثمائة وخمسة عشر ذراعًا وطول الكعبة اربعة وعشرون ذراعًا وشبر في[a] ثلاثة وعشرين ذراعًا وشبر *وذرع دور[b] الحِجْر خمسة وعشرون ذراعًا وذرع الطواف مائة ذراع وسبعة اذرع *وسمكها في السمآء[c] سبعة وعشرون ذراعًا والحجر من قبل الشام فيه يقلب[d] الميزابُ شبه أَنْدَر قد أُلبست[e] حيطانه بالرخام مع ارضه *ارتفاعها حَقْوٌ[f] ويسمّونه الحَطِيم والطواف من ورآئه ولا يجوز الصلاة اليه[g]، فان قال قائل اذا[h] لم يجز الطواف الّا[i] عليه فأَجِزْ الصلوة اليه قيل له *هذا كلام غير فهيم لانه[k] مشكوك فيه فوجب ان يحتاط فيه[l] من الوجهين، والحجر الاسود على الركن الشرقيّ (39) عند الباب على لسان الزاوية مثل راس الانسان ينحنى[m] اليه مَنْ قبّله يسيرًا، وقبّة زمزم تقابل[n] الباب الطواف بينهما[o] ومن ورآئها قبّة الشراب فيها حوض كان يسقى فيه السويق والسكّر[p] في القديم، والمقام بازآء وسط البيت *الذى فيه الباب[q] وهو اقرب الى البيت من زمزم فيدخل[r] في الطواف ايّام الموسم ويُكَبُّ *عليه صندوق[s] حديد *عظيم راسخ في الارض طوله اكثر من قامة وله[t] كسوة ويرفع المقام في كلّ *موسم الى البيت فاذا رُدّ جُعل[u] عليه صندوق[v] خشب له باب يفتح اوقات الصلوة[w] فاذا سلّم الامام *استلمه ثم

---

a) Jacut وعرضها. Mox C ut Jac. وعشرون. b) C وذراع طول. c) C وارتفاعها في الهواء. d) B نقلّب (sic). Pro الميزاب C المرزاب et haec ponit post اندر (B انذر, C اندر, Jacut الاندر). Cf. Azrakí p. ۲۰۴, 3. e) C لبست. f) C ارتفاعه عن الارض حقوه. g) C الصلوه اليه Jacut الصلوة فيه. h) B انما. i) In B expunctum est. k) C pro his tantum هو. l) B om. m) B بنحى, C ينحى. Secutus sum Jacut l. l. ۲۸۰, 2. n) C يقابل. o) C دونها. Deinde C وخلفها, B et Jacut ورائهما (B من) ومن. Cf. Ibn Djobair, p. ۸۷, 3. p) C بالسكر. q) C نحو الشرق. r) C et Jacut l. l. (et p. ۵۸۹, 1) يدخل. s) C على موضعه مكبة. Pro حديد B antea خشب. Cf. quoque Azraki, p. ۲۷۹ et Ibn Djobair p. ۸۳. t) C عظيمة راسخة في الارض عليها. u) C فاذا سنة انقضا الحج رد وجعل. v) C add. اخر من, B من sed expunctum. w) B الصلوات.

اغلق[a] الباب وفيه اثر قدم[b] ابراهيم عمّ مخالفة وهو اسود واكبر من الحجر[c]، وقد فرش الطواف بالرمل والمسجد بالحصى وأُدير على صحنه أَروقة ثلاثة على اعمدة رخام حملها المهدىّ من الاسكندريّة فى البحر الى جُدّة *والمسجد من بنائه قد أُلبست[d] حيطان الاروقة من الظاهر بالفسيفساء[e] حُمل اليها صُنّاع الشام ومصر الا ترى اسمآءهم[f] عليه، وله تسعة عشر بابًا باب بنى شيبة باب النبىّ باب بنى هاشم باب الزيّاتين[g] باب البزّازين[h] باب الدقّاقين[i] باب بنى مخزوم باب الصفا باب زقاق الشطوى[k] باب التمّارين[l] باب دار الوزير باب جياد باب الحَزْوَرَة[m] باب ابراهيم باب بنى سهم باب بنى جُمَح[n] باب العَجَلَة[o] باب النَّدْوَة باب البشارة[p] واليه الاسواق من الشرق والجنوب ودور المصريّين[q] ومنازلهم من الغرب[r] ويقع السعى بين الصَّفَا والمَرْوَة فى السوق الشرقىّ والعدو من قرنة المسجد الى باب بنى هاشم وثَمّ اميال[s] خضر وخلف هذين السوقين آخران الى آخر المَعْلاة بينهما منافذ، فمن دخل من العراق واراد باب[t] بنى شيبة فليتيامن *وليسلك سوق راس الردم[u] ولا يسلك سوق الليل ومن اراده من المصريّين فاذا بلغ الجراحيّة[v] خارج البلد عطف على اليسار[w] الى الثنيّة ثم انحدر على المقابر *الى مدخل

---

a) C المقام ثم اقفل. b) B قدمى et mox مخالعه. c) Jacut addit الاسود. d) C ثم حملت على العجل الى مكّة والمسجد اليوم من بنائه وقد لبست. Ad verba priora cf. Jacut, IV, p. ٥٢٥, 22. e) C بالفسافس. f) C اسماوهم. g) C الرباتين. h) C البزاريس. i) B الرقاقين. Cf. Ibn Djobair, p. ١٠٤, 14, Ibn Batuta, I, p. 323. k) B السطوى. l) B sine punctis. m) Coniectura edidi. B الحزور, C الحرق. n) B مجمح, in C deëst. o) B العاجه, in C deëst. Est pro باب دار العجلة ut باب الندوة pro باب دار الندوة (non igitur necesse est addere دار Ibn Djobair, p. ١٠٤, 5). p) C النساورة. q) B المصريين; C وذو المصريين (sic). r) C من نحو المغرب. s) C addit: قد نصب من الوجهين. t) B om. u) C وليبسل عن راس الدرم. v) B الحراحيه, C الخراجيه. Recepi lectionem Bekríi et Zamakhscharíi (vid. Juynboll Add. ad *Merácid*, IV, p. 369). w) C نحو الشرق, sed ponit post الثنية (B السبه).

العراقيّين[a] ، ويدخل اليها من ثلاثة وجوه ابواب مِنًى نحو العراق دربان ثمّ درب العُمْرة ثمّ درب اليمن بالمَسْفَلة لجميع مصفّحة بالحديد والبلد محصّن ، وابو قُبَيس مطلٌّ على المسجد يصعد اليه من الصفا فى درج ، وقد احاط بالطواف اميال[b] من الصفر وخشبات فيها قناديل معلّقة ويجعل[c] فوقها الشمع لملوك مصر واليمن والشار[d] صاحب غَرْجستان ، وبمكّة ثلاث برك تملأ من قناة شقّتها زُبَيدة[e] من بستان بنى عامر ولهم آبار عذيبيّة ومستغلّاتهم[f] الدور ، اخبرنا ابو بكر ابن عبدان[g] الشيرازىّ قال حدّثنا علىّ بن الحسين ابن معدان قال حدّثنا محمّد بن سليمان لُوَيْن[h] المصّيصىّ قال حدّثنا ابو الاحوص[i] عن الاشعث بن سليم عن الاسود بن يزيد قال قالت عائشة رضّها سالتُ النبىّ صلعم عن الحِجْر من البيت هو قال نعم قلتُ فما لهم لم يُدْخلوه فى البيت فقال ان قومك قصرت بهم النفقة قلتُ فما شان بابه مرتفعًا قال فعل ذلك قومك ليُدخِلوا مَنْ شآءوا (40) ويمنعوا مَنْ شآءوا ولولا ان قومك حديث عهد بالجاهليّة فاخاف تنكُّر[k] قلوبهم لنظرتُ ان أُدْخل الحجر فى البيت وان الزق بابه بالارض[l] ، ويقال ان ابن الزبير ادخل عشرة * من مشايخ[m] الصحابة حتّى سمعوا ذلك منها ثمّ امر بهدم الكعبة فاجتمع اليه الناس وابوا ذلك فابى الّا هدمها فخرج الناس الى فرسخ[n] خوفًا من نزول عذاب وعظم ذلك *عليهم ولم يكن الّا الخبير[o] وبناها على ما حكت عائشة وتراجع الناس فلما قدم الحجّاج تحرّم ابن الزبير بالكعبة فامر بوضع المنجنيق على ابى قبيس وقال ارموا الزيادة[p] التى ابتدعها هذا المكلّف فرموا

---

a) C om. et habet deinde: ودروب مكّة ثلث ابواب منا وهما دربان منهما دخول اهل العراق وباب العمرة يدخل منه المصريون وباب المسفلة منه يدخل اهل اليمن الجميع الخ. *b*) C امثال. *c*) C ويقد. *d*) B والشام. C addit العادل omisso صاحب غرجستان. *e*) C addit واجرتها et post عامر: وانفقت عليها الاموال. *f*) C وجل مستغلاتهم. *g*) B عيدان. C ante قال addit بالاهواز. *h*) B لوين. *i*) الاخوص. *k*) B ينكر; Jacut, IV, p. ٢٨٣, 21 ان تنكر, ut Bokhârí, I, p. ٤٠١, 2. *l*) C الارض. *m*) C et Jacut l. l. 23 من مشايخ. *n*) C addit من مكّة. *o*) C فى صدورهم فلم يكن الا خبر. *p*) B الزيادى.

موضع الحطيم واخرج ابن الزبير وصلبه[a] وردّ للحائط *كما كان فى القديم[b] واخذ بقيّة الاحجار فسدّ منها الباب الغربىّ ورصف بقيّتها فى البيت كيلا تضيع[c] ✿ وسمعتُ بعض مشايخ القيروان يقول حجّ المنصور فراى صغر المسجد الحرام وشعثه وقلّة معرفتهم بحرمته وراى الاعرابىّ يطوف بالبيت على بعيره وبجاويّه[d] فسآءه ذلك وعزم على شرآء[e] ما حوله من الدور وزيادتها فيه وتفخيمه[f] وتحصيصه فجمع اصحابها[g] ورغّبهم فى الاموال الجمّة *فتابّوا عن بيعها وضنّوا[h] بجوار بيت الله *الحرام فاهتمّ[i] لذلك ولم يُجِزْ[k] ان يغصبها عليهم ولم[l] يظهر للناس ثلاثة ايّام وتحدّث الناس بذلك وابو حنيفة فى تلك السنة حاجٌّ ليس له بعدُ ذكر[m] ولا ظهر *الناس على فقهه[n] وصائب رأيه قال *فقصد خيامه وكانت بالابطح فسال عن امير المؤمنين وما الذى غيّب شخصه فذكرت القصّة[o] فقال هذا باب[p] هيّن *لو قد لقيتُه عرضته عليه فأُنهى ذلك اليه فامر باحضاره فلمّا ساله عن ذلك قال ابو حنيفة[q] يحضرهم امير المؤمنين فيسالهم *اهذه الكعبة نزلت[r] عليكم ام انتم نزلتم عليها فان قالوا نزلت علينا *كذّبوا لان[s] منها دُحيت الارض وان قالوا نحن نزلنا عليها *فجوابهم انه[t] قد كثر زوّارها وضاقت ساحتها فهى احقّ بفنائها ففرّغوه لها[u] فلما *جمعهم وسالهم قال سفيرهم وكان رجلًا هاشميًّا نحن نزلنا عليها قال ردّوا فنآءها فقد كثر زوّارها واحتاجت[v] اليه فبهتوا ورضوا بالبيع[w] ✿ وهذه الحكاية تُقوّى احدى الروايتين عن ابى حنيفة فى كراهية بيع دور مكّة واخذ اجورها *الّا على تاويلٍ[x] ✿

---

a) C فصلبه. b) C الى ما كان. c) B يضيع. d) B وبجاويه s. وبجاريه, C وبحاوّيه. Coniectura edidi. e) C شرى. f) C om. g) C melius اصحاب الدور. h) C tantum فضنوا. i) C ولم يجيبوا الى بيعها فاغتم. k) B sine vocal., C يَجُزْ. l) C فلم. m) C ذلك الصيت. n) C للناس عجايبه وفقهه. o) C tantum فاخبر بذلك. p) C امر. q) C فامر الخليفة باحضاره وسئله عن الوجه فى ذلك قال. r) B هذه الكعبة أُنزلت. s) C كذبهم الا. t) C قال والان. u) B om. v) B واحتاج. w) C pro his: سئلهم لم يكن لهم جواب الا انهم هم النازلون عليها فاجابهم بما قال ابو حنيفة ورضوا باخذ اثمانها طيبة بذلك انفسهم. x) C على هذا التاويل. Deinde C om. مدينة.

مدينة منًا على فرسخ من مكّة وهى من الحرم طولها ميلان[a] تعمر ايّام الموسم وتخلو بقيّة السنة الّا ممّن[b] يحفظها وكان ابو الحسن الكرخىّ يحتجّ لابى حنيفة فى جواز الجمعة بها انها[c] ومكّة كمصرٍ واحدٍ فلما حجّ ابو بكر الجصّاص وراى بُعْدَ ما بينهما استضعف هذه العلّة وقال انها[d] مصر من امصار المسلمين تعمر وقتًا وتخلو وقتًا وخلوّها لا يُخرجها من[e] حدّ الامصار وعلى هذه العلّة يعتمد القاضى ابو الحسين[f] القزوينىّ وسالنى يومًا كم يسكنها وسط *السنة من[g] الناس قلتُ عشرون ثلاثون[h] رجلًا وقلّ مضرب[i] الّا وفيه امرأة تحفظه قال صدق ابو بكر واصاب فيما[k] علّمك فلمّا لقيتُ الفقيه ابا حامد البَغْولىّ[l] بنيسابور حكيتُ له ذلك فقال العلّة ما نصّ بها[m] ابو الحسن الا ترى الى قول الله عزّ اسمه[n] ثُمَّ (41) مَحِلُّهَا إِلَى ٱلْبَيْتِ ٱلْعَتِيقِ وقال[o] هَدْيًا بَالِغَ ٱلْكَعْبَةِ وانّما يقع النحر بمنًى* وقلّ[p] بلد مذكور فى الاسلام الّا ولاهله به[q] مضرب وعلى راسها من نحو مكّة عقبة[r] ترمى عليها الجمرة يوم النحر والثالث[s] من الايّام الأُخر والاولى بقرب مسجد الخيف والوسطى بينهما *ومنى شعبانِ فيهما ازقّته[t] والمسجد فى الشارع الايمن ومسجد الكبش بقرب العقبة بها[u] آبار ومصانع وقياسير[v] وحوانيت *حسنة البناء بالحجر وخشب الساج[w] وهى بين جبلين يطلّان عليها* والمُزْدَلِفة على فرسخ من منى بها مصلًّى وسقاية ومنارة وبرك عدّة[x] الى جبل

a) C ميلين et addit فى شعب. b) C من. Quae sequuntur a وكان ابو الحسن ad النحر بمنى in C desunt. Vid. quoque Jacut, IV, p. ٦٤٣, 6 seqq. c) Jacut لانها. In B deëst ومكة. d) Jacut هذه. e) Jacut عن. f) Jacut الحسن. g) B om. h) Jacut الى ثلاثين. i) Jacut قلما تجد فيه مضربا. k) B فيها. Jacut علّل pro علمك. l) B الجغولى, Jacut البَغَوى. m) B نصبها. Jacut addit الشيخ. n) Koran. 22 vs. 34. o) Koran. 5 vs. 96. p) C واقل omisso مذكور. Jacut وقل ان يكون. q) Jacut بمنى et mox راس منى. r) B addit ترى. s) C والثالثة et mox الاولى sine copula. t) C om. Jacut بينهما ازقة. u) Jacut وبها. v) C. وقياسين, Jacut وخانات. w) B et Jacut om. Seqq. om. C; in hic B يظلان, Jacut مطلّين. x) C وعدة برك. Deinde Jacut, IV, p. ٥٢٠, 2 الى جنب.

بَبِير وكانت العرب تقول أَشْرِقْ ثَبِيرْ *كَيْمَا نُغِيرْ[a] على الخلاف وتسمّى جَمْعًا[b] والمَشْعَر الحَرَام ✿ وعَرَفَة قرية فيها مزارع وخضر ومباطخ وبها دور حسنة لاهل مكّة ينزلونها يوم عرفة والموقف منها على صبحة عند جبل متلاط وثَمّ[c] سقايات وحياض وقناة تنحرّ[d] وعَلَم قد بُنى يقف خلفه[e] الامام للدعآء والناس حوله وعلى جبال بقربه[f] لاطية والمصلّى *على حافة وادى عُرَنَة على تخوم عرفة ولا يجوز الوقوف بالوادى ومن خرج اليه قبل غيبوبة الشمس وجب عليه دم وعلى حدّ عرفة اعلام بيض وفى المصلّى[g] منبر من الآجرّ[h] وخلفه حوض كبير وقبله بميلين المأزِمَيْن هى حدّ الحرم ✿ *وبطن مُحَسِّر وادٍ بين منى[i] والمزدلفة هو تخم[k] المزدلفة[l] ✿ والتَّنْعِيم موضع به *مساجد حول مسجد عائشة وسقايات[m] على طريق المدينة منه يحرم المكّيّون بالعُمْرة[n] ويحدق بالحرم اعلام بيض وهو من طريق الغرب[o] التنعيم ثلاثة اميال ومن طريق العراق[p] تسعة اميال ومن طريق اليمن سبعة اميال ومن طريق الطائف *احد عشر ميلًا[q] ومن طريق الجادّة عشرة اميال ✿ وذُو الحُلَيْفَة قرية عند يثرب بها مسجد عامر وبالقرب[r] آبار ولا *يرى بها ديّار[s] ✿ والجُحْفَة مدينة[t] عامرة يسكنها بنو جعفر عليها حصن ببابين وبها آبار يسيرة وعلى ميلين عين وبها بركة *كبيرة ربّما عزّ بها المآء وهى[u] كثيرة

a) C om.; B نثر sed formula constat. Deinde C om. على الخلاف (B الحلاف). b) B وسمى جُمع, C وبسما جمع. Post الحرام C addit: وحدّها الى وادى محسّر نحو منا. c) Jacut, III, p. ٦٤٩, 18 وبها. Deinde C سقيبات. d) B تجر. Jacut om. e) Jacut عنده. f) C بقربة. g) Haec in B desunt. h) C آجر. i) B المنى. k) B بخم. l) C haec om. m) Jacut, I, p. ٨٧٩, 22 مساجد مريم احرمت به عائشة بالعمرة وثمّ مسجدها وسقايا. n) C pro his: على فرسخ من مكة خلفها بميل مسجد عَلىّ منه يعتمر الشيعة. Pro ويحدق بالحرم C tantum الحرم rubro atramento. o) C المدينة التنعيم وهى جادّة اهل الغرب, omisso ثلاثة اميال. Cf. quoque Jacut, II, p. ٣٤٥, 17 seqq. p) C اهل الشرق. q) Jacut: (sic) عشرون اميال. r) C وبالغرب. s) C ترى بها ديارا. t) C om. u) B om.

الحُثْمى ، اخبرنا شافع[a] بن محمّد قال حدّثنا علىّ بن الرجآء[b] قال حدّثنا ابو عتبة قال حدّثنا محمّد بن يوسف قال حدّثنا سفيان عن هشام بن[c] عروة عن ابيه عن عائشة قالت قال رسول الله صلعم اللهمّ حَبِّبْ الينا المدينة كما حبّبتَ الينا مكّة واشدّ وانقل حمّاها الى الجحفة ۞ وقَرْن مدينة[d] صغيرة خلف الطائف على طريق صنعآء ۞ ويَلَمْلَمُ منزل على طريق زَبيد[e] عامر ۞ وذَاتُ عِرْق قرية بها آبار قريبة المستقى[f] يابسة عابسة على منزلين ، اخبرنا ابراهيم بن عبد الله الاصبهانىّ[g] قال اخبرنا محمّد بن اسحاق السرّاج قال حدّثنا قتيبة بن سعيد[h] قال حدّثنا[i] الليث بن سعد قال حدّثنا نافع مولى ابن عمر عن عبد الله بن عمر ان رجلًا قام فى المسجد فقال يا رسول الله من اين تأمرنا ان نهلّ فقال رسول الله صلعم يهلّ اهل المدينة من ذى الحُلَيفة ويهلّ اهل الشام من الجُحْفَة ويهلّ اهل نجد من قَرْنٍ فقال ابن عمر يزعمون ان رسول الله صلعم قال يهلّ اهل اليمن من يَلَمْلَم فى حديث آخر[k] ويهلّ اهل العراق من ذات عِرْق ۞ * والذّبيب[l] ميقات الغرب فى البحر جبل ازآء الجحفة ، وشقان[m] ميقات اهل اليمن فى البحر موضع قبال يلملم[n] ۞ وعَيْذاب مدينة قبالة[o] جُدّة يحرم منها من قصد من ذلك الوجه ۞ فهذه مواقيت (42) الآفاق فمن جاوزهنّ يريد مكّة ثمّ رجع نظر فان كان[f] لبّى سقط عنه الدم وقال بعض[p] لا يسقط وقال بعض[q] يسقط وان لم يُلبّ ، ولا يجاوز آفاقىّ[r] ميقاتًا الّا محرمًا[s] وان لم يكن ميقاته كالشامى اذا اجتاز بذى الحليفة وميقات اهل مكّة فى الحجّ منها ۞ والجِعْرَانَة على مرحلة من مكّة يخرج الناس اليها فى الاحرام[t] بالعمرة ۞ فهذه مشاهد

---

a) B سافع. *b*) C الردا addens بطبريّة. *c*) B عن. *d*) C om.; قرن est pro قرن المنازل. *e*) C ميا؛ (l. زبيد به) زبيدية. *f*) B om. *g*) C اصفهانى. *h*) B مسعود. *i*) C اخبرنا. *k*) C وفى رواية اخرى. Cf. Bokhárí, I, p. ٣٨٧ et ٣٨٩. *l*) Sic B, C الذنيب. *m*) B sine punctis. *n*) C pro his: وفى البحر ميقاتان للمصريين الذنيب ولاهل اليمن شقان. *o*) C قبال. *p*) C بعضهم. *q*) C اخرون. *r*) B sine punctis (اسامى) et deinde ميقات. *s*) B et C محرم. *t*) C add. من مكة.

المناسك وجميع ما يؤدّى فيها ثلاث فرائض وستّ واجبات وخمس سنن اما الفرائض فالاحرام والوقوف بعرفة والطواف للزيارة[a] والواجبات الاحرام من الوقت[b] والسعى بين الصفا والمروة والافاضة *من عرفات بعد المغرب والسنن طواف القدوم والرمل فى ثلاثة اشواط منه والعدو فى السعى بين العلمين والافاضة[c] من المزدلفة[d] قبل الطلوع والاقامة بمنى ايّام منى[e] وقال بعضهم السعى فرض وقال بعض طواف القدوم واجب وطواف الصدر[f] سنّة ۞

نرجع الآن[g] الى وصف مدائن هذه الكورة *ونواحيها على الترتيب[g] ، الطّائف مدينة[g] صغيرة شاميّة الهوآء *باردة المآء[h] اكثر فواكه مكّة منها موضع الرمّان *الكثير والزبيب والعنب الجيّد والفواكه الحسنة[i] وهى على ظهر *جبل غزوان[k] ربّما يجلد[l] بها المآء عامّتها مدابغ اذا تاذّى ملوك مكّة بالحرّ خرجوا اليها ۞ جدّة مدينة[g] على البحر منه اشتقّ اسمها محصّنة[m] عامرة *آهلة اهل تجارات[n] وبسار خزانة مكّة ومطرح اليمن ومصر وبها جامع سرىّ[o] غير انهم فى تعب من المآء *مع ان فيهام[p] بركا كثيرة[q] ويحمل اليهم المآء من البعد قد غلب عليها الفرس لهم[r] بها قصور عجيبة *وازقّتها مستقيمة ووضعها حسن[g] شديدة الحرّ جدّا ۞ أمَج صغيرة بها خمسة[s] حصون اثنان حجر وثلاثة مدر والجامع على متن الطريق ، *وخُلَيْص متّصلة بها وبها بركة وقناة وتمور وخضر ومزارع[t] ۞ السُّوَارْقِيَّة كثيرة الحصون بها بساتين ومزارع كثيرة[g] ومواشٍ ۞ الفُرْعُ والسَّنْبَرَة حصنان بكلّ واحدٍ جامع ۞ جَبَلَة كبيرة بها مناجر عليها حصن منيع يقال له المهد[u] الجامع خارجه ۞

---

a) C وطواف الزيارة. b) C المواقيت. c) Haec in B desunt. Textus autem C quoque lacunosus esse videtur, quia tantum tres واجبات enumerantur; deëst e. g. رمى الجمار. d) B مزدلفة. e) C التشريق. f) C العمه (الفيئة؟). g) C om. h) B om. i) C كثير العنب الجيد. k) B tantum جبل. l) B تجلّد. m) B محصه. n) C اهلها اهل تجارة (B اهله). o) C omisso سرى habet: الدور جليلة الوضع حسنة وهى فى السوق. p) C وبها. Deinde ut B برك. q) C add. للاجلة et deinde habet: ويحمل الماء للعامة من البعد. r) C ولهم. s) B et C خمس. t) Haec in B desunt. u) Fort. cf. Jacut, II, p. ٣٢٤, 21.

مَهَايِعُ نظير جَبَلَة على اودية سايلة[a] ✿ حَاذَةُ مدينة *مليحة للبكريّين[b] بها عدّة *من الحصون[c] وجامع كبير ✿

يَثْرِب هى مدينة النبىّ صلعم *وقد جعلناها ناحية لما قد احاط بها من المدن الخطيرة والسواحل المذكورة[d] تكون اقلّ من نصف مكّة يحيط باكثرها بساتين ونخيل وقرى ولهم[e] مزارع قليلة ومياه عذيبيّة وفيها حياض تقلب فيها *قنىّ عند[f] ابواب البلد[g] ينحدر اليها *فى درج[h] *وقد جرّ عمر رضه الى باب الجامع قناة قد اختلّت والاسواق عند الجامع لها نور وبهآء[i] اكثرهم بنو الحسين بن علىّ رضهما[k] بنيانهم مدر[l] ملحة الارض قليلة الاهل والمسجد فى ثلثيها[m] ممّا يلى بَقيعَ الغَرْقَد على عمل جامع دمشق ليس بالكبير وهو[n] وجامع دمشق من بنآء الوليد بن عبد الملك وقد زاد فيه بنو العبّاس وقال[o] صلعم لو مدّ هذا المسجد الى صنعآء كان مسجدى واوّل من زاد فيه عمر رضه[p] من الاساطين التى اليها[q] المقصورة اليوم الى الجدار القبلىّ ثم زاد عثمان رضه من قبل القبلة الى موضعه[r] اليوم ثم زاد فيه الوليد ولم يزده لله[s] ولكن من اجل بيت الحسن بن الحسن[t] بن علىّ رضه الذى كان بابه فى المسجد وكان يخرج منه عند الاقامة فبناه بالحجارة المنقوشة والفسافسا وتولّى بنآءه عمر (43) بن عبد العزيز رضه[n] فلمّا بلغ[u] هدم المحراب دعا بمشايخ المهاجرين والانصار فقال احضروا بنيان[v] قبلتكم لا

---

a) B et C سايه. Deinde B جاده, C حاده. *b*) B ملحة الكوبين, C tantum البكريين. *c*) C حصون. Deinde C pro كبير (B كبر) habet كبيرة et addit وهى قرية ابى بكر الصديق رضى الله تعالى عنه. Porro وبيثرب. *d*) In C desunt. *e*) C وبها. *f*) C قناتين احدهما (l. احداهما قناتان) اعذب من الاخرى والبرك على. *g*) C المدينة. *h*) C بدرج. *i*) C pro his: وعند المسجد اخرى عين نصيفه (sic) وعين النبى عند باب الخندق. Deinde B اكثرها. *k*) C om. رضهما et h. l. insert وقد اختلّت. *l*) C مدن. *m*) B لبيها. *n*) B om. *o*) C وقد قال النبى. *p*) C om.; B hic et deinde ﻻ compend. pro رضه. *q*) C هى. *r*) B موضع. *s*) B et C الله (B يرده). *t*) C الحسين. *u*) C om. *v*) B sine punctis, C om.

تقولوا غيّرها عمر فوقع[a] زيادة الوليد من المشرق الى المغرب ستّ[b] اساطين وزاد الى الشام من المربّعة[c] التى فى القبر اربع عشرة[d] اسطوانة منها عشر[e] فى الرحبة واربع[f] فى السقائف ثم حجّ المهدىّ سنة ١٦٠ فزاد فيه مائة ذراع من ناحية الشام عشر[e] اساطين فطوله اليوم مائة واربع[f] وخمسون ذراعًا وعرضه مائة وثلاث وستّون ذراعًا وطول الصحن[g] مائة وخمس وستّون ذراعًا وعرضه *مائة وخمس وستّون ذراعًا[h]* قال وكتب الوليد الى ملك الروم انا نريد ان نعمر مسجد نبيّنا الاعظم فأَعِنّى فيه بصُنّاع وفسافسا فبعث اليه باحمال[i] وبضعة وعشرين صانعًا فيهم عشرة يعدلون مائة[k] وثمانين الف دينار *قال فخلا لهم المسجد فعمد احدهم فقال ابول على قبر نبيّهم فلما حلّ سراويله يبس مكانه[l]* وقد اختلف[m] الناس فى ترتيب قبر النبىّ صلّعم وصاحبيه *فى رواية النبىُّ من ورآئه ابو بكر ومن ورآئه عمر وفى رواية مالك ابن انس النبىُّ غربىَّ البيت ازآءه فصآء خلف النبىّ ابو بكر خلف الفصآء عمر والفصآء هو الذى ذُكر لعمر بن عبد العزيز فلم يرَ نفسه له اهلًا ويقال فيه يقبر عيسى عم[n] حدّثنا ابو بكر محمّد بن علىّ الفقيه[o] بساوة قال حدّثنا محمّد بن هلال الشاشىّ قال حدّثنا محمّد بن اسحاق قال حدّثنا يونس قال حدّثنا محمّد بن اسماعيل بن ابى فديك عن عمرو بن عثمان عن القاسم[p] قال دخلتُ على عائشة فقلتُ يا أُمّه اكشفى عن قبر *رسول الله[q] صلّعم وصاحبيه فكشفت لى عن ثلاثة قبورٍ لا مشرفة ولا لاطية مبطوحة ببطحآء العرصة الحمرآء قال فرايتُ قبر النبىّ صلّعم مقدّمًا وابا بكر عند راسه

---

a) C فوقعت. *b*) B et C ستة. Mox C من pro الى. Haec verbotenus leguntur apud Samhudí, p. ١٣٨ (ed. Bul.). *c*) Samh. الاسطوانة المربعة. *d*) C اربعة عشر, B اربع عشر. *e*) B عشرة. *f*) B bis, C semel واربعة. *g*) B الصخر; mox B et C وخمسة. *h*) C مثلها (B iterum وخمسة). *i*) C باعمال. Cf. Samhudí, p. ١٣٩. *k*) C بمائة. *l*) C haec om. (B ىبس pro يبس). Cf. Samhudí l. l. 8 a f. *m*) C اختلفت. *n*) C haec om. (pro يقبر B ىقبر). *o*) C om. et habet بمدينة ساوه. *p*) Est القاسم بن محمد بن ابى بكر الصديق; vid. Samhudí, p. ١٥٠. *q*) C النبى.

رجليه بين كتفى النبىّ وعمر راسه عند رجلى النبىّ صلعم[a] ، والمنبر وسطَ المغطّا غلاف[b] منبر النبىّ صلعم فى روضة مرخّمة والروضة[c] المنعوتة الى جانب سارية حمرآء بين المنبر والقبر ، وقرات فى اخبار المدينة ان معاوية امر بحمل المنبر الى جانب المحراب كسائر المنابر[d] فلما اخذوا فى نقله تزلزلت المدينة واقبلت الصواعق فقال اتركوه وامر بعمل هذا المنبر فوقه وهو خمس درجات والاوّل ثلاث[e] وللمسجد عشرون بابًا * والمدينة هائلة الابواب ولها[f] اربعة ابواب باب البقيع وباب الثنيّة وباب جُهَينة[g] وباب الخندق * والخندق من نحو مكّة عامرة الحصن مشرّفة[h] ✿ البَقيعُ شرقىّ المدينة مليحة[i] التربة فيه قبر ابراهيم * بن النبىّ صلعم[k] والحسن وعدّة من الصحابة وقبر عثمان فى اقصاه ✿ وقُبَا قرية على ميلين على يسار طريق[l] مكّة بها بنيان كثير[m] من التجارة وثَمّ مسجد التقوى عامر قدّامه رصيف وفضآء حسن واثارات[n] ومآء عذب وبها[o] مسجد الضِّرار * يتطوّع العوامّ بهدمه[p] ✿ وأُحُد جبل على ثلاثة اميال قبله[q] قبر حمزة فى (44) مسجد قدّامه بئر ثم بعده حظيرة[r] فيها قبور الشهدآء وفى الجبل موضع اختبأ فيه النبىّ صلعم * وهو اقرب الجبال الى المدينة[s] ✿ والعَقيق قرية على ميلين عامرة من نحو مكّة بها ينزل السلطان ومآؤها عذب * وما بين لابتَى المدينة حرم كحرم مكّة[t] ✿ * بَدْر مدينة

---

a) C h. l. addit: وقرات فى بعض الكتب الذى بازائه فضا وخلف النبى ابو بكر وخلف الفضا عمر وان عيسى عم يقبر فى ذلك الفضا اخر الزمان. *b*) C add. على. *c*) B والرضه. *d*) C الجوامع. *e*) B ثلثه. *f*) C tantum وللمدينة. *g*) B sine punctis, C المصريين. Cf. Samhudí, p. ١٨٦, 13. *h*) C haec om. Deinde C وبعبع امرقد cum ann. marg. عله بلا الف. Intelligitur autem بقيع الغرقد. *i*) C ملح. *k*) B om. C post للحسن addit بن على et بن عفان رضه post عثمان. *l*) C جادة; Jacut, IV, p. ٢٣, 19 القاصد الى. *m*) C كثيرة. *n*) Male Jacut وابار. *o*) C وبالقرب. *p*) C om. Samhudí, p. ١٩٥, paen., haec verba laudans, sed ut videtur e Jacut, habet تطوّع. Deinde C وجبل احد على. *q*) B om. Pro حمزة C سيدنا حمزة رضه. *r*) B حصره. *s*) C واقرب الجبال الى يثرب. *t*) Haec ex C addidi. (Pro عذب hic habet اعذب).

صغيرة من[a] نحو الساحل جيّدة التمور وثَمّ عين النبىّ صلعم وموضع الوقعة ومساجد بناها ملوك مصر ✿ والجَارُ على ساحل البحر محصّنة بثلاث حيطان والربع البحرىّ مفوّه بها[b] دور شاهقة وسوق عامر[c] خزانة المدينة ومدنها[d] يحمل اليهم[e] المآء من بدر والطعام من مصر * وليس لجامعهم صحن[f] ✿ العُشَيْرة صغيرة على الساحل قبال ينبع عندها نخيلات * وليس لخانها نظير[g] ✿ يَنْبُع كبيرة جليلة حصينة الجدار[h] غزيرة المآء اعمر من يثرب واكثر نخيلًا * حسنة الحصن حارّة السوق[i] لها بابان الجامع عند احدهما الغالب عليها بنو الحسن ✿ راس[k] العين على اثنى عشر ميلًا ✿ والمَرْوَة بلد حصين * كثيرة النخيل جيّدة[l] التمور * سقيام من قناة غزيرة[m] عليها خندق وابواب حديد وهى معدن * المُقْل والبُرْدىّ حارّة فى الصيف الغالب عليها بنو جعفر[n] ✿ والحَوْرآء هى ساحل خيبر لها حصن وربض عامر[o] فيه سوق من نحو البحر[p] ✿ وخَيْبَر بلد حصين مثل المروة بها جامع حسن وثَمّ الباب الذى * قلعه امير المؤمنين[q] وهى والمروة والحورآء مدن خيبر ✿ وناحية قُرْح تسمّى وَادِى القُرَى وليس * بالحجاز اليوم[r] بلد اجلّ * واعمر وآهَلُ واكثر تجارًا واموالًا وخيرات بعد مكّة من هذا[s] عليها حصن منيع[t] على قرنته قلعة قد احدق به

---

a) C tantum وبدر صغيرة. *b*) B addit بلدة. *c*) C addit وتجار. *d*) C om. *e*) C. لهم. *f*) Addidi ex C, ubi vero صخر pro صحن. Deinde C والعسيرة. *g*) Addidi ex C, ubi لخانها تطير. (Pro نخيلات C نخيل). Deinde C وينبع, ut plerumque addit copulam. *h*) C مشرّفة الجدار ليس مثلها فى مدن الحجاز. *i*) C وعامّة من ينسوّق بالمدينة فى الموسم منها. *k*) C وراس non praecedente signo distinctivo, tamquam si راس العين esset nomen appellativum. Est autem statio inter Janbo' et Merwa. In opere Wüstenfeldi *das Gebiet von Medina* non memoratur. *l*) C كثير النخل جيد. *m*) C om. h. l. *n*) C pro his: بنى جعفر ولهم قناة غزيرة وبها اشجار مقل كثير. *o*) C عافر. *p*) C قبل. *q*) C اقتلعه على بن ابى طالب رضه. Deinde C وهذه الثلاث مدن خيبر. *r*) C فيما ذكرنا. *s*) C منه وهو شامى حجازى كثير الاهل والتجار والاموال. *t*) C hic addit: بثلثة ابواب وخندق et habet: على قرنة للحصن والخيرات. (B قرديه pro قرنته).

القرى واكنف[a] به النخيل ذو[b] تمور رخيصة واخباز حسنة ومياه غزيرة ومنازل انيقة *واسواق حارّة عليه خندق وثلاثة ابواب محدّدة[c] والجامع فى الازقّة فى محرابه عظم قالوا هو *الذى قال للنبىّ صلعم لا تاكلنى فانا مسموم[d] وهو بلد شامىٌّ مصرىٌّ عراقىٌّ حجازىٌّ غير ان مآءهم *ثقيل وتمرهم[e] وسط[f] وحمّامهم خارج البلد والغالب عليها اليهود ✿ الحِجْر صغيرة حصينة كثيرة الآبار والمزارع ومسجد صالح بالقرب على نشزة مثل الصفّة قد نقر فى صخرة *وثَمّ عجائب ثمود وبيوتهم[g] ✿ وسُقْيا يَزِيدَ *هى احسن مدن هذه الناحية والنخيل والبساتين[h] متّصلة من قُرْح[i] اليها والجامع خارج البلد ✿ وبَدَا[k] يعقوب على جادّة مصر عامرة آهلة[l] ✿ والعَوْنِيد هى ساحل قُرْح عامرة كثيرة العسل ولها مرسى[m] حسن ✿

زَبِيد قصبة تهامة وهو احد المصرَيْن لانه[n] مستقرّ ملوك[o] اليمن بلد جليل حسن البنيان يسمّونه بغداد[p] اليمن لهم ادنى ظَرف وبه تجار وكبار وعلمآء وادبآء مفيد لمن دخله مبارك على من سكنه آبارهم حلوة وحمّاماتهم نظيفة عليه حصن من الطين باربعة ابواب باب غَلَافِقَة وباب[q] عدن وباب هشام وباب شبارق[r] وحولها قرى ومزارع اعمر من مكّة واكبر وارفق اكثر بنيانهم[s] الآجرّ ومنازلهم فسيحة[t] طيّبة والجامع نآء عن الاسواق نظيف مبربق[u] الارض تحت[v] المنبر تقوير *ليتّصل الصفّ[w] وقد اجرى اليها ابن زياد (45) قناة وهو

---

a) C والنقّت. *b*) B ذا. *c*) C pro his: وبلد عتيقة. *d*) B marg. تاكل من الشاة التى كملت السى (كلمت النبى .l) فقالت C .منى فانى مسموم خ انى مسمومة فلا تاكلنى. Deinde C om. وهو — حجازى. *e*) B نقل وثمرهم. *f*) C addit: وهم من القرامطة فى تعب. *g*) C ومثل عجايب ثمود بيوتهم. *h*) C حسنة نزهة ذات نخيل وبساتين. *i*) B hic et mox قرج. Mox C الجامع. *k*) B in marg. cum اصل. In textu وبلد. *l*) C عامر اهله. Deinde والعربيد. *m*) C موشى. *n*) C لان به. *o*) C ملك. *p*) C بغداذ ut solet. *q*) C hic et deinde باب. *r*) B سبارق, C شارق. Vid. Johannsen, *Historia Jemanae*, p. 279 et Khazradjí, *Hist. Jeman.* Ms. 302, p. 81 باب الشبارق ينفذ الى الشبارق وهى قرية من قرى وادى زبيد. Deinde C. om. copulam. *s*) C addit من. *t*) B فسحة et طمه. *u*) C مبريق. *v*) C وتحت. *w*) C ليتصف sic.

بلد نفيس ليس باليمن مثله[a] غير ان اسواقه ضيّقة والاسعار[b] بها غالية والثمار قليلة اكثر طعامهم الدخن والذرة ✿ ومَعْقِر[c] على جادّة عدن وكذلك عَبْرَة[d] وغارة[e] والمخنق وكلّهنّ صغار ✿ وعَدَن بلد جليل عامر آهل حصين خفيف[f] دهليز الصين وفرضة اليمن وخزانة المغرب ومعدن التجارات[g] كثير القصور مبارك على من دخله مثرٍ لمن سكنه مساجده[h] حسان ومعايش واسعة واخلاق طاهرة ونعم ظاهرة وبارك النبيّ صلعم فى سوق مِنًا وعدن وهو فى شبه صيرة الغنم قد احاط به جبل بما يدور الى البحر ودار خلف الجبل لسان من البحر[i] فلا يدخل اليه الّا ان يخاض ذلك اللسان فيصل الى الجبل وقد شُقّ فيه طريق فى الصخر عجيب وجعل عليه باب حديد ومدّوا من نحو البحر حائطًا من الجبل الى الجبل فيه خمسة ابواب والجامع نآءٍ عن الاسواق[k] ولهم آبار مالحة وحياض عدّة ويقال[l] انها كانت فى القديم حبس شدّاد بن عاد * الّا انها يابسة عابسة[m] لا زرع ولا ضرع ولا شجر ولا ثمر ولا مآء ولا كلأ كثيرة الحريق والوكف[n] جامع شعث وهرج وحش وحمّامات رديّة يحمل اليهم المآء من مرحلة[o] ✿ وأَبْيَن هى اقدم من عدن واليها تنسب *عدن لان بُرّهم وفواكههم وخضرهم منها لكثرة القرى والمزارع بها[p] وكذلك لَحج ✿ ومَنْدَم[q] على البحر عامرة[r] بها يعتنقل الريح المراكب قشفة[s] ✿ ومُخا *مدينة لزبيد عامرة[t] كثيرة السليط شربهم من عين[u] خارج البلد والجامع *على

---

a) C addit: عمارة واكثر اهل (l. اهلًا). b) B الاسعار. c) C ومعمر. d) B غبزة, C غبيرة. Jacut in v. العبرة (cf. quoque sub غبرة). Vid. etiam Sprenger, p. 149, l. 11 a f. e) B وعـارة. Cf. Jakubí, p. ١٠٣, 1, Johannsen, p. 272 et Sprenger l. l., 6 a f. ubi العـارة. Deinde C والمحنق. Khazradjí, l. l., p. 80 فمن (الطريق) الساحلية المخنق (sic) وهى على ليلة من عدن. f) B حصف. g) C التجارة. Deinde B كثيرة. h) C مساجده et mox ومعاش واسع. i) B الحجر. k) C السوق. l) C يقال. m) C لانه بلد يابس عابس (B انه pro انها). n) C كثير الحريق يبيت الرجل غنيا فيصبح فقيرا. o) C addit: والبرّ من مراحل. p) C ذات مزارع وفواكه قليلة وخضر. q) C والمندم. Vulgo مَنْدَب. r) B عامر. s) C يعتنقل المراكب من الريح (B يعتقل et وسفه). t) C عامر بتجربة. u) C addit من.

طرفه على الساحل[a] ✿ وغَلَافِقَة فرضة زبيد بها جامع *على البحر[b] رايتُهم يفضّلونه ويرابطون فيه[c] عامرة آهلة بها نخيل ونارجيل وآبار حلوة الّا انها وبيّة *قاتلة للغربآء[d] ✿ والشَّرْجَة والحَرْدَة وعطنة[e] مدن على الساحل بهنّ خزائن الذُرَة[f] تحمل الى عدن *وجُدَّة بلد اللبن يحمل اليهم المآء من بُعدٍ[g] وجوامعهم على الساحل ✿ *وناحية عَثَّر ناحية جليلة عليها سلطان برأسه ومدنها نفيسة وعثّر مدينة كبيرة طيّبة مذكورة لانها قصبة الناحية وفرضة[h] صنعآء وصعدة بها سوق حسن *وجامع عامر[i] يحمل اليهم[k] المآء من بعد وحمّامهم[l] وَضِرٌ ✿ وبَيْش[m] اطيب هوآء منها[n] واعذب مآء بها ينزل السلطان دارُه[o] الى جانب الجامع ✿ والجُرَيْب[p] بلد الموز وهو ارخى مدن الناحية واعجبها الىّ ✿ *وحَلْى مدينة ساحليّة[q] عامرة *سريّة رفقة[r] ✿ والسِّرَّيْن بلد صغير له[s] حصن الجامع فيه على[t] باب البلد[u] مصنعة *وهو فرضة السَّرَوَات والسروات معدن الحبوب والخيرات[v] والتمور الرديّة والعسل الكثير *لا ادرى هى مدن ام قرى لانى ما دخلتُها[w] ✿ صَنْعَآء هى قصبة نجد اليمن وقد كانت اجلّ من زبيد واعمر *وكان الاسم لها واما اليوم فقد اختلّت غير ان بها مشايخ لم ار بجميع اليمن مثلهم هيئةً وعقلًا ثم بلد رحب كثير الفواكه رخيص الاسعار اخباز حسنة وتجارات مفيدة اكبر من زبيد ولا تسَل عن طيب الهوآء فانه عجب ومع ذلك رفقٌ مُعْفٍ[x] ✿ (46) وصَعْدَة

---

a) C على الساحل متطرف. b) Ex C addidi. c) B بها. d) C قاتلها الغربا (B قاتله). e) B وعطبه, C والعطنه. f) B الذُرّة. Deinde B بحمل, C يجمل. g) C om. h) C وعبر (sic) بلد سرى على الساحل وهى فرضة. i) C وجوامع عامرة. k) C اليها. l) B وجامعهم. m) B وبدش, C وتنس. n) C من عثر. o) C وداره. p) B sine punctis, C والخريب. q) C والسروات جليلة. r) B شوبه رفقه. Deinde B والسردر, C والسريبر. s) C عليه. t) C وعلى. u) C البليد. v) C وهى ساحل السروات والسروات رستاق كثير الحبوب. Hinc in textu inserui والسروات quod in B deëst. w) Pro his C يحمل اكثره الى مكة وهى على تخوم الحجاز. x) C وقد كانت اجلّ من زبيد وقد حفت (l. خفّت) الان غير انها احسن بناء واوسع اسواقًا واظرف وضعًا شبّهت

اصغر من صنعآء عامرة فى الجبال بها تصنع[a] الركآء الجيّدة والانطاع الحسنة[b] ومنها يرتفع * ادم جيّد وهى مدينة[c] العلويّة وعملهم ۞ وجُرَش مدينة[d] وسطة ذات نخل[e] واليمن ليس ببلد نخيل ۞ ونَجْران[f] مثل جرش وهما دون صعدة[g] واكثر ما ترى من الادم فمن هذه المدن[h] ۞ والحِمْيَرى هو بلد قَحْطان بين زبيد وصنعآء كثير[i] القرى ردىّ الهوآء وبىّ مفيد للتجار[k] ۞ والمعَافِر بلد واسع ذو مزارع وقرى وفوائد ۞ وسَبَأ بلد * خلف هذه النواحى[l] عامر المدينة خرب العمل ۞ وحَضْرَمَوْت هى قصبة الاحقاف موضوعة فى الرمال عامرة نائية[m] عن الساحل آهلة لهم فى * العلم والخير[n] رغبة الّا انهم شراة شديد سمرتهم ۞ والشِحْر مدينة على البحر معدن السمك العظيم يحمل الى عمان وعدن *ثم الى البصرة واطراف اليمن[o] وثَمّ *اشجار الكندر صمغها[p] ۞ وموضع اِرَم ذاتِ العِمَادِ ليس لها اثر * من لَحْج اليها فرسخان[q] فى مستوى فتراها من البعد تشرق فاذا قربتَ لم تر شيئًا *وماء عدن من ثَمّ ۞

بنيانها بالكوفة كله آجرّ بلد الرخص والفواكه اخباز حسنة وجامع ظريف على طرف البلد بهيّة المشايخ حسنة المعايش ولا يرى فى الدنيا اطيب من الهوآء بها. Pro معف B معفى ut saepissime additur ى in talibus.

a) B تطع et deinde B male الرُكا, C الركايا. b) B om. c) C الادم الجيد وهى بلد (B. للعلوية). d) C om. Deinde B وسط. e) C نخيل. f) B وحران. g) C صنعه. h) C البلاد الثلاث. Deinde B et C والحمرى. Cogitavi primum legendum esse والجَنَد, quia situs huius convenit et insalubritate est nota (vid. Abulfeda, p. ٩١), sed infra idem recurrit, ubi B habet ut hic recepi. Videtur nempe intelligi regio quam Jacut, II, p. ٣٤١ ult. seqq. appellat حمير et de qua agit Sprenger, *Die alte Geographie*, p. 73. i) B كثيرة. k) C التجارة. Deinde C والمعاقر. l) C حفيف الرمال من هذا الوجه. m) C ناتئة. n) C العمل. o) C والاطراف. p) C اشجار الكندر et addit وعدة من المدن. q) C فرسخين. Deinde habet: وهى فى مستوا من الارض قفر يراها (l. نراها) من البعد تشرق قصورها وبتلالا حصنها فاذا بلغت لم تر شيئًا. B habet استوى pro مستوى.

وسخن مدينة قُرَيش يقال لهم بنو سامة سمعتُ انهم فى اربعة آلاف قوس a ☆ والشقرة ديار خَثْعَم ثَمَّ نخيل وقرى قد احاط بها ☆

واعلم ان اليمن *موضع واسع قد b اقمتُ به حولًا كاملًا ودخلتُ هذه البلدان التى وصفتُ وغاب عنى منه c الكثير *غير انى اذكر ما سمعتُ فيه من اهل الخبرة واستوعب مخاليفه وان لم اطأ الجميع لانه بلد يميّز بالمخاليف واذكر وضع جزيرة العرب وتمثيلها بوصف يقف عليه كلُّ احد ان شآء الله تعالى، مخاليف اليمن d مخلاف صنعآء *والخَشَب ورُحَابَة ومَرْمَل e مخلاف البَوْن مخلاف خَيْوان، *وعلى يمين صنعآء f مخلاف شَاكِر *ووَادِعَة ويَام g وأَرْحَب، ومن نحو الطائف f مخلاف نَجْرَان *وتُرَبَة والمَهْجَرَة وكُثْبَة وجُرَش والسَّرَاة h مخلاف بتهامة ضَنْكان *عَشْم بِيشَة i عَكّ f ومخلاف الجَرْدَة k مخلاف

---

a) Haec in C non exstant, nec scio quomodo nomen urbis Sâmiorum scribendum sit. Cogitavi de سلحين, de سخبر prope Nadjrán, de loco اسحين apud Sprenger, p. 145 l. 7. Pro الشقرة ut B infra habet, B h. l. السقر, C السفر, infra C السقره. Fortasse est شُقُر s. شُقُرَة quod memoratur in T. A. b) C بلد كبير. c) C منها. d) C pro his omnibus: وهو بلد يميز بالمخاليف وهو. Pro يميز in B scribitur دمير, in C يمين. e) C om.; B والحسب ورحابه وموما. Mox B الجون pro البون. Multa ex hac tabula corrigi possunt in textu Ibn Khordádbeh, p. 108 seq. f) C om. g) B ودام. h) C haec om.; B وبدره والهاجره وكبه وجوش والسده. Conferri debent praeter Jacut, III, p. ٩٦, 20 imprimis Ibn Khordádbeh, p. 107, l. 5—7, ubi l. والمهجرة وكثبة وجرش والشراة ومنها ولمكة مخاليف وهى الحصون فمنها بنجد et Edrisî: بتهامة ضنكان عشم وبيش الطائف ونجران وقرن المنازل والعقيق وعكاظ وليمة وتربة وبيشة وكيشة (l. وكثبة) وجرش والسراة ومن حصونها بتهامة ضنكان والسرين والسقية وعشم وبيش وعك. Noster autem male بتهامة pro nomine pagi habuit, ut patet e C qui habet: (sic) مخلاف نجران مخلاف بتهامة (sic) ضنكان. i) B بيشد, Ibn-Khord. بيش. k) B الجرده. Apud Ibn Khord. p. 108, 4 a f. corruptum est in الجبيرة (Cod. الحمرره), sed in fragmento huius auctoris quod exstat in Codice Bodleiano Ibn Haukalis الجرد.

هَمْدَان مخلاف *جَوْف هَمْدان مخلاف جَوْف مُرَاد[a] مخلاف شَنُوءَة[b] وصُدَآء وجُعْفىّ مخلاف الجَسْرة[c] مخلاف المَشْرِق *وبُوشَان وغُدَر[d] مخلاف أَعْلا وأَنْعم[e] *والبَيْضَتَيْن وبنى غُطَيف وقرية مارب[f] ومخلاف حَضْرَمَوْت مخلاف خَوْلَان رُدَاع[g] مخلاف أَحْوَر مخلاف الحقل[h] وذِمَار مخلاف ابن عامر[i] وثات ورَدَاع مخلاف دَثِينَة[k] مخلاف الشَّرَف[l] مخلاف رُعَيْن[m] *ونَسَفَان وكَحْلَان مخلاف ضَنْكَان

---

a) Fragm. Ibn Khord. post همدان habet: ومخلاف جوف همدان ومخلاف جوف مراد. Recte, cf. Jacut, II, p. ١٥٨, 11, ٣٩٥, 22. Hinc correxi textum; B مخلاف جوف مخلاف خوف مخلاف (sic) محلاف مواد, C مخلاف مراد.
b) C سنوة. Deinde B وصدى. C om. وصداء وجعفى. *c*) B الحبرة, C الحجرة. Ibn Khord. الحرة. Correxi secund. fragm. Ibn Khord. et Jacut in v.
d) B وبوشار وعدر, C om. Fragm. Ibn Khord. بوشان وعدن, sed addens وفيه ناعط quod probat (coll. Jacut, III, p. ٧٧٩, 14 seq.) me recte correxisse. *e*) Sic B (اغلا) et C et fragm. Ibn Khord. (اعلى). Editio Ibn Khord. et Jacut in v. اعلاق انعم (Cod. Ibn Khord. وَلهم pro انعم). *f*) C om.; B والبضبن وبنى عطف وقومادبْ. Pro primo Ibn Khord. والمصعبن, vid. leg. المصنعتين. *g*) C om.; B وداع. Deinde B om. مخلاف. Lectio خولان رداع quoque est in fragm. Ibn Khord., cf. Jacut, II, p. ٧٧٣, 20. *h*) C الخفل. Jacut الحَقْل, sed fragm. Ibn Khord. الحُقْل. *i*) Jacut et Ibn Khord. بنى عامر ut quoque Jakubí, p. ١٠٥, 2 et Kodáma. Deinde B وبات وذراع, C om. Recte habet fragm. Ibn Khord. (nisi quod ibi est بات). Apud Jacut, II, p. ٧٧٣, 6 pro ووسات l. وثات cf. IV, p. ٤٣٩, 12 (ubi l. رَدَاع). *k*) B تنبة, C تنية. Secutus sum fragm. Ibn Khord. (ed. p. 109 l. 7 رنبة sed Cod. رىمنه) et Jacut in v. Cf. Jakubí, p. ١٠٥, 3. *l*) Sic B et editio Ibn Khord. (Cod. الشرق), Jacut, III, p. ٢٧٧ ult. seqq. In fragm. est السرّ cf. Jacut, III, p. ٧٩, 7 seq. C habet السرو ut Jakubí l. l. cf. Jacut, III, p. ٨٩. Deinde Ibn Khord. addit مخلاف عَنْس (sec. fragm. et Jacut, III, p. ٧٣٥, 15 seqq.; textus editus عشر, Cod. عثر); cf. p. seq. *h*. *m*) B زعمر; et deinde ولسقان.

وريْحَان[a] مخلاف نَافِع ومصحى[b] مخلاف حُجْر * وبَدْر واحلة والصهب[c] مخلاف لبخة[d] والمزرع مخلاف ذى مكارم[e] والأُمْلُوك مخلاف السَّلف والأدَم[f] مخلاف نجلان[g] ونهب مخلاف الجَنَد مخلاف السَّكَاسِك * ومن نحو المَعَافِر[h] مخلاف

---

a) C haec om. B ودىحان, ut quoque apud Jacut, III, p. ٩٩, 8 (ديحان) et in fragm. (ذبحان). Vid. Jacut in v., Jakubí, p. ١٠٤, 5 et ed. Ibn Khord. *b*) C om.; ut B habet Ibn Khord., p. 109 l. 9; fragm. نصحى. Non autem dubito quin legendum sit يَحْصب et quidem علو يحصب, vid. Jacut, IV, p. ١٠١٢, 2 seqq. *c*) C om.; cum احلة fort. cf. أَحْلَى apud Jacut in v.; Ibn Khord. اصلة, sed Cod. احلة; fragm. احاد cui superinscribitur اجلة. Pro الصهب Ibn Khord. الصبيهب, fragm. الصهيب. Deinde Ibn Khord. addit: (deëst in textu edito) ومخلاف لَحْج ومخلاف أَبْيَن وفيه عدن ومخلاف بَعْدَان وتَيْمَن (textus ed. (ويمان). Pro ultimo quod in fragm. indist., apud Kodáma تيمان legitur, fort. scribendum est وريْمَان. *d*) Sic C; B لىحة; Ibn Khord. نباة (deëst in Cod. Bodl.), sed fragm. . . السح. Videtur legendum الشُّجَّة (cf. Jacut, I, p. ٩٢٠, 10), C om. والمزرع, ut quoque habet Ibn Khord. Jacut in v. المَزدرع. *e*) C ذى المكارم ut quoque Ibn Khord. (In textu edito excidit ذى), sed fragm. ذى مكارب. Apud Jacut desideratur. Deinde B ut edit. Ibn Khord. et Jacut, I, p. ٣٦٥, 5 male والاملول. Recte scribitur in Cod. Bodl. Ibn Khord. et in fragm. ut quoque apud Jacut, IV, p. ٤٣٨, 2. Cf. Wüstenfeld Tab. Geneal. 3, 25. C om. *f*) C om., B والآرم. Secutus sum Ibn Khord., coll. Jacut, I, p. ١٦٩, 20. Optio datur inter pronunc. السَّلَف et السُّلَف (et sic est in fragm.). *g*) Sic B, C et fragm. Ibn Khord. (editio علان, sed Cod. نحلان). Jacut et Bekri memorant locum نَخْلان in Yemen prope Hedjáz, sed a nostro diversus esse videtur. Deinde C om. ونهب pro quo Ibn Khord. ونهت, fragm. ونهب. In Jacut non est. *h*) C om. Ibn Khord. insert مخلاف عَنْس, quod nomen vero in Cod. scribitur سعس. Post السكاسك desinit locus in fragmento. In seqq. B النزيادى, C المعافر.

الزبادىّ مخلاف المَعَافِر مخلاف بنى مَجِيد[a] مخلاف الرَّكْب مخلاف سَقُف[b] مخلاف المُذَيْخِرَة[c] مخلاف حَمْل وشَرْعَب[d] مخلاف عُنَّة وعنَّابة[e] ، ومن الوجه الآخر مخلاف وُحَاظَة[f] مخلاف سِفْل يَحْصب[g] مخلاف القناعة[h] *والوردية والحجر[i] مخلاف زَبِيد وبازآئه مخلاف رِمَع[k] مخلاف مُقْرَى[l] مخلاف أَلْهَان مخلاف (47) جُبْلَان مخلاف ذى جُرَّة[m] مخلاف البنتم مخلاف السم[n] ، *ومن ناحية ظهر صنعآء[o] مخلاف خَوْلان مخلاف مِيسَارع[p] *مخلاف حَرَاز[q]

---

a) B محند. Reponatur sic apud Jakubí, p. ١٠٥, 1 et ١٠٦, 5 pro مخيل quod editor temere recepit. Fortasse idem restituendum apud Jacut, I, p. ٦٩٩, 14 et ٧٤٨, 15 pro بنو نجيد. Cf. IV, p. ١٠٣٦, 7. b) Ibn Khord. شقب (Cod. سقب). c) B المرىحره, C ألمدنجره. d) B وسرعب, C om. e) B عنىه وعنّابه, C عنه وعنايه. De posteriore alibi mentionem non inveni, Ibn Khord. quatuor postremis omissis, addit: مخلاف السحول وبنى صعب (Jacut مخلاف صَعْب). Deinde C om. ومن الوجه الاخر. f) B et C sine punctis. g) B ىحصب, C om. Ibn Khord. علو يحصب. h) B العماعه. Idem reponendum apud Jakubí, p. ١٠٤, 6 (ubi editor scripsit قفاعة coll. Jacut in v.) et ١٠٦, 7 (ubi فداعه). i) Sic quoque Ibn Khord., C om. Respondere videntur apud Jakubí, p. ١٠٤, 6 الوزيرة والحز et fortasse الوزيرة coll. Jacut in v. est vera lectio, dum pro الحزّ restituendum erit الحجر ut recte p. ١٠٦, 7 (nisi quod de vocalibus non constat). k) B et C رفع (C om. وبازائه). l) B et C رقى; Ibn Khord. مقدى; Jakubí, p. ١٠٥, 1 مقرا; vid. Jacut, IV, p. ٤٣٧, 5 seqq. m) B et C حره. n) C om. De hoc aliunde nihil illustrandum invenio, praecedens memoratur a Jacut, IV, p, ٤٣٦, 18. Ibn Khord. eorum loco habet: مخلاف لحقلين ومخلاف العرف والاحروف. Ad primum cf. Jakubí, p. ١٠٥, 2 et Jacut sub الحقل, ultimum nomen videtur mutandum in الأُخْروت. (in Cod. Bodl. optio datur inter الاحروف et الاحروب). o) C om. Post خولان Ibn Khord. addit: مخلاف حدر (Cod. حدد) وحوشب كذابة من سار فيه هلك ومخلاف عكّ. Verba quae apud Ibn Khord. sequuntur in Cod. sic se habent ىحذابه من سار هلك et legenda sunt بحذآئه مرسى دهلك cf. Jacut, III, p, ٧٠٦, 2. p) Sic B et C; Ibn Khord. يبهشاع (Cod. دبهشاع), Jacut in v. مِهْسَاع. q) B حرّان.

وهَوْزَن مخلاف الأُخْرُوج[a] مخلاف مَجْنَح مخلاف حَضُور[b] مخلاف مَاجِن مخلاف وَاضِع[c] المعلل[d] مخلاف العصبة[e] مخلاف حياص[f] ومِلْحان حَكَم وجَازَان ومَرْسَى الشَّرْجَة مخلاف حَجُور[g] مخلاف قُدُم[h] وبحارى مخلاف حَيَّة[i] والكودن مخلاف مسح[k] مخلاف كِنْدَة والسَّكُون مخلاف الصَّدِف ✿

صُحَار هى قصبة عمان ليس على بحر الصين اليوم بلد[l] اجلّ منه عامر آهل حسن طيّب *نزه ذو[m] يسار وتجار وفواكه وخيرات اسرى من زبيد وصنعآء اسواق عجيبة وبلدة طريفة[n] ممتدّة على البحر دورهم من الآجرّ والساج شاهقة نفيسة والجامع على البحر[o] له منارة حسنة طويلة فى آخر الاسواق ولهم آبار عذيبيّة[p] وقناة حلوة وهم فى سعة من *كلّ شىء[q] دهليز الصين وخزانة الشرق والعراق. ومَغُوثة اليمن قد غلب عليها الفُرس المُصلّى وسط النخيل، ومسجد صحار على نصف فرسخ ثَمَّ[r] بركت ناقة رسول الله صلعم

---

a) B الاحرون. b) B حصون. c) C haec omnia om. Ibn Khord. omisso مخلاف ماجن addit: وشبام (؟) ومخلاف ساكن (l. وخُمْلان) وجملان (l. مادن) مارن والمصانع (Cod. ووبيت انعم (وبيت افمام. Pro واضع habet male واطع. d) Sic B et C; Ibn Khord. المغلك. In B legi posset المعلك. e) Sic B et C; Ibn Khord. الصعدة (Cod. الصعد). f) Sic B et C; Ibn Khord. حباش (Cod. حباش); fort. cf. خُنَاس apud Jacut, II, p. ۴۷۳, 3. Quatuor nomina seqq. desunt in C; pro ملحان B ملحار, جازان B sine punctis. Pro ومَرْسَى الشَّرْجَة B tantum ومرسا Ibn Khord. وموسى والشرجة (Cod. Bodl. موسى السرحه, sed quoque alibi و pro ر habet). g) B et C حجور. Hic est paenultimus mikhláf apud Ibn Khord., qui addit والمغرب (Cod. والمعزب). h) B قدمى, C قديم. Nomen seq. in C non exstat. i) B et C sine punctis. Nomen seq. in C desideratur. Aliunde illustrare nequeo. k) C مسح. Hic in seqq. om. والسكون. l) B om. Vid. quoque Jacut, III, p. ۳۶۹, 15. m) E Jacut addidi. n) C وبلد طريفة. o) C et Jacut الساحل. Deinde C لها. p) B عذيبه, Jacut عذبة. q) C الماء ومن كل شى. Jacut addit وهو. r) Jacut وثَمَّتْ.

*قد بُنى احسن بنآء وهوآءه اطيب هوآء من القصبة[a] ومحراب الجامع بلولب[b] يدور تراه مرّةً اصفر وكرّةً اخضر وحينًا احمر ۞ ونَزْوَة فى حدّ الجبال كبيرة بنيانهم[c] طين والجامع وسط السوق اذا غلب الوادى فى الشتآء دخله شربهم من انهار وآبار ۞ والسِّرّ[d] اصغر من نزوة والجامع فى السوق شربهم من انهار وآبار قد التفّت بها النخيل ۞ وضَنْك[d] صغيرة فى النخيل ابدًا بها سلطان قوىّ لانهم شراة عصاة ۞ وحفيت[d] كثيرة النخيل من نحو هَجَر الجامع فى الاسواق[e] ۞ وسلوت[d] مدينة[f] كبيرة على يسار نزوة ۞ ودَبَا وجُلَفار[g] وهما من نحو[h] هَجَر قريبتان من البحر ۞ وسَمَد[g] منبر لنزوة ۞ ولسيا[i] ومِلَح وبرنم والقلعة وضَنْكان مدن ايضًا والمَسْقَط اوّل ما يستقبل المراكب اليمنيّة ورايته موضعًا حسنًا كثير الفواكه ۞ وتُوَّام[k] قد غلب عليها قوم من قريش فيهم باس وشدّة ۞ وعمان كورة جليلة تكون ثمانين[l] فرسخًا فى مثلها كلّها نخيل وبساتين عامّة سقيام[m] من آبار قريبة *ينزعها البقر[n] اكثرها فى الجبال واهل *هذه المدن التى ذكرناه[o] عرب شراة ۞

الأَحْسَآء قصبة هَجَر وتسمّى البَحْرَيْن[p] كبيرة كثيرة النخيل عامرة آهلة معدن الحرّ والقحط على مرحلة من البحر ولهم شبه نبع متجر *وثَمّ

---

a) C pro his وهو بلد جليل; Jacut om. *b*) C مكوكب, Jacut بكَوْكَب. *c*) C بناهم. *d*) Nomen rubro atramento inscribendum in B desideratur. *e*) C السوق. *f*) C om. *g*) Nomina iterum in B desiderantur, sed nunc quoque C deficit, ubi omnia hinc ad وعمان كورة desunt. Coniectura supplere potui quia situs cum descriptione convenit. *h*) B بحر. *i*) B ولسيا. Vid. supra p. ٧١ *d*. Lectio incerta est. De برنم aliunde nihil scio, nisi conferri debeat Dimaschkíi, p. ٢١٨, برمال, Edrîsîi برمان. — القلعة est fort. قلعة بهلاة apud Dimaschkí, apud Jacut in v. بهلا. Pro ضنكان B صنكان. *k*) Nomen hoc mera coniectura inscripsi, quoniam constat tribum Sáma Koraischiticam in hac urbe dominium habuisse; cf. Wüstenfeld *Register* sub Sâma cum Jacut, I, p. ٨٨٧. *l*) B et C ثمانون. *m*) C سقيهم. *n*) C تنزعها سوان البقر. *o*) C السواد. *p*) C addit والاحسا.

جزائر[a] وبها مستنقرّ[b] القرامطة * من آل ابى سعيد ثَمّ[c] نظرٌ وعدلٌ غير ان الجامع معطّل وبالقرب خزانة[d] المهدىّ وخزائن أُخر[e] لهم ايضًا فبعض[f] الاموال بتلك[g] وبقيّته فى خزائنهم ✿ والزرقآء وسابون[h] فى خزائنهم وكذلك أُوال[i] وسائر المدن فى البحر قريبات من البحر ✿ * واليَمامَة ناحية قصبتها الحَجْر[k] بلد كبير جيّد التمور يحيط به حصون ومدن منها الفَلَج ✿

واعلم ان مَثَل هذه الجزيرة كمثل صُفّة فيها ادنى طول قد وُضع فيها سرير من صدرها الى بابها بينه وبين الحائطين من يمين وشمال فضآء والسرير قطعتان[l] (48) فالسرير الداخل هو نجد اليمن وهى جبال تقع فيها صنعآء وصعدة وجرش ونجران وبلد قحطان وعدن فى الصدر فى آخر الجبل[m] لان الثلاث حيطان هو بحر الصين وهذه السَّرَوات عامرة بها الاعناب والمزارع والفضآء الذى عن يمين السرير تهامة تقع فيه زبيد وبلدانها والفضآء الذى عن يساره يسمّى نجد اليمن تقع فيه الاحقاف ومهرة الى تخوم اليمامة ومنهم من يُدْخِلها وعمان فى هذه الخطّة وهذا السرير مع الفضآءين هى اليمن والسرير المؤخر الى باب الصفّة يسمّى الحَرّة من تخوم اليمن الى قُرْح[n] جبال كلّها يابسة لا ينبت الّا مواقع المواشى والعِضون[o] والثُّمام يقع فيه الحرم والعُمْق ومعدن النُّقرة وتلك المجادب والفضآء الايمن يسمّى الحجاب وطيّة الحجاز قليلة يقع فيها ينبع والمروة والعمص[p] والسواحل عمارات ونخيل والفضآء الايسر يسمّى نجد الحجاز يقع فيه اليمامة وفيد وما على الجادّة من المنازل

---

a) C om., sed addit ماء حلو. b) C addit السادات. c) C وهى دار ملكهم. d) C خزائن. e) C om. f) C وبعض. g) C توضع فى خزائنهم وثم خزانة المهدى. h) B سابون .... و. C haec usque ad من البحر om. i) B أُدل. k) Coniectura emendavi. B اليمامة ناحية قصبتها ....; C اليمامة عمل واسع ومدن عدة معدن التمور ومن مدنها الفلج يرتفع منه البرّ الجيد والبرنى الحسن وللحجاز نجد ايضا. Deinde sectio sequens usque ad جمل الشؤون in C deëst. l) B قطعتين. m) B الحبل. n) B قرح. o) B والغضون. (Pro ينبت antea scriptum fuit يلبث) p) Sic B. Fort. = العَميس (الغَميس).

ويسمّى هذا السرير مع فضآئبه الحجاز ويدخل هجر فيه ويقابل باب الصفّة البادية وهذا شىء رايتُه وقسمتُه والله اعلم ✿

جمل[a] شؤون هذا الاقليم

هو اقليم شديد الحرّ الّا السّرَوات[b] فان هوآءها معتدل حُدّثتُ ان رجلًا بصنعآء طبخ قدرًا من اللحم ثمّ ذهب الى الحجّ فعاد[c] وما تغيّرت، ولباسهم فى الشتآء والصيف واحد والليل بمكّة فى الصيف طيّب كرب[d] بتهامة وينزل عليهم بعمان فى * الليالى شبه[e] الدبس ويكون بالحرم حرّ عظيم وريح تقتل[f] وذباب فى غاية الكثرة * وهو قليل الثمار الّا السروات وليس باليمن نخيل ولا مياه غزيرة وسواحله قشفة معدوم بها المآء الّا غَلَافقة وانّما سكنوا تلك المدن لاجل البحر[g] وليس فى جميع الاقليم بحيرة ولا نهر يجرى فيه السفن قليل الفقهآء والمذكّرين والقرّآء[h] واليهود به اكثر من النصارى * ولا ذمّة[i] غيرهم ولم ار به مجذومًا، *وحدّثنا ابو الفضل ابن نهامة[k] بشيراز قال حدّثنا ابو سعيد خلف بن الفضل قال حدّثنا ابو الحسن محمّد بن حمدان قال حدّثنا عمرو بن علىّ بن يحيى بن كثير قال حدّثنا عامر بن ابراهيم الاصبهانىّ[h] قال حدّثنا خطاب بن جعفر قال حدّثنا ابى عن سعيد بن جبير عن ابن[h] عبّاس فى قوله[l] رِحْلَةَ ٱلشِّتَآءِ وَٱلصَّيْفِ قال كانوا يشتون بمكّة ويصيفون[m] بالطائف، وفى قوله وَآمَنَهُمْ مِنْ خَوْفٍ قال خوف الجذام، وبه برص وسودان كثير وعامّتهم سمر[n] والغالب عليهم الدقّة والهزال اكثر ثيابهم

---

a) C جملة. b) C نجد اليمن تسما السروات. c) C وعاد. d) B كربّ, C وبتهامة كرب. e) C الليل اذا هبت الجنوب شىء مثل. f) B يعتل ; C حارة. g) C pro his: ونعوذ بالله تعالى من حرّ عمان وسواحل اليمن قشفة قليلة المياه et mox pro الاقاليم habet الجزيرة. h) C om. i) B والاذمة. k) B حدثنا الفضل بن نهادر. C h. l. بهامه, infra in capite Khorásán تهامة, tertio loco بهامة, quarto iterum بهامه. Coniectura edidi. l) Koran. 106, vs. 2 et mox vs. 4. m) C ويصيّفون. n) B سود.

القطن منتعلين[a] لا يقولون بالمماطر[b] ولا ثلج لهم ولا جليد ولا فواكه فى الشتآء *ولا قديد الّا ما يجفّف من ذبائح منى[c] ✿

ومذاهبهم بمكّة وتهامة وصنعآء وقُرْح[d] سنّة وسواد صنعآء *ونواحيها مع سواد عمان شراة غالية وبقيّة الحجاز واهل الراى بعمان وهجر وصعدة شيعة وشيعة عمان وصعدة واهل السروات وسواحل الحرمَيْن معتزلة لا سيّما عمان[e]، والغالب على *صنعآء وصعدة[f] اصحاب ابى حنيفة والجوامع (49) بايديهم[g] وبالمعافر مذهب ابن المنذر وفى نواحى نجد اليمن مذهب سفيان *والاذان بتهامة ومكّة يرجّع واذا تدبّرتَ العمل على مذهب مالك[h] ويكبّر بزبيد فى العيدين على قول[i] ابن مسعود احدثه القاضى ابو عبد الله الصعوانىّ وقت كونى ثَمّ والعمل بهجر على مذهب[k] القرامطة وبعمان داوديّة[l] لهم مجلس ✿

*اهل هذا الاقليم لغتهم العربيّة[m] الّا بصحار فانّ نداءهم[n] وكلامهم بالفارسيّة *واكثر اهل عدن وجدّة فرس الّا ان اللغة عربيّة[o] وبطرف لحميرى قبيلة من العرب لا يفهم كلامهم واهل عدن يقولون *لرجليه رجلينه وليديه يدينه وقِسْ عليه ويجعلون الجيم كافًا فيقولون لرجب ركب ولرجل ركل[p] وقد روى ان النبىّ صلعم أُتى بِرَوْثة عند الاستجمار فالقاها وقال هى رِكْس وقد تعنّى[q] الفقهآء هذا فيجوز ما قالوه ويجوز ان يكون استعمل هذه اللغة

---

a) B sine punctis. *b*) B بالقماطر. *c*) C om. *d*) C وفرج. *e*) C tantum وعمان وصعدة واهل السروات شراة. Coniectura addidi سيما. *f*) C عمان وصعدة وصنعا. *g*) C h. l. addit: واكثر قضاة اليمن منهم وسواحل الحرمين وصحار معتزلة شيعة. *h*) C ويرجع الاذان باليمن ومكّة وبها مالكيون. *i*) C مذهب. *k*) C مذاهب. *l*) C داوودية omisso لهم مجلس. *m*) C ولغتهم بهذا الاقليم عربية. Apud hunc praecedit sectio القراات. *n*) C addit فى الاسواق. *o*) C om. Deinde hic وبطوف الحمرى (l. وبطرف لحميرى) يتكلمون بالحميرية لا تفهم (B وبطرف الحمرى). Cf. supra p. ٨٧, *h*. *p*) C pro his: يدنيه ورجلنيه ويجعلون الجيم قافًا فيقولون رقب ورقل, ceteris usque ad وحش omissis. Correxi ولرجل pro والرجل ut B habet. *q*) B sine punctis. Zamakhscharí, *Fáik*, I, p. 456: أُتِى بِرَوْثٍ فى الاستنجآء فقال انه رِكْسٌ هو فعلٌ بمعنى مفعول من رَكَسْتُه ونظيره رَجِيعٌ من رَجَعْتُه.

وجميع لغات العرب موجودة فى بوادى هذه الجزيرة الّا ان * اصحّ بها[a] لغة هُذَيل ثم النجدَيْين ثم بقيّة الحجاز الّا الاحقاف فان لسانهم وحش ✿

القراءات بمكّة على[b] حرف ابن كثير وباليمن قرآءة عاصم * ثم قرآءة ابى عمرو مستعملة فى جميع الاقليم[b] [c] وسمعتُ بعض صدور القرّآء بمكّة يقول ما راينا ولا سمعنا ان احدًا امّ[c] خلف هذا المقام بغير قرآءة ابن كثير الّا فى هذا الزمان ✿

التجارات * فى هذا الاقليم[d] مفيدة لان به فرضتى الدنيا[e] وسوق منًى والبحر المتّصل بالصين وجُدّة والجار خزانتى[f] مصر * ووادى القرى مطرح الشام والعراق[g] واليمن معدن العصائب والعقيق والادم والرقيق فالى عمان يخرج آلات الصيادلة والعطر كلّه حتّى المسك[h] والزعفران والبقّم والساج والساسم والعاج واللؤلؤ والديباج والجزع[i] واليواقيت والابنوس والنارجيل والقند والاسكندروس[k] والصبر والحديد والرصاص والخيزران[l] والغضار والصندل والبلّور والفلفل * وغير ذلك وتزيد عدن بالعنبر والشروب والدرق والحبش والخدم وجلود النمور[m] وما لو استقصيناه طال الكتاب وبتجارات الصين تضرب الامثال ثم قولهم جآءوك تجرًا[n] او ملكًا ✿ ولما ركبتُ بحر اليمن اتّفق اجتماعى مع ابى علىّ الحافظ المروزىّ فى الجلبة[o] فلمّا تاكّدت المعرفة بيننا قال لى قد شغلتَ والله قلبى قلتُ بما ذا قال اراك رجلًا على طريق حسنة تحبُّ الخير واهله وترغب فى جمع العلوم وقد قصدتَ بلادًا قد غرّت كثيرًا من الناس وصدّتهم عن طريق الورع والقناعة واخشى اذا انت دخلتَ عدن فسمعتَ ان رجلًا ذهب بالف درهم فرجع بالف دينار وآخر دخل بمائة

---

a) B اصحابها. *b*) C om. (B مشتمله — الاقاليم). *c*) B يومّ. *d*) C به et mox B بها pro به. *e*) C addit: عدن وعمان. *f*) B خزائنتى. *g*) C om. (B ووادى قرى sine art.). *h*) B السمك. *i*) C om. *k*) B والاسكدروس. *l*) C والخيزاران. *m*) C والكندر وغير ذلك فيحمل الى العراق والمشرق ويخرج الى عدن جميع ما ذكرنا وتزيد بالعنبر وجلود النمورة والخدم والحبش والدرق والجزع فيحمل الى مكة والمغرب, ceteris ad sectionem ومن الخصائص omissis. *n*) B نحرًا. *o*) B ut vid. الجلبه.

فرجع بخمسمائة وآخر بكندر فرجع بمثله كافور طلبت نفسك التكاثر قلت ارجو ان يعصم الله فلمّا دخلتُها وسمعتُ اكثر ممّا قال غرّنى والله ما غرّ القوم وعملتُ على الذهاب الى ناحية الزنج وآتيت[a] ما ينبغى ان يشترى وتقدّمتُ فيه الى الوكلآء فبرّد الله عزّ اسمه ذلك (50) على قلبى بموت شريك كنتُ عاقدتُه وكسرت نفسى بذكر الموت وما بعده واعلم هديتَ ان مع كلّ ربح ممّا ذكرنا خطر والارباح ابدًا مع الاخطار فلا ينبغى لعاقل ان يغترّ بذلك وليعلم ان الله تعالى يعطى عبده بركعتين اذا اخلصهما لله اكثر من الدنيا بحذافيرها وما يصنع بنعمة الموتُ من ورآئها وجمع اموال لا بدّ من تركها ۞ ومن خصائص نواحى هذا الاقليم اديم زبيد ونيلها الذى لا نظير له كانه لازورد وشروب عدن تفضّل على القصب ومسد المهجرة[b] يسمّى ليفًا وبرود سُحُولاء[c] والجُرَيب وانطاع صعدة وركآءها وسعيدىّ صنعآء وعقيقها وقفاع[d] عثّر واقداح حلى ومسانٌّ ينبع وحنّآءها وبان[e] يثرب وصيحانيّها وبردىّ المروة ومقلها وكندر مهرة وحيتانها وورس عدن ومغلق قُرْح[f] وسنا مكّة وصبر اسقوطرة ومصبين عمان[g] ۞ ومكاييل هذا الاقليم الصاع والمدّ والمكّوك فالمدّ رُبْع الصاع والصاع ثُلْث المكّوك[h] هذا بالحجاز وهى مختلفة المستعمل منها[i] يزن خمسة ارطال وثُلْثًا[k] * وسمعتُ الفقيه ابا عبد الله بدمشق يقول لمّا حجّ ابو يوسف ودخل المدينة رجع عن شيئين الى مذهبهم احدهما الاذان قبل الفجر والثانى تقدير الصاع[l] واما الصاع الذى قدّره عمر بمشهد الصحابة وكان يكفّر به ايمانه فهو ثمانية ارطال الّا ان سعيد بن العاصى[m] ردّه الى

a) B وابيت et mox بشرى. b) B المهجر ut quoque C. c) Sic B et C. Vulgo سحول. Deinde B والجريب وانطاع. d) B وفقاع. e) B وباز. f) B قرح. g) C hunc sectionem sic dat: ومن الخصائص انك لا ترى مثل نيل زبيد وشروب عدن ومسد المهجز (sic) وسعيدى وعقيق صنعا وقفاع عثر واقداح حلبى (sic) وبرود سحولا وحنا ينبع وبان يثرب وصحادمها (sic) وبردى المروة ومقلها وورس عدن وسنا مكة وصبر اسقوطرة ومصبين عمان وباليمن جبل ينبع عنده مآء ثم يجمد فمنه الشبّ اليمانى. h) C مكوك. i) C. منها. k) B et C وثلث. l) C om. m) C العاص.

خمسة وثلث الا ترى الى قول الراجز

وجآءنا مُجَوَّعٌ[a] سَعِيدُ   يَنْقُصُ فى الصّاعِ ولا يَزِيدُ

ولهم بالمراكب صاعان يعطون باحدهما[b] جرايات الملّاحين ويتعاملون بالكبير، وارطالهم[c] بمكّة *هو المنّ المعروف فى جميع بلاد الاسلام غير انهم[d] يسمّونه رطلًا ورطل يثرب الى قُرْح[e] مائتا درهم ورطل اليمن بغدادىّ[f] ولعمان المنّ وبقيّة الاقليم بغدادىّ *ولهم البهار وهو ثلاثمائة رطل[g] ☆ ونقودهم[h] مختلفة لاهل مكّة المطوّقة وهى والعثريّة[i] ثُلْثا المثقال تؤخذ *كدراهم اليمن[k] عددًا وتفضل العثريّة *حتّى ربّما كان بينهما دُرَيْهِم[l] ودينار عدن قيمة سبعة دراهم *وهو ثلثا البَغَوىّ[m] تزن ولا تُعدّ ودينار عمان ثلاثون غير انه يوزن[n] والدراهم المستعملة فى الاقليم[o] تسمّى بمكّة المحمّديّة[p] ولاهل مكّة المزبّقة[q] اربعة وعشرون بمطوّق *ضعف اختمى[r] تبطل يوم السادس من ذى الحجّة الى آخر الموسم ولاهل اليمن العلويّة تختلف باختلاف البلدان حتّى ربّما بطلت فى بعضها قيمة *اربعة[s] منها درهم وزنته حول الدانق ولهم قروض ربّما غلت فصارت ثلاثة[t] بدانق وربّما صارت اربعة[u] ولاهل عمان الطسوه ☆

*الرسوم فى هذا الاقليم لبس[v] الوزر والازر بلا قميص *الّا القليل[g] وبمُخا

---

a) B بجوع. Fort. leg. مجوعًا. b) C باحدهم. c) C رطلهم. d) C pro his tantum المنّ. e) B قرح, C فرج. Deinde C ماتا. f) C بغدادى hic et deinde, et addit: وبقرح ثلثمائة. Deinde C وبعمان. g) C om. h) C وسحتهم i. e. وسنجتهم. i) C والقيريه h. l., et deinde ثلثى مثقال. k) C om.; B كدارهم اليمن. Deinde C بالعدد. l) C tantum بدرهم (B دريهم). Deinde C وقيمة دينار عدن. m) B البعوى. n) C وهو ثلث المثقال ولذلك يسما ثلاثى (l. يسمّى ثُلَاثيًّا) يزن وزنًا ويسمّى ايضًا ركاوى (l. زكاوى). o) C addit كله. p) C المحصديه. q) B المزبقه, C المن بقه. Infra in descriptione Aegypti B semel المرتقه, semel ut recepi, C المربقه et من بقه. r) Sic B (صعف), C om. s) B اربع. t) B ثلث. u) C كل اربعة منها درهم ووزنها نحو دانق ولهم قروض et post الطسوه addit: ودينارهم ثلثى مثقال يزن ولا يعد. v) C ورسومهم انهم يلبسون.

يعيبون على من يتّزر[a] انّما هو ازار واحد يلتفّ[b] فيه، ويختمون فى رمضان فى الصلوة ثمّ يدعون ويركعون *وصلّيتُ بهم التراويح بعدن فدعوتُ[c] بعد السلام فتعجّبوا[d] من ذلك *وامر ابن حازم وابن جابر ان احضر مسجديهما فافعل ذلك[e]، اكثر ما يوقدون مصابيحهم بالصيفة وهو دهن السمك يُحمل (51) من مهرة ونورتهم سوداء مثل الماخالقه[f] وباليمن يلزقون الدروج ويبطّنون الدفاتر بالنشا وبعث الىّ اميرُ عدن مصحفًا اجلّده فسالتُ عن الاشراس بالعطّارين فلم يعرفوه ودلّونى على المحتسب وقالوا عساه يعرفه فلمّا سالتُه قال من اين انت قلتُ من فلسطين قال انت من بلدة الرخاء لو كان لهم اشراس[g] لاكلوه عليك بالنشا، ويعجبهم التجليد لحسن ويبذلون فيه الاجرة الوافرة وربّما كنت أُعْطَى على المصحف دينارين، ويزيّنون بعدن السطوح قبل رمضان بيومين ويضربون عليها الدبادب *فاذا دخل رمضان اجتمع رفق يدورون عند السحر يقرؤون القصائد الى آخر الليل فاذا قرب العيد جبوا الناس ويتّخذون فى النيروز قبابًا يدورون بها على المباشرين ومعهم الطبول فيجمعون مالًا جزيلًا[h] وبمكّة تنصب القباب لليلة الفطر *ويزيّن السوق بين الصفا والمروة ويضربون الدبادب الى الصباح واذا[i] صلّوا الغداة اقبلن[k] الولائد مزيّنات بيدهنّ المراوح يطفن *بالبيت ويرتّبون خمسة ائمّة فى التراويح يصلّون ترويحةً[l] ويطوفون اسبوعًا والمؤذّنون[m] يكبّرون ويهلّلون ثمّ يضرب الفرقاعيّات كما تضرب عند الصلوات فيتقدّم الامام الآخر، يصلّون العشاء اذا مضى من الليل الثلث ويفرغون اذا بقى الثلث ثمّ ينادى

---

a) B نتزر (C om. على). Deinde C بما pro انما. *b*) C يلتفت et post فيه addit: ورايت الخطيب على المنبر كذلك. *c*) C الا بعمان وصليت بابى على بن حازم بعدن التراويح فلما ختمت دعوت. *d*) C فعجبوا. *e*) C وامر ابن جابر ان احضر مسجده فاختتم به كذلك, omissis ceteris usque ad ويزينون. B habet مما pro ما. *f*) Sic B. *g*) B اشراسًا. *h*) C pro his: ولهم فى النيروز عجائب ويجتمعون رفاقًا رفاقًا ليالى شهر رمضان عند السحر يقرؤن القصائد ويصيحون. In seqq. B نصب pro تنصب. *i*) C ويزينون الاسواق فاذا. *k*) C اقبلت et mox مزينات omisso. Pro يطفن B et C يطوفون. *l*) B ترويح. *m*) B والمؤذنون بايديهم.

بالسحور على ابى قُبَيس ولا يُرَى[a] احسن من مزىّ اهل مكّة فى خروجهم الى الحجّ فى ان احدهم ينوبه فى ذلك ما ينوب العراقىّ[b] ۞

ومياه[c] هذا الاقليم مختلفة مآء عدن وقناة مكّة * ومآء زبيد[d] ويثرب خفيف ومآء غلافقة ثاقل[e] ومآء قُرْح[f] وينبع ردىّ[e] وسائر المياه متقاربة * وحاججتُ سنة ٥٦ فرايتُ مآء زمزم كريهًا ثم عدتُ سنة ٦٧ فوجدتُه طيّبًا واكثر مياه السواحل عذيبيّات[g] ، فان قال قائل ومن اين علمتَ خفّة المياه وثقلها قيل له باربعة اشيآء احداهنّ[h] ان كلّ ما يبرد[i] سريعًا فهو خفيف وما رايتُ اسرع برودة من مآء تيمآء واريحا وهما اخفّ مياه الاسلام فمن هذا استنبطتُ هذا الوجه ثم صحّ لى بكثرة التجارب والثانية ان المآء الخفيف يبطئُ تحلّبه[k] ومن شرب مآء ثقيلًا أُسِر بولُه والثالثة المآء الخفيف يشهّى الطعام ويهضمه والرابعة اذا اردتَ ان تعرف مآء بلد فاذهب الى البزّازين والعطّارين فتصفّحْ وجوههم فان رايتَ فيها المآء فاعلم خفّته على قدر ما ترى من نضارتهم وان رايتَها كوجوه الموتى ورايتَهم مطامنى الرءوس فعجّل الخروج منها[l] ۞ والمضار بمكّة باذنجان يمرّض وبالمدينة كرّات يتولّد منه خروج عرق المدينى[m] ۞ * المعادن اللؤلؤ فى هذا الاقليم بحدود هجر يغاص عليه فى البحر بازآء أُوَال[n] وجزيرة خارك ومن ثَمّ خرجت درّة اليتيم يكترى رجال يغوصون فيخرجون صدفًا اللؤلؤ وسطها واشدّ شىء عليهم حوت يثب الى عيونهم وفائدة من تعاطاه بيّنة ، ومن اراد العقيق اشترى قطعة ارض بموضع بصنعآء ثم حفر فربّما خرج له شبه صخرة واقلّ وربّما لم يخرج شىء ، بين ينبع (52) والمروة معادن ذهب ، العنبر يقع على حافة البحر من عدن الى

---

a) B يرى. *b*) C pro his: ولا يؤذنون العتمة الا فى ثلث الليل ثم يصلون التروبحة ويطوفون طوافًا والمؤذنون يهللون ويكبرون والشموع تتقد حول الطواف ويتزينون يوم عشورآء ويتخذونه عيدًا ويضربون الفراقيع عند الصلوات. *c*) B عذّبسات المياه. *d*) C وزبيد. *e*) C ثقيل. *f*) B et C قرح. *g*) B عذّبسات. *h*) B احديهن. *i*) B يبرد. *k*) B يبطى تحلبه. *l*) C haec omnia om. Deinde C الرديه pro والمضار. *m*) C addit: وحبتان البقرس (l. النقرس) ردىّ. *n*) B آوال.

مُخًّا ومن وجه زَيْلَع ايضًا كلُّ من وجد منه شيًّا قلَّ او كثر حمله الى صاحب السلطان ودفعه اليه واخذ شقّةً[a] ودينارًا ولا يقع الّا وقت هبوب ريح الآبَت[b] ولم يصحّ لى ما العنبر، ودم الاخوين قبال[c] الجحفة[d] ✿ يقع عصبيات بين الخيّاطين وهم شيعة والجزّارين وهم سنّة بمكّة *عصبيّات وحروب وبين[e] الجماجميّين والملّاحين بعدن *عداوات وحروب[f] وبين السنّة والشيعة بينبع *وبين البجة والحبوش والنوبة بزبيد تقع العجائب[g] وبين الجزّارين والاعراب باليمامة[h] وقد بلغ من امرهم ان اقتسموا الجامع ويقولون للغريب كن من ايّنا شئتَ والّا فاخرج ✿

والمشاهد بمكّة مولد[i] النبىّ صلعم فى المحامليّين[k] ودار الاربعين بالبزّازين ودار خديجة خلف العطّارين غار ثَوْر على فرسخ اسفل مكّة وحِراء[l] من نحو منا *وغار آخر خلف ابى قُبَيس[f] جبل قُعَيقعان محاذى ابى قُبَيس وبالحرم[m] قبر مَيْمُونة على طريق[n] جُدَّة وفى الثنيّة قبر الفُضَيل وسفيان بن عُيَينة ووُهَيب بن الوَرْد، بين المسجدين عدّة مشاهد للنبىّ وعلىّ[o] مسجد الشجرة بذى الحُلَيفة وشجرة بقُبَا وحجر فاطمة، قبر[p] هود عمّ بالاحقاف على الساحل، الموضع الذى يخرج منه *النار بعدن جبل فى البحر وخلف

---

a) B شقه. b) B الاعب. c) B قمال. d) C sectionem sic dat: والمعادن العقيق بارض صنعا يشترى الرجل قطعة ارض ثم يحفر فربما اغنته وربما خاب سعيه والعنبر يقع من المندم الى عدن من وجهى البحر كل من وجد منه شيًا حمله الى صاحب السلطان فاعطاه ثوبا ودينارا سواء قل او كثر ولا يدرى احد ما العنبر واللولو يجد (sic) فى بحر هجر يغاص عليه فيخرج صدف يوجد فيها ومن يغوص عليه فى خطر من ذهاب عينيه وحشة. e) C وكذلك بين. Deinde B الجماجميں. Cf. Jacut, III, p. ٦٢٣, 4. f) C om. g) C ويقع حروب بين البحه (l. البجة) والحبوش والنوبة بزبيد (B البحه omissis والنوبة بزبيد). h) Addidi ex C, qui cetera om. i) C مولود. k) B sine punctis, C المحاملين. l) C وحرى. m) C بالحرم. n) C جادّة. o) C post للنبى addit صلعم omisso وعلى et deinde وحجر فاطمة. p) C وقبر.

البلد مسجد أَبَان[a] مخلاف معاذ * خلف مخا ثُمَّ[b] مسجد البئر المُعطَّلة[c] والقصر المَشِيد فى مخلاف البَوْن * وفى مخلاف مَرْمَل[d] من مخلاف صنعآء خرجت النار[e] التى احرقت جنّة المُقْسمين، بئر عثمان على طريق الشام، عند العَرْج جبل قالوا ان[f] جبرئيل شقّ فيه[f] للنبىّ صلعم * وقت هجرته طريقًا الى المدينة[g]، * وقعت نار بين المروة والحوراء فكان يقد كما يقد الفحم[f]، بيوت الفارهين بالحِجْر[h] عجيبة على ابوابها عقود وطروح ونقوش، الطّاغِيَة[i] مدينة خربة، خلف خيم أُمّ مَعْبَد بالسَّرَوَات قلاع عجيبة، كَمَرَان[k] جزيرة فى البحر فيها مدينة ولهم مآء حلو تسمّى العَقْل بها حبوس ملك اليمن ✿

وفى اخلاق اهل مكّة جفآء ولا ظرف لاهل اليمن، اهل عمان يطفّفون[l] ويخسرون ويفسقون، الزنآء بعدن[m] ظاهر، اهل الاحقاف نواصب غُتْم والحجاز بلد فقير قحط ✿ والقبائل[n] تاخذ من السروات نحو اهل[f] الشام فتقع فى ارض الاغرّ بن هيثم[o] ثم تخرج الى ديار يعلى * بن ابى يعلى[f] ثم الى سُرْدد ثم الى ديار عَنْز[p] وائل فى بنى غَزِيّة ثم تقع[q] فى ديار جُرَش * والعَتْل وجُلاجل[r]

---

a) C النارجيل قبال عدن (B مسجدًا بان). b) C بمخا وثم. c) B et C المعطل. Secundum alios sunt Raidae in regione Talkom (Jacut I, p. ٨٦٩, 6, II, p. ٨٨٩, 5 seq.). d) Haec restitui ex Ibn Khordádbeh, secundum textum fragmenti, ubi pro ومرسل وسيف صنعاء (p. 108 l. 8 seq.) legitur: ومَرْمَل ومن هذا المخلاف خرجت النار التى احرقت الجنّة التى ذكرها الله تعالى فى قوله (Koran. 68 vs. 20) فاصبحت كالصريم وبصنعاء كان غُمدان. Cf. Jacut, IV, p. ٥٠٣, 1. e) B om. In seqq. B حبه المقسّمين, C المقتسمين s. المقسّمين. f) C om. g) C طريقا وقت هجرته. h) C عند الحجر et post عجيبة addit: وثم الموضع الذى خرجت منه ناقة صالح عم, ceteris omissis, usque ad والقبائل. i) Koran. 69 vs. 5. k) B كمرس. l) B بطعفون. m) B بعد. n) C والعرب فى هذه الجزيرة. o) B هسم. p) B عثر; pro فى بنى seq. C وبين. q) B بقع, C يقع. r) C om. B خلاخل sine copula; (Jacut quoque memorat pronunt. حلاحل).

ثم الى ديار الشقرة[a] بها خَثْعَم ثم فى ديار الحٰرث بلد يقال له ذَنُوب واسم ساحلها الشرى[b] ثم فى شُكر وعامر ثم فى بَجيلة[c] ثم فى فَهْم ثم فى بنى عاصم ثم فى عَدْوان ثم هى بنى سَلُول[d] ثم فى مُطَار * وبها معدن البرام[e] ثم فى بلاد * بِرْمَة منها[e] الأَبْرَقَة * وحصن المهيا[e] ثم انت بالفَلَج ☆ وولايات[f] هذا الاقليم منقطعة اما الحجاز * ابدًا فلصاحب[g] مصر لاجل الميرة[h] واليمن لآل زياد واصلهم من هَمْدان[i] وابن طرف له عثّر[k] وعلى صنعاء امير * غير ان ابن زياد يحمل اليه اموالًا ليخطب اليه وربّما أُخرجت عدن عن ايديهم[l] وآل قحطان فى الجبال وهم اقدم ملوك[m] اليمن والعلويّة * على صعدة يخطبون لآل زياد وهم (53) اعدل الناس[n] وعمان للديلم وهجر للقرامطة وعلى الاحقاف امير منهم ☆ والضرائب والمكوس[o] يؤخذ بجُدّة من كلّ حمل حنطة نصف دينار * وكيل من فرد الزاملة وعلى سفط ثياب الشَطَوىّ ثلاث دنانير ومن سفط الدَّبيقىّ ديناران[p] وحمل الصوف ديناران وبعثّر على كلّ حمل دينار وعلى سُلّة الزعفران دينار وكذلك على رءوس الرقيق هذا ممّن خرج وكذلك بالسرّين[q] على من اجتاز وبكَمَران ايضًا وبعدن * يقوّم الامتعة[r] بالزكاويّة ثم يؤخذ عشرها عثّريّة وقدّروا انه يصل الى خزانة السلطان ثُلْث اموال التجار

---

a) C السقرة. Cf. supra p. ٨٨ *a*. *b*) B الشوى et mox سكر. *c*) C نخيله. *d*) B سلوك. *e*) C om. *f*) C والولايات فى. *g*) C فابدا لصاحب. *h*) C الطعام. *i*) B همْذان. *k*) C ولابن طرف بسن وما حولها. De Ibn Taraf cf. Ibn Haukal, p. ٢٠. Nomen eius erat Solaimán, ut docet Khazradjí Cod. 302, p. 79: الامير سليمن بن طرف صاحب عثر وبلاده مسيرة سبعة ايام فى عرض يومين وهى من الشرجة الى حلى ومبلغ ارتفاعه فى السنة خمسمائة الف دينار عَثْرِيَّة (sic). *l*) C om. (B يحمل اليه اموال. Cf. Ibn Hauk., p. ٢٠, 17 seq.). *m*) C سلاطين. *n*) C بصعدة يسمون امير المؤمنين ويلقبون بالداعى والناصر والهادى ويخطبون لآل زياد وربما خطب من ذكر بالبنى (l. لبنى) ذكرنا زياد وربما خرجت عن ايديهم عدن). *o*) C om. et deinde habet جده فى يوجد (B تؤخذ). *p*) B hic et mox ديناربن. *q*) B بالسرير. *r*) B بقوم الابعات. Videtur legendum الامتعات.

وثَمّ تفتيش صعب ومكس بلدان السواحل هيّن الّا غَلَافِقَة ، والمراصد البرّية من قُلُود *جُدَّة بالقَرِين وبطن مَرٍّ[a] نصف دينار نصف دينار وعلى باب زبيد من حمل المسك[b] دينار ومن حمل البزّ نصف دينار وبقيّة المراصد تعطى درهمًا علويّةً[c] وصاحب صعدة لا ياخذ ضريبة من احد وانّما ياخذ ربع العشر من التجار[d] ✡ والجزيرة عُشْريّة يؤخذ بعمان من كلّ نخلة درهم ووجدتُ فى كتاب ابن خرداذبه[e] خراج اليمن ستُّمائة الف دينار *فلا ادرى ما اراد بذلك[f] ولم ار ذلك فى كتاب الخراج بل المعروف ان جزيرة العرب عشريّة وكانت ولاية[g] اليمن فى القديم مقسومة على ثلاثة اعمال والٍ على الجَنَد ومخاليفها وآخر على صنعاء ومخاليفها والثالث على حضرموت ومخاليفها ، وذكر قُدَامة بن جعفر الكاتب ان ارتفاع الحرَمَيْن مائة الف دينار اليمن ستُّمائة الف دينار واليمامة والبحرين خمسمائة وعشرة آلاف دينار وعمان ثلاثمائة الف دينار[h] ✡ واهل هذا[i] الاقليم اصحاب قناعة ونحافة يتقوّتون باليسير من الطعام ويتجوّزون بالخفيف من الثياب وقد اكرمهم الله تعالى بخير الثمار وسيّدة الاشجار والتمر والنخل، اخبرنا ابو عبد الله محمّد بن احمد بقصبة ارّجان قال حدّثنا القاضى الحسن بن عبد الرحمان بن خلاد قال حدّثنا موسى بن

a) B خده بالقرين وبطن مر. b) B السمك ut supra p. ٩٧ h. c) B يعطى درهما علويه.
d) C sectionem sic habet: (l. الشطوىّ) وكذلك على فرد زاملة ومن سفط السطوى مطوّقين وبعثّر والسرّين على كلّ حمل دينار وعلى سلّة الزعفران دينار وكذلك بكمران ويقوّم الامتعة بعدن فيؤخذ على سبيل العشر غير انهم يقوموها (l. يقوّمونها) بالركاوية (l. بالزكاويّة) وباحدوا (l. وياخذوا) عشّريّة ويؤخذ بعمان العشر غير انه يخاف (l. يحاف) عليهم وسمعتهم يذكرون انه يصير للسلطان الثلث من اموال التجار وثم بتفتيش (l. تفتيش) صعب ويوخذ من قلود جدهن (l. جُدَّة من) كلّ حمل نصف دينار فى بطن مرّ وفى القرين وبقيّة المراصد البرّيّة امرها قريب غير انها كثيرة باليمن. Deinde habet والجزيرة خراج ويؤخذ. e) B خرداده, C جرداده. Vid. ed. Barbier de Meynard, p. 111. f) C ولا ادرى اى خراج هذا, ceteris usque ad المسافات omissis. g) B وايل. h) Haec accurate descripta sunt e libro Kodámae, Manzil 6, Cap. 6. Addit hic hoc ita statuisse Ibno'l-Modabbir anno 237. i) B هذه ut quoque alibi interdum.

الحسين قال حدّثنا شَيْبان بن فَرُّوخ قال حدّثنا مسرور بن سفيان[a] التميمىّ عن الأَوْزاعىّ عن عروة بن رُوَيم عن علىّ بن ابى طالب رضّه قال قال رسول الله صلعم اكرموا عمّتكم النخلة فانها خلقت من الطين الذى خلق منه آدم وليس من الشجر شجرة تلقح غيرها واطعموا نسآءكم اذا ولدن الرطب فان لم يكن رطب فالتمر الحديث ✿

واما المسافات فاعلم ان الواو *للجمع وثمّ للترتيب[b] واو للتخيير فاذا قلنا الى فلانة وفلانة فانهما فى موضع واحد مثل خُلَيص وأَمَج *ومَرِينان وبَهْمَن أَبَاذ[c] فان قلنا ثمّ اردنا العطف على الذى قبله كقولنا الى *بطن مَرّ[d] ثم الى عسفان *الى غزّة ثم الى رفح[e] فان قلنا او فقد رجعنا الى الذى قبل هذا الآخر كقولنا من الرملة الى ايليا[f] او الى عسقلان *من شيراز الى جُوَيم او الى صاهه[e] ✿ وقد جعلنا المراحل ستّة[g] فراسخ وسبعةً فان زادت نقطنا على الهآء نقطتين فان جاوزت العشرة نقطنا تحت اللام[h] نقطتين فان نقصت عن الستّة نقطنا فوق الهآء نقطة ✿ (54) تاخذ من مكّة الى بطن مَرّ مرحلة ثم الى عُسْفان مرحلة ثم الى خُلَيص وأَمَج مرحلة ثم الى الخيم[i] مرحلة ثم الى الجُحْفَة مرحلة ثم الى الأَبْوآء مرحلة ثم الى سُقْيا بنى غِفار[k] مرحلة ثم الى العَرْج مرحلة ثم الى الرَّوْحآء مرحلة ثم الى رُوَيْثَة[l] مرحلة ثم الى يثرب مرحلة ✿ وتاخذ من مكّة الى يَلَمْلَم مرحلة ثم الى قَرْن[m] مرحلة ثم الى السِرَّيْن[n] مرحلة ✿ تاخذ من مكّة الى بستان بنى عامر مرحلة ثم الى ذات عِرْق مرحلة ثم الى الغَمْرَة مرحلة وتاخذ من مكّة الى قَرين مرحلة ثم الى جدّة مرحلة ومن بطن مرّ الى جدّة

a) B سعنان ut vid. b) C للوصل والجمع وثم للنسق والسرب. c) B ومن نبان ومهمن اباذ, C ومن بماز وبمهزاباد. Vid. e. g. Ibn Hauk., p. ٣١٣ et ٣٣٣. d) B بطرمز, C نطن من. e) C om. f) C بيت المقدس; post او B om. الى. g) C ست et mox B et C وسبعا, العشر et الست. In neutro Codice haec puncta inveniuntur. h) B om. i) C الحيمتين (sic). Vulgo pro hac statione قُدَيد memoratur. k) B عقار (عقاد), C عفان. l) B دونثه omisso الى, sed male collocata est statio, quae nempe secundum alios omnes iacet inter العرج et الروحاء. m) B fort. قرف, C قرر. n) B sine punctis.

مرحلة[a] ، وتاخذ من الجحفة الى بَدْر مرحلة ثم الى الصَّفْرآء والمَعْلَاة[b] مرحلة ثم الى الروحآء مرحلة ، وتاخذ من بدر الى ينبع مرحلتين ثم الى راس العين مرحلة ثم الى المعدن مرحلة ثم الى المروة مرحلتين ، وتاخذ من بدر الى الجار مرحلة ثم الى الجحفة او ينبع مرحلتين مرحلتين ، وتاخذ من جدّة الى الجار *او السرّين[c] اربعًا اربعًا ، وتاخذ من يثرب الى السُّوَيديّة *او الى بطن النخل مرحلتين مرحلتين ومن السويديّة الى المَرْوَة مثلها ومن بطن النخل الى معدن النَّقْرَة[d] مثلها ، فان اردتَ جادّة مصر فتاخذ من المروة الى السُّقْيَا ثم الى بَدَا يعقوب ثلاثًا ثم الى العَوْنيد مرحلة ، وان اردتَ الشام فتاخذ من السقيا الى وادى القرى مرحلة ثم الى الحِجْر مرحلة ثم الى تيمآء ثلاث مراحل[e] ✿ وان اردت مكّة فى جادّة الكوفة فتاخذ من زُبَالَة وهى عامرة واسعة المآء الى الشُّقُوق[f] ٢١ ميلًا ثم الى البِطَان ٢٩[g] ميلًا ثم الى الثَّعْلَبِيَّة *٢٩ ميلًا[h] هى ثُلْث الطريق عامرة كثيرة البرك بها آبار عذيبيّة ثم الى الخُزَيْمِيَّة[i] ٣٢ ميلًا

a) C hic addit: وتاخذ من مكة الى منا فرسخ ثم الى المزدلفة مثله ثم الى عرفة مثله. b) B والمُعلاه. c) C والى السرين. d) B البقره. e) C pro his: مرحلتين ثم الى المروة مثلها وتاخذ من يثرب الى..... مرحلة ثم الى بطن النخل مثلها ثم الى معدن النقرة مرحلتين وتاخذ من المروة الى سقيا يزيد مرحلة ثم الى فرج (l. قرح) مرحلة ثم الى حجر صالح مرحلة ، وان اردتها من دمشق فتاخذ من دمشق الى اذرعات مرحلتين ثم الى عمان مثلها ثم الى وُبير (Cod. وبير) مرحلتين ثم الى المحدثة مرحلة ثم الى النبك مثلها ثم الى ماء مثلها ثم الى الجَرْبَى (Cod. للحرى alibi الحربى) مثلها ثم الى عَرْفَجَاء مرحلة ثم الى مخرى (Cod. محرى) مرحلة ثم الى تيمآء ثلاث مراحل ثم الى حجر صالح مثلها. Itinerarium hoc partim occurrit infra in capite بادية العرب. f) B النشوف, C السقوق. g) C سبعة وعشرين. Kodáma pro hac statione habet قبر العبادى, quod prope hunc locum iacet. Vid. infra in capite de deserto Arabico. h) C om. et habet وهى et mox وبها. i) B الخزيميه, C الحزميه. Jacut, II, p. ۴۴. ult. memorat quoque pronunt. الخزيمية, sed male ut videtur, nam Kodáma dicit: والخزيمية مدينة عليها سور وبها منبر وحمام وبرك وسميت الخزيمية لان خزيمة

ثم الى أَجْفُر ٢٤ ميلًا ثم الى فَيْد ٣٦ ميلًا[a] مدينة بحصنَيْن عامرة واسعة المآء
* ثم الى تُوز وهى نصف الطريق ٣١ ميلًا ثم الى سَمِيرآء * ٢٠ ميلًا برك ومآء واسع
ومزارع والمآء عذيبىّ[b] ثم الى حَاجِر[c] ٣٣ ميلًا ثم الى معدن النَّقْرَة[d] ٣٤ ميلًا
* بها حصن ومآء ضعيف وموضع وحش[e] ثم الى المُغِيثَة ٣٣ ميلًا ثم الى الرَّبَذة
* ٢٤ ميلًا مآء زعاق وموضع خراب[f] ثم الى معدن بنى سُلَيم ٢٤ ميلًا * ثم
الى السَّلِيلة ٣٦ ميلًا[g] ثم الى العُمَق ٢١ ميلًا بها آبار عجيبة[h] والمآء غير واسع
* ثم الى الأُفَيْعِيَة[i] ٣٢ ميلًا ثم الى المِسْلَح[k] ٣٤ ميلًا بها برك والمآء واسع[l]
ثم الى غَمْرَة ١٨ ميلًا المآء واسع[m] ؛ وان اردتها من البصرة فتخذ من البصرة

(خزيم بن خازم male Jacut l. l.) صيّر فيها سواى (l. سوانى) وكانت تسمّى زَرُود (vid. Jacut in v.) ورملها احمر. Errore haec apud Sprenger, p. 112 seq. ad Tha'labîja translata sunt.

a) C addit وهى. *b*) C وهى عامرة ذات مزارع ومياه عذيبية رديّة ثلثة وثلثون ميلا. Distantia B melior est. Apud Kodáma est 16 M., apud Hamdání (Sprenger, p. 113) 25. *c*) C male حاجب. Distantia autem secundum Hamdání et Kodáma (Sprenger dat minus recte 33) est 23 M. (Ibn Khord. p. 104, 3 habet 30 M.). *d*) B البقره. *e*) C والماء بها يعن (l. يعزّ) وهو موضع سوء. *f*) C وماؤها زعاق وموضع خراب ثم الى قبر ابى ذرّ اربعة وعشرون. Abu Dzarr mortuus est in al-Rabadza. *g*) Haec transponenda sunt ante ثم الى معدن بنى سليم ut recte habent alii; vid. quoque Jacut, III, p. ١٣٨, 7 seq. Eodem modo corrigendus est Ibn Khordádbeh, p. 106. Male autem Hamdáni et Jakubí ponunt al-Omak inter Salíla et Ma'din Bani Solaim; vid. Jacut, III, p. ٧٣٨, 3. *h*) C واسعة. *i*) B الافيقه. Quoque افاعية scribitur, e. g. a Kodáma; vid. Jacut in v. *k*) Minus recte Cl. Wüstenfeld, *das Gebiet von Medina*, p. 26 (116), pronuntiat Muslih, dicens locum a vulgo male appellari Maslah, sed Moslih est alius locus prope Badr; de nostro Bekrí praescribit quod ego recepi et de hoc valet quod de pronuntiatione vulgari dicitur. *l*) C haec om. *m*) C, qui hoc itinerarium in fine capitis habet, addit: وسنذكر المنازل من الكوفة الى زبالة وطرق الشام فى بادية العرب ان شاء الله تعالى. والنباح (l. والنِّبَاج) حُصَيْنٌ عامر فيه قناة ماء.

الى الحُفَيْر a ١٨ ميلًا ثم الى الرُحَيْل ٢٨ * ميلًا b ثم الى الشَّجى c ٢٧ ميلًا ثم الى حَفَر ابى موسى ٣٦ ثم الى مَاوِيَّة ٣٢ ثم الى ذات العُشَر ٢٩ ثم الى اليَنْسُوعَة d ٢٣ * ثم الى السُّمَيْنَة e ٢٩ ثم الى القَرْيَتَيْن ٢٢ * ثم الى النِّبَاج ٢٣ ثم الى العَوْسَجَة f ٢٩ ثم الى رامة .. ثم الى اَمَّرَة ٢٧ ثم الى طَخْفَة g ٢٦ ثم الى ضَرِيَّة h ١٨ ثم الى جَدِيلَة ٣٢ ثم الى مُلَّحَة ٣٥ ثم الى الرُّقَيْعِيَّة i ٢٦ ثم الى قُبَا ٢٧ ثم الى (55) السنبلة k ٢٧ ثم الى وَجْرَة ٤٠ ثم الى ذات عِرْق ٢٧ لجميع سبعمائة ميل l ✿ واما جادّة الغرب فتاخذ من وَيْلَة الى شَرَف ذى

---

a) B الحُفير (sic). Lectio الكفير apud Ibn Khord. p. 112 corrupta esse videtur. b) C مثلها. c) B السجى, C السحين. In capite بادية العرب B السحر, C السحير, Ibn Khord. p. 112 السجر. Vid. Jacut in v. et sub رحيل (Hic distantiam dat 24 M. et ad حفر ابى موسى 30 M., alio loco (II, p. ٢٩٤, 8) 10 M.). Pro حفر B habet حصن. d) B h. l. السرعه, infra الشرعه, C hic et infra الدرعه. e) B et C h. l. om. Male sequens statio a Kodáma et Ibn Khord. ponitur post العوسجة. Vid. quoque Wüstenfeld, *die Strasse von Baçra nach Mekka*, p. 10 (54). f) B haec om. Deinde B et C om... ثم الى رامة. Cf. Wüstenfeld, p. 12 seq. In edit. Ibn Khord. post رامة excidit ثم الى امرة. g) B طيغه, C طنفه. h) B صويه, C صريه. i) B الرسه, C الزسه. Apud Kodáma in الرقبة, apud Ibn Khord. in الرقيبة (Cod. الرقيه) corruptum est. Jacut locum الرقيعى appellat. k) Cum Cl. Wüstenfeld opinor veram lectionem esse الشُّبَيْكَة (l. l. p. 14 seq.). Loco huius Ibn Khord. et Kodáma memorant مَرّان. l) Patet hinc itinerarium mancum esse, computatio enim dat 571 M. (sive distantiâ inter Ausadjam et Rámam 29 M. positâ) 600 ad Dzát Irk, qui locus Mekkâ distat ± 56 M. Restant igitur 44 M., quorum ratio dari debet. Et quidem inter Basram et Hofair sunt non 18 M., sed 36 M. (vid. Wüstenfeld l. l. p. 6. Statio prima Basrâ inde est المنجشانية). Tum inter ذات العشر et الينسوعة omissa est statio المجازة (Wüstenfeld, p. 9, cf. Jacut, IV, p. ٤١٧, 1 et 6), quam inter et ذات العشر si ponamus distantiam 26 M., itinerarium completum est.

النمل[a] مرحلة ثم الى مَدْيَن مرحلة ثم الى الاعرآء[b] مرحلة ثم الى منزل مرحلة ثم الى الكلاية[c] مرحلة ثم الى شَغْب[d] مرحلة ثم الى بَدَّا[e] مرحلة ثم الى الشَّرْجَبْن[f] ثم الى البَيْضآء ثم الى وادى القرى ٦ *والطريق المستعمل اليوم من شرف ذى النمل[g] الى الصَّلا[h] ثم الى النَّبْك ثم الى ضَبَّة ثم الى العَوْنيد ثم الى الرُّحْبَة[i] ثم الى مُنْخُوس[k] ثم الى البُحَيْرَة[l] ثم الى الأَحْسآء ثم الى العُشَيْرَة ثم الى الجار ثم الى بدر ۞ وان اردتها من عمان فتخذ من صُحَار[m] الى نَزْوَة ثم الى عجلة ٣٠ ميلًا ثم الى عضوة ٢٤ ميلًا[n] هو حصن ثم الى بئر السلاح ٣٠

---

a) Haec statio infra et ab aliis vocatur شرف البَعْل. Edrisi (*Description de l'Afrique et de l'Espagne*, p. ١٦٣ paen.) eius loco حَقْل habet, quod quoque legendum esse videtur apud Ibn Khord., p. 114 l. 1 pro حفا. Vid. porro Sprenger, *Die alte Geographie*, § 208. Est Ptolemaei *Akale*. b) B h. l. الاعداء ut quoque tres Codices Edrisîi. Pro lectione recepta faciunt Jakubí p. ١٣. (اعر), Kodáma (اغر) et Ibn Khord. c) B h. l. ut recepi et sic Edrisi. Infra B الكلانة. Ibn Khord. الكلابة, Kodáma hanc iungens cum praec. منزل الطلابه. Jakubí pro hac et praec. قالس (Cod. فالس) d) B h. l. الشعب, infra شعث, ceteri male شعب (Cod. Ibn Khord. سعث). Cf. Ist. p. ٢٧, Ibn H. p. ٣٤. e) B hic برا, infra براه. Edrîsi hanc et seq. stationem negligit. f) B h. l. سرخس (مرخس) sine artic. infra السرحس, Ibn Khord. السرحتين, Kodáma السرحين. Coniecturâ edidi. g) C omisso itinerario praec. habet وطريق اهل الشام ومصر المستعملة تاخذ من ويلة الى شرب (l. شرف) ذى النمل مرحلة ثم et in seqq. ubique addit distantiam مرحلة. h) B et C الصلاة ut quoque Kodáma. Infra B المصلا. Vid. Jakubí l. l. et Jacut sub انا, انا عين et عينون. Sequens statio occurrit apud Jacut, IV, p. ٥٤٨, 18. Male apud Jakubí his anterior ponitur العونيد. Pro ضبّة male infra طبه, Jakubí ظبة. i) B infra الرخّه. k) B منحوس, C منحوس, infra B منخوفس. Vocales praescribuntur a Bekrío. l) B المحيره, infra البحر, C ut recepi. Jakubí habet البحرة; cf. ann. ad *Merácid*, IV, p. 270. m) B حصار. n) B om. hic et mox. Deinde C om. هو حصن et B om. الى post ثم.

ميلًا ثم الى مكّة ٢١ يومًا فيها اربع[a] مياه وثمان فى رملة[b] ✿ وان اردتها من هجر فتخذ من الأَحْسَآء الى...... [c] ✿ ومن ارادها من صنعآء اخذ الى الرَّيْدَة[d] مرحلة ثم الى أَثَافِت[e] ثم الى خَيْوَان ثم الى الأَعْمَشِيَّة[f] ثم الى صَعْدَة ثم الى غُرْفَة[g] ثم الى المَهْجَرَة ثم الى شَرُوراح[h] ثم الى الثجّة[i] ثم الى كُثْبَة ثم الى يَبَنْبَم[k] على ٨ اميال من جُرَش ثم الى بَنَات جَرْم[l] مرحلة ثم الى جُسَدآء[m] ثم

---

a) C تمان. b) B رحلة; C وثمان مراحل فى الرمل. Secundum Sprenger, *Die alte Geographie*, § 276 verba الى مكة vitiosa sunt, revera 21 dies sunt a termino Omani ad Jabrîn. c) In B lacuna. In C quae in hoc capite sequuntur desunt. d) B الريذة. Solet scribi sine artic. e) B اثافت. Apud Ibn Khord. p. 108 l. 6 minus recte عنابت editum est. Sprenger (p. 130) in suo apographo habuit اثامت ut revera Cod. Oxon. (Kodáma اثانب). Zamakhschari, ed. S. de Grave, p. ١٥٤ اثافت. f) Sic recte quoque Ibn Khord. et Abulfeda, p. ٩٥; Kodáma الاعمسية, Jacut, III, p. ٣٨٩, 6 الاعشبية. g) B عرفة et sic Ibn Khord. (Cod. عرفه sine art) et Kod. Vid. Jacut in v. Deinde B الهجرة. h) B سروراح. Kodáma et Ibn Khord. habent شروم راح, quod tuetur in partem Jacut in v. شروم. Bekrí in suo *Mo'djam* habet شرون et vocales praescribit. Hamdáni apud Sprenger, p. 125 paen. سروم العص. Edrîsî سَدُوم راح. In ed. Ibn Khord. p. 108 l. 1 lege وفيما بين شروم راح والمهجرة. i) Probe distinguendus a ثُجَة مخلاف inter Sohul et Djanad, de quo loco vid. infra. Jacut nostrum locum videtur appellare ثجر (I, p. ٩١٩, 19 seq., II, p. ٥٣٥ ult.) — Ibn Khord. p. 107 paen. male huius loco بيشة يقطان habet. Edrîsî, apud quem ordo stationum turbata est, سبخة s. سنجة. k) B ينقم omisso الى; Edrisî النخم s. النجم; Kodáma سميص; Hamdání apud Sprenger, p. 126, 4 بتميم. Praeter يبنبم quod recepi, quoque occurrunt formae يبمبم unde orta Kodámae et Hamdáníi lectio et ابنبم unde orta lectio Edrîsîi. Forma بيمبم, quae quoque memoratur, vitiosa esse videtur (l. igitur يبمبم apud Jacut, II, p. ٨٣٩, 10). Ut يبنبم et ابنبم, sic يلملم et الملم permutantur. — Quod noster dicit hunc locum distare 8 M. a Djorasch, Kodáma refert ad Kothbam, Ibn Khord. ad Thaddjam, Edrîsî ad Scharum. Contra Kodáma addit Jabambam distare 14 M. a loco, cuius nomen حسن scribit. l) B ابيات جرم, Kodáma بيات حرم et alio loco بنان حرم, Edrisî tantum بَيات (تبات). Hamdáni l. l. بنات حرب i. e. بنات حَرْب Jacut, II, p. ٢٣٣, 7 seq. Fort. l. حرب = حرم. m) B حسد. Vid. Zamakhscharí, p. ٣٦. Deinde B نيشة et نبالة.

الى بيشة ثم الى تَبالَة ثم الى رَنْيَة[a] ثم الى كُدَىّ ثم الى صفر[b] ثم الى تُربَة ثم الى الفُتُق[c] ثم الى الجدر[d] ثم الى الغَمْرَة وطريقها القاصدة على الطائف ولم اسلكها ✿ ومن مكّة الى الطائف طريقان تاخذ من بئر ابن المرتفع مرحلة ثم الى قَرْن مرحلة ثم الى الطائف مرحلة والاخرى على عرفات مرحلتين فى الجبل ✿ ومن ارادها من وَبلة وهى طريق حجّاج الغرب كلّها طرق عدّة اما طريق الساحل فتاخذ من وبلة الى شرف البَعْل مرحلة ثم الى الصّلا مرحلة ثم الى النّبْك مرحلة ثم الى ضبّة مرحلة ثم الى عَوْنيد مرحلة ثم الى الرُّحْبَة مرحلة ثم الى مُنْخُوس مرحلة ثم الى البجيرة مرحلة ثم الى الاحساء مرحلة......[e] ثم الى الاعراء مرحلة ثم الى الكلاية مرحلة ثم الى شَغْب مرحلة ثم الى بَدًا مرحلة ثم الى الشرجين مرحلة ثم الى البيضاء مرحلة ثم الى قُرْح مرحلة ثم الى سُقْيا يزيد مرحلة ✿ واما طريق اليمن فلا اكاد اضبط مراحلها كغيرها من الكور غير انّى اذكر ما عرفتُ واجمل ما سمعتُ فمن صنعاء الى صُدَآء[f] ۴۲ فرسخًا ، ومن صنعاء الى حضرموت ۷۲ فرسخًا ، ومن صنعاء الى ذمار ۱۶ فرسخًا ثم الى نَسَفان وكَحْلان[g] مرحلة ثم الى حُجْر وبَدْر[h] ۲۰ فرسخًا ثم الى عدن

---

a) B وبيبة, Kod. وتبية et ودبة. Edit. Ibn Khord. et Edrisî male وبيثة (الرويثة). Cod. Ibn Khord. ودبة. Vid. Jacut in v. et cf. Sprenger, *Die alte Geographie*, § 369. *b*) Sic quoque Ibn Khord. et duo optimi Codd. Edrîsii (duo alii صقر et ظفر). Hamdání صفن, Kodáma صعر. In Cod. Ibn Khord. pronuntiatur صَفَر. Nomen sequens corruptum est in بوبة. *c*) B العتق, Kod. العنق, Ibn Khord. الغيق (sed. Cod. العنق), Hamdání l. l. فيق. Vid. Jacut in v. *d*) Kodáma الجدد. Hic addit, praeter ea quae dedit Sprenger p. 128, وهى موضع يسر مولى عثمان بن عفان. — Deinde B et Kod. العمرة. *e*) Hic lacuna est non indicata. Vid. supra. *f*) B صدرا. Cf. Jacut, III, p. ۳۷۴, 13. Edrisî distantiam habet 120 M. i. e. 40 F. Ibn Khord., p. 109, 3 ثلثون فرسخا. *g*) B سفار وكحلا. Ibn Khord., p. 109 سبا (sed. Cod. سقا); Edrisî سبتان (سفتان), quod respondere videtur formae سَنَبان apud Jacut, ortae ut videtur e corruptione huius nominis. Pro مرحلة hi habent ۸ فراسخ s. ۲۴ ميلا. *h*) B حاجر وبد.

٢٤ فرسخا ، ومن نمار الى يَحْصِب مرحلة ثم الى السُّحُول[a] مرحلة ثم الى الثُّجَة[b] مثلها ثم الى الجَنَد مثلها ومن صنعاء الى الجند ٤٨ فرسخا ، ومن صنعاء الى العُرْف مرحلة[c] ثم الى اللَّهان ١٠ فراسخ ثم الى *جُبْلان ١٤[d] ثم الى زَبيد ١٢ ، ومن صنعاء الى شِبام[e] مرحلة ومن صنعاء الى عثّر ١٠ مراحل ومن عدن الى أَبْيَن ٣ فراسخ[f] ✿

اقليم العِراق

هذا اقليم الظرفاء ، ومنبع العلماء[g] ،، لطيف الماء ، عجيبُ الهواء ، ومختار الخلفاء ،، اخرج ابا[h] حنيفة فقيه الفقهاء ، (56) وسفيانَ سيّد القرّاء ،، ومنه كان ابو عبيدة[i] والفرّاء ، وابو عمرو صاحب المقرا[k] ،، وحمزة والكسائىّ وكلّ فقيه ومقرئ واديب ، وسرىّ وحكيم وداه[l] وزاهد ونجيب ، وظريف[m] ولبيب ،، به مولد ابراهيم الخليل ، واليه رحل كلُّ صحابىّ جليل ،، اليس به البصرة التى قوبلت بالدنيا ، وبغداد الممدوحة فى الورى[n] ،، والكوفة الجليلة وسامرّا ، ونهره[o] من الجنّة بلا مِرآ ،، وتمور البصرة فلا تنسى ، ومفاخره[p] كثيرة لا تحصى ،، *وبحر الصين يمسّ طرفه الاقصى ، والبادية الى جانبه كما ترى[q] ،، والفرات بقربه من حيث جرى ، غير انه بيت الفتن والغلآ ،، وهو فى كلّ يوم الى ورآ ، ومن الجور والضرائب فى جهد بلآ ،، مع ثمار قليله ، وفواحش كثيرة ومؤن ثقيله ،، ✿ وهذا شكله ومثاله والله اعلم واحكم[r] ✿

---

a) B الشحول. b) B ادنجه. Vid. Ibn Khord., p. 110, l. 1 (ubi post الثجة lacuna est; Cod. Oxon. اللجّة) et Jacut in v. (ubi ثُجَّة est editum). c) Secundum Ibn Khord. et Edrîsî 8 F., secundum Jacut, III, p. ٩٤٨, 1, 10 F. d) B جيلان اربعة. e) B سنام. f) Addidi فراسخ, ut recte suasit Sprenger, p. 148, l. 2. g) C الحكماء والعلما. h) C ابو. i) C عبيد. B عبيده sic. k) C القرا. l) B et C وداعى. m) Quae sequuntur ad وقد جعلنا in C desunt h. l., infra in disquisitione de nomine Irák male inserta sunt. Pro مولد C مولود. n) C بالورى. o) C ونهر به. p) C وفضائله. q) B يرى. r) C pro his inde وبحر habet: غير انه بيت الفتن والغلا مع ثمار قليلة ومعاصى كثيرة ومؤن ثقيلة وهذه صورته كما ترى والله تعالى اعلم واحكم. Hic in B et C sequitur mappa Iráki.

(57). وقد جعلناه[a] ستّ كور وناحية وكانت الكور فى القديم غير هذه الّا حلوان * ولكنّا ابدًا نجرى الامر على ما عليه الناس[b] وادخلنا الكور القديمة والقصبات فى الاجناد واسم هذه الكور والقصبات واحد فاوّلها من قبل ديار العرب الكُوفَة ثم البَصْرَة ثم وَاسِط ثم بَغْدَاد[c] ثم حُلْوَان ثم سَامَرَّا ☆ فاما الكوفة فمن مدنها حمّام ابن عمر[d] الجامعَيْن سُورَا[e] النّيل القَادِسيّة[f] عَيْنُ التَّمْر ☆ واما البصرة فمن مدنها الأُبُلَّة * شقّ عثمان[g] زبان بدران بَيَان نهر المَلِك دُبّا نهر الأَمير ابو الخَصيب[h] سُلَيْمانان عَبّادان المُطَوَّعَة والقَنْدَل[i] المَفْتَح الجَعْفَرِيّة ☆ واما واسط فمن مدنها فَمُ الصِّلْح درمكان[k] قُراقُبة سيادة باذبين[l] السِّكْر الطّيب قُرْقُوب قرية الرمل * نهر تيرى[m] لهبان بَسَامِيَة[n] اودسة[o] ☆ واما بغداد فمن مدنها النَّهْرَوَان بَرَدَان كارة[p] الدَّسْكَرَة طراستان[q]

---

a) C جعلنا العراق. *b*) C om. Apud hunc in marg. legitur: فان قيل لمَ المؤلف قد ترك بعض البلاد من هذا الاقليم مثل الحلّة الجواب لم تكن فى زمانه عمرت وانما عمرت بعده عمرها مزيد بن زبيد (sic). Conditor Hillae fuit Saifo'd-Daula Çadaka al-Mazjadí (vid. Karabacek, *Beiträge zur Geschichte der Mazjaditen*, p. 78). *c*) C semper بغداذ. Mox B سامرى ut interdum quoque C. *d*) Non differre videtur a حمام عمر (ut supra p. ٥٣, 17 revera legitur) i. e. Omar ibn Sa'd ibn abí Wakkáç (Beládsori, p. ٢٨١ paen.). C habet h. l. عمرو. *e*) B سوا. *f*) B المقاسية. Deinde om. عين التمر quod C addit repetito insuper الجامعين. *g*) C om. Deinde C زبان. Supra p. ٥٣, 15 نهر ربان. *h*) Pro نهر ابى الخصيب, Beláds. p. ٣٦٢, 3 a f., ut pro دُبّا supra نهر دبا exstat. *i*) B والفندله et supra العدل, C العنداه; Jacut القَنْدَل. Beládsorí, p. ٣٦٣ القَنْدَل, vid. quoque p. ٣٧١ (ubi Cod. B القندلى). Deinde B الفتح (supra العسح). *k*) Supra B حرمكان. Vocales nominis sequentis in B supra. *l*) B et C باذنبر, supra B فاذبس. *m*) C om. Deinde B لهيار s. (ut supra) لهبار. *n*) B يسامية, supra السامية, C بسامنه. Jacut, II, p. ٥٧٤, 11 بَسَامَنَى, Ibno 'l-Athír, IX, p. ١٢٨ بشامنى. Videtur autem esse nomen antiquum *Spasini*-Kharax. *o*) Sic B supra et C; B h. l. ودسنه. *p*) B كلده, C et B supra ut recepi. *q*) B طرستان.

هارونيّة جَلُولآء بَاجِسْرَى[a] باقبة[b] اسْكَاف بُوهُرْزْ[c] كَلْوَاذَى دَرْزِيجَان[d] المداين كُيل[e] سيب دَيْرُ العاقُول النُّعْمَانيَّة جَرْجَرَايَا[f] جَبُّل نهر سَابُس عَبَرْتَا بَابِل عندس[g] قصر هُبَيْرة ۞ واما حُلْوَان فمن مدنها خانقين زبوجان شلاشلان[h] الجامد الحرّ السّيبروان بَنْدَنيجان[i] ۞ واما سامرّا فمن مدنها الكَرْخ[k] عُكْبَرَا الدُّور الجامعين[l] بَتّ رَذَانَات[m] قصر الجصّ حرى[n] أَيْوَانَا بريقا[o] سِنْدِيّة راقفروبة[p] دِمِمّا الأَنْبَارُ هِيت تَكْرِيتُ السّنّ ۞ فان قال قائل لَمَ جعلتَ بَابِلَ فى الجند واليها كان[q] ينسب الاقليم فى القديم *الا ترى ان الجَيْهانىّ ابتدأ بذكر هذه النواحى وسمّاه اقليم بابل وكذلك سمّاها وهب فى المبتدأ وغيره من العلمآء[r] قيل له *قد تحرّزنا من هذا السؤال ونظائره بانّا اجرينا علمنا[s] على التعارف كالايمان[t] الا ترى ان رجلًا لو حلف ان لا ياكل رءوسًا

C et B supra ut recepi et sic habet Ibno 'l-Athír, X, p. ٧٥ *bis*. Jakubi, p. ٤٥ paen. et ٤٦, 1 طرارستان.

a) B hic et supra باخسرى, C باحسرى. *b*) B. h. l. باقيبة, supra باقنة, C ut recepi. Non differre videtur a بَعْقُوبا s. بَاعَقُوبَا. *c*) C بوهرز. *d*) B hic et supra sine punctis دربحان, C دريجان, ut supra male recepi. Vid. Jacut in v. et Ibno 'l-Athír, III, p. ٣١٤ (ubi male درزنجان), IX, p. ٢٣٦ et X, p. ٣٧٩ seq. *e*) Sic cum كُ supra scribitur. Occurrit quoque sub formis كال, جال et جيل (ut supra p. ٢٨, 6). *f*) B om. Deinde B ut quoque supra جُبّل. *g*) B supra عبدس h. l. عبدس. Infra ut ex C recepi. Occurrit apud Kodáma quoque sine punctis. *h*) B supra شلاشان ut habet Ibno 'l-Athír, VI, p. ١٧٢ et ١٨١. *i*) B بىدىسحان et supra بندنيجان, C بىندىحان. Cf. Jacut, I, p. ٧٤٥, 6 وندنيكان et Juynboll ad *Marácid*, IV, p. 389 seqq. *k*) B الكرج. *l*) C om. *m*) C راذانان ut B supra. *n*) Sic C et B h. l.; supra B جونى. Forte cogitandum de جُوَيّ pro جُوَيْث. Deinde B ابوابا, C ابوانا, B supra ut recepi. Solet scribi أَوَانَا. *o*) B بربعا, supra بريقا, C دريقا. Forte conferendum est Burik nomen parvi canalis. Vid. Chesney apud Ritter, *Erd.*, XI, p. 678. Deinde C, ut B supra, سندنة. *p*) B راقفروبة. Deinde B دمقا. *q*) B om. كان. *r*) C om. *s*) C pro his علمنا مبنى. *t*) B om. كالايمان.

فاكل من رؤوس البقر والغنم حنث وقال ابو يوسف ومحمّد لا يحنث[a] وسمعتُ الائمّة من مشايخنا يقولون لا نعدّ[b] هذا خلافًا بينهم[c] لان فى وقت ابى حَنيفةَ كانت تباع وتؤكل ثم زالت تلك العادة فى زمانهما ، وقد شققنا الاسلام طولًا وعرضًا فما سمعنا الناس يقولون الّا[d] هذا اقليم العراق واكثر الناس لا يعلمون اين بابل[e] الا ترى * الى جواب ابى بكر لعمر لما ساله[f] ان يبعث * جيوشه الى هذه الناحية فقال[g] لَأَنْ يفتح الله على يدىّ شبرًا من الارض المقدّسة احبُّ الىّ من رستاق[h] من رساتيق العراق ولم يقل من رساتيق[i] بابل ، فان قال * فى قول الله تعالى وَمَا أُنْزِلَ عَلَى ٱلْمَلَكَيْنِ بِبَابِلَ دليل على ما ذكرنا[k] قيل له هذا * الاسم قد يجوز ان[l] يتناول الاقليم والمدينة جميعًا ووقوعه على المدينة مجمع[m] عليه * لان احدًا لا ينازع احدًا فى اسمها وفى وقوعه على الاقليم اختلاف[i] فمن اوقعه * عليه وجب عليه[n] الدليل ۞

الكُوفَةُ قصبة جليلة خفيفة حسنة البناء جليلة الاسواق كثيرة الخيرات جامعة رفقة مصّرها سعد بن ابى وقّاص ايّام عمر وكلّ رمل خالطه حصى فهو كوفة الا ترى الى ارضها وكان البلد فى القديم الكبيرةُ وقد خربت ، واوّل من نزلها[o] من الصحابة (58) علىٌّ بن ابى طالب ومعه[p] عبد الله بن مسعود وابو[q] الدرداء ثم تتابعوا كلّها[r] ، والجامع على ناحية الشرق[s] على اساطين

---

a) C addit: باكله رؤوس البقر. b) B يَعدُ, C بعد. c) C منهم. d) B om.; C habet: فما سمعنا احدا يسمى هذا الاقليم الا العراق. e) C addit: فان قال مسئلة الرؤوس لا يجوز ان تجعل اصلًا لهذا الا ترى ان امام الزمان ابا بكر ابن الفضل قال ان كان الحالف من اهل الرىّ وجرجان فاكل رؤس البقر حنث وان كان من اهل الكوفة وبخارا لم يحنث قيل له هذا تائيد لقولنا لان احدًا لا يسمى هذا اقليم بابل. f) C ان عمر لما سئل ابا بكر. g) C الجيوش الى هذا الاقليم قال. h) C من ان يفتح على يدى رستاقا. i) C om. k) C اوليس قد سماه الله تعالى بابل حيث يقول. Est locus Korani 2 vs. 96. l) C tantum اسم. m) B سمع. n) C على الاقليم احتاج الى. o) C نزل الكوفة. p) C ونبعه. q) C وابى. r) C om. كلها sed addit: بناوهم الاجر. s) C السوق.

*طوال من التجارة الموصّلة[a] بهيّ حسن والنهر على طرفها من قبل بغداد ، ولهم آبار عذيبيّة[b] حولها نخيل وبساتين ولهم حياض وقنيّ[c] ومحلّة الكُنَاسة من قبل البادية ، وهو بلد مختلّ قد خرب[d] اطرافه وقد كان نظير بغداد ☆ والقَادِسيَّة مدينة[e] على سيف البادية تعمر ايّام الحاجّ ويحمل اليها كلّ خير لها بابان وحصن طين[f] وقد شُقّ لهم نهر من الفرات الى حوض على * باب بغداد[g] وثَمّ عيون عذيبيّة وماء آخر يجرونه عند باب البادية ايّام الحاجّ وهي سوق واحد الجامع فيه ☆ سُورَا مدينة[e] بها فواكه كثيرة واعناب[h] آهلة وسائر المدن صغار[i] آهلات ☆ وعَيْنُ التَّمْرِ حصينة في اهلها شَرَّة ☆

البَصْرَةُ قصبة سريّة احدثها المسلمون ايّام عمر[k] كتب الى صاحبه ابْنِ للمسلمين مدينةً بين فارس وديار العرب وحدّ العراق[l] على بحر الصين فاتّفقوا على موضع البصرة ونزلها العرب الا تراها الى اليوم خططًا ثم مصّرها عُتْبَة بن غَزْوان وهي شبه طيلسان قد شُقّ اليها من دجلة[m] نهران نهر الابلّة ونهر مَعْقِل فاذا اجتمعا مدّا[n] عليها وتشعّب[o] اليها انهار الى ناحية عبّادان وناحية[p] المَذار فطولها ممتدّ على النهر ودورها * في البرّ الى[q] البادية ولها من هذا الوجه باب واحد وهي من النهر الى الباب نحو[e] ثلاثة اميال ، وبها ثلاثة جوامع احدها في الاسواق بهيّ جليل عامر آهل[e] ليس بالعراق مثله على اساطين مبيّضة وجامع آخر على باب البادية وهو *كان القديم[r] وآخر على طرف البلد ، واسواقها ثلاث قطع الكَلّاء على النهر وسوق الكبير[s] وباب الجامع وكلّ اسواقها حسنة ، والبلد اعجب اليّ[e] من بغداد *لرفقها وكثرة[t] الصالحين بها *وكنتُ بمجلس جمع فقهاء بغداد ومشايخها فتذاكروا[u] بغداد والبصرة فتفرّقوا

---

a) C طوال موصلة من التجارة. *b*) B عذنّبه, C عذيبه. *c*) C وقنا. *d*) C خربت. *e*) C om. *f*) B طبق, C من طين. *g*) C بابها. *h*) C addit وهي. *i*) C الصغار. *k*) C addit: وذاك انه. *l*) C addit وليكن. *m*) C الدجلة. Deinde B et C نهرين. *n*) B مد. *o*) B ودشعب, C وتشعبت. *p*) C om. Deinde B المدان, C المدار. *q*) C ممتد على. *r*) C اقدمها. *s*) B sine punctis. *t*) B لرفعها واكثر. *u*) C واجتمع جماعة من صدور بغداذ يوما عند ابى جعفر الزمام فتذاكروا امر.

على انه اذا جمعت عمارات بغداد وأُنْدِرَ[a] خرابها لم تكن[b] اكبر من البصرة، وقد خرب طرف البصرة البرّىّ، واشتقّ اسمها من الحجارة السود كان يثقل بها مراكب اليمن *فتلقى ثَمّ[c] وقيل لا بل *حجارة رخوة[d] تضرب الى البياض *فقال قُطْرُب[e] من الارض الغليظة، وحمّاماتها طيّبة والاسماك والتمور بها كثيرة[f] ذات لحم[g] وخضر واقطان والبان وعلوم وتجارات غير انها ضيّقة الماء منقلبة الهوآء عفنة[c] عجيبة الفتن ۞ والأُبُلَّة على دجلة[h] عند فم نهر البصرة من قبل الشمال لجامع اعلى القرية عامرة[i] كبيرة ارفق من البصرة *وارحب ۞ وشِقّ عُثْمَان بازآئها من نحو الجنوب لجامع فى آخرها حسن[k]، وسائر المدن على انهار من جانبى دجلة[h] عن يمين وشمال وجنوب وشمال[l] كلّهنّ جليلات كبار[m] ۞ عَبّادَان مدينة فى جزيرة بين دجلة العراق ونهر خوزستان على البحر ليس ورآءها بلد ولا قرية *الّا البحر فيها رباطات وعُبّاد وصالحون واكثرهم صُنّاع الحُصر من الحلفآء غير ان[n] المآء بها ضيّق والبحر عليها مطبق[o] ۞

وَاسِط قصبة عظيمة ذات جانبين وجامعين *وجسر بينهما[c] كثيرة (59) الخير ومعدن السمك جامع الحَجّاج وقبّته *فى الغربىّ فى طرف الاسواق بعيد عن الشطّ منشعّث عامر بالقرآن اختطّها الحجّاج[p] وسمّيت وَاسِط لانها بين قصبات العراق *وبين الاهواز[q] رفقة صحيحة الهوآء عذبة المآء حسنة الاسواق واسعة السواد *وقد جعل فى طرفى الجسر موضعان يدخل فيهما السفن وفيهم

---

a) B وانذ. *b*) B sine punctis, C يكن. Deinde B اكثر. *c*) C om. *d*) C اشتق من الحجارة الرخوة التى. *e*) C وقال قطرب بل. *f*) B كثير. *g*) C لحوم. *h*) B et C الدجلة. *i*) C عامر. Pro اعلى B et C على. *k*) C pro his يقابلها من نحو الجنوب سق (sic) عثمان عامرة وبها جامع احسن من جامع الابلة. (B habet واسق pro وشق). *l*) Sic B et C. *m*) C addit: قد احاط بها النخيل omisso كبار. Deinde habet وعبادان *n*) C pro his: بها رباطات وعباد صالحون اكثرهم صناع الحصر (B وصالحين). *o*) C addit: وقال النبى صلعم الا ان من ادرك منكم عبادان فليرابط بها فانها طينة من طين بيت المقدس حملها الطوفان ايام نوح وستعود الى موضعها يوم القيمة، ومدينة لجعفرية من نحو البادية قد غلب عليها القرامطة. *p*) C واسط وهو الذى بنا فى الغرب. *q*) C والاهواز.

ظرف[a] ۞ وسائر مدنها صغار مختلّة اعمرها[b] الطّيب وقُرْقُوب * الّا ان ناحيتها جيّدة ۞ الصّلِيق مدينة[c] على بحيرة طولها اربعون فرسخًا يتّصل ضياعها بسواد الكوفة شديدة الحرّ كربة[d] بليذة[e] بقٌّ مهلك وعيش ضيّق * ادامهم السمك ومآؤهم حميم وليلهم عذاب وعقلهم سخيف ولسانهم[f] قبيح مع ملح قليل *وكرب عظيم[g] الّا انها معدن الدقيق وسلطان رفيق ومآء غزير وسمك *خطير واسم كبير[h] وفى الحرب كلٌّ صبور وبالنهر كلٌّ بصير ولهم موضع يشاكل نهر الابلّة حسن ، يليها فى الكبر الجامدة وهما من دجلة[i] على ناحية وسائر المدن دونهما وهذه البطائح[k] بحيرات ومياه *ثمّ مزارع[l] وللعراق منها رفق عظيم ۞

بغداد هى مصر الاسلام ، وبها مدينة السلام ،، ولهم الخصائص والظرافه ، والقرائح واللطافه ،، هوآء رقيق ، وعلم دقيق ،، كلّ جيّد بها ، وكلّ حسن فيها ،، وكلّ حاذق منها ، وكلّ ظرف[m] لها ،، وكلّ قلب اليها ، وكلّ حرب عليها ، وكلٌّ ذبّ عنها ،، هى اشهر من ان توصف واحسن من ان تنعت واعلى[n] من ان تمدح احدثها ابو العبّاس السفّاح ثمّ بنى المنصور بها[o] مدينة السلام وزاد فيها الخلفآء من بعده[p] ولما اراد *بنآء مدينة السلام[q] سأل عن شتآئها وصيفها والامطار والبقّ والهوآء وامر رجالًا *حتّى يناموا[r] فيها فصول السنة حتّى عرفوا ذلك ثمّ استشار اهل الراى من اهلها فقالوا نرى ان تنزل[s] اربع طساسيج فى الجانب الشرقىّ بُوق وكَلْوَاذَى وفى الغربىّ[t] قَطْرَبُّلَ وبَادُورَيَا فتكون بين نخل[u] وقرب مآء فان اجدب طسّوج *او تاخّرت[v] عمارته كان فى الآخر

a) C وفيهم ظرف وثمّ فقهآء وقرّآء وتجار وبسار بين الجانبين جسر فيه مواضع ناحيتها البطائح موضع تسير تحته المراكب. b) C اعمرهن. c) C pro his موضع عجيب بها مدن عدّة اكبرهن الصليق وهى. Pro الا ان B الان. d) C كربه. e) B et C بليدة. C addit وثمّ. f) C وعقل عذاب اليم وبالليل ماوهم حميم سخيف ولسان. g) C om. h) C ليس له نظير واسم بالعراق كبير. i) B et C الدجلة. k) C addit كلها. l) C وثمّ مزارع ومصايد. m) C طرف. n) C واجل. o) C بنا بها المنصور. p) C insert قال. q) C بناها. r) B tantum ينناموا, C حتى ناموا. s) B ينزل, C ينزل ut infra فيكون. t) C المغرب. u) C نخيل. v) C وتاخرت.

فرج وانت على الصراة تجيئك الميرة فى السفن الفراتيّة والقوافل من مصر والشام فى البادية *وتجيئك آلات[a] من الصين فى البحر ومن الروم والموصل فى دجلة[b] فانت بين[c] انهار لا يصل اليك العدوّ الّا فى سفينة او على قنطرة *على دجلة وفرات[d] فبناها اربع قطع مدينة السلام وباذُورَيَا والرُّصَافة وموضع دار الخليفة اليوم[e] وكانت احسن شىء للمسلمين واجلّ بلد *وفوق ما وصفنا[d] حتّى ضعف امر الخلفآء فاختلّت[f] وخفّ اهلها فاما المدينة[g] فخراب *والجامع فيها يعمر فى الجُمَع ثم يتخلّلها[h] بعد ذلك الخراب[i] اعمر موضع بها قطيعة الربيع والكَرْخ فى الجانب الغربىّ وفى الشرقىّ باب الطاق وموضع دار الامير *والعمارات والاسواق بالغربىّ اكثر والجسر عند باب الطاق الى جانبه بيمارستان بناه عضد الدولة حصل فى كلّ طسُّوج ممّا[k] ذكرنا جامع وهى فى[l] كلّ يوم الى ورآء واخشى انّها[m] تعود كسامرّا،، *مع كثرة الفساد والجهل والفسق وجور السلطان[d]، اخبرنا ابو بكر الاسماعيلىّ بجرجان قال حدّثنا ابن ناجية[h] (60) قال حدّثنا ابراهيم الترجمانىّ قال حدّثنا سيف بن محمّد قال حدّثنا عاصم الاحول عن ابى عثمان النهدىّ قال كنتُ مع جرير بن عبد الله فقال اىّ شىء يدعى هذا النهر قالوا دجلة قال فهذا النهر الآخر[d] قالوا دُجَيْل قال فهذا النهر قالوا صَرَاة قال فهذا النخل قالوا قَطْرَبُّل قال فركب فرسه واسرع ثم قال سمعتُ رسول الله صلعم يقول تبنى مدينة بين دجلة ودُجَيْل وقطربُّل والصراة تجبى اليها خزائن الارض وجبابرتها يخسف بهم فهم اسرع هويًّا فى الارض من الوتد الحديد فى الارض الرخوة، وانهار الفرات تقلب فى دجلة[n] *فى جنوبيّها وما حاذى المدينة وما شماليّها دجلة حسب[d] وتجرى *فى هذه الشعب الفراتيّة[o] السفن الى الكوفة *وفى دجلة الى الموصل[d]، *وذكر الشِمْشَاطى

a) C وبحمل اليه الاشياء. b) B الدجلة, C النهر. Deinde C وانت. c) B فى.
d) C om. e) B om.; deinde C وصارت. f) C واختلت. g) C مدينة السلام.
h) B sine punctis. i) C om. et habet واعمر. k) B ما. l) C pro his: والغربى اعمر من الشرق وفى كل طسوج مما ذكرنا جامع والجسر عند باب الطاق الى جنبه من الغرب بيمارستان بناه عضد الدولة حسن وهى بلد. m) C ان.
n) B الدجلة hic et deinde. o) C فيها.

في تاريخه[a] ان المنصور لما اراد بنآء مدينة السلام احضر *اكبر مَنْ عرف من اهل الفقه[b] والعدالة والامانة والمعرفة بالهندسة وكان فيهم ابو حنيفة النعمان ابن ثابت والحجّاج بن أَرْطاة وحشر الصنّاع والفَعَلَة من الشام والموصل والجبل وسائر اعماله وامر بخطّها وحفر الاساسات في سنة[c] ١٤٥ وتمّت في سنة ٤٩ وجعل عرض السور من اسفل خمسين ذراعًا *وجعلها بثمانية[d] ابواب اربعة داخلة صغار[e] واربعة خارجة كبار باب البصرة وباب[f] الشام وباب خراسان وباب الكوفة وجعل الجامع والقصر وسطها وقبلة جامع الرُّصافة اصحّ منه[e]* ووجدتُ في بعض[c] خزائن الخلفآء ان المنصور انفق على مدينة السلام اربعة آلاف الف وثمانمائة وثلاثة وثلاثين درهمًا لان اجرة الاستاذ كانت *قيراطًا والروزكاري[g] حبّتين ✿ *النَّهْرَوَان مدينة[h] ذات جانبَيْن الشرقيُّ اعمر *رحبة عامرة[i] بينهما جسر *الجامع في الجانب الشرقي*[k] والحاجُّ ينزلون على هذا الشطّ ✿ *الدَّسْكَرَة مدينة[l] صغيرة سوقها واحد طويل[i] الجامع اسفله[m] غامٌّ بآزاج ✿ جَلُولآء[n] حولها اشجار غير حصينة[o] وهذه المدن وخانقين على جادّة حلوان ليس لهنّ بهآء ولا هنّ لائقات ببغداد ✿ *وَصَرْصَر ايضًا كبعض قرى فلسطين النهر الى جانبها وكذلك نهر المَلِك والصَّراة قرى[p] ✿ واما قصر هُبَيْرة فمدينة كبيرة جيّدة الاسواق يجيئهم المآء من الفرات كثيرة الحاكة واليهود والجامع في السوق ✿ وبَابِلُ صغيرة نائية عن *الطريق والجادّة على جسرها[q]* وسائر مدن هذا الوجه على ما وصفنا *مثل النِّيل وعندس وكُوثَا* ومدينة ابراهيم كوثاربّا[r]

---

a) C وقرات في تاريخ الشمشاطي. b) C من عرف من كبراء الفقهاء. c) B om. d) C وجعل ثمانية. e) C om. (Pro قبلة B et C قبله). f) C hic et deinde باب. g) C قيراط فضة والروزجاري; cf. Jacut, I, p. ٩٨٣, 1—5. h) C والنهروان. i) C om. k) C والجامع في الاسواق بالشرقي. l) C والدسكرة. m) C اسفل منه. In B bis اسفله. Deinde B عام. n) C وجلولا. o) C حسنة quae lectio fort. melior. p) C وصرصر والصراة ونهر الملك قرى على جادة الكوفة. q) C الجادة ولها جسر عليه الطريق. r) C pro his: مشاربهم من الفرات وكوثاربا بها ولد ابرهيم عمّ خليل الرحمن.

وثَمّ تلال قالوا[a] هى رماد نار[b] نمرود وبقرب الطريق شبه[c] منارة لهم فيها كلام ✿ ولبس على دجلة من نحو واسط مدينة اجلّ من دَيْر العَاقُول[d] كبيرة عامرة آهلة للجامع نآء عن السوق والاسواق متشعّبة جيّدة *تشاكل مدن فلسطين، تليها فى الكبر جَبُّل عامرة آهلة للجامع فى السوق لطيف، ثم النُّعْمَانيّة صغيرة الجامع فى السوق، ثم جَرْجَرَايَا وقد كانت عظيمة وهى اليوم مختلّة منقطعة العمارة[e] (61) الجامع بقرب الساحل عامر[f] ولهم مآء يدور حول قطعة من المدينة، وهذه المدن التى ذكرنا على غربىّ دجلة وسائر[g] المدن صغار ✿ *وفى وجه سامرّا مدينة عُكْبَرا وهى كبيرة عامرة كثيرة[h] الفواكه جيّدة الاعناب سريّة ✿ واما المَدَايِنُ فهى من نحو واسط عامرة من الآجرّ والجامع فى السوق، ومن نحو الشرق اسبانبر ثم قبر سَلْمان وايوان كسرى، فهذه مدن بغداد وخراسان قرى كثيرة اجلّ من اكثر هذه المدن[i] ✿

سَامَرّا كانت مصرًا عظيمًا ومستقرّ للخلفآء[k] فى القديم اختطّها المعتصم وزاد[l] فيها بعده المتوكّل وصارت[m] مرحلة وكانت عجيبة حسنة حتّى سمّيت سُرُورَ مَن رَأَى ثم اختصر فقيل سُرّمَرّى وبها جامع كبير كان يختار على جامع دمشق قد لبست حيطانه بالمينا وجعلت فيه اساطين الرخام وفرش به وله منارة طويلة وأمور متقنة وكانت بلدًا جليلًا[n] والآن قد خربت يسير الرجل[o] الميلين والثلاثة لا يرى عمارة وهى من الجانب الشرقىّ وفى الغربىّ بساتين *وكان قد بنى ثَمّ كعبة وجعل طوافًا واتّخذ منى وعرفات غرّ به امرآء كانوا معه لما طلبوا

---

a) C قال. b) B تلا. c) C om. Ante الطريق supplendum videtur كوثا. d) C addit لانها. e) Supplevi العمارة. f) C ويقال انها وسط الاقليم والنعمانية صغيرة الجامع عند السوق لطيف جبل قبلها عامرة آهلة والجامع فى السوق اكبر من النعمانية وجرجرايا كانت كبيرة وقد خرب اكثرها ونقطع (sic) عمارتها الجامع قرب الدجلة. g) C وبقية. h) Addidi كثيرة. i) C المداين عامرة كبيرة عامرة من نحو الغرب بناؤهم الاجر نائية عن النهر يقابلها من الشرق اسبانبر ثم قبر سلمان وايوان كسرى فهذه مدن هذا الوجه ومن نحو سامرى مدينة عكبرا وهى — الاعناب. Deinde C سامرى. k) C السلطان. l) C ثم زاد. m) C فصارت. n) C بلد جميل. o) C addit فى.

للحجّ خشية ان يفارقوه[a] فلما خربت وصارت الى ما ذكرنا سمّيت سآء مَن رأى ثم اختصرت[b] فقيل سَامَرّا ۞ والكَرْخ مدينة[c] متّصلة بها واعمر منها من نحو الموصل وسمعتُ يومًا[d] القاضى ابا الحسين[e] القزوينىّ يقول ما اخرجت بغداد فقيهًا قطّ الّا ابا[f] موسى الضرير قلتُ فابو الحسن الكرخىّ قال لم يكن من كرخ بغداد وانّما كان من كرخ سامرّا[g] ۞ والأَنْبَارُ مدينة[d] كبيرة اوّل ما نزل المنصور بها وثَمّ داره وقد خقّت ۞ وهِيتُ[h] كبيرة عليها سور *على الفرات[i] بقرب البادية ۞ تَكْرِيتُ[k] كبيرة معدن السمسم وصنّاع[l] الصوف وللنصارى[m] بها دير يقصد[n] ۞ وعَلْثُ مدينة[d] كبيرة يجرّه[o] اليها نهر من دجلة وآبارها قريبة حلوة آهلة[d] كثيرة الاجلّة ۞ والسِّنّ كبيرة على دجلة عليها من الشرق نهر الزاب والجامع فى الاسواق بناؤهم حجارة والجبال منها قريبة على تخوم اقور ۞ ومدن سامرّا اجلّ من مدن بغداد[p] ۞

حُلْوَانُ قصبة صغيرة سهليّة[q] جبليّة يحيط بها بساتين واعناب وتين قريبة من الجبال[r] ولها سوق طويل وحصن[s] عتيق ونهر صغير وقهندز فيه الجامع ولها ثمانية دروب درب خراسان درب الباقات[t] درب المصلّى درب اليهود درب بغداد درب برقيط درب اليهوديّة درب ماجكان[u] *وثَمّ كنيسة اليهود يعظّمونها خارج البلد من الجصّ والحجارة[v] وبيت المقدس اكبر واجلّ واعمر واظرف[w] واكثر مشايخ[x] وعلماء منها ۞ ومدائن هذه الكورة صغار خراب *لا يسوى ذكرها[d] ۞

---

a) C haec om. et habet deinde فلما صارت. *b*) C اختصر الاسم. Mox C سامرى, B سامراى. Cf. Jacut, III, p. ١٥, 20 seqq. *c*) C om. B deinde متصل. *d*) C om. *e*) B الحسن. *f*) C ابو. *g*) Cf. Dzahabí sub الكرجى, Ibno 'l-Kaisarání, p. ١٢٨ (ed. de Jong) et Jacut, IV, p. ٢٥٩, 1 (ubi l. عبيد الله). Nomen eius est عبيد الله بن الحسن بن دَلْهَم et obiit anno 340 (Abu 'l-Maḥásin II, p. ٣٣١). B et C سامرى. *h*) Male in C permutantur هيت et تكريت. *i*) C فراتيه. *k*) C وتكريت. *l*) C وضياع. *m*) C والنصارة. *n*) C يعظمونه. Deinde C وعلث. *o*) C يجرى. *p*) C addit واكبر. *q*) B om. *r*) C الجبل. *s*) B حصن. *t*) C الباقان. *u*) B ماحكان. Apud C ordo differt. *v*) C وخارج البلد كنيسة اليهود يعظمونها. *w*) C واطرف. *x*) B et C مشايخا.

واما دجلة فانها[a] مآء انثى لطيف جيّد للمتفقّهة[b] وكان ابو بكر الجصّاص يامر ان[c] يحمل له المآء من فوق نهر الصَّرَاة قبل ان يلقاه الفُرَات وهذه دجلة تظهر من اقور[d] وسنذكر اصلها فيه. ثم يلقاها عدّة من الانهار فى هذا الاقليم وينحدر عليها من الفرات بكورة بغداد اربعة انهار الصَّرَاة نهر عِيسَى نهر صَرْصَر نهر المَلِك ويلقاها[e] من (62) الشرق مياه النَّهْرَوَانات تحت بغداد فاذا جاوزت واسط تبطّحت وصعب سلوكها الى تخوم البصرة والسفن فيها ابدًا[f] شيالًا وزقافًا ولهم فى ذلك رفق والناس[g] ببغداد يذهبون ويجيئون ويعبرون فى السفن وترى لهم جلبة وضوضاء[h] وثلثا طيب بغداد *فى ذلك الشطّ[i] ۞ واما الفُرَاتُ فانه نهر ذكر فيه صلابة واصله[k] من بلد الروم ينقوّس على طائفة من هذا الاقليم ثم يصل الى الكوفة بعد ما تشعّب ثم *ينحدر الى غربىّ واسط فينبطّح[l] فى بحيرة عظيمة يحيط بها قرى عامرة *ولا يُجاوزها[m] وتجرى فيه السفن من الرقّة ۞ واعلم ان العراق ليس ببلد رخآء ولكن جلّ وعَمَرَ بهذين النهرين وما يحمل فيهما وبحر الصين *المجاور له واختصّت بغداد برقّة الهوآء الذى لا يرى مثله بلى قُلْ فى البصرة ما شئتَ من مياهها وبركها ومدّها وجزرها[n] ، اخبرنا ابو الحسن[o] مطهر بن محمّد برَامَهُرْمُزَ قال حدّثنا احمد بن عمرو بن زكريّاء قال حدّثنا الحسن بن علىّ بن بحر قال حدّثنا ابو شعيب القيسىّ[p] قال حدّثنى اشرس قال سالتُ ابن عبّاس[q] عن الجزر والمدّ قال ملك موكّل بقاموس البحر اذا وضع رجله فاض فاذا[r] رفع رجله غاض المآء والجزر والمدّ[s] الجوبة *على اهل البصرة ونعمة[t] يزورهم المآء فى كلّ يوم

---

a) C ودجله (B ut saepe الدجله). Deinde B ما. b) C المتفقهة. c) C بان. d) B اقور (optio inter اقور et اثور). e) B ويلعاه. f) C om. Deinde B اشبالا. g) C الناس. h) B وصوصاً, C وضوضاً. Deinde C واكثر; B وثلثى. i) C من ذلك. k) C اصله. l) C واسط غربى (sic) ينتطح. (B فسبطح). m) C om. n) C وبرقّة الهوآء ببغداذ بلى البصرة جليلة بانهارها ونخيلها وبالمدّ والجزر (B واختصت et ماءها). Deinde C حدثنا. o) B الحسين. Deinde C مظهر. p) B العسى. q) C addit رضى الله تعالى عنه. r) C واذا. s) C فالمدّ والجزر. t) C وعلى اهل البصرة نعمة عظيمة.

وليلة مرّتين ويدخل[a] الانهار ويسقى البساتين ويحمل السفن الى القرى فاذا جزر افاد ايضًا عمل الارحية لانها على افواه[b] الانهار فاذا خرج المآء ادارها ويبلغ المدّ[c] الى حدود البطائح *وله وقت يدور مع دور الاهلّة[d] ۞

جمل شؤون هذا الاقليم

هواء[e] هذا الاقليم مختلف فبغداد وواسط وما دخل[f] فى هذا الصقع بلد رقيق الهوآء سريع الانقلاب ربّما توهّج فى الصّيف *وآذى ثم[g] انقلب سريعًا والكوفة بخلافه ويكون بالبصرة حرٌّ عظيم غير ان الشمال ربّما هبّت فطاب وقراتُ فى اخبار البصرة[h] عيشنا فى البصرة عَيْش ظريف ، ان هبّت شمال فنحن فى طيب وريف ،، وان كانت جنوب[i] فانّا فى كنيف ،، *ورايتُهم اذا كانت جنوب فى ضيق صدر يلقى الرجل صاحبه فيقول الا ترى ما نحن فيه فيجيبه نرجو من الله الفرج[k] ، وربّما نزل عليهم شبيه[l] الدبس بالليل ، وحُلْوان معتدلة الهوآء *والبطائح نعوذ بالله منها[m] ومَنْ شاهدها فى الصيف راى العجب انّما ينامون فى الكِلَل وثَمّ بقٌّ له حُمَة كالابرة انّما هى نحره ،

---

a) C فيدخل. *b*) In textu B افام ad quod in margine lector haec annotavit: الافام لا يخفى انه جمع الفم لكنه لم يسمع ذلك منهم بل المسموع هو الافواه لا غير كيف وقد جعلوا الافواه قرينة على ان الفم اصله الفوه ثم جعل فما بحذف الهآء وقلب الواو ميمًا فالحاصل ان الافام خطأ فاحش لا يتقول به من له ادنى دُرْبة بل ادنى دِرْية فضلًا عن مثل ذلك الفاضل المِمْراح المعلام الظّ ان امثال هذا ابتلاءات من جانب العزيز العليم العلام اعوذ بالله الرحمٰن من الغرور والسرور والابتهاج ، ولو كنت انور من السراج الوهّاج ،، *c*) B الجزر والمد. *d*) C ودورانه يكون مع الاهلة والله تعالى اعلم. *e*) B om. هواء. *f*) C يدخل. *g*) B واذا تم. C post وآذا habet: ولهم ببغداذ ببيوت تحت الارض والكوفة اغلظ وابقا هواء ويكون الخ. *h*) Ibn Lankak haec versibus expressit, Thaálibí, *Latáif*, p. ١٠٣, Jacut, I, p. ٦٤٧ ult. Pro فى البصرة C بالبصرة. *i*) B جنوبا. *k*) C haec om. *l*) C شبه. *m*) C ونعوذ بالله من البطايح فى الصيف ceteris omissis ad هى نحره.

*والمدينة كثيرة الفقهآء والقرّآء والادبآء والائمّة والملوك بخاصّيّة بغداد والبصرة[a] وللمذكّرين به ادنى صيت، ويحمل اليهم الثلج من البعد *وهو بارد فى الشتآء ربّما جمد المآء فى البصرة وجمع ببغداد، واهل الكوفة والبصرة سمر ✿ وبه مجوس كثيرة وذمّته نصارى ويهود[b]، وقد حصل به عدّة من المذاهب *الغلبة ببغداد[c] للحنابلة والشيعة *مع جليلة فقهآء العراقَيْن بالاعوام[d] وبه مالكيّة واشعريّة ومعتزلة ونجّاريّة وبالكوفة الشيعة[e] الّا الكُناسة *فانها سُنّة[f] وبالبصرة مجالس وعوامّ السالميّة[g] وهم قوم يدّعون الكلام والزهد واكثر المذكّرين بها منهم ولا يتعاطون الفقه *فمن تفقّه منهم تفقّه لمالك[h] وذكروا ان صاحبهم (63) ابن سالم كان يتفقّه لابى حنيفة[i] *وسالم كان غلام سهل بن عبد الله التُّسْتَرىّ ورايتُهم قومًا فيهم رزق وصالحون[k] الّا انهم يفرطون فى اطرآء صاحبهم وقد اختلفتُ اليهم المدّة المديدة وعرفتُ سرائرهم وحللتُ من قلوبهم لانّى رجل احبُّ اهل النسك واميل الى اهل الزهد كائنًا ما كانوا ولهم رقّة فى الكلام وتصانيف وترقّع مجالسهم وبعد خلافهم[l] ✿ واكثر اهل البصرة قدريّة وشيعة[f] وثَمّ حنابلة *وببغداد غالية يفرطون فى حُبّ معاوية ومشبّهة وبربهاريّة[m] وكنتُ يومًا بجامع واسط واذا برجل قد اجتمع عليه الناس فدنوتُ منه فاذا هو يقول حدّثنا فلان عن فلان عن النبىّ صلعم ان الله يدنى معاوية يوم القيٰمة فيجلسه الى جنبه ويغلّفه بيده ثم يجلوه على الخلق كالعروس فقلتُ له بما ذا بمحاربته عليًّا رضى الله عن معاوية وكذبتَ انت يا ضالُّ فقال خذوا هذا الرافضىّ فاقبل الناس علىّ فعرفنى بعض الكتبة فكركرهم عنّى ✿

---

a) C والفقهاء والقراء به كثير والادباء. Pro المدينة B المدنيّه. b) C وربما جمد الماء بالبصرة وبغداذ واكثر الذمة يهود ونصارى وبه مجوس. c) C لغلبة بغداذ. d) C om. (B جليله). Deinde C وبه مالكيون واشعريون. e) C شيعة. f) C om. g) B السالمية. h) C h. l. om. i) C h. l. addit: ورايت اكثرهم يتفقهون لمالك. k) B وصالحين. l) C haec om. (B ويرفع). m) B ومشبه وبربهاريه. C, partim perspicuius, وحنابلة العراق غالية مشبّهة يفرطون فى حبّ معوية ويروون فى ذلك اخبارًا منكرة بخاصّة البربهارية. Deinde C omnia omittit ad وكنت يوما alterum.

والغالب على فقهاء هذا الاقليم وقضاته اصحاب ابى حنيفة وكنت يومًا فى مجلس ابى محمّد السيرافىّ فقال انت[a] رجل شامىّ واهل ناحيتك *اصحاب حديث يتفقّهون للشافعىّ[b] فلمَ تفقّهتَ لابى حنيفة قلتُ[c] لخلال ثلاث أيّد الله الفقيه قال وما هنّ قلتُ اما واحدة فانّى رايتُ اعتماده على قول علىّ رضّه وقال النبىّ صلعم انا مدينة العلم وعلىٌّ بابها وقال اقضاكم علىٌّ يعنى افقهكم وعلى قول *عبد الله بن مسعود وقال عمّ[d] رضيتُ لامّتى ما رضى لها ابن امّ عبد وقال[e] كنيف مُلِئَ علمًا وقال[e] خذوا ثلثى دينكم عن ابن امّ عبد[f] وعلم اهل الكوفة عن هذين الرجلين *لا محالة[g]، والخلّة الثانية رايتُه[h] اقدم الائمّة واقربهم الى الصحابة واورعهم واعبدهم *وقد قال[i] عليكم بالعتيق وقال النبىّ[g] صلعم خياركم القرن الذى انا فيه ثمّ الذين يلونهم *ثمّ الذين يلونهم[g] ثمّ يفشو الكذب وكان فى زمن الصدق والصادقين، والخلّة الثالثة رايتُ الجميع قد فارقوه[k] فى مسئلة اصاب[l] فيها عيانًا واخطأوا قال وما هى قلتُ قد علم الشيخ ان من[g] مذهبه انه لا يجوز اخذ الاجرة على القُرَبِ ورايتُ من حجّ باجرة[m] انتكس قلبه فان عاد ازداد نكوسًا وقلّ ورعه *حتّى ربّما اخذ الحجّتين والثلاث[n] ولم ار لهم بركة ولا جمعوا منه مالًا قطّ[o] وكذلك الائمّة والمؤذّنون ونظائرهم *لانهم استحقّوا اجرهم على الله فاخذوه من خلقه[n] قال لقد دقّقتَ النظر يا مقدسىّ واحْتطتَ لنفسك، فان قال قائل ابو حنيفة مطعون عليه قيل له اعلم[g] ان الخلف على ثلاثة ضروبٍ ضرب[o] قد اجمع الناس على سدادهم وضرب قد اجمع الجمهور على فسادهم وضرب قد مدحهم *بعضٌ وذمّهم بعض[p] وهم افضل الثلاثة[q] فخذ قياسهم من الصحابة فالمحمودون[r] ابن مسعود ومعاذ وزيد[s] والمذمومون[t] عبد الله بن أُبَىّ[u] والافضلون

---

a) C لانت. b) C شفعويّة. c) C فقلت. d) C ابن مسعود عبد الله رضّه وقال صلعم. e) C addit صلعم. f) C addit يعنى ابن مسعود. g) C om. h) C رايت ابا حنيفة. i) C وقال. k) C خالفوه. l) In B lectu difficile cum copula expuncta. m) C addit: لا على ما يقول ابى (l. ابو) حنيفة فى رد بقية النفقة. n) C haec om. o) B om. p) C قوم وثلبهم اخرون. q) B et C الثلث. Deinde C وخذ. r) C المحمودون مثل. s) B وبزيد. t) C addit مثل. u) C addit واصحابه.

الخلفآء الاربعة وقد علمتَ ما يقول فيهم الخوارج *وجهّال الشيعة[a] فابو حنيفة ان كان طائفة من الحمقى يذمّونه فخلائق من اهل الفضل (64) يدعون له ويحمدونه[b] مع ما فتح الله على قلبه حتّى فرّع الشريعة واراح الخليفة ثمّ اختياره الضرب والسجن على القضآء فمثل ابو حنيفة لا يرى ۞ والقراءات السبع مستعملة فى الاقليم وكانت فى القديم ببغداد حروف حمزة *وحروف يعقوب الحضرمىّ بالبصرة[c] ورايتُ ابا بكر الجركىّ[d] يؤمّ بها فى الجامع ويذكر انها قرآءة المشايخ ۞ ولغاتهم مختلفة اصحّها الكوفيّة *لقربهم من البادية وبُعدهم عن النبط ثمّ هى بعد ذلك حسنة فاسدة بخاصّة بغداد، واما البطائح فنبط لا لسان ولا عقل[e] ۞

ولا باس بالتجارات فيه الم تسمع بخزّ[f] البصرة وبزّها وطرائفها وبارزتها[g] هى معدن اللآلى والجواهر وفرضة البحر ومطرح البرّ *وبها يصنع الراسُخْت والزنجفر والزنجار والمرداسنج ومنها تحمل التمور الى الاطراف والحنّآء[h] ولهم خزّ وبنفسج وماورد، وبالابلّة *تعمل ثياب الكتّان الرفيعة على عمل[i] القصب، وبالكوفة عمائم الخزّ والبنفسج *فى غاية الجودة[k]، وبمدينة السلام الطرائف[l] والوان ثياب القزّ وغير ذلك *وبه عبّادانىّ حسن وسامان رفيع[m] ۞ *ومن خصائصهم بنفسج الكوفة وازارها ومحكم بغداد وطرائفها[n] ومَعْقلىّ البصرة وتين حلوان وشِيمُ واسط *وبُنّيّها، ويصنع بالنعمانيّة اكسية وثياب صوف عسليّة حسنة وببغداد ازر وعمائم يكانكى[o] رفيعة ومناديل *القصريّة والبُوَيْبيّة[p] وصوف تكريت

---

a) C من الحسن فيهم العقلاء يقول وما المثالب من والروافض et deinde فابو حنيفة ايضا بعضٌ يذمه وخلق يترحمون عليه فصار مثله مثل خيار الصحابة. b) In marg. B ويمدحونه خ. c) C. وبالبصرة حروف يعقوب الحضرمى, ceteris omissis. d) Sic B. e) C pro his: ثمّ البصرية وكلام اهل بغداذ حسن غير صحيح واهل البطائح نبط. Deinde C ولأناس. f) C بخوز et mox وبُرها. B deinde ومعدن. g) B وباررىها s. وبادرىها, C وبارزها. Deinde C وهى. h) C وظرائفها. In seqq. C وماء ورد. i) C habet: يصنع ثياب كتان التمر ويرتفع منها الحنا تتشاكل. k) C الذى لا نظير له. l) B الظرايف. m) C om. n) C ومن الخصائص ازار الكوفة. o) B بكاكى, C بكانكى. Est Persic. يگانگى. p) B العصرىه والىوسه. Coniectura edidi.

والستور الواسطيّة a ☆ ومكاييلهم القفيز ثلاثون منا والمكّوك خمسة امناء والكيلجة منوان b ورطلهم نصف المنّ ☆ ونقودهم بالوزن غير ان سنجهم c اشفّ من الخراسانيّة d ☆

من رسومهم التجمّل e والتطيلس يكثرون التنعّل f وتسطيل العمائم * ولبس الشروب g اقلّ ما يقوّرون h الطيالسة ، * واذا كان بوقت حمل التمر الحديث الى واسط نظر اوّل سفينة تصل فيزبن i لها ذلك البيع الشطّ الى دكّانه بالانماط والستور، ويجعلون على جنائز النساء قبابًا عالية وحشةً k ، وللهرّاسين مواضع l فوق دكاكينهم فيها * الحصر والموائد والمُرى وخدام m وطشوت واباريق واشنان فاذا انحدر n الرجل دفع o دانقًا ، * واذا كان اوّل البنفسج داروا به فى الاسواق وتجمّلوا عليه p ، وعلى ابواب الجامع مياضئ بالكرى q ، ويلبس الخطباء الاقبية والمناطق r ولا يطرّبون s فى الاذان ولهم رسوم كثيرة t حسان ☆ واكثر مياههم ماء u دجلة والفرات والزاب والنهروانات * ومنها سقى مزارعهم v والماء بالبصرة ضيّق لانه يحمل * فى السفن من الابلّة واما الماء الملاصق لها فغير حلو ولا طيّب ويقال فيه ثُلثه ماء البحر وثلثه ماء الجزر w وثلثه ماء البحر لان الماء اذا جزر شمّر x شطوط الانهار فبلذ الناس عليها ثم يقبل المدّ فيحمل تلك البلاذات ، واذا هبّت الجنوب سخن الماء y ☆ تقع عصبيات وحشة بالبصرة z

a) C pro his: واكسية النعمانية وبكانكى (sic) بغداذ ومناديل القصر وصوف تكريت وقد ذكرنا البنفسج. Deinde in marg. B مكاييلهم وموازينهم. b) C منوين. c) C سنجتهم. d) C addit: تزيد (Cod. تريد) المائة درهمان والفَرْق ستة وثلثون رطلا. e) B المحمل, C التحمل. Deinde C والتطلس. f) C ويكثرون لبس البعال (l. النعال). Deinde C ut recepi, B ويستطيل. g) C om. Deinde habet واقل. h) C يقولون. i) B فيزن. k) C haec om. l) C حجر. m) C الموائد والخدام et ponit ومرى post واباريق. n) C اكل. o) C addit الى رئيسهم. p) C haec om. B وتحلموا. q) B بالكرا. r) C om. والمناطق sed addit واكثرهم هاشميون. s) B يطربون, C يطوفون. t) C عدة. u) C مشاربهم من. v) C om. w) B الجزر. x) B جزرت شمرت (s. fort. بشمرت). y) C pro his: اليهم من الابلة فى السفن والمياه الجارية اليها غير حلوة ومنها يشرب ضعفاء الناس. z) B om.

بين الرُّبعيّين[a] وهم شيعة وبين السعديّين وهم سنّة * ويدخل فيها اهل الرساتيق[b] وقلّ بلد الّا وبه[c] عصبيّات على غير المذهب[d] ✿

والمشاهد به كثيرة[e] بكُوثَا وُلد ابراهيم * واوقدت ناره[f] وبالكوفة * بنا نوح سفينته وفار تنّوره[g] وثَمّ (65) آثارات[h] علىّ وقبره وقبر * الحسين ومقتله[i] ، وبالبصرة قبر * طلحة وزبير واخى النبىّ[k] والحسن البصرىّ وانس بن مالك * وعمران بن حصين[l] وسفيان الثورىّ ومالك بن دينار وعتبة الغلام ومحمّد بن واسع وصالح المُرّىّ وايّوب السختيانىّ وسهل[m] التسترىّ ورابعة العدويّة * وثَمّ قبر ابن سالم[n] ، وببغداد قبر ابى حنيفة قد بنى عليه ابو جعفر الزمّام صفّة * وقبر الى جانبه خلف سوق يحيى[f] وقبر ابى يوسف * فى مقبرة قريش[f] وقبر احمد[f] بن حنبل ومعروف الكرخىّ وبشر الحافى * وغيرهم وقبر سَلْمان بالمداين وبالكوفة قبر نبىّ اظنّه يونس عم ✿ وفى اخلاقهم وطـ وهم اهل الظرف[o] غير ان العيّارين اذا تحرّكوا ببغداد هلكوا والفساد كثير وبالبصرة صالحون وزهّاد وورعون ومستورون ويؤخّرون الظهر ويعجّلون العصر ويستقرّون بالجامع ليجتمع الناس من الاطراف ويخطب الامام كلّ غداة ويدعو قالوا هى سنّة ابن عبّاس رضه[p] ✿

---

a) B sine punctis sed cum voc. *b*) C om. Deinde B وقل مذهب. C واقل بلد. *c*) C وفيه. *d*) C المذاهب. *e*) C وبه مشاهد. In margine B legitur: مشاهدهم ومعالمهم مولد الخليل وموقده ومبنى فلك نوح وقبر على النخ. *f*) C om. *g*) C بنيت السفينة وفار التنور. *h*) C اثار سيدنا. *i*) C سيدنا الحسين رضى الله تعالى عنهما بكربلا خلف قصر ابن هبيرة. *k*) C من اخى النبى صلعم. *l*) C وعدة من الصحابة. *m*) C addit: بن عبد الله. *n*) C وغيرهم. *o*) B الطرف. *p*) C haec inde a وغيرهم om., sed hic insert sequentia: وبالبصرة من اجناس التمور تسعة واربعون الضبى (Cod. الضسى) الحرثى الخيشوم الصحرى السكر البشكم الطبرزذ الاحمر الاصفر الخستوانى المعقلى الازاذ الهليات الكرامى القثرية القريطى الهيروم البدالى الريفى العروسى الباذنجانى الابرهيم الزنبورى اليعضوض البرناح المحدر البيرونى الشوبقى الخيشوان العمرى القرشى اليمامى البرنى السهريز (Cod. السهرير) الخزكان الحاسران الاصفر

واما الولايات *فهى مستقرّ خلفآء ولد العبّاس رضه وكان ابدًا الامر امرهم حتّى ضعفوا وغلب عليهم الديلم والآن لا يرون[a] ولا يلتفت الى رأيهم، فأوّلهم[b] كان ابو العبّاس عبد الله بن محمّد بن علىّ بن العبّاس[c] بويع له سنة ١٣٢ ومات سنة ١٣٦ بالانبار وكان قاضيه يحيى بن سعيد الانصارىّ، ثمّ بويع للمنصور ابى جعفر عبد الله بن محمّد *سنة ١٣٦ ومات سنة ١٥٨[d] وكان قاضيه عبيد الله بن صفوان وشريك[e] والحسن بن عمارة، ثمّ جلس بعده المهدىّ ابو عبد الله[f] بن المنصور سنة ١٥٨ وكان قاضيه محمّد بن عبد الله بن علاقة[g] وعافية ابن يزيد توفّى سنه ١٦٩[h] وبويع للهادى ابى[i] محمّد موسى بن المهدىّ وكان قاضيه ابو يوسف وسعيد بن عبد الرحمان توفّى سنة ٧٠ وجلس بعده الرشيد ابو جعفر هٰرون *بن المهدىّ ليلة الجمعة رابع عشر ربيع الاوّل سنة ١٧٠[d] قاضيه الحسين بن الحسن الصوفىّ ثمّ عون بن عبد الله المسعودىّ[d] وحفص بن غياث[k] مات بطوس سنة ١٩٣، فبويع الامين محمّد[d] ابنه *لسبع خلون من جمادى الآخرة سنة ١٩٣[d] ثمّ خرج اليه اخوه المامون فقتله وبويع له سنة ١٩٨ قضاته الواقدىّ ومحمّد بن عبد الرحمان المخزومىّ، ثمّ بشر بن الوليد ثمّ يحيى بن اكثم[l] وتوفّى سنة ٢١٨ بطَرَسُوس، وبويع[m] لابى اسحاق محمّد[d] بن

المحكرم القصب الجنانى المدحرج الغرانى الشرقى الخوارزمى الفحل المابورى بيض البغل الفاوسان وبها صيحانى نقله (Cod. صحانى يقله) ابو احمد الموسائى من المدينة ولا ينقطع الرطب من البصرة الا شهرين، وبها من اجناس السمك الدجليّة اربعة وعشرون الشيم الزجر (Cod. الرحر) البُنّى الجرّى الشلق الزنجور (Cod. الزنجوا) البمى الساح الشائم الكرتكُ الشلانى الدبقاه الرماين البيضاوى الاربيان البراك البرسوح الاسبول الحراق الربلثى العين الزجر (Cod. الرحر) السحدان المارماهى.

a) C pro his: فما زال امر الخلفاء به نافذ حتى غلب على امرهم الديلم فالان لا يرو. b) C اولهم. c) C addit: بن عبد المطلب. d) C om. e) C addit: بن عبد الله. f) C ابو عبيد الله محمد. g) B علانه, C علامه. *Kit. al-Oyun*, p. ٢٨١. h) C سبع وستين ومائة (B تسع). i) B ابو et mox ابا pro ابو. k) C addit ثمّ. l) C اكتم. m) C ثمّ بويع.

الرشيد المعتصم قاضيه احمد[a] بن ابى دؤاد ومات سنة ٢٢٧ ، ثم بويع لابنه الواثق ابى جعفر هرون *قاضيه احمد بن ابى دؤاد توفّى سنة ٢٣٢ فبويع لاخيه ابى الفضل جعفر المتوكّل[b] قاضيه جعفر بن عبد الواحد الهاشمىّ *وتوفّى سنة ٢٤٧ فبويع لابنه المنتصر ابى جعفر محمّد قاضيه جعفر بن عبد الواحد[c] توفّى سنة ٢٤٨ ، ثم بويع لابنه[d] ابى العبّاس احمد المستعين قاضيه جعفر بن محمّد[e] ابن عمّار ثم خلع نفسه بعد ثلاث سنين *وثمانية اشهر[f] وبويع للمعتزّ بن[g] المتوكّل قاضيه لحسن بن (68) محمّد بن ابى الشوارب ، ثم بويع للمعتمد ابى العبّاس احمد بن المتوكّل سنة ٥٦ قاضيه ابن ابى الشوارب ومات سنة ٧٩[h] ، ثم بويع لابنه[i] ابى العبّاس احمد بن ابى احمد المعتضد قاضيه اسماعيل بن اسحاق ويوسف بن يعقوب وابن ابى الشوارب توفّى سنة ٨٩[k] ، ثم بويع ابنه ابو محمّد علىّ المكتفى قاضيه يوسف بن يعقوب وابنه محمّد توفى سنة ٩٥ ، ثم بويع ابنه[l] ابو الفضل جعفر المقتدر بالله قاضيه *محمّد بن يوسف بن يعقوب ثم ابنه يوسف ثم يعقوب ابو عمرو[m] قتل سنة ٣٢٠ ، ثم جلس القاهر سنة وستّة اشهر ثم الراضى *سبع سنين وعشرة ايّام[n] ثم المتّقى ثلاث سنين واحد عشر شهرًا[o] ثم المستكفى سنة ٣٣٣ قاضيه ابو عبد الله ابن ابى موسى الضرير ثم كُحل سنة ٣٣٤ واجلسوا المطيع ابا القاسم الفضل وكلّ[p] هاؤلآء ابنآء المعتضد فبقى له الامر الى سنة ٣٦٣ ثم خلع نفسه واجلس ابنه عبد الكريم ابا بكر[q] الطائع قاضيه ابو محمّد عبيد الله بن احمد *بن معروف[r] ☆ واوّل من استولى من

---

a) C محمد. *b*) C haec om. et addit deinde وكان. *c*) C om. B pro ٢٤٧ habet ٢٤٢ et mox B et C ٢٤٣ pro ٢٤٨. *d*) Gravis error in B et C. Fuit filius Mohammedis, nepos al-Motacimi. *e*) Ibno 'l-Athír, VII, p. ٨٨, 3 a f. احمد. *f*) C om. *g*) C ابنه omisso المتوكل. *h*) B et C male ٧٧. Deinde C فبويع. *i*) Rursus gravis error. Erat nepos al-Motamidi. C om. احمد بن ابى احمد. Abu Ahmed est al-Mowaffak. *k*) B et C male ٨٧. *l*) Erat filius al-Motadhedi (C فبويع ابنه). *m*) In C lacuna. B om. محمد بن. De filiis Ibno 'l-Athír nihil tradit. *n*) Aliter computat Ibno 'l-Athír VIII, p. ٢٧٤, 1. *o*) Aliter Ibno 'l-Athír, VIII, p. ٣١٤, 1. Mox B et C المكتفى pro المستكفى. *p*) C وكان. *q*) Ibno 'l-Athír, VIII, p. ٤٦٩, 1 ابا الفضل. *r*) C المعروفى.

الديلم ابو الحسن[a] ابن بُوَيْه ثم ابنه بختيار[b] ثم عضد الدولة ثم ابنه بلكارزار[c] ثم ابنه الاكبر ابو الفوارس ۞

واما الخراج فاعلم ان جُرْبان هذا الاقليم ستّة وثلاثون الف الف جريب على جريب الحنطة[d] اربعة دراهم وعلى جريب الشعير درهمان[e] وعلى جريب النخل ثمانية دراهم هذا ما قدّره عمر وختم على خمسمائة الف[f] من الجوالى فبلغ جباية السواد مائة الف الف وثمانية وعشرين[g] الف الف درهم ثم جبا عمر بن عبد العزيز مائة الف الف واربعة وعشرين الف الف درهم ثم جبا الحجّاج ثمانية عشر الف الف ليس فيها مائة الف الف ، واما البصرة والكوفة فعشريّة ، وقرأتُ فى كتاب بخزانة عضد الدولة[h] ان اثمان غوالّ السواد ستّة وثمانون الف الف وسبعمائة الف وثمانون الف درهم ومن ابواب المال بالسواد اربعة الف الف وثمانية الف درهم وخراج دجلة[i] ثمانية آلاف الف وخمسمائة الف درهم ۞ والعراق يفصّل بالطساسيج وهى ستّون لكورة حلوان خمسة ولشاذقُبَاذ[k] ثمانية ولبرماسيان[l] ثلاثة ولبِهْقُبَاذ الاعلى ستّة وللاوسط اربعة ولاردشير بابكان خمسة ولشاذسابُور[m] اربعة ولشاذبَهْمَن اربعة ولاستان العالِ اربعة ولبهقباذ الاسفل خمسة ولشاذهُرْمز سبعة وللنهروانات خمسة ۞

واما الضرائب فثقيلة كثيرة محدثة فى النهر والبرّ وفى البصرة تفتّش صعب وشوكات منكرة وكذلك بالبطائح تقوّم الامتعة وتفتّش[n] ، واما القرامطة فلهم ديوان على باب البصرة وللديلم ديوان آخر حتّى انه يؤخذ على الغنمة[o]

---

a) C الحسين. *b*) C بخت يار. *c*) C باكارزار. Notus est nomine صمصام الدولة et cognomen habebat ابو كاليجار (Ibno 'l-Athír, IX, p. ١٣). Abu 'l-Fawáris i. e. شرف الدولة frater eius erat. *d*) Hic in B est magna lacuna (سقط من الاصل). *e*) C درهمين. *f*) C om.; cf. Beládsorí, p. ٢٧١, 1 et Ibn Khord., p. 30 l. 9. *g*) C وعشرون. *h*) Sequitur وله (repetitum ex voce praec.). *i*) C الدجله. *k*) C لشاذاقناذ. *l*) Sic C. Ibn Khordádbeh, p. 29 ديوماستان, sed Cod. Oxon. ويوماستان. Kodáma روين باسفيار. Vulgo appellatur الزوابى. *m*) C ولشادسابق et quoque in aliis nominibus in Cod. levis corruptio inest. *n*) C يقوم — ويغش. *o*) C العتمه.

الواحدة اربعة دراهم ولا يفتح الّا ساعة من النهار، واذا رجع الحاجّ مكسوا احمال الادم والجمال الاعرابيّة وكذلك بالكوفة وبغداد ويؤخذ من الحاجّ للمحمل ستّون[a] ومن الكنيسة او حمل البزّ مائة ومن العماريّة خمسون[b] ومائة بالبصرة والكوفة ✿

ومساحة العراق طولًا من البحر الى السنّ مائة فرسخ وخمسة وعشرون وعرضه من[c] العُذَيب الى عَقَبَة حُلْوان ثمانون فاذا كسرته كان عشرة آلاف فرسخ ✿

واما المسافات فتاخذ من بغداد الى نهر الملك مرحلة ثم الى القصر مرحلة ثم الى حمّام ابن عمر مرحلة ثم الى الكوفة مرحلة ثم الى القادسيّة مرحلة، وتاخذ من بغداد الى المداين مرحلة ثم الى السيب مرحلة ثم الى دير العاقول مرحلة ثم الى جرجرايا مرحلة ثم الى النعمانيّة مرحلة ثم الى جبُّل مرحلة ثم الى نهر سابس مرحلة ثم الى مَطَارة بريدين ثم الى الحارله[d] مثلها ثم الى الاسحاقيّة مرحلة ثم الى المحراقة[e] بريدين ثم الى الحدّاديّة مثلها ثم الى ترمانة مرحلة ثم الى واسط مرحلة، وان شئتَ فخذ من الحدّاديّة الى الزبيديّة مرحلة ثم الى واسط بريدين، ومن المحراقة الى الجامدة بريدين ومن الحدّاديّة الى الصِّليق بريدين[f] ✿ وتاخذ من البصرة الى الابلّة بريدين ثم الى بَيَان مرحلة ثم الى عبّادان مرحلة ✿ وتاخذ من بغداد الى السَّيْلَحِين[g] بريدين ثم الى الانبار مرحلة ثم الى الربّ[h] مرحلة ثم الى هيت مرحلتين ✿ وتاخذ من بغداد الى البَرَدان[i] بريدين ثم الى عكبرا مرحلة ثم الى باجَمْشا[k] نصف مرحلة

a) C. ستين. *b*) C خمسين. *c*) C om. *d*) Sic. In mappa C الحادله. Fort. l. الجازرة ut quoque appellatur الجازر e. g. Ibno 'l-Athír, IX, p. ١٢٨, 5 a f. *e*) In mappa مخراقة. *f*) C hic habet: وتاخذ من واسط الى البصرة او الى بغداذ او الى الاهواز او الى الكوفة خمسين فرسخا, quae B ad finem capitis paullo aliter offert, quaeque ideo omisi. *g*) C السلحين. *h*) C الرب. In mappa المذيب. Secutus sum Kodáma. Ibn Khord. p. 69 الدرب (Cod. الدوب). Cf. Sprenger p. 91. *i*) C البردار. *k*) C باجمشا; (Kodáma باحسا). Ibn Khord. p. 81 male باجميرا (Cod. باحمرا).

ثم الى القادسية مرحلة[a] (67) ثم الى الكَرْخ مرحلة ثم الى حَبُلتا[b] مرحلة ثم الى السودقانية[c] مثلها ثم الى بَارِمَّا[d] مثلها ثم الى السِّنّ مثلها ✿ وتاخذ من بغداد الى النهروان بريدين ثم الى دير بارمّا[e] مثلها ثم الى الدَّسْكَرَة مرحلة ثم الى جَلُولا مرحلة ثم الى خانقين مرحلة[f]، وتاخذ من هيت الى النَّاؤُوسَة مرحلة ثم الى عانة مرحلة * ثم الى آلُوسَة مرحلة ثم الى الفحيمة[g] مرحلة ثم الى الحديثة مرحلة ثم الى النهبة[h] مرحلة[i] ✿ وتاخذ من حلوان الى مادروستان[k] بريدين ثم الى المَرْج[l] مرحلة ثم الى قصر يزيد بريدين ثم الى الزُّبَيْدِيَّة مرحلة ثم الى قصر عمرو مرحلة ثم الى قَرْمَاسِين نصف[m] مرحلة ✿ وتاخذ من حلوان الى قصر شبيرين مرحلة ثم الى خانقين مرحلة ✿ وتاخذ من الابلّة الى الحوزيّة[n] مرحلة فى الماء * ومن الابلّة الى نهر دُبّا مرحلة ثم الى فم العَضُدىّ مرحلة[o] وعسكر ابى جعفر بازآء الابلّة يُعبر اليه ✿ وسمّيت واسط لان منها الى بغداد او الى الكوفة او الى البصرة او الى حلوان او الى الاهواز خمسين خمسين[p] فرسخًا وليست وسط العراق انّما وسطه دير العاقول * والطريق من الكوفة[q] ✿

---

a) Hic desinit lacuna in B. b) Vocalis in C; Ibn Khordádbeh حيلتا (Cod. حبلتا) et sic quoque p. 95 (Cod. حبلىا). c) Male Ibn Khord. سوق قادسية (Cod. السودقانىه). d) C بارمه. e) C بازما. f) C h. l. addit: ثم الى قصر شبيرين مرحلة ثم الى حلوان مرحلة. g) Sic C; Ibn Khord. p. 69 الفخيمة (sed Cod. الفحيمه s. القحيمه). Kodáma العجيمة. h) Sic C; Ibn Khord. البهية, Kodáma البهيمة. i) Haec in B non exstant. k) B مادرواسان, C مادروسار, Ibn Khord.. p. 45 ماروستان, Kodáma مادرواسكان. Vide Jacut in v. ubi مرحلتين male pro بريدين. l) C مرج القلعة. m) B om. Distantia est tantum 3 Far. n) Sic C in mappa, in textu الحوزيّة; B الحوىزه. De *Hawízah* cogitari nequit. Cf. infra in capite Khuzistán. o) C om. Sequentia sic habet: ويعبر من الابلة الى عسكر ابى جعفر نحو فرسخ et deinde addit, ceteris huius capitis omissis: ومن بغداذ الى الصيمرة او السيروان ست مراحل ولم اسلكها والله اعلم. p) B خمسون خمسون. q) Haec verba vix suo loco esse possunt.

اقليم أَقُور

هذا ايضًا اقليم نفيس ثم له فضل[a] لان به مشاهد الانبيآء *ومنازل الاولياء[b] به استقرّت سفينة نوح على الجُودىّ *وبه سكن اهلها[c] وبنوا مدينة ثَمانين وبه تاب الله على قوم يونس واخرج منه[d] العَين ، ومنه[e] دخل الظلمات ذو القرنين ،، وبه كانت عجائب[f] جرجيس مع دانيانه وفيه انبت الله تعالى ليونس اليَقْطِينَة[g] ومنه خرج نهر الملّة المبارك المذكور دجلة اليس به مسجد يونس[h] بتَلّ تَوْبَة يقولون سبع زورات له[i] يعدلن حجّةً مع مشاهد كثيرة وفضائل جمّة ثم هو ثغر من ثغور المسلمين ومعقل من معاقلهم لان آمد اليوم دار جهادهم والموصل من اجلّ انضادهم[k] وجزيرة ابن عمر احد منازههم ومع ذلك[l] هو واسطة[m] بين العراق والشام ، ومنازل العرب فى الاسلام ،، ومعدن الخيل العتاق ، ومنه *ميرة اكثر[n] العراق ،، رخيص الاسعار جيّد الثمار ومعدن الاخيار ،[o] اخبرنا الحاكم ابو نصر منصور بن محمّد الحَرّىّ[p] محتسب بخارا *قال حدّثنا الهَيْثَم بن كُلَيْب[q] قال حدّثنا ابو يعلى الحسن بن اسماعيل وابو سليمان محمّد بن منصور الفقيه قالا حدّثنا اسماعيل هو ابن ابى أُوَيس قال حدّثنى كثير بن عبد الله عن ابيه عن جدّه قال قال رسول الله صلّعم اربعة اجبل من جبال الجنّة واربعة انهار من انهار الجنّة واربعة ملاحم من ملاحم

---

a) C addit ومواضع على غيره et habet deinde لانه pro لان به. b) C وتوطنه قومه. c) C الصديقين والاولياء وكم قد اخرج من المحدّثين والعلماء ولما (l. لما) نزلوا. d) C له. e) C corrupte ومدينة. f) C وقايع. g) B sine punctis; C اليقطين. Koran. 37 vs. 146. Deinde C ثم هو بين نهرى الملة نهر الحله المذكورين فى جميع الامة ومنه مخرج المشهور دجلة ثم اليس الخ. B المبارك المكون et deinde اكبس pro اليس. h) C تونس. i) C زوراته. k) B انضادهم, C امصارهم. l) C ذاك. m) B راس. n) C اكثر ميرة. o) C ثم الفرات نهر الجنة قد احاط بغربيه والرحاب على تخومه et hic addit: الاحرار المشرقية. p) ? B الحرّى (s. fort. الحرمى), C الحرى. Deinde C tantum ببخارا. q) C om.

الجنّة قيل ما الاجبل قال أُحُدٌ يحبّنا ونحبّه ومَجَنّة[a] جبل من جبال الجنّة والطور جبل[b] من جبال الجنّة والانهار النيل والفرات وسيحان وجيحان والملاحم بدر واحد والخندق وحنين ۞ * والفرات ينقوّس على هذا الاقليم وله هذا الفصل ودجلة ينبع منه ولها الذكر[c] وبه النعم والمشاهد والثغور والمساجد[d] الّا انه بيت الذعّار والطريق[e] فيه صعبة[f] وقد خرّبت الروم ثغوره ۞ وهذا مثاله وشكله[g] ۞

وقد قسمنا هذا الاقليم على بطون العرب لنعرف ديارهم وتمييزها[h] وجعلناه ثلاث كور على عدّة بطونهم اوّلها من قبل العراق ديار ربيعة ثم ديار مضر ثم ديار بكر وبه اربع نواحٍ ۞ واما ديار ربيعة فقصبتها المَوْصِلُ ومن مدنها الحَدِيثَة[i] مَعْلَثَايَ الحَسَنِيَّة تَلَّعْفَر[k] سِنْجَار الجبال[l] بَلَدُ أَذْرَمَة بَرْقَعِيدُ نَصِيبِينُ دَارَا كَفَرْتُوثَا رَاسُ العَيْنِ ثَمَانِين ؞ واما ناحيتها فجزيرة ابنِ عُمَر ومدنها فَيْشَابُور[m] بَاعَيْنَاثَا المُغِيثَة الزَّوْزَان ۞ واما ديار مضر فقصبتها الرَّقَّة ومن مدنها المُحْتَرِقَة الرَّافِقَة خَانُوقَة الحَرِيش تَلُّ مَحْرَى بَاجَرْوَان[n] حِصْنُ مَسْلَمَة تَرْعُوز[o] حرّان الرُّهَا ؞ والناحية سَرُوج كَفَرْزَاب[p] كَفَرْسِيرِين[q] ۞ واما ديار بكر فقصبتها آمِد ومن مدنها مَيَّافَارِقِين[r] تَلُّ فَافَان[s] حصن كَيْفَا[t]

---

a) B ومحنة, C ومحمه. b) C addit قال (اصله s.) اصلمه. c) C haec om. (B الدجلة ut plerumque). d) C نعم ومشاهد وثغور ومساجد وبالشام وبالعراق متصل (sic) سعماكم. e) C والطرق. f) C addit: وللعرب فيه غلبة. g) C addit: وبالله تعالى التوفيق. Sequitur in B (p. 68) et C mappa. Deinde in B est magna lacuna (totius folii). h) C وتمييزها. i) C الحديثيه. Deinde C ut B supra (p. ٥٤) معاثاى. Jacut معلثايا. k) Vulgo تل اعفر (تل يعفر) ut in mappa B et C. l) C الجباب, B supra الجبال. Est جبال سنجار Ibn Haukal, p. ١٣٩, 12 et f, p. ١٤٥ ult. m) C. فيشاور. n) C بادزوان, B supra نانروان. o) Pro ترع عوز (Jacut, I, p. ٨٣٧, 11). C برعون, B supra برعوز. p) ? C كفرراب, B supra كفراب. Sprenger, p. 104 proponit كفرزمّار, sed situs non convenit. q) ? C كفرنمريس, B supra كفرسردن. r) C hic et deinde ميافرقين. s) C فافاه, B supra فافاة. Jacut memorat sub فافان non sub تل. t) C كيفة et infra كىڡه.

الفار [a] حاذية وغيرهنّ ✿ ومدن الفراتيّة اكبرهنّ رَحْبَة ابن طَوْق قَرْقِيسيا عَانَة الدَّالِيَة الحَدِيثَة ، ومدن الخابور قصبتها عَرَابَان ومن مدنها الحُصَيْن الشَّمْسِينِيَّة [b] ميكسين [c] سُكَيْر العبّاس الخيشة [d] السَّكِينِيَّة [e] التُّنَانِير [f] ✿

المَوْصِلُ هو مصر هذا الاقليم بلد جليل حسن البناء طيّب الهواء صحيح الماء كبير الاسم قديم الرسم حسن الاسواق والفنادق كثير الملوك والمشايخ لا يخلو من اسناد عالٍ وفقيه مذكور منها ميرة بغداد واليه قوافل الرِّحَاب وله منازه وخصائص وثِمار حسنة وحمّامات سريّة ودور بهيّة ولحوم جيّدة وامور جامعة غير ان البساتين بعيدة وريح الجنوب مؤذية وماء النهر بعيد المستقى ، والبلد شبه طيلسان مثل البصرة ليس بالكبير فى ثُلُثه [g] شبه حصن يسمّى المربّعة على نهر زبيدة ويعرف بسوق الاربعاء داخله فضاءٌ واسع به يجتمع الاكرة والحواصيد على كلّ ركن فندق وبين الجامع والشطّ رمية سهم على نشزة يصعد اليه بدرج من نحو الشطّ ودرجه من قبل الاسواق اقلّ كلّه آزاجات من حجارة باناط ووجه المغطّى بلا ابواب واكثر الاسواق مغطّاة ، والآبار مالحة وشربهم من دجلة ومن نهر زبيدة ، من دروبه درب دير الاعلى درب باصلوت درب الجصّاصين درب بنى ميدة درب الجصّاصة درب رحا امير المؤمنين درب الدبّاغين درب جميل والبلد على الشطّ وقصر الخليفة على نصف فرسخ من الجانب الآخر عند نونوى القديمة ، وكان اسم الموصل خولان فلمّا وصل العرب

---

a) Nomen scripsi secundum C infra, coll. Jacut in v.; C h. l. الفاف, B supra et infra الفان. Hinc fort. oriunda est lectio قان ap. Jacut, IV, p. ٢١, 20. Nomen seq. C hic et infra et B infra ut recepi. Supra B حاذه. *b*) B supra الشمشينه, C المسمستينه. Jacut شمسانية, ut quoque scribit Ibno 'l-Athír, (VIII, p. ٣٩٥, X, p. ٣٩٨). *c*) Vulgo ماكسين. C ميسكين et deinde سكين. *d*) B supra الخيشه, C الحشه. Cogitavi de الجحشية Ibn Haukal, p. ١٥٠, 14, Jakut, II, p. ٣٥, 14. Convenit autem potissimum illud الجشيشية apud Ibn Haukal, p ١٣٩, 19. *e*) B supra المسكينيه, C المسكينه. Vocales scripsi secundum Forbes apud Ritter, XI, p. 262. *f*) B supra البادمن, C السمامس. Vulgo تنينير. *g*) C ثلثة. Hodie forum extra urbem est, v. Moltke apud Ritter, XI, p. 203.

بها عمارتهم ومصّروها سمّيت الموصل، ونونوى بقرب الموصل وهى مدينة يونس ابن متى عليها حصن قد اقلبه الريح وهى الآن مزارع على جانب منها نهر الخُوصَر[a] ۞ ومَرْ[b] جُهَيْنَة على دجلة من نحو الموصل ومن نحو العراق * كثيرة ابراج الحمّام[c] والحصن من جصّ وحجر والجامع وسط البلد ۞ الحَدِيثَةُ على دجلة ايضًا عند جُرْف[d] يصعد اليها بدرج والجامع قرب الشطّ طيلسان بنيانهم طين غير الجامع وهى شرقيّة ۞ ومَعْلَثَايَا من نحو آمد صغيرة كثيرة البساتين على نهر بنيانهم[e] طين والجامع على تلّ ۞ الحَسَنِيَّة على نهر يقبل من أُرْمِيَة وهو الّذى عليه قنطرة سَنْجَة[f] والجامع وسط البلد والنهر على جانب ۞ وثَمَانِين مدينة على نهر غزبير يقبل من ارمينية تحت الجُودىّ وحدّثنا ابو سعيد ابن حمدان قال حدّثنا ابو حامد الجلودىّ قال حدّثنا ابو هانئ قال قرأ ابى على عبد المنعم بن ادريس عن ابيه عن وهب بن منبّه قال لمّا خرج نوح من السفينة بنا قرية وسمّاها ثمانين وكانت اوّل قرية بعد الطوفان بناها نوح بعددهم[g] لكلّ رجل ممّن معه بيتًا فهى اوّل مدينة بنيت بالجزيرة ۞ جَزِيرَةُ ابن عُمَرَ بلد كبير يدور عليه الماء من ثلاثة جوانب ودجلة بينها وبين الجبل وهى طيّبة نزيهة بناؤهم حجارة شرقىّ دجلة وَحِلَة فى الشتاء ۞ بَاعَيْنَاثَا نزهة طيّبة وهى خمس وعشرون محلّة يتخلّلها البساتين والمياه ليس مثلها بالعراق مع رفق ورخص ۞ بَلَد *غزير الدخلة[h] كثيرة

---

a) C الحوصو. A recentioribus Chosar appellatur. *b*) C ومن. Sed in mappa B et C et in itinerario recte ut edidi. Decurtatum esse videtur ex مرج جهينة (Ibn Khordádbeh, p. 82 l. 1, Jacut, II, p. ١٩٨, 12, Dimaschkí, ed. Mehren, p. ١٩. ult.). *c*) C. كثرة للابراج والحمام. Aut fort. leg. الابراج والحمام eodem sensu. Deinde C والحصون. *d*) C جوف. Cf. Rich apud Ritter, XI, p. 665. *e*) C بنياهم. *f*) Graviter fallitur auctor. Vid. Jacut sub سنجة, Istakhrí, p. ٩٢, Ritter, X, p. 942. Fluvius hic est خابور الحسنية, in quo revera pons magnifica est, vid. Dimaschkí et cf. Ritter, XI, p. 168. Pro ارمية Jacut, II, p. ٣٨٤, 12 seq. habet ارمينية. *g*) ? Cod. بعردر sic, sed ultima littera incerta est. *h*) C عزير الدجلة.

القصور حسنة البنيان من جصّ وحجر فرجة[a] الاسواق والجامع وسط البلد ✿ أَنْزَمَةُ صغيرة فى البرّيّة شربهم من آبار وبنيانهم قباب، وبَرْقَعِيد كذلك الّا انّها اكبر ✿ نَصِيبِينُ هى انزه واصغر وارحب من الموصل كثيرة الفواكه بها حمّامات حسنة وقصور منيفة ولهم يسار ولباقة سوقها من الباب الى الباب عليها حصن من حجر وكلس والجامع وسط البلد ونعوذ بالله من عقاربها ✿ دَارَا صغيرة طيّبة لهم قناة تعمّ البلد وتجرى فوق السطوح وتقرّ فى الجامع ثمّ تنحدر الى وادٍ بنيانهم حجارة سود وكلس ✿ سِنْجَار[b] فى مفازة بها نخل كثير كثيرة الاساكفة الجامع فيهم شربهم من نهر عذيبىّ[c] وعيون كثيرة ✿ رَاسُ العَيْن فى سهلة اسفلها متخرّق بالماء يتفجّر عيونًا ولهم بحيرة صغيرة راس الماء نحو من قامتين زُلَال يطرح الدرهم فلا يخفى فى اسفله بنيانهم حجارة وجصّ[d] (69) ولهم بساتين ومزارع ويقع اليها ثلاثمائة وستّون[e] عينًا عذبة تمدّ الى الرقّة ✿

آمِدُ بلد حصين حسن[f] عجيب البناء على عمل انطاكية بفصيل[g] شبه كرسىّ له ابواب وعليه شرف بينه[h] وبين الحصن فضاء وهى اصغر من انطاكية بحجارة سود صلبة وكذلك اساسات الدور[i] وفيها عيون[k] غربىّ دجلة رحبة طيّبة ثغر للمسلمين[l] وحصن حصين الجامع وسط البلد لها خمسة ابواب باب الماء وباب[m] الجبل وباب الروم وباب التلّ وباب انس[n] صغير يحتاج اليه وقت الحرب وبعض الحصن على الجبل ولا اعرف للمسلمين اليوم[o] بلدًا احصن ولا ثغرًا اجلّ منها ✿ ومَيَّافَارِقِينُ بلد طيّب حصين له شرف وفصيل بحجارة وخندق قليلة العلم والبساتين شربهم من عيون ونهر وَحِلَة[p] فى الشتاء بليدة هى كنيف الاقليم ✿ والحساب[q] حصينة بها قلعة وربض فيه الجامع على طرف شربهم من

---

a) C فرحه. *b*) C سحان. *c*) C عذىى. *d*) Hic desinit lacuna in B. *e*) C وسنين. *f*) C om. *g*) C مفصّل. *h*) C وبينه. *i*) C دورهم. *k*) C addit وهى. Pro دجلة B الدجلة, C النهر. *l*) C المسلمين. *m*) C hic et deinde sine copula. *n*) C السر (السرّ?). *o*) C om. In seqq. B بلد et ثغر. *p*) B دجله. Mox B بليده, C om. *q*) Sic B; C الحساب. Vix cogitari potest de urbe حِبِنى s. حَانِى Abulfeda, p. ٢٧٤, Istakhrí, p. ٧٦ *k* ult., Jacut, II, p. ١٨٨ حَنَا,

قنىّ عذبيبّة وبنآؤهم من حجر وطين وسورهم غير منيع ۞ وتَـلّ فافان من ناحية الجبل بين دجلة ورزمْ[a] حولها بساتين والاسعار بـهـا رخيصة واسواقـهـا مغطّاة بنآؤهم[b] طين ۞ وحِصْنُ كَيْفَا[c] كثيرة الخير وبـهـا[d] قلعة حصينة وكنائس كثيرة شربهم من دجلة ۞ والغار[e] وحاذية دونهنّ ، *فـهـذا ما عرفنا من مدن هذه الكورة[f] وفى بَدْليس كلام واختلاف نذكره فى اقليم الرحاب ۞

الرَّقّـة قصبة ديار مـضـر على الفرات بحصن عريض يسير على متنه فارسان غـيـر كبيرة ولها[g] بابان غـيـر انها طيّبة نزهة قديمة الخطّة[h] حسنة الاسواق كثيرة القرى والبساتين والخيرات ومعدن الصابون الجيّد والزيتون ولها[i] جامع عجيب وحمّامات طيّبة قد ظُلّلت اسواقها وبربقت[k] قصورها وانتشر فى الاقليمين[l] ذكرها فالشام على تخمها والفرات الى جنبها والعلم كـثـيـر بـهـا الّا ان الاعراب بـهـا محيطة والطرق اليها صعبة ، والرقّة المُحْتَرِقة[m] قريبة منها قـد خفّت وخـربت ، والرّافقةُ هى[h] ربض الرقّـة الجامع فى الصاغة وجامع الرقّة فى البزّازين فيه شجرتا عنّاب وشجرة توت[n] وبالقرب مسجد معلّق على عمود ۞ وحَرّان مدينة[h] نزيهة وعليها[o] حصن من حجارة على عمل ايليا فى حسن البنآء بـهـا قـنـاة لا *يعلم من ايـن تقبل[p] والجامع منطرَّف[q] وسقى مزارعهم من آبار وهى جيّدة الاقطان وبصحّة[r] موازينهم تضرب الامثال ۞ والـرُّهَـا[s] على عمل الطيب محصّنة والجامع على طرف شعث وبـهـا كنيسة عجيبة *بآزاج ملبسة بالفسافسآء هى احد عجائب الـدنيا[t] ۞ واما ناحية الخَابور فقصبتها عَرَابان وهى تـلّ رفيع

---

et ٣٨٢. In mappa Kiepert non procul ab oriente urbis Amid iacet Djenâb, sed locum apud nullum antiquiorum memoratum vidi.

a) C زرم quae varia lectio quoque a Jacut est recepta, B sine punctis. *b*) C وبناؤهم. *c*) In B nomen desideratur. C حصن كيفا sine copula. *d*) C بها. *e*) B والفان. C alio ordine وحاذية والغار. *f*) C om. Pro بدليس B دالس. C om. و كلام. *g*) C لها. *h*) C om. *i*) C بها. *k*) B et C وبربقت. *l*) C الاقاليم. *m*) B المختَرِقة, C المحترق. *n*) B تـوت. Deinde C وبقربه. *o*) C عليها. *p*) C يعرف لها اصل. *q*) C على طرف. *r*) B وبصنحه. *s*) C addit هى et mox om. الطيب (B sine punctis). *t*) C pro his: ازاج قد رصّعت بالفسافسا. Deinde C واما عرابان فانها قصبة لخابور على تل مرتفع.

حولها بساتين والاسعار بها رخيصة ولهم مزارع كثيرة *وسائر المدن رحبة ✿ وناحية الفرات اجلّها الرَّحْبَة مدينة[a] كبيرة من نحو البادية طيلسان ولها حصن وربض ٥ وبقيّة المدن من جانب البادية عامرات[b] ✿

جمل شؤون هذا الاقليم

اما الهواء والرسوم فقاربة للشام *مشابهة للعراق[c] وبه مواضع حارّة وبه[d] نخيل مثل سِنْجَار ومدن الفرات[e] وكورة آمِد باردة لقربها من الجبال واصحّ بلدانه هوآء المَوْصِلُ ٥ (70) واكثر بنيانهم الحجارة ولا اعرف به مآء رديًّا ولا واديًا[f] وبيًّا *ولا طعامًا لا تجده مريًّا[g] ٥ وليس به مجوس ومعدن الصابئين بالرُّهَا وحَرَّان فى جميع المملكة ٥ وليس فيه بحيرة ولا يتّصل ببحر ولا للمذكّرين به صيت ولا للرزق[h] به سوق ✿ ومذاهبهم سنّة وجماعة[c] الّا عانَة فانها كثيرة المعتزلة ولا ترى فى الرأى غير مذهب ابى حنيفة والشافعىّ وفيه[i] حنابلة وجلبة للشيعة *لم تقسّم الاهوآء قلوبهم ولا يتعاطى الكلام فقهآؤهم[k] يختارون قرآءة عبد الله بن عامر ٥ واتّفق حرب البجاة مع الحبوش *وقت كونى بزَبِيد[l] فاستخلفنى القاضى اصلّى بهم *العشآئَيْن فقال لى يومًا[m] القوم لك شاكرون وانا لك لائم قلتُ على ما ذا أيّد الله القاضى[n] قال *انت رجل تتفقّه[o] لاهل الكوفة فلمَ لم تقرأ بحروفهم وما الذى امالك *الى قرآءة[p] ابن عامر قلتُ خلال اربع قال وما هنّ قلتُ اما الاولى فان ابن مجاهد *روى عن[q] ابن عامر ثلاث روايات احداهنّ[r] انه قرأ على عثمان بن عفّان والثانية انه سمع القرآن من عثمان[s] وهو صبىّ والثالثة انه قرأ على مَنْ قرأ على عثمان وليس[t] هذا لغيره

a) C tantum والرحبة. *b*) C على الفرات. *c*) C om. *d*) B وبها. *e*) B القنوات. *f*) C بلدًا. *g*) C om. Deinde B ولا pro وليس به. *h*) B للورق s. للدرق, C للزرق. *i*) C وبه. *k*) C om. (B نعسم). *l*) C بزبيد وقت كونى بها. Deinde B فاستخلفنى. *m*) C فقال يوم. *n*) C تعالى قاضى اليمن. *o*) C رجل يتفقه et mox لا يقرا. *p*) C لقرائت. *q*) C واعز sic. *r*) B et C احديهن. Deinde C انه قول على عثمان. *s*) C addit: حرفا حرفا فى الصلاة. *t*) C ولا يجد.

من ائمّة[a] القرّآء بل بين كلّ واحد وبين علىّ وعبد الله وأُبَىّ وابن عبّاس رجلان[b] او ثلاثة فمن بينه وبين عثمان الذى قد اجمع المسلمون على مصحفه واتّفقوا على جمعه وتداولوه[c] رجل احقّ بان يقرأ له[d] ممّن بينه وبين من[c] لا يستعمل جمعه ولا وقع الاتّفاق على مصحفه رجلان وثلاثة *وايضًا رايتُ[e] المصاحف القديمة بالشام ومصر والحجاز *المنسوبة الى عثمان[c] فاذا هى لا تخالف حروف ابن عامر[f] فى شىء ، والحلّة الثانية رايتُ قرآءة ابن عامر قياسيّة اذا استعمل التآء[g] او التثقيل فى موضع اجراه فى جميع النظائر وغيره يقول فى سورة كذا بالتآء[g] وفى سورة كذا بالبآء[g] وفى موضع سَدًّا[h] وموضع آخر سُدًّا وخَرَاجًا وخَرْجًا وكُرْهًا وكَرْهًا وامثال[i] هذا كثير وكنتُ *رجلًا قد اردتُ[k] التفقّه فرايتُها علىّ اهون والى طريقة الفقه اقرب ، والحلّة الثالثة رايتُ بقيّة[l] القرّآء قد اختلفت عنهم الروايات من ثلاث الى ثلاثين وابن عامر لم يرو عنه الّا يحيى حسب وانّما وقع الاختلاف *عن يحيى[m] لان ابن ذكوان وهشام بن عمّار *قرأا على[n] يحيى فعلمتُ انه كان متقنًا على يقين من قرآءته ، والرابعة انى رجل شامىّ *وقد فارقتُهم فى المذهب فلم احبّ ان افارقهم فى المقرأ بعد ما صحّ الرجحان عندى[o] ، فقال القاضى لله درّك يابا عبد الله ما احسن ما اتيتَ به ولقد جلّت هذه القرآءة عندى بعد ما كنتُ فيها من الزاهدين ، فان قال خصم اوليس قد ناقض ابن عامر فى غير موضع اجبناه لو لم يناقض لزهدنا فى قرآءته وظننّا به الظنون[p] لان القرآات لا تؤخذ بالقياس *فلمّا ناقضنا علمنا انه متبع وناقل الّا ان نقله وافق القياس[c] ، فان قال اوليس[q] قد طعن

---

a) B الائمة. *b*) C رجلين. *c*) C om. *d*) C بحروفه. *e*) C وقد تدبرت المصحف الذى سمى الامام وسائر. *f*) B عباس. *g*) B sine punctis. Pro بالبيآء C بالبآء habet. Cf. Nöldeke, *Geschichte des Qorâns*, p. 282. *h*) C سد (B وموضع pro وفى موضع). Vocales addidi. *i*) C واشباه. *k*) C قد اقبلت على. *l*) C سائر. *m*) C على صاحبه يحيى. Ille est يحيى بن الحارث الذمارى, Nöldeke, p. 288 et 296 (ubi l. 4 a. f. l.: der ein Schüler des Ibn Amir war). *n*) C لقيا. *o*) C فاحببت أن أقرا بحروف أمام أقليمى بعد ما ترجحت عندى. *p*) C يناقض طرية الطنون (l. ظُنّ به الظنون). *q*) C البس.

فيه السلف ولحّنوه[a] فى حروف اجبناه[b] ان احدًا من ائمّة[c] القرّآء لم يسلم من الطعن الا ترى انهم قد طعنوا على عاصم وحمزة فى ضَعْف[d] وعلى ابى عمرو فى نَنْسَأْهَا[e] وفى هٰذَيْنِ[f] وقد احتجّ الكبرآء للجميع وصوّبوا مذاهبهم ولا يطعن فى[g] الائمّة الّا جاهل ، فان قال ابن عامر مجهول وقرآءته غير مشهورة اجبناه لو كان ابن عامر بالحجاز او بالعراق * ما جُهل (71) ولا شذّت قرآءته لكنّه لمّا كان بمصر متطرّفًا قلّ[h] الواردون عليه والناقلون عنه الا ترى ان الاوزاعىّ كان من ائمّة الفقه[i] وقد بطل مذهبه لهذا المعنى فلو[k] كانا على سابلة الحاجّ لنقل[l] مذهبيهما اهل الشرق والغرب ، فان قال السنّ ممّن[m] لقى مشايخ العلم والورع واكثرهم ينهون عن التجريد[n] ويختارون قرآءة العامّة اجبناه بلى لكنّى لما سافرتُ وشاهدتُ ائمّة المقرئين احببتُ[n] التلاوة عليهم واخذ الفوائد منهم فكنتُ اذا قرأتُ بالجائز هوّنوا امرى واحالونى على تلاميذهم فاذا جرّدتُ اقبلوا علىّ ✿

والمياه واسعة اكثرها من دجلة والفرات والخابور * وهو نهر من عيون تجتمع وتصبّ الى الفرات[o] . واما اصل دجلة العراق فانها تخرج من تحت كهف الظلمات مآء اخضر ثم تلقّاها عدّة انهار الى الزاب * واوّل مبدأها[p] لا يدير اكثر من رحا واحدة اوّل ما يختلط بها نهر الذيب[q] ثم الرمس[r] ثم المسوليات[s]

---

a) B وبحسوه. *b*) C et B in marg. cum خ. In textu B قلنا. *c*) B om. *d*) Baidháwi ad Kor. 8 vs. 67. *e*) B sine punctis, C ينساها. Baidháwi ad Kor. 2 vs. 100. *f*) C هذان. Baidháwi ad Kor. 20 vs. 66. Deinde B om. copulam. *g*) C على. *h*) C ما جهلت قراته ولا شذت ولكنه كان بدمشق وهو مصر متطرف فقل. *i*) C addit: وكان اجل واقدم من الشافعى والحديث. *k*) C ولو. *l*) In B expunctum sequitur عنهما. *m*) B فان قلت اليس من. C haec usque ad والمياه om. *n*) B sine punctis. *o*) C انهار تجتمع فتنقلب فى الفرات et deinde واصل دجلة من تحت. *p*) C اولها. *q*) Sic B; C الربب. Videtur esse aliud nomen pro نهر الكلاب. *r*) Sic C; B الرس. Fort. est fluvius ab aliis نهر صَلْب appellatus. *s*) Recepi lectionem C licet corruptam credo. In B eadem lectio esse videtur, sed indistincte scriptum est nomen. Pro ثم ibi est الى. Intelligi autem videtur fluvius ساتيدما s. باسلنفا (Abulfeda, p. ٥٥ باسانفا), Nymphaeus, hodie Batman Su appellatus. Mox B يعنبر, C يعبر.

ثم تعبر الكارخة ثم سَرْبَط[a] ثم عين تلّ فافان[b] ثم نهر الزَّبّ[c] ثم الزاب ثم انت فى العراق، ويقال الفرات مبارك ودجلة[d] ملعونة[e] ۞

وبه تجارات ترتفع من الموصل الحبوب والعسل والنمكسود[f] والفحم والشحوم والجبن[g] والمنّ والسمّاق وحبّ الرمّان والقير والحديد والاسطال[h] والسكاكين والنشّاب[i] والطِّرِّيخ الفائق والسلاسل، ومن سِنْجار فرك اللوز *وحبّ رمّان[k] والقصب والسمّاق[k]، ومن نَصيبين شاه بلّوط وهو شىء اكبر من البندق واطيب ليس بمدوّر والفواكه المقدّدة[l] والموازين والدوايات والكوادين[m]، ومن الرقّة الصابون والزيت والاقلام، ومن حرّان *القُبَّيط وعسل النحل فى ادنى والقطن والموازين[n]، ومن الجزيرة الجوز واللوز والسمن والخيل الجياد[o]، ومن الحَسَنيّة الجبن والقَبْج والجواجيق والشواريز[p] والفواكه المقدّدة والزبيب[q]، ومن مَعْلَثايا[r] *الالبان والفحم والاعناب والفواكه الرطبة[s] والشاهدانق والقنّب والنمكسود[t]، ومن بَلَد اللِّبأ فى القدور *فى الزواريق القدر بخمس دوانيق خمسة امناء[u]، ومن الرَّحْبَة السفرجل الفائق الرائق[v]، ومن آمِد ثياب الصوف والكتّان الروميّة على عمل الصقلّى[w] ۞ وخصائص هذا الاقليم الخيل والصابون والسلاسل والسبور *وقُبّيط حرّان وقطنها وموازينها[x] ۞ واما مكاييلهم فلهم المدّ والمكّوك والقفيز والكارة فالمكّوك خمسة عشر رطلًا والمدّ ربعه[y] والكارة

a) B هربط. b) B فافا, C فافاه. c) B الرزب, C النزرب Supra p. ١٤١, 2 appellatur رزم ut vulgo (C ibi زرم). d) B et C ut saepissime cum artic. e) In marg. B adscribitur مبادى التجارات. f) C والمكسور et deinde والفخم. g) B والجس, C والخبر. h) C والاصطال. i) B والنساب, C والنساب. k) C om. l) C المقدودة. m) C والكوادين. n) C قبيط العسل والقطن والشواهين. B in his القسط (القنبيط) et ادس. o) C العتاق. p) B والقبح والجواحق والشوارس, C والقبح المقدد والحواجيق والشوازير. q) B والزيت. r) C ut solet معاثايا. s) C الفحم والسمسم et deinde والشاهدانق. t) B والمكسود, C والمكسوز. u) C tantum بدافق l. بدانق. Pro الرحبة mox habet الرجله. v) B السانف, C om. w) C الصقلية. x) C tantum والموازين (B وقسط). Deinde C مكاييلهم المكوك والمد. y) C ربع المكوك.

مائتان[a] واربعون رطلا والقفيز ربعها والمكّوك ربع القفيز وارطالهم * بغداديّة وفرْقهم بغداديّ ستّة وثلاثون رطلا[b] ✿ ولغتهم * لغة حسنة اصحّ من لغة الشام لانهم عرب احسنها[c] الموصليّة وهم احسن وجوهًا * وهى اصحّ هوآء من سائر الاقليم[d] وقد جمعت اكثر القبائل اكثرهم حارثيّون ✿

* ولهم مشاهد ثَمّ بسواد الموصل مسجد يونس وآثاره عند نونوى القديمة[e] موضع يسمّى تلّ توبة على راسه مسجد ودور للمجاورين بنته جميلة * ابنة ناصر الدولة[f] واوقفت عليه اوقافًا جليلة يزعمون ان سبع زورات يعدلن حجّة يقصد ليالى الجمع وهو الموضع الذى خرج اليه قوم يونس لمّا ايقنوا (72) بالعذاب[g] وعلى نصف فرسخ منه[h] عين يونس وبظاهر[i] بَلَد عين يزعمون ان يونس خرج منها[h] يُستشفى بمآئها من البرص وثَمّ * له مسجد[k] وموضع شجرة اليقطين ، على فرسخ من ميّافارقين دير توما فيه جسد قائم[l] يزعمون انه من الحواريّين يابس ، رباط ذى القرنين على طريق الرحاب حصين عامر تحته كهف[m] الظلمات التى دخلها ذو القرنين وحرص مسلمة بن عبد الملك فى دخولها واستعدّ المشاعل والشموع فانطفئت ورجع ✿ ومن العجائب بنصيبين عين ينبع[n] منها كلس ابيض يستعملونه * كما يستعمل فى الحمّامات والدور[o] ، وبارض الموصل دير الكلب يحمل اليه من عضّه كلب عقور فيقيم عند رهبانه خمسين يومًا فيبرأ باذن الله تعالى ، وبهذا الرستاق[p] عين من شرب منها مات بعد ثلاثة ايّام ، على بريد[q] من الموصل قرية باعَشيقا[r] بها نبت مَنْ قلعه وبه بواسير او خنازير سقطت عنه فان بعث من به هاتان العلّتان رجلا بدرهم

---

a) C اثنان vitium manifestum. b) C. وفرقهم بغداذيه. c) C اصح من لغة بغداذ واحسن من لسان الشام لان ديار العرب اصحها. d) C وهواءهم اصح من سائر الاقاليم et in seqq. جمع et عامتهم (pro اكثرهم). e) C وبه مشاهد مسجد يونس بسواد الموصل. f) C om.; deinde habet ووقفت. g) C addit فتنابوا فيه. h) C om. i) C addit مدينة. k) C مسجده. l) Hic C insert يابس et post انه addit رجل. Monasterium دير مر توما appellatur a Jacut. m) C باب. n) C نبع (B ينبع). Mox B الكلس. o) C. فى الابنية. p) C الرساتيق. q) C بريدين. Cf. Jacut, I, p. ٤٧٣, 15. r) B باعثقا.

ومسلّة الى قوم *ثمّ يتوارثونها[a] فحملها احدهم الى ذلك النبت فقلعه على اسم صاحب العلّة برئ ولو كان بالشاش ويستنفع[b] الرجل بالدرهم ۞ وكان يقال عجائب الدنيا ثلاث منارة الاسكندريّة وقنطرة سَنْجَة وكنيسة الرُّها فلما بنى المسجد الاقصى جُعل بدل الكنيسة[c] فلما هدمته الزلزلة جعل موضعه[d] جامع دمشق وهذه القنطرة على خمسة فراسخ من جبل الجودىّ[e] كبيرة شاهقة متّصلة بالجبل على حجر مخوّخ[f] مركّبة اذا زاد عليها الماء اهتزّت[g] ۞

ويجب ان نذكر[h] اسباب القُسْطَنْطِينِيّة لان للمسلمين بها دارًا يجتمعون فيها ويظهرون الاسلام بها وقد كثر الاختلاف والكذب[i] فيها وامر البلد ومساحته وبنيانه *فرايتُ ان اصوّر ذلك للعيون واوضحه للقلوب[k] واذكر الطرق اليها لحاجة المسلمين الى ذلك وقصدهم فى شرآء الاسارى[l] والرسالات والغزو والتجارات، *اعلم ان مَسْلَمَة بن عبد الملك لما غزا[m] بلد الروم ودخل هذا المصر شرط على كلب الروم بنآء دار بازآء قصره فى الميدان ينزلها الوجوه والاشراف اذا اسروا ليكونوا *تحت كنفه[n] وتعاهده فاجابه الى ذلك وبنى دار البلاط والبلاط[o] خلف الميدان يصنع به[p] الديباج الملكىّ، فالقسطنطينيّة تكون فى العظم مثل البصرة او اصغر بنآؤهم حجر وهى *محصّنة كسائر البلدان منيعة بحصن[q] واحد لا غير، *والبحر من جانب على حافته الميدان ودار البلاط ودار الملك على صفّ والميدان بين الداريـن ابوابها متقابلة[r] فى وسط الميدان دكّة

---

a) B tantum يتوارثون. b) C ويستنقع, B وىسفنفع. c) B h. l. الكلسه.
d) C مكانه. e) Error auctoris qui duos pontes confundit; vid. supra p. ١٣٩ *f*.
f) B محوخ, C محوّج. g) C addit: خراج ديار ربيعة سبعة الاف الف وسبعمائة الف درهم. h) B بذكر. i) B فى الكذب; C فيها والكذب. k) C قدابت (l. فدأبت) ان اوضح ذلك. l) B الاشارى; C الاسراير. Deinde B شرى. Deinde B والراسات et mox C والفرو. m) C, qui haec infra ponit post ولا يشقون لسانا, habet: قال ولما غزا مسلمة بن عبد الملك. n) C فى صيانة. Deinde B وعهده.
o) C addit موضع. p) C فيه. q) C بحصن كسائر البلدان. r) C pro his: والميدان على حافة البحر بين دار البلاط ودار الملك وبابا الداريـن متقابلين.

بدرج ولا يسكن دار البلاط من المسلمين الّا وجيه فى *اجرآء وتعاهد وتنزّه[a]، وسائر الاسارى من عامّة المسلمين[b] يستعبدون ويستعملون فى الصنائع فالحازم *الذى اذا[c] سُئل عن صنعته لم يقرّ بها وربّما اتّجر[d] الاسارى بينهم وانتفعوا[e] ولا يُكرهون احدًا على اكل لحم الخنزير ولا يثقبون انفًا ولا يشقّون لسانًا، ومن دار الكلب الى دار البلاط حبل ممدود[f] فيه صورة فرس من نحاس ولهم اوقات يجتمعون فيها *للّعب واسم الملك[g] وينطوا واسم الوزير براسيانا فاذا ارادوا ان ينفتّلوا[h] فى لعبهم صاروا حزبين[i] وارسلوا الخيل حول الدنّة (73) فان سبقت خيل حزب الكلب قالوا ستكون الغلبة للروم فصاحوا وينطوا وينطوا وان غلبت خيل حزب الوزير قالوا[k] ستكون الغلبة[e] للمسلمين فصاحوا براسيانا براسيانا[l] وذهبوا الى المسلمين *فيخلعون عليهم ويصلونهم[m] لكون الغلبة لهم، وللبلد اسواق حسنة والاسعار به[n] رخيصة والفواكه كثيرة ✿ وبمدن التبن مسلمون[o] وكذلك بمعدن النحاس وبأَنْتَرابَرَنْد ايضًا مسلمون ✿ واقصد الطرق الى القسطنطينيّة من هذا الاقليم لاجل ذاك وصفناها فيه وكان ثغر هذا الاقليم ملطية وبلدانها وقد خرّبها العدوّ[p] ✿

(74) واما المسافات فتاخذ من الموصل الى مَرْجُهَيْنَة او الى بَلَد او الى المَحْلَبِيَّة او الى مزارعى[q] مرحلة مرحلة ثم من مرجهينة[r] الى الحَديثة مرحلة ثم الى

---

a) B sine punctis. *b*) C الناس. *c*) C ان. *d*) C تنجر. *e*) C om. *f*) B et C حبلا (C جبلًا) ممدودًا. *g*) C للعدو فى الميدان واسم الملك فى الرومية. *h*) C ينتغلوا. *i*) C حزبان. *k*) B قال. *l*) C bis برانسانا, B براسانا درسانا. Supra B et C براسانا. Intelliguntur factiones quae dicuntur Πρασιανοί et Οὐενετοί. *m*) C بدار البلاط ليخلعوا عليهم. In B desideratur عليهم. *n*) C بها. *o*) B التبى مسلمين. Quae regio intelligatur nescio. Montes معدن النحاس appellati, describuntur in *Djihán Numa*, p. ٦٥٠. In C haec ad المسافات desunt. *p*) Sequitur in B وتاخذ من الموصل et tunc spatium album in quo scribitur سقط من الاصل. Nullam vero lacunam exstare opinor, nisi quod mappa Asiae Minoris desideratur. *q*) B مرارعى. *r*) B مرجهنيه (supra sine punctis), C جهينه. Pro hac statione Ibn Khord. p. 81 habet (Cod. طسان) بنى طيبان, Kodáma طهمان.

البقيعة مرحلة ثمّ الى السّنّ مرحلة ؞ وتاخذ من بلد الى[a] بَرْقَعِيد مرحلة ثمّ الى أَذْرَمَة مرحلة ثمّ الى المُونِسَة[b] مرحلة ثمّ الى نصيبين مرحلة ثمّ الى دارا مرحلة ؞ وتاخذ من المحلبيّة [c] الى الشحّاجيّة مرحلة ثمّ [c] الى تلّ اعفر[d] مرحلة ثمّ الى سِنْجار [e] مرحلة ؞ وتاخذ من مزارعى الى معلثايا مرحلة ثمّ الى الحَسَنيّة مرحلة ثمّ الى ثمانين مرحلة ثمّ الى جزيرة ابن عمر مرحلة[e] ثمّ الى تلّ فافان مرحلة ؞ ومن الموصل الى شهرزور ٦٠ فرسخًا ۞ وتاخذ من آمد الى ميّافارقين مرحلة ثمّ الى أَرْزَن[f] مرحلة ثمّ الى مسجد أُوَيس مرحلة ثمّ الى المعدن مرحلة ثمّ الى بدليس مرحلة ؞ وتاخذ من آمد الى شِمْشاط[g] مرحلة ثمّ الى تلّ حُوم[h] مرحلة ثمّ الى جرنان[i] مرحلة ثمّ الى بامقرا[k] مرحلة ثمّ الى جُلّاب مرحلة ثمّ الى الرُّهَا بريدين ثمّ الى حَرّان مثلها[l] ثمّ الى باجَرْوَان مرحلة ثمّ الى الرِّقّة نصف مرحلة ۞ وتاخذ من الرَّحْبَة الى قرقيسيا[m] مرحلة ثمّ الى الدالية او الى بِيرَا[n]

---

a) Deëst coll. Ibn Khord. et Kodáma باعيناثا مرحلة ثمّ الى (C habet برقعيدة).
b) Ibn Khord. et Kodáma eius loco تل فراسة. c) B om.; C السحاجية. Coniectura scripsi. d) B عفر. Brevius iter via Balad describitur ab Ibn Khord. et Kodáma. e) B haec om.; C معاناثا et الحسينية. f) B ازر. g) Sic recte Ibn Khord., p. 83, l. 1. B et Kodáma سميساط. In C hoc itinerarium non exstat, sed in mappa bene سمساط. Saepissime confunduntur urbes, ut quoque fecit Ritter, licet (X, p. 931) laudavit locum Abulfedae de situ Schemschát inter Amid et Kharput. Cf. Jacut, III, p. ٣١٩ seq. Distantia unius diei falsa est. Iter autem hoc est per ambages. h) Ibn Khord. تل حزم, Kodáma male تل موزون (اموزن), Edrîsî, II, p. 152 تل مورن. Alius locus eiusdem nominis prope Miççîçam memoratur a Jacut (I, p. ٨٦٧, 1). i) B sine punctis, Ibn Khord. جرنان (Cod. حرنان), Kodáma حدنان et جرسان, Edrîsî جريان. k) B بامقرا, Ibn Khord. بامعدا, sed Cod. بامقدا, Kodáma بامعنا, Edrîsî تامعادا. l) Inter حران et باجروان Ibn Khord. et Edrîsî ponunt باجرّا (Jacut in v.). m) C hic, ut quoque supra, قرقيسا. n) B et C بيرا. Videtur haec esse urbs *Birtha* quae hodierno oppido *Deir* respondet secundum probabilem coniecturam Ritteri, *Erdk.*, XI, p. 691, coll. X, p. 976. In C bis مرحلة scribitur.

مرحلة *ومن قرقيسيا الى مدين مرحلة ثم الى السُّكَيْر مرحلة[a] ۞ وتاخذ من آمد الى تلّ حور مرحلة ثم الى ملطين مرحلة ثم الى طبوس[b] مرحلة ثم الى شمشاط مرحلة ثم الى الفعونبة مرحلة ثم الى حصن زياد[c] مرحلة ثم الى مَلَطين مرحلة ثم الى عَرْقَة مرحلة ثم الى الصَّفْصَاف مرحلة ثم الى الرُّمَّانَة[d] مرحلة ثم الى سَمَنْدُو مرحلتين ثم الى مرج قيساريّة مرحلة ثم الى أَنْقِرَة ۴ مراحل ثقالًا[e] ثم الى جسر شاغر[f] *فى بلد ابن الملاتى[e] ۳ مراحل ثم الى النِقْمُوذِيّة[g] مرحلة ثم الى ملعب الملك مرحلة ثم الى حارفة مرحلة ثم الى القسطنطينيّة مرحلة، وان شئتَ تاخذ من ميّافارقين الى مُوش ۴ مراحل ثم الى قمب[h] مرحلة ثم الى سنّ نحاس مرحلة وهى صليب طريق قَالِيقَلَا وطريق مَلَازِكَرْد وطريق مُوش وطريق الخالدات مرحلتان[i] ثم الى سموقوش مثلها ثم الى قَلُونِيَة[k] العوفىّ مرحلتين ثم الى نفشارية[l] ۴ مراحل ثم الى عقبة الشهدآء مرحلة ثم الى الأَفْلَاغُونِيَة[m] مرحلة ثم الى السونشة مرحلة ثم الى دمولصة[n] مرحلة ثم الى بلد ابن السوانيطى[n] مرحلة ثم الى دوسنبية مرحلة ثم الى ىاحورية[n] مرحلة ثم الى قطابولى فيها جيش للمسلمين مرحلة ثم الى بلد ابن الملاتى[o]

---

a) C haec om. Lectio مدين (B مدىں) vereor an bona sit. Ibn Khord. et Kodáma (ut Edrîsî, II, p. 154) duas stationes memorant inter السكير i. e. سكير العباس et Karkísiam, nempe الغُدَير (Edr. النهرين) et ماكسين (sic corrige pro ماسكين). Fort. apud nostrum leg. مُرِّين (Jacut, IV, p. ٥١٩ ult.). b) B sine punctis (omisso الى) et mox سمساط. c) Nunc Kharput (خرت برت), sed distantia inter hanc urbem et Malatiam (ملطين) est 2 dierum. d) C الرماده. Mox B سمندر. e) C om., B ثقال. f) B شاعر, C دساعں. Est Sangarius. g) B المعموذىه, C اليقموذيّه. h) Sic B; in C hoc itinerarium non exstat. Mox B سں et ضليب. i) Hic aliquid turbatum esse videtur (B للخالدات). k) B قلوىه (cf. Jacut in v.). l) B ىعشاريه. Videtur significari Neo-Caesarea in Ponto. m) B الافلاعونه. Jacut افلوغونية. Sequens statio videtur esse صونسه in *Djih. Numa*, p. ٦٢٨ ult. n) Sic B. o) B الملاىى, non vero differre videtur a regione supra appellata. Efficere nequeo quae lacus intelligatur, ut revera totum itinerarium mihi perobscurum est.

مرحلتين فيه ضيافة للمسلمين ثم الى البحيرة لحلوة مرحلة ثم الى حصن صاعس[a] مرحلة ۞

اقليم الشام

اقليم الشام جليل الشان ديار النبيّين ومركز[b] الصالحين، ومعدن البدلآء ٭ومطلب الفضلآء[c]، به القبلة الاولى وموضع الحشر والمسرى، والارض المقدّسة والرباطات الفاضلة والثغور الجليلة والجبال الشريفة ومهاجر ابراهيم[d] وقبره وديار[e] ايّوب وبئره ومحراب داءود وبابه وعجائب سليمان ومدنه وتربة اسحاق وامّه ومولد[f] المسيح ومهده وقرية طالوت ونهره ومقتل جالوت وحصنه وجبّ ارميا وحبسه[g] ومساجد اوريّآء[h] وبيته وقبّة محمّد وبابه وصخرة موسى وربوة عيسى ومحراب زكريّآء ومعرك يحيى ومشاهد الانبيآء وقرى ايّوب ومنازل يعقوب، والمسجد الاقصى وجبل زيتا، ومدينة عكّا ومشهد صدّيقا، (75) ٭وقبر موسى[i] ومضجع ابراهيم ومقبرته[k] ومدينة عسقلان وعين سُلْوان، وموضع لقمان ووادى كنعان[l]، ومدائن لوط وموضع الجنان ومساجد عمر ووقف عثمان، والباب الذى ذكره الرجلان والمجلس الذى حضره الخصمان، والسور الذى بين العذاب والغفران والمكان القريب ومشهد بيسان وباب حطّة ذو[m] القدر والشان، وباب الصور وموضع اليقين وقبر مريم وراحيل ومجمع البحرين ومفرق الدارين، وباب السكينة وقبّة السلسلة ومنزل الكعبة مع مشاهد لا تحصى وفضائل لا تخفى، وفواكه ورخآء واشجار وامبآ[n]، وآخرة ودنيا به يرقّ[o] القلب ٭وينبسط للعبادة[p] الاعضآ، ثم به دمشق[i] جنّة الدنيا وصُغَر البصرة الصغرى، والرملة البهيّة وخبزها الحوّارى وايليا الفاضلة بلا لاوى، وحمص المعروفة بالرخص وطيب الهوآء ٭وجبل بُصْرَى وكرومه

---

a) Sic B. b) C ومعدن et mox ومركز pro ومعدن. c) B om. d) C addit: صلوات الرحمن عليه. e) In B sine copula. f) C ومولود. g) B sine punctis, C وجبسه. h) C اوربا. i) C om. k) C addit: وجب سليمان. l) B النعمان. m) C خطلة ذوى. n) C واميـاه. o) B نـرق, C بـرق. p) C وينشط بالعبادة.

فلا تنسى[a]، وطبريّة الجليلة بالدخل والقرى،، ثمّ البحر يمدّ على طرفه[b] فالحمولات فيه اليه[c] ابدًا وبحر الصين متّصل بطرفه الاقصى[d]، له سهل وجبل واغوار واشيآء،، والبادية على تخومه كالزقاق منه الى تيمآء، وبه معادن الرّخام وعقاقير كلّ دوآء،، ويسار وتجار ولباقة وفقهآء[e]، وكتّاب وصنّاع واطبّآء،، الّا انهم على خوف من الروم وفى جلآء، والاطراف قد خربت وامر الثغور قد انقضى،، وليسوا كالاعاجم فى العلم والدين والنهى، بعض قد ارتدّ[f] وبعض للجزية * فى ادآء، يقدّمون طاعة المخلوق[g] على طاعة ربّ السمآء،، عامّتهم جهّال او غوغآء، لا نهضة فى جهاد ولا حميّة[h] على الاعدآء،، ✿

* ويقال انّما سمّيت[i] الشام لانها شامة الكعبة وقيل بل من[e] تشآءم الناس اليها وقيل بل[c] لشامات بها حمر وبيض وسود[k]، واهل العراق يسمّون كلّ ما كان ورآء الفرات شامًا ولهذا ارسل محمّد بن الحسن القول فى دواوينه وليس ورآء الفرات من الشام غير كورة قنّسرين حسب والباقى بادية العرب والشام من ورآئها وانّما اراد محمّد التقريب والمتعارف بين الناس كما يقال لخراسان المشرق وانّما هو من ورآئها وانّما الشام كلّما قابل اليمن وكان الحجاز بينهما فان قال قائل ما ننكر[l] ان يكون طرف البادية الى حدود العراق من الشام ليصحّ ما قاله اهلُ العراق قيل قد قسمنا الاقاليم ورسمنا الحدود فلا ينبغى لنا ان ندخل فى اقليم من غيره، فان قال قائل فمن اين لك انه ليس منه فى القديم قيل له لم يختلف فقهآء الشريعة واهل هذا العلم ان هذه الارض المتنازع فيها انها من جزيرة العرب ولو جعلها احد من الشام لا مجازًا لكان لنا ان نقول له حدود الشام التى رسمناها فجُمع عليها وما زدتم مختلف فيه وعلى من ادّعى الزيادة الدليل ✿

وقد اعرضنا عن ذكر طَرَسُوس واعمالها لانها بيد الروم، واما الكهف فان

---

a) C om. (B وحمل). *b*) C غربيه. *c*) B om. *d*) C h. l. insert: والبادية فى أَدْنَى شرقيه فالزقاق منه الى تيما. *e*) C om. *f*) C ارتدوا. *g*) B طاعةٍ المخلوق مقدمه عليهم. *h*) B حمنه — نهضنه. Mox C اعداء sine art. *i*) C وسميت. *k*) Hic in C sequitur: وهذا صورته والله تعالى الموفق. sed mappa et pars magna textus desiderantur. *l*) B sine punctis.

المدينة هى طرسوس وبها قبر دقيانوس[a] وبرستاقها تلّ عليه مسجد قالوا هو على الكهف، وحدّثنا الفقيه (76) ابو عبد الله محمّد بن عمر البخارىّ[b] قال حدّثنا ابو طالب اليمانى قال حدّثنا الحسن بن يحيى قال حدّثنا ابى قال حدّثنا محمّد بن سهل الخراسانىّ قال قرأتُ على هشام بن محمّد حدّثنا مجاهد بن يزيد قال خرجتُ مع خالد البريدىّ فى ايّام وجّه الى الطاغية سنة ١٠٢ وليس معنا ثالث من المسلمين فقدمنا القسطنطينيّة ثمّ خرجنا منصرفين الى عمّورية ثمّ اتينا اللاذقيّة المحترقة[c] فى اربع ليالٍ ثمّ انتهينا الى الهويّة وهى جوف جبل فذُكر لنا ان بها امواتًا لا يدرى ما هم وعليهم حرّاس[d] فادخلونا سربًا طوله نحو من خمسين ذراعًا فى عرض ذراعين بالسُّرُج واذا وسط السرب باب من حديد ومكمن لعيالهم[e] اذا يجيئهم العرب واذا خربة عظيمة وسطها نقرة من ماء عرضها نحو من خمسة عشر ذراعًا يرى منها السماء واذا كهف ذلك المكان الى جوف ذلك الجبل فانطلق بنا الى كهف ممّا يلى الجوف من الهويّة طوله نحو من عشرين ذراعًا واذا فيه ثلاثة عشر رجلًا رقود على اقفيتهم على كلّ رجل منهم جبّة لا ادرى من صوف او وبر الّا انها غبراء وكساء اغبر يتقعقع كما يتقعقع الرقّ وقد غطّى بكسائه وجهه وسائر جسده واذا هى ذوات اهداب وعلى بعضهم خفاف الى انصاف سوقهم وبعض بنعال وبعض بشمشكات والجميع جُدُد فكشفتُ عن وجه احدهم فاذا شعر راسه ولحيته لم يتغيّر واذا بشرة وجهه منيرة ودم وجهه ظاهر كانّما رقدوا تلك الساعة واذا اعضاؤهم كالّين ما يكون من اعضاء الرجل الحىّ وكلّهم شباب غير ان بعضهم قد وخطه الشيب واذا باحدهم قد ضربت عنقه فسالتُهم عن ذلك فقالوا غلبت علينا العرب وملكت الهويّة فاخبرناهم خبرهم فلم يصدّقونا فضرب احدهم عنق هذا وزعم اهل الهويّة انه اذا كان راس كلّ سنة فى يوم

a) Ibno 's-Schihna, MS. 1444, f. 38 v. وقيل ان قبر داكيوس ملك اصحاب الكهف بطرسوس. *b*) B البخارى. *c*) B المحرقه. Videtur intelligi Laodicea inter Amorium et Iconium (hodie Ladík). *d*) Marg. B cum خ حُرَّس. Partim haec narratio convenit cum ea quae legitur apud Jacut, II, p. ٨٠٩, 19 seqq. *e*) B لقمالهم (s. لعتالهم) et يحسهم.

عيد لهم يجتمعون فيه يقيمونهم رجلا رجلا فيتركونهم قياما ويمسحونهم وينفضون غبار ثيابهم ويسوّون اكسيتهم عليهم فلا يسقطون ولا يتنجّرجون[a] ويضاجعونهم وانهم يقلّمون اظفارهم فى السنة ثلاث مرّات ثمّ تنبت فسالناهم عن اسبابهم وامرهم فزعموا انهم لا علم لهم بشىء من امرهم غير انّا نسمّيهم الانبياء؛ قال مجاهد وخالد فيظنّ انهم اصحاب الكهف والله اعلم ☆

وهذا شكل الاقليم ومثاله فى الصفحة المنقلبة[b] ☆

(78) وقد قسمنا هذا الاقليم ستّ كور اوّلها من قبل اقور قِنَّسْرِين ثمّ حِمْص ثمّ دِمَشْق ثمّ الأُرْدُنّ ثمّ فِلَسْطِين ثمّ الشَّرَاة ☆ فاما قنّسرين فقصبتها حَلَب ومن مدنها أَنْطَاكِيَة بَالِس السُّوَيْدِيَّة سُمَيْسَاط مَنْبِج بَيَّاس التّبينات[c] قنّسرين مَرْعَش اسْكَنْدَرُونَة *لَجُّون رَفَنِيَّة جُوسِيَة حَمَاة شَيْزَر وادى بُطْنَان[d] مَعَرَّة النُّعْمَان مَعَرَّة قِنَّسْرِين ☆ واما حمص فاسم القصبة ايضا ومن مدنها سَلَمِيَّة تَدْمُر الخُنَاصِرَة كَفَرْطَاب اللَّاذِقِيَّة جَبَلَة أَنْطَرْسُوس[e] بُلُنْيَاس[f] حصن الخَوَابِى ☆ واما دمشق فاسم القصبة ايضا ومدنها بَانِيَاس صَيْدَا بَيْرُوت أَطْرَابُلُس عَرْقَة وناحية البِقَاع مدينتها بَعْلَبَكّ ولها كامد[g] عَرْجَمُوش الزَّبَدَانِىّ ولدمشق ستّ رساتيق الغُوطَة حَوْرَان البَثَنِيَّة الجَوْلَان البِقَاع الحُولَة ☆ واما الاردنّ فقصبتها طَبَرِيَّة ومن مدنها قَدَس صُور عَكَّا اللَّجُّون[h] كابُل[i] بَيْسَان أَذْرِعَات ☆ واما فلسطين فقصبتها الرَّمْلَة ومدنها بَيْت المَقْدِس

---

a) B sine punctis. *b*) Sequitur MS. p. 77 mappa Syriae. *c*) B ىياس النبينات hic et supra. *d*) Supra haec oppida in regione Himç ponuntur, quod excepto وادى بطنان fortasse praestat. Ibno 's-Schihna, MS. f. 107 v. وكانت حماة قديما مضافة الى حمص ثم اضيفت الى حلب. B in his رفنيه (supra رَفَنِيَّة) et بطنان (supra بُطْنَان). *e*) Male ut solent pro انطرطوس. *f*) B. h. l. سلناس, supra نبيلياس *sic*. Bene iam correxit Sprenger p. 92. Deinde B حصن الحوانى, supra حصن الحوافى. Vid. Dimaschkí ed. Mehren, p. ٢٠٨ حصن الخوابى, Abulfeda, p. ٢٣٩ ann. et Edrîsî I, p. 359. Ibno 's-Schihna, f. 106 r. eodem modo scribit nomen. *g*) Urbs كامد a Dimaschkío, p. ١٩٩ et ab Abulfeda, p. ٢٤٩ memoratur (supra B كامد). Supra الزبدانى inter oppida regionis Damasci numeratur. *h*) B اللحون h. l. *i*) Cf. Ritter, XVI, p. 750.

بَيْتُ جِبْرِيل غَزَّة ميماس[a] عَسْقَلَان يَافَه أَرْسُوف قَيْسَارِيَّة نابُلُس أَرِيحَا عَمَّان ✿ واما الشَّرَاة فجعلنا قصبتها صُغَر ومدنها مَآب مُعَان تَبُوك أَذْرُح[b] وَيْلَة مَدْيَن ✿ وفى هذا الاقليم قُرًى اجلُّ واكبر من اكثر مدن الجزيرة[c] مثل داريَّا وبيت لِهْيَا وكَفَرْسَلَّام وكَفَرْسَابَا[d] غير انها على رسوم القرى معدودة فيها وقد قلنا ان عملنا موضوع على التعارف ✿

واما حَلَب فبلد[e] نفيس خفيف حصين وفى اهلها ظَرف ولهم بيسار وعقول مبنىّ بالحجارة عامر فى وسط البلد قلعة حصينة واسعة فيها مآء وخزائن السلطان والجامع فى البلد شربهم من نهر قُوَيْق يدخل الى البلد الى دار سيف الدولة فى شباك حديد والقصبة ليست بكبيرة الّا ان بها مستقرّ السلطان لها سبعة ابواب باب حمص باب الرَّقَّة باب قِنَّسرين باب اليهود باب العراق باب دار البِطِّيخ[f] باب انطاكية وباب الاربعين مسدود ✿ وبالِسُ راس الحدّ من قبل الرقّة عامرة ✿ وقِنَّسْرِين مدينة قد خفّ اهلها حدّثنا الشيخ العدل ابو سعيد احمد بن محمّد بنيسابور[g] قال حدّثنا ابو بكر محمّد بن اسحاق بن

---

a) B hic et infra sine punctis. Mappa B سماس et semel B بيماس. Edrîsî, I, p. 340 ميساس (Cod. B) cum var. l. نيسان (A), بيسان (D), نفيمان (C). Videtur esse veterum Maiumas, portus Gazae; cf. Ritter, XVI, p. 60 seqq. et Guérin, *Description de la Palestine*, I, 2, p. 219 seqq. Recte itaque infra dicitur تنسب الى غزة. Locus in catalogo portuum apud al-Bekrí, ed. de Slane, p. ٨٩, 6 appellatur تيدار ميماس. Apud Edrisi legitur: ومرسى غزة تيدا ومن ميماس الى عسقلان شرقا ٢٠ ميلا, in quibus post تيدا aliquid deësse videtur. Nihilominus fere certum est nomen تيدا ortum esse ex Anthedon. Qui locus si diversus est a Maiuma, cuius nomen Constantia erat, ut probasse videtur Guérin, probabiliter apud Bekrium legendum est تيدا وميماس. *b*) B hic, infra B et C male ادرج. *c*) I. e. Arabia. *d*) B h. l. كفرهابا, infra semel كفرسانا. *e*) B بلد. *f*) B البطح. Non videtur differre a باب الجنان apud Jacut, II, p. ٣١٠, 19. Porta باب اليهود ab al-Malik at-Tháhir accepit nomen, quo tempore Ibno 's-Schihnae appellabatur باب النصر (f. 14 r.). *g*) Vulgo ابو سعيد الجورى.

خُزَيمة قال حدّثنا ابو عمّار ابن خُرَيث[a] المروزىّ قال حدّثنا الفضل ابو موسى عن عيسى بن عبيد عن غَيْلان بن عبد الله العامرىّ عن ابى زرعة عن عمرو ابن جرير عن النبىّ صلعم قال ان الله عزّ وجلّ أَوْحَى الىّ اىّ هاؤلآء الثلاث نزلتَ فهى دار هجرتك المدينة او البحرين او قنّسرين[b] فان قال قائل لمَ جعلتَ قصبة[c] الكورة حلب وهُهنا مدينة على اسمها قيل له قد قلنا ان مثل القصبات كالقوّاد والمدن كالجند ولا يجوز ان نجعل حلب على جلالتها وحلول السلطان بها وجميع الدواوين اليها وانطاكية ونفاستها وبالس وعمارتها اجنادًا لمدينة خربة صغيرة، فان قال هلّا استعملتَ هذا القياس فى شيراز فاضفتَ اليها اصطخر ومدنها قيل لما وجدنا باصطخر[d] مدنًا احدقت بها (79) وتباعدت[e] اصطخر عنها استحسنّا ما فعلناه ثمّ والاستحسان فى علمنا هذا ربّما غلب القياس كما قلنا فى مسائل المكاتب الا ترى ان التاجيل بالنيروز والمهرجان باطل فى سائر الاحكام جائز فى الكتابة استحسانًا ۞

حِمْص ليس بالشام بلد اكبر منها وفيه قلعة متعالية عن البلد ترى من خارج اكثر شربهم من مآء المطر ولهم ايضًا نهر ولمّا فتحها المسلمون عمدوا الى الكنيسة فجعلوا نصفها جامعًا عنده بالسوق قبّة على راسها[f] شبه رجل من نحاس واقف على سمكة تديرها[g] الارياح الاربع وفيه اقاويل لا تصحّ والبلد شديد الاختلال متداعٍ الى الخراب والقوم حمقى ۞ وسائر المدن مختلّة[h] والاسعار بها رخيصة وما كان منها على الساحل حصينة وكذلك تَدْمُر وهى على مثل كرسىّ من مدن سليمان بن داءود والقصبة قريبة من البادية رحبة طيّبة ۞

دِمَشْق هى مصر الشام ودار الملك ايّام بنى أُمَيّة وثَمّ قصورهم[i] وآثارهم بنيانهم خشب وطين وعليها حصن أُحْدِثَ وانا به[k] من طين اكثر اسواقها مغطّاة

---

a) B sine punctis. Est الحسين بن حريث. b) Traditionem memorat Jacut, IV, p. ١٨٥, 20. Ibno 's-Schihna f. 4 r. addit: اخرجه الطبرى والترمذى. c) Supplevi قصبة. d) B بالاصطخر. e) B sine punctis. f) Hic desinit lacuna in C. g) C يديره. Cf. ad h. l. Jacut, II, p. ٣٣٦, 3 sqq. h) C مختلفة omissis والاسعار بها رخيصة. i) C addit فيها. k) B واناه. C حصن من طين احدث وقت كونى بها.

ولهم سوق على طول البلد مكشوف حسن وهو بلد قد خرقته الانهار، واحدقت به الاشجار، وكثرت به الثمار[a]، مع رخص اسعار[b]، وثلج واضداد لا ترى احسن من حمّاماتها ولا اعجب من فوّاراتها ولا احزم من اهلها، الذى عرفتُ من دروبها باب الجابِيَة باب الصغير باب الكبير باب الشرقىّ[c] باب تُومَا باب النهر باب المَحَامليّين[d] * وهى طيّبة جدًّا[e] غير ان فى هوآئها[f] يبوسة واهلها غاغة وثمارها تفهة[g] ولحومها عاسية ومنازلها ضيّقة وازقّتها غامّة * واخبازها رديّة[e] والمعايش بها ضيّقة تكون * نحو نصف[h] فرسخ فى مثله فى مستوى، والجامع * احسن شىء للمسلمين اليوم[i] ولا يعلم لهم مال مجتمع[k] اكثر منه قد رفعت قواعده بالحجارة الموجّهة كبارًا[l] مؤلّفة وجعل عليها[m] شُرَف بهيّة وجعلت اساطينها اعمدة سودًا ملسًا على ثلاثة صفوف واسعة جدًّا وفى الوسط ازآء المحراب قبّة كبيرة وادير على الصحن اروقة متعالية بفراخ فوقها ثم بُلط جميعه بالرخام الابيض وحيطانه الى قامتين بالرخام المجزّع ثم الى السقف بالفسافسآء الملوّنة فى المذهبة صور[n] اشجار وامصار[o] وكتابات على غاية الحسن والدقّة[p] ولطافة الصنعة وقلّ[q] شجرة او بلد مذكور الّا وقد مُثّل على تلك الحيطان وطليت[r] روّس الاعمدة بالذهب * وقناطر الاروقة[s] كلّها مرصّعة بالفسيفسآء[t] واعمدة الصحن[u] كلّها رخام ابيض وحيطانه بما يدور والقناطر[v] وفراخها بالفسيفسآء نقوش وطروح والسطوح كلّها ملبسة بشقاق الرصاص والشرافيّات من الوجهين بالفسيفسآء * وعلى الميمنة فى الصحن بيت مال على ثمانية عمد مرصّع حيطانه بالفسافسآء[e] وفى المحراب وحوله فصوص

---

a) C addit: .ووضعت فيه الاشعار *b*) C .الاسعار *c*) C .شرقى *d*) In C sequitur .البابين *e*) B haec om. *f*) C male .اهلها *g*) C نفثة (B نقهه ut vid.). *h*) C .مثل *i*) C .ليس للمسلمين شىء احسن منه *k*) B .بجتمع *l*) B et C كبار ut mox B .سود *m*) C عليه et mox C .اساطينه *n*) C .بصور *o*) C .وبلدان *p*) Sprenger in *Zeitschr. d. d. m. G.*, XV, p. 411 edidit .والرقة *q*) C واقل ut B antea. *r*) C .وحلية *s*) C .والرواقات *t*) C hic et deinde بالفسافسا, B h. l. .بالعسعسا *u*) C male .الصخر *v*) B بما يدور القناطر et deinde .وفراعها

عقيقيّة وفيروزجيّة كاكبر ما يكون من الفصوص وعلى الميسرة محراب آخر دون هذا للسلطان[a] وقد كان تشعّث وسطه فسمعتُ انه انفق عليه خمسمائة دينار حتّى عاد الى ما كان ؛ وعلى راس القبّة ترنجة فوقها رمّانة كلاهما ذهب ؛ ومن اعجب شىء فيه تاليف الرخام (80) المجزّع كلّ شامة الى اختها[b] ولو ان رَجُلًا من اهل الحكمة اختلف اليه سنةً *لافاد منه كلّ يوم صيغة وعقدة اخرى[c] ؛ ويقال ان الوليد جمع لبنائه حذّاق فارس والهند والمغرب والروم وانفق عليه خراج الشام سبع سنين *مع ثمانية عشر سفينة ذهب وفضّة اقلعت من قبرص[d] سوى ما اهدى اليه ملك الروم *من الآلات والفسافساء[e] ؛ ويدخل اليه العامّة من اربعة ابواب باب البريد عن اليمين كبير له فرخان عن يمين وشمال على كلّ واحد من الباب الاعظم والفرخين مصراعان مصفّحة بالصفر المذهب وعلى الباب والفرخين ثلاثة اروقة كلّ باب منهما يفتح الى رواق طويل قد عقدت قناطره على اعمدة رخام لبست حيطانه على ما ذكرنا وجميع السقوف مزوّقة احسن تزويق وفى هذه الاروقة موضع الورّاقين ومجلس خليفة القاضى وهذا الباب بين المغطّى[f] والصحن يقابله عن اليسار باب جَيْرُون على ما ذكرنا غير ان الاروقة معقودة بالعرض يصعد اليه فى درج يجلس فيه المنجّمون واضرابهم وباب الساعات فى زاوية المغطّى الشرقيّة مصراعان سوانج عليه اروقة يجلس فيه الشروطيّون واشباههم والباب الرابع باب الفَرَاديس مصراعان

---

a) C للسلطان دون هذا. b) C نظيرها. c) C لاستفاد كل يوم منه صنعة اخرى (pro صيغة B صغة). d) C مع سفينة جائت من قبرص مملوة ذهبا. e) C والالات من الجواهر وامراء المسلمين. In marg. B h. l. distincte scribitur فَشَافِشَاء cum gloss. جمع فشفشة. C autem haec in textu addit: واما الفسافسا فانه شىء يعمل من الزجاج على شبه سبخه (l. سنجة) الدرهمين اصفر واغبر واسود واحمر وندق (l. وابرق؟) والمذهب وقد (l. قد) جعل على وجهه ذهب من فوقه زجاج رقيق ثم يعجن الشيد بصمغ العربىّ ويبسط على الحائط ثم يرصّع عليه هذا الفسافسا ويؤلّف صور (l. صورًا) وكتابات وبعض يرصّع عليه كلّه مذهبة فترى الجدار كلّه ذهبًا يقدّ (l. يَقِدُ؟). f) B et C semper المغطا.

قبال[a] المحراب فى اروقة بين زيادتين[b] عن يمين وشمال عليه منارة محدثة مرصّعة على ما ذكرنا وعلى كلّ من هذه الابواب ميضاة مرخّمة ببيوت ينبع فيها المآء وفوّارات خارجة فى قصاع عظيمة من رخام ، ومن الخضرآء وهى دار السلطان ابواب الى المقصورة مصفّحة مطليّة ، وقلتُ يومًا لعمّى يا عمّ لمَ يحسن الوليد حيث انفق اموال المسلمين على جامع دمشق ولو اصرف ذلك فى عمارة الطرق والمصانع ورمّ الحصون لكان اصوب وافضل قال لا تعقل[c] يا بنىّ ان الوليد وُفق وكشف له عن امرٍ جليلٍ وذلك انه راى الشام بلد النصارى وراى لهم فيها بيعًا حسنة قد افتن زخارفها وانتشر ذكرها كالقُمامة وبيعة لُدّ والرُّها فاتّخذ للمسلمين مسجدًا اشغلهم به عنهنّ وجعله احد عجائب الدنيا الا ترى ان عبد الملك لمّا راى عظم قبّة القمامة وهيئتها خشى ان تعظم فى قلوب المسلمين فنصب على الصخرة قبّةً على ما ترى[d] ، ووجدتُ *فى كتاب بخزائن[e] عضد الدولة عَرُوسًا الدنيا دمشق والرىُّ ، وقال يحيى ابن اكثم لبس بالارض[f] انزه من ثلاث بقاع سمرقند وغوطة دمشق ونهر الابلّة ، *ودمشق بناها[g] دمشق بن قانى بن مالك بن ارفخشذ[h] بن سام قبل مولد ابراهيم بخمس سنين *وقال الاصمعىّ لا بل اشتقّ اسمها[i] من دمشقوها

---

a) B sine punctis. *b*) B زيادىس. Hinc porta nomen باب الزيادة habet, vid. e. g. Baedeker, *Palaestina und Syrien*, p. 503. *c*) B ىفعل. *d*) C pro his omnibus: ويدخل العامة الى الجامع من اربعة ابواب باب جيرون باب الفراديس باب البريد باب الساعات (Cod. السلعات) وخلف الجامع دار السلطان تسمّى الخضرآء منها ابواب الى المقصورة (Cod. المقصور) والابواب كلّها مصفّحة بالصفر المذهب على كلّ باب ميضاة قد فرشت بالرخام فيها فوّارة مآء تقلب فى حياض رخام وثَمّ بيوت مرخّمة بابواب فى كلّ بيت قصعة من رخام فيها مآء ينبع ابدًا وفى الجامع موضع يفتح كلّ سنة فيمتلئ الجامع مآء نحو ذراع فيغسل حيطانه وارضه ثم يفتح موضع آخر فينساب اليه المآء كلّه. *e*) C بكتاب فى خزانة. *f*) C للارض. *g*) C وبنا هذه البلد (sic). *h*) C ارفخشد (B et C ملك). *i*) C واهل اللغة يقولون انما اشتقّ اسمها. B om. اسمها. Deinde B من دمشوقا اى اشرعوها.

اى اسرعوها ، *ويقال ان عمر بن عبد العزيز اراد ان ينقض الجامع ويجعله فى مصالح المسلمين حتّى ناظروه فى ذلك ، وقرأتُ فى بعض الكتب انّما انفق عليه ثمانية عشر حمل بغل ذهب ، وقد قال بعض من يهجوهم

يَا أَيُّهَا السَّائِلُ عَنْ أَدْيَانِنَا   لَمَّا رَأَى هَيْئَةَ أَحْبَارِهِمْ[a]
وَحُسْنَ سَمْتٍ لَهُمْ ظَاهِرًا   اعْلَانُهُمْ لَيْسَ كَاسْرَارِهِمْ
مَا انْ لَهُمْ فَخْرٌ سِوَى مَسْجِدٍ   بِهِ تَعَدَّوْا فَوْقَ أَنْوَارِهِمْ
(81) لَوْ جَاءَهُمْ جَارٌ لَهُمْ قَابِسًا   مَا قَبَسُوهُ الدَّهْرَ مِنْ نَارِهِمْ
أُسْدٌ عَلَى الجِيرَانِ أَعْدَاءُهُمْ   آمِنَةٌ تَخْطُرُ فِى دَارِهِمْ

وكذب فى هذا البيت لان الاعداء ابدًا يخافونهم[b] ۞ ومدينة بَانِيَاس على طرف الحُولَة وحدّ الجبل[c] ارخى وارفق من دمشق واليها انتقل اكثر اهل[d] الثغور *لمّا أُخذت طَرَسُوس[e] وزادوا فيها وهى كلّ يوم فى زيادة لهم نهر شديد البرودة[f] يخرج من تحت جبل الثلج وينبع وسط المدينة وهى خزانة دمشق *رفقة باهلها بين رساتيق جليلة غير ان ماءها ردىّ[g] ۞ وصَيْدَا وبَيْرُوت مدينتان على الساحل حصينتان *وكذلك طَرَابُلُس الّا انها اجلّ[h] ۞ بَعْلَبَكّ مدينة قديمة *فيها مزارع وعجائب[i] معدن الاعناب ، وسائر مدنها طيّبة رحاب[k]،، ۞ وحَوْرَان[l] والبَثَنِيَّة ضياع ايّوب وديارة[m] مدينتها نَوَى[n] معدن القموح والحبوب ۞ *والحُولَة معدن الاقطان والازهار وهى اغوار وانهار[o] ۞ والغُوطَة تكون مرحلة فى مثلها يعاجز عن وصفها[p] ۞

---

a) B اخبارهم. b) C haec omnia non habet. Deinde om. مدينة. c) B sine punctis. Intelligitur جبل الثلج (Hermon). d) C om. e) Anno 354. B haec om., C ولما احدث طرسوس. f) C البرود. g) C غير ان ماءها ردى وحوله رستاق جليل حارّ يسقيه نهر به مزارع الاقطان والارزاز بريه (l. نزيه) حسن وجبل لبنان مشرف على صيدا وطرابلس ساحليّة ايضًا. h) C عامر بالقرى حصينة داخل الحصن. i) C الّا انها اجلّ وعرقة (Cod. وعرفه) بعيدة عن البحر مزارع وثمر عجائب. k) C addit: وهنّ على نهر المقلوب. l) C وبالحوران (in marg. علها جولان). m) C addit: ومغتنسله اسم. n) C نوا ut Jacut. o) C haec om., habet autem ومن الجولان اكثر ميرة دمشق. p) C والغوطة تشبه صغد (Cod. صعد) واطيب تكون (Cod. يكون) مرحلة فى مرحلة عجيبة. B يعاجز.

طَبَرِيَّة[a] قصبة الاردنّ وبلد وادى كنعان موضوعة بين *الجبل والبحيرة فهى ضيّقة كربة فى الصيف موُذية طولها نحو من فرسخ بلا عرض[b] وسوقها من الدرب الى الدرب والمقابر على الجبل بها ثمانى *حمّامات بلا وقيد ومياض عدّة حارّة المآء والجامع فى السوق كبير حسن قد فرش ارضه بالحصى على اساطين[c] حجارة موصولة ، ويقال اهل طبريّة[d] شهرين يرقصون وشهرين يقمقمون[e] وشهرين يثاقفون وشهرين عراة وشهرين يزمرون وشهرين يخوضون يعنى يرقصون من كثرة البراغيث ويلوكون النبق[f] ويطردون الزنابير عن اللحم والفواكه بالمذابّ وعراة من شدّة الحرّ ويمصّون قصب السكّر ويخوضون الوحل[g] ، واسفل البحيرة[h] جسر عظيم عليه طريق دمشق وشربهم منها ، عليها بما يدور قرى ونخيل والسفن فيها تذهب وتجىء *ومآء الحمّامات والدواميس اليها لا يستطيبها الغربآء كثيرة الاسماك خفيفة المآء والجبل مطلّ على البلد شاهق[i] ✿ وقَدَس[k] مدينة صغيرة على سفح جبلٍ كثيرة الخير رستاقها[l] جَبَل عامِلَة *بها ثلاث عيون شربهم منها وحمّامهم واحد تحت[m] البلد والجامع فى السوق فيه نخلة وهو بلد حارٌّ ولهم بحيرة على فرسخ تصبّ الى بحيرة طبريّة قد عمد الى النهر

---

a) C add. هى. Locus laudatur a Jacut, III, p. ٥١٠, 15. *b*) C جبل وبحيرة. Jacut وبحيرة et وخمة وبئة pro موذية. حلوة ليس لها عرض وطولها نحو فرسخ. *c*) In B haec desunt. (Hic ثمان quod C om.). Pro قد فرش ارضه Jacut فرشه مرفوع. *d*) C add. فى. *e*) C يفقمون (كذا). *f*) Jacut, ubi male البقّ, addit فانه كثير عندهم. Deinde habet ويثاقفون يعنى بايديهم العصىّ يطردون الزنابير عن طعومهم وحلاوتهم. *g*) C addit فى الشتا. Jacut من كثرة الوحل فى ارضهم. *h*) Jacut طبرية. Pro جسر C حبس, post دمشق addens وهو الذى يحبس ماء البحيرة. Videtur intelligi pons prope المجامع (Ibn Fadhlolláh, *Kitábo 't-ta'ríf*, MS. 352 f. 78 v., Baedeker, p. 353 et 423). *i*) C pro his: ويرتفع منها سمك كثير يحمل الى الاطراف. Jacut liberius: وهى كثيرة الاسماك لا تطيب لغير اهلها والجبل مطلّ على البلد وماؤها عذب ليس بحلو. In his تطيب referendum est ad aquam lacus. *k*) B والقدس; C om. مدينة. *l*) C الا ان رستاقها جليل يسما. *m*) B sine punctis.

فسجر ببنآء عجيب حتّى ينبحّر الى جنبها غابة حلفآء رفقهم منها اكثرهم ينسجون الحصر ويفتلون الحبال وفى البحيرة انواع من السمك منه البُنّىّ حُمل من واسط كثيرة الذمّة ، وجبل عاملة ذو قرى نفيسة واعناب واثمار وزيتون وعيون المطرُ يسقى زروعهم يطلّ على البحر ويتّصل بجبل لبنان[a] ☆ أَذْرِعَاتُ مدينة قريبة من البادية[b] رستاقها جَبَلُ جَرَش يقابل جبل عاملة *كثير القرى[c] وجلّت طبريّة بهذين الجبلين[d] ☆ بَيْسَان على النهر كثيرة النخيل وارزاز فلسطين *والاردنّ منها[e] غزيرة *المياه رحبة[f] الّا ان مآءها ثقيل ☆ واللَّجّون مدينة[g] على راس حدّ[h] فلسطين فى الجبال بها مآء جارٍ رحبة نزيهة[i] ☆ كابُل مدينة ساحليّة بها مزارع الاقصاب *وبها يطبخ السكّر الفائق[k] ☆ والفَرَاذية قرية كبيرة[l] بها منبر *معدن الاعناب والكروم بها مآء غزير وموضع نزيه[m] ☆ عَكّا مدينة حصينة على البحر كبيرةُ الجامع فيه غابة[n] زيتون تقوم (82) بسرجه وزيادةٍ *ولم تكن على هذه الحصانة حتّى زارها ابن طيلون[o] وقد كان راى صُورَ[p] ومنعتها واستدارة الحائط على ميناها[q] فاحبّ ان يتّخذ

---

a) C pro his: كله قرى جليلة وزيتون واعناب وتحت قدس بحيرة صغيرة الى جنبها غابة حلفآء لهم منها رفق كبير اكثرهم ينسجون الحصر ويفتلون الحبال ويصيدون السمك. Deinde C واذرعات omisso مدينة. Lacus autem est Bahr Hûla. b) C addit اسم. Djabal Djarasch vulgo appellatur Dj. Adjlun. c) C om. d) C البلدين et deinde وبيسان. e) C منها وكذلك الاردن. f) C الماء يشقّ البلد والجامع فى السوق وبها قوم صالحون. g) C tantum اللجون. h) B حبل. i) C ونزيهة et deinde وكابل omisso مدينة. k) C وليس بالشام اجود من سكرها. l) C om. Iacet locus in Galilaea superiore, Ritter, XVI, p. 773, 784. m) C كثيرة الاعناب والثمار. Deinde وعكا omisso مدينة. Locus seq. descriptus est a Jacut, III, p. ٧٠٧, 16 seqq. et hinc a Kazwínio, II, p. ١٤٨. n) B فيها غابه, sed C فى الجامع غابة et Jacut فيه غاية (l. غابة). o) Jacut حتى قدمها ابن طولون. p) B صورًا et deinde وصنعتها quod Jacut om. q) B مبيناتها.

لعكا مثل ذلك المينا فجمع صُنّاع الكورة[a] وعرض عليهم ذلك فقيل[b] لا يهتدى احد[c] الى البناء فى الماء فى[d] هذا الزمان ثم ذكر له جدّنا ابو بكر البنّاء[e] وقيل ان كان عند احد علم هذا فعنده فكتب الى صاحبه على بيت المقدس حتّى انهضه[f] اليه فلمّا *صار اليه وذكر له ذلك[g] قل هذا امر هيّن[h] علىّ بفِلَق الجُمّيز الغليظة فصفّها على وجه الماء بقدر الحصن البرّى وخيّط بعضها ببعض وجعل لها بابًا من الغرب عظيمًا ثم بنى عليها بالحجارة والشيد وجعل كلّما بنى خمس دوامس ربطها باعمدة غلاظ ليشتدّ[i] البناء وجعلت الفلق كلّما ثقلت نزلت حتّى اذا علم انها قد جلست على الرمل تركها حولًا كاملًا[k] حتّى اخذت قرارها ثم عاد فبنى من حيث ترك كلّما بلغ[l] البناء الى الحائط القديم داخله[m] فيه وخيّطه به[n] ثم جعل على الباب[o] قنطرة فالمراكب فى كلّ ليلة تدخل المينا وتجرّ السلسلة[p] مثل صور[q] ، قال فدفع اليه الف دينار سوى الخلع وغيرها[r] من المركوب واسمه[s] عليه مكتوب *وقد كان العدوّ قبل ذلك يغير على المراكب ☆[t] والجَشّ قرية وهى قريبة من القصبة موضوعة بين اربعة من الرساتيق قريبة من البحر ☆ *وصُور مدينة[u] حصينة على البحر *بل فيه يدخل اليها من باب واحد على جسرٍ واحدٍ قد احاط

---

a) Jacut الكور, Kazw. البلاد. C pro his: ولها مبنا على وسط البحر على عمل صور محدث وذاك ان ابن طيلون لما راى صور والاعجوبة ميناها (Cod. مبناها) احبّ ان يتّخذ لعكا مثله فجمع الحكماء والمهندسين. b) C فقالوا. c) C insert h. l. فى زماننا. d) B om. فى. e) C om. البناء. f) C ان ينهضه. g) C حضر. h) C addit وشىء ممكن. i) B لىشيد, C لتنشد. k) B om.; C سنة كاملة. l) B دخل. m) Jacut ادخله, sed Kazw. ut B et C. n) B om. o) B البناء. p) Jacut سلسلة بينها وبين البحر الاعظم. q) B صورا. C om. قال. r) B om. وغيرها, C non habet من المركوب; Jacut والمركوب, Kazw. والمراكب. s) C واسميهما. Pro عليه Kazw. على السور. Jacut post مكتوب addit الى اليوم. t) C haec om. ut quoque locum de الجش. Hic pagus iacet inter Tiberiadem et Tyrum, vid. Jacut, II, p. ٨٣, 16. u) C tantum صور.

البحر بها ونصفها الداخل حيطان ثلاثة بلا ارض[a] تدخل فيه المراكب كلّ ليلة ثم تجرّ السلسلة التى ذكرها محمّد بن الحسن فى كتاب الاكراه[b] ولهم مآء يدخل فى قناة معلّقة * وهى مدينة جليلة نفيسة بها صنائع ولهم خصائص وبين عكّا وصور[c] شبه خليج ولذلك[d] يقال عكّا حذآء صور الّا انك تدور، يعنى حول المآء ☆

الرَّمْلة قصبة فلسطين بهيّة حسنة البنآء خفيفة المآء مريّة واسعة الفواكه جامعة الاضداد بين رساتيق جليلة ومدن سريّة ومشاهد فاضلة وقرى نفيسة والتجارة[e] بها مفيدة والمعايش حسنة ليس فى الاسلام ابهى من جامعها ولا احسن واطيب[f] من حُوّاريها ولا ابرك من كورتها ولا الذّ من فواكهها موضوعة بين * رساتيق زكيّة ومدن محيطة ورباطات فاضلة[g] ذات فنادق رشيقة وحمّامات انيقة واطعمة نظيفة[h] وادامات كثيرة ومنازل فسيحة ومساجد حسنة وشوارع واسعة وامور جامعة * قد خُطّت فى السهل وقربت من الجبل والبحر[i] وجمعت التين والنخل وانبتت الزروع[k] على البعل وحوت الخيرات والفضل غير انها فى الشتآء جزيرة من الوحل وفى الصيف ذريرة من الرمل لا مآء يجرى ولا خضر[l] ولا طين جيّد ولا ثلج كثيرة البراغيث عميقة الآبار مالحة ومآء المطر فى جباب مقفلة[m] فالفقير عطشان والغريب حيران وفى الحمّام ديوان ويدور فى الدولاب

---

a) C بل هى فى البحر لانه يدور عليها ويدخل اليها على جسر ويدخل اليهم الماء فى قناة معلقة وهى نصفان نصف كبس ونصف حيطان فى الماء على ما ذكرنا من عكا وله باب. Ad vocabulum كبس librarius adscripsit كذا.

b) Cf. H. Khal. V, p. 48. Mohammed ibno-'l-Hasan as-Schaibání, de quo iam supra p. ١٥٣ sermo fuit, auctor est operis illustris de iure belli. C addit: وانما تدخل المراكب هذا الخير وتجرّ السلسلة كى لا يعبر (l. يغير) عليها الروم فى الليل. c) C وصور مدينة نفيسة بها صنائع كالبصرة وخصائص ومنها اكثر سكّر الشام ولهم ماء غزير ومزارع القصب بها كثير وبينها وبين عكّا. d) C ومنه. e) C والتجارات. f) C ولا اطيب. Mox B حواريها. Lectionem servavi (pro حواراها) coll. supra p. ١٥١, 20. g) C قدس وبحر وجبل وسهل واحاط بها مدن يا لك من مدن. h) B نصيفه. i) C om. et habet deinde: قد اجتمع فيها. k) C النزرع. l) B خصر, C حصن. m) C مغلقة.

خدّام، وهى ميل راجح[a] فى ميل بنيانهم حجارة منحوتة حسنة وطوب الذى اعرف من دروبها درب بئر[b] العسكر درب مسجد عَنَّبَة[c] درب بيت المقدس درب بيلعة[d] درب لُدّ درب يافا درب مصر درب دَاجُون[e]، * يتّصل بها مدينة تسمّى داجون فيها جامع[f]، وجامع القصبة فى الاسواق ابهى[g] وارشق من جامع[g] دمشق يسمّى الابيض ليس فى (83) الاسلام اكبر من محرابه ولا بعد منبر بيت المقدس احسن من منبره وله منارة بهيّة[h] بناه هشام بن عبد الملك، وسمعتُ عمّى يقول لما اراد بنآءه قيل له ان للنصارى اعمدة رخام مدفونة تحت الرمل استعدّوها[i] لكنيسة بالعة[k] فقال لهم هشام بن عبد الملك امّا ان تظهروها وامّا ان نهدم كنيسة لُدّ فنبنى هذا الجامع على اعمدتها فاظهروها وهى غليظة طويلة حسنة وارض المغطّى مفروشة[l] بالرخام والصحن بالحجارة المؤلّفة وابواب المغطّى من الشربين والتنّوب مداخلة محفورة حسنة جدّا ❁

بَيْتُ المَقْدِسِ ليس فى مدائن الكور اكبر منها وقصبات كثيرة اصغر منها كاصطخر وقاين والفرما لا شديدة البرد وليس بها حرّ[m] وقلّ ما يقع بها ثلج

---

a) C om. *b*) C بين (B بير). *c*) B et C عنه. Probabiliter est porta quae versus Bethoannaba, Lagarde, *Onomastica Sacra*, p. 90 et 217 seq. (cf. Ritter, XVI, p. 543) duxit. *d*) B sine punctis, C بيلعه. Infra in descriptione Ardabili C habet tanquam proverbialem locutionem خربت اطرافها كبيلعة, ubi lectio certa est. Videtur intelligi idem locus, cuius sub nomine بالعة (بالغة) ecclesia mox memoratur. *e*) Hodiernum Beth-Dejan (Beth-Dagon). Locum memorat Jacut. *f*) C وداجون شبه مدينة يتّصل بها اكثرهم سامرة وبها جامع. *g*) B om. *h*) Pro seqq. C habet: وهو من بنآء هشام بن عبد الملك على اعمدة رخام بيض حسنة مفروشة (sic) بالرخام. Jacut, II, p. ٨١٨, 12 seqq. sub nomine al-Basschárii locum dat, qui vero alium auctorem habet. *i*) B استعدوه. *k*) B بالغه. Jacuti بالعه (Bela) vix conferri potest. Probabiliter intelligitur antiquum Kirjat Ba'ala, hodiernum Abu-Gôsch (Karjat al-Inâb), cuius ecclesia etiamnunc visitatur. Vid. Baedeker's *Palaestina und Syrien*, p. 144; Guérin, *Description de la Palestine*, I, p. 62 seqq. *l*) B مفروش. *m*) Jacut, IV, p. ٥٩٥, 3 seqq., qui hunc locum descripsit: فى متوسطة الحرّ والبرد. E Jacut dedit locum Kazwíní II, p. ١٠٧ paen. seqq.

وسالنى القاضى ابو القاسم ابن قاضى الحرمين عن الهوآء بها فقلتُ[a] سَجْسَجٌ لا حرٌّ ولا برد شديد قال هذا صفة الجنّة، بنيانهم حجر لا ترى احسن منه[b] ولا اتقن من بنائها[c] ولا اعفّ من اهلها ولا اطيب من العيش بها ولا انظف[d] من اسواقها ولا اكبر من مسجدها ولا اكثر من مشاهدها عنبها[e] خطير، وليس لمعتّقتها[f] نظير،، وفيها كلّ حاذق وطبيب[g]، والبها قلب كلّ لبيب، ولا تخلو كلّ يوم من غريب،، وكنتُ يومًا فى مجلس القاضى المختار ابى يحيى ابن[h] بهرام بالبصرة فجرى ذكر مصر[i] الى ان سُئلتُ اىّ بلد اجلّ قلتُ بلدنا قيل فايُّها اطيب قلتُ بلدنا *قيل فايُّها افضل قلت بلدنا[k] قيل فايُّها احسن قلتُ بلدنا قيل فايُّها اكثر خيرات قلتُ بلدنا قيل فايُّها اكبر قلتُ بلدنا *فتعجّب اهل المجلس من ذلك وقيل انت رجل محصّل وقد ادّعيتَ ما لا يقبل منك وما مثلك الّا كصاحب الناقة مع الحجّاج[l] قلتُ اما قولى اجلّ فلانها بلدة جمعت[m] الدنيا والآخرة فمن كان من ابناء الدنيا واراد الآخرة وجد سوقها ومن كان من ابناء الآخرة فدعته نفسه الى نعمة الدنيا وجدها[n] واما طيب الهوآء فانه لا سمّ لبردها ولا اذى لحرّها[o] واما الحسن فلا ترى[p] احسن من بنيانها ولا انظف منها ولا انزه من مسجدها واما كثرة الخيرات فقد جمع الله تعالى فيها فواكه الاغوار والسهل والجبال والاشياء المتضادّة كالاترجّ[q] واللوز والرطب والجوز والتين والموز[r] واما الفضل فلانها عرصة القيامة ومنها المحشر والبها المنشر[s] وانّما فُضلت مكّة والمدينة بالكعبة والنبىّ صلعم ويومَ القيامة

---

a) C قلت. *b*) C منها. *c*) C بنيانها; Jacut ولا انفس منه. *d*) B انصف ut quoque infra. In C haec alio ordine sunt. *e*) C male عيشها. *f*) B لمغتقبها, C لمعنقبها. *g*) C طبيب omissis seqq. ad غريب. *h*) Jacut om. *i*) C addit وغيرها. In seqq. Jacut semper ايهما. *k*) C om. sed pro اكبر infra habet افضل. *l*) C فتبسّم القاضى وقال مثلك مثل الاعرابىّ لمّا ساله الحجّاج واشارته الى ناقته ولكنّه ولم يحتج الى بالحجّة فهات انت فانّى اعلم انك محصّل. *m*) B جمع. *n*) C addit: ان يرحل الى بلد اخرى فاىّ بلد (l. بلدة) اجلّ من هذه. *o*) C addit: ثم هى طيبة فى نفسها. *p*) B sine punctis. *q*) C et Jacut كالاترنج. *r*) C addit: مع كثرة الالبان والعسل والسكّر. *s*) C ومنها المحشر والبها النشر. Jacut

يزفان[a] اليها فتحوى الفضل كلّه واما اللّبر فالخلائق كلّهم يحشرون اليها فاىّ ارض اوسع منها فاستحسنوا ذلك[b] واقرّوا به، الّا ان لها عيوبًا[c] عدّة يقال ان فى التورية مكتوب ببيت المقدس طشت ذهب ملىّ[d] عقارب ثم لا ترى اقذر من حمّاماتها * ولا اثقل مؤنة[e] قليلة العلمآء كثيرة النصارى[f] وفيهم جفآء على الرحبة والفنادق ضرائب ثقال على[g] ما يباع فيها رجّالة على الابواب[h] فلا يمكن احد ان يبيع شيًا ممّا يرتفق به الناس الّا بها مع قلّة يسار، * وليس للمظلوم انصار[i] ،، والمستور مهموم والغنىّ محسود، والفقيه مهجور[k] والاديب غير مشهود ،، لا مجلس نظر ولا تدريس قد غلب عليها النصارى واليهود وخلا المسجد من الجماعات والمجالس[l] ، (84) وهى اصغر من مكّة واكبر من المدينة عليها[m] حصن بعضه على جبل وعلى بقيّته خندق ولها ثمانية ابواب حديد باب صهيون باب النيه[n] باب البلاط باب جبّ ارميا * باب سلوان[o] باب اريحا باب العمود باب محراب داؤد والمآء بها واسع ويقال ليس ببيت المقدس امكن من المآء والاذان * قلّ دار ليس بها صهريج واكثر[p] وبها ثلاث

---

correxit للحشر والبها النشر ومنها المنشر 1 ,٥٩٣) والبها المحشر), ut quoque deinde مكة بالكعبة والمدينة بالنبى.

a) Jacut نزقّان. b) C addit منى. c) B et C عيوبٌ. d) C ملأ, Jacut مملوءة. e) Jacut add. وهى مع ذلك. f) Addidi كثيرة النصارى e Jacut et Kazw. g) Jacut male وعلى, contra Kazw. والضرائب. h) Jacut رجالة وعلى الابواب اعوان male, nempe اعوان est gloss. vocis رجالة. i) E Jacut supplevi. Deinde B فالمستور. k) B مهجور; mox Jacut مشهود. l) Jacut وخلا المجلس من الناس والمسجد من الجماعات. m) C pro his omnibus: وعلى الفنادق ضرائب ثقال قد غلب عليها النصارى واليهود وخلا المسجد من المجالس وقلّ بها العلماء والمشايخ وهى اصغر من مكّة واكبر من يثرب غير انها شديدة العمارة قد رحل اليها خلق كثير من المشرق والمغرب والنصارى واليهود وعليها. n) Sic quoque *Djihán-Numa*, p. ٥٩٥, 1 (باب تيه); C et Jacut النية. Secundum Sepp, *Jerusalem und das Heilige Land*, I, p. 260 est porta quae nunc vocatur Bâb al-Maghâriba s. porta stercoris (Mistthor). o) B om. p) C لان اقلّ دار ليس بها جبّ ماء. Jacut قلّ ان يكون بها دار ليس بها صهريج او صهريجان او ثلاثة على قدر كبرها وصغرها. Deinde B ولها.

برك عظيمة بركة بنى اسرائيل بركة سليمان بركة عياض عليها حمّاماتهم لها دواعٍ من الازقّة وفى المسجد عشرون جبًّا متبحّرة[a] وقلّ حارة الّا وفيها جبٌّ مسبّل *غير ان مياهها من الازقّة[b] وقد عُمد الى وادٍ[c] فجُعل بركتان يجتمع اليهما[d] السيول فى الشتآء وشُقّ منهما قناة الى البلد تدخل وقت الربيع فتملأ صهاريج[e] الجامع وغيرها٬ واما المسجد الاقصى فهو على قرنة[f] البلد الشرقىّ نحو القبلة اساسه من عمل داءود طول الحجر عشرة اذرع واقلّ منقوشة موجّهة مؤلّفة صلبة وقد بنى عليه عبد الملك بحجارة صغار حسان[g] وشرّفوه وكان احسن من جامع دمشق[h] لكن جاءت زلزلة فى دولة بنى[i] العبّاس *فطرحت المغطّى الّا ما[k] حول المحراب فلمّا بلغ الخليفة خبره قيل له لا يفى بردّه الى ما كان ببيت مال المسلمين فكتب الى امرآء الاطراف وسائر القوّاد ان يبنى كلّ واحد منهم رواقًا فبنوه اوثق واغلظ صناعةً ممّا كان وبقيت تلك القطعة شامة فيه[l] وهى الى حدّ اعمدة الرخام وما كان من الاساطين المشيّدة فهو محدث٬ وللمغطّى[m] ستّة وعشرون بابًا باب يقابل المحراب يسمّى باب النحاس الاعظم مصفّح بالصفر المذهب لا يفتح مصراعه الّا رجل شديد الباع قوىّ الذراع عن[n] يمينه سبعة ابواب كبار فى[b] وسطها باب مصفّح

---

a) B om.; Jacut مشجرة cum var l. متخذة. Deinde C واقل, Jacut وقل ان تكون (apud hunc in seqq. male مسيل pro مسبل). b) C om. c) C addit: على بريد من البلد. Hinc patet sermonem esse de piscinis Salomoneïs (Baedeker, p. 264 seq.), quas Olaimí in libro الانس الجليل, ed. Bul., p. ٤٠٩ appellat بركتا المرجيع. Hic dicit distantiam earum ab urbe esse نصف بريد. d) B, C et Jacut اليها. Post السيول C addit والعيون. e) C فتمتلئ جباب (B فىملى). f) C قربة. In seqq. exspectares الشرقية. g) C om. Deinde in B desideratur copula. h) C addit: لانه قوبل به كنيسة النصارى العظمى التى ببيت المقدس وجعل احسن منها. Deinde habet فجاءت. i) C ولد. Jacut ايام pro دولة. k) B فطرحته الا, Jacut فطرحت الا. Pro الا C الى. l) Pro فيه C واعجوبة. Intelligitur pars حول المحراب. Pro حد Jacut حذاء. m) B والمغطا. n) C وعن.

مذهب وعلى اليسار مثلهنّ ومن نحو الشرق احد عشر بابًا سوانج وعلى الخمسة عشر رواق[a] على اعمدة رخام احدثه عبد الله بن طاهر وعلى الصحن[b] من الميمنة اروقة على اعمدة رخام واساطين وعلى المؤخّر اروقة آزاج[c] من الحجارة وعلى وسط المغطّى جمل عظيم خلف قبّة حسنة[d] والسقوف كلّها الّا[e] المؤخّر ملبسة بشقاق الرصاص * والمؤخّر مرصوف بالفسيفساء الكبار[f] والصحن كلّه مبلّط *وسطه دكّة[g] مثل مسجد يثرب يصعد اليها من الاربع جوانب فى مراقٍ واسعة وفى[h] الدكّة اربع قباب قبّة السلسلة قبّة المعراج قبّة النبىّ صلعم *وهذه الثلاث[i] لطاف ملبسة بالرصاص على اعمدة رخام *بلا حيطان وفى الوسط[k] قبّة الصخرة على بيت مثمّن باربعة ابواب كلّ باب يقابل مرقاة[l] باب القبلىّ[m] باب اسرافيل باب الصور باب النساء[n] يفتح الى الغرب جميعها مذهبة *فى وجه كلّ واحد باب ظريف[o] من خشب التنّوب مداخل حسن[p] امرت بهنّ امّ المقتدر بالله وعلى كلّ باب صفّة مرخّمة بالتنّوبيّة تطبّق[q] على الصفريّة من خارج وعلى ابواب الصفاف[r] ابواب ايضًا سوانج[s] داخل البيت ثلاثة اروقة دائرة على اعمدة معجونة اجلّ من الرخام واحسن لا نظير لها قد عقدت[t] عليها اروقة لاطية داخلها[u] رواق آخر مستدير على الصخرة *لا مثمّن[v] على اعمدة معجونة[w] بقناطر مدوّرة فوق هذه[x] منطقة متعالية فى

---

a) B رواقا et mox احدثتها ut quoque Jacut. b) C الصخر. c) C اقباء. d) C add. اموية et habet وسقوف المسجد. e) C et Jacut الى. f) C om. g) Jacut وفى وسط الرواق دكة مربعة. h) B فى. i) B ..... من بلثه. Pro لطاف Jacut الصغار. C habet اربع قباب ملبسة بالرصاص قبة المعراج قبة النبى قبة السلسلة وفى الوسط. k) Jacut وفى وسط القبة (l. الدكة) مكشوفة. l) Jacut addit: من مراقى الدكة. m) C القبلى; Jacut الباب. n) Jacut insert وهو الذى. o) Jacut ملبج. p) Jacut om. مداخل حسن et habet وكان قد امرت بعملها. q) Jacut والتنوبية مطبّق l. والتنوبية تطبّق s. مطبّقة. r) Jacut الصفات. s) C haec a فى وجه om. t) C عقد. Deinde B et Jacut عليه. u) B et C داخله, Jacut داخلة فى. v) C et Jacut om. w) C add. ايضا. x) C فوقها.

الهوآء فيها طيقان (8ك) كبار[a] والقبّة من[b] فوق المنطقة طولها عن[c] القاعدة الكبرى *مع السفّود[d] فى الهوآء مائة ذراع ترى من البعد *فوقها سفّود حسن طول[e] قامة وبسطة والقبّة على عظمها ملبسة بالصفر المذهب وارض البيت وحيطانه مع المنطقة[f] من داخل وخارج على ما ذكرنا من جامع دمشق[g] والقبّة ثلاث سافات الاولى *من الواح مزوّقة[h] والثانية من اعمدة الحديد قد شبّكت لئلّا تميلها الرياح[i] ثمّ الثالثة من خشب عليها الصفائح وفى وسطها[k] طريق الى عند السفّود[l] يصعدها الصنّاع لتفقّدها ورمّها فاذا بزغت عليها الشمس اشرقت القبّة وتلألأت[m] المنطقة ورايتَ شيئًا عجيبًا[n] وعلى الجملة لم ار فى الاسلام ولا سمعتُ ان فى الشرك مثل هذه القبّة، ويدخل الى المسجد من ثلاثة عشر موضعًا بعشرين بابًا باب حُطّة[o] بابى النبىّ صلعم ابواب[p] محراب مريم بابى[q] الرحمة باب بركة بنى اسرائيل ابواب الاسباط ابواب الهاشميّين باب الوليد باب ابراهيم باب امّ خالد باب[r] داءود، وفيه من المشاهد محراب مريم وزكريّآء ويعقوب والخضر ومقام النبىّ وجبرئيل وموضع النمل[s] والنور والكعبة والصراط متفرّقة فيه وليس على الميسرة اروقة والمغطّى لا يتّصل بالحائط الشرقىّ *ومن اجل هذا يقال لا يتمّ فيه صفّ ابدًا[t] وانّما

---

a) C om.; Jacut طاقات. b) Jacut om. c) Jacut غير. Deinde C القاعة. d) C om. e) Jacut طوله. f) Jacut مع حيطانه والمنطقة. C pro his: والقبة مزوقة مذهبة كلها وارض القبة. g) C addit: من الرخام والفسافسا. h) Jacut على الالواح. Quod Fl. proposuit legere مروقة non probandum. i) C الارياح et deinde والثالثة من خشب والواح ملبسة بالصفائح المذهبة. k) C وسط هذه القباب. l) C الى راس القبة et deinde يصعد فيها. Jacut يصعد منها. m) C وتلالا فسيفس. n) C عجبا. o) Jacut الحطّة. Deinde C et Jacut باب. p) Jacut وباب, C om. محراب. q) Jacut وباب ut quoque deinde pro ابواب. Sunt autem duae portae oppositae, interior باب الرحمة, exterior باب التوبة dicta; vid. Olaimí in libro الانس الجليل ed. Bul., p. ٣٨. r) C بابى et addit باب السكينة باب الخضرا omissis omnibus inde a وفيه ad والله اعلم. s) Jacut in textu المنهل cum var. l. النمل. t) Jacut om.

ترك هذا البعض لسببَيْن احدهما قول عمر اتّخذوا فى غربىّ هذا المسجد مصلّى للمسلمين فتركت هذه القطعة لئلّا يخالف والثانى انهم لو مدّوا[a] المغطّى الى الزاوية لم تقع الصخرة حذآء المحراب فكرهوا ذلك والله اعلم، وطول المسجد الف ذراع بذراع الملك الاشبانىّ[b] وعرضه سبعمائة وفى[c] سقوفه من الخشب اربعة آلاف خشبة وسبعمائة[d] عمود رخام وعلى السطح[e] خمسة واربعون الف شقفة[f] رصاص وحجم[g] الصخرة ثلاث وثلاثون ذراعًا فى سبع وعشرين * والمغارة التى تحتها تَسَعُ تسعًا وستّين نفسًا[h] ، وكانت وظيفته فى كلّ شهر مائة قسط زيت[i] وفى كلّ سنة ثمان مائة الف ذراع حصر[k] وخدّامه مماليك له[l] اقامهم عبد الملك من خُمْس الاسارى[m] ولذلك يسمّون الاخماس لا يخدمه غيرهم * ولهم نُوَب يحفظونها[n] ✿

وسُلْوان محلّة فى رَبض[o] المدينة تحتها عين عذيبيّة[p] تسقى جنانًا عظيمة اوقفها[q] عثمان بن عفّان على ضعفآء البلد تحتها بئر ايّوب ويزعمون[r] ان مآء زمزم يزور مآء هذه[s] العين ليلة عَرَفَة[t] ✿ وادى جَهَنَّم على قرنة المسجد * الى آخره قبل الشرق فيه[u] بساتين وكروم وكنائس ومغاير وصوامع ومقابر وعجائب ومزارع وسطه كنيسة على قبر مريم ويشرف عليه مقابر فيها * شدّاد بن[v] اوس

---

a) Jacut مدّ. *b*) C بذراع الملك, Jacut بذراع الهاشمى, sed cum var. l. quam ex B recepi. *c*) C وعلى et om. من الخشب. *d*) C. وفيه سبعمائة. *e*) C السطوح, Jacut وفى سقوفه. *f*) C et Jacut syn. شقة. *g*) B et C وحجر. Deinde B الصخر. *h*) Jacut وتحت الصخرة مغارة تزار ويصلّى فيها تَسَعُ مائة وستين نفسا (C تحته et تسع وستون). *i*) C من الزيت; Jacut مائة دينار, sed Kazwíní قسط زيتا. *k*) Jacut حصرا, Kazw. حصيرا. *l*) C om. *m*) C الغنائم. Male Fl. ad Jacut iubet legere خُمْس et الاخماس. *n*) C pro his: كبنى شيبة فى المسجد الحرام. *o*) C بربض. Locum descripsit Jacut, III, p. ١٢٥, 10 seqq. et p. ٧٦٢, 5 seqq. *p*) B عذبنته, C عذيبه, Jacut عذبة. *q*) Jacut وقفها. *r*) C ثم يزعمون. *s*) B om. *t*) C addit: ولها موسم تلك الليلة. *u*) C وفيه من نحو الشرق. *v*) C om. Ridicule B et C الخزرج pro ثابت quod reposui.

ابن ثابت وعُبادة بن الصامت ☆[a] وجبل زَيْتَنا مطلٌّ على[b] المسجد شرقيّ هذا الوادى[c] على راسه مسجد لعمر نزله ايّام فتح البلد وكنيسة على الموضع الذى صعد منه عيسى عم وموضع يسمّونه السّاهرَة وحدّثونا عن ابن عبّاس ان الساهرة هى ارض القيامة *بيضآء لم يسفك عليها دم[d] ☆ وبَيْتُ لَحْمَ قرية على طرف فرسخ[e] من نحو حَبْرَى بها ولد عيسى وثَمَّ كانت النخلة وليس يرطب النخيل[f] بهذا الرستاق ولكن جُعلت لها آية وبها (86) كنيسة ليس بالكورة[g] مثلها ☆ وحَبْرَى هى قرية[h] ابراهيم الخليل عم فيها[i] حصن منيع يزعمون انه من بنآء الجنّ من حجارة عظيمة منقوشة وسطه قبّة من الحجارة اسلاميّة[k] على قبر ابراهيم وقبر[l] اسحاق قدّام فى المغطّى وقبر يعقوب فى المؤخّر[m] حذآء كلّ نبىّ امرأته وقد جُعل الحير[n] مسجدًا وبُنى حوله دور *للزوّار واختلطت به العمارة[o] ولهم قناة ضعيفة وهذه القرية الى نحو[p] نصف مرحلة من كلّ جانب *قرى وكروم واعناب وتفّاح[q] تسمّى جبل نصرة[r] *لا يرى مثله ولا احسن من فواكهه عامّتها تحمل الى[s] مصر وتنشر[t] وفى هذه القرية ضيافة

---

a) C add. رضّهما. b) C add. هذا. c) Jacut, III, p. ٥٥٨, 11 وادى سلوان وهو وادى جهنّم. d) C om.; Jacut, III, p. ٢٥, 13 seq. ارض بيضاء et فيها. e) Jacut, I, p. ٧٧٩, 14 على نحو فرسخ, C على ميلين. Pro حبرى B حبرا et infra semel خبريا, C خَبْرآء, Jacut male جبرين (l. حبرين pro حبرون). f) C ولا يرطب النخل. (B برطب النحل). g) C بالكون, Jacut فى الكورة. h) C بلد. i) C وفيها. k) C om. Olaimí in libro الانس الجليل ed. Bul., p. ٣٥ ubi hic locus laudatur: ووسطه فيه (l. قبة) حجارة اسلامية. l) B قبر. Post اسحاق B om. قدام, quod quoque habet Olaimí. m) C addit: وعليه قبة محدثة. Deinde ridicule corrupta habet: بان اكل بنى امراته. Pro حذاء Olaimí habet عند. n) Olaimí الحصن. o) C للزائرين; Olaimí للمجاورين به واتصلت العمارة به من كل جانب. p) C om. ut quoque Olaimí. Pro وهذه hic habet وبهذه. q) C كبستان واحد كله كروم واشجار. r) B حبل نطره. Nomen alibi frustra quaesivi. In Olaimí verba تسمى — فواكهه desiderantur. s) B من pro الى. t) B وينشر. C pro his: ربّما بلغ فيه التفّاح الفائق الف بدرهم وربّما وزنت التفّاحة مائة درهم.

دائمة وطبّاخ وخبّاز وخدّام مرتّبون يقدّمون[a] العدس بالزيت لكلّ من حضر[b] من الفقرآء ويدفع الى الاغنيآء اذا اخذوا ويظنّ اكثر الناس انه من قِرَى ابراهيم وانّما هو من وقف[c] تميم الدارىّ وغيره والافضل عندى التورّع عنه[d] ، * وعلى فرسخ من حبرى جبل صغير مشرف على بحيرة صُغَر وموضع قريّات لوط ثمّ مسجد بناه ابو بكر الصباحىّ[e] فيه موضع مرقد ابراهيم عمّ قد غاص فى القفّ نحو ذراع يقال ان ابراهيم لمّا راى قريّات لوط فى الهوآء رقد ثمّ وقال[f] اشهد ان هذا هو الحقّ[g] اليقين ۞ وحدّ القُدْس ما حول ايلِيا الى اربعين ميلًا يدخل فى ذلك القصبة ومدنها واثنا عشر ميلًا فى البحر وصُغر ومآب وخمسة اميال من[h] البادية ومن قبل القبلة الى ما ورآء الكُسَيفة[i] وما يحاذيها ومن قبل الشمال تخوم نابلس وهذه الارض مباركة كما قال الله تعالى مشجرة الجبال زريعة السهول من غير سقى ولا انهار كما[k] قال الرجلان لموسى ابن عمران وجدنا بلدًا يفيض[l] لبنًا وعسلًا[m] ۞

---

a) C add. طبيخ. b) Olaimí ياتى وبحضر عندهم. c) C اوقاف. d) C addit: وقد كان امير خراسان ثبت الله تعالى دولته امر لها فى كلّ سنة بالف درهم واوقف عليها الشاد (l. الشار) العادل وقفًا جليلًا ولا اعلم اليوم فى الاسلام مكرمة وصدقة افضل منها لانه طعام جليل ياكله الجياع من ابنآء السبيل ويقام بها سنّة ابراهيم لانه كان يحبّ الضيافة فى حياته فاجراها الله تعالى له بعد مماته. Titulum الشار habent principes regionis غرجستان. e) Olaimí, p. ٩٧ (sic) ابو بكر محمد بن اسماعيل الصباحى, et mox pro القف habet الصخر ut C. Addit templum aedificatum fuisse anno 352. f) C pro his: ومسجد اليقين على ثلاثة اميال من خبراء (l. حبرى) به مسجد لطيف (add. مشرف) على بحيرة صغيرة (l. صغر) وموضع قريّات لوط وفى المسجد موضع مرقد ابراهيم قد غاص فى الصخر نحو ذراع يقال ان ابراهيم لما راى قريات لوط فى الهوى اضطجع ثم قال. (B والهوا pro فى الهواء). Apud Guérin, *Description*, II, p. 158 minus recte nomen loci scribitur ياكين. g) C حق. Hic post اليقين addit: وقبر يوسف بالقرب من قبر ابراهيم. h) C فى. i) B المسيفه. Videtur intelligi hodiernum Tell Kuseife ab oriente Bersebae. k) C وكما. l) C تقيض. m) C addit: ورايت الجبن وقتًا ببيت المقدس رطلًا بدانق والسكّر رطلًا بدرهم والزيت رطلًا ونصف (l. ونصفًا) والزيبب اربعة ارطال بذلك الرطل (l. الثمن).

وبَيْتُ جِبْرِيلَ مدينة سهليّة جبليّة رستاقها الدّارُوم فيه مقاطع الرخام ومِيرة القصبة وخزانة الكورة بلد الغوالّ والرخآء ذات ضياع جليلة الّا انها قد خفّت وهى كثيرة المخنّثين[a] ✿ غَزّة كبيرة على جادّة مصر وطرف البادية *وقرب البحر[b] بها جامع حسن وفيها اثر[c] عمر بن الخطّاب ومولد[d] الشافعىّ وقبر هاشم بن عبد مناف ✿ ميماس[e] على البحر حصينة صغيرة تنسب الى غزّة ✿ عَسْقَلان على البحر جليلة كثيرة[b] المحارس والفواكه ومعدن الجُمّيز جامعها فى البزّازين قد[f] فرش بالرخام بهيّة فاضلة طيّبة حصينة قزّها فائق وخيرها[g] دافق والعيش بها رافق[h] اسواق حسنة ومحارس[i] نفيسة الّا ان ميناها ردىّ ومآءها عذيبىّ ودلمها مؤذٍ ✿ ويافة على البحر صغيرة الّا انها خزانة فلسطين وفرضة الرملة عليها حصن منيع بابواب محدّدة[k] وباب البحر كلّه حديد والجامع مشرف على *البحر نزه[l] وميناها جيّد ✿ وأرْسُوف اصغر من يافه حصينة عامرة بها منبر حسن *بُنى للرملة ثم كان صغيرا فحمل الى ارسوف[m] ✿ وقَيْسارِيّة ليس على بحر الروم بلد اجلّ ولا اكثر خيرات منها تغور[n] نعمًا *وتندفق خيرات[m] طيّبة الساحة حسنة الفواكه[o] عليها حصن منيع وربض عامر قد ادير عليه[p] الحصن شربهم من آبار وصهاريج ولها جامع حسن ✿ نابُلُس فى الجبال كثيرة الزيتون يسمّونها دمشق الصغرى وهى *فى وادٍ قد ضغطها جبلان سوقها[q] من الباب الى الباب وآخر الى (87) نصف البلد والجامع وسطها مبلّطة نظيفة لها نهر *جارٍ بناؤهم حجارة[r] ولهم دواميس عجيبة ✿ وأرِيحآء هى مدينة الجبّارين وبها الباب الذى ذكره الله *لبنى اسرائيل[s] وهى معدن

a) C المخانثة. Deinde C وغزة ut quoque deinde copulam saepius addit aut omittit. b) B om. c) C اسر l. ايسر, vid. Ist. p. ٥٨, 5, Ibn-Hauk. p. ١١٣, 8. d) C رضّه وولد. e) B sine punctis. f) B وقد. g) B وخمرها, C وخبزها. h) C فيها رفق بها. i) B ومحاسن. k) B محدودة. l) C الجزيرة. m) C om. n) C بعور. o) C deinde habet: ومعدن لبن الجاموس خبز ابيض وجامع حسن. p) B عليها. q) C بين جبلين وسوقها. r) C om. sed in fine addit: وبناء هذه المدن كلها من الحجارة. Ad دواميس in marg. C annotatur يعنى طواحين. s) C تعالى فى المائدة. Koran. 5 vs. 25 seqq. Deinde C وبها مزارع النيل والموز الكثير والنخيل.

النيل والنخيل رستاقها الغُور وزروعهم تسقى[a] من العيون شديدة الحرّ • معدن الحيّات والعقارب[b] اهلها سمر وسودان كثيرة البراغيث[c] غير ان مآءها اخفّ مآء فى الاسلام كثيرة الموز والارطاب والريحان[d] ✿ وعَمّان على سيف البادية ذات قرًى ومزارع رستاقها البلقآء معدن للحبوب والاغنام بها عدّة انهار وارحية يديرها المآء ولها جامع ظريف بطرف[e] السوق[f] مفسفس الصحن[g] وقد قلنا انه شبه مكّة وقصر جالوت على جبل يطلّ عليها وبها قبر[h] أُوريّآء عليه مسجد *وملعب سليمان[h] رخيصة الاسعار كثيرة الفواكه *غير ان اهلها جهّال واليها الطرق الصعبة[i] ✿

والرَّقيمُ قرية على فرسخ من عمّان *على تخوم[k] البادية فيها مغارة لها بابان *صغير وكبير يزعمون ان من دخل الكبير لم يمكنه الدخول من الصغير فهو مبذرق[l] فى المغارة ثلاثة قبور وهى التى حدّثنا ابو الفضل محمّد بن منصور قال حدّثنا ابو بكر ابن سعيد قال حدّثنا الفضل بن حمّاد قال حدّثنا ابن ابى مريم قال اخبرنا اسماعيل بن ابراهيم بن عقبة قال اخبرنى نافع عن عبد الله ابن عمر عن رسول الله صلعم قال بينما نفر ثلاثة يتماشون اذ اخذهم المطر فالوا الى غار فى الجبل فانحطّت الى فم غارهم صخرة من الجبل فاطبقت عليهم فقال بعضهم لبعض انظروا اعمالًا عملتموها لله عزّ وجلّ صالحة فادعوا الله بها لعلّه يفرجها فقال احدهم اللهمّ كان لى والدان شيخان كبيران ولى صبية صغار كنت ارعى عليهم فاذا رحتُ عليهم فحلبتُ بدأتُ بوالدىّ اسقيتُهما قبل ولدى وانه فاتنى[m] السحر يومًا فلم آت حتّى امسيتُ فوجدتُهما قد ناما

---

a) B sine punctis, C سقى. b) C ومعدن للحيّات الترياقيّة وانما جاد ترياق بيت المقدس بلحوم تلك الحيّات. c) Hic C addit والعقارب. d) C om. والريحان. e) B يطرق, Jacut, III, p. ٧٢٠, 1, ubi hic locus descriptus est, فى طرف. f) C addit حسن. g) C القاعة et deinde تشبه omissis وقد قلنا انه ut Jacut. h) C om. i) C pro his: فرضة البوادى ومغوثة الاعراب. Jacut والطرق اليها صعبة. k) C من نحو. l) C om. et habet deinde: وفيها ثلث قبور وفوقها مسجد ولها قصة, historia et magna parte sequentium omissis. m) B بانى s. بانى. Hinc apud Kazwíní, I, p. ١٦٢, 5, ut vid., فباتا فى ظلّ شجر يوما.

فحلبتُ كما كنتُ احلب فجئتُ بالحلاب فقمتُ عند رءوسهما اكره ان أُوقظهما من نومهما واكره ان ابدأ بالصبية قبلهما والصبية ينصاعون[a] فلم يزل كذلك حتّى طلع الفجر فان كنتَ تعلم انى فعلتُ ذلك ابتغآء وجهك فافرج لنا فرجةً نرى منها السمآء، ففرج الله تعالى فرجة راوا منها السمآء، وقال الآخر اللهمّ انه كانت لى ابنة عمّ احببتُها كاشدّ ما يحبّ الرجال فطلبتُ اليها نفسها فابت حتّى آتيها بمائة دينار فسعيتُ حتّى جمعتُ مائة دينار فجئتُها بها فلمّا وقعتُ بين رجليها قالت يا عبد الله اتّق الله ولا تفتح الخاتم الّا بحقّه فقمتُ عنها فان كنتَ تعلم انى فعلتُ ذلك ابتغآء وجهك فافرج لنا منها فرجًا، ففرج الله لهم فرجة، وقال الآخر اللهمّ انى كنتُ استاجرتُ اجيرًا بعْرف من ارزّ[b] فلمّا قضى عمله قال اعطنى حقّى فعرضتُ عليه حقّه فتركه ورغب عنه فلم ازل ازرعه حتّى جمعتُ منه بقرًا وراعيها فجآءنى وقال اتّق الله ولا تظلمنى واعطنى حقّى فقلتُ اذهب الى تلك البقر وراعيها فخذها فقال اتّق الله ولا تهزأ بى فقلتُ انى لا اهزؤ بك خذ تلك البقر وراعيها فاخذها وانطلق بها فان كنتَ تعلم انى فعلتُ (88) ذلك ابتغآء وجهك فافرج ما بقى ففرّج الله عنهم ۞

ولهذه الكورة قرى جليلة ذاتِ منابر اعمر واجلّ من اكثر مدن الجزيرة وهى مذكورة غير انه لما لم يكن لها قوّة المدن فى الآئين[c] ولا ضعف القرى فى الخمول وتردّد امرها بين الرتبتَيْن وجب ان نستظهر[d] بذكرها ونبيّن مواضعها منها لُدّ وهى على ميل من الرملة بها جامع يجمّع به خلق كثير من اهل القصبة وما حوله من القرى وبها كنيسة عجيبة على بابها يقتل عيسى الدجّالَ ۞ وكَفَرْسابا كبيرة بجامع على جادّة دمشق ۞ وعاقِر[e] قرية كبيرة بها جامع كبير لهم رغبة فى الخير وليس مثل خبزهم على جادّة مكّة ۞ *ويُبْنَا بها[f] جامع نفيس معدن النين الدمشقىّ الفائق ۞ وعَمَواس[g] ذكروا انها كانت القصبة فى القديم وانّما تقدّموا الى السهل والبحر من اجل الآبار لان

---

a) B ينصاغون ut quoque Kazw. l. l. 8, ubi vid. correct. Fl. b) B نعرف من ارز. c) B sine punctis et mox الحمول. d) B يستظهر. e) *Ekron*. Jacut, ut vid:, العَقْر. f) B بىماها. g) Locum descripsit Jacut, III, p. ٧٣٩, 13.

هذه على حدّ الجبل ۞ وكَفَرْسَلَّام من قرى قيسارِيّة كبيرة آهلة بها جامع على الجادّة ۞ *ولهذه القصبة رباطات على البحر[a] يقع بها النفير[b] وتقلع اليها شلنديات الروم وشوانيهم معهم اسارى[c] المسلمين للبيع كلّ ثلاثة بمائة دينار وفى كلّ رباط قوم يعرفون لسانهم ويذهبون اليهم فى الرسالات ويُحْمَل اليهم اصناف[d] الاطعمة وقد ضُجّ[e] بالنفير لمّا ترايت مراكبهم[f] فان كان[g] ليل اوقدت منارة ذلك الرباط وان كان نهار[h] دخّنوا ومن كلّ رباط الى القصبة عدّة منابر شاهقة قد رُتّب فيها اقوام[i] فتوقد المنارة التى للرباط[k] ثم التى تليها *ثم الاخرى[l] فلا يكون ساعة الّا وقد أُنفر بالقصبة وضرب الطبل على المنارة ونودى[m] الى ذلك الرباط وخرج الناس بالسلاح والقوّة واجتمع احداث[n] الرساتيق ثم يكون الفداء فرجل يشترى رجلًا وآخر يطرح درهمًا او خاتمًا حتّى يشترى ما معهم *ورباطات هذه الكورة التى يقع بهنّ[o] الفداء غزّة[p] ميماس عسقلان ماحُوز[q] أَزْدُود ماحوز يُبْنَا يافه أَرْسُوف[r] ۞

---

a) C, qui praecedentia non habet, وعلى ساحل هذه الكورة رباطات. b) B sine punctis et indistincte. Deinde C ويقلع, B sine punctis. c) C addit من. d) C صنوف. e) B et C صح. f) C شلندياتهم. g) C كانت. Mox B et C تلك pro ذلك. h) B نهارًا. i) C قوم. k) C تلى الرباط. l) C om. m) C وبودى. n) C اهل. o) B الذى بعع بهد. p) B زغر. Deinde B بيماس; vid. supra p. ١٥٥. q) B. h. l. ماجون et mox ماحون, in itinerario الماجون, ubi C الماحوز, quae sine dubio vera est lectio. Exemplis mihi probavit Cl. Land Aramaïcum מחוז (ܡܚܘܙܐ) imprimis de emporio et de portu maris adhiberi. Est igitur synonymum vocis Maiuma (vid. supra ad p. ١٥٥a). Noster hic duo Máhuz enumerat, quos Edrîsî distinguit per الاول et الثانى (I, p. 341 ubi الماخور cum var. l. الماخوز). Videtur autem mihi iungendum esse ماحوز ازدود et ماحوز يبنا, nam et Azdod et Jamnia portum separatum habebant; vid. Ritter, XVI, p. 99, Guérin, *Description de la Palestine*, II, p. 59 et 72. Hoc casu in itinerario الماحوز debet esse pro ماحوز يبنا. Locus Edrîsîi est: ومن عسقلان الساحلية المتقدم ذكرها الى حصن الماحوز الاول على البحر ٢٥ ميلا — ثم الى

صُغَر[a] اهل انكورتين يسمّونها صقر[b] وكتب مقدسىّ الى اهله من سقر السفلى الى الفردوس الاعلى وذلك انه بلد قاتل للغربآء ردىّ المآء ومن ابطأ عليه ملك الموت *فليرحل اليها ولا اعرف فى الاسلام لها نظيرًا فى هذا الباب[c] وقد رايتُ[d] بلدانًا وبيّئة ولكن ليس كهذه اهلها سودان غلاظ ومآؤها حميم وكانها[e] جحيم الّا انها البصرة الصغرى والمتجر المربح[f] وهى على البحيرة[g] المقلوبة وبقيّة مدائن[h] لُوط وانّما نجت لان اهلها لم يكونوا يعملون[i] الفاحشة والجبال منها قريبة ✿ ومَآب فى الجبل كثيرة القرى واللوز والاعناب قريبة من البادية ومُؤْتَة من قراها وثَمّ قبر جعفر الطيّار وعبد الله بن رواحة ✿ وأَذْرُح[k] مدينة منطرّفة حجازيّة شاميّة وعندهم بردة رسول الله[l] صلعم وعهده وهو[m] مكتوب فى اديم ✿ ووَيْلَة[n] مدينة على طرف شعبة بحر الصين عامرة جليلة ذات نخيل واسماك فرضة فلسطين وخزانة الحجاز والعامّ[o] يسمّونها أَيْلَة وايلة قد خربت *على قرب منها[p] وهى التى قال الله تعالى[q] وَاسْأَلْهُمْ عَنِ الْقَرْيَةِ الَّتِى كَانَتْ حَاضِرَةَ الْبَحْرِ ✿ ومَدْيَن (89) على تخوم الحجاز *فى الحقيقة لان جزيرة العرب كلّما دار

الماحوز الثانى ٢٥ ميلا ومنها الى مدينة يافا. Etiam alibi occurrit ماحوز hac significatione, nempe apud Edrîsî, I, p. 356, ubi ماجور جنبل cum var. l. ماخور جنبل. Ibi legendum esse ماحوز جُبَيل iam monuit Schultz (vid. Ritter, XVII, p. 550). Etiamnunc locus Mâhuz appellatur. Porro apud Bekrî, ed. de Slane, p. ٥, 3 a f. ubi sic restituatur pro الماحور. Soyutí habet in *Lobbo-'l-lobáb* ماحوز قرية بالشام. Utrum in nomine الماحوزة, quod pagus prope Samarram habebat, generaliore sensu adhibitum sit, efficere nequeo. *r*) C haec om.

a) Marg. B الصّغر. Locum descripsit Jacut, III, p. ٣٩٧, 2 seqq. *b*) C سقر, Jacut سُقَر. *c*) C فعليه بها. Post اليها Jacut addit: فانه يجده هناك له بالرصد. (B نظير). *d*) C addit فى الاسلام. Jacut بلادًا كثيرة. *e*) C addit فى الصيف. *f*) B sine punctis, C الاوفى. *g*) C بحيرة. Deinde B المصلوبة. *h*) C add. قوم. *i*) B يعملوا. *k*) B et C وادرج. C om. مدينة et B habet مظرفة. *l*) C برد النبى. *m*) C om. *n*) Marg. B ايلة. C om. مدينة. *o*) C والعوام. *p*) C بقربها نحو الجبل. *q*) Koran, 7 vs. 163.

عليه البحر ومدين فى هذه الخطّة[a] وثَمّ الحجر الذى رفعه موسى عم حين[b] سقى غنم شُعَيب والمآء بها غزير *وارطالهم ورسومهم شاميّة، وفى ويلة تنازع بين الشاميّين والحجازيّين والمصريّين كما فى عبّادان واضافتنها الى الشام اصوب لان رسومهم وارطالهم شاميّة وهى فرضة فلسطين ومنها يقع جلابهم[a] ☆ وتَبُوك مدينة[c] صغيرة بها مسجد النبىّ صلعم[d] ☆

جمل شؤون هذا الاقليم

هو اقليم متوسّط الهواء الّا وسطه من الشَّراة الى الحُولَة فانه بلد[e] الحرّ والنبل والموز والنخيل * وقال لى يومًا غسّان الحكيم ونحن باريحآء ترى هذا الوادى قلتُ بلى قال هو يمدّ الى الحجاز ثم يخرج الى اليمامة ثم الى عمان وهجر ثم الى البصرة ثم الى بغداد ثم يصعد الى ميسرة الموصل الى الرقّة وهو وادى الحرّ والنخيل، واشدّ هذا الاقليم بردًا بَعْلَبَكّ وما حولها ومن امثالهم قيل للبرد اين نطلبك قال بالبلقآء قال فان لم نجدك قال بعلبكّ بيتى[f]، وهو اقليم مبارك بلد الرخص والفواكه والصالحين وكلّما علا منه نحو الروم كان اكثر انهارًا وثمارًا وابرد هوآء وما سفل منه فانه افضل واطيب والذّ ثمارًا واكثر نخيلًا، وليس فيه نهر يسافر فيه انّما[g] يعبر قليل العلمآء كثير الذمّة والمجذّمين ولا خطر فيه للمذكّرين والسامرة فيه من فلسطين الى طبريّة ولا تجد فيه مجوسيًّا ولا صابئًا ☆ مذاهبهم مستقيمة اهل *جماعة وسُنّة[h] واهل طبريّة ونصف نابلس[i] وقدس واكثر عمّان شيعة ولا ما فيه لمعتزلىّ[k] * انّما هم فى خفية[l] وببيت المقدس خلق من الكرّاميّة لهم خوانق ومجالس[m] ولا ترى به مالكيًّا ولا داوديًّا وللاوزاعيّة مجلس بجامع دمشق والعمل كان فيه على

---

a) C haec om. *b*) C حتى. *c*) C om. مدينة. *d*) C addit: وفى مدن هذه الكورة مقالات هذه احسنها. *e*) C معدن. *f*) C pro his: والجبال التى نحو البادية باردة من مآب الى آخرها وبعلبكّ شديدة البرد. *g*) B اما. Deinde C تعبر. *h*) C سنة. *i*) C بالس. *k*) C للمعتزلة. *l*) C om. B جفنه s. خفبه. Deinde C وببيت. *m*) C addit: وهم قوم يدّعون الكلام والفقه والزهد وفيهم شغب ولنقريهم (l. ولنقرّئهم) حقيقة.

مذهب اصحاب الحديث والفقهآء شفعويّة واقلّ قصبة او بلد ليس فيه حنفىٌّ[a] وربّما كانت القضاة منهم[b] فان قيل لِمْ لَمْ يُقَل والعمل فيه على مذهب الشافعىّ والصدور ثَمَّ شفعويّة قيل له هذا كلام مَنْ لا تمييز له لان مذهب الشافعىّ الجهر بالبسملة والقنوت فى الفجر ولا نقنت[c] الّا فى النصف الاخير من شهر رمضان فى الوتر وغير ذلك ما لم يكن يستعمله اهلُ الشام وينكرونه[d] الا ترى ان ملكهم لمّا امرِ بالجهر بالبسملة بطبريّة كيف تظلّموا منه الى كافور الاخشيدىّ واستبشعوا ما فعله واليوم اكثر العمل على مذاهب[e] الفاطمىّ ونحن نذكرها مع رسومهم فى اقليم المغرب ان شآء الله تعالى ❁ والغالب فيه من القرآات حروف ابى عمرو الّا بدمشق فانه لا يؤمّ فى الجامع[f] الّا من يقرأ لابن عامر وهى شائعة فيهم مختارة عندهم وقد فشت قرآءة الكسائىّ فى الاقليم ويستعملون السبع[g] ويجتهدون فى ضبطها ❁

والتجارات به مفيدة يرتفع[h] من فلسطين الزيت والقطين[i] والزبيب والخرنوب والملاحم والصابون والفوط، ومن بيت المقدس الجبن والقطن[k] وزبيب العينونىّ[l] (90) والدورىّ غاية والتفّاح[m] وقضم قريش الذى لا نظير له والمرايا وقدور القناديل والابر، ومن اريحآء نيل غاية، ومن صغر وبيسان النيل والتمور، ومن عمّان الحبوب والخرفان والعسل، ومن طبريّة شقاق المطارح والكاغد وبزّ[n] ومن قدس ثياب المنيّرة والبلعيسيّة والحبال، ومن صور السكّر والخرز[o] والزجاج المخروط والمعمولات[p]، ومن مآب قلوب اللوز، ومن بيسان الرزّ[q]، ومن دمشق

---

a) C addens: فقيه حنيفى ولهم ببيت المقدس عدة مجالس وكان القضاة فى القديم منهم والعمل اليوم على مذاهب المغرب التى نذكرها فى اقليم المغرب, ceteris omissis. b) B بينهم. c) B نقنت. d) B وينكرونه. e) B مذهب. f) C بالجامع. g) C السبعة. h) C ترتفع, B يرتفع. i) B sine punctis hic et infra. k) C addit الفائق وثياب القطن. l) In B posset legi العينونى; C العينوى. m) C addit et deinde habet: والموز وهو شىء على قدر الخيار عليه جلد يقشر عن ثمره (l. ثمرة) على لين البطّيخ الا انه اطيب والذ ومن صغر التمور الكثيرة والدبس والنيل ومن عمان النح. n) C om. o) B والجزر. p) C واكثر ما يعمل بالبصرة. q) C الارز والنيل والتمر.

المعصور والبلعيسىّ وديباج ودهن بنفسج دون والصفريّات[a] واللاغد والجوز[b] والقطين والزبيب، ومن حلب القطن[c] والثياب والاشنان والمغرة، ومن بعلبكّ[d] الملابن، ولا نظير لقطين وزيت الانفاق[e] وحوّارى ومبازر الرملة ولا لمعنّقة وقضم قريش *وعينونىّ ودورىّ وترياق وتردوغ وسُبَح بيت المقدس[f]، واعلم انه قد اجتمع بكورة فلسطين اربعة وثلاثون شيئًا ولا يجتمع *فى غيرها فالسبع الاولى لا توجد الّا بها والسبع الثانية غريبة فى غيرها والاثنان والعشرون لا تجتمع الّا بها وقد يجتمع اكثرها فى غيرها مثل[g] قضم قريش والمعنّقة والعينونىّ والدورىّ واجاص الكافورىّ وتين السباعىّ والدمشقىّ والقلقاس والجمّيز والخرنوب والعكّوب والعُنّاب وقصب السكّر والتفّاح الشامىّ والرطب والزيتون والاترجّ[h] والنيل والراسن والنارنج واللُّفّاح والنبق والجوز واللوز والهليون والموز والسُّمّاق والكرنب[i] والكماة[k] والترمس والطرىّ والثلج ولبن الجواميس والشهد وعنب العاصمىّ والتين التمرىّ، *واما القُبّيط[l] فقد يرى مثله غير ان له طعمًا آخر وقد ترى الخسّ غير انه فى جملة البقل الّا بالاهواز فانه غاية ويفرد عن البقل ايضًا بالبصرة[m]* واما المكاييل فلاهل الرملة القفيز والوَيْبة والمكّوك والكيلجة فالكيلجة نحو صاع ونصف والمكّوك ثلاث كيالج والويبة مكّوكان والقفيز اربع ويبات وينفرد اهل ايليا بالمدى وهو ثلثا[n] القفيز وبالقبّ وهو ربع المدى *ولا يستعمل المكّوك الّا فى كيل السلطان[m] ومدى عمّان ستّ[o] كيالج وقفيزهم نصف كيلجة وبه يبيعون الزيت والقطين وقفيز صور مدى ايليا وكيلجتهم صاع وغرارة دمشق قفيز ونصف بالفلسطينىّ* والارطال[p]

---

a) C والمصفريات. b) C om. c) C القطين. d) C البقاع. e) B الانفاق, C الانفاف. f) C pro his: ثمر الصنوبر والمعنّقة جنس من الكمثرى, in quibus ثمر الصنوبر est explicatio vocis قضم قريش. (B وتردوغ وسبح). g) C بغيرها وقد يجتمع اكثرهن بغيرها الا ان السبع الاول لا يوجد بغيرها والسبع الثانية غريبة بغيرها وهى. B quoque الاول pro الاولى et يوجد. h) C والاترنج. i) C hoc ultimo loco habet legens والكرنب. k) C والكمه. l) B القسط i. e. القنبيط ut supra p. ١٤٥n. m) C haec om. n) C وهى ثلثى. o) C ستة. p) C وارطالهم.

من حمص الى الجفار ستّمائة غير انه يتفاوت فاملاه[a] رطل عكّا وازلّه[b] الدمشقىّ واوقيتهم من خمسين الى بضع واربعين * وكلّ رطل اثنا عشر اوقية[c] ورطل قنّسرين * ثلثا هذا[d] ✿ والسنج متقاربة الدرهم ستّون حبّة وحبّتهم شعيرة واحدة والدانق عشر حبّات[e] والدينار اربعة وعشرون قيراطًا والقيراط ثلاث شعيرات ونصف ✿

ورسومهم انهم يقدون القناديل فى مساجدهم على الدوام يعلّقونها بالسلاسل مثل مكّة * وفى كلّ قصبة بيت مال بالجامع[f] معلّق على اعمدة وبين المغطّى والصحن ابواب *الّا اريحاء ولا ترى الحصى الّا فى صحن جامع طبريّة[g] والمنابر[h] مربّعة واوساط[i] سقوف المغطّى مجمّلة وعلى ابواب الجوامع[k] وفى الاسواق مطاهر ويجلسون بين (91) كلّ سلامين من التراويح * وبعض يوتّرون بواحدة وكان وترهم فى القديم ثلاثًا وفى ايّامى امر ابو اسحاق المروزىّ حتّى قطعوه بايليا واذا قام الى كلّ ترويحة نادى منادى الصلوة رحمكم الله[e] ويصلّون بايليا ستّ ترويحات[l] والمذكّرون به قصّاص * ولاصحاب ابى حنيفة بالمسجد الاقصى مجلس ذكر[m] يقرءون فى دفتر * وكذلك الكرّاميّة فى خوانقهم وكان للحرّاس يهلّلون بعد صلوة الجمعة ويجلس الفقهاء بين الصلاتين وبين العشائين وللقرّاء مجالس فى الجوامع ✿ ومن اعياد النصارى التى يتعارفها المسلمون * ويقدّرون بها الفصول[n] الفصح وقت النيروز والعنصرة وقت الحرّ والميلاد وقت البرد وعيد بَرْبَاره[o] وقت الامطار ومن امثال الناس اذا جآء عيد بَرْبَارَه « فليتّخذ البنّآء زمّارَه » يعنى فليجلس فى البيت والقَلَنْدِس ومن امثالهم اذا جآء القَلَنْدِسْ « فتدفّى

a) C فاملار sic. b) B وازاله, C وان له. c) C haec om. d) C اربعمائة. Deinde C وسحهم. e) C شعيرات. f) C وفى جامع كلّ قصبة بيت مال. g) C om. Pro ولا ترى B وترى. Vid. p. ١٦١, 4. h) B والمنابر. i) C واوسط. k) C الجامع. Deinde B والاسواق. l) C تراويح. Hic insert ويجلس الفقهاء بين الصلاتين وللقراء مجالس فى الجوامع. m) C الا اصحاب ابى حنيفة فان لهم مجلس بالمسجد الاقصى. n) B ويقدرون العضول. o) B hic et deinde حسن بزبارة. Est festum S. Barbarae, cf. supra p. ٤٥, 3, Petermann, *Reisen*, I, p. 123 seq., Baedeker, p. 446, l. 1 et Masʿudí III, p. 407. De festo Kalendis ib. p. 406.

واحتبس،، وعيد الصليب وقت قطاف العنب وعيد لُدّ وقت الزرع[a] ✿ وشهورهم روميّة *تشرين الاوّل والثانى كانون الاوّل والثانى[b] شباط اذار نيسان ايّار حزيران تمّوز آب ايلول *واقلّ ما ترى به فقيهًا له بدعة او مسلمًا[c] له كتابة الّا بطبريّة فانها ما زالت تخرج الكتّاب[d] وانّما الكتبة به وبمصر نصارى لانهم اتّكلوا على لسانهم فلم يتكلّفوا الادب كالاعاجم وكنتُ اذا حضرتُ مجلس قاضى القضاة ببغداد اخجل من كثرة ما يلحن ولا يرون ذلك عيبًا واكثر الجهابذة والصبّاغين والصيارفة والدبّاغين بهذا الاقليم يهود[e] واكثر الاطبّآء والكتبة نصارى[f] ✿ واعلم ان خمسًا فى خمسة *مواضع من الاسلام[g] حسن رمضان بمكّة وليلة الختمة بالمسجد الاقصى والعيدين باصقليّة ويوم عرفة بشيراز ويوم الجمعة ببغداد *وايضًا ليلة النصف من شعبان بايليا ويوم عشورآء بمكّة حسن[h] ✿ ولهم تجمّل يلبسون الاردية كلّ عالم وجاهل ولا يتخفّفون فى الصيف انّما هى نعال الطاق وقبورهم مسنّمة ويمشون خلف الجنائز ويسلّون الميّت ويخرجون الى المقابر لختم القرآن ثلاثة ايّام اذا مات ميّت ويكشفون المماطر ولا يقوّرون الطيالسة ولاجلّة البزّازين بالرملة حمر مصريّة بسروج ولا يركب به الخيل الّا امير او رئيس ولا يندرّع الّا اهل القرى والكتبة ولباس القريانيّين[i] برستاق ايليا ونابلس كسآء واحد حسب بلا سراويل ولهم الافرنة وللقريانيّين الطوابين تنّور فى الارض صغير قد فرش بالحصى فيوقد الزبل حوله وفوقه فاذا احمرّ طرحت الارغفة على الحصى وبه طبّاخون للعدس والبيسار ويقلون الفول المنبوت بالزيت ويصلقونه ويباع[k] مع الزيتون ويملحون[l] الترمس ويكثرون اكله ويصنعون من الخرنوب ناطفًا يسمّونه القُبّيط ويسمّون ما يتّخذون

---

a) In C haec omnia inde a وكذلك desiderantur. Festum Lyddae est festum S. Georgii. *b*) C تشرينين وكانونين ثم. Deinde B اشباط. C ubique insert ثم. *c*) B مسلم. *d*) B يخرج الكتاب. *e*) B سود. *f*) C pro his tantum: والكتبة به وبمصر نصارى والجهابذة يهود. *g*) C من المواضع. *h*) C om. Deinde pro omnibus seqq. ad وبه معادن tantum habet: ويلبس الاردية كل احد ويلبسون الصوف مكشوفًا. *i*) B القريانس et mox وللقريانس. *k*) B ويبياع. *l*) B ويحملوه. Cf. infra in descriptione Aegypti.

من السكّر ناطفًا ويصنعون زلابيةً فى الشتآء من العجين غير مشبّكة وعلى اكثر هذه الرسوم اهل مصر وعلى اقلّها اهل العراق واقور ۞

وبه معادن حديد فى جبال ببيروت وبحلب مغرة جيّدة * وبعمّان دونها[a] وبه جبال حمر * يسمّى ترابها (92) السمقة وهو تراب رخو[b] وجبال بيض تسمّى الحوّارة[c] * فيه ادنى صلابة يبيّض به السقوف[d] ويطيّن به السطوح[e] وبفلسطين مقاطع حجارة بيض ومعدن للرخام[f] ببيت جبريل * وبالاغوار معادن كبريت وغيره، ويرتفع من البحيرة المقلوبة ملح منثور، وخير العسل ما رعى السَّعْتَر بايليا وجبل عاملة واجود المُرِى ما عمل باريحآء[e] ۞ وقد ذكرنا اكثر المشاهد فى عنوان الاقليم وان ذكرنا مواضعها[g] طال الكتاب غير ان اكثرها بايليا ثمّ بسائر فلسطين ثمّ بالاردنّ ۞ ومياه[h] هذا الاقليم جيّدة الّا مآء بانياس فانه يطلق ومآء صور يحصر ومآء بيسان ثقيل *ونعوذ بالله من صُغر[a] ومآء بيت الرام[i] ردىّ * ولا ترى اخفّ من مآء اريحآء[a] ومآء الرملة مرىّ ومآء نابلس خشن * وفى مآء دمشق وايليا ادنى خشونة وفى الهوآء ادنى يبوسة[k] ۞ وفيه عدّة من الانهار تنقلب فى بحر الروم الّا بَرَدَى فانه يشقّ اسفل قصبة دمشق فيسقى الكورة وقد شقّ منه شعب يتدوّر فى اعلى القصبة ثمّ ينقسم قسمين بعض ينجرّ نحو البادية وبعض ينحدر فيلقى نهر الاردنّ ونهر الاردنّ ينحدر من خلف بانياس فينجرّ بازآء قدس ثمّ ينحدر الى طبريّة ويشقّ[l] البحيرة ثمّ ينحدر فى الاغوار الى البحيرة المقلوبة وهى مالحة جدًّا وحشة مقلوبة منتنة فيها جبال وليس فيها امواج كبيرة، وبحر الروم يمدّ على طرفه الغربىّ وبحر الصين يمسّ طرفه الجنوبىّ وبازآء صور تقع جزيرة قبرص يقال انها اثنا[m] عشر يومًا كلّها مدن عامرة وللمسلمين فيها رفق وسعة لكثرة ما يحمل منها من الخيرات والثياب[n] والآلات وهى لمن غلب، المسافة اليها فى البحر اقلاع يوم وليلة ثمّ الى بلد الروم مثل ذلك ۞

---

a) C om. *b*) C tantum تسما السمقه. *c*) Cf. Jacut, II, p. ٣٥٤, 6 seqq. حَوّار s. حُوّار. *d*) B السـسوف. *e*) C haec om. *f*) B الـرخـام. *g*) C فى مواضعها منه. *h*) C وهراه sic. *i*) Non differre videtur a بيت رامة apud Jacut. (B الوام). *k*) C ويحتاج ماء دمشق وايليا الى الدسم omissis seqq. ad ومن العجائب. *l*) B وهو. Coniectura emendavi. *m*) B اثنى. *n*) B sine punctis.

ومن العجائب بايليا مغارة بظاهر البلد عظيمة سمعتُ[a] بعض العلمآء وقرأتُ فى بعض الكتب انها تنفذ[b] الى قوم موسى وما صحّ لى ذلك وانها[c] مقاطع للحجارة وفيها طرق يدخل فيها[d] بالمشاعل، بين فلسطين والحجاز[e] الحجارة التى رمى بها قوم لوط *على طريق الحجّاج[f] مخطّطة صغار وكبار، بطبريّة عين تغلى تعمّ اكثر حمّامات البلد وقد *شقّ الى كلّ حمّام منها نهر[g] فبخاره يحمّى البيوت فلا[h] يحتاج الى وقيد وفى البيت الاوّل مآء بارد يمزج[i] مقدار ما يتطهّرون[k] به ومطاهرهم من ذلك المآء وفى هذه الكورة مآء مسخن[l] يسمّى الحمّة[m] حارّ من اغتسل فيه ثلاثة ايّام ثمّ اغتسل فى مآء[n] آخر بارد وبه جرب او قروح او ناسور[o] او اىّ علّة تكون برأ باذن الله وسمعتُ الطّبرانيّين[p] يذكرون انه كان عليها بما يدور ببيوت[q] كلّ بيت لعلّة فكلّ من *به تلك العلّة واغتسل فيه برأ[r] الى وقت ارسطاطاليس[s] ثمّ سال ملك ذلك الزمان هدم[t] هذه البيوت لئلّا يستغنوا[u] عن الاطبّآء وصحّت لى هذه الحكاية[v] لان كلّ من دخله من اصحاب العلل وجب[w] ان يخوض المآء كلّه ليوافق موضع شفآئه[x]، وبحيرة صُغَر[y] الجوبة *يقلب فيها نهر الاردنّ ونهر الشراة فلا يحيل[z] فيها ويقال انها لا تغرق سريعًا[aa] وان احتنق (93) بمآئها *اشفى من عللٍ كثيرة ولها موسم فى شهر آب[bb] *يذهب اليها الاحداث واصحاب العلل، وفى جبال الشراة ايضًا

---

a) C add. من. *b*) B سفذ, C تنفد. Intelligi videtur locus, ubi terra deglutivit Kârun, cf. Koran, 28 vs 76—81. *c*) C ولكنها. *d*) C طريق ـ فيه. *e*) C بين الرملة ووبله. *f*) C om. *g*) C اجرى منها الى كل حمام نهر بنوته. B وكل pro الى habet et deinde فبحاره تحمى. *h*) B ولا et deinde يحتاج. *i*) C يمرج. *k*) C يتغسلون. *l*) C متجسد. *m*) C الحمى. *n*) C بمآء et post اخر add. بقربه. *o*) Sic B et C, non باسور. *p*) C الله تعالى وسمعتهم. B om. يذكرون. *q*) C om. Cf. Jacut, III, p. ٥١٠, 4 seq. *r*) C اغتسل فيه برء من تلك العلة. *s*) C استطاليس. *t*) B عن. C om. هذه. *u*) C يستغنون. *v*) C وصح لى هذا. *w*) C لا ينفعه دون. *x*) C شفاء علته et addit: وبرستاق مآب حمة اخر (l. اخرى). *y*) B صغرى. *z*) Nempe ذلك. B يحمل. *aa*) C pro his لا تغرق وليس لها موج. Deinde وما pro وان. *bb*) C يوم النصف من اب نفعه من علل عدّة ولها ذلك اليوم موسم.

حمّة ، [a] ينزل على [b] فلسطين فى كلّ ليلة الندى * فى الصيف اذا هبّت الجنوب حتّى [c] يجرى منه مزاريب المسجد الاقصى [d] ، ابو رياح [e] حمص طلسم جُعل للعقارب ومن اخذ طينًا وطبعه [f] عليه نفع من لذغ [g] العقارب باذن الله تعالى فالعمل [h] للطبع لا للطين ، مدن سليمان عمّ * بعلبكّ وتدمر [i] من العجائب وقبّة [k] الصخرة وجامع دمشق ومينا صور وعكّا من العجائب [l] ☆

ووضع هذا الاقليم ظريف هو اربعة صفوف فالصفّ [m] الاوّل يلى بحر الروم وهو السهل رمال منعقدة ممتزجة [n] يقع فيه من البلدان الرملة وجميع مدن السواحل [o] والصفّ الثانى الجبل [p] مشجر ذو قرى وعيون * ومزارع يقع [q] فيه من البلدان بيت جبريل وايليا [r] ونابلس واللّجّون وكابل [s] وقدس والبقاع وانطاكية [t] والصفّ الثالث الاغوار ذات قرى وانهار ونخيل ومزارع ونيل يقع فيه من البلدان ويلة وتبوك [s] وصغر واريحاء وبيسان وطبريّة [u] وبانياس والصفّ الرابع سيف البادية وهى [s] جبال عالية باردة * معتدلة مع البادية [s] ذات قرى وعيون واشجار يقع فيها من البلدان مآب وعمّان واذرعات ودمشق وحمص [s] وتدمر وحلب [s] ، * وتقع الجبال الفاصلة مثل جبل زينا وصدّيقا ولبنان واللكام وسرّة [v] الارض المقدّسة فى الجبال المطلّة على الساحل [s] ☆ وكنتُ يومًا فى مجلس ابى محمّد الميكالى رئيس نيسابور وقد حضر الفقهآء للمناظرة فسُئل ابو

---

a) Haec in C desunt. *b*) B الى. Deinde C ايليا. Mox B الندا, C النداء. *c*) B haec om. Mox C om. منه et habet مرازيب (B مزاريبه). *d*) C om. الاقصى. *e*) Nomen inde habet quod يدور مع الريح كيف دارت, ut dicit Edrisî et noster supra p. ١٥٩, 16. *f*) C فطبعه. *g*) B نفع من لدغ. *h*) C والعمل. *i*) B tantum تدمر. *k*) B وفيه. *l*) C addit: لبيت المقدس طلسم لئلّا تلذغ الحيّات خلف منبر بيت المقدس رخامة فيه كتابة خلفه (l. خلقة) محمد رسول الله واخرى بسم الله الرحمن الرحيم. *m*) C الصف. *n*) C ورمال — ممتزجة. *o*) C الساحل. *p*) C جبل. Deinde B مسجر. *q*) C ويقع. *r*) B hic et semel infra ايليّا. *s*) C om. *t*) C addit: وفيه جبل لبنان وجبل اللكام وجبل زينا وصديقا. De جبل صديقا vid. *Djih. Numa*, p. ٥٥٩, 11 et infra. *u*) C addit ووادى كنعان. *v*) B وصدره.

الهيثم عن دليل جواز التيمّم بالنورة فاحتجّ بقول النبىّ صلعم جعلت لى الارض مسجدًا وطهورًا[a] فعمّ الارضين كلّها فقال السائل انّما عنى[b] السهل لا الجبل ثم كثر الكلام والجلبة واعجبوا بقولهم فقلتُ لابى ذرّ ابن حمدان وكان اشغبهم ما تنكر على قائل لو قال العلّة ما ذكرها هذا الفقيه الفاضل لان الله تعالى قال[c] ٱدْخُلُوا ٱلْأَرْضَ ٱلْمُقَدَّسَةَ وهى جبال * فجعل يخردل فى كلامه ويورد ما لا ينقض ما ذكرناه ثم قال الفقيه[d] سهل ابن الصعلوكىّ انّما قال ادخلوا الارض * ولم يقل اصعدوا الجبل[e] ووقف الكلام، فان قال قائل لِمَ[f] لم يقل ان الباب باريحآء والله امرهم بدخوله واريحآء بالغور لا بالجبال فصحّ ما قاله الامام ابن الامام قيل له لنا فى هذا جوابان احدهما فقهىّ وهو ان الارض المقدّسة جبال لا محالة واريحآء فى سهولها ومن اتباعها فظاهر الآية مصروف الى حقيقة القدس وهى ايليا وانّما هى فى الجبال لا الى التبع من السهول والاغوار فان قال بل الآية مصروفة الى مدينة الجبّارين وهى اريحآء التى أُمروا بدخولها فتفيد الآية امرين دخول الارض المقدّسة والمدينة المذكورة وفائدتُها على ما ذهبتَ اليه مقصورة على الارض حسب وكلّما حملنا القرآن على كثرة الفوائد كان احسن، قيل ان الله عزّ اسمه قد اوضح ما ذهبنا اليه بقوله[g] وَأَوْرَثْنَا ٱلْقَوْمَ ٱلَّذِينَ كَانُوا يُسْتَضْعَفُونَ مَشَارِقَ ٱلْأَرْضِ وَمَغَارِبَهَا ٱلَّتِى بَارَكْنَا فِيهَا فدخلت سهول فلسطين وجبالها تحت هذه الآية وصار قولهم[h] انّ فِيهَا (94) قَوْمًا جَبَّارِينَ يعنى فى نواحيها، والجواب الآخر اقليمىّ وذلك انهم أُمروا بدخول القدس والجبّارون باريحآء وهى فى غور بين الجبال والبحيرة ولا يجوز ان تقول انهم امروا بركوب البحر فلم يبق الّا دخولها من نحو الجبال وكذلك فعلوا لانهم دخلوها من تحت البلقآء وعبروا الاردنّ الى اريحآء مع انه يلزم صاحب هذه المقالة شيئان اما ان يقول انهم لم يؤمروا بدخول جبال القدس واما ان يقول ان جبال ايليا

---

a) B وظهورا. *b*) B عم. *c*) Koran. 5 vs. 24. *d*) C pro his: فقال ليست (marg. علة لست) ممن دخل بيت المقدس فقال الشيخ الرئيس هو منها فقال لى. *e*) C ولو كانت جبالا لقال اصعدوا. Quae huius disputationis sequuntur post الكلام in C non exstant. *f*) Addidi لِمَ. *g*) Koran 7 vs. 133. *h*) Koran. 5 vs. 25.

والبلقآء ليست من الارض المقدّسة ومن زعم شيئًا من هاذين فترْك الكلام معه اصوب، وقد كان الفقيه ابو ذرّ لمّا ضيّقت عليه هذه المسئلة قال لى انك لم تدخل بيت المقدس ولو دخلتَها لعلمتَ انها سهل بلا جبل حتّى قال له الرئيس ابو محمّد هو منها ✿ وسمعتُ خالى عبد الله بن الشوا يقول اراد بعض السلاطين ان يتغلّب على دير شمويل وهى قرية على فرسخ من ايليا فقال لصاحبها صِفْ لى قريتك قال هى ايّدك الله قريبة من السمآء، بعيدة من الوطآء، قليلة الابروط، كثيرة البلّوط، تحتاج الى الكدّ، ولا تزكى بالردّ، يغالب غرّ، ولوز مرّ، ازرع قبّا وخذ قبّا، الّا ان الذى نذرتَ كان انبل[a] جبّا، فقال اذهب لا حاجة لنا فى قريتك ✿

واما الجبال الشريفة فجبل زَيْتَا يطلّ على بيت المقدس وقد ذكرناه وجبل صِدّيقا بين صور وقدس وبانياس وصيدا ثَمّ قبر صدّيقا[b] عنده مسجد له برسم يوم النصف من شعبان يجتمع اليه خلق كثير من هذه المدن ويحضره خليفة السلطان واتّفق وقت كونى بهذه الناحية يوم الجمعة فى النصف من شعبان فأَتَى[c] القاضى ابو القاسم ابن العبّاس حتّى خطبتُ بهم فبعثتُهم فى الخطبة على عمارة ذلك المسجد ففعلوا وبنوا به منبرًا وسمعتُهم يزعمون ان الكلب يعدو خلف الوحش فاذا بلغ ذلك الحدّ وقف وما يشبه هذه من الحكايات، واما جبل لُبْنَان فهو متّصلّ بهذا الجبل كثير الاشجار والثمار المباحة وفيه عيون ضعيفة يتعبّد[d] عندها اقوام قد بنوا لانفسهم بيوتًا من القشّ ياكلون من تلك المباحات ويرتفقون بما يحملون منها الى المدن من القصب الفارسىّ والمرسين وغير ذلك وقد قلّوا به، وجبل الجَوْلَان يقابله من نحو دمشق على ما ذكرنا وبه لقيتُ ابا[e] اسحاق البلّوطىّ فى اربعين رجلًا لباسهم الصوف ولهم مسجد يجتمعون فيه ورايتُه فقيهًا عالمًا على مذهب سفيان الثورىّ ورايتُ تقوّتهم بالبلّوط ثمرة على مقدار التمر مرّ يفلق ويُحلى ثم يطحن وثَمّ شعير برّى يخلط به، واما جبل لُكّام فانه اعمر جبال الشام واكبرها واكثرها

a) B ادنل s. انىل. b) Locus appellatur quoque الشَجَرَة, vid. Jacut, III, p. ٣٦٠, 22. c) B فاتى. Legere voluissem فاتى, sed textus C, quem vide infra, secus suasit. d) B sine punctis. e) B ابو.

ثمارًا وهو اليوم بيد الارمن وطرسوس من ورآئه وانطاكية دونه[a] ۞ والولايات[b] لصاحب مصر *وقد كان سيف الدولة غلب[c] على اعلاه ۞ والضرائب فيه هيّنة * الّا ما يكون على الفنادق فانه منكر على ما ذكرنا من بيت المقدس[d] ، وحماياته ثقيلة على قنّسرين والعواصم ثلاثمائة الف وستّون الف دينار وعلى الاردنّ مائة الف وسبعون[e] الف دينار وعلى فلسطين مائتا[f] الف وتسعة وخمسون الف دينار وعلى دمشق اربعمائة الف ونيف وقرأتُ فى كتاب (95) ابن خرداذبه[g] خراج قنّسرين اربعمائة الف[h] دينار وخراج حمص ثلاثمائة الف واربعون الفًا وخراج الاردنّ ثلاثمائة الف وخمسون الفًا وخراج فلسطين خمسمائة الف دينار ۞

---

a) C haec sic habet: واما الجبال الشريفة فجبل لبنان وجبل الجولان فيهما عبّاد عند عيون ضعيفة قد بنوا ثمّ اخصاصًا من القصب والحلفآء يتقوّتون بشىء يقال له البلّوط على مقدار التمر عليه قشر وهو مرّ الّا انهم يلقونه فى المآء حتّى يحلو ثمّ اذا جفّ طحنوه وخبزوه واخلطوا عليه شىء (l. شيـًٔا) من شعير ينبت عندهم مباح وفى هذين الجبلين ثمار كثيرة وهو موضع طيّب ورايتُ رئيسهم ابا اسحق البلّوطىّ فرايته عاقلًا فقيهًا على مذهب سفيٰن الثورىّ ، واما جبل صديقا فانه متّصل بجبل لبنان فيه مشهد لهم موسم يوم النصف من شعبان واتّفق يوم الجمعة فى النصف من شعبان وانا ثمّ فبعثنى القاضى ابو القاسم ابن العبّاس حتّى خطبتُ بهم ورغّبتهم فى بناء ذلك المسجد فى الخطبة فجمعوا له شيـًٔا كثيرًا وعمروه احسن عمارة وبنوا فيه منبرًا ، وجبل اللكام خلف انطاكية قد غلب عليه الارمن. b) C addit: الشام تكون. c) C غير ان بنى حمدان قد غلبوا. d) C فى الساحل والطرق. Deinde hic habet: وخراج فلسطين مائة الف دينار وخراج حمص ثلثمائة الف واربعين (sic) الف دينار وخراج دمشق اربعمائة الف دينار ونيف وخراج قنسرين اربع مائة الف الف (sic) دينار وخراج الاردن ثلثمائة الف دينار وخمسون الف ، وطول الشام من مدائن (l. مدين) شعيب الى الثغور تسع وثلثون يومًا واما العرض فيختلف لان راس الشام الحجازىّ ادقّ والثغرىّ اعرض. e) B وسبعمائة. f) B مائتى et mox وخمسين. g) B خرداذه. h) B addit الف; cf. Ibn Khord. ed. Barbier de Meynard, p. 71.

وأما المسافات فتاخذ من حلب الى بالس يومين ومن حلب الى قنّسرين * يومًا وكذلك الى الأَثارِب ومن[a] حلب الى منبج يومين ومن حلب الى انطاكية ٥ ومن انطاكية الى اللاذقيّة ٣ ايّام ومن منبج الى الفرات مرحلة، * وتاخذ من حمص الى جُوسِيَة[b] مرحلة ثم الى يَعَاث[c] مرحلة ثم الى بعلبكّ نصف مرحلة ثم الى الزَّبَدانيّ مرحلة ثم الى دمشق مرحلة، وتاخذ من حمص الى شَمْسِين[d] مرحلة ثم الى قارا مرحلة ثم الى النَّبْك مرحلة ثم الى القُطَيِّفة مرحلة ثم الى دمشق مرحلة، وتاخذ من حمص الى سَلَمِيَّة مرحلة ثم الى القَسْطَل مرحلتين[e] ثم الى الدراعة مثلها ثم الى الرصافة مثلها ثم الى الرقّة نصف مرحلة، ثم تاخذ من حمص الى حماة مرحلة ثم الى شيزر مرحلة ثم الى كَفَرْطاب مرحلة ثم الى قنّسرين مرحلة ثم الى حلب مرحلة[f] ✿ وتاخذ من دمشق[g] الى طرابلس او الى بيروت او الى صيدا او الى * بانياس او الى الحوران او البثنيّة يومين يومين[h]، * وتاخذ من دمشق الى اقصى الغُوطة او الى بيت سرعا[i] مرحلة مرحلة، وتاخذ من دمشق الى الكُسْوَة بريدين ثم الى جَاسِم مرحلة ثم الى فِيق مثلها ثم الى طبريّة بريدًا، وتاخذ من بانياس الى قدس او الى جبّ يوسف بريدين بريدين، وتاخذ من بيروت الى صيدا او الى طرابلس مرحلة مرحلة[k] ✿ وتاخذ من طبريّة الى اللَّجّون او الى جبّ

---

a) C وتاخذ من يوم ومنها الى تارب يوم. (B الاىارب). *b*) B جوسيّة. *c*) B ىعاب, Kodáma ايعاث. Eiusdem nominis pagus iacet unius horae distantia a Baälbek versus occidentem, vid. in mappis; et cf. Ritter XVII, p. 289 seq. et 1318, Baedeker, p. 523 (Yâ'ât). Vocatur haec via طريق البقاع. *d*) Kodáma شمسين الشعر. Vid. Dimaschkí ed. Mehren, p. ٢٠٢. Cf. Mehren, *Syrien og Palestina*, p. 55, Ritter XVII, p. 1484, 1564. *e*) In Codice lectio incerta est, utrum مرحلة an مرحلتين, hoc verum esse ostendit Kodáma. Pro الدراعة forte leg. الزراعة, ut habet Ibn-Khord. p. 84. *f*) C pro his: وخذ من حمص ان شئت الى حلب او الى دمشق خمسًا خمسًا منازل عامرة ومدن. *g*) C addit: الى بعلبك او. *h*) C اذرعات او الى الحوران او الى بانياس يومان يومان. B om. او الى ante الحوران. *i*) B الغوطه او الى ىىب سرعا. *k*) C haec omnia om.

يوسف او الى بيسان او الى عقبة أَفيق او الى الجَشّ * او الى كفركلا[a] مرحلة مرحلة، وتاخذ من اللجّون الى قَلَنْسُوَة مرحلة * ثم الى الرملة مرحلة وان شئتَ فخذ من اللجّون الى كفرسابا بالبريد مرحلة ثم الى الرملة مرحلة، وتاخذ من بيسان الى تعاسير[b] بريدين ثم الى نابلس مثلها ثم الى بيت المقدس مرحلة، وتاخذ من جبّ يوسف الى قرية العيون مرحلتين[c] ثم الى القَرْعُون مرحلة ثم الى عين الجرّ[d] مرحلة ثم الى بعلبكّ مرحلة وهذا يسمّى طريق المدارج، وتاخذ من الجشّ الى صور مرحلة ومن صور الى صيدا مرحلة ومن صور الى قدس او الى مجد[e] سلم بريدين ومن مجد سلم الى بانياس بريدين[f]، وتاخذ من طبريّة الى عكّا مرحلتين[g] * ومن جبل لبنان الى نابلس او الى قدس او الى صيدا او الى صور نحو[h] مرحلة مرحلة ۞ وتاخذ من الرملة الى بيت

---

a) Non videtur differre a كفرليلى itinerarii Kodámae in via quae Tiberiade ducit Baälbekum. Pagus كَفَرْكَنَّا multo propior Tiberiadi iacet, de eo igitur cogitari nequit. Loco huius C habet: او الى اذرعات او الى قدس. Deinde hic addit: وتاخذ من عقبة افيق الى نَوَى مرحلة ثم الى دمشق مرحلة وتاخذ من الجشّ الى صور مرحلة وتاخذ من جبّ يوسف الى بانياس مرحلة وتاخذ من قدس الى جبل لبنان مرحلة وتاخذ من اذرعات الى عمّان او الى دمشق مرحلتين.
b) B بعاسس. Sine dubio intelligitur Teiasir, antiquum Aser, quoque Yasîr appellatum. Vid. Guérin, *Description*, II, 1, p. 355 seqq., Baedeker p. 351.
c) B قريب sic. Kodáma habet hoc itinerarium: ومن اخذ من بعلبك الى طبرية على طريق الدراج فمن بعلبك الى عين الجر ٢٠ ميلا ومن عين الجر الى الفرعون وهو منزل فى بطن الوادى ١٥ ومن فرعون الى قرية يقال لها العيون يمضى الى كفرليلى ٢٠ ميلا ومن كفرليلى الى طبرية ١٥ ميلا وفى هذا الطريق جب يوسف عمّ. Pagus العيون est veterum Ijjon (Tell Dibbin). *d*) B male عين الحس.
e) B bis distincte مجد. In mappa van de Velde Mejdel Selim ab oriente ruinae Selim (Khurbet Selim) quae quoque memoratur a Ritter XVI, p. 790. Sprenger, p. 102, proposuit Masgid Selām. *f*) C haec omnia om. inde a ثم الى الرملة.
g) B مرحلة. *h*) C وتاخذ من عكا الى صور او الى الكنيسة.

المقدس او الى بيت جبريل او الى عسقلان[a] او الى السُكَّرِيَّة مرحلة مرحلة ، * وتاخذ من الرملة الى نابلس او الى كفرسلّام او الى مسجد ابراهيم او الى اريحآء مرحلة مرحلة[b] ، وتاخذ من الرملة الى يافه او الى الماحوز[c] او الى ارسوف او الى ازدود او الى رفح مرحلة مرحلة ، وتاخذ من بيت المقدس الى بيت جبريل او الى مسجد ابراهيم[d] او الى نهر الاردنّ مرحلة مرحلة ، وتاخذ من بيت المقدس الى نابلس مرحلة * وتاخذ من بيت المقدس الى اريحآء بريدين[e] ، وتاخذ من غزّة الى بيت جبريل * او الى ازدود[b] او الى رفح مرحلة مرحلة ، * وتاخذ من مسجد ابراهيم الى قاووس[f] مرحلة ثم الى صُغر مرحلة[g] ، وتاخذ من نهر الاردنّ الى عمّان مرحلة ، وتاخذ من نابلس (96[h] الى اريحآء مرحلة[i] * وتاخذ من اريحآء الى بيت الرام بريدين ثم الى عمّان مرحلة[b] ، وتاخذ من صغر الى مآب مرحلة[k] ، وتاخذ من عمّان الى مآب[l] او الى الزريقا مرحلة مرحلة وتاخذ من الزريقا الى اذرعات مرحلة ومن اذرعات الى دمشق مرحلتين ، وتاخذ من قيساريّة الى كفرسلّام او الى كفرسابا او الى ارسوف او الى الكنيسة[m] مرحلة مرحلة ، ومن يافه الى عسقلان مرحلة[n] ✿

---

a) C غزة او الى عسقلان او الى كفرسابا بالبريد. *b*) C om. *c*) B الماجون. In C sequitur: نصف مرحلة وتاخذ من الرملة الى نابلس او مسجد ابرهيم مرحلة مرحلة ومنها الى قَيْسارِيَّة (Cod. قَيْسَرِيّه) مرحلة وتاخذ من بيت المقدس الخ. *d*) Id est Hebron. *e*) C om. sed addit: وتاخذ من عسقلان الى يافه او الى رفح مرحلة مرحلة. *f*) B sine punctis. *g*) C pro his: وتاخذ من كفرسابا الى قلنسوة او الى قيسارية مرحلة مرحلة وتاخذ من قيسارية الى ارسوف او الى الكنيسة او الى كفرسلام مرحلة مرحلة. *h*) C addit: الى كفرسلام او. *i*) C او الى بيسان مرحلة مرحلة. *k*) C post مآب habet: او الى قاووس مرحلة مرحلة ومن صغر الى ويلة اربع مراحل والله الموفق, ceteris omissis. *l*) B داب. *m*) Statio الكنيسة distantia unius diei tum ab Acco, tum a Caesarea iacuit (vid. supra p. ١٩١*h*). Probabiliter designatur locus maritimus a septentrione oppidi Athlîth (عثليث), cuius ruinae etiamnunc appellantur Tell Keniseh, vid. Guérin, *Description*, II, 2, p. 279 seqq. Bekrî et Edrisî locum non memorant, contra receperunt Haifâ. *n*) Addidi مرحلة cf. supra ann. *e*.

اقليم مِصْر

هذا هو الاقليم الذى افتخر به فرعون على الورى، وقام[a] على يد يوسف باهل الدنيا،، فيه آثار الانبياء، والتيه وطور سينا،، ومشاهد يوسف وعجائب موسى، واليه هاجرت مريم بعيسى،، وقد كرّر الله[b] فى القرآن ذكره، واظهر للخلق فضله،، احد جناحى الدنيا، ومفاخره فلا تحصى،، مصره[c] قبّة الاسلام ونهره اجلّ الانهار وبخيراته تعمر[d] الحجاز وباهله *يبهج موسم الحاجّ[e] وبرّه يعمّ الشرق والغرب قد وضعه الله بين البحرين، واعلى ذكره فى الخافقين،، حسبك ان الشام *على جلالتها[f] رستاقه، *والحجاز مع اهلها[g] عياله،، *وقيل انه هو الرَّبْوَة، ونهره يجرى عسلًا فى الجنّة،، قد عاد فيه حضرة امير المؤمنين، ونسخ بغداد الى يوم الدين، وصار مصره اكبر مفاخر المسلمين[f]،، غير ان جدبه سبع سنين متواليه، والاعناب والاتيان به غاليه،، ورسوم القبط به غالبه[h] *وفى كلّ حين تحلّ بهم الداهيه،، عمره مصر بن حام بن نوح عم[i]، وهذا شكله ومثاله ۞

(98) وقد جعلنا اقليم مصر على[k] سبع كور ستٌّ منها عامرة ولها[l] ايضًا اعمال واسعة *ذات ضياع جليلة ولم تكثر مدائن مصر لان اكثر اهل[m] السواد قبط ولا مدينة فى قياس علمنا هذا الّا بمنبر، فاوّلها[n] من نحو الشام الجِفَار ثم الحَوْف[o] ثم الرِّيف ثم اسْكَنْدَرِيّة ثم مَقْدُونِيَة ثم الصَّعِيد والسابعة الواحات ۞ فاما الجفار فقصبتها الفَرَمَا ومدنها البَقّارَة الوَرّادَة[p] العَرِيش ۞ واما الحوف فقصبتها بِلْبَيْس ومن مدنها مَشْتُول جُرْجِير[q] فاقُوس غَيْفَا[r] دَبْقُو

---

a) C والذى قام. b) C add. تعالى. c) B مصر. d) B يعمر superinscripto معا. e) C يستبين مواسم الحجاج. f) C om. g) C واهل الحجاز. h) B عاليه s. عاديه. i) C om. et habet deinde وهذه صورته والله تعالى اعلم واحكم. Sequitur mappa Aegypti (B p. 97). k) C om. et mox habet ستة. l) C وله. m) B اهلها. n) C pro his tantum: بمدائن فاول كوره. o) B saepius الجوف, C الخوف. p) C البقار الوارده. q) C om. B sine punctis et indistincte. r) B عثا, C عيثا. Supra p. ٥٥, 1 صندفا. Vid. infra ad itiner. Deinde B دبقوا, C ديقو.

تُونَة بَرِّيم[a] القُلْزُم[b] ✿ واما الريف فقصبتها العَبَّاسِيَّة[c] ومن مدنها شُبْرُو[d] دَمَنْهُور سَنْهُور بَنْهَا العَسَل شَطْنُوف[e] مَلِيج مَحَلَّة سِدْر[f] مَحَلَّة كَرْمِين المَحَلَّة الكبيرة سَنْدَفَا دَمِيرَة بُورَة دَقَهْلَة مَحَلَّة زيد مَحَلَّة حفص مَحَلَّة زياد سنهور[g] الصغرى برلس[h] ✿ واما اسكندريَّة[i] فهى القصبة ايضًا ومن مدنها الرَّشِيد مَرْبُوط[k] ذاتُ الحُمَام بَرُلُّس ✿ واما مَقَدُونِيَة فقصبتها الفسطاط وهو[l] المصر ومن مدنها العَزِيزِيَّة الجِيزَة[m] عَيْنُ شَمْس[n] ✿ واما الصعيد فقصبتها أُسْوَان ومن مدنها حُلْوَان قُوص إِخْمِيم بُلْيَنَا عَلَّاقِى[o] اجمع بُوصِير[p] الفَيُّوم

---

a) B بوبة برىم, cf. de Sacy, *Relation*, p. 663 n. 84. b) C addit: والحوف كلّما بَعُدَ عن النيل ذات اليمين نحو بحر الصين واما الريف فكلّما كان على النيل من الوجهين وقصبته النخ. c) Jacut العبّاسة (= قصر عباسة). d) B شبروا. e) B سنطوف, sed supra recte شطنوف, C شنطوف. Cf. Edrîsî, *Description de l'Afrique et de l'Espagne*, p. 178, ann. 2. Deinde B ملبج, C ut B supra sine punctis. f) Ibn-Hauk. p. ٨٩, 10 habet محلة صرد, quam lectionem confirmat Edrîsî, vid. p. 188 ult., at hic locus diversus esse videtur, simpl. صُرَد apud de Sacy, *Relation*, p. 643 n. 289 (cf. ibid. p. 599 n. 24 منية صُرَد). Loci محلة سدر et محلة كرمين ibidem memorantur p. 646, n. 362 et 363. g) B سمهور, C ut B supra سبهور. h) B hic ut supra sine punctis, C ut recepi. i) C, qui haec post مقدونية habet, scribit h. l. الاسكندرية. k) B et C مربوط, quae lectio etsi quoque a Jacut memoratur, videtur esse falsa. In *Tâdjo 'l-arûs* v. ربط vocatur وهم ظاهر. l) C وهى. Transscripsit locum Jacut, IV, p. ٩٠٣, 20, ubi male الغربية pro العزيزية et الجيزية pro الجيزة. m) B الخيره, C الخبره اجزيره القاهرة. Pro اجزيره l. الجزيرة vid. Ibn-Hauk. p. ٩٩ seq. n) C addit: سردوس جرجير فهذا ما نعرفه ونذكره. o) C بلينا علاقى. Sequens اجمع quoque sic scribitur supra. Mappa B احمع, ibique ponitur inter بلهيا l. بلينا et اشمونين. p) B برهمر et supra برهمم, C برهمر. Mappa B سرهمم. Ponitur ibi inter الغيوم et اشمونين, sed in ripa opposita. Coniectura scripsi.

أَشْمُونَيْن سُمُسْطَا تَنْدَة[a] طَحَا بَهْنَسَة قَبْس ✿ *وبازآء الحوف جزيرتان فى بحيرتين فيهما تِنّيس ودِمْيَاط[b] ✿

الفَرَمَا على ساحل بحر الروم[c] وهى قصبة الجفار على فرسخ من البحر[d] عامرة آهلة عليها حصن ولها اسواق حسنة وهى فى سبخة ومآؤُها[e] مالح وحولها مصايد السلوى معدن *الاسماك الجيّدة وبها اضداد عدّة وخيرات كثيرة وهى مجمع الطرق مذكورة سريّة[f] غير ان مآءها مالح وطيرها مُزْمِن* وهذه الكورة[g] كلّها رمال ذهبيّة والمدن التى ذكرناها وسطها وفيها طرق ونخيل وآبار وعلى كلّ بريد حانوت الّا ان الريح ربّما لعبت بالرمال فغطّت الطريق والسير فيها صعب[h] ✿

بِلْبِيْس قصبة الحوف كبيرة كثيرة القرى والمزارع عامرة بنيانهم من طين ✿ والمَشْتُول كثيرة[i] الطواحين[k] ومنها يحمل *اكثر ميرة الحجاز من الدقيق والكعك[l] واحصيْتُ فى وقت من السنة فاذا هو يبلغ ثلاثة آلاف حمل جمل فى كلّ اسبوع كلّها حبوب ودقيق ✿ والقُلْزُم بلد قديم[m] على طرف بحر الصين

---

a) B دندة, C sine punctis. Deinde C om. tria nomina sequentia. *b*) C habet: وجزيرة تنيس وجزيرة دمياط وهما فى بحرتين متّصلتين ببحر الروم والنيل et addit: وبهذا الاقليم قرى قد اشهرها ما يحمل منها مثل شطا وطحا وبهنيسة (l. وبهنسة) وقيس وزُفَيتا وزفتاف وزفتتا وقد بقى منها مدن كثيرة لا اعرفها غير ان المشهورات ما ذكرنا وبازاء الاقليم فى بحر الروم جزيرة اقريطش كبيرة ذات مدن ونعم وقد كان غلب عليها الروم فاستجردها المغربىّ منهم. *c*) C السمك يجمع اضداد وتجمع. *d*) C الفم. *e*) C ماؤها. *f*) C البحر. *g*) B الكور. *h*) C وسائر مدن الجفار خيرات الاقليمين وتلقى الطريقين بالرمال ذوات نخيل حارّة عامرة وهى رمال منعقدة يلعب بها الريح وتغطى الطرق والسير فيها اضعب (l. صعب) الا انه على كلّ بريد حانوت وبئر وكلّ سمعتهم يذكرون ان بها ثلثمائة. *i*) B كثير. *k*) C addit: يوم مدينة طاحونة (sic) وستون. *l*) C القلزم الى كثيرة وحنطة الحجاز دقيق عامة, ceteris omissis. *m*) Infra in B inepto loco idem locus de القلزم legitur cum paucis variis lectionibus (B*); ibi مدينة قديمة, ut quoque apud Jacut, IV, p. ١٦٠, ult. seq.

يابس عابس[a] لا مآء ولا كلأ ولا زرع ولا ضرع ولا حطب ولا شجر * ولا عنب ولا ثمر[b] يحمل اليهم المآء فى المراكب * ومن موضع على بريد يسمّى سُوَيْس على الجمال مآء آجن[c] ردىّ ومن امثالهم ميرة اهل القلزم من بِلْبَيْس وشربهم من سُوَيْس ياكلون لحم التَّيْس ويقدون[d] سقف البيت هى احد كنف الدنيا مياه حمّاماتهم زعاق وحشة ملولة والمسافة اليها صعبة غير ان مساجدها حسنة *وبها قصور جليلة ومتاجر مفيدة[e] هى خزانة مصر وفرضة الحجاز ومعونة الحاجّ[f] * واشترينا يومًا بدرهم خطبًا[g] فاحتجنا له بدرهم حطبًا ، وهذه الكورة غير طيّبة ولا ارى فى ذكر بقيّة مدائنها فائدة[h] ✿

العَبّاسيّة هى قصبة الريف عامرة طيّبة قديمة شربهم من النيل موضع الريف والخصب * بنيانهم افرج[i] من بنيان مصر بها اضداد تحمل[k] اليها وجامع حسن من الآجرّ رفقة سريّة[l] ✿ والمَحَلّة الكبيرة ذات[m] جانبين اسم (99) الجانب[n] الآخر سَنْدَفا[o] بكلّ جانب[p] جامع * وجامع المحلّة وسطها وجامع تلك على الشطّ لطيف وهذه اعمر وبها سوق زيت حسن[q] والناس *يذهبون ويجيئون[r] فى الزواريف شبّهتها بواسط[s] ✿ ودَمِيرَة ايضًا على الشطّ طويلة عامرة بها بطّيخ نادر ✿

الإسْكَنْدَرِيّة قصبة[t] نفيسة على بحر الروم عليها حصن منيع

---

a) B*, C et Jacut يابسة عابسة. b) Iidem om. c) B اخر. B* وعلى بريد منها ماء سويس مالح, C ومن على بريد من موضع يقال له سويس مالح, Jacut من سويس وبينهما بريد وهو ملح. d) B*, C et Jacut ويوقدون. Pro سقف B* شعب. e) B* et Jacut ومنازلها جليلة ومتاجرها مفيدة. f) Jacut ومغوثة الحجاج. (B ومعونه) Hucusque B* qui habet للحاج. g) B حطبا. h) C pro his: وسائر مدن هذه الكورة غير طيبات. i) B افرح. k) B يحمل. l) C وهى طين وآجرّ بنيانهم والرفق والسعة والرطب والسمك والحبّ والخيرات باجنحة من الخشب, addens: وسائر المدن على ما ذكرنا. m) C om. ut quoque اسم. Infra iterum describitur al-Maḥalla, sed partim aliis verbis. n) B om. o) B سدفا. p) C واحدة. q) C om. r) C يعبرون. s) C بالاهواز غير انهما صغيرتان وسندفا اصغر. Deinde habet ودميرا ممتدّة على النيل كبيرة جيدة البطيخ. t) C قصبته.

وهو بلد شريف[a] كثير الصالحين والمتعبّدين[b] شربهم من النيل يدخل عليهم * أيّام زيادته[c] فى قناة فيملأ[d] صهاريجهم وهى شاميّة الهوآء والرسوم كثيرة الامطار جامعة للاضداد جليلة الرستاق جيّدة الفواكه والاعناب طيّبة نظيفة بنآؤهم من الحجارة البحريّة[e] معدن الرخام وبها جامعان[f] وعلى جبابهم[g] ابواب تغلق بالليل كيلا يصعد منها اللصوص، وسائر المدن عامرات طيّبات[h] وفى نواحيها خرنوب وزيتون ولوز ومزارع على البعل وثَمّ يصبّ النيل فى بحر الروم * وهى مدينة ذى القرنين ولها قصبة عجيبة[c] ✿

الفُسْطاط[i] هو مصر فى كلّ قول لانه قد جمع الدواوين، وحوى امير المؤمنين،، وفصل بين المغرب وديار العرب واتّسع بقعته[k] وكثر ناسه وتنضّر[l] اقليمه واشتهر اسمه وجلّ قدره فهو مصرُ مصر[m] وناسخ بغداد ومفخر الاسلام، ومتجر الانام، واجلّ من مدينة السلام،، خزانة المغرب ومطرح المشرق[n] وعامر الموسم ليس فى الامصار[o] آهَلُ منه كثير الاجلّة والمشايخ عجيب المتاجر والخصائص حسن الاسواق والمعايش الى حمّاماته المنتهى، ولقياسيره لباقة وبهآء[p]،، ليس فى الاسلام اكبر[q] مجالس من جامعه، ولا احسن تجمّلاً[r] من اهله، ولا اكثر مراكب من ساحله،، آهَلُ من نيسابور[s] واجلّ من البصرة *واكبر من دمشق به[c] اطعمة لطيفة، وادامات نظيفة،، وحلاوات رخيصة كثير الموز والرطب، غزير البقول والحطب،، خفيف المآء، صحيح[t] الهوآء،، معدن العلمآء، طيّب الشتآء،، اهل سلامة وعافية، ومعروف كثير وصدقة،، نغمتهم بالقرآن حسنة، ورغبتهم فى الخير بيّنة،، وحسن عبادتهم[u] فى الآفاق معروفة قد

---

a) B om. *b*) C والعبّاد. *c*) C om. *d*) B فيملى, C فتملأ. *e*) B وتنقطع : الحجاريه المحريه. Deinde C كثيرة الرخام. *f*) C جامعتان et addit: القناة اذا نقص النيل لانقطاع الخليج. *g*) B corrupte حباهم. *h*) C addit: وبها خرنوب ولوز الخ, habens deinde: تمطر وتوافق مدن الشام فى الهواء والثمار. *i*) In marg. B الفسطاط العجوبة املوحة. *k*) C نفقته. *l*) B وتبصر, C ومصر. *m*) C مصرٍ et mox بغداذ. *n*) C الشرق. *o*) C الاسلام. *p*) C اللباقة والبهآء. *q*) C اكثر et deinde مجالسا ut mox مراكبا. *r*) C تجملا. *s*) C addit وبخارا. *t*) C صلح. *u*) C عباداتهم.

استراحوا من اذى الامطار، وامنوا من[a] غاغة الاشرار، ينتقدون * الخطيب والامام ولا يقدّمون الّا طيّبًا وان بذلوا الاموال[b] قاضيهم ابدًا خطير، والمحتسب كالامير، ولا ينفكّون[c] ابدًا من نظر السلطان والوزير، ولولا عيوب له كثير، ما كان له فى العالم من[d] نظير، وهو نحو[d] ثلثى فرسخ طبقات بعضها فوق بعض وكانت جانبين[e] الفسطاط والجيزة[f] ثمّ شقّ بعض الخلفآء من[g] ولد العبّاس خليجًا على قطعة منها فسمّيت تلك القطعة الجزيرة لانها بين العمود * والخليج وسمّى خليج امير المؤمنين منه شربهم ودورهم اربع طبقات وخمس[h] كالمنابر يدخل اليهم الضيآء[i] من الوسط وسمعتُ انه يسكن[k] الدار الواحدة نحو مائتى نفس *وانه لمّا صار اليها الحسن بن احمد القرمطىّ خرج الناس اليه فرآهم مثل الجراد فهاله ذلك وقال ما هذا قيل هؤلآء نظّارة[l] مصر ومَنْ ما يخرج اكثر، (100) وكنتُ يومًا امشى على الساحل واتعجّب من كثرة المراكب الراسية والسائرة فقال لى رجل منهم من اين انت قلتُ من بيت المقدس قال بلد كبير[m] اعلمك يا سيّدى اعزّك الله ان على هذا الساحل وما قد اقلع منه الى البلدان والقرى من المراكب ما لو ذهبتْ الى بلدك لحملتْ اهلها وآلاتها وحجارتها وخشبها حتّى يقال كان ههنا مدينة[n]، وسمعتُهم يذكرون انه يصلّى قدّام الامام يوم الجمعة نحو[o] عشرة آلاف رجل *فلم اصدّق حتّى خرجتُ مع المتسرّعة الى سوق الطير فرايتُ الامر قريبًا ممّا قالوا، وابطيتُ يومًا عن السعى الى الجمعة فالفيتُ الصفوف فى الاسواق على اكثر من الف ذراع من الجامع[p] ورايتُ القياسير والمساجد والدكاكين حوله مملوءة من

a) C om. من. Ad غاغة in marg. B انها بمعنى الغوغاء (i. e. الظاهر) غاغة الط.
b) C الامام والخطيب ولا يقدمون الا طيبيا لبيب. (B ىىمقدون). c) B ينتلكون. C om. ابدا. d) C om. e) B جانبات, C جانبان. f) C والحيزة, B والحبيزة. g) C خلفاء. h) C والجيزة (Cod. والحيزه) دورهم من اربع طبقات الى عشر اكثرها خمس. Deinde B كالمنابر. i) B ادصا, C الضا. k) B سكن. l) B نضّارة. m) B بلد كبر. n) C haec om. Deinde habet: واحصيت انه يصلى مع الامام. o) C add. من et pro رجل habet نفس. p) C haec om. et habet deinde: وتمتلئ القياسين (sic) والاسواق والمساجد هذا فى الجامع السفلانى لانه اجلّ

كلّ جانب من المصلّين وهذا الجامع يسمّى السفلانىّ من عمل عمرو بن العاص وفيه منبره حسن البناء فى حيطانه شىء من الفسيفس على اعمدة رخام اكبر من جامع دمشق والازدحام فيه اكثر من الجوامع الستّ قد التفّت عليه الاسواق الّا ان بينها وبينه من نحو القبلة دار الشطّ وخزائن وميضاة وهو اعمر موضع بمصر وزقاق القناديل عن يساره وما يدريك ما زقاق القناديل والجامع الفوقانىّ من بناء بنى طيلون اكبر وابهى *من السفلانىّ[a] على اساطين واسعة *مصهرجة وسقوفه عالية فى وسطه قبّة على عمل[b] قبّة زمزم فيها سقاية *مشرف على فم الخليج وغيره[a] وله زيادات وخلفه دار حسنة *ومنارته من حجر صغيرة[c] درجها من خارج[d] والحدّ بين اسفل وفوق مسجد عبد الله قد بنى على مساحة الكعبة *وبطول الوصف بنعت اسواقها وجلالته غير انه[e] اجلّ امصار المسلمين واكبر مفاخرهم واهَل بلدانهم ومع هذه الكثرة اشتريت بها[f] الخبز الحوّارى *ولا يخبزون غيره[a] ثلاثين رطلًا بدرهم والبيض ثمانية بدانق[g] والموز والرطب رخيص[h] يجىء ابدًا اليه ثمرات الشام والمغرب وتسير الرفاق اليه من العراق والمشرق ويقطع[i] اليه مراكب الجزيرة[k] والروم تجارته عجيبة ومعايشه مفيدة واموالة[l] كثيرة لا ترى احلى[m] من مآئه ولا اوطأ[n] من اهله ولا

موضع بمصر وسط الاسواق على عمل جوامع الشام بناه عمرو بن العاص والازدحام فيه اكثر من لجوامع الستّ بازائه زقاق القناديل وما الخ.

a) C om. b) C من الآجرّ مبيضة وسطه قبة نظير. c) C ومنارة حجر. d) C addit: وبالجزيرة جامع وبالجيزة. e) C pro his: وهو بموضع حسن نزه آخر وظاهر البلد موضع قبة (l. فيه) مساجد كثيرة وسقايات حسنة وخلق من العباد يسمّى القرافة فيه جامع ايضًا حسن بنته السيّدة امّ المغربىّ وبطرف الجزيرة موضع يسمّى المختارة فيه متنزهات ملوك مصر فيه ايضًا جامع وآخر بالقاهرة فهذه سبعة وكانت القاهرة بعيدة عن البلد والآن قد اتّصلت العمارة منها الى البلد فهو اليوم اكبر من بغداذ والقاهرة مدينة بناها المغربىّ لما فتح مصر وقهر من فيها يسكنها جنوده وفيها قصره وهى كبيرة بها اربعون حمّامًا واسواق حسنة فالفسطاط اليوم. f) B om. g) C addit: والسفرجل سبعين بدرهم. h) C فرخيص. i) C ويقلع. k) C الصين. l) C والاموال به. m) B اجل, C احلا. n) B اوطى.

احسن من بزّه ولا ابرك من نهره[a]، الّا انه ضيّق المنازل كثير البراغيث عفن كرب البيوت قليل الفواكه مياه كدرة وآبار وضرة ودور قذرة وبقّ منتن وجرب مزمن[b] ولحوم عزيزة[c] وكلاب كثيرة ويمين[d] قطيعة ورسوم وحشة ابدًا على خوفٍ من القحط وانقطاع النهر واشرافٍ على الجلآء وتربُّص بالبلآء، لا يتورّع مشايخهم عن شرب الخمور[e] ولا نسآؤهم عن الفجور، للمرأة زوجان، وترى الشيخ سكران، وفى المذهب حزبان، مع سمرة وقبح لسان، والجَزيرَة خفيفة الاهل الجامع والمقياس على طرفها عند الجسر * ممّا يلى المصر[f] وبها بساتين ونخيل * ومتنزّه امير المؤمنين عند الخليج بموضع يسمّى المُختَارة[f]، والجِيزَة مدينة خلف العمود كانت الطريق اليها من الجزيرة على جسر * الى ان[g] قطعه الفاطمىّ[h] بها جامع وهى اعمر واكبر من الجزيرة (101) والجادّة منها الى المغرب * ويلقى الخليج العمود تحت الجزيرة عند المختارة ۞ والقَاهِرَةُ مدينة بناها جوهر الفاطمىّ لمّا فتح مصر وقهر من فيها كبيرة حسنة بها جامع بهىّ وقصر السلطان وسطها محصّنة بابواب محدّدة على جادّة الشام ولا يمكن احد دخول الفسطاط الّا منها[i] لانهما بين الجبل والنهر ومصلّى العيد من ورآئها والمقابر بين المصر والجبل[k] ۞ والعَزِيزيّة قد اختلّت وخربت[l] عامّتها وكانت المصر فى القديم وبها كان ينزل فرعون وثمّ قصره ومسجد يعقوب ويوسف ۞ وعَيْنُ شَمْس مدينة[f] على جادّة الشام كثيرة المزارع بها مسدّ النيل ايّام زيادته جامعهم[m] فى السوق ۞ *والمَحَلّة مدينة على نهر الاسكندريّة بها جامع لطيف ولبس بها كثير اسواق غير انها عامرة نزيهة الشطّ حسنة النهر يقابلها صَنْدَفَا به جامع عامرة شبّهتُها بواسط الّا انه ليس بينهما جسر يعبرون فى المراكب ۞ وحُلْوَان مدينة من نحو الصعيد ذات مغاير ومقاطع

---

a) C اهله ونهره. b) C متمكّن. c) B عزيزه, C غالية. d) B وملس. e) B الخمر. f) C om. g) C حتى. h) C المغربى. i) B فيها. k) C pro his: وليس للمصر فى الحقيقة الا درب واحد لان من وجه النيل ومن وجه الجبل والمقابر فالدخول اليها من نحو الشام حسب والمقابر قد امتدّ عليها كلّها. l) B وخرب. m) C وجامعهم.

وعجائب بها حمّام من فوقه حمّام آخر[a] ❊ وسائر المدن على عمود النيل وخليجيه[b] ❊

وأُسْوان قصبة الصعيد على النيل عامرة كبيرة بها منارة طويلة ولها نخيل وكروم كثيرة وخيرات وتجارات وهى من الامّهات ❊ *واخْميم مدينة كثيرة النخيل على بعض شعب النيل ذات كروم ومزارع منها كان ذو النون الزاهد[c] وهذه الكورة[d] اعلى ارض مصر وفيها يخرج النيل ❊ *والفَيُّوم جليل به مزارع الارزّ الفائق والكتّان الدون ولها قرى سريّة تسمّى الجوهريّات ❊ والعَلّاقى مدينة فى آخر الكورة على طريق عيذاب[e] ❊ واما الواحات فانها كانت كورة جليلة ذات اشجار ومزارع والى اليوم يوجد فيها[f] صنوف الثمار واغنام ونعم قد توحّشت متّصلة بارض السودان *تمسّ طرف اقليم المغرب وبعض يجعلونها منه[g] ❊

تِنِّيس بين بحر الروم والنيل بحيرة فيها جزيرة صغيرة قد بنيت كلّها مدينة واىّ مدينة هى بغداد[h] الصغرى وجبل الذهب ومتجر الشرق والغرب اسواق ظريفة واسماك رخيصة وبلد مقصود[i] ونعم ظاهرة وساحل نزيه وجامع نفيس وقصور شاهقة ومدينة مفيدة رفقة الّا انها فى جزيرة ضيّقة والبحر عليها كحلقة ملولة قذرة والمآء فى صهاريج مغلقة اكثر اهلها قبط والبلاذات تطرح الى الطرق وبها يعمل الثياب والاردية الملوّنة وثَمَّ موضع قد نضد فيه موتى الكفّار بعض على بعض[k] ومقابر المسلمين وسط البلد ❊ دِمْيَاط تسير فى هذه البحيرة يومًا وليلة ربّما لقيك مآء حلو وازقّة ضيّقة الى مدينة اخرى وهى

---

a) C haec non habet. *b*) (B وخلحجه). C وسائر مدن الكورة على النيل. Deinde in B sequitur primum idem locus de القلزم qui supra legitur cum paucis var. l.l. ibi memoratis, usque ad ومعونة للحاج. Deinde nudum nomen اسوان et lacuna. Hanc supplevi ex C (ubi و ante اسوان deëst). *c*) C habet ut Ist. p. ٥٣, Ibn-Hauk. p. ١٠٥, 4: اخميم وبلبنا (l. اخميم وبلينا) متقاربتان فى العمارة عامرتان بالنخيل والزروع والكروم. *d*) C الكور. *e*) B haec om. *f*) C قد يوجد فيها, B دوجد فيه. Male B et C mox واغناما ونعما. *g*) C tantum واقليم المغرب. Sequentia ad جمل شوون in B non leguntur, supplevi ex C. *h*) C بغداذ. *i*) C مقصوده. *k*) Cf. Istakhrí, p. ٥٣ paen.

اطيب وارحب واوسع وافسح واخزب واكثر فواكه واحسن بنآء واوسع مآء واحذق صنّاعًا وارفع بزًّا[a] وانظف عملًا واجود حمّامات واوثق جدارات[b] واقلّ اذايات[c] من تنّيس عليها حصن من الحجارة كثيرة الابواب وفيها رباطات كثيرة حزبة[d] ولهم موسم كلّ سنة يقصدها المرابطون من كلّ جانب وبحر الروم منها على صيحة دور القبط على ساحله وثَمّ يفيض النيل فى البحر ۞ وشَطا قرية بين المدينتين على البحيرة يسكنها القبط واليها ينسب هذا البزّ ۞ وطَحا قرية بالصعيد يعمل بها ثياب الصوف الرفيعة ومنها كان الفقيه الامام ابو جعفر الازدىّ[e] ، ويصنع ببَهْنَسَة الستور والانماط والكتّان الرفيع مزارعه ببُوصِير ۞

جمل شؤون هذا الاقليم

هذا اقليم اذا اقبل فلا تسأل عن خصبه ورخصه واذا اجدب فنعوذ بالله من قحطه يمدّ سبع سنين حتّى ياكلون الكلاب ويقع فيهم الوبآء المبرّح اشدّ حرًّا من سواحل الشام ويبرد[f] فى طُوبَه بردًا شديدًا به نخيل[g] كثيرة وعامّة ذمّته نصارى يقال لهم القبط ويهود قليل كثير المجذّمين وبيت الجرب لانه عفن واكثر ادمهم السمك ۞ وعلى[h] مذاهب اهل الشام غير ان اكثر فقهآئهم[i] مالكيّون * الا ترى انهم يصلّون قدّام (102) الامام ويربّون[k] الكلاب[l] واعلى القصبة واهل صَنْدَفا شيعة وسائر المذاهب بالفسطاط موجودة ظاهرة وثَمّ محلّة الكرّاميّة وجلبة للمعتزلة[m] والحنبليّة والفتيا اليوم[n] على مذاهب الفاطمىّ * التى نذكرها فى اقليم المغرب[n] ۞ والقرآآت السبع فيه مستعملة غير ان قرآءة ابن عامر اقلّها[o] ولمّا قرأتُ بها[n] على ابى الطيّب ابن غلبون قال دع هذه القرآءة فانها عتيقة قلتُ قيل لنا عليكم بالعتيق قال فعليك بها وقرأتُ[p] عليه لابى عمرو

---

a) C برا. *b*) C حدارات. *c*) C اذامات. *d*) C حزبه. *e*) Cf. Ibn-Hauk, p. ١٠٥, 10. *f*) B sine punctis, C وتنبرد. *g*) C نحل. *h*) C sine copula. *i*) C الفقهاء; deinde B et C مالكيين. *k*) B sine punctis. *l*) C haec om. Deinde habet: واعلا الفسطاط شيعة وسائر المذاهب بها موجودة واهل سندفا شيعة وثم قوم من الكرامية. Pro صندفا B صبدنا. *m*) B وجبلة المعتزلة. *n*) C om. *o*) C insert: وابن نافع اشهرها. *p*) C ثم قرات.

فكان يأمرنى بتفخيم الرآء من مريم والتورية *والغالب عليهم والمختار عندهم قرآءة نافع[a] وسمعت شيخًا فى الجامع السفلانىّ[a] يقول ما قدم فى هذا المحراب امام قطّ الّا وهو يتفقّه لمالك ويقرأ لنافع غير هذا يعنى ابن الخيّاط قلت ولم ذلك[b] قال لم نجد اطيب منه وكان شفعويًّا ابوعمريًّا[c] لم ار * فى الاسلام[a] احسن نغمةً[d] منه ✿ لغتهم[e] عربيّة غير انها ركيكة رخوة وذمّتهم يتحدّثون[f] بالقبطيّة ✿

وهو بلد التجارات[g] يرتفع منه اديم جيّد صبور على المآء ثخين ليّن البطائن الحمر والهملختنات[h] والمثلّث *هذا من المصر[a] ومن الصعيد الارزّ والصوف والتمور والخلّ والزبيب ومن تنّيس *لا دمياط[a] الثياب الملوّنة ومن دمياط القصب ومن الفيّوم الارزّ وكتّان دون[i] ومن بُوصير قُريدُس[k] الكتّان الرفيع[l] ومن الفرما الحيتان[m] ومن مدنها القفاف[n] * والحبال من الليف[o] فى غاية الجودة[p] ولهم القباطىّ والازر[q] والخيش والعبّادانىّ والحصر والحبوب[r] والجلبان ودهن الفجل والزنبق وغير ذلك ✿ *الخصائص ولا[s] نظير لاقلامهم وزاجهم[t] ورخامهم وخلّهم وصوفهم وخيشهم وبزّهم وكتّانهم وجلودهم وحذوهم وهملختناتهم[u] ولبغهم ووزّهم[v] وموزهم وشمعهم وقندهم ودقّهم[w] وصبغهم وريشهم[x] وغزلهم واشنانهم[a] وهريستهم ونيدتهم وحمّصهم وترمسهم وقرطهم[y] وقلقاسهم وحصرهم وحمرهم[a] وبقرهم وحزمهم[z] ومزارعهم ونهرهم وتعبّدهم وحسن نغمتهم وعمارة جامعهم

---

a) C om. b) C ذاك. c) B ابو عمروى, C ابوعمرى ut quoque شفعوى. d) B et C نعمة. e) C واللغة. Deinde B غربية. f) C يتكلمون. g) C om. التجارات. B om. منه. h) B om., C والهملخيات. i) C والكتان. k) B sine punctis, C بوصين فرندس. l) C الذى ليس له نظير. m) B الحبنان. n) B العقاف. o) C والجبال. p) B om. q) C القناطى والازر. r) B sine punctis. C om. والجلبان. s) C واما الخصائص فلا. t) B وراجهم. C om. ورخامهم. u) B وهما حسناتهم, C وهملختناتهم. v) B وززهم. C om. وموزهم. w) B om. Deinde C habet وصغوهم. x) B ودشهم. y) In B posset legi وقرطمهم. Cf. de Sacy, *Relation*, p. 31 seq. et Makrîzi, I, p. ٢٧ seq. Cogitari quoque posset de قرظ, cf. Makrizi, I, p. ٣٩, 15 et 7 a f. z) B fort. وخرمهم.

وحالومهم وحبشهم[a] وحيتانهم ومعايشهم وتجاراتهم وصدقاتهم كلّ ذلك * فى غاية الجودة[b] ، وقد اجتمع بها من خصائص فلسطين * القلقاس وهو شىء على قدر الفجل المدوّر عليه قشر وفيه حدّة يقلى بالزيت ويطرح فى السكباج والموز وهو على مقدار الخيار عليه مزود رقيق بقشر عنه ثم يؤكل له حلاوة وعفوصة والجمّيز وهو اصغر من التين له ذنب طويل والترمس وهو على قدر الظفر يابس مرّ يحلّى ويملح والنبق وهو على قدر الزعرور فيه نواة كبيرة حلو وهو ثمرة شجرة السدر ويزيدون عليهم بالنبيدة وهى السمنوا غير انه عجيب الصنعة يبسط على القصب حتى يجفّ وينعلك ودهن البلسان من نبت ثمّ[c] ✿ والنقود القديمة المثقال والدرهم ولهم المزبّقة[d] خمسون بدينار ويكثرون التعامل بالراضى[e] وقد غيّر الفاطمىّ[f] النقود الّا هاذين[g] وابطل القطع والمثاقيل[h] ✿ والمكاييل الويبة وهى خمسة عشر منًا[i] والاردب ستّ وببات[k] والتلّيس ثمان وهى بطّالة ✿

---

a) B وحبشمم s. وحبشمم, C وخيسيهم. (De خيش iam supra sermo fuit, ut quoque de البقر ut non de legendo وخيسيتهم cogitari possit). *b*) C غاية.
c) C pro his: الموز وقد ذكرناه وهو ايضًا موجود بالبصرة والحجاز واليمن والجمّيز وهو شىء على قدر التين له ذنب طويل احمر على غير طعم التين شجره عظيمة الكبر لا ترى اغلظ من ساقها منه عامّة ابواب الفنادق (الفناد و Cod.) يتثمّر الشجر سبع بطون لا جرم انه يكون رخيص مباح (رخيصًا مباحًا l.) والترمس حبّ مثل الظفر يحلا ويباع فى الاسواق ويدقّ ويخمر ثم يطرح عليه الابازير ويحمل الى بخارا يشترونه الحُرُم للقدور والنبق وهو الخ — السدر وقد جاء فى الخبر نبق الجنّة كالقلال يزيدون على اهل الشام بالنبيدة وهو نوع من السمنوا غير انه عجب الصنعة يبسط الخ — ودهن البيلسان (sic) يستخرج من نبت ثمّ واما القلقاس فانه شىء الخ — يقلى فى الزيت ويطرح فى السكباج سوداوىّ ومستفيض ان من شقّ قلقاسة وجعل فيها نواة تمرة وغرسها فى الارض نبت منها شجرة موز وورقه حسن يشبه ورق الموز. Deinde pro والنقود habet وسنجهم. *d*) B المرتقه, C المربقه. Deinde B خمسين. *e*) C بالراضية. *f*) C المغرب l. المغربى. *g*) C هاتين. *h*) C om. Deinde habet: ومكاييلهم لهم الويبّة. *i*) In B lacuna post عشر. *k*) B امنا. Cf. Lane sub اردب. (C وبيبات, B et C ستة et mox ثمانية).

والرسوم بجوامع[a] هذا الاقليم اذا سلّم الامام كلّ يوم صلاة الغداة وضع بين يديه مصحفًا يقرأ فيه جزءًا ويجتمع الناس عليه كما يجتمع على المذكّرين ولهم (103) اذان * ينفردون به[b] على طريق[c] النياحة ثلث الليل الاخير وله قصّة يأثرونها[d] وبين العشآئين جامعهم مغتصّ[e] بحِلَق الفقهآء وائمّة القرّآء واهل الادب * والحكمة ودخلتُها مع جماعة من المقادسة فربّما جلسنا نتحدّث فنسمع النداء من الوجهين دوّروا وجوهكم الى المجلس فننظر فاذا نحن بين مجلسين على هذا جميع المساجد[f] وعددتُ فيه مائة وعشرة مجالس * فاذا صلّوا العشآء اقام البعض الى ثلث واكثر سوقهم[g] اذا رجعوا من الجامع ولا ترى اجلّ من مجالس القرّآء به وبه مجلس للمتلعّبين[h] ولهم اجرآء ويضربون على جوامعهم شراعات وقت الخطبة * مثل البصرة[i] ويخلو اسواقهم ايّام[k] الجمع ، * قلّ ما يلبسون ثوبًا غسيلًا او نعلًا قد امتعطت ولا يكثرون اكل اللحم ويكثرون الاشارة فى الصلاة والنخع والمخاط فى المساجد ويجعلونه تحت الحصر[f] ويخبزون فى الرساتيق وقت البيادر ما يكفيهم الى عام قابل ثمّ ييبّسونه ويخبونه[l] * ولهم باذهنجات[m] مثل اهل الشام[f] اهل تجمّل وتردّ[n] وتملّق بيمينهم الكبرى وراس الله والصغرى وحقّ علىّ * يحبّون رؤوس السمك ويقال انهم اذا رأوا شاميًّا قد اشترى سمكًا اتبعوه فاذا رمى رؤوسها اخذوها[f] يكثرون اكل الدنّينس اقذر شىء حيوان بين زَلَفتين صغيرتين يفلقان ويُحْسَى[o] مثل المخاط ✿ ومن عيوبهم ضعف قلوبهم وقلّة ثمارهم واهل الشام ابدًا يُعيّبونهم ويسخرون منهم يقولون مطر اهل[p] مصر الندى ، وطيرهم الحُدا[q] ، وكلامهم يا

---

a) C فبجوامع رسومهم. *b*) C ينفر. *c*) C طريقة. *d*) C يؤثرونها. *e*) B مغتمّ. *f*) C haec om. *g*) B سوقهم rubris litteris. *h*) C pro his: راينه وبه مجالس لمن يتلون القرآن. B للمتلعنين et mox أجرآ (C اجرا). *i*) B om. *k*) B يوم. *l*) C ويخبون فى رساتيقهم وقت الانادر من الخبز المجفّف ما يكفيهم الى الحول. Vocatur hic panis كعك, Makrízí, I, p. ٤٥, l. *m*) Sic marg. B cum صوابه, textus باذنجهات. *n*) B وبردى, C وتردى ut solent scribere in eiusmodi formis. *o*) B يفلعان ويحشى. *p*) C om. *q*) Vocalis in B.

سيدى رخو مثل النسآء اعزّك الله ما لك كذا[a]،، اكلهم الدلّينس ونقلهم الحمّص وجبنهم الحالوم[b] وحلوائهم النيدة وقطائعهم الخنازير *ويمينهم كفر[c] ✿

واما النيل فلم اذق ولا سمعتُ ان[d] فى جميع الدنيا مآء احلى منه الّا نهر المنصورة وزيادته من[e] شهر بَؤْنَه الى شهر توت وقت[f] عيد الصليب ولهم سدّان احدهما بعين شمس ترعة تسدّ بالحلفآء والتراب قبل زيادته فاذا اقبل المآء ردّه السدّ وعلا المآء على الجرف *اعلى القصبة[g] فيسقى تلك الضياع مثل بَهْتيت والمُنْيَتَيْن وشبرو[h] ودمنهور وهو سدّ خليج امير المؤمنين فاذا كان يوم عيد الصليب وقت انتهآء حلاوة العنب خرج السلطان الى عين شمس فامر بفتح هذه الترعة وقد سدّ اهل الجرف[i] افواه انهارهم *حتّى لا يخرج المآء منها وجعلوا عليها[k] الحرّاس فينحدر المآء الى ضياع الريف كلّها والترعة[l] الاخرى اسفل من هذه واعظم غير ان السلطان لا يحضرها ويبين[m] بفتحتها النقصان فى النيل وهى بسَرْدُوس ✿ والمقياس بركة وسطها عمود طويل فيه علامات الاذرع والاصابع وعليه وكيل وابواب محكمة يرفع الى السلطان فى كلّ يوم مقدار ما زاد ثم ينادى المنادى زاد الله اليوم[n] فى النيل المبارك كذا وكذا وكانت زيادته عام الاوّل[o] فى هذا اليوم كذا وكذا وعلى الله[p] التمام ولا ينادى عليه الّا بعد ان يبلغ اثنى عشر ذراعًا الّا ما يرفع الى السلطان حسب والاثنا[q] عشر ما يعمّ ضياع الريف فاذا بلغ اربعة عشر سقى اسفل الاقليم فاذا بلغ ستّة عشر استبشر الناس وكانت سنة مقبلة فان جاوزها كان خصب وسعة فاذا نصب المآء اخذوا فى الحرث والبذر (104) وفى ايّام زيادته تتبحّر[r] مصر حتّى لا يمكن الذهاب من هذه الضيعة الى الاخرى الّا فى الزواريق فى بعض المواضع ✿ وقد كانت له

---

a) B كدا, C كِدَه. *b*) B الحلوم. *c*) B om. *d*) Ex C addidi. *e*) B فى. *f*) B وفيه. *g*) C om. (B على). Deinde C فسقى. *h*) B نهنبيت والمنبتنى وسبرو, C بهنيت والمبنتين وسبرور. Vid. de loco primo de Sacy, *Relation*, p. 597 n. 5. *i*) C الجوف. *k*) C tantum وعليها. *l*) B والترعا. *m*) B ويبعن, C ويتبيّن. Deinde C بفتحها. *n*) C تعالى addens اليوم post المبارك. *o*) B اول. *p*) C add. تعالى. *q*) B والا اثنى; C والاثنى et لا تعم pro ما يعم. *r*) C تتحير.

سنّة[a] سوء فى القديم *على ما[b] حدّثنا ابو ياسر مسافر بن عبد الله الانصارىّ قال حدّثنا يوسف بن علىّ * قال حدّثنا المامون قال حدّثنا[c] محمّد بن خلف قال اخبرنا ابو صالح عن ابن[d] لهيعة عن قيس بن الحجّاج قال لمّا افتتحت مصر اتى اهلها عمرو بن العاص حين دخل بَوْنَه فقالوا[e] ايّها الامير ان لنيلنا هذا سنّة لا يجرى الّا بها اذا كانت ثنتنا عشرة[f] ليلة من هذا الشهر عمدنا الى جارية بكر بين ابويها فارضيناهما وجعلنا عليها من الحلى[g] والثياب افضل ما يكون ثمّ القيناها فيه[h] فقال لهم عمرو هذا ما[i] لا يكون ابدًا ان الاسلام يهدم ما قبله فاقاموا ذلك الشهر وشهرًا آخر *وشهرًا آخر[b] لا يجرى فيه النيل بقليل ولا بكثير[k] حتّى همّوا بالجلآء فلما راى ذلك عمرو كتب الى عمر بن الخطّاب[l] بذلك فكتب اليه انك قد اصبتَ بالذى فعلتَ وان الاسلام ليهدم ما قبله فبعث ببطاقة فى داخل كتابه وكتب الى عمرو انى قد بعثتُ اليك بطاقة فالقها فى النيل فلمّا قدم الكتاب افتتحه ونظر فاذا فى البطاقة من عبد الله عمر امير المؤمنين الى نيل مصر اما بعد فان كنتَ انّما[b] تجرى من قبلك فلا تجر وان كان الله الواحد القهّار الذى[b] يجريك فنحن نسأله تعالى ان يجريك فالقاها قبل الصليب وقد تهيّأ اهلها للجلآء فاصبحوا يوم الصليب وقد اجراه الله[m] ستّة عشر ذراعًا وقطع الله[m] تلك السُّنّة السيّئة عنهم الى اليوم ☆ ويكدر مآؤه ايّام زيادته فيلقون فيه نوى المشمش المرضوض ليصفو[n] ويبرد ايّام البرد نحو شهرين ، وكنتُ يومًا فى مجلس الحليمىّ[o] بالجامع فاتى بكوز مآء فشرب منه ثمّ قال قد استوينا معكم يا مقدسىّ فى المآء قلتُ ولا سوآء[p] ايّد الله الفقيه[q] برد مآئنا دائم وهذا عارض ☆ ولهم مشارع على الشطّ يحملون المآء فى الروايا ويصعدون كلّ طبقة بنصف دانق مزبّقة[r] ، واذا هبّت

---

a) C كان له رسم. b) C om. c) C عن من حدثه عن. d) B ابى. e) B فقال et mox لنيلها. f) C كان ثلث عشر. Cf. Jacut, IV, p. ٨٩٣, 10 et Makrîzî I, p. ٥٨, 16, ubi eadem historiola ex Ibn-Abdi 'l-Hakam datur. g) B in textu addit, sed cum signo expung. والحلل. h) B om. i) C لما. k) C كثير. l) C add. رضه. m) C add. تعالى. n) Cf. Makrîzî, I, p. ٦٥, 5 seq. 18. o) C الحكيمى. p) B et C سوا. q) C تعالى الشيخ الفقيه. r) C من بقه.

ريح[a] الشمال تراكضت امواج البحر ودفعت مآء النيل من البحيرة فاذا هبّت الجنوب ردّت مآء البحر عن البحيرة وغلب عليها النيل * وملأ اهل تنّيس[b] صهاريجهم فى تلك الاشهر الاربعة بالروايا والقرب ✿ وسمعتُ جماعةً بالفرما يذكرون ان النيل ربّما بلغ * المنابر، ويصل[c] النيل ايضًا الى[d] قصبة الاسكندريّة ويدخلها[d] فى شباك حديد فيملؤون[e] صهاريجهم ثم ينقطع ✿ وفى النيل دابّة تسمّى التمساح على شبه الحرذون راسه ثلث بدنه[f] لا يعمل فيه السلاح الّا تحت ابطيه وفمه يختطف الانسان واكثر ما يظهر[g] بالصعيد وسَرْدُوس، ومن امثالهم احذر سردوس، ولو كان المآء فى قادوس،، والقادوس كوز الدولاب، * وكنتُ يومًا فى سفينة عند سردوس فحكّت فقلتُ ابالارض حكّت قيل لا ولكن بظهر تمساح[h] ✿ ولم يكن النيل يبلغ الفيّوم فشكوا ذلك الى يوسف عم فبنى وسط النهر سدًّا عظيمًا وجعل فى[d] اسفله منافس فى قنىّ زجاج فردّ السدُّ المآء فارتفع[i] حتّى حاذى ارض الفيّوم فسقاها فهى اليوم[k] اكثر ارض مصر مآء الا ترى ان بها مزارع الارزّ اولا ترى الى ثقل خراجها * وكثرة دخلها[d] والمآء * حين زيادته[l] ينهال من فوق السدّ فربّما خلّوا المراكب مع الجرية[m] فانحدرت سالمةً وربّما * عطفت فانقلبت[n] (105) فاذا استغنوا عن المآء فُتحت المنافس وانحطّ المآء ✿ وكلّما قرُب الى النيل من الآبار[o] حلوة * وما بعُد كريهة واطيب الحمّامات ما كان على الشطّ ولهم قنىّ تدخل البلد يستقى لها المآء بالدواليب وعلى النيل ايضًا دواليب كثيرة تسقى البساتين وقت نقصانه[p]، ومآء الفيّوم حارّ[q] لانه يجرى على مزارع الرزّ[r] ✿

وهم يقولون ان الجدى اوّل ما يولد يقول اخرجوا يا غربآء، وبالاسكندريّة سمك مخطّط[s] يسمّى الشَّرْب[t] من اكل منه راى منامات وحشة الّا ان يكون ممّن

---

a) C ارياح. b) C فحلت بحيرة تنيس فملئوا. c) C اليهم ويدخل. Pro النيل in B scriptum est البينا. d) C om. e) C add. منه et om. ثم ينقطع. f) C جثته. g) C يصر. h) C وبينا نحن نسير سردوس اذ حكت السفينة فقالوا هذا تمساح. i) C وارتفع. k) C add. من. l) C جيز زيادة. m) C sine punctis. n) C tantum انقلبت. o) C من الابار الى النيل. p) C tantum وعلى النيل دواليب تسقى البساتين. q) C ردى. r) C الارز. s) C سمط مخيط. t) C السرب.

يشرب الخمر فانه لا يضرّه، وبالفرما طير[a] السُّمَانَى من اكل منه *زَمِنَ وتعقّدت[b] مفاصله، من واظب[c] فى الفسطاط على اكل السمك جرب جربًا لا يفارقه سبع سنين ۞ وبه جبل فيه *معدن الذهب ولهم[d] معادن زاج للحبر لا ترى مثله[e] وطين يسمّى الطفل، وفى المقطّم مقاطع حجارة بيض *حسنة تنشر كما ينشر الخشب ۞[f] وبه مشاهد قد قال بعض المفسّرين *ان الرَّبْوَةَ ذَاتَ قَرَارٍ وَمَعِينٍ هى مصر وقد كان عيسى ومريم بها مدّةً[g]، وطور سينا قريب من بحر القلزم يخرج اليه من قرية تسمّى الامن[h] وهو الموضع الذى خرج فيه موسى وبنو[i] اسرائيل وثَمّ اثنتنا عشرة عينًا عذيبيّة *الطور منه على يومين فيه[k] دير للنصارى *ومزارع كثيرة وثَمّ زيتونة يزعمون انها التى لها قال الله لَا شَرْقِيَّةٍ وَلَا غَرْبِيَّةٍ يحمل زيتها الى الملوك[l]، وبالفسطاط الموضع الذى بيع فيه يوسف *عمّ وبالمقطّم مواضع يفضّلونها وصوامع يقصدونها ليالى الجمع، وعلى صيحة[m] من الفسطاط موضع يسمّى القَرَافَة فيه مسجد وسقايات[n] حسنة وخلق من العباد وموضع خلوة وسوق لطلّاب الآخرة وجامع حسن، ومقابرهم فى غاية الحسن والعمارة ترى البلد غبرآء والمقابر بيضًا ممتدّة على طول المصر فيها[o] قبر الشافعىّ بين المزنىّ وابى اسحاق المروزىّ، *والموضع الذى دخلوا منه بنو اسرائيل البحر عند القلزم، وبقرب سَرْدُوس مسجد للخضر عمّ[p]، وتيه بنى اسرائيل *فيه خلاف والصحيح انه بين مصر والشام يكون نحو اربعين فرسخًا[q] رمال وسباخ[r] وسِمَاق وفيه نخيل وعيون له حدٌّ متّصل[s] بالجفار وآخر

---

a) C طين. b) C tantum تعقدت. c) B واضب, C ومن اقبل. Deinde C om. فى الفسطاط addens بالفسطاط post السمك. d) C معادن ذهب وبه. e) C له مثيلا (B درى) et deinde ولهم طين. f) C om. (B ينشر). g) C مصر هى ربوة عيسى. Locus Korani est 23 vs 52. h) Sic B et C. Intelligitur autem Elim, Exod. 15 vs. ult. seq. i) C من البحر مع بنى. Mox B et C اثنا عشر. k) C وعلى راس الطور. l) C وشجرة الزيتون التى لا شرقية ولا غربية ومزارع. Locus Korani est 24 vs 35. m) B صحجه. n) B sine punctis. o) C pro his omnibus وفى مقابرهم. p) C haec om. (B مسجدى). q) C خلف الجفار اربعين فرسخا فى مثلها. r) B sine punctis. Deinde C omisso وسماق habet ونخيل وعيون, cetera desunt. s) B بتصل.

بطور سينا وحدّ المفازة الريف[a] من نحو القلزم وحدّ بالشام وفيه طريقهم الى مكّة ✿

وفيه عجائب منها الهرمان * اللذان هما[b] احد عجائب الدنيا من حجارة شبه عماريّتين[c] ارتفاع كلّ واحدة اربعمائة ذراع بذراع الملك فى عرض مثلها * قد ملئت بكتابة يونانيّة[d] وفى داخلهما طريقان الى اعلاهما وطريق تحت الارض نبيّة[b] موضوعة فى الرمال وسمعتُ فيهما[e] اشياء مختلفة[f] فمنهم من قال[g] هما طلسمان * ومنهم من قال كانتا اهراء يوسف[h] وقيل بل كانت هى قبورهم ، وقرأتُ فى كتاب ابن الفقيه انهما[i] للرمل المحبوس ، ويقال مكتوب عليهما انّى بنيتُهما فمن كان يدّعى قوّة فى ملكه فليهدمهما فان الهدم ايسر من البناء فاراد بعض الملوك هدمهما فاذا خراج مصر لا يقوم * بهدمهما فتركهما[k] وهما املسان مثل العماريّتين يُرَيان[l] من مسيرة يومين وثلث * لا يصعد فوقهما الّا كلّ شاطرٍ[b] وحولهما امثالهما عدّة صغار (106) وهذا يدلّ على انهما[m] مقابر الا ترى الى ملوك الديلم بالرىّ[n] كيف اتّخذوا على قبورهم قبابًا عالية[o] واحكموها جهدهم * وعلّوها طاقتهم[p] كيلا تندرس ومن دونهم اصغر منها ، وثمّ صنم يزعمون ان الشيطان كان يدخله فيكلّمه[q] حتّى كسر انفه وشفتاه[b] ✿ وبعين شمس شبه[n] منارتين طويلتين * قطعة واحدة على راسهما شبه حربة[r] تسمّيان المسلّتين وثمّ ايضًا على هذا العمل دونهما وسمعتُ فيهما اشياء لا يقبلها العقل

---

a) Videtur levitur corruptum. Cf. Istakhrí p. ٥٣, 5 وحدّ له ينتهى الى مفازة فى ظهر ريف مصر الى حدّ القلزم. *b*) C om. *c*) B عمارتين, C عماريّين. Perspicuum est nostrum adhibuisse Istakhríum (p. ٥١). *d*) B وسمعت فيها اشياء مختلفه per lapsum calami (C اليونانية). Deinde B فى داخلها et mox اعلاها. *e*) B et C فيها. *f*) C add. ومقالات عدّة et habet منهم. *g*) C add. كانتا اهراء يوسف وقيل. *h*) C om. (B كانا). Deinde C وقيل هى مقابر. *i*) B انها. In seqq. B et C ها_ pro هما_ cf. Ibn-Hauk. p. ٨٨ ult. seq. *k*) C بذلك. *l*) C بيريا. *m*) C انه. *n*) B om. *o*) C عظيمة. *p*) C om. et habet لئلا. *q*) C فيتكلم. *r*) C om. De variis nominibus quibus haec obelisci pars describitur, vid. de Sacy, *Relation*, p. 226.

وقرأتُ في كتاب الطلسمات انهما طلسمان للتماسيح ويجوز هذا الا ترى ان التماسيح في *كورة الفسطاط[a] لا تضرّ[b] مع عظمها وكثرتها ، وفي الفسطاط[c] عند قصر الشمع امرأة ممسوخة[d] على راسها سفرة من حجر يقال انها كانت غسّالة لآل فرعون وانها[e] آذت موسى فمسخت ¤ على طريق الصعيد بيوت تسمّى البرابي فيها تصاوير كثيرة *وبها وبالهرمين عقود وطروح كثيرة[f] ، بحلوان مغاير عجيبة منكرة يتيه الانسان فيها وذكروا[g] ان فيها طريقًا[h] الى القلزم *املس كانما اجرى عليها المآء المالح[i] ¤ منارة الاسكندريّة قد ارسى اساسها في شبه جزيرة صغيرة يدخل اليها في طريق ضيّقة[k] بالصخر مُحْكمة فالمآء[l] يسطع المنارة من جانب الغرب وكذلك حصن المدينة الّا ان المنارة في *جزيرة وفيها[m] ثلاثمائة بيت يصعد الى بعضها الفارس بفرسه والى كلّها[n] بدليل وهي مشرفة على جميع مدن البحر ويقال *انه كان[o] فيها مرآة يُرى فيها كلّ مركب اقلع من سواحل البحر كلّها وانه ما زال عليها قيّم ينظر فيها كلّ يوم وليلة فاذا تراءى له مركب اعلم الامير فانفذ الطيور الى السواحل ليكونوا على عدّة فبعث كلبُ الروم من احتال وتلطّف حتّى جُعل قيّمًا ثم ذهب بها وقيل بل كسرها وطرحها في البحر ، وفي كتاب الطلسمات انها بنيت طلسمًا لئلّا يغلب مآء البحر على ارض مصر وان كلب الروم احتال في هدم راسها من اجل ذلك *فلم يصل اليه[p] ¤ بالجفار طلسم للرمال[q] حتّى لا تغلب على المدن والقرى ولا تكون الطلسمات الّا بمصر والشام ويقال هي من عمل الانبيآء ورايتُ[r] بفارس ايضًا طلسمات ¤

واسمآء شهورهم القبطيّة اوّل الشتويّة توت وفيه النيروز بابه[s] هتور كيهك

---

a) C هذه الكورة. b) C تؤذي. c) C بالفسطاط. d) C om. et pro سفرة habet سعل. e) C وكانت. f) C om. Deinde C بمدينة حلوان. g) C فيها الانسان ذكروا. h) B طريق, C طرق. i) C pro his: وثم حمام فوقه حمام اخر. k) B ضيق. l) C والماء. m) C دخلة في البحر فيها. n) C بقيتها. o) C ان. p) C فما ضر. q) B الرمال et mox C يغلب (B نغلب). r) C وقد رايت. s) B باب, C بان. Vid. Makrízí, I, p. ٢٦٣ et ٢٨, Masudi, III, p. 399. Deinde C ر٨٦ et كهيك.

طوبه امشير والصيفيّة برمهات برموده بشنس[a] باونه ابيب مسرى ۞ *واما وصفه فان بحر الروم على تخومه الشماليّة وبحر الصين يمدّ على ثلثيه من قبل الشرق وهذان الثلثان صفوف خمسة صفٌّ بين البحر والجبل يابس والصفّ الثانى جبل المقطّم والصفّ الثالث الصعيد يقع فيه النيل وما عليه من البلدان والصفّ الرابع جبل ايضًا خلفه كورة الواحات، [b] وطول مصر *من بحر الروم الى النوبة[b] اقلّ من شهر وعرضه *من الجنوبىّ[b] ثمانى مراحل *ومن الشمالىّ اثننا عشرة وللدخلة[c] فيه عند بحر القلزم اربع مراحل[b] ۞ *واما الولايات فللفاطمىّ وهم فى عدل وامن لانه سلطان قوىٌّ غنىٌّ والرعيّة فى راحة وثَمّ سياسة ونفاذ امر وكلٌّ سامع مطيع من الاركان سرًّا وعلانية لا يخطب الّا لامير المؤمنين حسب ۞ واما الدخل فقراتُ فى كتاب الخراج لقدامة بن جعفر فاذا هو يذكر ان دخل مصر من العين الفا[d] الف وخمسمائة الف دينار وقراتُ فى كتاب (107) ابن الفقيه لونًا آخر وقصّة طويلة يذكر دخله ايّام فرعون ثم ايّام الحجّاج وايّام ولد العبّاس ويسمّيه خراجًا وسالتُ بعض المصريّين ببخارا عن الخراج فقال ليس على مصر خراج ولكن يعمد الفلّاح الى الارض فياخذها من السلطان ويزرعها فاذا حصد ودرس وجمع رشمت[e] بالعرام وتركت ثم يخرج الخازن وامين السلطان فيقطعون[f] كرى الارض ويعطى ما بقى للفلّاح، قال وفيهم من ياخذ من السلطان تقويةً[g] فيزاد عليه فى كرى الارض بمقدار ما اقتطعه قلتُ فلا يكون لاحد ثَمّ ملك وضيعة قال لا اللهمّ الّا ان يكون رجل قد اشترى ممّن اقطعه السلطان فى القديم ووهبها فاحتاج هو او ذرّيّته الى ثمنها فباعها لعامّة الناس قلتُ فهذا الذى يقال ان ارض مصر لا تملك لان اهلها باعوها من يوسف عم قال هذا كلام أَلَمْ تعلم ان الاسلام يهدم ما قبله اولم تعلم ان يوسف عم ردّ على الناس املاكهم لمّا اخصبت مصر وانّما هذا شىء صالحوا عليه المسلمين وقت فتوحها قلتُ فلمَ لم يصالحوا كما صالح اهل الشام وكلاهما فتحا عنوةً قال الشام بلد يمطر فى كلّ سنة فلا

a) B بشانس. Deinde C بونه ut supra. Makrízí بؤونه et بونه. b) C haec om. c) B اثنا عشر وللدجله. d) B الفى. Locum Kodámae recte descripsit. e) B ورشمت Cf. supra p. ٩٤k. f) B فيقطعوا. g) B تعويةً.

ينعطّل الزرع فيه الّا انه ربّما اخصب وربّما اجدب ومصر معوله على النيل ربّما لا جرى وربّما بلغ اربعة عشر وستّة عشر وربّما زاد على ذلك والامر فى جريانه شديد التفاوت فلو فرض عليه الخراج لزم ان يؤدّيه من امكنه ان يزرع ومن لا يمكنه[a] ✩ واما الضرائب فثقيلة بخاصّة تنّيس ودمياط وعلى ساحل النيل واما ثياب الشطويّة فلا يمكن القبطىّ ان ينسج شيئًا منها الّا بعد ما يختم عليها بختم السلطان ولا ان تباع الّا على يد سماسرة قد عقدت عليهم وصاحب السلطان يثبت ما يباع فى جريدته ثمّ تحمل الى من يطويها ثمّ الى من يشدّها بالقشر[b] ثمّ الى من يشدّها فى السفط والى من يحزمها وكلّ واحد منهم له رسم ياخذه ثمّ[c] على باب الفرضة يؤخذ ايضًا شىء[d] وكلّ واحد يكتب على السفط علامته ثمّ تفتّش المراكب عند اقلاعها ويؤخذ بتنّيس على زقّ الزيت دينار ومثل هذا واشباهه ثمّ على شطّ النيل بالفسطاط ضرائب ثقال[e] رايتُ بساحل تنّيس ضرائبيًّا جالسًا قيل قبالة[f] هذا الموضع فى كلّ يوم الف دينار ومثله عدّة على ساحل البحر بالصعيد وساحل الاسكندريّة وبالاسكندريّة ايضًا على مراكب الغرب وبالفرما على مراكب الشام ويؤخذ بالقلزم من كلّ حمل درهم[g] ✩

واما المسافات فتاخذ[h] من الفَرَمَا الى البَقّارَة مرحلة ثمّ الى الوَرّادَة[i] مرحلة

---

a) C pro his omnibus: واما الولايات اليوم فللمغرب وخراج الفيوم فى كلّ يوم الف دينار للسلطان ودينار وحمل وويبة شعير للعامل. In B desideratur لا ante جرى. b) B بالعشر. c) Addidi ثمّ. d) B توحد — شيئًا. e) B ىعال cum lineola rubra pro فقال. f) B ىىس ضرائىى جالس ڡىل قىاله. g) C pro his: والضرائب فيه ثقيلة لا يمكن احد نسج شىء من عمل شطا والملونة حتى لا يختم عليها بختم السلطان ولا تباع حتى لا تحضر (l. يحضر) صاحب السلطان ثمّ تحمل الى دار فتنشدّ ثمّ موضع آخر فتجعل فى سفط ثمّ موضع آخر فتحزم ولكلّ قوم ضريبة ثمّ على الشطّ نصف درهم على كلّ سفط ثمّ فى كلّ ساحل اخرجتها ضريبة اخرى وتنّيس من كلّ زقّ زيت دينار وثمّ تفتيش صعب وضرائب ثقال وربما حمل ما جلّ من امتعات البحر الى السلطان فاشتراه بما يريد والّا فى هذه الاسباب صعبة. h) B om. i) C الوارده.

ثم الى العَرِيش مرحلة ثم الى رَفَح[a] مرحلة، *ويؤخذ فى الصيف من الفرما الى جُرْجِير مرحلة ثم الى فَاقُوس مرحلة وفى الشتآء من الفرما الى الرَّصَد[b] مرحلة ثم الى فاقوس مرحلة[c]، وتاخذ من الفرما فى المآء الى تِنِّيس مرحلة ثم الى دِمْيَاط مرحلة ثم الى المحلّة الكبيرة *مرحلة ثم الى الاسكندريّة[d] مرحلتين، وتاخذ من دمياط الى سَرْدُوس مرحلة ثم الى الفسطاط مرحلة، *وتاخذ من بِلْبَيْس الى المَنْصَف مرحلة ثم الى القُلْزُم مثلها، وتاخذ من الفرما الى دير النصارى[e] ذات الساحل مرحلة ثم الى المخلصة مرحلة ثم الى العريش مرحلة، ومن بلبيس الى الفسطاط مرحلة، (108) وتاخذ من الاسكندريّة الى الرافقة مرحلة ثم الى كُوم شَرِيك مرحلة ثم الى تَرْنُوط[f] الى ذات السلاسل[g] مرحلة ثم الى الفسطاط[h] مرحلة، وتاخذ من الاسكندريّة الى بُومِينَه[i] مرحلة ثم الى سفا مرحلة ثم الى ارمسا[k] بريدين ثم الى ذات الحُمَام مرحلة، وتاخذ من الاسكندريّة الى الغاضرة[l] مرحلة ثم الى فاقوس مرحلة، وتاخذ من الفسطاط

---

a) C رفع. *b*) Kodáma locum appellat المرصد. *c*) C pro his: وتاخذ من الفرما الى فاقوس مرحلة ثم الى عيثا مرحلة ثم الى جرجير (Cod. sine punctis) مرحلة ثم الى الفسطاط مرحلة. In his جرجير male est collocatum. Pro عيثا hic ut supra p. ١٩٣, 19 legendum videtur غيفا, cf. imprimis Jakubí, p. ١١٨ et Jacut, III, p. ٨٣٩, 5. Plerumque eius loco vicinum Bilbais in itinerariis occurrit. *d*) B haec om. *e*) Kodáma القصر حصن النصارى. *f*) B مردوط. Cf. mea *Descriptio al-Magribi*, p. ٣٤, ubi locus Kodámae. *g*) Sic quoque appellat locum Kodáma. Ibn Khordádbeh ذات الساحل. *h*) B per lapsum calami الاسكندرية. *i*) B ببّوبه, C infra بونيه, Ibn-Khord. نونيه (male cum art. in ed. p. 74 ult.), Cod. Kodámae ابوينه. Jakubí (vid. *Descriptio* p. ٢) بومينا. *k*) B ارمما. Vid. Kodáma l.l. Fort. l. ارمنيا coll. de Sacy, *Relation*, p. 660 n. 24. Itinerarium hocce vitiosum appellatur a Sprenger, p. 96 et a Barbier de Meynard, ad vers. Ibn Khord. p. 203 ann. 3, quod neque negare, neque affirmare ausim. *l*) Ibn Khord. p. 73 القاصرة ut hinc Makrízí, I, p. ١٨٤, 15, Kodáma العاصرة, sed in itinerario hiberno Faramâ inde (v. supra) habet فاقوس العامر et videtur duo nomina eidem loco tribuere, ut fecit Sprenger, p. 95.

الى بلبيس مرحلة ثم الى المَنْصَف مرحلة ثم الى القلزم مرحلة، ومن القلزم الى جُدّة فى البحر من ٢٥ يومًا الى ٦٠ على قدر الريح وهى ٣٠٠ فرسخ، وتاخذ من الجُبّ[a] الى البُوَيْب مرحلة ثم الى منزل ابن صَدَقة مرحلة ثم الى عَجْرُود[b] مرحلة ثم الى المدينة[c] مرحلة ثم الى الكُرْسىّ مرحلة ثم الى الحَفَر مرحلة ثم الى وَيْلة مرحلة، من اسوان الى عيذاب طريق آمنة لا انعتها[d] ❀

اقليم المَغْرِب

هذا اقليم بهىّ، كبير سرىّ،، كثير المدن[e] والقرى، عجيب الخصائص والرخآء،، به ثغور جليلة وحصون كثيرة ورياض نزهة * وبه جزائر عدّة[f] مثل الاندلس الفاضلة العجيبة[g] وتاهرت الطيّبة[h] النزيهة وطنجة البلدة البعيدة، وسجلماسة المختارة الفريدة، واصقليّة الجزيرة المفيدة[i]،، اهلها فى جهاد دائم، ثم الغنى[k] فيه سالم،، به كالبصرة مدن[l] عدّة ولهم ايضًا فى الخير رغبة، وللسلطان عدل ونظر وحسبه[m]،، متّصل بالبحر خير جار[n]، وخير قوم لكلّ

---

a) Vid. Edrîsi, p. 194, Sprenger, p. 119. Pro البويب B النوب. *b*) B عجرون et praecedens الى valde indistincte ut بير legi posset; est autem ibi puteus (بئر) antiquus, Jakubí, p. ١٢٩. *c*) Kodáma الربيبة, Ibn Khord. p. 113 الدمة (الدمه), Edrisî, p. ١٩٣ الدوينة cum var l. الرويثه, الدويثه. Servavi lectionem B quoniam Mohallabíi itinerarium apud Jacut, I, p. ٤٢٣ ult. hic habet مدينة, ut quoque Jakubí l.l. *d*) C pro his: وتاخذ من الفسطاط الى الجبّ بريد (بريدًا .l) ثم الى القلزم مرحلة يومين وليلة وكذلك من بلبيس الى القلزم ومن القلزم الى ايلة خمس مراحل ومن الفسطاط الى الاسكندرية اربع مراحل وتاخذ من الاسكندرية الى دونيه (بومينه .l) مرحلة ثم الى ذات الحمام مرحلة ومن الفسطاط الى اسوان خمسة عشر (خمس عشرة .l) مرحلة ثم الى عيذاب عشرين مرحلة ومن القلزم الى جدّة فى البحر ثلثين وربما كان ستون (ستّين .l) على قدر الريح وطيبها. *e*) C المدائن. *f*) C om. *g*) C h. l. add. واصقلية الجزيرة المفيدة, infra om. Deinde B om. copulam. *h*) C الكورة. *i*) B الفريدة. *k*) C والغنى. *l*) C مدنا. *m*) C وحسه. *n*) C جان et mox ومان.

سائر ومارّ، قد غاب فى الزيتون مدنه، وبالتين والكرمات ارضه[a]، يجرى خلالها الانهار، ويملأ غيطانها[b] الاشجار، الّا انه بعيد الاطراف كثير المفاوز صعب المسالك كثير المهالك فى زاوية الاسلام موضوع، وبعضه خلف البحر مقطوع، فلا[c] فيه راغب، ولا له[d] ذاهب، ولا عنه سائل، ولا يفضّله قائل، لم يخرج عالمًا مذكورا، ولا زاهدًا[e] مشهورا، * الّا القليل[f] ثقلآء وان كانوا مستوربين[g]، بخلآء وان كانوا منعمين، ۞ وهذا شكله ومثاله[h] ۞

(110) وقد جعلنا المغرب * مع الاندلس كهيطل وخراسان غير انّا لم ندخل الاندلس فنكوّرها[i]، فاوّل كورة[k] من قبل مصر بَرْقَة ثم اَفْرِيقِيَة[l] ثم تَاهَرْت ثم سِجِلْمَاسَة ثم فاس ثم السُّوس الاقصى ثم جزيرة اِصْقِلِّيَة تقابل افريقية * والاندلس ورآء البحر على ارض الروم وناحيتان لفاس طَنجة والزاب[m] ۞

فاما برقة فاسم[n] القصبة ايضًا ومن مدنها * ذات الحُمَام[o] رَمَادَة أَطْرَابُلُس أَجْدَابِيَة صَبْرَة قَابس[p] غَافق ۞

واما افريقية فقصبتها القَيْرَوَان ومن مدنها صَبْرَة أَسْفَاقُس المَهْدِيَّة سُوسَة تُونِس بَنْزَرْد[q] طَبَرْقَة مرسى الخَرَز[r] بُونَة باجة لُرْبُس قَرْنَة[s] مَرْنِيسَة

---

a) B om. b) C وتملأ حيطانها. c) C ولا. d) C اليه. e) C شجا. f) C om. Deinde B دعلا. g) C مستوبين. Deinde B بدآلا. h) Hic sequitur in B et C mappa (B p. 109). In C وهذه صورته والله تعالى اعلم. i) C pro his: جانبان الزقاق والاندلس. k) C كور الزقاق. l) C hic et deinde افريقه. m) C ولم ادخل الاندلس فاكورها غير انى اذكر ما سمعت وعلمت منها. B وناحيتين. n) C فهو اسم. o) C om. p) B فاس. q) B h. l. تبرزن, supra p. ٥٥ ut C تبرزد; infra B بيزرد, C sine punctis. r) B مرص الحرر, C مرس الحزن. Cf. supra p. ٢٩q. Deinde C تونه. s) B hic et supra ut C فرنه. Infra B قرىه et in itiner. فرىه, ubi C قرنه. Scripsi قرنة secundum Tabulam Geogr. Slanei ad Ibn-Khaldun: „Carna; ville dans le voisinage de Bédja(?)"; cf. *Hist. des Berb.* I, p. 410.

مس[a] بنجد مَرْمَاجَنَّة[b] سَبيبَة قَمُودَة قَفْصَة قَسْطيليَّة[c] نَفْزَاوَة لافس[d] اوذة قلانس[e] قَبيشَة رُصْفَة بنونش[f] لَجَم جَزيرَة أَبى شَريك باغاى[g] سُوق ابن خَلَف دوفانة[h] المَسيلَة أَشير سُوق حَمْزَة جزيرة بنى زَغَنَّايَة[i] مَتّيجَة تَنَس دار[k] سوق ابراهيم الغُزَّة قلعة[l] برجمة باغر[m] يَلَل جبل زَالَاغ[n] أَسْفَاقُس مُنَسْتِير[o] مرسى الحَجَّامين بنزرت[p] طبرقة هياجة باغر[q] غبيث قرية الصَّقَالِبَة لُرْبُس مرسى الخَرز جَمُونَس[r] الصابون طرس[s]

---

a) Sic B hic et infra et C. Fort. l. ممس, locus ab occidente Kairawán, vid. praeter Bekri, p. ١٤٩, 7 a f. ممس ساقية, Nowairí apud de Slane, *Hist. des Berb.*, I, p. 337 et Tab. Geogr. (cf. Jacut, IV, p. ٩٤٣, 6 ممسى). Deinde B بنجد ut quoque supra. C بنجد. *b*) B h. l. مرجانة, C مرجانة. Deinde B سبّيبة, C سبتيّة. Apud Dimaschkí ed. Mehren p. ٢٣٧, 4 a f. nomen corruptum est in مسينيّة. *c*) B hic et supra et C قسطلية. *d*) B supra لاقس. C ولافس. *e*) C فلانس ut B supra. *f*) Jacut nomen scribit بينونش. *g*) B باعيني, C باعمى, supra B باعيثى. E descriptione patet hic quoque intelligi Baghâja, licet nomen sub forma accuratiore in catalogo mox recurrit. Quod, ut videre licet, etiam in aliis nominibus locum habet. *h*) B h. l. ذوفانة. Cf. Ibn-Hauk. p. ٥٩, 13. *i*) Vid. supra p. ٢٨*m*. Nomen sequens ubique leviter corruptum est. *k*) Sic B hic et supra p. ٥٩, 3 et C. Fortasse restituendum هاز, de qua urbe vid. mea *Descriptio al-Magribi*, p. 93. *l*) C قامة et tamquam locum diversum habet. (B برجمة h. l.) *m*) C باعى ut B supra. *n*) B زالاغ. Vix necesse est observare catalogum turbatum et confusum esse, eademque nomina plus semel recurrere. *o*) B منستنى, C منستين. Sequens locus a Bekrío, p. ٨٣ ult. قصر الحجامين appellatur. *p*) B بنرت ut supra p. ٥٩*k*, C نبرت. C om. طبرقة. *q*) B باعز, C باعر. Deinde B عبيث, C غبنث. *r*) B جمويس, C جمويس et infra جموس; B supra جموس. *s*) Fort. non differt a طرّة apud Jacut, Abulfedam et in *Description de l'Afrique* ed. Kremer, p. ٤٤. Nomen sequens in C est قسنطيلة, in B scribitur قسطيليّة.

قَسْطيلِيَة نَفْطَة بَنْطيُوس[a] تَقيُوس مدينة القصور مِسْكيَانَة[b] باغاى دوفانة[c] عَيْنُ العَصَافير دار مَلُوّل طُبْنَة مَقَّرَة تيجِس مدينة المَهْرِيِّين[d] تامسنت دَكَّمَا قَصْرُ الافْرِيقِيّ ركوى[e] القُسْطَنْطينِيَّة مِيلَى[f] جِيجِل تابرّيت[g] سَطِيف إيكِجَان[h] مرسى الدَّجّاج أَشِير[i] ۞

واما تاهرت فهى اسم القصبة ايضًا ومن مدنها يمّمة[k] تاغليسية قلعة ابن الهرب هزارة الجعبة غدير الدروع لَمَايَة[l] مِنْدَاس سوق ابن حبلة[m] مَطْمَاطَة جبل تُجَان وَهْرَان[n] شَلِف طيرو[o] الغُزَّة سُوق ابراهيم رهباية[p] البَطْحَة الزيتونة تمما[q] يَعُود الخَضْرآء وَارِيفَن[r] تَنَس قَصْرُ الفُلُوس بحرِيَّة[s]

---

a) C om. ut B supra. Deinde B om. تقيوس quod in C تقبوس scribitur. Cf. p. ٢٨*t* (ubi per lapsum calami بنطيوس pro تقيوس scriptum est). *b*) B مستكانة, C بسكانة. Deinde B باعباى, C باعاى. *c*) B hic et supra et C دوفامة. *d*) B بحس مدينة المهرس, C بحس مدينة المهرس. Deinde B et C بامسنت, vid. Ibn-Hauk. p. ٦٢ et Edrîsî, p. 141. *e*) Vulgo أَرْكُو. *f*) B ضلى, C منلى. *g*) B hic et supra دادرت, C بادرت. Coniectura scripsi collato nomine تاحريت. Deinde B et C, ut B supra, سنطيف. *h*) B om. C sine punctis. B supra ابكجا. Cf. ann. meam ad Edrîsi, p. 105. *i*) B اسره. *k*) B et C يممة, sed B supra ut recepi cum *teschdíd*. Deinde B باغليسة, C باغليسيه, B supra تاعليسيه. *l*) B hic et supra sine punctis. Appellatur locus de nomine tribus notae. *m*) B حليه, supra in catalogo حلبه, C حلنه. Vid. supra p. ٣٩*c*. *n*) B et C لحان هران. Vid. infra ad descriptionem. *o*) B hic et supra p. ٥٦, 11 طمر, C طين. Suspicor autem nomen errore esse ortum e pleno nomine urbis Schelif, شلف بنى واطيل. *p*) Sic B et C. Supra B ورهابة. Nomen sequens alibi (quoque supra p. ٣٩, 6) scribitur البطحاء. *q*) Sic B supra, h. l. sine punctis, C بيما. Locus sequens memoratur in Tab. Geogr. ad Ibn Khaldun (B نعود et supra نعود). *r*) B لخضراوين ابعر, supra لخصراوين ازبعر, C لخضراوين ابعز. Deinde C تبيس. *s*)? B بحرية, supra بحرّية, C بحريه. Cf. مخرية apud Dimaschkí, p. ٢٣٧, 6.

سوق كرى[a] مَنْجَصَة اوزكى[b] تبريس سوق ابن[c] مبلول ربا تاويلت[d] الى مغول تامزيت[e] تاويلت اخرى نَغْوَا وفكّان[f] ✿

واما سجلماسة فهى اسم القصبة ايضًا[g] ولها من المدن دَرْعَة[h] تادنقوست اثر ايلا ويلميس[i] حصن ابن صالح النحّاسين حصن السودان هلال امْصَلَى[k] دار الامير حصن برارة[l] لخيامات تَازّروت[m] ✿

واما فاس *فان اهلها ولدانهم علوق[n] وهى اسم القصبة ايضًا *وتسمّى الكورة السوس الادنى ومن مدنها[o] البَصْرَة زَلُول الجاحد[p] سوق الكتامىّ وَرْغَة سَبْوا[q] صَنْهَاجَة هُوَارَة[r] تِيزَا مَطْمَاطَة كَزَنَّايَة[s] سَلَا مدينة بنى قرباس[t]

---

a) De aliis formis huius nominis vid. *Descriptio al-Magribi*, p. 94 seq. Nomen sequens in B est sine punctis (supra منخصه), C منحصه. Est appellatus locus de nomine tribus Berb. *b*) B h. l. اوركى, C افركى. Vid. Jakubi (*Descriptio al-Magribi*, p. 132). Deinde B دموين, supra تنزس, C تنزيز. Vid. supra p. ٣٩*i*. *c*) C om. ابن. Nomen sequens in B est رما[illegible], supra ورنا, secutus sum C, sed omnes iungunt cum parte priore nominis seq. *d*) B ونا دىب, C وَّنا بيبت; vid. supra p. ٣٩*k*. *e*) B بامرىت, supra تامرنت, C بامزيت. Deinde B om. تاويلت اخرى, pro quo C بيبت اخرى, et habet لعوا. *f*) B وركان, C وىكار, B supra ويكان. *g*) B om. *h*) B et C درغه. Deinde B بادىعوسى, supra بادنقوست, C دبانقوسن. Duo nomina sequentia in C scripta sunt tamquam unum nomen. Forte B ايلان. *i*) B ويلميس, supra دمليس. *k*) B امصّلى, C امصكى. Videtur significari انْصَلَا. *l*) B h. l. sine punctis. Cf. p. ٢٨*q*. Deinde B لخنامات. Secutus sum C; B supra لخـامات. *m*) B et C بادروب, supra B باذروت. Vid. Tab. Geogr. ad Ibn Khald. sub Tazrout. *n*) C om. et habet فهى. *o*) Haec in B desunt. Hic ut vid. البصره. *p*) C ابحاحد, in B الجاجد. Deinde B الكنانى pro الكتامى. *q*) B et C سبرا. *r*) B et C هوار. Deinde B ىشرا, supra ىسوا, C تىرا. Vulgo scribitur تازا. *s*) B كريانه, supra كربانه ut C. *t*) B فرىاس (omisso بنى), supra ابن قوباس. Deinde B مرحاحـّه, supra مرجانه, C مرحاحه. Coniectura scripsi, cogitans de tribu حاحا (syllaba مر significat بنو).

مزحاحيّة وأَزِيلَا سَبْتَا بلد غُمَارٍ[a] قلعة النُّسُور نَكُور[b] بَلَش مَرْتِيسَة تَابَرِيدَا وصَاع[c] مِكْنَاسَة قلعة شميت[d] مدائن برجن اوزكى[e] تيونوا مكسين امليل املاه[f] ابى الحسن قَسْطِيلِيَة[g] نَفْزَاوَة نِقَاوُس بِسْكَرَة قَبِيشَة مدينة بنى زَحّيق[h] لُوَاتَة عبد الله لواتة بركية أَكْدَار[i] ابن شراك مدينة جبل زالاع ۞ وناحيتها طَنْجَة مدنها وَلِيلَة[k] مدركة متروكة[l] زَقُّون غُزّة[m]

---

a) B et C عمار, ut B supra. *b*) B et C بكور. Nomen sequens scribitur بالش a Bekrío p. ٩٠. Pro مرنيسة B هرنيسة. *c*) B et C male (نابريد) دابريد اوصاع. *d*) B سمتيت, supra شمت. Pro برجن (B supra برحرز) fort. l. جرثم, nomen familiae quae regnavit in regione Nakur ab anno 336 ad 410 (Bekrí, p. ٩٩). *e*) C اوزكى. Deinde B نيوبوا et منكسين (supra مكسس); cf. nomen ماكسن apud Bekrí, p. ٩٥. Nomen امليل videtur significare مليلة. *f*) C املاة. Videtur intelligi تمسامان (Bekrí, p. ٩٠). *g*) B hic et supra et C قسطينة. Deinde B om نفزاوة, pro quo B supra بواوه, C برواه, infra B et C بزاوه. Pro نقاوس B et C بقاوس et deinde B لسكر قيسية, C لسكن قيشة. *h*) B رحيق, C زحيق. Ibn Khaldun زحيك s. زجيك (vid. I, p. ١٠٨). Pro لواتة B habet لوانه et لوادب, C لواية et لوايت (B بركيه). *i*) C اكرار. Bekrí, p. ٩١, 1 et Ibn Khaldun اكدال. Deinde C برسراك (B بن). *k*) B hic et supra لبيله, C ليه. Haec enumeratio urbium desumpta est ex Ibn Khordádbeh (ed. Barb. de Meyn. p. 78) et incuria facta est. Pro مدركة in ed. Ibn Khord. est مداكة sed. Cod. Oxon. habet مدلكة et auctor *Kitábo 'l-Boldán* (Mus. Brit. Rich. 7496, f. 22 seq.) qui eundem locum descripsit, quoque مدركة. Videtur autem legendum مدكرة = مدغرة, quod est nomen urbis Miljána, vid. *Descriptio al-Magribi*, p. 98. *l*) Sic B et C; supra B متوركة, Ibn Khord. sec. edit. زلولة, sed Cod. Oxon. سروكة et *Kit. al-Boldán* مثروكة. Nomen restituere nequeo. Deinde B رقوى, ut quoque supra (cum var. l. برى), C زقوى, Ibn Khord. رقون. Coniectura scripsi. *m*) Ibn Khord. حجرة (Cod. Ox. sine punctis). Deinde B et C عمرة, supra semel عمرة, semel حجرة, Ibn Khord. حجيرة (Cod. Ox. sine punctis), *Kit. al-Bold.* حجمرة. Cf. *Descriptio al-Magribi*, p. 125.

غُمبِرَة الحَاجِر ماجراجرا[a] البيضآء الخضرآء ۞ والزاب مدينتها المَسِيلَة ولها مَقَّرة طُبْنَة بِسْكَرَة[b] بَادِس تَهُوذَا طَوْلَقَا جميلا[c] بَنْطِيُوس (111) أَدْنَة أَشِير ۞

واما السوس الاقصى فقصبتها[d] طرفانة ومن[e] مدنها أَغْمَات وَيْلَا وَرِيكَة تَنْدَلِى[f] ماسّة وغيرهنّ[g] ۞

واما اصقلّيّة فقصبتها بَلَرْم ومن مدنها[h] الخَالِصَة اطْرَابُنش[i] مَازَر عَيْن المُغَطّا قَلْعَة البَلُّوط جِرْجَنْت[k] بُثيرَة سَرَقُوسَة[l] لَنْتِينِى قَطَانِيَة[m] اليَاج بَطَرْنُوا[n] طَبَرْمِين مِيقُش[o] مَسّينَة رِمْطَة[p] دَمَنّش جاراس[q] قَلْعَة القَوَارِب

---

a) B ماحرايرا, supra ماحراحرا, C ماحرابرا. Ibn. Khord. ماجراجرا, Bekri, p. ٩١, 4 تاكراكرى. Pro البيضاء Ibn Khord. habet: فيكون (Cod. Ox. فيكون) l. قيطون (i. e. قيطون بياضة) ut patet e loco catalogi in B supra p. ٥٧, 9. Vid. ibi ann. *m*. *b*) C بكسر. Pro تهوذا C يهودا, B sine punctis. *c*) B خميلا et supra حميلا. Intelligi videtur urbs quam Bekrí, p. ٥٢ vocat مليلى. Deinde C بنطوس. Mox B آذنه (C ut B supra اذنه). *d*) C فان قصبتها. Nomen urbis forte corruptum est e طَرْقَلَة ut *Kit. al-Boldân* et Jacut habent. Mappa C طرمانه. *e*) C والذى عرفت من. *f*) B بندلى, supra بيدلى, C sine punctis. Scripsi secundum Edrîsî, p. ٨٢, 7 putans eundem locum intelligi posse, quia hic catalogus ubique negligentia laborat. Urbis ايجلى (ايغلى Dimaschkí) situs melius convenit, sed sic emendare vix audeo. *g*) C واهلها بربر لا يقولون بالمدن انما ثم فى بيوت الشعر عم بله (l. غُتْمٌ بُلْهٌ). *h*) C ومدنها. *i*) B اطرانبش, supra اطرابلش. Deinde C مازن. *k*) B et C جرخنت. Deinde B سبره, supra تنبيره, C بتيره. *l*) B شرقوسه. Deinde B النبنى, C النتبنى. *m*) C قطنانه. Deinde B et C الباج. Saepius لياج appellatur locus. *n*) B بطونوا, C بطرنوا. B supra non male فطرنوا (*Paterno*). *o*) B ددنقش, supra تنبقش, C ينغش. Lectio تنبغش occurrit in *Bibl. Sicula*, p. ۴٥٢, sed èditor proponit ميقش, ut recepi (cf. imprimis B. S. p. ٦٥). *p*) B et C رطمه. Deinde B et C ut quoque B supra منش. Vid. de hoc loco imprimis Amari, *Storia dei Musulmani de Sicilia*, I, p. 468 seqq. *q*) Vid. Bibl. Sic. p. ٦٢ ubi editur جاراش.

قَلْعَة الصِّرَاط قلعة ابى ثور[a] بَطَرْلِيَة ثِرْمَة بُورْقَاد قُرْلِيُون قَرِينَش[b] بَرْطِنِيق اخياس[c] بَلْنَجَة[d] بَرْطَنَّة ☆

واما الاندلس *فنظيرها هيطل من جانب المشرق غير انّا لا نقف على نواحيها فنكوّرها[e] ولم ندخلها فنقسمها ويقال[f] انها الف ميل وقال ابن خرداذبه[g] الاندلس اربعون مدينة يعنى المشهور منها *لان احدًا لم يسبقنا الى تفصيل الكور ووضع القصبات فبعض المدن التى ذكر قصبات على قياس ما رتبنا وسالتُ بعض العقلآء منهم على الرساتيق المحيطة بقرطبة والمنسوبة اليها والمدن فقال انّا نسمّى الرستاق اقليمًا فالاقاليم المحيطة بقرطبة[h] ثلاثة عشر مع مدنها فذكر أَرْجُونَة قَسْطَلَّة[i] شَوْذَر مارْتُش[k] قَنْبَانُش[l] فَجّ ابن

a) In B deëst ابى ثور (lacuna), C اثور sine ابى. Deinde B ضربيه, supra وضربه, C ضرنيه. Coniectura emendavi (*Petralia*), et video Cl[um] Amari in App. ad *Bibl. Sic.* p. ٥٥, 2 idem proposuisse. Deinde C ترمه. b) B قربش, C قرببش. c) B احياس hic et supra ut quoque C, infra B ut recepi; videtur intelligi idem locus in vicinia urbis Partinico, quam Edrísí (B. S. p. ٤٣, 4) appellat جبان. Cl. Amari mihi proposuit, sed cum dubio, legere اجناس, quod esset pro جنش *Cinisi* (vid. quoque l.l. p. ٥٥, 4). d) B لنجه, supra لنخبه, infra لسحه, C لنجه. Probavit meam emendationem Cl. Amari. Quoad descriptionem melius conveniret جفلة. Obiter moneo nomen Partanna restituendum esse apud Dimaschkí, p. ١٤١, 1 (B. S. p. ١٤٥, 1) pro يرتبية l. برتنة. e) B فكررها. f) C pro his: اذا عبرت البحر الرومى عن اليمين فانت فى الاندلس ولها معابر عدّة يذكر (l. نذكر) بعضها والمشهور منها وعرض البحر فى مواضع فرسخ وفى مواضع ستّة ايّام ثمّ يعظم البحر ونظير الاندلس ما ورآء جيحون ولو دخلتها لكوّرتها وفصّلتها كما فعلت بهيطل الّا انى سمعت. g) B خرداذه, C جرداذه. Locus est in ed. Barbier de Mëynard, p. 79. h) C مثل ما تقول بخارا ونسف وكش وسمرقند وسئلت بعض العقلاء منهم عن الرساتيق المحيطة بقرطبة والمنسوبة اليها فذكر, mox omisso فذكر. i) B et C h. l. قسطه. Deinde B et C سودر ut infra quoque. k) B hic et infra semel مارس, C infra semel مارس, semel مازنين. l) B et C h. l. قبانش, infra B فيابس, C قسادس. Jacut قنبان.

لَقيط بِلَاط مَرْوَان *حصن بُلْكُونَة[a] الشنيدة[b] وادى عبد الله قرسيس[c]
الـمَـائـدَة جيّـان وعلى ما دلّ *آخر الاسم[d] فى ناحية مدنها لجفر[e] بَيْغُوا
مارْتُش قانت[f] غَرْنَاتَة[g] مَنْتيشَة[h] بَيَّاسَة[c i] وسائر مدن انـدلـس الـمذكورة
طُرْطُوشَة بَلَنْسِيَة[k] مُرْسِيَة بَجَّانَة مَالِقَة جزيرة جبل طارق شَذُونَة[l]

---

a) B om. *b*) C الشنبد, infra B السدّة, C السدة. Recepi lectionem B h. l. licet aeque incerta est ac ceterae. Etiam Cl. Dozy frustra conatus est nomen restituere. Fort. idem locus intelligitur, qui apud Edrîsî p. ٢١٣ حصن بينـدر appellatur (cf. Dozy p. 265). Quo casu فج ابن لقيط respondet stationi دار البقر.
c) Sic B et C h. l. et infra. Fort. cogitandum est de فـرّيش (vid. Jacut in v., Edrîsî, p. ٢٠٧, Dozy, *Recherches*, II, p. 283). *d*) Addidi اخر الاسم. Vid. infra.
e) B et C h. l. لجفر, infra C sine punctis. Deinde B سعوا, C بىغوا, infra B et C بـىـعـوا. Est *Priego*. Vid. Dozy ad Edrîsî, p. 251 (Edrisîi lectio est باغُه).
f) C فانـت. Qui locus intelligendus sit, non liquet. *g*) B غـرنـانـه. *h*) B منبشه, C مينسه, infra B منتيـسـه, C منيسه. Est antiquum *Mentesa*, hodie La Guardia, ut me docuit Cl. Dozy. Occurrit e. g. *Bayân*, II, p. ١٩٧. Nomen sequens est *Baëza*. *i*) C h. l. addit: وعرضتُ كتابى هذا على بعض مشايخ الاندلس بمكّة سنة ٧٧ فقال على هذا القياس يجب ان يكون الاندلس ثمانية عشر كورة فعدّ بَجّانَة (Cod. sine punct.) مالقة بلنسية تدمير سرقوسة يابسة (Cod. ياسه) وادى الحجارة تطيلة (Cod. بطلمه) وشقة مدينة سالم طليطلة (Cod. طليطه) اشبيلية (Cod. اشبيله) بطليوث (Cod. بيطليوث) باجة قرطبة شذونة (Cod. سدونه) الجزيرة الخضراء ثم عرضته على آخر فقال بعض هذه النواحى فى قياسك وهذا الامر لا يدرك بالخبر دون المعاينة وزادنى لبيرة (Cod. بلبه; vid. Ist. p. ٣٧) بلنسية طرطوشة فى كتابه ذكر ابو زيد وقد خشنبة اخشنبة (Cod. اخـشـيـنـه) مرية شـنـتـريـن (Cod. سـسـرىن) لـبـلـة (Cod. ليبله) قرمونة (Cod. برمونه) مورور (Cod. موروده) استجة (Cod. اسبنجه) فهذا ما عرفنا من الاندلس ولا اعرف القصبات من المدن باليقين الّا قرطبة لانها مشهورة كسمرقند. *k*) B بلنه. *l*) B سدونه.

اشْبيلِيَة أُخْشُنُبَة[a] مَرِيّة شَنْتَرِين[b] بَاجَة لَبْلَة قَرْمُونَة مَوْرُور اسْتِجَة[c] ✿ بَرْقَة قصبة جليلة[d] عامرة نفيسة كثيرة الفواكه والخيرات والاعسال مع يسار وهي ثغر قد احاط بها جبال عامرة ذات مزارع على نصف مرحلة من البحر في هويّة[e] قد احاط بها تربة[f] حمرآء شربهم من آبار وما يحوونه من امطار[g] في جباب وهي[d] على جادّة مصر يحسنون الى الغربآء[h] اهل خير وصلاح * واقلّ انقلاب من غيرهم[i] ✿ وأَطْرَابُلُس مدينة[i] كبيرة على البحر مسوّرة[k] بحجارة وجبل لها باب البحر وباب الشرق وباب الجوف[l] وباب الغرب شربهم من آبار ومآء مطر كثيرة[m] الفواكه والاجاص[n] والتفّاح والالبان والعسل واسمها كبيرة[o] ✿ وأَجْدَابِيَة عامرة بنيانهم حجارة على البحر وشربهم من الامطار وسُرْت كذلك ولهما بواد[p] وشعارى ✿ وصَبْرَة في بادية وهي حصينة بها[q] نخيل وتين شربهم من مآء المطر ✿ وقَابِس[r] اصغر من طرابلس لهم[s] وادٍ جرّار وبنيانهم من الحجارة والآجرّ كثيرة[t] النخيل والاعناب والتفّاح[u] مسوّرة باديتها برابر[v] ولها ثلاثة ابواب ✿ وغَافِق ناحية واسعة كثيرة القرى واسواق على ايّام الجمعة بحريّة *ومن الناس من ينسبها الى افريقية[i] ✿ وذَاتُ الحُمَام *مدينة عمرت من قريب وسمعتُ عمّن يسال ابا العباس ابن الراعى عنها ويقول عمارتها احد امارات ظهور الفاطميّ على مصر[w] ✿

القَيْرَوَان مصر الاقليم بهيّ عظيم حسن الاخباز جيّد اللحوم قد جمع اضداد[x] الفواكه والسهل والجبل والبحر والنعم مع علم كثير ورخص

---

a) B اشبيله اخشينيّه. *b*) B سقرىر. *c*) B قرمويه موورود استنجه. *d*) B om. *e*) C هونه. *f*) B ترب, C نوبة. *g*) C يحرزونه من الامطار. Mox B جبال pro جباب. *h*) B addit في. *i*) C om. *k*) B مصوره. Pro جبيل C جبل. *l*) B الجرف, C الحوف. In C copulae desunt. *m*) B كثير. *n*) C والاجاص. *o*) B كسر, C كبيرة. Deinde B واخدانه, C sine punctis. *p*) C وادى, B ut solent بوادى. *q*) C ولها et mox وشربهم. *r*) B وفاس, C فاس. *s*) C الا انها (l. انه) لها. *t*) B كثير. *u*) C om. Deinde B مصور, C مصورة. *v*) B بوابر. *w*) C pro his: على راس الحد منهم من يجعلها من الواحات. *x*) C بين الاضداد من.

(112) تجيب اللحم خمسة امناء بدرهم والتين عشرة[a] ولا تسال عن الزبيب والتمر والاعناب والزيت[b] في فرضة المغربيين ومتجر البحرين لا ترى اكثر من مدنها ولا ارفق[c] من اهلها ليس غير حنفيّ[d] ومالكيّ مع الفة عجيبة لا شغب بينهم ولا عصبيّة لا جرم انهم على نور من ربّهم قد اقبلوا على ما يعنيهم وارتفع الغلّ من قلوبهم فهي مفخر[e] المغرب ومركز السلطان واحد الاركان ارفق من نيسابور واكبر[f] من دمشق واجلّ من اصبهان الّا ان ماءهم ضعيف، وادبهم طفيف[g]، ولا فيها ظريف،، الماء مخزون في مواجين[h]، والضرائب موضوعة على اصحاب الدكاكين،، تعيّشهم[i] في صَبْرَة واسواق المصر معطّلة، والعوامّ[k] كالاغنام المرسلة،، لا تراويح تصلّى، ولا بقى للفريقين بها[l] ما،، تكون اقلّ من ثلاثة اميال في مثلها[m] بلا سور وشربهم من مواجين وصهاريج[n] يجتمع فيها ماء المطر وقد اجرى لهم المعزّ[o] قناة من الجبل تملأ المواجين بعد ما تدخل قصره بصَبْرَة بنيانهم مدر وآجرّ ومواجين الزيت بها كثيرة[p]، الجامع بموضع يسمّى السِّمَاط الكَبِير[q] وسط الاسواق في سرّة البلد اكبر من جامع ابن طيلون باعمدة من الرخام * مفروش وداره الرخام[r] ومزاريبه رصاص له باب السّمَاط باب الصرّافين[s] باب الرهادنة باب الفضوليّين باب المأذنة[t] باب الصبّاغين باب الحوّاريّين[u] باب سوق الخميس باب الميضاة باب[v] الخاصّة في النمّارين ولهم * باب اللحّامين[w] وسوق الرمّاحين ودروبها خمسة عشر[x] درب

---

a) C عشر. *b*) C addit: والخبزُ لا يزن. *c*) B اوفق. *d*) C حنيفى. *e*) B مغجر. *f*) B واكثر. *g*) B واديهم طنيف. *h*) B مواجير hic et deinde. *i*) B دغشبيهم. Mox C صدره. *k*) B والاعوام et mox المرسّلة. *l*) C به. (B دقى للفربعس). Mox B دكون, C يكون. *m*) C بمثلها et mox شربهم sine و. *n*) B وصهاريجهم. Deinde C om. يجتمع et B habet فيه. *o*) C معد, quod erat nomen al-Moëzzi. Mox B om. من الجبل. *p*) B et C كثير. *q*) B السما الكمر. *r*) C وسقوفها باصطاك. Quid pro وداره (sic) legendum sit, haereo. Deinde B ومزاربها, C ومرازينها. *s*) C الصوافين. *t*) C المعاذنة. *u*) B cum ح, C الجواريين. *v*) C وباب. *w*) C om. cum copula seq. *x*) C add. منها. Pro الربيع Bekrí, p. ٢٥, 2 الى الربيع.

الربيع درب عبد الله درب تونس درب أَصْرَم درب اسلم[a] درب سوق الاحد[b] درب نافع درب الحذّائيّين[c] ✿ وصَبْرَة بناها الفاطمىّ[d] اوّل ما * ملك الاقليم[e] واشتقّ اسمها من صبر عسكره فى[f] الحرب وهى مدوّرة مثل الكاس لا ترى مثلها ودار السلطان وسطها على عمل مدينة السلام والمآء يجرى وسطها شديدة العمارة حسنة الاسواق بها جامع السلطان وعرض سورها اثنا عشر ذراعًا منفصلة عن العمارة بينها وبين المصر عرض الطريق وتجارها يغدون ويروحون اليها من المصر على حمير مصريّة والابواب باب الفتوح باب زَوِيلة باب وادى القصّارين كلّها محدّدة[g] للحيطان آجرّ مكحّل بالجبل ✿ وأَسْفَاقُس وسُوسَة مدينتان بحريّتان مسوّرتان[h] بالجبل والحجر شربهم من آبار وجباب ✿ والمَهْدِيّة على البحر مسوّرة بالحجر والجبل شربهم من آبار وجباب مآء المطر هى خزانة القيروان ومطرح اصقليّة ومصر عامرة آهلة ومن احبّ ان ينظر[i] الى القسطنطينيّة فلينظر اليها * ولا يتعنّى الى بلد الروم[k] فانها على عملها فى جزيرة يدخل اليها من طريق واحد[l] مثل الشراك ✿ وبَنْزَرْت[m] مسوّرة بنآؤهم حجر والجامع وسط البلد وثَمّ وادٍ يجرى مالح يدخل من بحيرة الى جنب البحر ثم يرجع اليه ويعدى فيه الناس فى القوارب[n] ✿ وطَبَرْقَة بحريّة[o] يطلّ عليها جبل وقد خرب حصنها والناس فى الربض شربهم من آبار وبها وادٍ مالح ✿ ومرسى الخَرَز[p] مدينة فى جزيرة على البحر يدخل اليها من موضع واحد ومنها يرتفع المرجان لا معدن له غيرها (113) ولا يخرج الّا من بحرها ✿ وبُونَة بحريّة مسوّرة بها معدن حديد شربهم *من آبار[k] ✿ وباجَة بين القيروان والبحر كثيرة الحبوب والخيرات وسطها عين[q] وبها مآء جارٍ ✿ ولُرْبُس تحت

---

a) Bekrí l.l. 3 سلم. *b*) B الاخدد. Cf. Tídjání in *Journ. asiat.* 1853, I, p. 365. *c*) B sine punctis. *d*) C المغربى. *e*) C فتح القيروان. *f*) C على. *g*) B محدودة. Deinde C وللحيطان. *h*) B et C مصورتان. *i*) C تنظر et mox فلتنظر. *k*) C om. *l*) C واحدة. *m*) B وبيبزرد, C sine punctis. Mox B باوم pro بناوم. *n*) B القوارات cum ا priore expuncto. *o*) B بحرة. Deinde C om. يطل, sed post جبل habet: وقد اشرف عليها وحصنها قد خرب. *p*) B ومرص الحرر, C ومرص الجوز et hic om. مدينة. *q*) C عيون.

جبل بورغ[a] فيها مزارع الزعفران مسوّرة بحجارة شربهم من آبار وحولها وحول باجة اسواق ومواعيد يطول ذكرها ۞ *وقَرْنَة تسمّى باسم نهر فيها حلو مسوّرة بحجارة[b] ۞ ومَرْنِيسَة غير مسوّرة بناؤهم مدر[c] شربهم من آبار كثيرة القرى[d] واسعة الرستاق ۞ وقَمُودَة رستاق جليل اسم المدينة[e] جَمُونَس الصابون بناؤهم مدر وشربهم من آبار كثير التين والزيتون ،واللوز وبه قرية عظيمة تسمّى خور[f] الكاف ۞ ومَرْمَاجَنَّة[g] كبيرة من عمل رستاق تَبَسَّا[h] شربهم من آبار كثيرة الفواكه ۞ قلانس اسم رستاقها مكنة ابى منصور[i] كثيرة التين والزيتون والخيرات ۞ وقَبيشَة رستاق مدينته طرناسه[k] وبه بنو العبّاس كثير[l] قد غلبوا عليه حسن السفرجل كثير الزيتون والتين شربهم من آبار ۞ رُصْفَة[m] رستاق اسم مدينته بنونش تكون مثل الرملة شربهم من آبار بها ثلاثمائة وستّون معصرة للزيت بناؤهم مدر ۞ وجَزِيرَةُ أَبِى شَرِيك[n] فى البحر لها اثنا عشر رستاقًا اسم مدينتها منزل بَاشُو[o] بلا سور بناؤهم مدر وشربهم من آبار منها سقى مزارعهم *كشيراز وسرخس[p] ۞ باغاى[q] كبيرة مسوّرة تحت جبل يقال له أَوْرَاس يجرى اليهم منه ماء كثيرة البساتين[r] ۞ وسُوق حَمْزَة مدينة فى

---

a) B دورع, C برع. Fort. cf. nomen tribus Berb. بورغش. De جبل يدوغ, Edrîsî, p. 136, neque de جبل زغوان, Bekri, p. ٤٩, cogitari potest. *b*) C haec om. In B nomen scribitur h. l. قرنه. Pro حلو B ut vid. خلق. Nomen sequens in C sine punctis. *c*) In B deëst (lacuna). *d*) C الابنية والقرى. *e*) B et C مدينة. Deinde B om. جمونس (C خموس). *f*) B حور. Scripsi خور secundum C, ubi tamen tantum superest خو, ceteris usque ad قلانس omissis, non indicatâ lacunâ. *g*) Coniectura supplevi nomen, quod in B desideratur (lacuna). *h*) B sine punctis. *i*) Cf. Dimaschkí, p, ٢٣٨, 5. *k*) C habet: طرنانه اسم رستاقها فسسه, B وفقسه pro وقبيسة et nomen urbis *sic*. *l*) C om. et habet deinde: قد...... بها سفرجل حسن وزيتون كثير وتين وشربهم. *m*) B رضفه. C بنوبس اسم رستاقها رصفه. *n*) C addit ع. *o*) C باشق et deinde ليس عليها سور. *p*) C om. *q*) B وباعينى, C باعسى. *r*) C البستانات.

*البحر بناؤهم من الطوب[a] وشربهم من نهر واَعْيُن ☆ وجَزيرة بَنى زَغَنّايَة[b] على ساحل البحر مسوّرة يعبر منها الى الاندلس ولهم عيون ☆ ومِتّيجَة[c] فى مرج لهم مآء جارٍ عليه ارحية وشعبة من النهر تدخل الدور كثيرة البساتين ☆ وهياجة[d] على اسم رستاقها وهو واسع كثيرة القموح ☆ والقُسْطَنْطِينيّة مدينة[e] جاهليّة على يومين من المصر ☆ ولولا خوف الملال وطول الكتاب لوصفتُ بقيّة مدائن افريقية[f] واكثر مدائن الكور فى جميع الاسلام ولكنّا نميل الى الايجاز ونذكر ما لا بدّ منه ولا اعرف كورة اكثر مدائن من هذه كلّها آهلة جيّدة لانّا ربّما نذكر مدنًا هى اصغر من قرى كثيرة فى اقاليم أُخر ولكنّها مشهورة فى المدن وعلمنا موضوع على التعارف الا ترى ان مُنخا والجامعَيْن والمنيفة مدن[g] بلا نزاع وكَفَرْسَلّام وقصر الرّبيح وراس التنين[h] اكبر منهنّ وهى[i] قرى بلا خلاف واعلم ان الكورة لا تجلّ بكثرة مدنها ولكن بجلالة رساتيقها الا ترى الى جلالة نيسابور وبخارا مع قلّة مدنهما والى بثبس زَبيد[k] وهَجَر مع كثرة مدنهما ☆

تاهَرْت هى اسم القصبة ايضًا هى بلخ المغرب قد احدق بها الانهار والتفّت بها الاشجار وغابت فى البساتين ونبعت حولها الاعين وجلّ بها الاقليم وانتعش فيها[l] الغريب واستطابها اللبيب يفضّلونها على دمشق واخطأوا *وعلى قرطبة وما اظنّهم اصابوا[m] هو بلد كبير كثير الخير رحب رفق طيّب رشيق الاسواق غزير المآء جيّد الاهل قديم الوضع محكم الرصف عجيب الوصف (114) غير انه منى يقاس المغرب بالشام واين مثل دمشق فى الاسلام

---

a) C فحص بناؤهم من الطين, quae bona est descriptio urbis Sûk Hamza, quippe quae non adiacet mari. Probabiliter in utroque Codice lacuna est, et excidit nomen مرسى الدجاج, ut sic restituendum sit: وسوق حمزة مدينة فى فحص بناؤهم من الطين وشربهم من نهر واعين ☆ ومرسى الدجاج مدينة على البحر بناؤهم من الطوب وشربهم من نهر واعين. *b*) B رعنانه, C رعنايه. *c*) B ومتحه, C متحه. *d*) B وهباجه, C هباحه. *e*) C om., sed addit عامرة post جاهلية. *f*) C المدائن, seqq. ad تاهرت omissis. *g*) B om. *h*) B التنبد. *i*) B وهو. *k*) B ىمس ربد. *l*) C بها. *m*) C ولعمرى pro his.

* ولقرطبة اسم وذكر وشان[a] بها جامعان[b] على ثلثى البلد قد بُنيا بالحجارة والجبل[c] قريبان من الاسواق ومن[d] دروبها المعروفة اربعة باب[e] مجّانة درب المَعْصُومَة[f] درب حارة[g] القفير درب البساتين بقربها مدينة تسمّى رُهَا[h] وقد خربت ۞ وتَنَس مسوّرة على البحر شربهم من نهر وكذلك قَصْرُ الفُلُوس ۞ وتاهَرْت السفلى على * وادٍ عظيم ذات اعين وبساتين[i] ۞ وفَكّان مسوّرة على وادٍ جارٍ ذات بساتين ۞ وبَلَل وجبل تُوجَان[k] على ما ذكرنا سوآء ۞ وَهْرَان بحريّة مسوّرة يقلعون[l] منها الى الاندلس * فى يوم وليلة ۞ وسَبْتَة على زقاق بحر الاندلس[m] ترى منها البرّين وهى احد المعابر المشهورة ۞ جَبَل زَالَاغ مدينة[a] على جبل عالٍ يطلّ على كورة فاس بناها خَلُوف * بن احمد[a] المعتلىّ وبقيّة المدن اكثرهنّ مسوّرات ذات بساتين ۞

فَاس بلدان جليلان كبيران كلّ واحد منهما محصّن بينهما وادٍ جرّار عليه بساتين وارحية قد استولى[n] على احدهما الفاطمىّ[o] وعلى الآخر الاموىّ[p] وكم ثَمّ من حروب وقتل وغلبة بناؤهما مدر وحصنهما[q] طوب وبها[r] قلعة شميت بناها ابن البُورىّ[s] واخرى على الوادى بناها ابن احمد وهو بلد كثير الخيرات والتين والزيتون غير انهم * كما ترى وفيهم ثقل وغبًا[t] قليل العلمآء كثير

---

a) C om. b) C جامع et mox آخر بقربه مسجد (sic) بنى بالحجارة والجبل. c) In marg. B الجبل هو النورة. d) C من. e) C اربع دروب نائيان عن السوق (B اربع) درب. f) Sic vocatur castellum Taharti, vid. *Kitábo-'l-istibsár* ed. Kremer, p. ٦٦. g) C جادة. h) C الرها (omissis وقد خربت). Supra p. ٣٠, 7 وادى الرها. i) C عيون ولها بساتين. Deinde C ومكان. k) B et C وخان, quae forma occurrit quoque semel in catalogo p. ٥٩g, ubi recurrit nomen sub forma لحان, ib. u, quae quoque est in catalogo p. ٢١٨n. Vid. de emendatione mea ad Edrisi, p. 95. l) C يعبرون. m) C haec om. Deinde habet يرى (B ىرى). n) C اسبق. o) C المغربى. p) C addit: وسمعتهم يذكرون الاموى عبر البحر وحارب ثم احدث هذا الجانب وبناه قهرًا واقام فيه الخطبة. Deinde وكم وثم. q) C وحصنيهما. r) C وثم. s) B et C النورى. Est اسماعيل بن البورى بن موسى بن ابى العافية. t) C: من الحروب فى بلاء وفيهم ايضا غبا.

الغوغآء[a] ✿ قَسْطِيلِيَة * هى نظيرة البصرة فى الدنيا[b] حمل جمل تمر[c] بدرهمين ولهم نهر عظيم قد غاب فى النخيل ولا تسال عن كثرة البساتين ، وكذلك نَفْزَاوَة[d] بعيدتان من البحر ✿ والبَصْرَة كانت مدينة كبيرة عامرة وقد خربت وكانت جليلة[e] ✿ * ونِقَاوُس حسنة نزهة كثيرة المياه والجوز باردة[f] ✿ وبلد غُمَار رستاقها ثلاثة ايّام فى مثلها كلّها قرى عامرة ✿ وقَسْطِيلِيَة[g] كثيرة التمور على ما ذكرنا من قابس[h] وقر الجمل بدرهمين ولهم نهر عظيم وكذلك نَفْزَاوَة[i] وبِسْكَرَة بلدان النخيل والانهار ✿ ونِقَاوُس[k] باردة بلد الجوز والثمار الجبليّة ✿ ومستقرّ امرآء فاس[l] من قبل الفاطمىّ[m] بجبل زالاغ واسم * ناحيتهم من فاس[n] عدوة القَرَوىّ والاخرى مدينة الاندلسىّ * بناها الاموىّ وقد عبر البحر وغلب على فاس ، وسائر المدن عامرات[o] ، وبين فاس وصاع[p] مدينة جليلة نزهة كثيرة الاشجار غزيرة الانهار فى رستاق مكناسة الصاغة * لا اذكر اسمها[q] ✿ وطَنْجَة

---

a) Hic apud C sequitur: واما البصرة فهى نظير المدن الا انها قد خربت وقد كانت جليلة. B et C habent قسطينة ut quoque supra; patet vero legendum esse قسطيلية. *b*) C من اراد ان يرى بلدًا مثل البصرة فلينظر اليها. *c*) C تدمر *sic*. *d*) B et C بزاوة. C addit: مثلها فى رخص التمر وكثرة الماء وهما بعيدان عن. *e*) Haec descripsit Jacut, I, p. ٩٥٣, 9, addens nostrum scripsisse anno 378, itaque Basram iam tunc devastatam fuisse. Evenit autem haec eversio anno 368 (*Bayán*, I, p. ٢٤٠). *f*) C وبلد عمار بعاوس حسنة نزيهة بلد الجوز والثمار الجليلة باردة مع عدة مدن معها. B وبقاوس. Apud C praecedit: وكذلك بسكرة وهى بلدان التمور. *g*) In B nomen desideratur (lacuna). Habemus hic variam lectionem ad ea quae praecedunt; in C haec usque ad ومستقر recte desunt. Revera haec inde a loco priore de قسطيلية, excepta descriptione بلد غمار, male hic posita sunt. *h*) B فاس. *i*) B بزاوة. *k*) Iterum desideratur nomen. Intelligitur نقاوس الزاب. *l*) C الامراء. *m*) C المغرب. *n*) C القرى والاخر الجانب الذى بايديهم et mox القرى والاخر. *o*) C om haec. Deinde بلد جليل نزه كثير الاشجار غزير pro وبين وهى habet. *p*) C وصاغ et deinde الانهار. *q*) C انسيت اسمه. Fortasse intelligitur كرنطة, cf. Ibn-H. p. ٩٢ ult. seq.

ناحية[a] جليلة عامرة المدن برّيّة وبحريّة[b] نفيسة سريّة ۞ والزاب[c] مدينتها المَسيلَة * وهى ايضًا ناحية على ما وصفنا مذكورة فى الاقليم غير ان طنجة اجلّ[d] ۞

سِجِلْمَاسَة قصبة جليلة على نهر بمعزلٍ عنها يفرغ[e] فى قبليّها وهى طولانيّة نحو القبلة عليها سور من طين وسطها حصن يسمّى العسكر فيه الجامع ودار الامارة شديدة الحرّ والبرد جميعًا صحيحة الهوآء كثيرة التمور والاعناب (115) والزبيب والفواكه والحبوب والرمّان والخيرات كثيرة الغربآء موافقة * لهم يقصدونها من كلّ بلد ومع ذلك ثغر فاضل[f] برستاقها معادن الذهب والفضّة وهم اهل سنّة وقوم[g] جياد بها[h] علمآء وعقلآء لها باب القبلىّ باب الغربىّ[i] باب غدير الجزّارين[k] باب موقف زناتة[l] وغيرها وهى فى رمالٍ ولهم مياه ۞ * ودَرْعَة لها[m] رستاق واسع ومنابر على نهر جرّار نحو ستّة ايّام ۞ وعَرِيش[n] رستاق فيه منابر وسائر المدن محيطة بها[o] فى الرمال عامرات ، ومعادن الفضّة بتنازرّت[p] ومعدن الذهب بين هذه الكورة[q] وبلد السودان وليس فى العالم اصفى ولا اوسع منه والطرق الى الكورة صعبة لانه[r] فى مفاوز وحشة ذات رمال ۞

بَلَرْم هى قصبة اصقليّة على البحر فى الجزيرة اوسع من الفسطاط الّا انها متفرّقة بناؤهم حجر وجبل وهى حمرآء وبيضآء يحدق بها الفوّارات والخبازير[s] ويسقيها نهر يقال له وادى عبّاس والارحية وسطها كثيرة الفواكه والخيرات والاعناب المآء يضرب الحائط ولها مدينة داخلة بها الجامع والاسواق فى الربض

---

a) C وناحية طنجة. *b*) C sine copula. *c*) C وناحية الزاب. *d*) C على ما وصفنا ايضا غير ان طنجة اجل وتسمى هذه الكورة السوس الادنى. *e*) C يقلب. *f*) C ثغر جليل وهى مع ذلك تختار البها يدخل قصدها لمن. *g*) B قوم. *h*) C وبها. *i*) C الغرب. *k*) C الحرارين. *l*) B زيانه, C زيارته et hic om. وغيرها. *m*) B ولها. *n*) B وعريش. Fortasse intelligitur نفيس eandemque ob causam (vid. Dimaschkí, p. ٢٣٦) sic appellata est. *o*) C قد احاطت بالقصبة من كل وجه. *p*) B ببادررت, C بسادررب, Vid. Bekrí, p. ١٩١, 2, ubi تسازرارت. (C habet ومعدن omisso الفضة). *q*) B الكور. *r*) C om. *s*) B العمارات والخباس; C posterius habet والخنازير.

ومدينة اخرى خارجة مسوّرة تسمّى الخالصة[a] باربعة ابواب باب كتامة[b] باب الفتوح باب البنود باب الصناعة وبها ايضًا جامع ولها اسواق ۞ واطْرَابنْش[c] بحريّة غربيّة مسوّرة شربهم من نهر ۞ وعين المغطّا ومازَر[d] غربيّتان ۞ وقلعة البَلُّوط[c] محصّنة فى الهوآء مآؤهم من عين تنبع فيها ۞ وجِرْجَنْت[c] بحريّة مسوّرة شربهم من آبار ۞ وبُثِيرَة[c] بحريّة غربيّة مسوّرة بسور حصين كانها قلعة ۞ وسَرَقُوسَة[c] مدينتان ملتزقتان لها مينا عجيب ولها خندق يدور فيه مآء البحر ۞ ولَنْتِينِى[c] مسوّرة على نهر قريبة من البحر بنآؤهم حجر ۞ وقَطَانِيَة[c] بحريّة قبليّة مسوّرة وهى مدينة الفِيلَة[e] ۞ واليَاج[c] مسوّرة بحريّة قبليّة شربهم من مآء جارٍ ۞ وبَطَرْنُوا[c] شرقيّة تحت جبل النار الجارية ۞ وطَبَرْمِين بحريّة شرقيّة تطلّ على بلد الروم شرقيّة لها قلعة من حجارة فرضة من البحر وسائر المدن الشرقيّات عشر[f] على ما ذكرنا غير ان قلعة الصِّرَاط فى الهوآء ۞ وبَطَرْلِيَة[g] قبليّة بريّة مسوّرة فى وسطها قلعة فيها كنيسة ۞ وبَرْطِنِيق[c] غير بحريّة كثيرة الجنّآء وكذلك اخياس وبلحة[h] فى فحص[i] ۞ وصِقِلِّيَّة جزيرة واسعة جليلة ليس للمسلمين[k] جزيرة اجلّ ولا اعمر *ولا اكثر مدنًا[l] منها طولها اثنا عشر يومًا فى عرض[m] اربعة ايّام وبينها[n] وبين الروم مجاز من نحو مطلع الشمس عرضه اثنا عشر يومًا[o] وهو الخليج الذى يعدّ فى[p] البحار الخمسة ۞

---

a) C الخاصه. *b*) B كتابه. *c*) In B nominis locus albus relictus est. In C descriptio harum urbium desideratur. *d*) B ومآرب. Nomen عين المغطا incognitum est Cl° Amari, sed opinatur locum non differre ab الشاقة *Sciacca*. In App. ad Bibl. Sic. p. ٥٤ V. Cl. proponit coniecturam legendi عين القطّاع, quod responderet hodierno Canicatti. Sed lectio recepta apud nostrum plus semel recurrit et constat, vid. quoque supra p. ٢٩. *e*) Vulgo مدينة الفيل. *f*) B عشرة. *g*) Receperam قرليون, sed Cl. Amari l.l. p. ٥٩, 13 praefert بطرلية. *h*) B ولحه. *i*) C pro his omnibus: وبقية المدن منها شرقيات وغربيات وقبليات وقلعة الصراط فى الهواء. Deinde وهذه الجزيرة. *k*) C add. اليوم. *l*) C om. *m*) B om. *n*) C وبينهم. *o*) Emendare iubet Cl. Amari ميلا et etiam opinatur pro عرضه substituendum esse طوله (l.l. p. ٥٧, 4), sed videtur auctor intelligere Adriaticum mare. *p*) C عدّه الجيهانى من.

قُرْطُبَة هى مصر[a] الاندلس سمعتُ *بعض العثمانيّة[b] يقول هى اجلُّ من بغداد[c] فى صحرآء يطلُّ عليها جبل ولها مدينة جوّانيّة وربض[d] لجامع فى المدينة *واسواق واغلب[e] الاسواق ودار السلطان فى الربض قدّامها وادٍ عظيم سطوحهم قراميد[f] لجامع من حجر وجبل وسواريه رخام *حواليه مياضٍ[g] وللمدينة خمسة ابواب باب الحديد باب[h] العطّارين باب القنطرة باب اليهود باب عامر * وقد دلّت الدلائل واتّفقت الارآء[i] على انه مصر جليل رفق طيّب (116) وان ثَمَّ عدلًا ونظرًا[k] وسياسة وطيبة ونعمًا ظاهرة ودينًا وان ناحية الاندلس *على سجيّة[l] هيطل ابدًا ثَمَّ غزاة ابدًا فى جهاد ونفير *مع علم[m] كثير وسلطان خطير وخصائص وتجارات وفوائد ✿ وحدّثنى[n] بعض الاندلسيّين انها[o] ثلاثة عشر رستاقًا ؛ على خمسة عشر ميلًا أَرْجُونَة مسوّرة ليس لها بساتين واشجار لكنها[p] بلد لحبوب[q] ولهم عيون ومزارعهم على المطر ✿ وقَسْطَلّة على ثلاثة عشر ميلًا[g] من ارجونة وهى فى سهلة كثيرة الاشجار والزيتون والكرمات ومشاربهم من آبار ويسقون البساتين بالسوانى ✿ شَوْذَر على ثمانية عشر ميلًا من قرطبة *وهى فى سهلة كثيرة الزيتون جدًّا شربهم من اعين ✿ مارْتُش على خمسة عشر ميلًا من قرطبة[r] وهى جبليّة ليس لها غير الكرمات ولهم[s] اعين ✿ وقَنْبَانُش[t] على خمسة عشر ميلًا وهى[u] سهليّة ذات مزارع اكثرها بموضع يقال له قَنْبَانِيَة[v] مشاربهم من آبار ✿ وفجّ ابن لَقيط على خمسة وعشرين ميلًا فى سهلة كثيرة المزارع شربهم من آبار ✿ وبِلَاط مَرْوان على ثلاثين ميلًا لها وادٍ جرّار[w] سهليّة ذات مزارع ✿ وبُرْيَانَة[x] ذات مزارع سهليّة شربهم

a) C وقصبة المصر الاخر. b) C عثمانيا. c) C بغداذ. d) C om. et habet والجامع. e) C واكثر. f) C قراميد et deinde والجامع. g) C om. h) B cum copula. i) C ودلت الدلائل. k) C عدل ونظر et mox نعم et دين. l) C مثل et om. ابدا prius. m) C وعلم. n) C واخبرنى. o) C وقد اصطحبنا بالبحر المدّة الطويلة وكان يرجع الى علم وعقل الاندلس. p) C ولكنها. q) C الجنوب. r) In B haec desunt (C مارس). s) C وثم. t) B وقيبابس, C وقسابس. u) C om. Deinde B سهلة. v) B قيبابيه *sic*, C قبادىه. w) C حران. x) B وبريانه, C وبرىاىه. Ideo putavi Burrianam ferri posse, quod patet hanc descriptionem non suo loco esse, nec hanc pertinere ad regiones Cordovae.

من آبار وفيها حصن من حجارة والربض حوله والجامع فى الحصن والاسواق فى الربض ✿ وحصن بُلْكُونَة[a] كثيرة الزيتون والاشجار والعيون مسوّرة بحجارة شربهم من عين واحدة وآبار[b] على اربعين ميلًا[c] من قرطبة ✿ الشنيدة[d] على جبل كثيرة الكروم[e] والمزارع والتين والعنب شربهم من اعين وآبار على يومين من قرطبة المنزل فجٌّ ابن لقيط ✿ وَادِى عَبْد الله من نحو القبلة على اربعين ميلًا[f] من قرطبة المنزل وادى الرُّمّان سهليّة ذات مزارع وانهار واشجار ✿ قرسيس على ستّين ميلًا *من قرطبة[g] سهليّة كثيرة التين والاعناب[h] والزيتون الكبير[i] شربهم من اعين ✿ جيّان على خمسين ميلًا *من قرطبة[k] اسم الرستاق أُولَبَة[l] ومدينة جيّان على جبل كثيرة الاعين قد خرب حصنها غير انها منيعة بالجبل بها اثنتنا عشرة[m] عينًا ثلاث عليها ارحية تقوم بالاندلس ومن ثَمَّ ميرة قرطبة وثمارها كثيرة[n] وصفْ ما شئتَ من طيبها ورحبها فانها جنّة الاندلس على ما حُكى لى ودلّ آخر الاسم *على انها ناحية[o] بنيانهم بالحجارة باردة كثيرة الرياح[p] وبكورتها حرٌّ هى فى عداد النواحى قياسًا على *ما رتّبنا[q] ، ومدنها الجفر[r] على الجبل كثيرة الاودية والارحية على عشرة اميال[s] من جيّان كلّها

a) C وحمر بلكونه. *b*) C addit وهى. *c*) C addit يعنى. *d*) B السدّه, C السده. *e*) C الكرمات (B كثير). *f*) B يوما. C om. من قرطبة. *g*) C om. Deinde addit هى. *h*) C والكرمات. *i*) B الكسر, C om. *k*) C om. et habet رستاقها. *l*) B et C اولبه. Jacut habet اوربة. Cf. Juynboll ad *Merâcid*, IV, p. 193. Deinde C والمدينة على. *m*) B et C اثنا عشر et mox ثلاثة. *n*) C فى غاية الكثرة. *o*) Haec ego addidi coniectura, ut supplevi supra p. ٢٢٣, 2 in verbis وعلى ما دلّ هى ناحية post دلّ : آخر الاسم. Nempe videtur mihi auctor, hic et infra in descriptione غرجستان in Khorásán, significare exitum ان proprium esse nominibus regionum. Supra p. ٣٩, 2 de locis quorum nomen sic terminatur dixit iis esse خاصية او طيبة et ínter exempla in Cod. C (ann. *e*) quoque vocatur جيان, quod autem huc tantum pertinet tamquam specimen arbitrariae etymologiae auctoris. In B ودل rubro atramento est scriptum tamquam nomen loci. *p*) C الارياح et deinde ويكون بها حرّ فى. *q*) C كش والصغانيان et deinde addit قال. *r*) C sine punctis. *s*) B et C om.

اشجار وثمار وزيتون واعناب على وادٍ تجمع الفواكه ✿ وبَبْغُوا وهى جبليّة لها اودية تخرّه[a] منها عيون[b] تدير الارحية كثيرة النوت والزيتون والتين ✿ ومارْتُش[c] مسوّرة على جبل شربهم من اعين كثيرة التين والزيتون والكروم[d] ✿ قانت مسوّرة * فى قنبانية[e] لا بساتين لها زاكية[f] ✿ وغَرْنَاطَة على وادٍ * به مُنْية طوله ثلاثة عشر ميلًا للسلطان فيه من كلّ الثمار حسن عجيب سهليّة كثيرة المزارع قلتُ وما المُنْية قال البستان[g] ✿ مَنْتيشَة مسوّرة على وادٍ كثيرة الزيتون * والتين سهليّة ✿ وبَيَّاسَة مسوّرة فى جبل بناؤهم طين وشربهم من اعين كثيرة التين[h] والكرمات ، قلتُ هل بقى لقرطبة غير هذه الرساتيق والمدن قال لا قلتُ فاشْبِيلِيَة وبَجّانة[i] وذكرتُ عدّةً (117) من البلدان قال هذه نواحٍ لها اقاليم كما تقول القيروان[k] وتاهرت وسجلماسة وهم يسمّون الرستاق اقليمًا فعلمتُ انها كور على قياسنا وانها ان لم تكن اجلّ من كور هيطل فليست[l] باقلّ منها فيحصل القول واثبتُ الدلائل على ان مثل المغرب كمثل المشرق كلّ واحد منهما جانبان فكما ان المشرق خراسان وهيطل يفصل بينهما جيحون فكذلك المغرب[m] والاندلس يفصل بينهما بحر الروم غير انّا * نعجز عن تكوير الاندلس[n] فتركناها على الجملة ووصفنا كورة قرطبة لما كثر المخبرون[o] عنها * واتّضح عندنا امرها وعرضتُ كتابى على شيخ من مشايخهم فقال على هذا القياس يجب ان تكون الاندلس ثمانى عشرة[p] كورة فعدّ بَجّانَة مَالَقَة بَلَنْسيَة تُدْمير سَرَقُوسَة[q] يابِسَة وادى الحجارة تُطيلَة[r] وَشْقَة مدينة سالم طُلَيْطُلَة اِشْبِيلِيَة بَطَلْيُوث باجة[s] قرطبة شَذُونَة الجزيرة الخضراء

---

a) B تجر. *b*) B عيونها. *c*) C ومازتين. *d*) C والكرمات. Deinde وقانت. *e*) C om. B قنبانيه. *f*) C om. et habet deinde وغرنانه i. e. وغرناته. *g*) C طوله ثلثة عشر ميلا ميته (l. منية) واحدة بستان فيه من كل الثمرات حسن عجيب. B pro منية habet متيه. Deinde C ومنيسه وهو منتزه السلطان. *h*) Haec in C desunt. *i*) B فاشبيله وربجانه. *k*) C om. cum و seq. *l*) B وليست. *m*) C addit الزقاق. *n*) C لم ندخل الاندلس فنكورها. *o*) B et C المخبرين. *p*) B et C ثمانية عشر. *q*) B سرقونيه. Intelligitur Saragossa. *r*) B بطليه. *s*) B سرباجه. Videtur autem esse orta prior pars e littera س, olim superscripta postremae litterae nominis بطليوث.

وسالتُ آخر فقال صدق وزاد لِبيرَة خُشُنبَة[a] ويجوز ان يكون بعض هذه البلدان نواحى قياسًا على ايلاق وكشّ والصغانيان والله اعلم بالصواب[b] ☆

جمل شؤون هذا الاقليم

هو اقليم جليل كبير طويل يوجد فيه اكثر ما يوجد فى سائر[c] الاقاليم مع الرخص كثير النخيل والزيتون به مواضع للحرّ ومعادن البرد كثير البهود جيّد الهوآء والمآء * فاما للحرّ فانك تجده من مصر الى السوس الاقصى[d] الّا فى[c] مواضع فان بها جبالاً وبلدانًا باردة والغالب على الاندلس البرد كثير[e] المجذّمين ولخصيان والثقلآء[f] والبخلآء قليل القصّاص رفق يحبّون العلم واهله ويكثرون التجارات والتغرّب[g] ☆ واما المذاهب فعلى ثلاثة اقسام اما فى[c] الاندلس فمذهب مالك وقرآءة نافع وهم[h] يقولون لا نعرف الّا كتاب الله[i] وموطّأ مالك فان ظهروا على حنفىّ او شافعىّ[k] نفوه فان عثروا * على معتزلىّ[l] او شيعىّ ونحوهما[m] ربّما قتلوه ٠ * وبسائر المغرب الى مصر[n] لا يعرفون مذهب الشافعىّ رحمه[o] انّما هو ابو حنيفة ومالك رحمهما[o] وكنتُ يومًا اذاكر[p] بعضهم فى مسألة فذكرتُ قول الشافعىّ رحمه[q] فقال اسكتْ مَنْ هو الشافعىّ انّما كانا بَحْرَيْن[r] ابو حنيفة لاهل المشرق[s] ومالك لاهل المغرب افنتركهما ونشتغل[t] بالساقية ٠ ورايتُ اصحاب مالك رحمه[o] يبغضون الشافعىّ قالوا اخذ العلم عن مالك ثم خالفه وما رايتُ فريقين احسن اتّفاقًا واقلّ تعصّبًا منهم وسمعتُهم يحكون عن قدمائهم فى ذلك حكايات عجيبة حتّى قالوا * انه كان الحاكمَ سنةً

---

a) B لبيره خشنه. b) C haec omnia omisit, sed vid. p. ٢٢٣*i*. c) B om. d) C واما فانك تجد من السوس الاقصى الى مصر. e) B كثيرة. C verba جيد الهواء — البرد ponens post والتغرب habet: كثير البهود والمجذمين. f) B sine punctis, ut quoque seq.; C والثقلان. g) C والغربة. h) C addit الذين. i) C addit تعالى. k) C حنيفى او على شفعوى. l) C بمعتزلى. m) C او نحوهما. n) C ومن مصر الى السوس الاقصى. o) C om. p) B اذكر. Deinde C بعض علمائهم. q) C om., sed addit فيها. r) B sine punctis, C بحران. s) C الشرق et mox الغرب. t) B افنتركهما ونشغل. Deinde C بالسافية.

حنفىّ وسنةً مالكىّ[a]، قلتُ وكيف[b] وقع مذهب ابى حنيفة رحمه[c] اليكم ولم يكن على سابلتكم قالوا لمّا قدم وهب بن وهب من عند مالك رحمه[c] وقد *حاز من الفقه والعلوم ما حاز[d] استنكف اسد بن عبد الله ان يدرس عليه لجلالته *وكبر نفسه فرحل[e] الى المدينة ليدرس على مالك فوجده عليلًا فلمّا طال مقامه عنده قال له[f] ارجع الى ابن[c] وهب فقد اودعتُه علمى[g] وكفيتُكم به الرحلة *فصعب ذلك على اسد[h] وسال هل يُعرف لمالك نظيرٌ[i] فقالوا فتًى بالكوفة يقال له محمّد بن الحسن صاحب ابى حنيفة قالوا[c] فرحل اليه واقبل عليه محمّد اقبالًا لم يقبله على احدٍ ورأى فهمًا وحرصًا فزقّه الفقه زقّا[k] فلمّا علم انه قد * استقلّ وبلغ مراده فيه سيّبه[l] الى المغرب فلمّا (118) دخلها اختلف اليه الفتيان ورأوا فروعًا حيّرتهم ودقائق اعجبتهم ومسائل ما طنّت على اذن ابن وهب وتخرّج[m] به الخلق وفشا مذهبُ ابى حنيفة رحمه[c] بالمغرب، قلتُ فلمَ لم يفشُ[n] بالاندلس قالوا *لم يكن بالاندلس اقلّ منه هٰهنا[o] ولكن تناظر الفريقان يومًا *بين يدى[p] السلطان فقال لهم من اين كان ابو حنيفة قالوا من الكوفة فقال مالك[q] قالوا من المدينة قال عالم دار الهجرة يكفينا[r] فامر باخراج اصحاب ابى حنيفة وقال لا احبّ ان يكون فى عملى مذهبان *وسمعتُ هذه الحكاية من عدّة من مشايخ الاندلس[s]، والقسم الثالث مذاهب الفاطمىّ وهى على[c] ثلاثة اقسام احدها ما قد[c] اختلف فيه[t] الائمّة مثل

---

a) C كان الحاكم سنة يكون مالكى وسنة يكون حنيفى. b) C كيف. c) C om. d) C حان من العقبه ما حان. e) C فخرج. f) C addit مالك. g) C علومى. h) C فساءه هذا القول. i) C نظيرا et deinde قالوا. k) C فرقه ـ رقا. l) C اسقل شيعه. B اشتغل pro استقل. m) B وتخرج. Mox C الخلق. n) B يغفشوا. Deinde C فى الاندلس. o) C قد كان فاشيا. p) C عند. q) C قال فمالك. r) C احب الينا. s) C وسئلت عن هذه الحكاية جماعة من اهل الاندلس فقالوا صحيحة واظن السلطان تعصب لان بنى امية يبغضون عليًّا وعلم ابى حنيفة عن علىّ ولا يحبّون اهل الكوفة لانهم شيعة et addit: والقسم الثانى مذاهب اهل الزقاق وعلى (l. على) ما ذكرنا. t) C addit الفقهاء.

القنوت فى الفجر والجهر بالبسملة والوتر بركعةٍ *وما اشبه ذلك[a] والثانى الرجوع الى ما كان عليه السلف مثل الاقامة مثنى التى ردّها بنو اميّة الى واحدةٍ *ومثل لبس[b] البياض الذى ردّه بنو العبّاس الى السواد[c] والثالث ما تفرّد به ممّا لا يخالف الائمّة وان لم يعرف له قدمة[d] مثل الحيعلة فى الاذان وجعل اوّل الشهر يومًا[e] يرى فيه الهلال *وصلاة الكسوف بخمس ركعات وسجدتين فى كلّ ركعة وهذه مذاهب الشيعة[f] ولهم تصانيف يدرسونها ونظرتُ فى كتاب الدعائم *فاذا هم[g] يوافقون المعتزلة فى *اكثر الاصول[h] ويقولون *بمذهب الاسماعيليّة[i] ولهم فيه سرٌّ لا يعلّمونه ولا ياخذونه *على كلّ احدٍ الّا من وثقوا[k] به بعد ان يحلفونه ويعاهدونه[l] وانّما سمّوا باطنيّةً لانهم يصرفون ظاهر القران الى بواطن وتفاسير غريبة ومعانٍ دقيقة وهذه الاصول مذاهب الادريسيّة وغلبتهم بكورة السوس[m] الاقصى وهى قريبة من مذاهب القرامطة *واهل المغرب والمشرق فى مذاهب الفاطمىّ على ثلاثة اقسام منهم من اقرّ بها واعتقدها ومنهم من كفر بها وانكرها ومنهم من جعلها فى اختلاف الائمّة[n]، واكثر اهل اصقليّة حنيفيّون، وقرأتُ فى كتاب صنّفه بعض مشايخ الكرّاميّة بنيسابور ان بالمغرب سبعمائة خانقاه لهم فقلتُ لا والله ولا واحدة ☆ واما القرآآت فى جميع الاقليم فقرآءة نافع حسب ☆

الرسوم[o] لا يشهد فى هذه الاقاليم الستّة الّا معدّل وحضرنا يومًا املاكًا فامرنى ابو الطيّب حمدان ان اكتب شهادتى فهنّيتُ بذلك ولا ياخذون الميّت الّا من الراس او الرجلين ويصلّون كلّ ترويحة ويجلسون ولا يسلخون الاغنام اذا

---

a) C واشباهها. b) C ولبس. c) C addit وشبههما. d) C والثالث مذاهبة الذى لا يخالف الائمة (l. من مذاهبه?) et mox الهيعلة (B يخالف omisso لا).
e) C يوم et deinde ترى. f) C haec om. et deinde habet: ورايت بايديهم تصانيف فى هذا الباب. g) B om. h) C اشياء. i) C بالتناسخ. k) C الا على من يثقوا. l) B يحلفوه ويعاهدوه. C tantum يحلفونهم. Deinde C وسموا.
m) C بالسوس. n) B الامة. C haec omnia om. Deinde habet: والغالب على اصقلية اصحاب ابى حنيفة, reliquis denuo omissis. o) C ورسومهم, ceteris ad اقل omissis.

شووها ويدخلون الحمّامات بلا ميازر الّا القليل وبالمغرب رسومهم مصريّة الّا انهم اقلّ ما يتطلّسون وكثيرًا ما يجعلون الردآء بطاقين[a] ثم يطرحونه على ظهورهم * مثل العباة[b] اصحاب قلانس مصبّغة[c] والبربر ببرانس سود واهل الرساتيق باكسية والسوقة بمناديل والتجار يركبون احمرة مصريّة وبغالًا[d] وكلّ مصاحفهم ودفاترهم مكتوبة فى رقوق * واهل الاندلس[e] احذق الناس فى الوراقة خطوطهم مدوّرة[f] ✿ وبه تجارات تحمل[g] من برقة ثياب الصوف والاكسية ومن اصقليّة الثياب المقصورة الجيّدة ومن افريقية الزيت والفستق والزعفران واللّوز والبرقوق[h] (119) والمزاود والانطاع والقرب ومن فاس[i] التمور وجميع ما ذكرنا ومن الاندلس بزّ[k] كثير وخصائص وعجائب ✿ ومن خصائص الاقليم[l] المرجان يخرج من جزيرة فى البحر اسم مدينتها مرسى[m] الخرز يدخل اليها فى طريق دقيق[n] كالمهديّة من بحرها يرتفع القرن وهو المرجان * لا معدن له غيرها[o] وهى جبال فى البحر يخرجون الى جمعه فى قوارب ومعهم صلبان من خشب قد لفّوا عليها[p] شيًا من الكتّان المحلول وربطوا فى كلّ صليب حبلين ياخذهما رجلان فيرميان بالصليب[q] ويدير النواتىّ القارب فيتعلّق بالقرن ثم يجذبونه فمنهم من يخرج عشرة آلاف الى عشرة دراهم ثم يجلى فى اسواق لهم ويباع جزافًا رخيصًا ولا اشراق[r] له قبل جليه ولا لون ، وبنطيلة[s] سمّور كثير ، وبالاندلس السغن[t] الذى يتّخذ منه مقابض السيوف ويقع البهم من البحر المحيط عنبر كثير فى وقت من السنة ، ويرتفع من اصقليّة نوشادر كثير ابيض وسمعت انه قد انقطع معدنه واستغنى عنه اهل مصر بدخان

---

a) C بطاقتين. *b*) C om. *c*) C مقنعة et deinde ولباس البربر برانس. *d*) B وبغال, C om. *e*) C وهم من. *f*) C خطوط مدورة حسنة. *g*) C يحمل. *h*) C والرقوق (B والبرقوقَ). *i*) B فارس. *k*) B بزّ. C بزا كثيرا. *l*) C ومن الخصائص. *m*) B et C مرص. Deinde B الخزر. *n*) C دقيقة. *o*) C om. et habet: وهو فى جبال جوف البحر. *p*) C عليه. *q*) C ثم يرميان الصليب. Deinde B وبدلى. *r*) B ولا اشراق له ولا لون قبل ان يجلا. C اسواق. *s*) B وبنطليه, C وبنطليه. Vid. Istakhri, p. ٤٤, 10. *t*) Male B et C الشعر; vid. Ist. p. ٤٤, 10.

للحمّامات[a] ۞ واما الارطال[b] فكانت بغداديّة فى الاقليم كلّه الّا[c] الذى يوزن به الفلفل فانه يشفّ على البغدادىّ بعشرة دراهم والآن هو[d] المستعمل فى اعمال الفاطمىّ بالمغرب[e] كلّه ۞ والمكاييل ققيز القيروان اثنان وثلاثون ثمنًا[f] والثمن ستّة امداد بمدّ النبىّ صلعم وقفيز الاندلس ستّون رطلًا والربع ثمانية عشر رطلًا وثنيقة نصف القفيز، ومكاييل الفاطمىّ[g] الدوار وهى التى[h] تشفّ على ويبة مصر *بشىء يسير[h] قد أُلجم راسها بعارضة من حديد واقيم عمود من قاعها الى العارضة فوقه[i] حديد يدور على راس الويبة فاذا انترعها[k] ادار الحديدة فسحت فم الويبة *وصحّ الكيل، وارطاله رصاص على كلّ رطل اسم امير المؤمنين فان اجتمعت ارطال بموضع واحد بسط صبّها وطبع على كلّ رطل ولو كانت عشرة ۞ واما نقوده[l] فى جميع اعماله *الى اقصى دمشق فالدينار يزلّ[m] عن المثقال بحبّة اعنى شعيرة والسكّة مدوّرة الكتابة وله ربع صغير يؤخذان[n] بالعدد والدرهم ايضًا زالّ له نصف[o] يسمّونه القيراط وربع وثمن ونصف ثمن يسمّونه الخرنوبة[p] يؤخذ الجميع بالعدد *ولا يرخّصون فى المعاملة بالقطع[h] وسنجهم من[h] زجاج مطبوع كما ذكرنا *من الارطال[h]، ورطل مدينة تونس[q] اثننا عشرة اوقيّة والوقيّة اثنا عشر درهمًا ۞

والعجائب بهذا الاقليم كثيرة منها ابو قلمون وهى دابّة تحتكّ بحجارة[r] على شطّ البحر فيقع منها[s] وبر وهو[c] فى لين الخزّ لونه لون الذهب *لا يغادر منه شيًا وهو عزيز الوجود[h] فيجمع وينسج *منه ثياب[t] تتلوّن فى

---

a) C addit: ويعمل بالاندلس ازر وثياب واشياء. *b*) C رطلهم et deinde: فكان بغدادى الا الذى يزن به الفلفل. *c*) B om. *d*) C فهو. *e*) C بالغرب. Post كله addit: واهل الاندلس على رطلهم وامر ان يتخذ من الرصاص اسمه (sic) ويطبع عليها. Deinde ومكاييلهم. *f*) C اثنين وثلثين ثمن. *g*) C المغرب. *h*) C om. *i*) B فوق. Deinde C حديدة تدور. *k*) B نزعها. *l*) C ونقودهم, omissis praeced. *m*) C الدينار الا بالحجاز نزل (B نزل). *n*) B et C sine punctis. *o*) C النصف. *p*) C الخروبة. Deinde والجميع يوخذ. *q*) C بونس. Deinde B et C اثنا عشر. *r*) C بالحجارة. Cf. Ist. p. ٤٢. *s*) C منه; B et C وبره. *t*) C ثيابا.

البيوم الوانًا *ويمنع السلطان من حمل ذلك الى البلدان الّا ما يخفى عنهم[a] ربّما بلغ الثوب عشرة آلاف دينار، وباصقلبيّة جبل تفور منه النار اربعة اشهر فى كلّ عشر سنين مرّة وسائر الاوقات يدخن حوله ثلوج متلبّدة الّا موضع الدخان، وبمدينة ايكجا[b] عيون تخرج اوقات الصلاة ثمّ تغور فان *قصدها رجل[c] كان قدّ قتل نفسًا بغير حقّ لم يخرج له شىء[d]، فان قال قائل انك تركتَ كثيرًا من العجائب[e] (120) فى هذا الاقليم *لم تذكرها[f] قيل له *انّما تركنا ما ذكره مَن قبلنا فى تصانيفهم ومن مفاخر كتابنا الاعراض عمّا ذكره غيرنا واوحش شىء فى كتبهم ضدّ ما ذكرنا الا ترى انك اذا نظرتَ فى كتاب الجيهانىّ وجدتَه قد احتوى على جميع اصل ابن خرداذبه[g] وبناه عليه واذا نظرتَ فى كتاب ابن الفقيه فكانّما انت ناظر فى كتاب الجاحظ والزيج الاعظم واذا نظرتَ فى كتابنا وجدتَه تسبّح وحده يتيمًا فى نظمه ولو وجدنا رخصة فى ترك جمع هذا الاصل ما اشتغلنا به ولكن لما بلّغنا الله تعالى اقاصى الاسلام وارانا اسبابه والهمنا قسمته وجب ان ننهى ذلك الى كافّة المسلمين الا ترى الى قوله تعالى[h] قُلْ سِيرُوا فِى ٱلْأَرْضِ، أَفَلَمْ يَسِيرُوا فِى ٱلْأَرْضِ فَيَنْظُرُوا وفيما يذكر عبرة لمن اعتبر وفوائد لمن سافر[i] ✿

واما ارض السودان فانها تتناخم هذا الاقليم ومصر من قبل الجنوب وهى *بلدان مقفرة[k] واسعة شاقّة[l] وهم اجناس كثيرة وفى جبالهم عامّة ما يكون فى جبال المسلمين من الفواكه غير ان اكثرهم[m] لا يذوقونه ولهم فواكه اخر واغذية واطعمة وحشائش لا توجد عندنا ولا تعامل بينهم بالذهب والفضّة

---

a) C om., sed deinde habet: ربما بلغ الثوب من الف الى احدى (l. احد) عشر الف درهم وبمنع السلطان من حمله. b) B ايكجا, C ايكحا. In B sequitur وهى. c) B om. Deinde C om. كان. d) C تخرج ماء (B دنخرج). e) C قد تركت عجايبا كثيرة. f) C وغيره لم تدركها. g) B خرداذه. h) Koran 6 vs. 11; 12 vs. 109 et alibi. i) C pro his omnibus: انما نترك ما ذكر اهل التصانيف قبلنا ونذكر ما تركوه او اغلطوا (l. غلطوا) فيه. Deinde وارض السودان يتناخم cum annot. marg. علة بتخوم. k) C قفرة. l) B شافه. Cf. cum his Ist. p. ٤٠. m) C انهم.

اما القرماطيّون[a] فنتعاملهم بالملح والنوبة والحبش بالثياب والنوبة من[b] ورآء مصر والبُجَة[c] ورآء عيذاب والحبش ورآء زَيْلَع ۞ والخدم الذين ترى على ثلاثة انواع جنس يُحملون الى مصر وهم اجود الاجناس وجنس[d] يحملون الى عدن وهم[b] البربر وهم * شرّ اجناس[e] الخدم * والجنس الثالث على شبه[f] الحبش ؛ واما البيض[g] فجنسان الصقالبة وبلدهم[h] خلف خوارزم الّا انهم يحملون الى الاندلس فيخصون[i] ثم يخرجون الى مصر والروم[k] يقعون الى الشام واقور وقد انقطعوا بخراب الثغور ؛ * وسالتُ جماعةً منهم كيف يخصون فتحصّل لى ان الروم يسلّون اولادهم ويحرزونهم على الكنائس لئلّا يشغلوا بالنسآء وتؤذيهم الشهوة وكان المسلمون اذا غزوا اغاروا على كنائسهم واخرجوا الصبيان منها[l] ؛ واما الصقالبة فانهم يحملون الى مدينة خلف بجّانة اهلها يهود فيخصونهم واختلفوا على هذا[i] فقال بعض[m] يمسح القضيب والمزودان[n] فى مرّةٍ واحدة وقال بعضهم[o] يشقّ المزودان ويخرج البيضتان ثم تجعل تحت القضيب خشبة ويقطّ من اصله ؛ وسالتُ عُريب[p] الخادم وكان من اهل العلم والصدق فقلتُ ايّها المعلّم اخبرنى[q] عن امر الخدم فان العلمآء قد اختلفوا فيهم وابو حنيفة يجعل لهم فراشًا * ويلحق بهم ما تلد نسآؤهم[b] وهذا علم لا يستفاد الّا منكم قال صدق ابو حنيفة رحمه وساخبرك بحالهم اعلم انهم اذا قربوا للاختصآء[r] شُقّ الخصوتان[s] فاخرجت البيضتان فربّما فزع الصبىّ فصعدت احدى البيضتين الى جوفه وطلبت فلم توجد فى الوقت ثم تنزل[t] بعد ما التحم الشقّ فان كانت اليسرى كانت له شهوة ومنى[b] وان كانت اليمنى خرجت له لحية * مثل فلان

---

a) Intelliguntur fortasse Garamantes incolae Djermae (جرمة). *b*) C om. *c*) B والبجّه. *d*) C وجنسان. *e*) C اشر. *f*) C واخر يشبه. *g*) C البيضان. *h*) B وبلدان. *i*) B om. *k*) C وجنس الروم et deinde دعقون. *l*) C pro his: فكلما كان من الروم فانهم يسلون البيض ويدعون القضب وهم يفعلون هذا بصبيانهم اذا وهبوهم للكنائس فكان المسلمون اذا غزوا سبوهم من الكنائس. (B دسلون et وىحررونهم et منهم pro منها). *m*) C قوم. *n*) B hic et deinde المرودان. *o*) C بعض. *p*) Sic B; C غريب. *q*) C خبرنى. *r*) B للاخصاء. *s*) B الحصوتين, C الخصيتان. Deinde B واخرج. *t*) C تنترك.

وفلان[a] فابو حنيفة رحه اخذ[b] بقول النبيّ صلعم الولد للفراش وجاز ان يكون من الخدم الذين[c] بقيت بيضتهم، *وذكرتُ قوله لابى سعيد الجُورىّ (121) بنيسابور قال قد يجوز هذا لان احدى بيضتىّ صغيرة وكانت لحيته نزرًا خفيفةً، واذا خصوهم جعلوا فى منفذ البول مرود رصاص يخرجونه اوقات البول الى ان يبرءوا كى لا يلتحم[d] ❊

ولغتهم عربيّة غير انها منغلقة مخالفة لما ذكرنا فى الاقاليم ولهم لسان آخر يقارب الرومىّ وكلّما قرب من مغرب الشمس كان[e] اشدّ بياضًا وزرقة عيون وكثافةً[f] فى لحاهم . . . . . . ❊ . . . . . .[g] كبر *وموضعهم بمدينة[h] سَطيف وهم[i] مهّدوا الامر لعُبَيد الله، والغالب على بوادى هذا الاقليم البربر *اكثرهم بكورة السوس[a] وهم قوم على *عمل الخوارزميّة[k] لا يفهم لسانهم ولا ترضى[l] طباعهم *مع خسّةٍ وشدّة سمعتُ ان احدهم يشدّ وسطه بنفقته فيذهب الى الحجّ ويرجع وهى معه فحينئذ تزوّج واقلّ من لا يزور بيت المقدس منهم[a] ❊ ومن عيوبهم ان بافريقية[m] مدينتين *بهما تباع[n] لحوم الكلاب على القنّارات وهما قَسْطِيلِيَة[o] ونَفْطَة ويتّهمون بطرح لحوم الكلاب فى الهرائس مع غشامة[p] وسوء خلقٍ وغلظةٍ يرى[q] احدهم يطبخ القدر ثم يبيع[r] اللحم او الثردة، والطرق الى اقاصيه صعبة فى رمال ومفاوز ❊

واما الولايات فلم يخطب لغير بنى اميّة بالاندلس قطّ، واما السوس الاقصى فان اوّل من غلب عليها ادريس بن عبد الله بن حسن بن حسن[s] بن علىّ ابن ابى طالب وذلك ان ادريس افلت من وقعة العباسيّين بالطالبيّين[t] بفخّ

---

a) C om. *b*) B اخذه. *c*) B الذى. *d*) C haec om. Pro الجورى B habet الحوزى. Oriundus erat e جور نيسابور et nomen habebat احمد بن محمد. *e*) C كانوا. *f*) C وكتابة. *g*) Lacuna non indicata in B neque in C. Sequens كبر nunc sensu caret. Patet excidisse mentionem de tribu Ketâma. Cf. Ist. p. ٣٩. *h*) C ومدينتهم. Deinde B شطيف. *i*) C add. الذين. *k*) C طبع اهل خوارزم. *l*) C يرضى. *m*) B افريقية. C مدينتان. *n*) C يباع فيهما. *o*) B قسطيليّة. *p*) C عنافة. *q*) C ترى. *r*) B sine punctis. *s*) C حسين. *t*) C وقعة العباسين بالطالبين.

في خلافة الهادى فوقع بمصر وعلى بريدها واضح مولى المنصور وكان شيعيًّا فحمله على البريد الى المغرب فوقع بارض طنجة فاستجاب له من فيها وحولها فلما استخلف الرشيد اعلم بذلك فضرب عنق واضح وصلبه[a] ودسّ الى ادريس الشمّاخ اليمامىّ *مولى المهدىّ وكتب له كتابًا الى ابراهيم بن الاغلب عامله على افريقية فخرج حتّى وصل الى زويلة وذكر لهم انه طبيب وانه ولىّ من اوليائهم فاطمأنّ اليه وآنس به فشكا اليه علّةً في اسنانه فاعطاه سنونًا مسمومًا ليلًا وامره ان يستنّ به عند طلوع الفجر وهرب فلمّا استنّ به قتله وطُلب الشمّاخ فلم يقدر عليه فولّى الرشيد الشمّاخ بريد مصر[b] ✡

واما المسافات فتاخذ من برقة الى النَّدَامَة مرحلة ثم الى تاكَنَسْت[c] مرحلة ثم الى المَغار مرحلة ثم الى حَليمان[d] مرحلة[e] ثم الى مَخيل[f] مرحلة ثم الى جبّ المذعار[g] مرحلة ثم الى جَنَاد[h] الصغير مرحلة ثم الى حىّ[i] عبد الله

a) C om. b) C pro his tantum: فاحتال عليه فقتل ادريس بالسمّ. Deinde addit: واما هؤلاء الذين هم على المملكة اليوم فاوّلهم عبيد الله وكان داعيه معلّمه فاستجاب له كتامة (Cod. كتابة) وفتحوا له الفتوح واصلهم من سلمية مدينة بحمص وهم من العرب من فخذ باهلة وكان يدعى المهدىّ ثم جلس بعده الهادى ثم المعزّ وهو الذى فتح مصر ثم العزيز وقد كانوا ساروا الى مصر بجيوشهم فقام فيهم ابو جعفر الطحاوىّ فقيه مصر فقال ايها الناس اخرجوا الى هؤلاء القوم فانهم خوارج وجهادهم عليكم واجب لانهم يغيّرون السنّة ويفرقون (Cod. ويفرقونه) الدعوة ويضلّون الامّة فخرج الناس اليهم عنقًا واحدًا فهزموهم وردّوهم وغنموا منهم غنائم (Cod. غنايا) كثيرة. c) B ياكيست, C باكبست. d) Vulgo جب حليمان s. ut Edrîsi habet جب حليمة. e) Bis in B. f) B محمل, C محرا. Vulgo وادى مخيل, sed vid. quoque Jacut, IV, p. ۴۴۴, 16 sqq. g) C المنذعار, Kodáma المبدعان (mea *Descriptio*, p. ۲٥), Edrîsî الميدان. Apud Ibn-Khord. p. 75 lacuna. h) B جفار, C حعار صغير. Quod recepi habent Kodáma, Ibn-Khord. in textu edito (Cod. Oxon. حاد) et Edrisî. i) Sic quoque Ibn-Khord. in Cod. Oxon.; Kodâma et Edrîsi جب. Stationes duae seqq. desunt in edit. Ibn-Khord., non in Cod. Oxon.

مرحلة ثم الى مَرْج الشَّيْخ مرحلة ثم الى العَقَبَة مرحلة ثم الى خرائب ابى حَلِيمَة[a] مرحلة ثم الى خِرْبَة[b] القَوْم مرحلة ثم الى قصر الشمّاس مرحلة * ثم الى سِكَّة الحَمَّام مرحلة[c] ثم الى جُبّ العَوْسَج[d] مرحلة ثم الى كَنَائِس الحَرِير مرحلة ثم الى الطَّاحُونَة مرحلة ثم الى حَنِيَّة[e] الرُّوم مرحلة ثم الى ذات الحُمَام مرحلة * ثم الى بُومِينَة[f] مرحلة ثم الى الاسكندريّة مرحلة[g] ، وتاخذ من طرابلس[h] الى المَسْدُودَة مرحلة ثم الى ارسطا[i] مرحلة ثم الى الراشديّة[k] مرحلة ثم الى قصور حسّان مرحلة ثم الى مغمداش[l] مرحلة ثم الى سُرْت مرحلة ثم الى قصر العِبَادىّ مرحلة ثم الى اليَهُودِيَّتَيْن[m] مرحلة ثم الى قَصْر العَطِش مرحلة ثم الى سبخة مَنْهُوسَا[n] مرحلة ثم الى بلدروب[o] مرحلة ثم الى برمست[p] (122) مرحلة ثم الى سُلُوق مرحلة ثم الى اوْبران[q] مرحلة ثم الى قصر الفيل[r] مرحلة ثم الى مليتنية[s] مرحلة ثم الى برقة مرحلة[t] ☆ وتاخذ من اطرابلس الى

---

a) B et C جميلة, sed lectio nominis constat. *b*) Bekri et Jakubí خرائب. *c*) B haec om. *d*) C العوسجة. *e*) B sine punctis, C حبيبة. *f*) B بوسه, Ibn Khord. نونية. *g*) C om. *h*) B ابلس. *i*) Statio eadem intelligi videtur quae ورداسا a ceteris appellatur. *k*) Bekrî, p. ٧, 12 الراشدة. *l*) B et C بغراس, Cod. Kodámae معواس, Edrisî, p. ۱۳۴ مغداش. Restitui nomen secundum Bekrî, p. ٧, 11 ubi مغمداس, coll. Jacut, IV, p. ٥٧٨ ubi معراش. Simul e loco Bekrii patet, me recte suspicatum fuisse (*Descriptio*, p. ۲۷*g* et Edrîsî, p. 160 ann. 2) eundem locum quoque الاصنام appellatum fuisse. *m*) Kodáma et Ibn-Khord. secundum Cod. Oxon. اليهوديين, ceteri اليهودية. *n*) C منهوسة. *o*) Sic B et C. In nullo alio itinerario occurrit, quia plurimi viam per Adjdábiam describunt, Kodámae vero itinerarium h. l. mancum est (*Descriptio*, p. ۳۹, 4). Non vero dubito hic intelligi locum, quam Naçr apud Jacut, I, p. ٧١١, 16 بَلْبَد appellat, et ubi caesus est Abu-'l-Khattáb al-Ibádhí anno 144. *p*) Sic quoque Ibn-Khord.; var. l. vid. apud Edrîsî, p. 162 ann. 1. *q*) Edrîsî اويرار sed cf. p. ۱۳۵*n*, Kodáma اوبراب, Ibn-Khord. in ed. اويران sed Cod. Oxon. اوبران. *r*) Ceteri قصر العسل. *s*) B مسة, C ملسة. Lectio quam recepi semel occurrit apud Kodáma. Cf. *Descriptio*, p. ۲۵*l*, ۳۹, 7 et *h*, Edrîsî, p. ۱۳۵*o*. *t*) C hoc itinerarium inverso ordine habet. In B interdum deëst الى. Deinde C ثم تاخذ.

بئر الحمّالين[a] مرحلة ثمّ الى قصر الدّرق[b] مرحلة ثمّ الى بارجمت[c] مرحلة ثمّ الى القوّارة مرحلة ثمّ الى قابس مرحلة ثمّ الى الزّيتونة[d] مرحلة ثمّ الى كتانة[e] مرحلة ثمّ الى الكبس[f] مرحلة ثمّ الى القيروان مرحلة، ثمّ تركب المفاوز الى السوس الادنى الفين ومائة وخمسين ميلًا ثمّ الى السوس الاقصى ٢٣ يومًا وعرض *بحر الروم هناك[g] ١٨ ميلًا ☆ وتاخذ من القيروان ٧ مراحل الى قفصة ثمّ الى قسطيلية[h] ٣ مراحل ثمّ الى تاهرت ١٥ يومًا[i] فى رمال وقرى. ثمّ تقع[k] فى البربر ٣ ايّام الى فاس ثمّ تقع[k] فى عمارات[l] ٨ مراحل الى الشقور[m] ثمّ كذلك فى قرى وانهار الى البصرة وانت فى حدّ[n] السوس الادنى، وان شئت فخذ من القيروان الى سطيف[o] ١٠ مراحل ثمّ الى تاهرت ٢٠ ثمّ الى فاس ٥٠ ثمّ الى السوس الاقصى ٣٠، وتاخذ من القيروان الى زويلة شهرًا، وتاخذ من القيروان الى سجلماسة فى البرّيّة ٣٠ مرحلة وفى العمارة ٥٠[p]، وتاخذ من القيروان الى تونس ٣ مراحل ثمّ الى طبرقة[q] ١٠ مراحل ثمّ الى تنس ٢٦[r] مراحل ثمّ الى جزيرة بنى زغنّاى ٥ مراحل، وتاخذ من القيروان الى قابس او الى نفطة او الى قرنة[s] او الى سبيبة[t] او الى مدينة القصور او الى المهديّة مرحلتين مرحلتين، وتاخذ من القيروان الى لافس[u] او الى الجزيرة او الى أُبّة او الى مرسى الخرز[v] ثلاث

---

a) Edrisî secundum tres Codd. الجمالين. *b*) C et ut vid. B الزرق. Vid. Edrisi, p. 142 ann. 2. *c*) B بارجمت, C بارحمت. Var. l. vid. apud Edrîsî, p. 142 ann. 1 (ubi male notata est lectio nostri). Pars prior videtur esse pro ابار ut habet Edrîsî. *d*) Vulgo عين (بئر) الزيتونة. Occurrit autem quoque ut apud nostrum in versu apud Jacut, II, p. ٩٩٥, 16. *e*) B et C كنابة. Vid. *Descriptio*, p. ٢٨*f*. *f*) Sic B et C. Cf. *Descriptio* l.l. *g*. *g*) C العبر الى الاندلس ثمّ. *h*) In B deëst. C contra (Cod. قطيليه) ثمّ مثلها الى قسطيلية, quod tantum valet de distantia inter Kairawán et Kastília. Cf. *Descriptio*, p. 78. *i*) C مرحلة. *k*) C تسير. *l*) C add. وقرى. *m*) Sic B et C. Intelligi videtur ارشقول (Rachgoun). *n*) C om. *o*) B شطيف. Ist. p. ٤٦, 3 habet ١٩. *p*) Ut Codd. Ist. C, E et F. Distantia per desertum apud Ist. est ١٢٠. *q*) B طرقه, C طرفه. *r*) Ist. ١٩. *s*) B فرنه. *t*) C سبتبه (B سبنمه). *u*) C قابس. *v*) B مرس الخرر, C مرس الخرن.

مراحل ثلاث مراحل، وتاخذ من القيروان الى قابس[a] او الى قصر الأفْرِيقِىّ او الى مَجَّانَة[b] خمسًا خمسًا، وتاخذ من مجّانة الى تَبَسَّة[c] او الى باغاى او دُوفَانَة[d] او عَيْن العَصَافِير او دار مَلُّول او طُبْنَة او مَقَّرَة او المَسِيلَة مرحلة مرحلة وبين كلّ واحدة والاخرى على الترتيب مرحلة[e] ✿ وتاخذ من المسيلة غربًا الى أَشِير[f] ٣ ايّام ثم الى تاهَرْت ٥ ثم الى فَكَّان مثلها ثم الى تِلِمْسَان مرحلتين ثم الى جُرَاوَة[g] مثلها، وتاخذ من تلمسان الى صاع مرحلتين مثلها ومسيلة راس حدّ افريقية[h]........ وتاخذ من تاهرت الى ناكور[i] ٣٠ مرحلة ثم الى سجلماسة ١٥، وتاخذ من فاس الى البصرة ٦ مراحل، ومن فاس الى أَزِيلَة ٨ مراحل، وقد اختصرنا *مسافات هذا الجانب واجملناها لطولها وكثرتها وقلّة المسافرين فيها[k]، ومن القيروان الى سُوسَة او الى قَلْشَانَة او الى تُمَاجِر[l] مرحلة مرحلة ✿ واما مسافات الاندلس فصحّ عندى ان من قرطبة وهى القصبة الى اشبيلية ٣ مراحل ثم على سمت القبلة الى استجة مرحلة ومن قرطبة الى طُلَيْطُلَة ٦ ايّام، ومنها الى وادى الحجارة مرحلتان، ومن[m] قرطبة الى مِكْنَاسَة ٤ ايّام ثم الى هُوَّارَة[n] مثل ذلك ثم الى نَفْزَة ١٠ ايّام ثم الى سَمُّورَة ٤ ايّام، ومنها[o] الى قُورِيَة ١٢ مرحلة ثم الى مارِدَة ٤ ايّام ومن قورية الى باجة ٦ ايّام ومن باجة الى آخر مدن شَنْتَرِين ١٧ يومًا، ومنها الى فَحْص البَلُّوط يومان ثم الى لَبْلَة ١٤، ومنها الى قَرْمُونَة ٤ ايّام بين باجة واشبيلية نحو المغرب (123) على طريق ماردة[p]، ومن قرمونة الى اشبيلية مرحلتان[q]، ومن

---

a) Nomen قابس videtur esse corruptum et intelligendum idem oppidum quod supra قلانس appellatur. b) B بجانه. c) B نبس, C نيبسه. d) B et C دفامة. e) C bis. f) B آسيه. g) B حراوه, C حراره. Pro تلمسان C habet بلمسان. h) Lacuna non indicata in B; C haec om. ad افريقية. i) B et C ماكور. k) C لقلة المسافرين اليها. Quae sequuntur in hoc capite in C desunt. l) B نماجر. Vid. Bekrí, p. ٣٩. m) In B sequitur اعمى quod explicare nequeo. n) B هوازه. o) I. e. من قرطبة, vid. Ist. p. ٤٧, 2. Mox B فوريه. p) Noster igitur haec in textu Ist. legit, vid. l.l. o (In Cod. F quoque exstant). Deinde B ومن قرمونيه. q) Ut Ist. E et F.

استجة الى مَوْرُور مرحلة ثم الى شَذُونَة[a] يومان او الى جبل طارق ٣ ايّام، ومن استجة الى مالقة ٧ ايّام طريق الشرق او الى أَرْجِذُونَة ٣ مراحل، ومنها[b] الى بجّانة ٩[c] مراحل ومنها الى مُرْسِيَة ٧ ايّام[d] ومنها الى بلنسية ايضا ٢٠[e] يومًا ثم الى طُرْطُوشَة ١٢[f] مرحلة، ومن مرسية الى بجّانة ٦ ايّام ثم الى مالقة ١٠ ايّام ثم الى جبل طارق ٤ ايّام ثم الى شَذُونَة[g] ٣ ايّام ثم الى اشبيلية ٤ ايّام، وهذه الاشبيلية[h] يضرب بها اهل المغرب[i] الامثال فى البعد كما يضرب اهل المشرق بفرغانة ولا اعرف الاشبيلية الاولى ۞

ذكر بادية العرب

اعلم ان بين اقاليم العرب[i] غير المغرب بادية ذات مياه وغدران وآبار وعيون وتلال ورمال وقرى ونخيل قليلة الجبال كثيرة العرب مخيفة السبل خفيّة[k] الطرق طيّبة الهوآء رديّة المآء ليس بها بحيرة ولا نهر الا الأَزْرَق ولا مدينة الّا تَيْمَآء ومن الناس من يعدّها[l] من الجزيرة وليست منها ومنهم من يجزّئها[m] على الاقاليم[n] ومنهم من يجعلها من الشام وقد راينا نحن ان نفرزها ونفرد[o] صورتها لان احدًا من اهل الاقاليم الثلاثة عشر لا طريق له الى مكّة فى البرّ الّا فيها ولا غنى[p] له عن معرفتها وايضا فان فيها مناهج لا تعرف ومياهًا[q] قد تجهل وفى ذكرها فوائد لا تحصى واجر وحسبة لا تخفى وقد سافرتُ فيها غير مرّة ومسحتُها يمنًا[r] وشامًا وشرقًا وغربًا وتفحّصت عن طرقها وسالتُ عن مياهها[s] وتبحّرتُ[t] فى معرفتها حتّى حزتُ الكثير من اسبابها وعرفتُ معظم طرقها ۞ وهذه صورتها[u] وبالله التوفيق ۞

---

a) B سدونه. *b*) Quoque hic et in seqq. pro ومن قرطبة. *c*) Sic in marg., in textu ثلاث. *d*) Ut Ist. E et F. *e*) Ist. ١٨, Codd. C, E et F ١٢. *f*) Ut C, E et F. *g*) B سدونه. *h*) Sine dubio hic ab auctore confunduntur اشبيلية et لشبونة, non vidit vero in itinerario tantum de una eademque urbe sermonem esse. *i*) B الغرب. *k*) C خفيفة. *l*) C يبعد هذه البادية. *m*) B يجريها, C يجزيها. *n*) C add. ويبعضها. *o*) C ونفرز et post صورتها addit: ونوضح امرها. *p*) C غناء. *q*) B et C ومياه. *r*) C يمينا. *s*) C ميائها. *t*) B sine punctis. *u*) C add. وهذا مثاله. Deinde in B et C sequitur mappa.

(124) وقد جعلناها[a] من وَيْلَة الى عَبَّادَان *ثم الى بالس مقوّسة[b] وقسمناها *اثنى عشر طريقًا[c] تسع طولًا يؤدّين[d] الى مكّة وثلاث[e] عرضًا يؤدّين الى الشام *وبها طريق آخر لقُرْح يؤدّى اليها من البصرة ثم الى مصر[f] ، فاوّلها طريق مِصْر ثم طريق الرَّمْلَة[g] ثم طريق الشَّرَاة ثم طريق تَبُوك ثم طريق وُبَيْر[h] ثم طريق بَطْن السِّرِّ[i] ثم طريق الرَّحْبَة ثم طريق هِيت *ثم طريق الكُوفَة[k] ثم طريق القَادِسِيَّة ثم طريق وَاسِط *ثم طريق وَادِى القُرَى[k] ثم طريق البَصْرَة *وهذه الطرق على الترتيب ووصفها على التفريق[l] ✿ فاما طريق مصر[m] تاخذ من البُوَيْب[n] الى بندقة[o] مرحلة ثم الى عَجْرُود مرحلة ثم الى المدينة[p] مرحلة ثم الى الكُرْسىّ[q] مرحلة ثم الى الحَفَر[r] مرحلة ثم الى المنزل مرحلة ثم الى ويلة مرحلة ✿ واما طريق الرملة[s] فتاخذ *من السُّكَّرِيَّة الى التُّلَيل مرحلتين ثم[t] من التليل الى الغَمْر مرحلتين ثم الى وَيْلَة مرحلتين ✿ واما طريق الشراة فان من[u] صُغَر الى وَيْلَة ٤ مراحل[v] وهاتان الطريقان وان *كانا فى الشام[w] فان السلوك فى بادية وحشة[x] وتمسّ هذه البادية المذكورة[y] ✿ واما طريق

---

a) C جعلنا هذه البادية. b) C مقوسة ثم الى الرقة معتدلة ثم الى ويلة مثل ذلك. c) C على الطرق لان المبتغى منها وهى اربعة عشر طريقا. d) C hic et mox تنودى. e) C واربع. f) C om. (B لقرج). g) C فلسطين. h) B h. l. وبير. C طريق العَلَم. Pro وبير vulgo scribitur ابير (vid. Jacut in v.) i) B السن ut quoque infra. k) B om. l) C om. m) C add. فانك. n) B البويت, C النويب. o) Supra p. ٢١٥, 3 haec statio appellatur منزل ابن صدقة, ut quoque apud Edrisî et Ibn-Khord. p. 113 (Cod. Oxon. دىدوىں), Kodáma منزل ابن مرو, بيدمه, Jakubí p. ١٣٩ القرقرة (Cod. القرقرة). p) I. e. مدينة القلزم. Vid. supra ad p. ٢١٥c. C المدينة. q) B et C الكرى. r) B et C h. l. الجفر. Cf. Edrisi, p. 194 ult. s) C فلسطين, deinde فانك تاخذ. t) Haec in B desunt. Deinde C om. من التليل (B الىلىل). u) C فمن. v) B om. habens اربعًا. w) C كانتا فى طرف الشام. x) B المسلوك فى بادى وحشيه. y) C addit: الا ترى الى محمد بن الحسن كيف يورد فى كتاب الوكالة وغيره ابوابا من كتب اخرى ليوضح المسائل ويرتبها, quae vix huius loci sunt.

تبوك فتاخذ من عَمّان الى مُعَان منهلين[a] ثم الى تبوك مثلهما[b] ثم الى تَيْمَآءَ اربعًا *ثم الى وَادِى القُرَى اربعًا[c] ۞ واما طريق وبير[d] فتاخذ من عَمّان الى وُبَيْر ٣ مناهل[e] *ثم الى الأَجْوَلِىّ ٤ مراحل[f] ثم الى تَجْر منهلين[g] ثم الى تَيْمَآءَ ٣ مناهل[h] ۞ واما طريق بطن السِّرّ[i] فتاخذ من عمّان الى العَونِيد نهارين[k] ثم الى المُحْدَثَة *نصف نهار[l] ثم الى النَّبْك مثله[m] ثم الى مآء[n] نهارًا *ثم الى الجَرْبَى نهارًا[o] ثم الى عَرْقَجَا *نهارًا ونصفًا[p] ثم الى مُخْرِىّ[q] ثلاثًا ثم الى تيمآء اربعًا، وهذه المحجّات الثلاث *طرق العرب الى مكّة وفيها كان بريد ملوك[r] بنى اميّة وقت كونهم بدمشق وايّاها سلكت جيوش العُمَرين وقت فتح[s] الشام *وهنّ قريبات آمنات اصحابها بنو كلاب ويصحبهم كثير من اهل الشام يجتمعون فى عمّان وقد سلكتُها غير مرّة[t] ۞ واما طريق القادسيّة

---

a) C منهلتين. b) B مثلها, C ثلثا. c) C om. Cf. supra p. ١٠٧, 9. d) C العلم. Pro seq. وبير C وبين, B sine punctis. e) C مراحل. f) B om. Pro الاجولى, Naçr apud Jacut scribit الاجول et sic est in mappa B. Pro تجر B habet نجر. Sprenger, *Die alte Geographie Arabiens*, p. 150, 152 proponit فجر, sed nihil emendandum videtur. g) C مرحلتين. h) C اربع مراحل. i) B السن. k) C مرحلتين. l) C مرحلتين. m) B مثلها, C مرحلة, ut quoque supra p. ١٠٧e. n) B غدير بين اشجار حلو المآء انسيت ماب quod Sprenger in errorem induxit. C اسمه, supra vero tantum ماء. In mappa B haec statio scribitur حسحرى, in mappa C النيل. Pro نهارا C مرحلة. o) B om. C الحرى مرحلة. p) C مرحلة (B ونصف). q) B محرىّ, in mappa صخر, C محزى, in mappa محرى (ut supra p. ١٠٧e). Infra B مخرى, C محر. In vicinia Medinae iacet pagus, cuius nomen eodem modo atque hoc derivatur et scribitur a Jacut مُخْرِئُ, in *Merácid* مَخْرًى, a Samhudío مُخَرِّى. Deinde C مرحلتين et in fine اربع مراحل pro quo supra l. l. ثلاث مراحل. r) C كانت طريق بنى كلاب وفى طَريق بطن السرّ تجرى برد. s) C فتحهم. t) C haec om., sed addit: وهذه الطرق الست على الترتيب يؤدّين الى مكة من نحو الغرب طولًا وطرق اهل الشرق فى هذه البادية الى مكة ثلث طريق القادسية تاخذ الخ.

فتاخذ من القادسيّة الى المُغيثة ١٧ ميلًا[a] ثم الى القَرْعاء ٣٢ ميلًا[b] ثم الى وَاقصة ٢٤ ميلًا * ثم الى العَقَبة ٢٩ ميلًا ثم الى القاع ٢٤ ميلًا ثم الى زُبالة ٢٤ ميلًا[c] ثم الى الشُّقوق ٢١ ميلًا ثم الى البِطان ٢٩ ميلًا ثم الى الثَّعْلبيّة ٢٩ ميلًا ثم الى الخُزَيْميّة[d] ٣٢ ميلًا ثم الى أَجْفُر ٢٤ ميلًا ثم الى فَيْد ٣٦ ميلًا ✿ واما طريق واسط فلم[e] اسلكها الّا انها تلتقى[f] بالجادّة بالثعلبيّة ✿ واما طريق البصرة فتاخذ[g] من البصرة الى الحَفَيْر[h] ١٨ ميلًا[i] ثم الى الرُّحَيْل ٢٨ ميلًا ثم الى الشَّجِى[k] ٢٧ ميلًا ثم الى حَفَر[l] ابى موسى ٢٦ * ثم الى ماويّة ٣٢ ميلًا ثم الى ذات العُشَر ٢٩ ميلًا[m] ثم الى اليَنْسوعة ٢٣ ميلًا ثم الى السُّمَيْنة[n] ٢٩ ثم الى القَرْيَتَيْن ٢٢ ثم الى النِّباج ٢٣ * فهذه طرق العراق الى مكّة وهذه التسع محجّات فى الطول[o] ✿ واما طريق الكوفة فتاخذ من الكوفة الى الرُّهَيْمة[p] ١٢ ميلًا ثم الى النَّحيت[q] نهارين ثم الى القراى[r] مثلها ثم الى الخَنْفَس[s] نهارًا ثم الى الحُشَبة[t] مثله ثم الى الغُرَيْفة[u] مثله ثم الى قُرَاكِر مثله ثم الى الأَزْرَق مثله ثم الى عمّان مثله * الجبع ١١ مرحلة خفافًا[v] ✿ واما طريق هيت

---

a) C مرحلة. Kodáma et Ibn-Khord. (p. 103) 20, Jacut IV, p. ٥٨٥, 19 habet 24 M. b) C مرحلة. Ceteri 32 M. c) B haec om. C tantum habet ثم الى زبالة مثلها. Supplevi e Kodáma, coll. Ibn-Khord. et Jacut. In C cetera desunt, quae nempe iam supra p. ١٠٧ seq. leguntur. d) B الخرىمىه. e) C وطريق — فلم. f) C تلقاء. g) C وطريق — تاخذ. h) B الجفير. Vid. supra p. ١٠٩, 1. i) C hic et deinde مرحلة et bis مثلها. k) B السحىر, C السحير. Vid. supra p. ١٠٩c. l) B جفر. m) Haec desunt in B et C. Deinde B البيشرعه, C المرعه. n) B et C السمنه. o) C om. Deinde habet: واما طرق العرض فاربع طريق الكوفة تاخذ. p) B البرهيه, C الرهه, mappa B رهيبه. Vid. Jacut in v. Deinde C نصف مرحلة. q) B البجيب, C السحب, mappa B صب. Coniectura scripsi, nam النحيت apud Bekri in *Mo'djam* est pagus in vicinia Basrae. Deinde C مرحلتين. r) Sic B, qui habet in mappa قرار, C الفراى. Deinde B et C مثلها. s) C الجنفس, mappa B حنفس sine artic. t) Sic B, qui in mappa habet جسيه, C الحسيه. Deinde B et C quinquies مثلها. u) B الفريعه et in mappa فريعه, C العرنقه. v) C om. (B خفاف).

فتاخذ من هيت .... [a] ☆ (125) واما طريق الرحبة فتاخذ من الرحبة الى .... [a] ☆ وهذه المحجّات الثلاث فى العرض[b] ولها بُنَيّات تخرج الى اذرعات وغيرها ☆ واما طريق وادى القرى فيقال انها تخرج على المنهب[c] خلف فَيْد ومن المنهب الى وادى القرى ٥ ليالٍ ومنه الى تيمآء ۴ ومنه الى تبوك ٧ ومنه الى وادى طيّء ليلتان ☆ ومن البصرة الى الكوفة على تخوم هذه البادية ١٠ مراحل ثقال، واكثر ما ذكرنا من المنازل مياه وغدران ☆

وهذا وصف هذه البادية ومياهها، اعلم انها بادية واسعة كثيرة العرب فيها نبت يقال له الفَثّ على عمل الخردل ينبت من نفسه فيجمعونه الى الغدران ثم يبلّونه بالمآء فينفتح[d] ذلك الحبّ ثم يطحنونه ويخبزونه ويتقوّتون به ويكثرون اكل لحم اليربوع والحيّات ويقطعون الطريق ويأوون[e] الغريب ويهدون الضالّ ويخفرون القوافل وعلى الجملة لا يمكن ان يعبر احد هذا الطريق الّا بخفير او قوّة ونرى الحاجّ مع قوّتهم يهتكون وتؤخذ اباعرهم وخزائنهم[f] ☆ وتخوم هذه البادية[g] تاخذ من ويلة على مدائن قوم لوط وتصعد الى مآب ثم على تخوم عمّان واذرعات ورساتيق دمشق وتدمر وسلميّة واطراف حمص الى بالس ثم ترجع الى الفرات وتعطف على الرقّة والرحبة والدالية الى هيت والانبار ثم على الحيرة والقادسيّة ومغارب البطائح ثم على سواد البصرة الى عبّادان ومنهم من اضاف الشراة اليها وادخل مدنها فيها[h] وهذا اصحّ ☆ وليس فى هذه البادية مدينة الّا تَيْمَآء وهى مدينة قديمة واسعة البقعة كثيرة النخيل هائلة البساتين غزيرة المآء * مع خفّة عجيبة وعين[i] مليحة تخرج فى[k] شباك حديد

a) In B lacuna. C tantum habet: وطريق هيت الى دمشق عشرة ايام وكذلك من الرحبة واما طريق وادى القرى فمن البصرة الى الشام نحو من شهر لم اسلكها ☆ تيماء مدينة قديمة الخ. b) B العراض. c) Sic quoque nomen habet C infra. Videtur autem non differre ab المُنْتَهَب, vid. Jacut in v. et III, p. ١٢٠, 9, coll. T. A. sub نهب: والمنتهب بضم الميم وفتح الهاء مدينة قرب وادى القرى. d) B فيمفخ. C infra ut recepi. e) B ويدوون. f) B وخرادسهم. g) B الجزيرة. h) B فيه. i) C معتدلة الهواء لهم عين عجيبة. k) C من.

الى [a] بركة ثم يتفرّق فى البساتين ولهم ابآر حلوة وهى فى سهلة الّا ان اكثرها خرابات [b] الجامع فيها والعمارات حول السوق وكلّ تمورها جيّدة وفى اهلها شرّ لا عالم بها [c] يرجع اليه ولا حاكم يعوّل عليه ورايتُ خطيبهم بقّالًا وحاكمهم نعّالًا مع تعصّب عظيم ودروع [d] داودية يلبسونها فى الفتن ✿ والمنازل بين مصر وويلة يسقى [e] لها بالسوانى ✿ والغَمْرُ مآء وحشة [f] وقربه رمل يحفر فيخرج عليهم منه مآء حلو كثير ✿ وبُيَيْرة [g] آبار حلوة فى بقعة حسنة نيّرة ✿ والأَجْوَلىّ خزاه الله مآء [h] يتورّم من شرب منه وربّما قضى نحبه ✿ وتَنْجِز [i] مآء غير طيّب * ولا كثير الغدران [k] ✿ والعَوْنيد غديران * قريبان ماؤهما كريه فى وسط الرملة ✿ المُحْدَثة قناة حلوة قد حدّت بحجارة سود ✿ النَّبْكُ غديران [l] احدهما احلى من الآخر المحجّة بينهما وثَمّ نخيلات ، * بعده غدير واحد فى غيضة ودحل حلو غير غزير قد انسيتُ اسمه [m] ✿ والجَرْبى * غدير او اثنان منتن المآء بين دغل وطرفآء [n] ✿ عَرْفَجا فى موضع حسن نزيه غديران حلوان ✿ ومُخْرِىّ [o] قبّحه الله من مآء مالح [p] يطلق الناس والاباعر غديران فى ارض سودآء واشتقّ اسمه من الاسهال وسوآء شربتَ منه او [q] خبزتَ او طبختَ الامر واحد ✿ والمُغيثة خربة بها بئر واحدة ✿ والقَرْعآء لها [r] عدّة آبار لا ينتفع بها [s] ، وَاقِصَة بها حصن عامر وآبار حلوة وبركة عظيمة ينبع فيها المآء ✿ والعَقَبة بها (126) آبار بعيدة جدًّا ومواضع قد خربت ✿ والقاع موضع قد خرب وقد كان عامرًا حسنًا آهلًا بها [t] بئر ✿ وزُبالة حصن عامر وآبار

---

a) C فى قاع. b) C خراب. c) C لا ترى بها عالما et mox حاكما. d) C عندهم دروع. e) B دسقى. C يستقى لها بالسوانى. f) B وحشه, C وحسه. Pro الغمر in C rubris litteris قربه et quoque sequens قربه tanquam nom. propr. rubris litteris scriptum est. g) B وبيلز, C وبدر. h) C om. sed addit تعالى. i) B ونجز, C sine punctis. k) C ولا حلو ثلث غدران. Deinde C عونيد sine artic. l) Haec in B desunt. m) C haec om. (B غبطة ودخل). Deinde B et C الحربى. n) C غديران منتنان فى غيضة (Cod. عيطة) من الطرفاء. o) B ومخرى, C محر. p) C om. q) C hic et mox أم. r) C القرعه بها. Mox B تنتفع. s) C منها. t) C عامر اهل حسن وبها.

تجبية فى الصخر وعدّة آبار صغار وربّما اودع بها للحاجّ من ازوادهم ويقصدها عرب كثير بالاباعر والحشيش[a] وغير ذلك وفيها فرج للحاجّ ☆ والبِطان[b] بها آبار معطّلة ومواضع خربة ☆ والثَّعْلَبِيَّة ثُلث الطريق عامرة كثيرة البرك يسقى لها بالسواقى[c] وفى الحصن سُكّان والبئر عذيبيّ ☆ *وقَبْرُ العِبَادىّ فى اوّل هذا المنهل عليه رجم عظيم وهذه مواضع رمال هَبير[d] ☆ والخُزَيمِيَّة بها برك معطّلة وآبار لا ينتفع بها ☆ فَيْد مدينة صغيرة[e] ذات حصنين وبها حمّام وبركة بابواب حديد وآثارات[f] لعضد الدولة يوجد بها كلّ خير وبها يودع للحاجّ ازوادهم وثمّ[g] ثقات وبها عيون وآبار وبرك عذيبيّة وبالبعد ماء حلو وهى من مدن الحجاز *لا محالة ولكن اوصلنا اليها[h] طريق القادسيّة لان الحاجة الى ذلك ماسّة[i] ☆

---

a) C والحلف. b) In C lacuna. c) C الماء بالسوانى. d) C om. cf. supra p. ١٠٧g. Deinde male habet فيد بركها معطلة وابارها الخ et hanc ob causam mox فيد ايضا. B والخرميه. e) C addit خارج البادية et habet حصن pro حصنين. f) B واثارات, C وآثار. g) C om. h) Addidi اليها. i) C addit: ومن النِّبَاج هى ايضًا من اعمال القرامطة وبها جامع لا يخطب فيه (? زمن l.) الحُجّاج عامرة وعليها حصن بها يضع اهل البصرة ازوادهم والماء بها واسع وبها ثقات. Quae deinde in B sequuntur non habet, sed hic addit caput:

جمل شوون هذا الاقليم والبادية اعلم انها بادية واسعة كثيرة العرب لبس بها مزارع ولا نخيل الّا فى القرى وقراها قليلة ومياهها (Cod, ومياتها) ضعيفة ولهم نبت يقال له الفثّ ينبت من نفسه له حبّ يشبه الخردل يجمعونه الى الغدران ثم يبلّونه بالماء فيتفتّح عن ذلك الحبّ ثم يطبخونه (يطحنونه .l) ويخبزونه ويتقوّتون به وهو الذى قال النقفور (النعقور .Cod) لما اخذ طرسوس ياهل الشام ارجعوا الى اهل الفثّ واليربوع وسلّموا الينا شامنا ويكثرون اكل اليربوع والحيّات ويقطعون الطريق وياوون الغريب ويهدون الضالّ ويخفرون القوافل وعلى الجملة لا يمكن احد ان يعبر هذه الطرق الّا بخفير او قوّة وترى الحجّاج مع قوّتهم يهتكون وتؤخذ اباعرهم ☆ وتخوم هذه البادية تاخذ من ايلة على مدائن قوم لوط وتصعد الى مآب ثم على تخوم عمّان واذرعات

فان قال قائل انت رجل قد عملتَ فى السياحة بيقين[a] وعلم وعرفتَ ايضًا طرق هذه البادية ومواضع المياه فيها فما تقول فى الحجّ على التوكّل والخروج بلا زاد قيل له يحكى عن سفيان بن عيينة انه قال رجلان اذا استفتياك فقوِّ عزمهما فانهما يسالانك عن ضعفٍ اعزبُ يريد التزويج ومُريدٌ[b] يسال عن الحجّ بلا زاد، وحكى لى عن بعض الزهّاد ببلدنا فى وقتى انه خرج فى هذه البادية بلا زاد فلمّا تمّت له ثلاثة ايّام جاع قال فعثرتُ بشىء ليّن فنظرتُ فاذا برقاقة ملفوفة على خبيص حارّ، واما انا فخرجتُ من بعض السواحل عند العصر وانا صائم وعزمتُ على الحجّ بلا زاد فلمّا وصلتُ الى عَاقِر صلّيتُ المغرب وانفتلت الى زاوية الجامع اصلّى وكنتُ لا افطر كلّ ليلة الّا بعد الوتر وصلّيتُ العشآء فلمّا انصرفوا اتانى المؤذّن بخبز وقُطّين[c] وجرّة مآء وقد كنتُ نويتُ ان لا احمل معى ركوة ولا كوزًا وقلتُ الذى يرزق الطعام هو يبعث بالمآء ايضًا فتعشّيتُ اطيب عشآء من حيث لم احتسب فلمّا صلّيتُ الغداة ركبتُ الطريق الى السُّكَّريّة فلمّا صلّيتُ العشآء اتانى رجل برغيف رستاقىّ

ورساتيق دمشق وتدمر وسلميّة واطراف حمص الى بالس ثم ترجع (يرجع .Cod) الى الفرات فتعطف على الرقّة والرحبة والدالية الى هيت والانبار ثم على الكوفة والقادسيّة ومغارب البطائح ثم على سواد البصرة الى عبّادان، ومنهم من اضاف الشراة اليها وادخل مدنها فيها وهذا اصحّ، واهل العراق يسمّون كلّما ورآء نهر الفرات شامًا وبهذا ارسل محمّد بن الحسن القول فى دواوينه اتباعًا لهم وليس ورآء الفرات من الشام الّا قنّسرين، واكثر اهل العلم على ان ما ورآء الفرات من هذه البادية جزيرة العرب واليه ذهب الزهرىّ وابو زيد البلخىّ وهكذا صوّرها فى اشكال الاقاليم ✿ وخلف فَيْد بلد يقال له المنهب كثير النخيل والمزارع ووادى طىّء وجبالها ذات نخيل وقرى وخيرات فيد بينهما (منهما .Cod) وعليهما طريق البصرة الى الشام فمن المنهب الى وادى القرى ٥ ليال ومن المنهب الى تيمآء ٤ ليال ومن المنهب الى وادى طىّء ليلتان ومنه الى تبوك ٧ ليال ✿ فهذه اقاليم العرب الستّة وديارها وبالله تعالى التوفيق. Deinde C habet subscriptionem partis prioris, quae in B non est.

a) B بىقىں. *b*) B اعرب برىد المروىح ومرىد. *c*) Sic B cum vocal.

وكوز ماء فاكلتُ وشربتُ وسرتُ من الغد الى ان بلغتُ راس الزاوية فدفعتُ ما كان علىّ من ثياب الى بعض الطوّافين واخذتُ منهم مدرعة شعرٍ ونعلًا خلقًا ومنديلًا رثًّا[a] وسرتُ الى العصر وانا لا اطمع فى عشآء فترايا لى حصن فقصدتُه فلمّا دخلتُ الباب اذا ثَمّ رجل من بيت المقدس فعانقنى ورحّب بى وجعل يذكر لاهل الحصن محلّى فحمل الىّ صنوف الطعام والدثار فهربتُ منهم فى السحر وسرتُ الى بعد العصر فاذا قوم من المغرب فامسكونى وقالوا انت جاسوس فلمّا صلّيتُ بهم المغرب اعتذروا الىّ واضافونى ثم خرجتُ من الغد اسير الى ان بلغتُ الكُسَيْفَة[b] فلم ار بها ديّارًا فاذا بخمس فوارس[c] قد اقبلوا فساقونى كرهًا الى موضع لهم واضافونى فلمّا رايتُ انّى[d] كلّ ليلة فى دعوة وان الله يردّنى الى خلف قصدتُ بلدى وحججتُ فى تلك السنة بالزاد والراحلة ✿

a) B ونعل خلقها ومنديل رث. b) Forte Cod. الكنسيفة. Iacet ab oriente Bersebae, vid. supra p. ١٧٣i. c) C فواس. d) Addidi.

تمّ الجزءُ الاوّل ويليه الجزءُ الثانى فى اقاليم العجم

اوّله اقليم المشرق

بسم الله الرحمن الرحيم

هذا ذكر اقاليم الاعاجم (127) الثمانية وشرح اسبابها[a] على ترتيب التخوم[b] واهلها احسن احوالًا ٠ واكثر اموالًا واشدّ باسًا واعظم خلقًا وارسخ فى العلم وامكن فى الدين لهم فى الخير رغبة وفى الاعمال حسبة تجرى خلال اقاليمهم الانهار وتلتفّ بضياعهم الاشجار وسنفصّل[c] اوصافهم ونشرح اسبابهم فى اقاليمهم ونقدّم فى هذا الفصل ما يجب تقديمه ۞ بلغنا عن ابى المنذر هشام بن السائب انه قال[d] لمّا ظفر قُتَيبة بن مسلم بفيروز بن كسرى اخذ ابنته شاهين[e] ومعها[f] سفط فبعث بها الى الحجّاج فحملها الى الوليد *وفتح السفط[d] فاذا فيه بسم الله المصوّر ميّزه[g] قباذ بن فيروز اقليمه ووزن المياه والترب ليبنى لنفسه مدينةً ينزلها فوجد انزه بقاع الارض اقليمه بعد ان بدأ بالعراق التى هى سرّة الاقاليم فوجد انزهها ثلاثة عشر موضعًا المَدَاين والسُّوس وجُنْدَيْسابُور وتُسْتَر وسابُور واصْفَهَان والرىّ وبَلْخ وسَمَرْقَنْد وأَبِيوَرْد[h] وماسَبَذَان ومِهْرِجَانْقَذَف وقَرْمَاسِين ٠ ووجد ابرد اقليمه دَبِيل[i] وهَمَذَان وقَزْوين وجَرْبَاذَقان[k] ونَهَاوَنْد

---

a) In B incertum utrum sic an احوالها exstet. b) B sine punctis. c) B وبستنفصل. d) B om. e) Vulgo appellatur شاهفرند, vid. *Kit. al-Oyun*, p. ۱۴۸, Ibno 'l-Athír, V, p. ۲۳٥. Mortuo Jezdadjird, filius eius Fairuz confugerat ad Turcas, vid. Beládsorí, p. ۳۱۹. f) C ومعه et mox B et C به. g) B مسير et قباد. h) Sequuntur in B ductus litterarum lectu difficiles, ut videtur وبد تسمى s. وبر تسمى. Quum nomen loci vix inesse possit, propter numerum 13, fort. est annotatio (proprie marginalis) ad ابيورد nempe وقد تسمّى باورد. In C deëst, ut quoque duo nomina seqq. quae in B sunt ومارسسان ومهرجاىذق. i) B دبيلا. k) ?B وجرادق, C om.

وخُوارزم وقَالبقلَا ، ووجد اوبأ اقليمه البَنْدَنيجين[d] وجُرجان وخُوار الرىّ وكَشّ[b] وبَرْذعة وزَنْجان ، ووجد اقحط اقليمه بَيْسان ودَسْتَ مِيسَان[c] وبَادَرايا وباكُسَايَا وماسَبَذان[d] والرىّ واصفهان ، ووجد الخلهم خُراسَان واصْفهان وأَرْدَبيل * وبادَرايا وباكُسَايا[e] واصْطَخر وشِيراز وفَسَا ، ووجد اخصبها أَرْمِينِيّة وأَذَرْبَيجَان وخُوز[f] ومُكْرَان وماه الكوفة وماه البصرة وأَرَّجان[g] ودَوْرَق ، ووجد اجملهم المَدَاينَ وكَلْوَاذَى وسابُور واصْطَخر وجَنَّابَة والرىّ وقُمّ واصفهان والنَّشَوى ، ووجد اعقلهم سبعًا[d] عُكْبَرا وقُطْرُبُّل وعَقَرْقوف[d] والرىّ واصبهان * وماسَبَذان ومِهْرِجَانْقَذَف[h] ، ووجد اقنطهم اهل اسْكَافَيْن * وكَسْكَر وعندس[i] ومرو والرىّ ، ووجد اعلمهم بالسلاح هَمَذان وحُلْوَان واصفهان وشَهْرَزُور وخوارزم والشاش وأَسْبِيجَاب ، ووجد اخفّ المياه عشرة دِجْلَة والفُرات وجَيْحُون وجُنْدَيْسَابُور وماسَبَذَان وقَزْوين وماء سُورَا[k] وماء آب المَطامير[l] وماء فَنْجَواى ، ووجد امكرهم * احد عشر[d] خراسان واصفهان والرىّ وهمذان وارمينيّة واذربيجان * وماسبذان ومِهْرجانْقَذَف[m] وتُسْتَر والمَذار[n] وأَرْتَوَان[o] ، ووجد شرّ[p] الفواكه بالمداين وسابور وارّجان والرىّ ونهاوند وماسبذان[q] وحُلْوان ، ووجد اقلّهم نظرًا فى العواقب النُّوبَنْدَجان وماسبذان[d] وسيرَاف ورَامَهُرْمُز وارمينيّة واذربيجان واصطخر ، ووجد اسفلهم ستّة[d] النوبندجان * وبادرايا وباكسايا[d] ووَيْهَنْد ونهاوند واصفهان ، ولم يجد بين دجلة[r] وعقبة همذان انزه من قرماسين فانشاها لنفسه ثمّ بنى الاكاسرة بعده[s] من المداين الى العقبة ما ترى ✡ ووجدتُ فى كتاب بخزانة عضد الدولة فصلًا فى

---

a) B السندىحس, C om. *b*) C وتسىر. *c*) C om. Deinde B وباجرايا. *d*) C om. *e*) C haec om., et hic locum de الخلهم ponit ante locum de اقحط اقليمه. *f*) Sic B; C om. Fort. l. جور. *g*) C والرجان. *h*) C om. B ومهرجابدق. *i*) C om. B وعبدس. Vid. p. ١١٥*g*. *k*) C tantum وسورا B وماسورا. *l*) B واب المطامين, C وما واب المطامير. Deinde B وما فىحارى, C وفنحاى. Vulgo scribitur بنجواى vid. Ist. p. ٢٣٩*f*. *m*) C om. B ومهرجابدق. *n*) B والمدار, C والمدلد. *o*) Pro اردوان? B وارتون, C om. *p*) C اشر. *q*) C om. Deinde habet وخيلوان. *r*) B cum artic. *s*) B om.

المتنزّهات[a] مسجَّعًا وزدتُ فيه ما لا يجب[b] تركه لاشتهار ذكره وطيبه وليجمع الفصل منازه الارض (128) ويشفى صدور الخلق، وقال[c] احسن الارض مخلوقةً الرَّىّ وفيها[d] السُّرّ والسَّرْبان، واحسنها مصنوعةً جرجان، واحسنها معروفةً طبرستان، واحسنها مستخرجةً نيسابور ولها بُشْتَنِقان[e]، واحسنها قديمةً وحديثةً جنديسابور ولها الآبان[f]، ومرو ولها رَزيق ومَاجَان[g]، وغوطة دمشق ولها الزاربان[h]، ونَصيبين ولها الهِرْمَاس، وايليا ولها * البقعة وماماس[i]، والصَّيْمَرة ولها الحصنان[k]، وبفارس شِعْب بَوّان، ونهر الأُبُلّة نخار[l] فيه العينان، ولا يتمارى فى نزهة[m] صُغْد اثنان، وبلخ ولها بروان[n]، ونهاوند ورياض اصفهان، وعلى البحرَيْن قَيْسَارِيّة وعُمَان، وباليمن الاعجوبة صنعان، ولا تسال عن جِيرَفْت كرمان، وعن بُسْت ومُوقَان، وسواد بُخَارًا فله شان، وسنذكر الشاش وفسا وسابور[o] وحلوان، وجِلَّت قرى الرَّمْلة بلا نهر بزيتون واتيبان[p]، وقد ذكرنا لك تاهَرْت وجَيَّان، وقد مدَّ من الكوفة نهر ونخيل واشجار بريدان، فهذا قولنا فى منازه الارض بعرفان ☆ واعلم ان اكثر بلدان الاعاجم موضوعة على اسم من انشاها وبناها نذكر ذلك فى موضعه[q] ان شآء الله تعالى، وكلام اهل[r] هذه الاقاليم الثمانية بالعجميّة الّا ان منها دَرِيّة ومنها منغلقة[s] وجميعها تسمّى الفارسيّة واختلافها بيّن وانجامها مشكل وسنبيّن ذلك فى موضعه[t] ان شآء الله تعالى ونقرّبه[u] جهدنا ونذكر من[v] كلام كلّ قوم حروفًا يستدلّ بها على مواضعها مَن سمعها فى الآفاق وبالله التوفيق[w] ☆

---

a) C المتنزهات et سجعا. *b*) B يجب. *c*) C قال. *d*) C وفيه et deinde السرب. Vid. Jacut, III, p. ٩٧, 8 sq. (ibi ولها). *e*) B et C بشنقان ut quoque infra. Sub forma بشتنقان occurrit in poëmate, Jacut, I, p. ٦٣٠, 13. *f*) B الاىان, C الابار. Coniectura scripsi, quia infra in descriptione legitur ولهم نهران. *g*) C زرق وماخان. Cf. Ist. p. ٢٦١*m*. *h*) B الـزاربان, C الـزاريان. Cogitavi de نهر القناة et نهر المزة. *i*) C tantum ماماس. Qui locus significetur, nondum efficere potui. *k*) B الحصان. *l*) B sine punctis. *m*) C طيب. *n*) Est pro فَرْوَان (پروان). *o*) B et C وسابورا. *p*) B وحلب — وابيان. *q*) B موضعها. *r*) C om. *s*) Lacuna in B. *t*) C مواضعه et om. ان شاء الله تعالى. *u*) B ونقربها. *v*) C add. جل. *w*) C add. واول ما نبدأ باقليم المشرق.

اقليم المشرق

هو اجلّ الاقاليم واكثرها اجلّةً وعلمآء ومعدن الخير ومستقرّ العلم وركن الاسلام المحكم وحصنه الاعظم ملكه اجلّ الملوك وجنده خير[a] الجنود[b] قوم اولو باس شديد وراى سديد واسم كبير ومال مديد وخيل ورَجْل وفتح ونصر وقوم كما كُتب الى عمر لباسهم الحديد واكلهم القديد وشربهم الجليد، ترى[c] به رساتيق جليلة وقرى نفيسة واشجارًا[d] ملتفّة وانهارًا جارية ونعمًا ظاهرة ونواحى واسعة ودينًا مستقيمًا[e] وعدلًا مقيمًا فى دولة ابدًا منصورة مؤيّده، ومملكة جعلها الله عليهم مؤبّده،، فيه[f] يبلغ الفقهآء درجات الملوك، ويملك فى غيره من كان فيه مملوك،، هو سدّ الترك وترس الغُزّ وهول الروم ومفتخر المسلمين ومعدن الراسخين ومنعش الحرمين. وصاحب الجانبين وجزيرة العرب اوسع منه رقعة غير انه اعمر منها *واكثر كورًا واموالًا واعمالًا ☆[g] وقد جعله ابو زيد ثلاثة اقاليم[h] خراسان وسجستان وما ورآء النهر واما نحن فجعلناه واحدًا ذا جانبين يفصل بينهما جيحون ونسبنا كلّ جانب الى الذى اختطّه *وبناه ومثّلنا كلّ جانب ووصفناه على حِدَة لكبر الاقليم[i] وعمارته وكثرة كوره ومدنه، فان قال قائل ولِمَ لم تجعل كلّ جانب اقليمًا كما هو متعارف عند الناس الم تعلم انهم يقولون خراسان وما ورآء النهر قيل له ومن المتعارف ايضًا ان من تخوم قومس الى طَرَاز[k] تسمّى خراسان اولم تعلم ان آل سامان يسمّون ملوك خراسان ومقامهم بهذا الجانب مع انّا لم نسمّ هذا الجانب خراسان حتّى يلزمنا ما قلتُ، فان قال فلِمَ ادخلتَ فيه سجستان وخالفتَ المتقدّمين فى هذا العلم قيل (129) له قد تعارف الناس ايضًا انها من خراسان الا[l] تعلم انهم يخطبون لآل سامان ولو جعلنا سجستان اقليمًا لوجب ان نجعل خوارزم اقليمًا لشدّة عمارتها وكثرة مدنها وخلافهم فى اللسان والطبع والرسوم وهذا ما لا يجوز ولم يُقل، فان قال ولِمَ جعلتَه جانبين قيل كما كان اليمن

a) C اخير. b) C add. به. c) C وترى. d) B et C واشجار. e) C ودنيا مستقيمه. f) C فيها. g) C tantum بقعة. h) C اجزاء. i) B الاقاليم. k) B semper طران. Deinde يسمى. l) B add. ترى.

جهنين والمغرب قطعتين وقد سبق القول فيه، واعلم ان هذا الاقليم عمره[a] اخوان هَيْطَل وخراسان ابنا عالم بن سام بن نوح وهذا الجانب[b] يسمّى جانب الهياطلة ✿

جانب هَيْطَل

اعلم ان هذا الجانب اخصب بلاد الله تعالى واكثرها خيرًا وفقهًا وعمارة ورغبةً فى العلم واستقامة فى الدين واشدّ باسًا واغلظ رقابًا وادوم جهادًا واسلم صدورًا وارغب فى الجماعات مع يسار وعفّة ومعروف وضيافة وتعظيم[c] لمن يفهم وعلى الجلة الاسلام به طرىّ والسلطان قوىّ والعدل ظاهر والفقيه ماهر والغنىّ سالم والمحترف عالم والفقير غانم قلّ[d] ما يقحطون * منابره اكثر من ان توصف ونواحيه اوسع من ان تنعت غير انّا قد اجتهدنا طاقتنا وافرغنا استطاعتنا[e] ✿ وهذه صورته ومثاله ✿

(131) وقد جعلنا هذا الجانب ستّ كور واربعة[f] نواح فاوّلها من قبل مطلع الشمس وحدّ الترك فَرْغَانَة ثم أَسْبِيجَاب ثم الشّاش ثم أُشْرُوسَنَة[g] ثم الصُّغْد

---

a) C haec omnia inde a وبناه om., sed hic addit وهما. *b*) B om. *c*) B تعظيما, C وتعظيما. *d*) C اقل ut antea in B. *e*) C pro his: ومن الاعدآء آمنون منابره كثيرة ونواحيه واسعة به السغد النفيسة (Cod. النفيهه) وسمرقند الجليلة وخجند العجيبة والمدارس والائمّة والمشايخ والاجلّة والتدبير والسلطنة والغزاة والشجعان، والرباطات والفرسان،، والاعناب والثمار، والعبيد والجوار، والدرس بالليل والنهار،، والتعاهد والاجرآء بالدوام مع الرغبة فى الادب وكتبة الحديث فهو دار جهاد وموضع سداد واهل رشاد لا بدع ظاهرة ولا شرط جائرة (Cod. حائرة) به المعادن النفيسة والرباطات الكثيرة والمياه الخفيفة والسلامة والعافية الّا ان الفساد فيه قد ظهر، والربآء عندهم فشتهر، وكلّ طالح الى ثَمّ قد عبر، واخشى ان يصير كالعراق او اشرّ، ويطوى الاسلام ثوبه كما الخبر،، وحول سلطانهم جماعة من الخير مثل الشيخ علىّ بن الحسن وغيره من الخواصّ والحشم. Sequitur in B (p. 130) et C mappa. *f*) B et C واربع. *g*) C اسروشه.

ثم بُخَارَا وفى الصغد كلام كثير والنواحى ايلَاق كَشّ نَسَف الصَّغَانِيَان ۞

فاما فرغانة فانها كورة فى زاوية الاقليم *من تلقآء الطلوع قبل يسار المنحدر كثيرة الخير يقال ان بها اربعين منبرًا» قصبتها أَخْسِيكَت فمن مدنها المِيَانرُوذِيَّة[b] نَصْرَابَاذ منارة رَنجد[c] شكت[d] زاركان خَيْرَلَام[e] بشبشان[f] أُشتيقان وزَرَنْدَرامش[g] أُوزكَنْد، ومن النَّسَاءِيَّة أُوش قُبَا برنك[h] مَرْغِينَان رِشْتَان[i] وانكت كَنْد، ومن الواغزيَّة[k] بوكند كاسان[l] باب جارك[m] اشت توبكار[n] اوال دكركرد[o] نَوْقَاد مسكان[p] ببيكان اشحمحان[q] جِدغِل شاودان[r] ۞

واما اسبيجاب فانها على تخوم الاقليم المعتدلة القصبة[s] على اسمها ومن

---

a) C قبل يسار المنحدر تلقاء مطلع الشمس. Deinde B. om. قصبتها اخسيكت. C habet ومن. *b*) B المباروديه, C المناروذيه. Deinde C نصرآباذ. *c*) B رنحد, supra ut C sine punctis. Infra ut recepi. *d*) B نكب, infra بكت, C نكب, infra نكث. De lectione quam recepi vid. Ist. p. ٣٣٩*f*. Pro زاركان B infra وزازكان; C sine punctis ut B supra. *e*) B. h. l. et infra sine punctis, supra خىرلام. Vulgo خيلام. *f*) B بشنشان, infra بشمشان, supra وشبيسان, C بشبشار et دشبشان. *g*) Vulgo زندرامش. Mappa B ربداراس. *h*) B بربك, infra بربك, supra ut recepi, C دربك et برند. Cf. Ibn-Hauk. p. ٣٩٥*i*. Nomen sequens in B corruptum est in من عيبان. *i*) B et C ورسان, supra B ورشان. Deinde B انكت, C انكث. *k*) B الواعرنّه, C الواغريّه. Fort. cf. باغز (Add. ad *Merácid*, IV, p. 244). Nomen seq. sic in B et C (mappa B sine punctis). *l*) B كارسان. *m*) Sic B; C حارك, B supra حادك. Fort. hodiernum Tscharku (Petzholdt, *Turkestan*, p. 32). Pro اشت fort. l. اورشت. *n*) ? B توتكال (fort. تنوركال), supra ثوبكار, C بوتكار. *o*) B. h. l. دكركرد. Pro نوقاد vulgo نقاد. *p*) B supra مسبيكان. Cf. Ibn-Hauk. p. ٣٩٩*c*. Deinde C دمكان, B supra ننكان. *q*) *Sic* B supra. B h. l. ut C اسحمحان. *r*) C ساوذان. B supra addit تجندة. C addit: ويقال ان لها تمام اربعين مدينة. *s*) C والقصبة.

مدنها خورلوغ[a] جمشلاغو[b] ارسْبَانِيكَث[c] باراب[d] شاوَغر سَوْران[e] تُرَار زراخ[f] شغلجان[g] بلاج[h] بروكث[i] بروخ يكانكث[k] أَنَخْكَث[l] دِه نُوجِيكَث[m] طِرَاز بالوا[n] جِكِل بَرْسْخَان[o] اطلخ جموكث[p] شِلْجِي كُول سُوس[q] تَكَابْكَث[r] دِهْ نَوى كُولَان ميركى نوشكث[s] لقرا جموك أُرْدُوا

---

a) B حورلوع, supra خولوغ, C h. l. حورلوغ, infra ut recepi. b) B جمسلاعوه, infra جمشلاغو, supra ut edidi. c) B ارسبادىكث, infra ارسبادىكث, supra اسبانيكث, C ut recepi. Vulgo سبانيكث et اسبانيكث, vid. Ibn-Hauk. p. ٣٩١.e. Dubito autem utrum recte statuerim discrimen esse inter hoc nomen et nomen urbis Oschrusanae, quod ارسبانيكث edidi (vid. Ist. p. ٣٢٧m). Saepe duae urbes confunduntur. Cf. Abulfeda, p. ٤٩٨ et *Djih. Numa*, p. ٢٥٩, 6 seq. d) B تاراب, supra بارات, infra ثاراب. C h. l. om., infra recte ut recepi. e) Vulgo صبران. Mappa Kiepert (1873) Saurun. f) B بزارززاح, supra بزار زراخ, infra ترار رزاح (et pagus رزاح), C بزار زراخ, infra بزاز نرعياخ sic (et pagus زراخ). Vulgo أُطْرار et طُرَار. Lectio اترار memoratur a Jacut, I, p. ٣١٠, 2. g) B h. l. شعلحان, supra سعلجان ut C h. l. h) B hic et infra بلاج, supra بالاج, C h. l. بلاح, infra يلاج et بلاك. i) B برفكث, supra بروكب, infra بروكث, C بروكث et infra sine punctis. Deinde B om. بروخ, quod supra et infra habet sine punctis. k) B بكادكث, supra نكانكث, infra بكادكب, C يكانكث et دكاكث. Coniectura scripsi, cf. infra r. l) B supra ادخكث, infra ارحكث, C اذخكث et infra om. Jacut يَنْخْكَث. m) B دهنوا جيكث, supra ده نوا احكث, infra ده بوحكث, C دهنوا حيكث, infra ex una duas urbes facit ده نو et جيكث. Deinde B طوان, C ut quoque B supra et infra طران. n) Infra B et C بهلو (بهلوا). Male Ibn-Hauk. p. ٣٩٢u dixi جكل = جدغل. o) B sine punctis hic et supra, et quoque deinde h. l. اطلح. p) B supra حموكث, infra sine punctis. C جموكث. Deinde B h. l. شاجى. q) Apud Ist. p. ٢٨١, 7 et 8 et Ibn-Hauk. p. ٣٣٩, 11 vera lectio est لبان وسوس. r) B ركانكث, supra يكانكث, infra بكانكث, C نكانكث et infra بكانكث. Cf. supra k. Vullers habet تكاب in provincia كنجه (= كنجيده?) Sequens ده نوى in solo B h. l. et hic habet h. l. لولان. s) B تونسكث, C نوشكث. Hoc et duo nomina seqq. h. l. tantum occurrunt.

نَوِيكَث بَلَاسَكُون[a] لبان شوى ابالغ[b] مَادَانْكَث برسيان[c] بلغ جِكَرْكَان
بيغ[d] يكالغ روانجم[e] كنك شُور جَشْمَه دل اواس جركرد[f] ✡

واما الشاش فهى خلفهما[g] قصبتها بِنْكَث[h] ومن مدنها نُكَّث[i] جِينَانْجَكَث نجاكث بَنَاكَث[k] خَرَشْكَث[l] غرجند غَنَّاج جبوزن[m] وَرْدُك كبرنه[n] نمدوانك نُوجَكَث[o] غَزَك أَنُوذكث[p] بِشْكَث[q] بركوش خاتونكث[r] جبغوكث فَرْنَكَد[s] كداك نكالك[t] بارسكث اشتوركث[u] البيكث[v] كباشكث غَنَّاج[w]

---

a) C بلاساكون. Infra B ولاسكون. Vulgo بلاساغون. *b*) C addit: ولها رستاق وفيه منابر ولها (Cod. تاراب) باراب. Deinde C ملدانكث, B supra دانكث. Jacut ماذانكث. *c*) B برسان s. برسان, C بوسيان. Deinde B بلع, supra بلغ. *d*) B supra بغ. Deinde C نكالغ, B supra بكالغ. *e*) B supra دولجم. Deinde B كتاد, supra كناك. *f*) B h. l. جركرده. *g*) C خلفها. *h*) B et C solent scribere بيكث ut Jacut in suo Cod. legit (I, p. ٧٤٩, 20), cf. autem III, p. ٢٣٥, 4 (ubi بُنْكَث). *i*) B h. l. نهانكث, sed videtur prior pars esse repetitio partis posterioris مدنها. Supra B بكث. C ut recepi. Cf. autem Ist. p. ٣٢٨*p*. Deinde B جنيانكث, supra خينانكث, C جنبابكث, infra جيناجكث. *k*) C h. l. om. (B نباكث et supra نباكث). *l*) B خركشت, C خرسكث, B supra شكث. Deinde B et C عرجند. *m*) B جيورن, supra جورن, C حيوزن. Mappa B حسورى. *n*) B supra كبريه, mappa كبريه. Nomen sequens B نمدوانك, supra ut C نمدوانك, mappa B دادردوانك. Quod recepi nunc mihi videtur praeferendum lectioni غدرانك, vid. Ist. p. ٣٢٩*n*. *o*) B برجكث, C برجكث, sed mox apud hunc (vid. ann. *v*) sequitur نوجكث. Deinde B عرك hic et supra. *p*) B ابزدكث, supra ايردكث, C ابزدكث, mappa B ابركث. Vid. Ist. p. ٣٣٠*b*. Cogitari posset de lectione ايزدكث. *q*) B supra دشكث, C بشكث. Ist. بغنكث. Deinde B بركوس supra دركوس. *r*) B h. l. جانونكث, C خانوكث. Deinde B جيفوكث, supra ut C حيفوكث. *s*) B فريكر, supra فرنكن, C فرنكر. Deinde B كرال, supra ut C كزال, mappa B كراك. *t*) B h. l. بكالك. *u*) B اسنونكث, infra استوركث, C ut recepi. De nomine seq. vid. Ist. p. ٣٤٤*g* (ubi زالثيكث recepi). *v*) Hic C addit: بناكث جيناجكث نوجكث شاوكس. *w*) B عناخ. Videtur mera repetitio.

ده كوران تل اوش[a] غُزْكَرْد زرانكث دروا[b] فَرِدكث اجخ[c] ✿ وايلاق
ناحيتها قصبتها تُونْكَث[d] مدنها شَاوَكث[e] بانخاش نُوكَث[f] بالابان اربلخ[g]
نموذلغ تُكَّث[h] خُمْرك سِيكَث كُهْسيم اذَخْكَث[i] خاس نجاكث[k] غرجند
سام سرك[l] بِسْكَث ✿

واما اشروسنة[m] فانها تتّصل بهذه الكورة قصبتها بُنْجِكَث ومن مدنها
ارسْبَانيكث[n] كُرْدَكَث[o] غَزَق فغكث سَابَاط زَامِين ديزك[p] نُوجَكَث قَطْوَان
دِزّه[q] خَرَقَانَة خشت مرسمندة ولها سبعة عشر رستاقًا بشاغر[r] مسحا

---

a) B h. l. تنلاوش, supra تل اوس. Deinde Codd. عركرد. *b*) B supra دووا. *c*) B supra sine punctis, C اجح. Deinde C ايلاق وناحية. *d*) B hic et supra et C تونكث. Vid. Ist. p. ٣٣١*c*. Deinde C ومدنها. *e*) C ساوكث. Mappa B شكاكث, vid. ib. *d*. Deinde B بانحاس, supra تانخاس, C بانحاس, mappa B بالحجاس et alio loco الحجالس. *f*) B بونكث, supra تونكث, C نونكث. Vid. Ist. ib. *f*. Deinde B بالانار, supra ut C بالابان. *g*) B et C ابلخ, supra B ابلح, mappa املبح. Ist. اربيلخ. Deinde B ثولغ, supra بمولوغ, C تملوغ, mappa B نمورلع. *h*) B نكث, C نكث. Cf. Ist. l.l. *k*. Deinde B et C جموك ut quoque B supra. *i*) B ادحكث et supra ادجكث, C ادحكث, mappa B حركب. Vulgo دخكث (ذخكث). Deinde B حاس. *k*) B et C حجاكث, supra B خجاكث. Ist. خرجانكث (خركانكث). Deinde B عرجند ut quoque supra, C عرحيد. *l*) C ut B supra بسرك. Cf. Ist. p. ٣٤٥*d*. Deinde B بسكث, supra بسكث, C سبكث. *m*) C اسروشنة ut quoque B in mappa. Nomen metropolis in B est بيجكث, supra بنحكث, infra نويحكث, mappa نويحكث, C بيجكث, infra بنجكث. *n*) Sic B et C (B supra اسبانكث). Vid. supra p. ٢٩٣*c*. Apud Ist. et Ibn-Hauk. edidi ارسبانكث. *o*) Vulgo كركث, hodiernum Kurkat. Deinde B et C عروفعكث, B supra tantum عرق. *p*) B دىرك, C برك. Deinde B برجكث, supra بوجكث ut C. *q*) B قطران دزه, C قصران رزه, B supra primum دره, deinde قطوان tanquam duos locos diversos memorat. Vid. Ist. p. ٣٣٦*c*. *r*) C شباغر. Cf. Ibn-Hauk. p. ٣٨٢*c*.

برْغَر a وفر بانغام ميبنك b بسكر ارسبانيكث c البُنّم لا مدائن لهذه d والبواقى يوافقن * مدائنها فى الاسامى e ✿

واما الصغد f فان قصبتها سَمَرْقَنْد وهى مصر الاقليم g ولها اثنا عشر رستاقًا ستّة جنوبىّ النهر بُنْجِكَث h ثم وَرَغْسَر i ثم مايَمْرْغ ثم سنجرفغن k ثم الدَّرْغَم ثم اوفر l فاما الشماليّة فاعلاها يارْكَث m ثم بُورْنَمَذ ثم بورماجن ثم كَبُوذَنْجَكَث n ثم وَذَار ثم المَرْزُبان فى بعضها مدائن نصفها فى الرساتيق وبقيّة مدن الكورة رِيوْدَد o أَبْغَر اِشْتِيخَن p كُشَانِى دَبُوسِيَة كَرْمِينِيَة q رَبِنْجَان قَطْوَانَة ✿

واما بخارا فانها كورة r (132) غير واسعة الرقعة r الّا انها عامرة حسنة يدور على خمس من مدنها s حائط سعته * اثنا عشر فرسخًا فى مثله ليس فيه

---

a) B om. Deinde in B et C (نعام) وفربا نغام quae sic divisi, quia بانغام apud Ibn-Hauk. est (ubi وفر non exstat). *b*) B تيننك, C بنبيك. Vid. Ibn-Hauk. Deinde Ibn-Hauk. بسكن. *c*) B اسبانكث. Recepi lectionem C, quae tamen est dubia, vid. Ibn-Hauk. l.l. Deinde B البيتم, C النيم. *d*) C لها. Mox B توافقن. *e*) C اسماء المداين. *f*) C السغد. Locum dedit Jacut, III, p. ٩٥, 3 seqq. *g*) C addit الجانب (var. l. ut videtur). *h*) B بسحكث hic, supra et infra, C بيحكث et بيحكث. *i*) B ورعش, supra درغش, infra ورغش, C وغش et رعش. Mox B مايمرخج. *k*) B سحرقعر, infra شحرفغر, C سحرفعر. Cf. Ist. p. ٣٢٠,*e*. Jacut l.l. huius loco habet ابغر. *l*) Sic B, C et Jacut. Certum vero videtur veram lectionem esse اوغر pro ابغر. Infra habemus semel وفر. Deinde C اعلاها والسنة الشمالية. *m*) B et C hic et infra باركث ut quoque Jacut. Pro بورنمذ iidem وربمد et pro بورماجن (vid. Ibn-Hauk. p. ٣٦٩*m*) بورماجر, nisi quod C infra بورماخن. *n*) B كنود بحكث, infra كيبود بحكث. *o*) C برودد. Deinde B امعد, supra امعن, C امعر. Revera est repetitio quia iam memoravit ابغر sub forma اوفر. *p*) B male اشبيجر. *q*) B كرمينيّه. Deinde B et C رسخان. *r*) B om. *s*) C مداينها.

ارض بائرة ولا ضيعة عطلة اسم[a] قصبتها نُموجَكث[b] ومن مدنها[c] بَيْكَنْد الطَّواويس زَنْدَنَة بَمجْكَث[d] خُجَادَى مَغْكان خَرْغانْكَث[e] خُديمَنْكَن عروان[f] بخسون سِيكَث جرغر[g] سِيشَكَث[h] اريامِيثَن وَرَخْشَى[i] وزرميثن

---

a) C مرحلتين فى مثلها قرى وعمارات. *b*) B supra in catalogo سوجكث, infra دموحكث. Apud Ist. et Ibn-H. recepi بُومِجْكَث, sed veram lectionem me docuit D[mus] Lerch. Sinenses nempe urbem appellant *Numi* et Narschakhí habet quoque *Numidschketh*. Lectionem nostri facere pro نُومِجْكَث observavi p. ٧g. *c*) C ومن مدنها التى داخل الحائط طواويس وندنه (l. زندنه) خجادى معكان (مغكان .l) بمجكث والتى خارج فيه (منه .l) بيكند رنكرا رزميثن (زرميثن .l) رامثينه ولها من القرى التى اكبر من مدن كثيرة ورخشى وبرانبه وافشنه واودنه واوردانه وخرع وسبجكث وعجدوار وارزنكره وانكنه وبادب لا يعوزهن من اسباب المدن الا المنابر. Pro رنكرا C infra ريكرا, quae vera videtur lectio pro ريكراه, nisi leg. ريكزار = ريكستان (Ist. p. ٣٠٩). Pro رامثينه, l. راميثنة (Ist. p. ٣٠٧b). Cum برانبه cf. فرانة apud Ist. p. ٣١١, 2, Ibn-Hauk., p. ٣٦٠, 7 et بَرّان (= فَوْرَان) apud Jacut in v. Pagus أَفْشَنَة memoratur a Jacut in v. et a Kazwínío, II, p. ١٩٩. Natus ibi est Avicenna. Infra describitur in B. Pagum أُوْدَنَة quoque habet Jacut et alibi occurrit. Sequens اوردانة non videtur differre a وَرْدَانَة s. وَرْدَانَة (وَرْدَان) apud Jacut. Pro خرع l. جُرْغ, et pro عجدوار l. غُجْدُوَان sec. Jacut in v. Sequens nomen legatur أَزْرَنْكَرَه. Jacut habet زرنجرى s. زرنكرى. Deinde l. وَابْكَنَة et بَانَب. *d*) B نمجكث, supra et infra دمحكث, C infra et in mappa بمجكث (B sine punctis). Vid. Ibn-Hauk. p. ٣٦٢e. Lectio تُمْجْكَث (تومجكث, نموجكث) vera videtur. *e*) B جرغانكث. Deinde B جوسكو, supra حرسكن. *f*) Sic B hic et supra. An forte l. غـردان Gurdan? Deinde B دبخسور (s. دبخشور), supra نحسون. Infra B وحسون.? Fort. cf. nomen حدشرون Ist. p. ٣٠٧, 4. Ibn-H. p. ٣٥٩, 9. Cogitari quoque posset de خَنْبُون. *g*) B حرعر. Supra hoc nomen et sequens desunt. Scripsi collato جرغ Ibn-Hauk. p. ٣٦٠, 6 (خرع supra apud C). *h*) B سشكث. Idem locus intelligi videtur quam C سبجكث appellat. Cf. Jacut سيكجكث. Deinde B ارمامين,

كمجكث[a] فغرسين كشفغن[b] نويدك وَرْكَى ۞ *ولها ناحية كشّ ولها[c] نَوْقَد قُرَيْش سُونَج[d] اسكيفغن[c] ونسف ولها[e] بَزْدَة كَسْبَة[c] والصغانيان[f] ولها دَارَزَنْجى[g] بَاسَنْد بهام زينور[h] بوراب ريكدشت[i] باساب شُومَان هنبان[k] دَسْتَجِرْد ولها ستّة عشر الف قرية[l] ۞

---

supra اريامثين, infra B ريامش, C وريامس. Est nomen metropolis antiquae, ut ibi traditur. Exitus ميثن in nominibus huius regionis saepe occurrit, cf. راميثن (زاميثن), خرميثن, اردخشميثن, sed de lectione partis prioris nominis incertus sum. *i*) B رحشى, supra زخشى, infra برخشى, C ورخشى. Ist. فرخشة, Ibn-Hauk. برخشة. Jacut فرخشا et فرخشة. Deinde B وررمين, supra رزمثين, infra B ررمش, C رومس, C h. l. رزميثن. Est *Zarmitan.*

a) Fort. cf. apud Jacut كمجث. Deinde B فعرسن, supra قعرسن. Fort. l. فغدسين coll. فغيطوسين apud Jacut. *b*) B h. l. كشفعر. A خشوفغن diversa est. Deinde B نويدك, supra نويدك. Lectio ركى in B hic et supra. Jacut وركة. Ist. memorat جبل وركة. *c*) C وناحية كش ولها ثلاث مدن. *d*) B et C sine punctis. Supra B سونج. Deinde C اسكيعفين, B supra اسكيوغن. *e*) C وناحية نسف ولها ثلث مدن, sed librarius in marg. observat ذكر ثلثا وعد اثنتين تامل. Supra in B tertia additur سيركث (cf. Jacut in v.) *f*) C وناحية الصغانيان. *g*) B داررنجى, infra داررنج, C دارزيجى, infra sine punctis. Deinde B باشند, supra بارسند. *h*) B زنور, supra دينور, in itin. رسوب, in mappa وننور, C رسود, in itin. ريتون. Cf. Ist. p. ۳۴۴.*h*. Deinde B et C ut recepi. In itin. B سوارب, C بوزب. *i*) B دنكرست, C ديكرست. B supra ربورست (sed omisso بوراب). Vid. Ist. l.l. Deinde B باساب, in itin. ناسات, C h. l. sine punctis, infra باتساب. Lectio incerta est, vid. Ist. p. ۳۴۱*a*, Ibn-H. p. ۴۰۲*b*. Forte cf. پاياب *vadum.* *k*) B همان, supra هينار s. هنبار, infra هنبار, C هبيان et هنان. Coniectura edidi. Deinde B وسجرد, C وشجرد. Cf. supra in catalogo homonymorum et Jacut, II, p. ٥٧٣, 22. *l*) C addit: ويقال لبخارى الف وثلثمائة قرية.

واما الاختلاف فى هذه الكور والنواحى[a] فان الجيهانىّ ذكر فى كتابه ان الصغد كصورة انسان راسه بُنْجِكَث[b] ورجلاه الكُشَانيَة وظهره اوفر[c] وبطنه كَبُوذَنْجَكَث[d] وتركسفى ويداه مايمُرْغ وبوزماجن[e] وجعل طوله ستّة وثلاثين فرسخًا فى ستّة واربعين فرسخًا وقال منبرها الاجلّ سَمَرْقَنْد ثم كَشّ ثم نَسَف ثم الكُشَانيَة الى آخره، وقال غيره قصبة الصغد اشْتيخَن وفصّلها عن سمرقند[f] وجعل بخارا ايضًا من الصغد واحتجّ بان النهر من اصله الى بخارا يسمّى نهر الصغد وهذا خطأ الا تعلم ان نهر الاردنّ بفلسطين يسمّى ايضًا نهر الاردنّ ولم يقل احد ان اغوار فلسطين من الاردنّ وانّما قولهم نهر الصغد اى انه يمدّ من الصغد ويسقى فيها، وان شرعنا فى الاحتجاج الى ما ذهبنا وترجيحه على ما سواه طال كتابنا وانّما غرضنا فى ذكر هذه المقالات وايضاحها لئلّا يظنّ الناظر فى كتابنا انها غابت عنّا مع ان ابا زيد البلخىّ قد ذكر فى كتابه

a) C والبلدان. b) B بسحكث, C ببجكث. c) B, C et Jacut, III, p. ٣٩٤, 11 وفر. Est vero اوفر probabiliter depravatum ex ابغر = اوغر. d) B كمونكث, C كنونكث, Jacut كبوكث. Deinde B habet بركسفى sine copula, C om. Est breviter dictum pro رستاق المرزبان بن تركسفى (Ist. p. ٣٢٣, Ibn-H. p. ٣٧٣) et in catalogo appellatur simpliciter المرزبان. e) B وبرماجر, C وبرماحز, Jacut وبزماخر. f) Jacut وفصلها على سمرقند. C addit: وجعل لها ثلث منابر et habet deinde: وقوم جعلوا بخارى من السغد واحتجّوا بان النهر من اصله الى مستقرّه يسمّى نهر السغد وان ذهبنا نحتجّ (s. Cod. بحتجّ) الى مقالتنا ونرجّحها (s. ونرجحنها .Cod) على غيرها طال الكتاب وانما نذكر هذه المقالات ليعلم الناظر فى كتابنا انا ما غابت عنا وانا لا نخترع شيئًا الا عن علم ومعرفة وكل من علا فى علم واتّسع فيه جاز له ان يستعمل رايه بعد الجهد الا ترى ان النبى صلعم لما بعث معاذا الى اليمن اجاز له ان يعمل برايه فى المسائل التى لا يعرف فيها آية ولا سنّة وذلك استعمله ائمّة الفقهاء فما مثلنا فى هذا العلم الا مثلهم فى علم الشريعة ونحن قد راينا ان نجعل قصبة السغد سمرقند وثغور بخارا وبكورها (ونغزو بخارا بكورها .l) فان قال قائل الخ.

فصلًا يغنى اولى البصائر عن الاحتجاج فى هذا الباب اراد به تصحيح ما صوّر لا وضع الكور لان احدًا لم يتقدّمنا الى تفصيل كور الاقاليم وهو انه قال[a] ليس فى جمع هذه الاطراف بعضها الى بعض ولا فى[b] تفريقها كبير درك غير الابانة عمّا فى اعراضها من المدن والانهار وسهولة العبارة فى التفصيل والصّور ولعمرى[c] قد صدق ليس فيه ابطال حقّ ولا اثبات الم تعلم ان صدور الائمّة[d] قد راوا آرآء وقدّموا واخّروا وورّثوا وحرّموا واحلّوا وحرّموا وجوّزوا وابطلوا ويلقاه الناس بالقبول وسلبت اليه قلوبهم ولم ينكر هذا عليهم عاقل بل به امر النبىّ صلعم معاذًا لمّا بعثه الى اليمن وعمل به الصحابة فلا عجب ان نرى نحن ايضًا فى هذا العلم آرآء ويكون لنا فيه قياس واختيار، فاختيارنا ان نجعل الصغد من جملة سمرقند ومدنها من اجنادها وننصبها مصرًا لهذا الجانب لانها اقدم واوسع واكثر رساتيق، فان قال قائل لِمَ *لم تجعل المصر بخارا اذ هى دار المملكة[e] وموضع الدواوين[f] قيل له كون الملوك بها[g] لا يوجب ان تكون[h] هى المصر لان بخارا بلد تبرّكت به ملوك آل[i] سامان ورحلوا اليه من سمرقند *وايضًا فانه لا يجوز ان نجعل سمرقند ونيسابور على جلالتهما قوّدًا لبخارا لان هذه العلّة التى ذكرتَ توجب ان تكون
(133) نيسابور ايضًا قائدًا[k] لبخارا، فان قال ابليس لما نزل ولد العبّاس مدينة السلام صارت مصر الاقليم *فهلّا قستَ عليها بخارا[l]، قيل له الجواب عن هذا *سهل وذلك[m] ان امصار العراق محدثة ابدًا ينسخ[n] فى الاسلام بعضها *بعضًا الا تعلم انه كانت الكوفة ثم الانبار ثم بغداد ثم صارت سامرّا ثم عادت الى بغداد[o] وامصار المشرق قديمة لا ينقص[p] بعضها بعضًا، فان قال

a) Ist. p. ٢٩٩, 1. *b*) B male الى. *c*) B ولعمروى. *d*) B الامة. *e*) C جعلت المصر سمرقند ولم تجعلها بخارا وهى (B هو) دار الملك. *f*) C add.: وهذه علة الامصار عندك. *g*) C ببخارى. *h*) B sine punctis, C يكون. *i*) B om. *k*) C لجلالتهما ولا يجوز ان يجعل سمرقند حاجبا. *l*) C وعادت الكوفة حاجبا له فقس بخارى عليها. *m*) C اسهل وذاك. *n*) B sine punctis, ut quoque deinde. *o*) C بعضها وليس للعراق الا (sic) مصر واحد الا ترى انها كانت الكوفة وقت علىّ ثم عادت الانبار وقت المنصور ثم عادت بغداذ وقت المنصور ثم صارت سامرى وقت المعتصم ثم رجعت بغداذ. *p*) B sine punctis.

قائل[a] اليس نيسابور قد نقصت طوسَ[b] قبل له[c] لم يكن بطوس مصر قطّ فينسخ وانّما انضافت اليها للعلّة التى سنذكرها ، فان قال ان لم تنسخ طوسَ فقد نسخت[d] مرو قيل له قد تحرّزنا من هذا بقولنا ينسخ فى الاسلام بعضها بعضًا ونيسابور انّما نسخت مروَ[e] بمجىء الاسلام * فاذا كان الامر على هذا السبيل علمتَ ان بخارا لم تنسخ سمرقند لانّا لم نجد لها نظيرًا فى الاصول الا تعلم انه لما لم نجد فى الاصول التقرّب الى الله تعالى بركعة لم يجز الوتر بركعة فان قال اليس قد نزل المامون والرشيد قبله مرو قيل له لم ينزلاها[f] على سبيل الاقامة وهذا ظاهر جلىٌّ[g] ✿

أَخْسيكَث هى قصبة فرغانة بلد كبير *خطير بالمشاجر المحيطة به والانهار الفائضة اليه[h] مع عمارة[i] وخصب ورخص وله[k] مدينة داخلة[a] يتخلّلها عدّة من القنىّ فتنقلب فى حياض لهم حسنة من الآجرّ والجصّ[l] مصهرجة والجامع ومعظم العمارات فيها وبجوبها[m] ربض واسع فيه قهندز واسواق يكون[n] فى عظم الرملة مرّة ونصفًا[o] كثيرة الخير باردة * وفى اهلها غلظة وحمرة[p] ✿ ونَصْرَاباذ كبيرة قد التفّت بها الاشجار من اسبيددال[q] وحور بناها ملك لابنه نصر وسمّاها له ✿ ومنارة صغيرة على باب الجامع نهر ✿ ورنجد ذات مزارع كثيرة ولها جامع نزيه[r] فى الاساكفة ✿ شِكِث[s] كبيرة كثيرة الجوز حتّى ربّما وجدتَ الف جوزة بدرهم * والجامع فى السوق[t] ✿ تسحان كبيرة آهلة الجامع فى الكرابيسيّين[u] ✿ وزاركان[v] متوسّطة كثيرة الارزّ نزهة غزيرة المياه على باب الجامع روضة مشجرة ✿

---

a) C om. *b*) B et C h. l. et deinde طوسا et مروا. *c*) B om. *d*) C نقصت. Deinde B add. هذا. *e*) C طوسا. *f*) B ينزلاهما. *g*) C haec om. *h*) C قد احاطت به الاشجار والانهار. *i*) C addit وخيرات. *k*) C ولها. *l*) C add. مجصصة. *m*) C وبحوط بها. *n*) B sine punctis. Deinde C مثل الرملة. *o*) B et C ونصف. *p*) B وبله وفيها بالاهل غلاظة وحمرة (B وخمرة). *q*) B اسنيددال, C اشجار اسبيدداك. *r*) C نزيهة. *s*) B بكث, C ونكث. *t*) C om. Deinde C وبسحار. B ut recepi sic نسحان, sed plus semel ح male subscribitur. Quae vera sit lectio, ignoro. *u*) C الكرابيس. *v*) B ووزازكان, C ووراركان.

وخَيْرَلام كبيرة بها جامع حسن فى الاسواق ✿ وبشبشان كبيرة وللجامع باب يشرع الى الميدان ✿ وأُشتيقان[a] صغيرة لجامع[b] فى الاسواق ✿ وأُوزْكَنْد[c] على بابها نهر يخاض ليس له جسر يحيط بربضها حائط ومدينتها عامرة فيها الاسواق والجامع والقهندز والماء يدخل الى الجميع ولها اربعة ابواب ولا اعلم فى مدن هذه الكورة[d] قهندزًا غيره ✿ وأُوش *كثيرة الانهار لها[e] فضائل وهى رحبة منعة جامعها وسط الاسواق قريبة[f] من الجبل كثيرة الخير واسعة المياه وبها رباط عظيم يقصده المطّوّعة من كلّ جانب ✿ وقُبَا هى ارحب واوسع واطيب وانزه واعجب من القصبة وقد كان يجب فى القياس ان تكون هى القصبة *لكن لما كان التعارف عندنا مقدمًا على القياس عدلنا عنه لذلك[g] وهى مدينة وسطها ميدان وجامعها[h] فى الاسواق وقد قالت الحكماء فرغانة قبا، وما سواها حشيش وماء،، ✿ وبرنك[i] صغيرة جامعها (134) ظاهر البلد تلقاء[k] سمرقند ✿ ومَرْغينَان صغيرة ايضًا وجامعها ناء عن الاسواق على بابه نهر ✿ *ورشتان كبيرة للجامع باب فى الاسواق وآخر فى الميدان ووانكث مثلها[l] ويكَنْد[m] نهر يجرى وسط الاسواق *وعُدّ علىّ لهذه الكورة اربعون مدينة[n] ✿ خُجَنْدَة مدينة نزيهة ليس بهذا الجانب اطيب منها وسطها نهر جارٍ[o] والجبل متّصل بها[p] وهى راس الحدّ وقد مدحها العقلاء ونعتها الشعراء[q] ✿

أَسْبِيجَاب قصبة خطيرة لها ربض ومدينة عامرة بها التيمات وسوق الكرابيس والجامع باربعة ابواب على كلّ باب رباط[r] باب نُوجَكَث باب فرخان[s]

---

a) C واشبيقان. *b*) C والجامع. *c*) Marg. B اوزجند. *d*) C الناحية. Deinde B قهندز. *e*) C كبيرة من الامهات ولها. *f*) C وقريبة. *g*) C ولكن تركنا للتعارف. *h*) C وجامع. *i*) B وبربك, C وبرند. *k*) C نحو. *l*) Haec in B desunt (C وريسان — الجامع — وانكث). *m*) C male addit لها. *n*) C om. (B اربعين). Deinde C addit copulam, in qua addenda et omittenda saepius differunt Codd. *o*) C add. يقابله المنازل. *p*) C add. نزهة حسنة. *q*) C add. وفيها اختلاف. *r*) C add.: من ابواب المدينة. Deinde B om. باب نوجكث (C نوحكث). *s*) C فرخار, in B optio inter فرخان et فرجان.

باب شاكرانة^a باب بُخَارَا والرباطات رباط النَّخْشَبيّين^b رباط البُخَاريّين رباط السمرقنديّين رباط قَرَاتَكِين^c وثَمَّ قبره وسوق قد اوقفه غلّته^d فى كلّ شهر سبعة آلاف درهم يجرى على الضعفآء لخبز^e والادام ويقال ان بها الف وسبعمائة رباط وهى ثغر جليل ودار جهاد وعلى ربضها حصن وبها^f قهندز خرب لا يعرفون القحط ولا الخراج ولا للفواكه^g عندهم كثير مقدار نفيسة طيّبة وبلدة نزهة وعيشة راضية الا انهم غاغة وفيهم سلامة وفى قلوبهم غلظة معجبون *بمذاهبهم وانفسهم^h سوآء اسبيتَ^i ام احسنتَ اليهم اهل الرساتيق خير^k من اهل القصبة تراهم فيها سباعًا وفى غيرها نعاجًا^l ۞ خورلوغ مدينة متوسّطة^m فيها نهر بالاسواق لا حصن عليها ولا لها قهندز ولا رستاق ۞ جمشلاغو كبيرة رحبة بها مآء جارٍ وقد رحل اليها كثير من الحشم والجامع نآء عن الاسواق ۞ وأُرْسُبَانِيكَث نبيلة^n نظيفة محصّنة لجامع بها والعمارات فى الربض ۞ وبَارَاب هو اسم للرستاق وليس بالواسع اسم اكبر مدائنه ايضًا باراب^o وهى كبيرة تخرج نحو سبعين الف رجل عليها حصن فيه الجامع *واسواق وقهندز^p ومعظم الاسواق فى الربض^q وبالحصن حوانيت يسيرة ۞ ووَسِيج^r صغيرة عليها حصن وبها امير قوىّ والجامع فى السوق ۞ وكدر^s مدينة محدثة جرى وقت نصب منبرها حروب وهم قوم فيهم باس *ولاصحاب الحديث بها الغلبة^t ۞

---

a) B شاكوانه, C ساكوانه. Cf. Ibn-H. p. ٣٩٠*c*. Pro بخارا, C بحرا (B ىخارا). *b*) B sine punctis, C النخشبين. Pro والرباطات B et C والرباطان. *c*) C قراتكير. Vid. Ibno-'l-Athír, VIII, p. ١٥٧ et ٣٧٠. *d*) B علمه s. عله. *e*) C تجرا — والخبز. *f*) C ولها. *g*) B الفواكه, C الفاكهة. Mox C كبير. *h*) C tantum بانفسهم. *i*) Pro اسات. C آسيت. *k*) B om. *l*) B سباع — نعاج, C سباع — ضباع ونعاج. Deinde B حوراوع. *m*) B مبسوطة, C om. مدينة. *n*) C om. *o*) Coniectura supplevi ايضا باراب, nam C qui haec om. habens وباراب كبيرة واسعة الرقعة, infra addit وهى اكبر مدن باراب. Monendum est hic supra p. ٣٩٤*b* pronomen in ولها pertinere ad اسبيجاب non ad ابالغ. *p*) C وبعض الاسواق والقهندز. *q*) C بالربض, omissis وبالحصن — يسيرة. *r*) In B lacuna. C om. locum de hac urbe. *s*) C وكذر. *t*) C والغلبة بها لاصحاب الحديث. Deinde B et C وساوغر.

وشَاوَغَر كبيرة واسعة الرستاق[a] عليها حصن والجامع على[b] طرف السوق وهى من الجادّة بمعزل[c] ۞ وسَوْرَان كبيرة عليها حصون سبعة بعضها خلف بعض *والربض فيها[d]. والجامع فى المدينة الداخلة[e] وهى ثغر من الغُزّ[f] والكيماك ۞ وتُرَار زراخ مدينة لرستاق[g] خلف سوران نحو الترك وهى[e] صغيرة محصّنة لها قهندز وزراخ قرية فى الرستاق ۞ وشغلجان كبيرة وهى ثغر فى وجه الكيماك عليها حصن كثيرة الخير ۞ وبلاج مدينة[e] صغيرة قد خرب حصنها والجامع فى السوق وقد[h] رجعنا نحو القصبة ۞ وبروكت كبيرة وهى وبلاج[i] ثغران على التركمانيّين[k] الذين قد اسلموا رهبة قد خرب حصنها ۞ وبروخ قديمة كبيرة والجامع فى السوق ۞ يَكَانْكَت[l] جليلة *طيّبة وهى مدينة جراحراف وثَمّ رباطه وقبره[m] ۞ وأَنَخْكَث كبيرة عليها حصن فيه الجامع وربض عامر به الاسواق كثيرة الرباطات ۞ ودَه نُوجِكَث[n] مدينة صغيرة لها سوق ثلاثة اشهر ايّام الربيع يكون[o] اللحم المخلّع اربعة امناء بدرهم وكانت[p] كبيرة فلما فتح *اسماعيل بن احمد[q] الكورة (135) خفّت *وهى مع ذلك كثيرة العمارات حصينة ولها قهندز[r] ۞ وطَرَاز *مدينة جليلة حصينة كثيرة البساتين مشتبكة العمارة[e] لها خندق واربعة ابواب *ولها ربض[s] عامر على باب المدينة نهر كبير خلفه قطعة من البلد عليه درب والجامع فى الاسواق[t] ۞ وجِكِل صغيرة على

---

a) C الرساتيق. *b*) C فى. *c*) C على معزل من الجادة. *d*) B للمربض. *e*) C om. *f*) B العرر. *g*) C رستاق. *h*) C قد. *i*) C h. l. وبلاك. *k*) B التركمانين et om. الذين. Mox B et C رحبة pro رهبة. *l*) B بكاكب. C nomen om. non indicata lacuna, deinde scribit دكاكث pro انخكث. *m*) C وثم رباط جراحراف وقبره وكانت مدينته. Nomen huius Khakani alibi frustra quaesivi. *n*) B وده بوحكث, C h. l. وده نو omisso مدينة. *o*) C ويوجد فيها. Pro المخلع C الخلع et ثلثة pro اربعة. *p*) Hic C وجيكت كانت. Ex una urbe fecit duas. *q*) C الامير الماضى. *r*) C ومع ذلك هى كثيرة العمارة. (Pro حصينة B حصنه). *s*) C وربض. *t*) C hic addit: وهى كثير بها الذمة مدينة جليلة حصينة كثيرة البساتين مشتبكة العمارة. Descriptio urbis Djigil in B desideratur. (C جكيل et طرار). Deinde B وبرسحان.

صيحة من طراز عليها حصن ولها قهندز والجامع فى السوق ۞ وبَرْسْخَان مدينة[a] على صيحتين من نحو المشرق عليها[b] حصن قد خرب والجامع فى الاسواق ۞ وبَهْلُو[c] اكبر من برسخان على يسار جكل بنصف فرسخ لها خمسة رساتيق وقهندز والجامع فى الاسواق ۞ واطلخ[d] مدينة عظيمة تقارب القصبة فى الرقعة عليها حصن واكثرها بساتين والغالب على رستاقها الاعناب والجامع فى المدينة والاسواق فى الربض ۞ وجموكت[e] كبيرة عليها حصن والجامع[f] فيه والاسواق بالربض ۞ وشِلْجِى[g] صغيرة كثيرة الغرباء يقال ان بها[h] عشرة آلاف اصفهانىّ ولها قهندز الجامع خارج منه وهى بين الجبال لهم نهر فى وسطه سبع قرى ۞ وسُوس[i] كبيرة وكُول اصغر منها *على كلّ واحدة منهما حصن ونهر[k] ۞ وتَكَابْكَت كبيرة نصفها كفّار[l] وهذه الثلاث[m] مدن يقربن من جبال معادن الفضّة ۞ وكُولَان[n] محصّنة والجامع[f] فيها وقد خفّت وهى على[o] جادّة طراز ۞ وميركى[p] متوسّطة الرقعة محصّنة ولها قهندز وكان الجامع فى القديم كنيسة وقد بنى الامير عميد الدولة فائق[q] خارج الحصن رباطًا ۞ وأُرْدُوا[r] صغيرة بها ملك التركمان *لا زال يبعث الهدايا الى صاحب اسبيجاب[s] عليها حصن ولها[t] خندق ملآن من المآء ودار الملك[u] فى القهندز ۞ حرّان[v] الغالب عليها الكفّار وسلطانها مسلم عليها حصن فيه قهندز يسكنه الدهقان ۞ ووَلَاسَكُون[w] كبيرة آهلة كثيرة الخير وبقيّة المدن يتقارب بعضها من بعض فى الرقعة والعمارة ۞

---

a) C om. b) C وعليها et mox السوق. c) In C nomen deëst non indicata lacuna, quo factum ut ordo turbatus sit. d) B واطلخ, C بهلوا (omisso مدينة). e) B sine punctis, C واطلخ. f) C الجامع. g) B وسلمى, C جموكث. h) C add. نحو من. i) C وشلجى. k) B habet: على كل واحد منهما ونهر (coniectura supplevi حصن). C لكل واحدة نهر. Deinde B وبكابكث, C وسوس. l) C للكفار. m) C الثلثة et mox تقرب (om. جبال). n) C وبكابكث. o) B om. على, C وهى. Mox B طران ut solet, C طرار. p) B وسزلى, C كولان. q) B فانق, C فائق. r) C وميركى. s) C om. et habet وعليها. t) C وفيها. u) C الامير. v) In indice respondet نويكث. C اردوا. w) C حران et nomen ولاسكون non habet.

بنْكَث[a] فى قصبة الشاش واسعة الرقعة فسيحة[b] المنازل اقلّ بيت الّا وفيه البستان والاصطبل والكرم وجملة وصفها انها بلد قد قابل[c] خيره شرّه وساوى مفاخره عيوبه فى كثيرة للخير والفتن لسان مليح وهرج قبيح احسن ما تراها عامرة الّا وقد خربت ومستقيمة الّا وقد تشوّشت اهل سنّة مع عصبيّة واهل منعة غاغة عُدَّة[d] للسلطان ومشغلة صالحهم نفيس وطالحهم خسيس فى العلم راغبون وبالمذهب معجبون يحكمون عمل القسىّ الّا ان اطرافها رخوة حسان الّا ان فيهم بردًا شهام وفيهم بله اسخياء مع عنف برد شديد وثمار[e] كثير معاش قليل[f] واسعار رخيصة تكون * فرسخًا فى مثله[g] غير ان * البساتين على ما ذكرنا[h] ولها ربضان على كلّ ربض حصن وابواب المدينة باب ابى العبّاس باب كِشّ[i] باب الجنيد[k] والقهندز خلفها له باب يفتح اليها وباب[l] الى الربض وللربض الداخل ثمانية دروب درب[d] رباط احمد درب الحديد درب الامير درب فرخان درب سُورْكَدَه درب كَرْمَابَج[m] درب سكّة خاقان درب قصر الدهقان ، وعلى الربض الخارج سبعة دروب درب فرغكد[n] درب خاسكث درب سنديجا[o] درب الحديد درب بركردجاه[p] درب سكرك درب در ثغرباذ[q] ، والجامع على حائط القهندز ومعظم الاسواق بالربض[r] ✿ وأُشْنُورْكَث تكون

---

a) B بيكث, C بيكث et hanc lectionem quoque in suo exemplari habuit Jacut (I, p. ٧٤٩, 20). b) C فسحة. c) C قاتل. d) B om. e) B وثمار. f) C معايش ضيقة. g) C نحو من فرسخ. h) C اكثرها بساتين. i) B كبير. Cf. Ibn-Hauk. p. ٣٨٧*a*. k) C الجنبد quae lectio fortasse praestat. l) C add. آخر. m) B كومابج, C كومايج. Cf. Ibn-Haukal l.l. *g*. Videtur intelligi كُرمابه (*thermae*). n) B مرعل, C فرعكر. Cf. Ibn-Hauk. l.l. *m*. Videtur intelligi nomen urbis فرنكد s. فرنكث. Nomen portae seq. in C deëst. B حاسكث. Vid. Ibn-H. l.l. *n*. o) B سنددحا, C سيددحا. Deinde B درب الجدىد. p) B sine punctis. Deinde C درب كرك. q) B درب دريعرسا, C درب سعرناد. Vid. Ibn-H. l.l. *r*. r) C فى القهندز et addit: والجامع على تل مثل پيكند تحته ايضا مسجد اساطينه آجرّ. Deinde B واستوركث (C sine copula).

مثلها فى الرقعة عليها (136) حصن وبها مآء جارٍ وتيمات حسنة[a] ✿ وبِنَاكَث مثل اشتوركث[b] اهل شغب ليس عليها حصن الجامع[c] فى السوق ✿ وجِينَانْجَكَث[d] ليس عليها[e] حصن بنيانهم خشب ولبن، وسائر المدن قريبات *ممّا وصفنا[f] ذوات مياه جارية واشجار ملتفّة ✿ وتُونْكَث[g] على جرف كبيرة عامرة وهى قصبة ايلاق ومدنها عامرات تكون مثل نصف بنكث[h] ولها قهندز ومدينة وربض ودار الامارة فى القهندز والجامع خارجه وفى المدينة اسواق وبقيّتها بالربض ولهم مآء جارٍ يدخل المدينة وهى منعمة طيّبة وبها دهقان قوىّ ✿

بُونْجِكَث[i] هى قصبة اشروسنة بلد كبير خصيب خطير مآء غزير وخلق كثير ملتفّة بالبساتين حسنة البيوت على ما ذكرنا من الشاش غير ان هاؤلآء اسلم صدورًا واقلّ تخليطًا، لها مدينة ببابين باب المدينة باب الاعلى والجامع فيها والقهندز خارج عنها ولها ربض واسع باربعة دروب درب زَامِين[k] درب مرسمندة درب نُوجَكَث درب كهلباذ[l] وبها ستّة انهار تخرقها سوى النهر الاعظم *الذى اليها[m] وهى فى غاية الطيبة والنزهة[n] ✿ وزَامِين ذات جانبين بينهما[o] نهر عليه (137) جسور صغار[p] والجامع على يمين[q] الخارج الى سمرقند والاسواق فى الجانبين وهى على الجادّة ✿ وسَابَاط عامرة جلّ اسواقها مظلّلة بسقوف قصار وبها عين مآؤها جارٍ[r] يحدق بها بساتين ويجمع الطرق ✿

a) B وىسمات حسنّة. Ad hanc lectionem (scil. حَسَنيّة) tutandam, conferri posset fortasse Ibn-H. p. ٣٣٢, ubi de ribátis ab Abu-'l-Hasan Mohammed ibno-'l-Hasan in Khorásán et Transoxania conditis sermo fit. b) B et C استوركث. c) C والجامع. d) B وحنساحكث, C جيناجكث. e) C لها. f) C منهن. g) C ديرنكث. In B locus de hac urbe desideratur et sequitur descriptio Samarkandae ante descriptionem Oschrusanae. h) C يكون — بيكث. i) B نوىسحكث, C ىسجكث. Mox B اسروشنة. k) B et C رامين, et mox سمندة. l) B كهاباد, C كهاباذ. Vid. Ibn-H. p. ٣٨٠, 5. m) C om. n) C والنزاهة. Deinde B et C ورامين. o) C منها. p) C addit: شبهتها بالمدينة التى (Cod. الذى) بناها عضد الدولة بشيراز. q) B et C يمينه. r) B ماوها حار, C ماء جار. Cf. Ibn-H. p. ٣٨١, 2 (fortasse ibi l. 1 excidit nomen ساباط cum parte descriptionis). Deinde B ىخرق et mox ىحمع. C فيها الطرق ويجمع بساتين بالبلد ويحدق.

ومرسمندة جليلة[a] لها مآء جارٍ بلا بساتين شديدة البرد بها اسواق عامرة * الجامع على ناحية من السوق[b] ✿ خشت بين جبال عامرة خصبة القرى قريبة من معادن الفضّة، وسائر المدن قريبات ممّا ذكرنا[c] ✿

سَمَرْقَنْد قصبة الصغد[d] ومصر الاقليم بلد سَرِىٌّ جليل عتيق، ومصر بهِىٌّ رشيق،، رخىٌّ كثير الرقيق، ومآءٌ غزير بنهر عميق،، بنآءٌ قوىٌّ * سنىٌّ وثيق[e]، ودرس كثير لاهل الغزيق،، وعيش هنىٌّ اليها الطريق، وحمل المتاع من كلّ فجّ عميق،، علم كثير وصدر نفيق[f]، وخيل ورجل ومال دفيق[g]،، ذو رساتيق جليلة ومدن نفيسة واشجار وانهار، * وتنّآء وتجار،، فى الصيف جنّة، اهل جماعة وسنّة،، ومعروف وصدقة، وحزم وهمّة[h]،، غير ان فى اهلها وهوآئها بردًا[i] جفاة مع الغربآء * بليّة فى الشتآء[k] يشغبون على الامرآء * وفيهم نفخ وعجب ومرى[l] جيّدة الجوارى رديّة الغلمان،[m] على جانب النهر وسطها مدينة باربعة ابواب باب الصين[n] باب نُوبَهَار باب بُخَارَا باب كَشّ[o] وللربض[p] ثمانية دروب درب غَدَاوَد[q] درب اسْبَسْك[r] درب سُوخَشِين درب افشينة[s] درب كُوهَكْ درب وَرْسَنِين درب رِيودَدْ[t] درب فرُّخشيد، بناؤهم طين وخشب[u]

---

a) Cf. Ibn-Hauk. p. ٣٨١٥. b) C والجامع منها على ناحية. Deinde B حسب, C حبست. c) C من وصفنا. d) C السغد. e) C على سعف (سفيق). f) B نفق, C نغتق (B et C علوم). g) B دقيق. Deinde C دور ورساتيق. h) C بناها ذو القرنين حسنة البقعة جيدة الصنعة واسعة الرقعة. (B وثما وبحار). i) B et C برد. Deinde C اهل جفوة. k) C om. (B بليه). Deinde C وشعب. l) C ونفخ وعجب. m) C add. وهى. n) B الصبر. o) B كسر. Cf. Ibn-Hauk. p. ٣٦٩, 1. Sequitur in C يدخل اليها المآء فى نهر من رصاص على الخندق وفيها اسواق وعمارات والجامع فيها عند القهندز شعث ومعظم الاسواق بالربض. p) C ins. الذى عرفت من دروبها. q) B عداوذ, C عداود (omisso درب). r) B et C اسبسك. Deinde B سوخشن, C شوحسين. s) B افشبه. t) C ربودد et mox فرخشد. u) C addit: وتربتها وهوآءها يابس غير انها صحيحة توافق الغريب ولهم مروّات وصدقات ورايت السؤال والفقرآء يشكرونهم ويخطوا من نصفهم (ويخطّئون من يصفهم .l) بالجفاء.

اعمر موضع بها راس الطاق * والجامع فى المدينة عند القهندز ومعظم الاسواق بالربض وعلى المدينة خندق والماء يدخل اليها فى قناة من رصاص فوق الخندق[a] ✿ وبُنْجِكَث رستاق كثير الثمار خصب * مشجر بالجوز[b] وغيره ✿ وورَغْسَر اسم الرستاق والمدينة معًا وهو دون الأوّل[c] ✿ ومَايَمُرْغ ليس فى *جميع الرساتيق[d] اكثر قرى واشجارًا وخيرات منه * وبها كان مقام الاخْشيد ملك سمرقند وثَمّ قصوره[e] ✿ وسنجَرْفَغن رستاق صغير قليل القرى غير انه عامر * واصحّ الرساتيق هواءً وثمارًا[f] طوله نحو مرحلتين ✿ الدَّرْغَم هو ازكى * الرساتيق واكثرهنّ مراعى ومياهًا طوله نحو من مرحلة ✿ اوفر هو رستاق عامّته مباخس كثير القرى اهله اصحاب مواش طوله نحو من مرحلتين ويقال ان غلّاته اذا اقبلت قامت بالصغد كلّه وبخارا سنتين ✿ يَارْكَث هو اعلى[g] الرساتيق الشماليّة يتاخم اشْروسنة[h] شرب مزارعهم[i] من عيون كثير المباخس والمراعى زكىّ[k] المزارع ✿ وبُورْنَمَذ * قليل القرى صغير[l] ✿ وبوزماجن * يتّصل بياركث[g] مدينته أَبَارْكَث وهو اعرض رساتيق[m] هذا الوجه واكثرها قرى يكون مرحلة فى مثلها ✿ وكَبُوذَنْجَكَث[n] مشتبك القرى والاشجار[o] مدينته على اسمه[p] ✿ ووَذَار مدينته على اسمه[q] كثير المزارع[r] سهل وجبل ومباخس وسقى[s] ✿ والمَرْزُبَان ليس به منبر ✿ *كُشَانِى واشْتِيخَن مدينتان جليلتان ولا تسال عن طيبهما وعمارتهما وخيراتهما وهما من الصغد فى كلّ مقالة طول

---

a) C pro his: وعلى المدينة خندق باردة فى الشتاء جنّة فى الصيف حمد واسع ونسيم طيّب وفواكه كثيرة ونزه طيّبة (l. جمد). b) C مثمر به شجر الجوز. c) C سحكب i. e. بنجكث. d) C الرساتيق الاثنى عشر. e) C om. f) C هو اصح الرساتيق ثمارا واطيبهن هواء. Si haec conferuntur cum Ibn-H. p. ٣٧٢, videtur nostrum ad hanc regionem retulisse Sâwadâr. g) In B haec desunt. h) B اسروشنه, C اشروشنه. i) C زرعهم. k) C زاكى. l) C مما يلى اسروشنه ايضا قليل القرى. m) C رستاق من. n) C addit وهو. o) C addit جدا. p) C addit: وعلى ظهره العمارة متصلة (add. الى وذار ?). q) C add. وهو خصب. r) C add. له. s) C add. ومراعى.

رستاق اشنبحن خمس مراحل فى عرض مرحلة وعرض الكشانى نحو مرحلتين فى مثلهما وهما من قبل الشمال[a] ۞

نُموجكَثْ هى قصبة بخارا قد شابهت الفسطاط فى العفن وسواد[b] الطين وسعة الاسواق وشاكلت دمشق فى البنيان والسواد وضيق[c] البيوت وكثرة الاجنحة وهى فى سهلة كلّ يوم فى زيادة ومدينتها فى غاية العمارة[d] لها سبعة ابواب محدّدة باب نُور[e] باب حُفْرَة[f] باب الحديد باب القهندز باب بنى سعد باب بنى اسد باب المدينة وخلفها قهندز *قد استولى عليه[g] السلطان فيه خزائنهم والحبوس له بابان باب السهلة[h] وباب الجامع *والجامع فى المدينة له رحبات عدّة نظاف كلّهنّ وكلّ مساجدها بهيّة واسواقها نفيسة[i] وللربض عشرة[k] دروب درب الميدان درب ابراهيم درب مردكشان[l] درب كلاباذ درب نُوبَهار درب سمرقند درب فغاسكون[m] درب الرّاميثَنيّة درب حدشرون[n] درب غُشَج *وقد جاوزها العمارة وداخلها عشر دروب أُخر اليها كانت العمارة فى القديم تخالف بعض هذه فى الاسمآء[o] ودار الملك *فى السهلة

---

a) C pro his: فهذه سنة رساتيق وقد بالغ الجيهانى وابو زيد فى وصف سمرقند ونواحيها بما اغنانا عن ذكره وتكراره ولو وصفنا (l. وصفا) الاسلام كما وصفا الصغد لما احتجنا الى تصنيف هذا الاصل، وبقية مدن هذه الكورة فى حافة ارض السغد فلا تسئل عن طيبهن وحسنهن ورحبهن. b) B العفر واسواد. Cf. supra p. ٢٠٠, 1 seq. c) C وساورتهما فى ضيق. d) Apud C hic sequitur: ولا ترى للاعاجم بلدا اشدّ عمارة واكثر ازدحامًا الخ. Locum de portis habet infra. e) B نور, C بوز. Vid. Ist. p. ٣٠٩l, Ibn-H. p. ٣٥٩a. Jacut, IV, p. ٨٢٢ incertus videtur utrum نور an نوز vera sit lectio. f) C حفره. g) C وقد حواه. h) Ist. et Ibn-H. الريكستان. i) C haec alio loco habet. k) C ثمان, om. درب نوبهار , درب فغاسكون et درب حدشرون, sed addit درب ريود l. درب رِيُو. l) B مردكسان, C بمردكشان. m) B بعاسكون. Cf. Ibn.-H. p. ٣٥٩i. Deinde B الرامشنه, C الرامسينه. n) B حدرسون. Vid. Ibn-H. l.l. l. Deinde B et C عح. o) (B يخالف). C وقد جاوزت العمارة هذه الدروب الى دروب اخرى.

تقابل القهندز[a] وتستدبر القبلة ولم[b] ار فى الاسلام بابًا اجلّ ولا اهيب من هذا الباب[c] ولا فى الاقليم بلد اشدّ عمارة واكثر زحامًا على سكناه من هذا[d] مبارك على من[e] قصده منعش لمن تعيّش فيه[e] رفق[f] بمن سكنه به اطعمة مريّة وحمّامات طيّبة وشوارع واسعة ومآء خفيف وبناء ظريف *رفقة فى المطاعم والمعايش كثيرة الفواكه والمجالس[g] امرهم فى الجماعات عجب وللعوامّ فقه وادب كثيرة المرابطين قليلة الجاهلين ومستقرّ ملوك المسلمين[h] غير انها ضيّقة البيوت كثيرة الحريق منتنة مبرغثة حارّة باردة آبار مالحة وانهار[i] مذمومة ومستراحات مؤذية وطينة وحشة ومساكن عالية[k] وتيمات غامّة ولواطة ظاهرة هى كنيف الجانب واضيق بلدان المشرق وقد رحل اليها اقوام اظهروا الفساد[l] واسآءوا المعاملة وتهاونوا بالجماعات ونشأ حشم لبسوا الحرير والديباج وشربوا فى اوانى الذهب والفضّة وهوّنوا امور[m] الدين ✿ وطَوَاوِيس جليلة لها سوق يقوم فى كلّ سنة وقد خرب حصنها ونأى[n] جامعها وطال سوقها وكثر خيرها ✿ وزَنْدَنَة[o] هى من قبل الشمال كثيرة الضياع لها حصن به *الجامع وربضها عامر ✿ وخُجَادَى كبيرة عليها حصن فيه[p] الجامع حسنة ظريفة ✿ ومَغْكَان لها حصن وربض حسن وجامع ظريف به مآء جارٍ كثيرة القرى ✿ وبَماجْكَث[q] على ما ذكرنا فهذه المدن الخمس داخل الحائط ✿ وبَبْكَنْد من نحو جيحون على

---

a) C فى سهلة تحت القهندز واسعة. Deinde تستدبير. b) C لم. c) C add.: والنهر يشقّ البلد ولهم حياض فى البلد كثيرة والابار القريبة من النهر حلوة. d) C addit وهو. e) B om. f) C رفيق. g) C وجامع طريف كثير الفواكه والمجالس رفق فى التعامل والمعايش. h) C habet ملك المسلمين et addit: ومركز العلماء الراسخين لا يذكّر الّا فقيه او مفسّر ولا ترى بها جابيًا ولا معشّرًا (Cod. معشر) ينبحبحون فى عدل السلطان وينقلّبون فى الامن والاحسان. i) C ومياه. k) C غالية. Mox B عامة. l) C add. واستحلوا الربا. Deinde واسوا. m) C امر. Post الدين in C sequitur: والمدينة وسط الربض بها حوانيت يسيرة الجامع فى طرفها له رحاب عدّة نظيفة وكلّ مساجدها بهيّة واسواقها سرية للمدينة سبعة ابواب الخ. n) C وناء et hoc ponit post خيرها. o) B وويدنه, C ودرنه. p) C om. Pro به C habet بها. q) Vid. supra p. ٢٦٧d.

حدّ الرمال عليها حصن *بباب واحد[a] فيه سوق عامر وجامع فى محرابه جواهر وتحتها ربض فيه سوق ونحو[b] الف رباط عامرة *وخراب ولها فضائل ولجامعها نور[c] ☆ وأَفْشَنَة من نحو الغرب كثيرة (138) الغزاة[d] واسعة العمل نزهة ☆ أَمْدِيزَى[e] غربىّ بيكند على فم المفازة لها حصن ☆ واوشر[f] كبيرة كثيرة البساتين من نحو الترك تعدّ قرية ☆ وريامِيثَن هى بخارا القديمة كبيرة خربة الاطراف ☆ *وبَرَخْشَى كبيرة لها حصن وخندق يدور فيه الماء[g] ☆ زَرْمِيثَن لها قهندز وحصن والجامع وسط المدينة ☆ *ووخسون كبيرة لها حصن وقهندز* وسائر المدن على ما ذكرنا وهٰهنا قرى كبار لا يعوزها من رسوم المدن وآلاتها الّا الجامع لان الامير ببخارا والمقدّم عند السلطان والمتمثّل رأيه اصحاب ابى حنيفة وعندنا لا جمعة ولا تشريف الّا فى مصر جامع يقام فيه الحدود وكم تعب اهل بيكند حتّى وضعوا المنبر[h] ☆

وكشّ بلد *كبير له مدينة وربض واخرى متّصلة بالربض الداخلة مع[i] قهندزها خراب والخارجة عامرة ودار الامارة خارج المدينة والجامع فى المدينة الخربة والاسواق فى الربض بناؤهم طين وخشب مثل بخارا وهى خصبة ومنها تحمل[k] البواكير* للمدينة الداخلة اربعة ابواب باب الحديد باب عبيد الله باب القصّابين باب المدينة الداخلة *وللخارجة بابان باب المدينة الخارجة باب بركنان[l] وبها نهران كبيران نهر القصّارين ونهر اسرود[m] يجريان على باب المدينة وهى مدينة[n] سريّة لولم تكن وبيّة ☆ ونَسَف[o] يسمّونها نَخْشَب نفيسة[p] لها قهندز خراب وربض عامر فى مستواة والنهر يشقّها ودار الامارة على

---

a) C om. *b*) C add. من. *c*) C ولجامع على تل له نور. Deinde B وافسنه. Vid. Jacut sub افشنة et فشنة et supra p. ٢٦٧*c*. C om. descriptionem huius et duorum locorum sequentium, contra addens: وريكرا كبيرة لجامع فى وسط الاسواق بنيانهم مثل بخارا. *d*) B العراه. *e*) B امدىرى. Vid. Jacut, I, p. ٣٦٠, 1. *f*) Sic B. *g*) C iterum om. *h*) C haec om. Cum ultimis cf. quae supra (p. ٢٧٣, 15 seq.) de urbe كدر dicuntur. *i*) C له مدن وربض ومدينة اخرى متصلة بالربض. Cf. Ibn-H. p. ٣٧٥, 7. *k*) C يحمل. *l*) C om. (B بركناى). *m*) C سرود. *n*) C om. Deinde B شريه. *o*) C وناحية نخشب. *p*) C add. خضراء.

ضفّته عند راس القنطرة ولها ربض الجامع فيه عند الاسواق وهى كثيرة الاعناب الجيّدة والمزارع العذبة[a] الطيّبة كبيرة[b] الّا ان ماءها ضيّق ونهرها ينقطع واهلها غاغة وبها عصبيّات وحشة *وهم قوم سوء يصلحون للشرط[c]* وكَسْبَة اكبر منها وبَزْدَة اصغر ۞ *الصَّغَانِيَان هى ناحية[d] شديدة العمارة كثيرة الخيرات والقصبة على هذا الاسم ايضًا[e] تكون مثل الرملة الّا ان تلك اطيب والناحية مثل فلسطين الّا ان هذه[f] ارحب مشاربهم من انهار تمدّ الى جيحون غير ان موادّها تنقطع عنه فى بعض السنة والناحية تتّصل بارض تِرْمِذ[g] فيها جبال وسهولة[h] يناخمها قوم يقال لهم كبجى[i] وترك كنجينة بها ستّة عشر الف قرية *وتخرج نحو عشرة آلاف مقاتل بنفقاتهم ودوابّهم اذا خرج على السلطان خارجىّ[k] واسواق القصبة[l] مغطّاة ظريفة خبز رخيص ولحم كثير وماء غزير والجامع وسط السوق لطيف على سوارى آجرّ بلا طيقان *فى كلّ بيت ماء جارٍ قد التفّت بها الاشجار[m] وهى من معادن اجناس[n] الطيور وموضع الصيد طيّبة فى الشتاء كثيرة الامطار والثلوج حشيشها عجب يغيب فيه الدوابّ[o] *اهل جماعة وسنّة[p] يحبّون الغريب[q] والصالحين الّا انها قليلة العلماء *خالية من الفقهاء[p] ۞ دَارَزَنْجِى[r] طيّبة من نحو جيحون عامّة اهلها صوّافون يعملون الاكسية شربهم من نهر والجامع وسط الاسواق ولهم نهر آخر

---

a) C البخسية. Deinde C طيبة. b) C add.: يرجعون الى علوم متفننة. c) C واكثرهم يصلحون للشرط فان قيل الم تخرج جماعة من العلماء الاجلّة كابى مطيع وعدّة من الفضلاء قيل له قد تحرّزنا من هذا السوال اوّل كتابنا بقولنا اهل العلم والادب عن عيوب البلدان بمعزل. Deinde C وكسبى et mox وبزد. d) C وناحية الصغانيان. Descripsit hunc locum Jacut, III, p. ٣٩٣, 9 seqq. e) C om. et habet وتكون. f) Jacut تلك. g) B تربذ, C ترمد (Jacut باراضى). h) Jacut وسهول. i) B كبج et mox كبجينه (C fort. كمبجى). Jacut haec om. k) C om. (B وبخرج, Jacut يخرج منه et hic habet خارج). l) B add. به. m) C فى اكثر بيوتهم مياه جارية. Jacut احدقت pro التفت. n) B اخباسّ. o) Jacut الفارس. p) C om. q) C الغرباء. r) B داررنج, C quoque sine punctis.

على طرف البلد ۞ وباسَنْد من نحو الجبال رحبة كثيرة البساتين؟ *وسنكردة مثلها[a] ۞ وشُومان من الامّهات *عامرة طيّبة[b] ۞ دَسْتَجِرْد كبيرة موضوعة بين نهرين من شعب جيحون ۞ وقُوادِيان شبه ناحية على جيحون نذكرها فى شرح نواحيه وسائر مدن الصغانيان طيّبة عامرة ۞

ذكر جيحون وما عليه

(139) هذا نهر يشقّ[c] الاقليم ويغيض فى بحيرة خوارزم[d] وعليه كور جليلة ومدن عدّة وينشعب منه انهار كثيرة وينقلب اليه الانهار الستّة فاما الكور فالختّل ثم قُوادِيان ثم خُوارِزْم واما المدن فِترْمِذ[e] ثم كالِف ثم نويده[f] ثم زَمّ ثم فَرَبْر ثم آمُل وسنصف الجميع قبل شروعنا[g] فى شرح كور[h] خراسان لان من الناس من يسمّى هذه المواضع ما وراء النهر وسائر هَيْطَل بلد العجم الى حدّ الترك ومنهم من جعل خوارزم من جانب[i] هيطل *وانّما اكبر مدنها[k] بخراسان فاحترزنا بهذا التفصيل عن[l] هذه المقالات *وبالله التوفيق[i] ۞

فاما خُوارِزْم فهى كورة على حافتى جيحون قصبتها العظمى بهيطل ولها قصبة اخرى بخراسان وهم يخالفون اهل الجانبين فى الرسوم واللسان والخلق والطباع[m] وهى كورة جليلة واسعة كثيرة المدن ممتدّة العمارة على عمل بلاد الروم وسجستان وكازرون[i] لا ينقطع المنازل والبساتين كثيرة المعاصر والمزارع والشجر[n] والفواكه والخيرات مفيدة لاهل التجارات اهل فهم وعلم وفقه وقرائح وادب واقلّ امام[o] فى الفقه والادب والقرآن لقيته الّا *وله تلميذ خوارزمىّ[p] قد

---

a) C om. B وسبكبرده, Vid. supra p. ٤٩i. b) C om. ut quoque seqq. tantum habens وبقية المدن طيبات رحبات. B deinde وساجرد. Lectio quam reposui certe Mokaddasíi est, vid. supra p. ٢٥, 7. Videtur autem esse error pro واشجرد. c) C جيحون نهر عظيم شق. d) C add.: وهو اعظم من الدجلة ببغداذ ومن نيل مصر. Deinde om. copulam. e) C والمدن ترمد. f) B et C بريده, infra B نويده et بويده, supra بز. Est probabiliter idem locus, quem Ist. p. ٢٩٨, 10 (Ibn-H. p. ٣٥٠, 2) appellat نودز. g) C شرعنا. h) B كورة. i) C om. k) C ومنها مدن كثيرة. l) C لاجل. m) C والطبع. n) C والاشجار. o) C اماما. p) C ورايت له تلميذا خوارزميا.

تقدّم وزجاء[a] الّا ان فيهم انغلاقًا ولا لهم ظرف ولا لباقة * ولا آئين ولا لطافة[b] رغفانهم صغار وفراسخهم كبار[c] قد رزقهم الله * تعالى الرخص والخصب[d] وخصّهم * بصحّة القرآءة[e] والذهن اهل ضيافة ونهمة فى الاكل وبأس وشدّة فى الحرب ولهم خصائص وعجائب ، ويقال[f] ان ملك الشرق فى القديم قد غضب على اربعمائة رجل من اهل مملكته وخاصّة لحاشية فامر بحملهم الى موضع منقطع عن العمارات بحيث يكون على مائة فرسخ منها فاتّفق ذلك بموضع كاث فلما كان بعد مدّة مديدة بعث اقوامًا يعطونه خبرهم فلما صاروا اليهم وجدوهم احيآء قد بنوا لانفسهم كاخاخات[g] وراوهم يصيدون السمك ويتقوّتون به واذا ثَمّ حطب كثير ، قال فلما رجعوا الى الملك اعلموه بذلك قال فما يسمّون اللحم قال خوار قال والحطب قالوا رزم قال فانّى قد اقررتُهم بتلك الناحية وسمّيتُها خوارزم وامر ان يحمل اليهم اربعمائة جارية تركيّات فالى اليوم قد بقى فيهم شبه من الترك ، قال وقد كان الملك لما نفاهم الى خوارزم[h] شقّ اليهم نهرًا من عمود جيحون يعيشون به وكان العمود ينتهى الى مدينة خلف نَسا يقال لها بَلْخان[i] ، قال فوقع اليهم امير تلك المدينة قال فراى قومًا فيهم جلادة فنادم ملكهم ولاعبه فقمره الخوارزمىّ وقد كان الدست على ان يعطيهم ثقبة[k] النهر يومًا وليلة فوفى له فلما ارسله غلب المآء ولم يمكن حبسه وبقى الى اليوم فشقّوا منه انهارًا وبنوا عليه مدنًا وخربت بلخان وسمعتُ طائفة من اهل نَسا وأبيوَرْد يذكرون انهم يذهبون الى بلخان ويحملون من ثَمّ بيضًا كثيرًا ، قالوا وابقار ودوابّ قد توحّشت ، قلتُ[l] فلِمَ رؤوسكم تخالف رؤوس الناس قالوا ان قدمآءنا فعلوا ثلاثة اشيآء غلبوا بها اهل البلدان اما الواحدة فانهم كانوا يغزون[m] الترك فياسرونهم وفيهم شبه[n] من الترك فما كانوا يعرفون فربّما وقعوا

---

a) B ورحى , C ورجى. *b*) C om. (B ابس). *c*) C iterum صغار. *d*) C tantum الخصب. *e*) C بالقران. *f*) Sequentia fere iisdem verbis habet Jacut, II, p. ٤٨١. C om. *g*) Sic. Jacut اكواخا. *h*) B جيحون. *i*) Vid. supra p. ٢٧, 1 et Jacut in v. Loci versionem dedi in opusculo „*Das alte Bett des Oxus.*" *k*) B نقبه. *l*) Haec iterum descripsit Jacut, II, p. ٤٨٣, 4 seqq. *m*) B يعرفون. Correxi secundum Jacut. *n*) Jacut شبية.

الى الاسلام (140) فبيعوا فى الرقيف فامروا النسآء اذا ولدن ان يربطن اكياس الرمل على رءوس الصبيان من الجانبين حتّى ينبسط الراس فبعد ذلك لم يسترقّوا ورُدّ من وقع منهم الى الكورة[a] والثانية جعلوا الدرهم اربعة دوانق لئلّا يخرجها التجار من عندهم فالى اليوم الفضّة تحمل الينا ولا تخرج من عندنا وانسيتُ الثالثة ✿ واعلم ان مثل خوارزم فى اقليم المشرق[b] كسجلماسة فى المغرب وطباع[c] خوارزم كالبربر[d] وهى ثمانون فى ثمانين * متّصلة المنازل غزيرة الانهار معدن السمك والاغنام ومطرح الغُزّ والاتراك اسم[e] قصبتها الكبرى[f] كاث ومن مدنها الهيطليّة غردمان وايخان[g] أَرْدَخِيوَه[h] نوكفاغ[i] كُرْدَر مَنْدَاخْكَان[k] جشيرة[l] سَدُور زردوخ[m] قرية برانكين[n] مَذْكمينية[o] ✿ واسم قصبتهم

---

a) Jacut البيهم الى الكوفة. *b*) Jacut l.l. 12 الشرق et mox الغرب. *c*) Jacut add. اهل. *d*) Seqq. quoque C habet. Post numerum Jacut insert فرسخا. *e*) C haec om. *f*) C h. l. addit الهيطلية, deinde om.; C habet كات. *g*) B ابحار hic et in descript., supra وافخار in itin. والنجان et وانحار, C ابحار, وابخاز, وابخان et وابجان. *h*) B ازدخمره, supra ازدجيره (et ابذجمره tanquam alius urbis nomen), in descript. ازدخبره, in itin. ازدجير et ازدحمره, C ازدحبره, ازدخيره et ازدحيره. Coniectura scripsi, cogitans de حصن خيوه qui, teste Jacut, II, p. ٥١٣, 11, ab urbe Khîwa 15 Paras. distabat. Prior autem pars nominis eadem esse videtur quam in اردخشميثن (ارثخشميثن) habemus. *i*) B بوكعاغ, supra بوكفا, infra بوكغاغ, in itin. دوكساع, C بوكغاغ (semel tantum habet nomen). Coniectura scripsi cogitans de compositione نوك (= نوج *pinus*) et فاغ (= باغ *hortus*). *k*) Hanc veram esse lectionem, docuit Lerch, *Khiva*, p. 16. C منداخكان. *l*) B جشره, supra حفيره, in descr. حسيره ut C habet. Alibi locum non invenio. *m*) B رردوح, supra دوخ, infra زردوح, C رردوخ, in itin. B ut recepi. *n*) B برانكس, supra نرانكين, infra برانكس et فرانكس, in itin. قرانكين et برانكبر, برانكير C; برادكس, in itin. برانيقن. Vid. Ist. *o*) B مدكمينه, supra مدكمينيّة, C مدكمينا. Ist. مذمينية.

الخراسانيّة الجُرْجانيّة ومن مدنها نوزوار[a] زَمَخْشَر[b] روزوند[c] وزارمند[d] دسكاخان خاس[e] وخُشْمِيثَن مداميثن[f] خيوه كَرْدَرانْخاس هَزَارَاسْب[g] جِكْرْبَنْد وجاز[h] دَرْغان جيت[i] جرجانيّة[k] الصغرى جيت اخرى سَدْفَر[l] مساسان كاردار اندرستان[m] ✿

كاث يسمّونها شَهْرِسْتان وهى على الشطّ *نحو نيسابور وهى شرقىّ النهر[n] لها جامع فى وسط الاسواق على اساطين حجارة سود الى قامة ثمّ فوقها سوارى الخشب ودار الامارة وسط البلد ولهم قهندز قد خرّبه النهر *ولهم انهار[o] فى البلد *وهو نغيس ذو[p] علماء وادباء[q] ومياسير وخيرات وتجارات بنّاؤون حذّاق[r] وقرّاء ليس مثلهم بالعراق وحسن نغم[s] وجودة قراءة ومنظر وخبر الّا انها فى

---

a) B بورابار, supra بوزابان, infra بورابان, in itin. بوراوان, C نوزابان ,بوربار. Vid. Ist. p. ٢٩٩*f*. *b*) B hic et infra بىحسر, supra ut recepi, in itin. بىحش, C بخش , بخشن. *c*) B رورىد, supra ut e C recepi, infra روراوند, in itin. زوروبد. *d*) B ورارمند, supra رارمند, in itin. اوزارمند, C زارمند , وزان‌مند. *e*) B دسكاحارحاس, supra ut recepi, in itin. سكاخان خاس, C دسكاجان خاس. Deinde B وخشمنى, supra خشمش in itin. رخمثى, C حشمبير(تنر). Fortasse legendum est رَخُشْمِيثَن abbreviatum ex ارنخشميثن, cf. *Das alte Bett des Oxus*, p. 101. *f*) B h. l. مدامتى. Probabiliter legendum est مدرا = مدراميثن Istakhrii. Deinde B om. خيوه pro quo C habet h. l. خاوه. Nomen كردرانخاس apud C et B supra كردرانحاس, alibi sine punctis. *g*) C هزارسب, B supra هزاراسف. Pro جكربند B supra جقروند, C h. l. حقربند. *h*) B وحار, supra ut recepi, infra حار. C خان. *i*) B خنب hic bis et supra. In descript. sine punctis. C semel خنب semel جتب. Vid. Ist. p. ٣٠٢*b*, Ibn-H. p. ٣٥٢*m*. *k*) B حرابه, supra بحارمه(!), C حراسة. Coniectura scripsi. *l*) B سدقر, supra سدسور(!), C سدفر. Non videtur differre a سافردز, in quo nomine دز significat *castellum*. *m*) B اندرسان, C اندروسار. Vid. Ist. p. ٣٠٢ ult. *n*) C اكبر من بخارى. *o*) C وانهار. *p*) C وبها. *q*) C add. وغرباء. *r*) In B hic additur: وقرا ليس مثلها فى الافاق, mera repetitio, ut videtur, cum eadem fere varia l. quam habet C وقراء ليس مثلهم فى الافاق. *s*) C نغمة et om. وجودة قراءة.

كلّ حين يغلب عليها النهر ويتاخّرون عن الشطّ اوسخ من اردبيل كثيرة الميازيب[a] الى الطريق عامّة تغوّطهم فى الشوارع ويجمعون البلاذات فى الحفائر ثمّ ينقلونها الى السواد فى المشافل[b] لا يمكن الغريب ان يظهر الّا ان يضىء النهار من كثرة البلاذات وهم يدوسونها بارجلهم الى الجاعات طبع غليظ وخلق بغيض[c] واكل فاحش وبلد وحش ✿ وغردمان عليها حصن وخندق ملآن من الماء سعته رمية سهم لها بابان ✿ وابخان عليها حصن * وخندق وعلى الابواب عرّادات[d] ✿ وأَرْنَخِيوَه *على فم البريّة عليها حصن بباب واحد تحت جبل[e] ✿ ونوكفاغ حولها نهر من جيحون الى البريّة وهى حصينة ، وكُرْدَر اكبر واحصن ✿ مَزْدَاخْكَان[f] كبيرة حولها اثنا عشر الف حصن ورستاق[g] واسع ✿ وجشيرة كبيرة عليها حصن ✿ وسدور على حافة جيحون بحصن وربض والجامع وسط البلد فى الحصن ✿ وزردوخ كبيرة عليها حصن ولها ربض ✿ وقرية براتكين كبيرة فى مفازة بقرب الجبل ومن ثمّ تحمل الحجارة ولها سوق عامر الجامع فيه بنيانهم من طين لبِن[h] جيّد ، وسائر المدن عامرة محصّنة الّا ان مزداخكان[i] اكبرهنّ * تقارب الجرجانيّة فى الرقعة عليها بما يدور حصن[k] ✿ الجُرْجَانِيَّة هى قصبة ناحية خراسان على جيحون حتّى ان الماء يمسّ جوانبها وقد احتالوا فى ردّه بالخشب والحطب حتّى عاد شرقًا[l] وعمل عملًا عجيبًا ثمّ عطف بالماء فى المفازة الى قرية (141) فراتكين وصار من ناحية واحدة وشقّوا منه[m] انهارًا لشربهم على ابواب[n] البلد ولا تدخلها[o] من ضيق الموضع وهى كلّ يوم فى زيادة وعلى باب الحجّاج[p] قصر بناه المامون عليه باب ليس بجميع خراسان اعجب منه وقد بنى[q] ابنه علىّ[r] آخر قدّامه على بابه سهلة

---

a) C المزاريب. b) B المسافل. C reliqua om. c) B بغيض. d) C بباب واحد تحت جبل. e) C كبيرة عليها حصن وعلى الابواب عرادات. Deinde om. كردر et نوكفاغ. f) B مرداخكان, C ومرداخكلى. C post كبيرة addit: ذكروا ان. g) C ولها رستاق. Locum de جشيرة C om. ut quoque mox زردوخ. h) B لبن. i) B مزارخكان. k) C om. l) B sine punctis. m) B et C منها. n) C باب. o) B يدخلها, C يدخلها. p) C الحاج. q) C اتخذ. r) C add. بابا.

تشاكل[a] سهلة بخارا فيها تباع الاغنام وللبلد اربعة ابواب ✿ ونوزوار صغيرة عليها حصن وخندق وابواب حديد والجادّة تشقّها[b] لها بابان وجسر يرفع * كلّ ليلة[c] وعلى * باب المدينة[d] الغربىّ حمّام ليس بالاقليم[e] مثله والجامع فى الاسواق مغطّى كلّه الّا قليلاً ✿ وزَمَخْشَر صغيرة عليها حصن وخندق ومحبس[f] وابواب محدّدة[g] والجسور ترفع كلّ ليلة والجادّة تشقّ البلد والجامع ظريف بطرف السوق ✿ وروزوند[h] متوسّطة فى الرقعة محصّنة[i] بخندق * والجادّة فيها ايضًا[k] والجامع على طرف السوق * وشربهم من عين لهم[k] ✿ وخيوه على فم المفازة رحبة[k] على شعبة من النهر * بها جامع عامر ، وكذلك كردرانخاس وهزاراسب بابواب خشب وخندق[k] ✿ وجكربند * مثل خيوه على الشطّ[l] كثيرة الشجر[m] والبساتين سوقها كبير عامر الجامع فى طرفه والجادّة تشقّها ✿ وجاز كبيرة بحصن وخندق واسع وجسور والمدينة من الدرب الى الدرب والجادّة على معزل منه والجامع على طرفه ✿ ودَرْغَان اكبرهنّ بعد الجرجانيّة لها جامع حسن ليس بالناحية مثله فيه جواهر رفيعة وتزاويق حسنة على الشطّ لها خمس مائة كرم مذكورة طول موضع الكروم فرسخان[n] ممتدّة على الشطّ معدن الزبيب ✿ وجيت كبيرة واسعة الرساتيق فى المفازة وهى ثغر محصّنة على حدّ الغزّ ومنها المدخل اليهم ✿

قُوَادِيَان كورة صغيرة تتّصل بجيحون وتتاخم الصغانيان ، وبينها وبين خوارزم مدن لكنّا قدّمنا الكور على المدن لان اكثر غرضنا فى هذا الكتاب البيان والايضاح لا الترتيب وليس لاحد ان ياخذ علينا فيه[o] الترتيب الّا فى الكور * فانّا قد اجتهدنا فى ترتيبها حتّى لا يجد[p] احد علينا فى ذلك

---

a) C مثّل بها. Pro فيها C فبها (B فبها). b) B بشقها, C تشتقها. c) B om. d) C بابها. e) C بخوارزم. f) C بجسر. g) C حديد. h) B وروراوند. C hanc descriptionem dat urbis وزارمند. i) C حصينة. k) C om. l) C مثلها. m) C pro reliquis (ad قواديان) habet: وسائر المدن على ما ذكرنا وقريب مما وصفنا الا ان درغان اكبرهن ليس بالناحية مثل جامعها فيه جواهر رفيعة وتزاويق حسنة ولها خمس مائة كرم على شطّ جيحون معدن الزبيب. n) B فرسخين. o) C om. et post الكور addit والاقاليم. p) B بحد.

طريقًا الّا ان يكون مغفلًا ونظر فى كتابنا رجل من الفقهآء وقد كان دوّخ خراسان فلما بلغ الى كور ما ورآء النهر قال ليست اشروسنة بين الشاش وسمرقند قلتُ له اذا خرج الرجل من سمرقند يريد الشاش اليس طريقه على زامين وساباط قال بلى قلتُ فهما من مدن اشروسنة وقد صحّ الترتيب فاذا به قد ذهب الى القصبيّة ولم يعتبر[a] الخُطّة[b] ، ولقواديان ثلاث مدن شديدة العمارة يتخلّلها شعب تقلب فى جيحون كثيرة الجبال طيّبة اكبر مدنها[c] نبر[d] ليست بواسعة الرقعة الجامع وسط الاسواق عليها حصن باربعة ابواب، وسكارا قريبة من الجبل الجامع وسط البلد، واوزج على شطّ جيحون عامرة نزيهة، وبورم نائية[e] رحبة طيّبة ذات[f] انهار وخيرة[g] ورخص ☆

الختّل[h] كورة واسعة كثيرة المدن منهم من ينسبها الى بلخ وذلك[i] خطأ * لانها خلف جيحون واضافتها الى هيطل اوجب ولهذه المقالات افرزنا ما على النهر من الاعمال ليكون الاحتجاج فيه واحدًا[b] وهى اجلّ من الصغانيان واوسع خطّة[k] واكبر مدنًا واكثر خيرًا وهى على تخوم الاقليم السنديّة * قد سمّى[l] القصبة هُلْبُك ولها من المدن مرند[m] انديجارغ هَلَاوَرد لَاوَكَنْد كَارْبَنْك[n] تمليات[o] اسكندرة مُنْك[p] فارغر[q] بَنْك[r] ☆ هُلْبُك هى قصبة الختّل وبها مستقرّ

---

a) B القصبه ولم ىعتىر. b) C om. c) C اكبرهن. d) B نىر, C ىىى. Neque huius, neque trium seqq. oppidorum mentionem alibi inveni. Pro سكارا C سكاوا, pro اوزج B اوزح, infra ut C اورج. Pro بورم B et C ىورم. e) B ىائىه. f) B ذوات. g) C وخيرات. h) B الجبل. Descripsit locum Jacut, II, p. ۴۰۳, 14 seqq. i) C وهذا, Jacut وذاك. k) C رقعة. l) C اسم. m) C مرىد, apud Jacut قرية cum var. l. مريد et مرند. B supra دريد. Deinde B ىحارع, supra ىجار et ىحاراع C ىحارع, Jacut بنجاراغ. Vid. Ist. et cf. supra p. ۳۳, 8. n) B كاوىد, supra ut C كاوكىد, Jacut كاوَنْد. Vid. Ist. p. ۲۷۹*d*. o) B hic et supra ىملمات, sed C et Jacut ut recepi. Sic quoque Ibn-Dasta secundum Lerch in *Russ. Revue*, 1875, VII, 8 (p. 9). p) B ميل, supra منك, infra ميك, C h. l. ميك, infra recte منك. q) B ىاىعر, supra فغر, C ىاىعر, mappa B فارعر. Vid. Ist. p. ۲۷۷*d*. Fortasse autem hoc oppidum designatur nomine Poliho = Parika in itinerario Sinensi, vid. *Journ. of the R. As. Soc.* 1872, p. 107 seq. Quo casu lectio فَارِغَى esset praeferenda. r) B ىىك, supra ىىك, C بيك. Fort. cf. in itinerario Sinensi nomen *Bangi*, *J. R. As. Soc.* p. 106 ann. 1.

السلطان تكون اصغر من الصغانيان الجامع وسط البلد شربهم من نهر عذيبىّ ومن غيره[a] ✿ (142) ومرند آهلة عامرة ✿ واندیجارَغ صغيرة قريبة من جيحون شربهم من انهار تغيص[b] اليه ✿ وهَلَاوَرْد هى اجلّ من هلبك كبيرة كثيرة الفواكه خصبة جدًّا ✿ واسكندرة على جبل فى غاية العمارة ✿ ومُنْك اكبر مدائن الكورة وسائر المدن على ما وصفنا ✿

وتِرْمِذ هى اجلّ مدينة على جيحون نظيفة طيّبة احد العرصات مفروشة[c] اسواقها بالآجرّ والماء يسطع جانبيها ويقلع المراكب اليها من كلّ جانب وعليها حصن ولها قهندز والجامع فى الحصن والقهندز خارج منه[d] له باب وللمدينة ثلاثة ابواب[e] ولها ربض وسرادقات وهى اوّل المدائن من اعلى النهر ✿ وكَالِفُ من نحو المغرب على الشطّ بها مسجد فى رباط ذى القرنين يقابله بهيطل رباط ذى الكفل وليس على جيحون موضع يمكن ان *يتّخذ به[f] بلد ذو جانبين على عمل بغداد وواسط غير كالف *لتنشمّر النهر ثمّ وخلوّه[g] من البثق والرمل ✿ وزمّ مدينة[h] كبيرة على الشطّ والجامع وسط الاسواق وهى مغطّاة شربهم من جيحون ويدخل الماء ايّام الحصاد الى وسط البلد ✿ ونويده[i] مدينة صغيرة من جانب هيطل الجامع وسط البلد ✿ وفَرَبْر[k] من نحو هيطل *بُعْدَ فرسخ[l] قليلة الضياع رخيصة الخراج حسنة الاعناب ضيّقة المياه لها قهندز عامر * وبها رباطات حسنة[m] والجامع على باب المدينة *من نحو بخارا[n] والمصلّى خارج الباب *وثمّ رباط لنصر بن احمد فيه ضيافة لابناء السبيل[h] ✿ وآمُل عامرة *وكلّ مدن هذا الاقليم عامرة ومن الخيرات مملوءة وهذه[h] على فرسخ *من النهر[h] من نحو خراسان كثيرة الضياع[o] غالية الخراج *غزيرة المياه حسنة

a) C وغيره. Deinde C addit: بلد للخيل الجياد والفواكه والخيرات وسائر المدن عامرات الا ان هلاورد اكبر من هلبك واسكندرة على جبل ومنك اكبر بلدان الكورة. b) B تغمص. c) C قد فرش. d) C مدينة. e) B om. f) C سد sic. (B ىحد ىه). g) C tantum لخلو النهر. Deinde B اللنو s. اللىف, C اللنق. Pro والرمل B والزبل. h) C om. i) B sine punctis. C hunc locum om. k) C وافربر. l) C بعيدة عن النهر. m) C بباب واحد. n) C لطيف. o) C add. والماء.

الضياع[a] على طرف الرمال مظلّلة الاسواق * معدن الاعناب النفيسة جامعها على نشزة وآبارها قريبة[b] ✿

ذكر المعابر والشعب

لهذا[c] النهر معابر كثيرة احاط علمنا بعد القصد والبحث على خمسة وعشرين سوى الخوارزمية· اوّلها من قبل الخُتّل خُتّلان[d] ثم مِيلَة ثم اوزج[e] فى حدّ قواديان ثم الكودى ثم تِرْمِذ ثم آخر اسفل منها ثم آخر ثم آخر ثم كَالِف ثم خارِزْمِيان ثم بُخاريان[f] ثم بُنْكاه ابى وهب ثم دانكرة[g] ثم كركوه النهر بينهما ثم الرباط وبه مجاورون ثم خواران[h] ثم شبير[i] ثم نويده فيه يعبر اهل سمرقند ثم فرحونة[k] ثم برمادوى هى قرية للعرب ثم آخر ثم جادّة خراسان ثم فِرَبْر وآمُل ثم سكاوى ثم ماهيكبران· ثم تلقى معابر خوارزم دَرْغان وجكربند ثم آخر ثم هَزارَاسْب ثم كاث ثم بقيّة المعابر الى البحيرة فيها معبر الجُرْجَانيّة ✿ واما الشعب المنفجرة[l] منه فاكثرها بخوارزم منها نهر كريه[m] يمدّ الى خمسة فراسخ ونهر هزاراسب[n] يتّسع حتّى يصير نحو مرحلة ثم لا يزال يضيق حتّى يصير نحو فرسخ فيسقى الضياع الى نحو المفازة ✿ وينشعب منه نهر كردران خاس وهو اكبر من نهر هزاراسب وبينهما فرسخان ثم نهر خيوه وهو كبير ايضًا يجرى فيه السفن ثم بعده نهر مدرى تجرى فيه السفن ايضًا على نصف فرسخ من نهر خيوه وكذلك بين نهر مدرى[o] ونهر وداك[p] واسفل من

---

a) C om. b) C والجامع نائى عن البلد على تل وبها ابار حلوة قريبة, omissa sectione ذكر المعابر. c) B فهذا ما يسقيه جيحون وشعبه هذا. d) B الحبل حملان. Secundum nonnullos خَتْلان pronunciandum est. e) B اورج. f) B sine punctis. Videtur intelligi idem locus qui in itin. vocatur قرية البخاريين, ut خارزميان idem qui ibi appellatur قرية الخوارزميين. Deinde بنكاه. g) Sic Deinde كركره. h) B حواران. In itinerario B حوران, C خوارن. i) B شمر: Deinde دويده. k) Sic B sive قرحونه. l) B المنفحره. m) B كريد. Vid. Ist. p. ٣٠١l. n) Vide quomodo confundit noster quae Ist. p. ٣٠٢, 1 habet de ripa fluminis. o) B h. l. وردى. p) B ورال.

القصبة نحو العمود نهر بوّه يجتمع فيه مياه الناحيتين بقرية اندرستان يجرى فيه السفن الى الجرجانيّة ثم يردّه السكر الذى ذكرناه ومن مجتمعه الى السكر مرحلة ونهر (142) كُرْدَر ياخذ من اسفل القصبة على اربعة فراسخ من اربعة مواضع متقاربة فيصير[a] نهرًا واحدًا وينشعب من جيحون ايضًا انهار تسقى رستاق آمل وفربر وسائر المدن التى على الشطّ يطول بذكرها الكتاب ولم نصوّر هذه الانهار لكثرتها ۞

جانب خراسان

اعلم ان لهذا الاقليم فضائل تنسب الى هذا الجانب ويشركه فى اكثرها[b] جانب هيطل الّا ان هذا لما كان اقدم فى الاختطاط *والفتح فى الاسلام واقرب الى[c] اقاليم العرب خُصّ بالذكر وعُرّف عند النسبة* يحكى عن ابن قتيبة انه قال خراسان اهل الدعوة وانصار الدولة لما اتى الله بالاسلام كانوا فيه احسن الامم رغبة واشدّهم اليه مسارعة منًّا من الله عليهم اسلموا[d] طوعًا ودخلوا فيه افواجًا وصالحوا عن بلادهم صلحًا فخفّ خراجهم وقلّت نوائبهم[e] ولم يجب عليهم سبى ولم يسفك فيما بينهم دم مع قدرتهم على القتال وكثرة العدد وشدّة الباس فلما راى الله سبحانه سيرة بنى اميّة وظلمهم وتعذيبهم على عترة نبيّه عمّ بعث اليهم جنودًا منها جمعهم من اقطارها والّفهم من نواحيها فساروا نحوهم كقطع الليل المظلم وما يرتقب منهم عند خروج المهدىّ اكثر فهم اهل الدولة والظفر وانصار الحقّ اذا ما ظهر ۞ ويقال ان محمّد بن عبد الله[f] قال لدُعاته اما الكوفة وسوادها فشيعة علىّ واما البصرة فعثمانيّة تدين بالكفّ[g] واما الجزيرة فحَرُوريّة صادقة[h] واعراب كاعلاج ومسلمون فى اخلاق النصارى واما اهل الشام فلا يعرفون غير[i] معاوية وطاعة بنى اميّة وعداوة[k]

---

a) B فنصير. *b*) B اكثر. *c*) C واقربهما فتحا فى الاسلام والى. *d*) C h. l. add. فيه et mox om. *e*) In B indist., ut legi posset قوانينهم. Cf. quoque Jacut, II, p. ۴۱۱, 7. *f*) Pro محمد بن على بن عبد الله بن عباس. Vid. Jacut, II, p. ۴۱۲, 14 seqq. *g*) B بالكفر. *h*) Jacut مارقة. *i*) C الا ut Jacut. *k*) Jacut melius sine copula.

راسخة وجهل متراكم واما مكّة والمدينة *فقد غلب[a] عليهم ابو بكر وعمر ولكن عليكم بخراسان فان هناك العدد الكثير والجلد الظاهر وهناك صدور سليمة وقلوب فارغة لم ينقسّمها الاهوآء ولم يتوزّعها[b] النِحَل ولم يقدح فيها فساد وهم جند لهم ابدان واجسام ومناكب وكواهل وهامات وشوارب واصوات هائلة ولغات فخمة تخرج من اجواف منكرة وبعد فانّى انتقل[c] الى المشرق والى مطلع سراج الدنيا ومصباح الخلق، فلما تمهّد له الامر اقامهم[d] مع خلفآئهم على اسكن ريح واحسن همّة[e] واشدّ طاعة واجمل سيرة فى رعيّة تتزيّن بالحسن ولا تعرف القبيح ✿ وقرأتُ فى كتاب بخزانة عضد الدولة[f] خراسان فى غذآء الهوآء وطيب المآء وصحّة التربة وعذوبة الثمرة واحكام الصنعة وتمام الخلقة وطول القامة وحسن الوجوه وفراهة المراكب وجودة السلاح والتجارة والعلم والعفّة والفقه والدراية ترس فى وجوه الترك اشدّ العدوّ باسًا واغلظهم رقابًا واصبرهم على البؤس انفسًا[g] واقلّهم تنعُّمًا وخفضًا[h]، واهل خراسان اشدُّ الناس تفقُّهًا وبالحقّ تمسُّكًا وقال النبىُّ صلعم لينصركم على الدين عودًا كما ضربتموه بدأً يريد انهم ينصرونكم بالسيوف على دين الله اذا غيّرتم وبدلتم كما ضربتموه[i] عليه فوجد تصديق ذلك وقت ابى مسلم ✿ واعلم ان هذا الجانب فى الحقيقة خراسان وهو اجلُّ الجانبين لان به المصر الاعظم واهله اظرف[k] واحلم وبالخير والشرّ اعلم والى اقاليمِ العرب اقرب ورسومهم اقرب وقصباته ابهى واطيب وهو اقلُّ بردًا فى الهوآء والناس[l] واحسن آئينًا[m] واكثر *فسادًا واجلّة[n] وعقلآء *من هيطل[o] مع العلم الكثير والحفظ العجيب والمال المديد والرأى الرشيد به مرو التى قامت الدنيا وبلخ واليها المنتهى ونيسابور فلا تنسى

a) B om. b) B sine punctis. Deinde C البخل. c) B انسقل, C انقل. d) Scil. الله. Cf. Jacut l.l. 23. e) C هيئة; B همّة s. همّة et mox طاعة ut quoque apud Jacut, II, p. ٤١٣, 1. Ib. 2 confirmatur emendatio Fleischeri, qui insert الجبل, nostro textu. f) C ووجدت كتابا فى خزانة عضد الدولة فيه مكتوب. g) B البوس ابسًا. h) C add. يعنى الترك. i) C ضربتموهم. k) C اطوف. l) C وفى الناس. m) B ابسا, C بسا. n) C tantum اجلة. o) C om. Seqq. C habet sine artic. et سديد pro الرشيد.

واسعة الرقعة جليلة القرى الّا ان الفساد فيه قد فشا لخراج مرّتين فى سنة والضياع اهلها فى بليّة[a] ۞ وهذه صورته ۞

(145) وقد جعلنا خراسان[b] تسع كور وثمانى نواحٍ *ورتّبناهنّ فى هذا الفصل على المقادير وعند الوصف على التخوم[c] فاوّلها من قبل جيحون بَلْخ *وفى المقادير نَيْسَابُور واما النواحى فاجلّها قدرًا بُوشَنْج ثم بَاذَغِيس ثم غَرْجِسْتَان ثم مَرْوَ الرُّوذ ثم طُخَارِسْتَان ثم *بَامِيَان ثم كَنْج رستاق ثم أَسْفِزَار[d] وقد جعلنا طوس واختها[e] خزائن لنيسابور وجعلنا سَرَخْس من المنفردات عن الكور لانها تشكل[f] ۞

فاما بلخ فانها اسم القصبة ايضًا ومن مدنها أُشْفُورْقَان[g] سليم[h] كركو

---

a) B اهله فى بلده. C pro his: به مرو امّ القرى وبلخ ومثلها لا ترى ونيسابور اليها المنتهى بسعة الرقعة ونفاسة القرى منه كانت الوزراء والائمّة والعلماء وفيه ممالك بها العدل والرخاء كغرج وشارهم ذى النها شبيه العمرين فى العدل والعطاء وصاحب غزنين فى جهاد وعناء وعند بنى فريغون عدل ووفاء فهو جانب سرىّ لولا فساد قد فشا لخراج مرّتين فى صيف وشتاء والضياع اهلها ففى بلاء وناصح ينهى الى السلطان ثم لا وبالخلاف والفتن قد ابتلا. Deinde in B (p. 144) et C sequitur mappa. b) C وخراسان قد جعلناها. c) C om. d) B مامیان ثم كنج الرستاق ثم اسفراين. e) B طوسا واخها. f) C pro his inde a وفى: ثم هراة ثم قوهستان ثم سجستان ثم بست ثم غزنين ثم جوزجانان (Cod. جورجانات) ثم مرو ثم نيسابور واما النواحى فطخارستان والباميان وبوشنج وباذغيس وكنج رستاق واسفزار (Cod. واسفراء) وغرجستان ومرو الروذ وقد جعلنا طوس (Cod. طوسا) ونسا وابيورد خزائن (Cod. خزائنا) لنيسابور وافردنا لسرخس مقالة لان امرها مشكل وليس لها نظير ولا اصل. g) C sine punctis. B استورقان, supra استورقان; vid. Jacut, I, p. ٢٨. et quoque sub شفرقان et شبرقان. Ist. شبورقان, ibi vero ad Djuzadján refertur. In mappis hodiernis *Schibergan*. h) B شلم, supra ut C سلم, mappa B سلحم, mappa C سلم. Coniectura scripsi. Deinde B et C كركر; B p. ٤٩, 19 كرر et p. ٣٩٣g كركره. In mappa B quoque كركو (ponitur ibi ad flumen Djeihûn). In itin. كركوه. Coniectura scripsi.

جاه[a] مَدْر برواز[b]، ومن النواحى طُخَارِسْتَان وهى القصبة ايضًا ومن مدنها وَلْوَالِج[c] الطَّالَقَان خُلْم غَرْبَنْك[d] سِمِنْجَان اسكلكند[e] رُوب بَغْلَان السفلى *بغلان العليا[f] اسكيمشت رَاوَن[g] آرْهَن أَنْدَرَاب خَسْت[h] سَرَاى عاصم، والبَامِيَان ومدنها بسغُورقَنْد[i] سكاوند لَحْرَاب، ولبلخ *ايضًا من الرستاق بَذَخْشَان بَنْجَهِير جاربايه[k] بَرْوَان[l] جميعهنّ مدن جليلة واعمال واسعة ☆

واما غَزْنِين فانها كورة جليلة[m] وهى اسم القصبة ايضًا ومن مدنها كَرْدِيس[n] سكاوند نَوَه بردن دمراخى[o] حشّ بارى[p] فرمل سرهون[q] لجرا خواست[r]

a) B et C حا, B supra جاد i. e. جاه. Ist. كاه et كه ut infra in itin. Deinde B مدن supra مدر. C om. b) B برور, supra بروزه, mappa بروان, C بروان. Coniectura scripsi. Deinde C وناحيتها طخارستان هى القصبة. c) B ولوابخ. Deinde C الطابقان i. e. الطايقان (cf. Ist. p. ٢٧٥g). d) B عربيك, supra غرنك, C عرنك. Videtur esse غربنكى Jacuti. e) B et C h. l. اسلكند, supra B اسكلنكند. De pronunciatione vid. Ist. l.l. d. Deinde B et C ورب. f) C om. Deinde B اسكيست, C اسكيشت, supra B اسكيمست. g) B et C راور. Supra B راوندا. Deinde B ازهر, supra ادهن, C ارهر. h) B حسيب. i) B سقاوند, supra لسم غورفند, C السغورقند. Deinde C شكاوند, B supra دسعورقند. k) B جاربادة, supra خارباية, C حاربانه. Hic habet C ثلث رساتيق بذخشان بنجهير حاربانه, ceteris omissis ad واما. l) B برور, supra بروان, infra فروان ut Istakhrî. Sequens جميعهن in C deest, in B sic scriptum est, ut جمعوص legi posset. m) C نفيسة. n) Jacut كرديز (B supra كردشير). Deinde C شكاوند. o) B supra pro his tribus nominibus بو يودز مراحى. C دمراحى. p) B et C بارى, supra B باره. Forte nomen habet حشّ بَارِى a loco Bagdadensi (Jacut, I, p. ٤٩٩). In C tanquam duo nomina separatim scribuntur. Deinde B فرمل, C فرمرا, B supra quod recepi. q) C سرهور, B supra سرهول. Deinde B et C لجوا, B supra لحراب. Cf. Ist. p. ٢٧٧g. E divisione patet locum diversum esse a لحراب supra memorato (ubi lectio Codicum inter se consentit). r) B supra خواشب, ibique addit غراب (cf. p. ٥.d)

زاوه كاويل[a] كَابُل لَمْغان[b] بودن لهوكر[c]، وناحية وَالشْتَان ولها ستّ منابر ابشين[d] اسبجه مَسْتَنْك[e] شال سكيرة[f] سِيوَه والف ومائة قرية وللكورة الفان ومائتا قرية ❁

واما بُسْت فانها اسم القصبة ايضًا ومن مدنها جَهَالَكَان[g] بان قرمة بوزاد ارض دَاوَر صروستان[h] قرية الجوز[i] رخود[k] بَكْرَاوَاذ بَنْجَوَى[l] كِشّ رُوذَان[m] سفنجاوى طلقان ولها الف ومائة قرية ومن هذه المدن ما يضاف الى سجستان وهو خطأ واقلّ من يميّزهنّ تمييزنا[n] وابو زيد جعل غزنين وبست من سجستان ومن الناس من يجعلهما كورة واحدة ويسمّيها كَابُلِسْتان ❁

واما سجستان فانها كورة متّصلة العمارة منقطعة المساكن[o] قليلة المدن كثيرة القصور ومعدن النخيل والحيّات[p] قصبتها زَرَنْج ومن مدنها كُوَيْن[q] زَنْبُوك[r] قَرَه درهند قَرْنِين[s] كواربواذ بارنواذ[t] كِزَه سنج[u] باب الطعام كَرْوَادِكَن نِه[v] الطاق ❁

---

a) C كاويك. b) B لمعار. Vid. Abulfeda, p. ٤٩٤. Deinde B بودن, supra بودر, C ut recepi. Fort. l. بوزن. c) B supra نهوكر. Deinde C ولها شبه ناحية تسمى والشنان بها. (B والسنان). Ist. p. ٢٤٤ regionem بالس appellat. d) B انسر, supra افسن. Deinde B اسنجه, supra اسبيدجه, C ut recepi. e) B مسك, supra مستيك, C مسنيك. Ist. p. ١٧٩ مستنج. Male ibi lectionem textus suspectam nuncupavi. Deinde B سال, supra ساك. f) B سكره. g) Pro جالكان s. جالقان ut B supra = صالقان et زالقان. h) B supra سدوسان i. e. سروستان. i) B الحور, supra الحوز, C الجور. k) B et C رحود, B supra زرخود. Deinde B سكسرا, supra ركسرا, C بكيرا. Infra B ut recepi, C male تكزاواذ. l) B h. l. sine punctis, supra بنجواى. Deinde C كس. m) B et C ردنان. Deinde B سعحاوى et طلعان. n) C تمييزا. o) C المساكير. p) B والحسات. q) B et C كوبر, supra B كوبر, infra كوين, in itin. B حوير, C جوين ut Ist. p. ٢٤٨, 2 a f. r) B hic et supra زبوك, C ربوك. Videtur intelligi urbs quae apud Ist. p. ٢٤٩ زانبوق appellatur secundum B (C رانبوق). s) B قرس, C sine punctis. Deinde B كوار بواذ tanquam duo nomina, supra كوار بوار. (C كواربواذ). t) B باربواذ, supra باريواذ, in descript. باربواذ, C نارنواذ. Deinde omnes كره. u) B دسج, supra سبج, infra ut recepi. C سنح. v) B et C كرواذ كروانه, B supra كراوذ كرونه. Vid. Ist. p. ٢٣٨e. Post الطاق in C iterum نه legitur.

واما هراة فانها[a] القصبة ايضاً ومن مدنها كَرُوخ أَوْبَه[b] مَالِن خَيْسَار[c] استربيان مَارَابَاذ ، ونواحيها بُوشَنْج ولها اربع مدن خَرْكَرْد فَرْكَرْد[d] كوسوى كره ، وبَاذَغيس وهى ثمانى مدائن دِهِسْتَان[e] كوغاناباذ كُوفَا بُشْت[f] جَاذَاوَا كابرون[g] كالوون جبل الفضّة ، وكَنْج رُسْتاق وهىّ[h] ثلاث مدائن بَبَن كيف بَغْ شُور ، وأَسْفِزار[i] وهىّ اربع مدائن كواشان كواران[k] كوشك ادرسكر ✿

واما جُوزْجَانَان فانها كورة ليس لها قدم الكور وانّما كانت تضاف الى نواحى بلخ وهى اليوم احد الاصول ومن امّهات الكور وسلطانها مقدّم وليست بكثيرة المدن * مع قلّة اهل اهلٍ سخاوة وديانة[l] وعلم ودراية قصبتها اليَهُودِيَّة ومن مدنها أَنْبَار برزور[m] فارَيَاب كلان[n] شَبُورْقَان ✿

واما مَرْو الشَّاهِجَان فانها كورة قديمة رسمها الاسكندر[o] ، وعن ابن عبّاس رضّهما انه قال نعم البلد مرو بناها ذو القرنين وصلّى فيها العُزَير انهارها تجرى بالبركة ما منها باب الّا وعليه ملك شاهر سيفه يدفع عنها[p] (146) الشرّ ، وعن قَتَادَة فى قوله تعالى[q] لِتُنْذِرَ أُمَّ ٱلْقُرَى وَمَنْ حَوْلَهَا قال امّ القرى

---

a) C add. هى. *b*) B et C اوجه, supra B اوده, infra اوفه. Mâlin supra (vid. p. ٥٠*g*) vocatur مالن الشَّقَلْقَات ut distinguatur ab altero Mâlin. *c*) B حسان, supra ut C حسان, vid. Ist. p. ٢٦٣*n*. Deinde B et C اسبربان, supra B استربمان, infra B اسربمان, C اشتربيان. *d*) B supra فلجرد, sub qua forma locum memorat Jacut. Deinde B كبرسو, supra ut recepi, C كُوسُو. *e*) B دهشتان. Deinde C كوغا فاباذ tanquam duo nomina, B supra كوغزاباذ. *f*) B شت, supra شات, C تنبيت. Deinde B جاذاوا, supra حادواذ. *g*) B كانوون, supra كازون, C كانرون. Pro كالوون B supra كاليون. *h*) B رستاقهن. *i*) B شركيف مع شور واسقران. Pro ببن C بىر. *k*) C كوازان, B supra كوزان. Deinde B et C كوشد, B supra كوسد. Cf. Ist. p. ٢٦٤, l. *l*) C اهلها اسخياء ويرجعون الى دين. In B supplevi اهل ante سخاوة. *m*) B supra بزور, C برزون. *n*) B h. l. كلاو et om. شبورقان pro quo supra habet l. الجوروان الجُرْزَوَان. Pro شبورقان C سورفان et hic addit الطالقان quod infra in Marwarûdh collocatur. *o*) C ذو القرنين. *p*) C عنه. *q*) Qor. 6 vs. 92.

بالحجاز مكّة وبخراسان مرو ، قال ولما همّ طهمورث[a] ببنآء قهندز القصبة اتّخذ سوقًا فيه ما يحتاج اليه فكان اذا امسى[b] الرجل اعطى اجرته فاشترى به طعامه وادامه وقوت اهله فيعود الدرهم اليه فلما فرغ حسبوا فاذا به قد ناب[c] عليه الف درهم ، وهى كورة حسنة الوضع الّا ان المآء ضيّق وطريق النهر فى كلّ حين ينبثق واكثر ضيق المآء من قبل ضياع السلطان ولم يكونوا[d] فى المقدم يَدّعون سلطانيًّا يشترى ضيعةً ، وسمعتُهم يذكرون ان امرأة اخرجت المامون من بلدنا قلتُ كيف قال جآءت اليه فقالت خرّبتَ مرو[e] وهى لا تحتمل ان يملك ضياعها غير العوامّ قال فامر بالخروج منها ، وهى القصبة ايضًا ويقال انّما سمّيت مرو الشاهجان لان الشاه الملك والجان الروح ، وهى كثيرة الاعناب والحبوب والحمّام نزيهة[f] والقصبة على اسمها[g] ولها من المدن خَرَق[h] هُرْمُزْفَرّه باشان[i] سِنْجَان[k] سَوْسَقَان صهبة كِيرَنْك[l] سِنْك عَبّادى دَنْدَانَقَان[m] ، وناحيتها مَرْو الرُّوذ ومدنها الطّالَقان قَصْرُ أَحْنَف حسنة[n] لَوْكَر ۞

واما نَيْسَابُور فقد اختلف الناس فى اسم لها وهو ايرَانْشَهْر فمنهم من جعله اسمًا لجميع هذه الكورة مع جَابُلِسْتَان فتدخل فيه سجستان وما حولها ومنهم من جعله اسمًا لهذه الكورة ومنهم من اوقعه على القصبة حسب وبه ناخذ لكون القصبة من ايرانشهر باجماع فلا يحتاج فيه الى دليل اذ الدليل واجب على من ادّعى الزيادة ، وهى كورة واسعة جليلة الرساتيق والضياع والقنىّ ويقال ان ابا بكر العبدوىّ قال قستُ مياه دجلة[o] الى مياه نيسابور فتساويا

---

a) B طهرموث. In C haec ad وهى كثيرة الاعناب desunt. *b*) B مشى. Cf. Jacut, IV, p. ٥٠٨, 11. *c*) B sine punctis. *d*) Addidi يكونوا. *e*) B مروًا. *f*) C om. *g*) In B lacuna. *h*) B حرو, supra خرو, C حزو. Deinde iidem هرم فره. *i*) B hic باشيان, supra باسيان, C باسان. *k*) B سيحان et deinde سرسار, supra ut C سرسان. *l*) B كيوبك, supra كمرنك, C كيرنك Ist. جبرنج. Deinde B شبك, supra شبك. C شنج (omisso عبادى). Cf. Jacut, III, p. ١٦١, 8. *m*) C ذنداقان. *n*) ? B جبلنه, infra حسسه, ubi C حسقه. C h. l. urbes non nominat habens على كلام فيها نذكره بعده. *o*) B الدجلة.

وهى قويّة الهوآء لا ترى بها مجذومًا ومن واظب بها على اكل الدسم ودخول الحمّام واستعمل دهن البنفسج فليس يَعْدُها[a] ويحكى عن حمّوَيْه[b] انه قيل له لو اتّخذتَ بنيسابور[c] بيمارستان قال لا يسع لذلك بيت مالى قالوا كيف وانت صاحب الجيش قال لانه ينبغى ان يدار على البلد كلّه الحائط اى انهم كلّهم يحتاجون الى البيمارستان لطيشهم وخفّة رءوسهم، اسم قصبتهم ايرانشهر ولها اربع خانات واثنا عشر رستاقًا وثلاث خزائن وقصر ودار فالخانات الشامات ريوَنْد مَازُل بُشْتَنَفْرُوش[d]، والرساتيق بُشْت[e] بَيْهَق كُوَيَان[f] جَاجَرْم أَسْفَرَايِنْ أُسْتُوَا[g] أَسْفَنْد جَام بَاخَرْز[h] خَوَاف زَاوَه[i] رُخٌّ، والدار زُوزَن، والقصر بُوزْجَان، والخزائن طُوس نَسَا أَبِيوَرْد، ولهذه الرساتيق التى[k] ذكرنا غير الخزائن ستّة آلاف قرية مثل عَمَوَاس وبها عشرون ومائة منبر[l] ۞

---

a) B بعدها. b) B حمّويه. Vid. Ibno 'l-Athîr sub حمويه بن على. c) B دىسابور. d) B بشت افروش. Quoque بشتنفروش scribitur. Vid. Jacut in v. e) B دست, C بست. f) C جويان. Vulgo ut C infra جُوَيْن. Pro جاجرم C hic et infra in descriptione habet أَرْغِيَان. g) B اسنوه. Deinde in B pro اسفند spatium album. Jacut habet اشفند. h) B باجرن et deinde خوّاف. i) C om. Deinde B رح, C الرخ. k) B الذى. l) In C totus locus sic exstat:
واما نيسابور فيقال ان اسمها ايرانشهر ومن مدنها رِيوَنْد خُوجَان سَابْزَوَار (Cod. ساندوان) خُسْرُوجِرْد أَزَاذْوَار أَسْفَرَايِنْ طُرْثِيث بُوزْجَان زُوزَن مالِن فهذه عشر مدن جليلات، ولها اثنا عشر رستاقًا (Cod. رستاق) وقصر ودار وثلاث خزائن وفوق مائة منبر ويحدق بها اربعة رساتيق جليلة من اربعة جوانبها يسمّونها خانات اوّلها الشامات ثم ريوند ثم مازل ثم بشتنفروش، واما الرساتيق فاوّلها من قبل القبلة بشت (Cod. بست) ثم بيهق ثم جويان ثم ارغيان ثم اسفراين ثم استوا ثم اسفند ثم جام ثم باخرز ثم خواف ثم الرخّ، واما الخزائن فطوس قصبتها طَبَرَان ولها ثمانية منابر نُوقَان (Cod. موقان) جُنَاوِذ (Cod. جناوز) استورقان جرموكان تُرُوغْبَذ (Cod. بروغنه) سَرْك رَايكَان برنوخكان، والخزانة الاخرى نسا ولها مدينتان ورباطان اجلّ من مدينتين

واما قوهستان فقصبتها قَايِن ومدنها تُون جُنَابِذ طَبَس العُنَّاب الرَّقّة خُور[a] خَوْسْت كُرى طَبَس التَّمْرِ[b] ۞

بَلْخ نبدأ فنَصِفُها بما وصفها به ابو القاسم العكّىّ لانه بلده قال بلخ فى الاخلاق الجبلة والشجاعة وشدّة الخُلق والعقل وجودة الراى ونبل الهمّة وحسن المعاشرة والحرص على قضاء الحقوق والتباذل عند الحاجة وحسن وضع الكورة وتقديرها وتقارب احوال اهلها ورخص الاسعار (147) بها وكثرة الخصب واختراق الانهار المحفوفة بالشجر فى المحالّ والمنازل وقرب الجبال والاودية ومرافقها

اسْفِينَقان (Cod. سفيقان) وجَرْمَقان وأَفْرَاوَة شَارِسْتَانَة، والخزانة الثالثة ابيورد برنوخكان لها مدينة ورباط مَهَنَة كُوفَن. In his مهنة est pro مَيْهَنَة. Nomen infra aliter scribitur.

a) B جون, C حوز ut B supra. Vid. Ist. p. ٢٧٣ ult. Locum nostri paullo aliter habet Jacut, IV, p. ٢٠٦, 3 et 4. *b*) C habet: واما قوهستان فانها واسعة ثمانون فرسخا راجحة فى ثمانين غير ان اكثرها جبال ومفاوز غير رحبة ولا مشجرة قصبتها قاين ومدنها تون طبس العنّاب طبس التمر الرقّة (Cod. الرفه) ينابد (Cod. يناند) خوست خور كرى. Deinde haec addit: فان قائل قال كلّما ذكرتَه صحيح (Cod. صحيحا) وما فصّلتَه حسن الّا انك اضفتَ الى نيسابور ثلاث نواحٍ جليلة ثم لم تقنع حتّى جعلتَها خزائنَ (Cod. خراينا) لها وخالفتَ التعارف الذى يعتمد عليه والاصل الذى يرجع اليه قيل له اعلم ان نيسابور اجلّ اعمال المشرق ونظير افريقية بالمغرب وقد رايتَ ما لتلك من (deëst) المدن والاعمال بلا خلاف وقد اجمعنا ان بلخ (Cod. بلخا) وهراة حجاب واتباع لنيسابور وقد جعلنا لها نواحى اجلّ من طوس وأُخْتَيْها (Cod. واحيتها) فلا عجب ان تجعل طوس لا تقوم (Cod. يجعل طوسا لا يقوم) بنفسها فتجعل (Cod. فيجعل) كورة فلا بدّ من اضافتها الى كورة ولا كورة احقّ بها من هذه لوجوه شتّى ومعان لا تخفى فاذا كان الامر على هذا السبيل فلم يُعْتَدَ (Cod. يعتدى) الّا فى الاسم حين سمّينا الناحية خزانة واما نسا وابيورد فانهما ناحيتان ضعيفتان بلا مدن وقد اضفناهما الى اشرف الاعمال ومصر الاقليم لتلتئم الاعمال ويطّرد القياس لتقابل افريقية.

* نظير دمشق الشام[a] وفصل بغداد راجع الى خراسان لانها لهم بنيت[b] ثم انظر الى بهآء بلخ وحسن موقعها وسعة طرقها وبهجة شوارعها وكثرة انهارها والتفاف شجرها وصفآء مآئها واشراق قصورها وسور مدينتها ومسجد جامعها واحكام صنعته وجلالة موضعه ليس باقاليم العجم مثلها حسنًا ويسارًا يحمل من غلّاتها فى كلّ سنة مال عظيم[c] الى خزانة السلطان زائدًا عمّا يحتاج اليه وهى فى مستوى منها الى اقرب الجبال اربعة فراسخ وعليها سور ولها ربض ويقال ان اسمها فى كتب الاعاجم بلخ البهيّة[d] ۞

---

a) Addidi coniectura e C, cuius locum v. infra. b) B بنىت. c) B يحمل من غلاته — مالا عظيما. d) C locum aliis plane verbis habet sic: بلخ قصبة نزيهة منعمة طيّبة هى جنّة خراسان وعروض تاهرت من البلدان ونظير دمشق الشام قد تخلّل شوارعها الانهار والتفّت بها البساتين والاشجار مع علم كثير وصيت لاهله ومقدار فى خزانة الفقه ومعدن المروّة وموضع السماحة ودار النعمة واهل اللطافة دورها فسيحة واسواقها حسنة وثمارها عجيبة ونعمها رخيصة ومياهها خفيفة بها مشايخ اجلّة وصدور ائمّة واضداد عدّة وتجارات مفيدة واموال كثيرة ليس باقاليم العجم مثل جامعهم ولا بالمشرق مثل بلدهم هى (Cod. فى) متجر السند ومفخر الجانب، الّا انها ملولة وعن الجادّة نائية والطرق اليها صعبة وفتنها وحشة والفواحش بها فاشية تكون فى الرقعة مثل بخارا (Cod. بخارى) الّا ان دورهم فسيحة على عمل دور الدندانقان قد جعل لها ازار (Cod. ان زمن) من الجصّ والجامع وسط الاسواق ينزل اليه بدرج عامر غنىّ حسن قد ازّر بازار من الخشب المخرّم والبلد فى قاع على نصف مرحلة من الجبال لها مدينة عامرة والجامع فيها وربض عامر له سبعة ابواب باب نوبهار باب رحبة (Cod. رخنه) باب الحديد باب الهندوان باب اليهود باب شست (Ist. add. بند) باب يحيى (Cod. تحيى) ولها نهر كبير ويحيط بالمدينة خندق وكلّ بنيانهم من طين. Deinde pro seqq. usque ad descriptionem Ghaznae C haec habet: الطايقان (Cod. الطائقان) اكبر مدائن طخارستان قريبة من الجبل ولها نهر وبساتين تكون مثل زبيد وسائر المدن دونها وقل فى الرخص والخيرات ما شئت وسائر مدن بلخ كلّها طيّبة ۞ بذخشان مدينة عامرة لها

وخُلْم[a] هى بلاد الازديّين صغيرة الّا ان قراها ورساتيقها ومزارعها كثيرة وهوآءها صحيح كثيرة الارياح ✿ وسِمِنْجَان اكبر من خلم بها منبر واحد وبها ثمار واودية وصيد ومواشٍ وخلق من التميميّين ✿ وأَنْدَرَابَة[b] لها اودية مشجرة وبها اسواق حارّة ✿ وخَسْت[c] نزهة مشجرة خصبة بها عرب ✿ والطّالَقَان[d] لها سوق كبير يشقّها نهران من شعب جيحون حلاب وبراب[e] وهى فى غاية النزهة والخصب ✿ واسْكَلْكَنْد صغيرة غير انها نزيهة كثيرة الخيرات ✿ وبَغْلَان هما اثنتان السفلى والعليا وهما من منازه خراسان المنبر فى السفلى والعليا قرية كبيرة لها وادٍ مشجر ✿ وشيان مدينة رستاق اسكيمشت وبها عين عجيبة على حافتها مسجد قُتَيبة بن مسلم ✿ وبَنْجَهير هى جبل الفضّة والدراهم بها واسعة اقلّ ما توجد المقطّعة ✿ وفَرْوَان كبيرة متطرّفة بها جامع عامر ✿ وبَذَخْشَان متاخمة لبلاد الترك فوق طخارستان وبها معدن الجوهر الذى يشبه الياقوت لا معدن له غيره وهى رباط فاضل وثَمّ حصن لزُبَيدة عجيب وبها معدن اللازورد والبلّور وحجر البازهر وحجر الفتيلة وهو شىء يشبه البردىّ لا تحرقه النار يوضع فى الدهن فيقد كما تقد الفتيلة ولا ينقص ويخرج ويطرح فى النار المتاجّجة ساعةً فيعود الى ما كان وينسج منه الخوان فاذا اتّسخت وارادوا غسلها طرحوها فى التنّور فتعود نظيفة وثَمّ حجر يجعل فى البيت المظلم فيضىء ادنى شىء[f] ✿ والبَامِيَان ناحية واسعة كثيرة الخير وقصبتها صغيرة ✿

غَزْنِين قصبة ليست[g] بالكبيرة الّا انها رحبة منعة رخيصة الاسعار كثيرة

رستاق واسع خصب ذو كروم وانهار وثمر معادن ✿ بنجهير (Cod. بسحيهم) على جبل لها نهر وبساتين بلا مزارع تذكر ✿ جاربايه (Cod. حاربانه) تكون مثل سرخس او اكبر على جبل غير محصّنة بها نهر كبير بلا بساتين انما تحمل اليهم الثمار، وسائر المدن بانهار واشجار وبساتين.

a) B وحلم. Pro الازديين Jacut, II, p. ۴۶۵, 3 الاسد. *b*) B واندرانه. *c*) B وخشب. *d*) B h. l. والطادقان ut C i. e. والطايقان. *e*) Sic. Forte nomen prius legendum est ختلاب. *f*) Haec secundum nostrum retulit Jacut, I, p. ٥٢٨ seq. *g*) C ليس.

اللحوم طيّبة الفواكه مع كثرة ولها مدن جليلة والمعايش بها حسنة وهى احد فرض خراسان وخزائن السند ومن اختلف اليها افاد * صحّة جيّدة لا براغيث ولا عقارب[a] رفقة مباركة غير ان البرد بها شديد والثلوج كثيرة، وبنيانهم عامّته[b] خشب يقع فيه شىء يقال له غشك[c] يشبه فسيفس مصر، صغيرة فى الاسم والموضع[d] وهوآءها يابس ومآؤها غير مرىّ فى مستوى * منها الى الجبال فرسخ[e] وهى جانبان القلعة وسط المدينة ينزلها السلطان والجامع نحو القبلة[f] مع بعض الاسواق فى المدينة وبقيّة الاسواق والبيوت[g] فى الربض وللمدينة اربعة ابواب باب الباميان باب سمان[h] (148) باب كردن باب السير[i] وهم مياسير * واهل ثروة[k] ولهم نهر بلا بساتين ۞ وكابُل لها ربض عامر وبها يجتمع[l] التجار ولها قهندز حصين عجيب بلد الهليلج الرفيع. ولها عند الهنود شان، وسائر المدن[m] على ما ذكرنا اكثرهنّ[n] نحو السند * على ما ذُكر لنا[o] ۞

بُسْت قصبة جليلة اهل دين ومروّة ويسار ونعمة طيّبة خصبة ولهم آئين[n] ولباقة واسناد ودراية موضوعة بين نهرين وجامعة للفاكهتين ليّنة الهوآئين نفيسة المدن كثيرة القرى رطب غزير وعنب كثير[p] وسدر وريحان وسمعتُ ابا منصور فقيه[q] سجستان يقول ما رايتُ بلدًا على صغره اخصب ولا اكثر فواكهَ[r] ونعمًا من بست الّا انها وبيّة منطرّفة صغيرة الرقعة لها مدينة عامرة والجامع فيها وربض الاسواق فيه شربهم من هِيرمِيد[s] والنهر الآخر اسمه خردروى[t] يجتمعان على فرسخ وعلى هيرميد[u] جسر من سفن بقرب موضع مجمع النهرين، وعلى نصف فرسخ من نحو غزنين * شبه مدينة[v] تسمّى * العَسْكر ينزلها[w]

---

a) C صحيحة الهواء لا ترى بها براغيثا ولا عقاربا. Post صحة in B exstat الهوآ, sed expunctum est. b) C عامة بنيانهم. c) B غسل s. غشل. d) C والرقعة et om. وهواءها يابس. e) C على فرسخ من الجبل. f) C القلعة. g) C والدور. h) Sic B et C. i) B الصبر. k) C om. l) C مجمع. m) C المداين, omissis على ما ذكرنا. n) B sine punctis. o) C لم ادخلهن. p) C addit وتين خطير. q) C خطيب. r) B et C فواكهًا. s) C هيرميذ et deinde واسم النهر الاخر. t) B حردورى. u) B هرميد, C هرميذ. v) C مدينة صغيرة. w) C عسكر بناها.

السلطان ✿ وبَنْجَوَاى[a] على قرب الجادّة منيعة بها جامع حسن شربهم من نهر ✿ وبَكْرَوَاذ[b] مدينة كبيرة الجامع فى السوق وشربهم من نهر ✿ ودَاوَر[c] كبيرة طيّبة على حدّ الغُور وهى ثغر جليل عليها حرّاس مرتّبون[d] منها الى حدّ الغور مرحلة ومن الناس من ينسب هذه الكورة الى سجستان وهو مذهب ابى زيد البلخىّ[e] واقلّ من يميّز *مدنها عن سجستان وما ذهبنا اليه حسن ان شآء الله تعالى[f] ✿

زَرَنْج هى قصبة سجستان محكمة الحصن عجيبة البنيان ومعدن الحيّات والرجال الشهام اصحاب همّة وعقل وفطنة وفقه وحفظ ودهآء وبهآء وادب وخطب وحذاق وهندسة وحكمة[e] ومتاجر ومعادن ومعايش ورخص وفواكه هى بَصْرَة خراسان واكيس من اهلها لا ترى فى التزاويق والبنآء فى الاقليم ولهم حصن عجيب يدور حوله خندق ينبع المآء منه ويجرى اليه فضلات المياه نظيفة الاطعمة كثيرة المشايخ مفيدة فى المتاجر غزيرة المياه غير ان حيّاتها كثيرة وحرّها شديد وتمرها دقل وهرجها عجب[g] ابدًا تدور عليهم الدوائر وتعصّب الفريقين ثَمَّ[h] ظاهر فبين مقتول ترى منهم وهارب وكلٌّ يلقب لغيره يبابين[i] واولاد الزنآء بها عصائب لهم عقارب وهم فى ذاتهم عقارب يطعن بعضهم على بعض فى القصائد مع ثقلهم[k] وبردهم قد طبّقوا العمائم[l] خوارج وجلّهم *لصهرى النبىّ[m] ثالب بيوتهم كربة فى تربة عفنة *وبلدة قشفة[e] ليست فى مثلها براغيب[n]، لها مدينة عليها حصن وخندق الجامع فيها والحبس يقابله قد بنى بنآء[o] عجيبًا وله منارتان *القديمة واخرى[p] من صُفْرٍ بناها يعقوب ابن الليث وثَمَّ قلعة وهى فى سهلة كثيرة الابواب والدروب نصفها من بنآء

a) B وبنجواى, C وبنجوانى. b) C وتكزاواذ (B بكراواد). c) In B lacuna, C داود. Hic om. كبيرة طيبة. d) C قد رتبوا. e) C om. f) C مدنهما tantum. g) B عجل. h) B om. i) B يلقب لغيره ويبادر. C لخصمه pro لغيره. Deinde C om. copulam. k) C نقلهم. l) B الغمائم. m) B om (B et C وحلهم). n) B براغب, C براغيث. Pro ليست correctius foret ليس. o) B بنًا. Deinde C عجيب. p) C قديمتان واحدة.

أَرْدَشِيره[a] ونصفها من بناء خُسْرُو[b] ✿ والطَّاق صغيرة كثيرة الاعناب واسعة الرستاق ✿ وكُوَيْن[c] عليها حصن منيع كبير ولبيس بها مِنْبر من اجل انهم خوارج، وكذلك زَنْبُوك[d] وهوه ✿ وقَرَه ذات جانبين جانب للخوارج وجانب لاهل الجماعة ✿ ودرهند[e] كبيرة قريبة من الجبل بناؤهم حجارة ولهم نهر، وهذه المدن غير الطاق الذى[f] بابه من تلقاء هراة من نحو بست ✿ وقَرْنين عليها حصن ومنها (149) كان بنو الليث الصفّارون الذين خرجوا وغلبوا على فارس وخوزستان بها جامع ولها ربض ونهر وهى صغيرة ✿ وبارنواذ[g] عليها حصن[h] وبها جامع ولبيس بها خوارج وهى بلد الحبوب ✿ وسنج قريبة من الجبل وبها جامع وبناؤهم حجر ✿ وباب الطَّعام ناحية واسعة ذات قرى جليلة نحو سوسكن وسكوكس وملكان وكرسواد وبرنك وادوراس وكوسن وديارود وديار[i] وغيرهنّ من الامّهات وقد قلنا ان سجستان منقوشة العمارة كانها رستاق واحد قليلة المدن ✿ وورنك[k] رباط فى وجه الغُور فيه مرابطون وحرّاس وخيل مسبّلة وعدد وآلات يقصد من كلّ جانب ✿ واما المدن من نحو فارس فكَرْوَادِكَن[l] بها منبر بناؤهم طين وشربهم من النهر غير محصّنة والجامع وسط البلد اسم رستاقها حورسوبه[m]، ونِهْ عليها حصن وبها جامع بناؤهم طين وشربهم اكثره من قنىّ ✿

فهذه الكور الاربع على صفّ واحد عن يسار المغرب، واوّل الصفّ الثانى من نحو جيحون رمال دهستان[n] الى مرو وتدخل فى الصفّ جُوزْجَانَان ونبتدئ من هراة على ما رتّبنا ✿ هَرَاة قصبة جليلة هى بستان * هذا الجانب[o] معدن

---

a) B et C ازدشير. Deinde C ونصف. b) C addit: وقد استقصى وصفها ابو زيد فى كتابه وذكر عدّة من مدنها فاغنانا عن شرح ذلك لان من رسمنا العدول عمّا ذكره من قبلنا اذا وجدناه (وجدنا .Cod) صحيحا, ceteris ad هراة omissis. c) B وكوسن. d) B ورودسك sic. Coniectura scripsi. Fort. cf. وردوك in *Djih. Numa*, p. ٢٣٩, 9. Nomen sequens quomodo sit pronunciandum, nescio. e) B وررهند s. وردهند. f) Addidi الذى. g) B وباربواد. h) Deëst حصن. i) Edidi haec nomina ut in Cod. leguntur, alibi non inveni. k) Sic. l) B وكرواد كر. m) Sic. Deinde وده. Jacut scribit نيه. n) B دهشة. o) C خراسان.

الاعناب الجيّدة والفواكه النفيسة آهلة عامرة حسنة السواد مشتبكة العمارة جليلة القرى اهل ادب وبلاغة وظرف ودراية من عندهم تحمل[a] صنوف الحلاوات وبزّهم[b] يحمل الى الاقاليم والاطراف حصينة طيّبة[c] غير ان اهلها غاغة والقتل عندهم عادة وليس لمذكّرهم[d] فقه ولا عبادة لسان قبيح وفسق فصيح[e] لا يشبع خبزهم[f] ولا ينقضى هرجهم[g]، لها مدينة عامرة وقهندز وعلى ربضها حصن وابواب الربض تقابل ابواب المدينة وتوافقها فى الاسمآء القديمة باب زياد * الى نيسابور[c] باب فيروز *باب سراى الى بلخ[c] باب خُشْك[h] * الى الغور[c] * والجامع وسط المدينة بين الاسواق عامر ولهم قنطرة عجيبة وهى بلدة آهلة[i] ✿ وكَرُوخ هى اكبر مدن الكورة ذات مياه وبساتين ✿ وأوفَه صغيرة والجامع[k] فى محلّة سبيدان[l] بناؤهم طين وهى[m] بين جبلين سعة رستاقها عشرون فرسخا كلّها بساتين مشتبكة ومياه جارية وقرى عامرة ✿ ومَالِن[n] تكون نحو اوفه لها[o] بساتين ومياه * وبناؤهم طين[c] ✿ وخَيْسَار[p] متوسّطة[c] قليلة الاشجار والمياه وهى[c] اصغر من مالن ✿ واستربيان[q] ذات مياه جارية وبساتين قليلة الغالب عليهم المزارع وهى * فى الجبال[r] ✿ * ومَارَابَاذ اصغر من مالن كثيرة البساتين غزيرة المياه خصبة نزهة[c] ✿ وبُوشَنْج هى[s] اجلّ نواحى هراة مذكورة فى الاقليم[t] وسيعاب علينا اضافتنا ايّاها الى هراة لان سلطانها * ربّما افرد عن هراة ويقال ان اسمها مقدّم على هراة فى الديوان والقول[u] فيها كالقول فى طوس غير[v] ان امامنا * فيما ذهبنا اليه[w] ابو زيد وقد كان اعلم[x] بدواوين * خراسان وتفصّل اعمالها من غيره[y]، تكون مثل نصف هراة فى مستوى ومنها

---

a) C يحمل. b) B وبرّهم. c) C om. d) C لمذكر. e) C يصيح. f) B دسع خبزهم. g) C فتنهم. h) B حسك, C حسك, vid. Ist. p. ٢٦٥a. i) Haec in B desunt. Deinde pro nomine كروخ in B est spatium album. k) C sine copula. l) Sec. Ist. p. ٢٦٧, 1. B سبدان, C سندان. m) C موضوعة. n) B ومالن, C ماراباد. o) C ولها. p) B وحسان, C وحبنان. q) B sine punctis. C واشتربيان. r) C جبلية. s) C واما بوشنج فانها. t) C addit: مقدمة فى الدواوين. u) C نفرد واسمها يقدم ولكن القول. v) C مع. w) C فى ذلك المشرق وقسمة الاعمال. x) C عالما. y) C وراينه قد اضافها مع اخوتها الى هراة واذا صحّ اضافتها الى هراة اطّرد قياسنا فى سائر نواحى الاسلام.

الى الجبل نحو من فرسخين لها مياه واشجار كثيرة *ويحمل من عندهم الخشب الى سائر النواحى[a] ولها حصن[b] وخندق وثلاثة ابواب *باب علىّ باب هراة باب قهستان[c] ✿ واكبر المدن بعدها كوسوى[d] *نحو ثلثها لهم[e] بساتين وبناؤهم طين ✿ وليس (150) لفَرْكَرْد بساتين كثيرة انّما *هم اصحاب نعم وسوائم ولهم ماء جارٍ[f] ✿ ولخَرْكَرْد مياه وبساتين كثيرة غير انها صغيرة ✿ وبَاذَغِيس اكبر مدنها دِهِسْتَان[g] مثل نصف بوشنج بناؤهم طين وهى على جبل ولهم ماء ضعيف يجرى *بلا بساتين ومزارعهم[h] مباخس ولهم اسراب تحت الارض *ومقام السلطان بكوغناباذ ودهستان اعمر[i] ✿ وجَبَلُ الفِضّة على جبل[k] وقد تعطّل معدنها[l] ✿ وكُوفا فى صحرآء[m] لها بساتين ومياه جارية *ومزارع على العذى[n] وكذلك كوغناباذ وجاذَوى وكالوون وكابرون[o] فليس لها بساتين ولا مياه جارية وانّما[p] مشاربهم من الامطار ومن آبار وهم اصحاب زروع وحبوب[q] وهى على طريق[r] سرخس ✿ وكَنْج رُسْتَاق اكبر مدنها *بَبْن بها[s] مقام السلطان اكبر من بوشنج وبَغْشُور[t] نحو بوشنج[u] فى الرقعة وكيف *مثل نصفها ولها[v] مياه جارية غزيرة وبساتين[w] وكروم كثيرة بناؤهم طين، *وبغشور فى مفازة ومزارعهم عذى وشربهم من آبار هى صحيحة التربة خليقة الهوآء خفيفة الماء على طريق مرو الروذ[x] ✿ وأَسْفِزَار اكبر مدنها كواشان[y] لها مياه وبساتين كثيرة *وكروم بناؤهم طين[z] وسائر المدن اصغر منها كلّهنّ مشجرات ذوات

---

a) C om. *b*) C وحصن et mox بثلثة. *c*) C haec om. Deinde B واكثر. *d*) B نحوسوى, C نحوسونى. *e*) C ولها. *f*) C هى انعام واغنام. Deinde B وليس لهم بساتين ولا كروم C (*h* .تكون g*) C addit*) .وخردكرد C ,وخريكرد وانما هى. (B ومرارم). *i*) C om.; B نكون عناباد. *k*) B ميل. *l*) C معدنهم. *m*) C addit ليس ut Ist. p. ٢٦٩, 1 et 2. *n*) C ومزارعهم مباخس. Deinde B وكذا لوغاياداد. Porro B وحاكورا, C وكاكورا pro جاذوى. *o*) B وكانوون, C وكابوون. Deinde C بلا بساتين. *p*) C انما. *q*) C addit بحسبه l. بخسية. *r*) C جادة. *s*) B et C سربها. *t*) B وبعسون ut quoque infra. *u*) C سرخس. *v*) C مثلها ولهما. *w*) C مع بساتين. *x*) C haec om. Deinde B واسفران. *y*) B بحواسان, C نحواشان. *z*) B om.

مياه ومنازه ۞ ولهراة اعمال جليلة ومواضع حسنة يطول بذكرها الكتاب ۞

غَرْجُ الشّارِ[a] الغَرْج هى[b] الجبال[c] والشار هو الملك فتفسيره جبال الملك[d] والعوامّ يسمّونها غَرْجِسْتان *وملوكها الى اليوم يخاطبون بالشار[e] وهى ناحية واسعة كثيرة القرى بها عشرة منابر اجلّها ابشين[f] وفيها مستقرّ الشاريّين[g] وثَمّ قصورهم وبها[h] جامع حسن ورباطات[i] ولهم نهر *وهو نهر[k] مرو الروذ، وشُورمين ايضًا من مدن هذه البلاد *وهما متقاربتان فى الكبر، وبليكان[l] ايضًا منهنّ وهى فى الجبال[m] وعلى هذه الولاية دروب وابواب حديد فلا يمكن

---

a) In C haec praecedunt: اعلم ان ابا حنيفة امام الائمّة وفقيه الامّة على جلالته وفقهه وفهمه تحيّر فى ثلاث مسائل فوقف فيها وتبرّأ من عهدتها وشكّ فى واحدة فتكلّم فيها واحتاط ليعلم الله تعالى خلقه ان المخلوق عاجز وان فوق كلّ ذى علم عليم (عليمًا .l) ونحن ايضًا قد فصّلنا هذه المملكة على ما ترى وفتح الله لنا عزّ اسمه فى هذا العلم ما لم يفتحه لغيرنا وهيّأ لنا الاسباب حتّى بلغنا الاطراف ودوّخنا البلدان واستقام لنا ما اردناه واقتدرنا على ما جمعناه ورتّبناه وطردنا القياس فانطرد واسردنا الاستحسان فانسرد غير انّا ايضًا قد تحيّرنا فى ثلاث نواحٍ وشككنا فى واحدة فاما اللواتى تحيّرنا فيهنّ غرج الشار ومرو الروذ وسرخس فوقفنا فيهنّ واعتذرنا فى بابهنّ ثم اقتصرنا على وصفهنّ ولم نصفهنّ الى قصبات ولا خالفنا من اجلهنّ القياس واما المشكوك فيها فاصفهان وقد اوضحنا فيها المقال والغرج الخ. Ponit autem descriptionem Ghardjistáni post descriptionem Merwi. b) B هو. Vid. quoque Jacut, III, p. ٧٨٥, 10. c) C addit: كما تقول قوهستان. d) C addit: كما يقال مرو الشاهجان والشاه الامير والجان الروح. Deinde habet والناس. e) C om. f) B et C انسن. Quoque scribitur افشين et بشين. g) B الشاريّنى, C et Jacut الشار. h) C ونها. i) C addit: بناها الشار الفقيه الفاضل ابو نصر محمد بن اسد وبعض بناها من قبله. k) B om. l) B sine punctis, sed supra ut recepi. Apud Ist. p. ٢٧٣, 2 edidi بلكيان relegato lectore ad Jacut, I, p. ٧٣٩, 16. Male. Jacut quoque in suo Istakhrii Cod. legit باليكان (III, p. ٧٨٥, 18). m) C haec om.

احدًا[a] دخولها الّا باذن وثَمّ عدل حقيقىٌّ ونظر عزيزىٌّ وبقيّة من سنن العُمَرين ورسوم تقرُّ بها العين لا عُمّال ظلمة[b] ولا اسباب مغيّرة ما يؤخذ من اغنيآئهم فهو موضوع فى فقرآئهم ومن جنى جنايةً فالعفو او الحدُّ[c] ومع ذلك[d] قوم سلمآء صالحون من الطينة الاولى وصدق رسول الله صلعم كما[e] تكونون يولّى عليكم * وقد وقفنا فيها من اجل هذه الاسباب فلم يمكننا ان نصيفها[f] الى واحدة من هذه الكور * التى حولها[g] لانها مستقلّة بنفسها جليلة بشارها ولا ان نجعلها[h] كورة فينتقض[i] اصلنا فى بوشنج ونظائرها[k] ، فان قال قائل يجب ان تضاف الى بلخ لانها تجتمع مع نواحيها فى معنى وهو آخر الاسم الا ترى انهم يقولون غرجستان كما يقال طخارستان الباميان بروان قيل له التعارف فى علمنا اوكد ممّا ذكرتَ لانه مبنىٌّ على مسائل الايمان وقد سمّى الله تعالى الارض بساطًا ولو ان رجلًا حلف لا يجلس على بساطٍ فجلس على الارض لم يحنث لانه غير متعارف ✿

مَرْوُ تعرف[l] بمَرْو الشّاهجَان قصبة نفيسة طيّبة ظريفه ، بهيّة رحبة خفيفه ، اطعمة لذيذة بها نظيفه ، منازل مليحة لهم انيفه[m] ، من طرفها (151) للجانبين هى صنيفه[n] ، مشايخ اجلّة عقولهم شريفه ، للجامعان باناط[o] لا خشب ولا سقيفه ، وكلّ ليلة بمجلس عصائب * عفيفه ، مذكّر فقيه يقفو ابا حنيفه ، مدارس لكلّ دارس وظيفه ، اسواقهم حسنة الا ترى صفوفها بالجامع الاعلى من كلّ جانب[p] لفيفه ، وثَمّ الدار المذكورة الرفيفه[q] ، بها ايوان

---

[a]) C et Jacut احد. [b]) B طله. [c]) C الجد. [d]) C ذاك. Post صالحون Jacut addit: وعلى الخير مجبولون. [e]) C امراوكم حسناتكم وكما. Deinde B et C تكونوا. [f]) C (sic) ولاجل هذه الاسباب وقفنا فى بابها فلم يكن ان نضفها. [g]) C بها المحيطة. [h]) C تجعلها, B sine punctis. [i]) C فينتقص. Deinde B اصليا, C اصلها. [k]) C ونظرائها. Pro seqq. C ولم نعرف وجهًا ثالثًا فقلنا كما قال ابو حنيفة لا ادرى ما الدهر. [l]) C يعرف. [m]) C انيقه quod homoioteleuton non fert. [n]) B ضيقه, C صنفه. [o]) B ساباط. De legendo ساباط vix cogitari potest, cf. supra p. ١٣٨, 13. [p]) B haec om. (C صفوفه). [q]) C دار مذكورة رفيفة, B الرفيقه et deinde به.

صاحب الدولة الشريفه[a] ، ولا تسال عن حمّامات مرو ولا الهريسة والخبز والعقل والباس فانها[b] معروفه ، وسلْ عن مياههم وكسبهم والمروّات فانها[b] ضعيفه ، وعن دهآئهم وهرجهم فعندى منها[c] صحيفه ، انبآء[d] صدق انفسها مُعْرِبة ظريفه[e] ، ولستُ ممّن ياكل بعلمه[f] رغيفه ، لكنّنى *طالب جنّة وراغب فى دعوة كثيفه[g] ، فمرو بلدة[h] سريّة لو لم تكن من اهلها خفيفه[i] ، قد خربت الّا منازل طفيفه ، وربض ثُلْثه مهدّم *كانها سليفه ، منازل قد شعثت واسقطوا سقوفه[k] ، وفسق ظاهر هروجهم معروفه ، مكاسب ضيّقة لهم فى طرّهم لطيفه ، *لا سخاوة[l] ولا رواسٍ نظيفه ، ولا لطبخهم علاكة[m] وفى الصيف حارّة رشيفه ،، بالجامع دواوين الخراج والشرط ونهرهم فى كلّ حين ينبثق ، والنزآء قبل البيآء فى النسبة تلنترق[n] ،، *اهل طنز وخَبَل[o] ، يعرف ذاك مَنْ عَقَل[p] ،، وهى فى مستواة بعيدة عن الجبال والمدينة القديمة[c] على تلّ فى وسطها مسجد كان الجامع فى القديم حوله منازل يسيرة[q] وعند باب الربض عمارات وسويقة[r] وبالربض جامعان احدهما عند باب المدينة *والآخر فى الصيارفة الغالب عليه اصحاب ابى حنيفة وهو وما حوله من بنآء ابى مسلم صاحب الدولة وهى نظيفة الاسواق[s] وعندى انّما تظرّف[t] اهلها وتعرّقوا من اجل حلول الخليفة

---

a) C الاليفة. b) C انها. c) C om. d) C ابناء, mox B انعسها. e) Sic C et marg. B cum اصل. Textus B لطيفه. f) B بعله. C addit هذا. g) B طالب به دعوة مؤمن عطيفة وجنة عالية وقصرا وخيمة وغرفة C .كسفه. h) B قدر ما سقوفه مساجد قد شعثت كانها C (k .حفيفه B et C (i .بله. l) C ولا مروّة لانهم اخرجوا الخليفة ولا الماء واسع لزرعهم (sic) شليفة. m) B علاله. n) B ملنزق (hic الراء et الماء). Cf. p. ٣٦, 1. o) B طمر وخيل. p) C وكلّ فى دهائه وطنزه لبق الا ان الخيرات فيه تندفق والحمام سائرة الى الابراج تستبق وخبز فائق رفق. q) B دسمر. r) C وحوانيت. s) C كان ابو مسلم قد (Cod. وقد) عطّله لما لعن علىٌّ بن ابى طالب رضه على منبره وبنا جامعًا آخر وسط الربض وامتلأ هذا بالكناسات الى وقت المامون فامر بعمارته وقام فى ذلك اصحاب الحديث واحتووا عليه الّا الاقامة فانها مثنى. In textu pro عليه B عليها. t) B تنطرف, C تنظرف. Mox B ودعرفوا.

*بها واخذ اهل البلد عن حشمه وتبّاعه رسوم العراق والله اعلم[a] ، وهى اشبه البلدان[b] برملة فلسطين وللمدينة اربعة ابواب باب المدينة *يلى الجامع[c] باب سِنْجان *من الوجه الآخر[c] باب بالين[d] باب درمشكان[e] عليه كان قصر المامون والقهندز فى المدينة خراب صعب المرتقى لا يدخل الّا بدليل معيّن[c] والمآء يدخل المدينة ويتخلّل[f] جميع الربض ولهم حياض *نظيفة عليها ابواب[g] وانهار تجرى *فى بعض البلد[h] ✿ وكيرَنْك كبيرة ذات جانبين بينهما جسر وللعمود شعبتان عليهما طواحين تشقّان[i] البلد والجامع فى ثلث البلد الى جنبه[k] خان المنارة بينهما ✿ وسِنْج[l] عامرة الجامع فى طرف السوق والنهر خلفه وعليه بستان الى جنبه[k] كرم لآل المصفى ✿ وخَرَق[m] جامعها خارج السوق شربهم من شعبة نهر نحو قبلة الجامع ✿ وبَاشَان[n] جامعها فى الصاغة وشربهم من شعبة النهر ✿ ودَنْدَانَقَان صغيرة محصّنة بباب واحد للحمّامات والرباط خارجها[o] *شبه الجُحْفَة وموضع برباط دِهِسْتَان حسنة الوضع بها جامع حسن ومسجد واحد[p] ✿

سَرَخْس مدينة كبيرة عامرة مذكورة ولو كان لها[q] جند جعلناها كورة او ناحية وقد تردّد حالها عندى واشكل امرها علىّ وقراتُ فى بعض الكتب قسمة اعمال خراسان فجعل سرخس وابيورد ونسا عملًا واحدًا ولا يستقيم مذهبنا على هذه المقالة لان نسا وابيورد عملان جليلان لكلّ واحد مدن

---

a) C عندهم ولو تركوه لبقيت عندهم وسادوا بها اهل الاسلام. b) C بلد. c) C om. d) B مالس. e) B درمينكان, C درميكان. Vid. Ist. p. ٢٦١, 1. f) B ويحل. g) C صغار من الاجرّ بابواب. h) C وسط البلد فى بعض المحلّات. Deinde B وكبرىك, C male وحرف i. e. وخرق. i) B et C تنشق. k) C جانبه. l) B وسبح, C iterum male وهرم i. e. هرمزفره. m) B وحرو. In C lacuna. Ibi autem additur طيبة نزهة الرستاق et porro legitur جامعها فى السوق على ناحية قدامه خان عند نهر. n) B وباسان, in C lacuna. o) C والرباطات خارج منها. p) C حسنة الوضع والجامع ولهم آبار حلوة وسمعتُ ابا الحسن المؤدّب خطيب بخارا يقول شبّهتُ الدندانقان بالجحفة وشبّهتها انا بموضع فى رباط دهستان. q) B et C له.

فلا يجوز ان نجعلهما من اجناد سرخس ولا ان نجعل سرخس ايضًا جندًا لهما، وقال البلاذرىّ[a] خراسان اربعة (152) ارباع الاوّل ايرانشهر وهى نيسابور وقهستان وهراة وطوس والربع الثانى المروان[b] وسرخس ونسا وابيورد والطالقان وخوارزم والربع الثالث لجوزجانان وبلخ والصغانيان والربع الرابع ما وراء النهر، وهذا ايضًا يخالف مذهبنا وقياسنا يؤدّى ان تكون سرخس خزانة لنيسابور غير انّا تركنا القياس واستحسنّا ان نجعلها مضافة الى مرو لانها معها فى ارض واحدة مع تقاربهم فى الرسوم واللسان والمسافة، وهو بلد للحبوب والانعام وسالنى ابو العبّاس البزدادىّ[c] عن بيت المقدس فقلتُ هى مثل سرخس غير ان بيت المقدس بلد نظيف حسن ظريف، ولسرخس مدينة الجامع فيها مع سويقة ومعظم الاسواق فى الربض شربهم من آبار ومنها سقى مزارعهم ولهم نهر ربّما جرى[d] ✿

---

a) Cf. Jacut, II, p. ٤٠٩, 20 seqq. b) B المروبين. c) C البزدادى. d) C ubi praecedit Merwarudh haec sic habet: من سرخس لو كان لسرخس عدّة من المدن فى رساتيقها المذكورة مثل طبران ونظائره تلوّرناها واضفنا اليها مروَ الروذ ونسا وابيورد لانها واسطة خراسان والمربعة الكبرى واليها يجتمع الطرق كلّها وسمعتُ ابا احمد الهشامىّ يقول لا يكاد الشىء يضيق ببلدنا لانه ان انقطعت عنه القوافل من وجه سارت اليه من وجه آخر، ولا يمكن ان نجعلها من اجناد مرو لنفاستها وجلالة مشايخها لانه يقال انه اغير لرئيسها ابى (Cod. ابو) الحسن الفقيه عشرة الافٍ من الغنم والانعام فلم يكترث (Cod. تكترث) لذلك ولا اعلم خواصّه حتّى علموا، ثم هى مغوثة نيسابور وفرضة خراسان واحصيتُ انه يحمل منها فى كلّ اسبوع من الحبوب مثل ما يحمل من مصر الى القلزم فمَنَعَتْ هذه الاسباب ان تكون قصبة او مدينة ولا يخلو البلدان من هذين وقد امتنعا فى سرخس من وجه ووجبا فى وجه فاشكل الامر فيها فصارت مثل مسألة الخنثى المشكلة التى وقف ابو حنيفة فيها، وهى بلد واسع الاسواق يشقّ فيه نهر وبه آبار حلوة وله مدينة مختلّة بها الجامع وحوانيت عدّة والربض يحوط بثلاثة (Cod. بثلث) جوانب المدينة وخلف الجانب الرابع فضآء خلفه مدينة اخرى قد خربت وصارت تلًّا (Cod. تل)

مَرْو الرُّوذ مدينة جليلة وناحية واسعة وهى متداخلة فى غرج الشار محقوقة لها[a] قريبة منها مرسومة بها الا تعلم ان اصحاب البرد فى فصل الشار وتحت كنفه وتعاهده[b] وهى اسم القصبة ولها اربعة[c] منابر أُخر تكون مثل ثلثى زَبيد يشقّ النهر فى طرفها كثيرة الخيرات والجامع فى السوق على سوارى خشب والاسواق تظلّل[d] فى الصّيف ، ومدنها * دِزَه كبيرة طيّبة يشقّها النهر والجامع فى السوق[e] ، قصْرُ أَحْنَف النهر على حافتها ايضًا[f] والجامع فى السوق ، وحسنة[g] ولَوْكَرَا * عامرتان رحبتان[h] ☆ * وفى مرو الروذ وسرخس اشكال وكلام مثل ما فى غرج الشار ونحن نذكره بعد ونرتّبه على ما يجب وانّما اضفناها مع سرخس الى مرو استحسانًا لان مرو هى امّ القرى باقاليم الاعاجم واحقّ بنواحيها وان يضاف اليها ما يتنازع فيه وبالله التوفيق[i] ☆

* ايرانْشَهْر هو مصر الجانب وقصبة نيسابور[k] بلد جليل ومصر نبيل لا اعرف له فى الاسلام من عديل لما قد اجتمع فيه من الخلال[l] واتّفق فيه من الخصال مثل سعة الرقعة ووسع[m] البقعة وصحّة الماء وقوّة الهوآء وكثرة العلمآء بلد الاجلّة والراسخين من الائمّة فواكه واسعة لذيذة ولحوم جيّدة رخيصة[n] ومعايش حسنة مفيدة اسواق فسيحة[o] ودور فرجة[p] وضياع نفيسة وبساتين

والجامع واسع كبير المغطّى على اساطين من الآجرّ بهىّ القاعة وسالنى الشيخ ابو العبّاس اليزدادىّ مثل اىّ شىء تكون بيت المقدس قلتُ مثل سرخس الّا ان بيت المقدس مجتمعة حسنة ظريفة.

a) B optionem dat inter لها et بها. *b*) B وتقاعده. Praecedentia C, ubi praecedit descriptio Ghardjistani, sic habet: مرو الروذ ايضا قريب ممّا ذكرنا فى الاشكال لانها مداخلة فى غرج الشار محقوقة لها قريبة منها مرسومة بها الا ترى ان اصحاب البرد فى فصل الشار وتحت ظلّه وتعهّده ثم هى بعيدة من مرو الشاه فلا يمكن ان تضاف اليها ولا تضاف الى (deëst) سرخس وهى اقرب منها فاقتصرنا ايضا على وصفها. *c*) B et C اربع. *d*) B sine punctis, C مظللة. *e*) Haec in B desunt. C دره et deinde وقصر. *f*) C om. *g*)? C وحممقه. *h*) C على ما ذكرناه. *i*) C haec om. *k*) C نيسابور هو مصر خراسان. *l*) C الجلال. *m*) C وفسح. *n*) B om. *o*) B فسحه. *p*) B فرحه s. فرجه. C haec sic habet: ترى به اسواقا فسيحة ودورًا فرجة وضياعًا الخ.

نزهة *وتربة علكة[a] وقرائح دقيقة ومجالس انيقة ومدارس رشيقة *وظرف ولباقة ورسوم آيين[b] مختارة وصناعة وحذاقة وتجارة وعبارة وهمّة ومروّة ومعروف وصدقة وحفاظ ومودّة فى الآفاق مذكوره، وفى الاسلام مشهوره[c]، ثم هى خزانة المشرقين، ومتجر الخافقين، بضائعه تحمل الى الآفاق، ولبزّه نور واشراق، ينجمّل[d] به اهل مصر والعراق، يجبى[e] اليه الثمرات، ويرحل اليه فى العلم والتجارات، فرضة فارس والسند وكرمان، ومطرح خوارزم والرىّ وجرجان، طيّب الصيف كثير الجد رخىّ الشتآء مديد العنب، لا يخلو الفقيه من ادب، والعدل من حسب[f]، واليوم من مجلس النظر، مصر صغّر الرجالَ وجوهُه وانزل الاشرافَ ساداتُه وحيّر[g] العلمآءَ ائمّتُه وزاد على المدن محلّاته وعلى الامصار رقعته[h] فهات فى الاسلام مثله، وسمعتُ ابا علىّ العلوىّ[i] يقول لابى سعيد[k] الجُورىّ انت شيخ محلّة لو كانت منفردة عن نيسابور لاحتاجت الى طبل وعلم وامير محكم *وسُئلتُ عنه (153) بفارس فقلتُ هو اربع واربعون محلّةً منها ما يكون مثل نصف شيراز مثل الحيرَة والجُور[l] ومنيشك وهو اوسع من *الفسطاط وآهل من[m] بغداد واكمل من البصرة واجلّ من القيروان وانظف من اردبيل واعمر من همذان[a] لا عفنة ولا سبخة ولا ملولة *ولا كربة[a] الّا ان فى هوآئها يبوسة وفى اهلها جفوة وفى لسانهم رخاوة وفى رءوسهم خفّة لا رفقة ولا[a] بهيّة ولا مساجد وضيّة شوارع نجسة[n] وخانات شعثة وحمّامات وضرة *وحوانيت منكرة وجدارات وعرة[a] قد عاندها البلآء[o] وخالطها الغلآء قليلة الادامات والحطب ثقيلة المعايش والمؤن سواد يابس وجبل[p] عابس مآوهم تحت الارض وفتنهم تعمى القلب *وعصبيّاتهم[q] تجرح الصدر[a] ليس لمحتسبهم هيبة *ولا صرامة ولا لخطيبهم خفر ولا لباقة ولا لجامعهم فى الايّام تلك[r] الجماعة

---

a) C om. *b*) C وبه رسوم ايين. (B ابسن). *c*) C addit وللاقليم مفخرة. *d*) B فتحمل. *e*) B يحبى. C يحمل et deinde اليه من كلّ الثمرات. *f*) C خشب. Deinde B والنوم. *g*) B وخمر, C وحسن. *h*) C حده. *i*) C الحسينى. *k*) C سعد. Deinde B الحوزى. *l*) C الخيره والجوزه. *m*) B الفسطاس واهل. *n*) B نجسه, C نجسه. Deinde B وحادات. *o*) B البلا (et عاندها), C اليها. Deinde B وخالصها. *p*) C وبلد. *q*) B وعصباتهم. *r*) B الانام تلك.

ولا لامامهم حسبة ولا حلاوة[a] ولا لمذكّرهم *صدق ولا[a] حقيقة الغالب على عوامّها غير الفريقين والشيعة والكرّاميّة اصحابُ سفيان *والفقهاء معهم فى بلآء وشين[a]، وان عزل الامير صارت سخنة عين، وغلب عليها العيارة من جهتين،، تكون فرسخًا فى مثله والمدينة وسطها بحصن وخندق واربعة ابواب والقهندز متّصل بها يفصل بينهما طريق من الخندق وله بابان احدهما *فى المدينة[b] والآخر الى الربض *ودروب المصر تجاوز[c] الخمسين غير ان المشهور منها درب الجيف[d] درب خشنان درب برد درب منيشك درب القِباب[e] درب فارس درب الخروج درب اسواركارين[f] والجامع فى الربض تحت المدينة عند طرف السوق وهو ستّ قطع[g] ومسجد المنبر بعضه من بنآء ابى مسلم على سوارى خشب وبقيّته من بنآء عمرو بن الليث على اساطين[h] الآجرّ *مدوّرة يدور على قاعته ثلاثة اروقة[a] وسطه بيت مزخرف *له احد عشر بابًا على اعمدة رخام مجزّع سقفه سِدلًا قد زوّق حيطانه وسقفه مجمّل[i]، واعلم انه مصر جليل غير انك لا ترى فيه سوقًا حسنًا ولا خانًا لبقًا ثم عوامٌّ كلّما نعق ناعق اتبعوه مع عصبيّات وحشة ورسوم غير حسنة ✿ .والشّامَات ربع واسع *جيّد القرى كثير المزارع يسمّونه تَنك[k] آب اى اليه يجرى[l] المآء لانه اخفض الرساتيق وفى القصبة كلّها يخرج ويظهر[m] ليس به مدينة ولا فواكه كثيرة انّما هو مزارع[n] ✿ ورِيوَنْد ربع *سرىٌّ نزه كثير الكروم والاعناب الجيّدة والفواكه الحسنة وبه سفرجل لا يرى مثله[o] به مدينة على اسمه *نزهة يشقّها

---

a) C om. b) C الى المدينة على جسر. c) B sine punctis. d) Ist. p. ٢٥٥, 3 جنك. Infra B الحبق. e) B القبات. f) B اسواركاردن. C haec inde a ودروب om., sed habet: وعلى كلّ باب جسر على الخندق. g) C رحبات et deinde: على الخ التى بها المنبر من بناء. h) B اباط من. Deinde C آجر. i) C اعمدة رخام مجزّع قد زوّق سقفه وحيطانه وله احدى (احد .l) عشر بابا, ceteris omissis. k) B تل. Est Pers. تنگ. l) B تجرى. m) B يخرج ويظهر. n) C يلى ناحية الجنوب جيّد القرى كثير المزارع ليس به مدينة وهو اسفل الارض نزهة كثيرة الكروم o) C وبه مستقرّ القنىّ الا ترى انهم يسمّونه تنك آب والاعناب جيدة السفرجل.

نهر وبها جامع[a] قد جُدّد من الآجرّ[b] ☆ ومَازُل ربع[c] نفيس به قرى عجيبة * ومنه يرتفع الريباس الفائق[d] وفيه قرية بُشْتَقان[e] التى عزم عمرو بن الليث على شرآء محلّة[f] منها * وهى اربع محلّات الدور وسط البساتين والانهار تخترقها[g] فلم يَفِ * بذلك ببيوت ماله ومستفاض انّما دخل نيسابور ومعه الف حمل[h] مال وسمعتُ انهم قالوا له فى هذه القرية شجر[i] يستوى الواحدة عشرة دنانير الى عشرة دراهم وقد بعناك كلّ واحدة بدينار[k] ☆ وبُشْتَنْقُروش ربع كثير الفوائد والاعناب حيث انه دخل فى يوم واحد من باب الجبق[l] وهو يشرع اليه عشرة آلاف حمل[h] عنب وسمعتُ ابا سعيد (154) الجُورىّ[m] يقول به بستان فيه مشمش غلّته كلّ يوم دينار من اوّل المشمش الى انقضائه ليس به مدينة وبه قرية على اسمه عظيمة[n] ☆ وبُشْت هو اجلّ الرساتيق * الاثنى عشر كبيرة[g] به سبع منابر يقال[o] ان ابا الفضل البَلْعَمىّ[p] وابا الفضل ابن يعقوب حضرا مجلس الامير السعيد فاطنب البلعمىّ فى مدح مرو فقال ابن يعقوب لا ننكر فضل مرو * انها لكما[q] ذكرتَ غير ان لنيسابور اثنى عشر رستاقًا منها بُشت دخل ثُلث منابره[r] * مثل دخل مرو فنظروا فاذا الامر على ما ذكره[s] وهو رستاق

---

a) C عامرة وجامع. b) C habet آجر et addit: فيه طريق الرىّ وهو من قبل المغرب. Deinde B ومنازل. c) C addit ممّا يلى الشمال. d) C om. et habet deinde وقرية. e) B بشنقان, C دستقان. Cf. Jacut, I, p. ٩٣٠, 13. Plene scribitur بشتنقان. Deinde C الذى. f) C شرى ربع. g) C om. h) B جمل. i) B سحر. k) C بثمنه ببيوت امواله وسمعت انه لما دخل نيسابور كان معه الف حمل دراهم وبه مواقف سعتها نحو فرسخ وقد كان عزم الامير عميد الدولة على جرّه الى المصر. Deinde B ويشتنفروس. l) B الحبق. m) B الحوزى. n) C locum sic habet: الخان (Cod. الجسان) الرابع من نحو المشرق كثير الاعناب ليس فيه مدينة وفيه قرية على اسمه وخَرْق (Cod. وخرو) اكبر منها سمعتُ ان بعض مشايخ نيسابور دخل على ابى عروبة بالرقّة فساله عن نيسابور ومفاخره فقال به قرية (deëst) تسمّى قرية خرق (Cod. حزو) تحمل فى كلّ يوم من ايّام العنب ما يبلغ ثمنه مائة الف درهم. Deinde B et C وبست ut quoque infra. o) C ويقال. p) B البلغمى. q) C وانها (Cod. وانا) لعلى ما. r) B et C منابر. s) C كدخل مرو فنظر فاذا الامر كما قل.

يجمع الفواكه والحبوب والاعناب السريّة وسمعتُ ان فيه[a] زيتونًا وبه تين كثير ومنه تحمل البواكير *لانه معتدل الهوآء اسم[b] مدينته طُرَيْثيث عامرة *جيّدة وبها جامع ليس بعد جامع دمشق اغنى منه حسن نظيف له سوق قد بنى جديدًا سوى ما حوله من الدكاكين وقد اضيف مسجد من الآجرّ[c] والجصّ وعند بابه حوض للمآء مدوّر ينزل اليه بمراق حسن[d] ثم هى فرضة فارس واصفهان *وخزانة خراسان، دونها كُنْدُر قريبة ممّا ذكرنا فى العمارة والخير[e] وسائر المنابر فى عداد القرى[b] ۞ وبَيْهَق *يلى هذا الرستاق ويقاربه فى الخيرات والخصب ونفاسة القرى وفيه تشقّ جادّة الرىّ[f] وبه مدينتان سَوْزَوار[g] وخُسْرُوجِرْد عامرتان بينهما فرسخ *وقرية[h] فى المنصف كلاهما على الجادّة وبه قرى جليلة مثل جزينان[i] ونظائرها وهم اهل ادب وقد اخرج عدّةً من العلمآء والكتبة ويرتفع منه بزّ كثير[b] ۞ وكُوِيَان[k] رستاق واسع كثير الخير يرتفع منه ثمار وحبوب وثياب وفيه طريق الى جرجان وهم اصحاب حديث واهل ادب اسم مدينته أَزَاذْوَار عامرة آهلة كثيرة الخير[l] ۞ وجَاجَرْم رستاق صغير سرىّ به مدينة لها جامع حسن وهى كبيرة[m] محصّنة تدعى بهذا الاسم وله نحو سبعين قرية، ويقال ان لكلّ رستاق من الاثنى عشر ولكلّ ربع ثلاثمائة وستّين قرية غير هذا ۞ وأَسْفَرَايِينُ رستاق نفيس بلد الاعناب[n] الجيّدة ومزارع الارزاز الكثيرة يشقّه جادّة جرجان مدينته على هذا الاسم عامرة نفيسة ليس فى مدائن الرساتيق اجلّ منها ذات اسواق حسنة وخصائص عدّة وهم ايضًا اصحاب حديث[o] ۞ وأُسْتُوَا رستاق كبير على جادّة

---

a) C بہ. b) C om. c) B مسجدًا اخر sic. d) C بها غنية الجامع سوق حارّ وحوض حسن عند الجامع. Deinde وهى. e) B sine punctis. f) C رستاق صغير جليل القرى وبه ادباء. g) B سوروان. h) B وقريه. i) B حزنان. Scripsi collato جُزِين apud Jacut. k) B وكودان. l) C وجُوَين غير واسع من نحو جرجان يرتفع منه ثمار وثياب وحبوب اسم مدينته ازاوار كثيرة الادباء, وأَرْغِيَان صغير ايضًا لا يكاد يفرز عن جوين لا اعرف به مدينة, ceteris ad اسفرائين omissis. m) B كثمره. n) B الاعبان. o) C واسفرائين رستاق سرىّ كبير تشقّه (Cod. نشفه) جادّة جرجان وبه معدن الاعناب الجيّدة

نَسا وليس فى هذه الرساتيق اخصب ولا اكثر حبوبًا منه وهو يقوم باكثر ميرة نيسابور وبه مباخس ويزرع *به ثوم[a] كثير ويرتفع منه ثياب كثيرة واسم مدينته خُوجَان ليست بالكبيرة[b] خلف جبل نائية عن الجادّة وسائر الرساتيق عامرات[c] ✿ وطَابَرَان هى اكبر مدائن طُوس عليها حصن شبّهتُها من بعيد بيثرب بها سوق حارٌّ ومشايخ وكبار وفوائد وتجار الجامع فى الاسواق *قد زخرفه ابن عبد الرزّاق[d] ولهم قنىٌّ قريبة وآبار[e] كثيرة للخير *رخيّة الاسعار واسعة للحطب حسنة الثمار[d] الّا انها بليدة[d] خربة الاطراف باردة[d] رديّة الحمّامات *وبئس[f] قوم اذا دارت الدائرات[d] ✿ ونُوقَان دون طابران[g] قد التفت الاسواق بجامعها *حذّاق فى نحت البرام ونظائرها[d] وهم قوم جياد *الّا ان ماءهم قليل[d] ✿ وجُنَاوِد[h] (155) اصغر منها لها سبعون قرية وبقيّة المنابر[i]

ومزارع الارزّ والحبوب مدينته على اسمه ليس فى مدائن الكورة مثلها شربهم من نهر ينحدر من الجبال. Deinde B واسنوار.

a) B له ثوم. b) B بالكبير. c) C habet: واسنوا جليل على جادّة نسا ومنه اكثر غوالّ (Cod. عوال) المصر بلد للحبوب والثوم ومغوثة كثير المباخس قليل الثمار له مدينتان احدهما خُوجَان غير كبيرة بها سوق واحد والاخرى دَوِينُ دون هذه ✿ وأَسْفَنْد صغير قليل الثمار تشقّه جادّة مرو ليس به مدينة ✿ وزَام كبير وقد يجعل مدينته بُوزْجَان (Cod. بودجان) ونحن جعلناها دارًا (Cod. دار. Supra قصر vocatur) ✿ بَاخَرْز بلد للحبوب والزبيب ويرتفع منه ثياب كثيرة غير انه صغير الاسم مدينته مالِنُ عامرة ✿ وخَوَّاف صغيرة كثيرة الزبيب والرمّان اسم مدينته سلومك (Cod. سلومد) ✿ وزَاوَه على ما ذكرنا لا اعرف له مدينة ✿ ورُخّ صغير ايضًا اسم مدينته تنفك (sic; l. بيشك?) ✿ طُوس خزانة جليلة واسعة قديمة وهى بين رساتيق نيسابور ولهم فيها رفق ذات مزارع ومباخس وثمار ولها خصائص وبها معادن ومشايخ الّا انها بيت اللصوص ومعدن العصاة قد حاطت بها الجبال وصعبت اليها الطرق ، وطابران مدينتها الكبرى عليها حصن والجامع الخ. Deinde B وطبران ut quoque infra. d) C om. e) C addit حلوة. f) B sine punctis. g) C دونها. h) B وجناواذ. i) C المدن.

استورقان جرموكان[a] تُروغْبَذ سَرْكُو رَايكان برنوخكان[b] ☆ نَسَا بلد رحب[c] نزيه طيّب غزير المياه كثير الخيرات مشتبك الاشجار[d] حسن الثمار جامع ظريف وخبز[e] نظيف وسوق رصيف *له خصائص وظرائف[f] المذهب واحد والرخص دائم[g] مع فقه وادب واصل وحسب وبأس ومنعة *اقلّ دار الّا وبها بستان وماء جارٍ وقرى كبار الّا ان بها كلّ عيّار قد اخربها[h] العصبيّة وحوى ضياعها الخوارزميّة[i] قد زادوا فى القرآن ورجّعوا فى[f] الاذان وخالفوا[k] الاسلام لها عشرة دروب *قد غابت فى الاشجار لها مدينتان اِسْفِينَقَان وجَرْمَقَان[l] ورباطان أَفْرَاوَة وشَارِسْتَانَة[m] افراوة رباط جليل[n] به رجال شهام وعدد من خيل وسلاح[o] ثلاثة حصون متّصلة على احدها خندق شربهم من عيون فيه وهو[p] فى مفازة الّا[q] ان الخيرات تجبى[r] اليه *وهم جفاة رديّو المعاملة[s] ☆

---

a) B جرمقان. Deinde B بروغمه, C بروغنه, ut etiam supra p. ٣٠٠ *l*. Vid. Jacut in v. Apud Ist. p. ٢٥٧, coll. ann, *h* male edidi; l. تروغوذ. *b*) B نموحكان, C رينوخكان. Cf. supra p. ٣٠٠ *l*. C addit: وسمعتُ بعض مشايخهم فى مجلس ظريف بن احمد الكاتب بنسا يقول اهل طوس سابقون فى الدارين اما فى الدنيا فسبقهم الى الاسلام قبل نواحى خراسان واما فى الآخرة فان الله تعالى يقول (Kor. 17 vs. 73) نَدْعُو كُلَّ أُنَاسٍ بِاِمَامِهِمْ وعلىٌّ الرِّضَى كان من افضل الائمّة فيهم عند اتباعه. *c*) C رحيب. *d*) B بالاشجار. *e*) B وخمز, C وحبق. *f*) C om. *g*) C راتب. Deinde B معه. *h*) C ورحب وسعة الّا انه معدن الذعار ومنبع كلّ عيّار قد اخربتها. *i*) C addit: ثمّ مع حرّ شديد وذباب (Cod. ودباب) عديد. *k*) C add. اهل. *l*) B اسمقان جرمقان. *m*) C ومدينتها اسفينقان (Cod. اسقيقان) هى اكبر منها وجرمقان اصغر منهما. Deinde وافراوه. *n*) C addit: لا يعوزه من اسباب المدن غير المنبر. Deinde om. به et habet وعدة. *o*) C add. وهو. *p*) C وهن. *q*) C غير. *r*) B sine punctis, C تجبى. *s*) C وقد بنا ابو القاسم الميكالىّ بالقرب منه رباطات وجعل لها خزائن واوقافًا (Cod. واوقاف) واختار عدّة من القرى اجرى اليها قنيًّا من الجبال وتمّ قبره (Cod. قبرة) ☆ ورباط شارستانة دون هذا قد غلبت عليه الرمال وهما حصنان وبه خزانة حسنة ومساجد عدّة.

وأَبِيوَرْد اعجب التى من نسا *واحرّ سوقًا وارخى واخصب[a] شربهم من نهر والجامع *بالسوق قد خرب حصنها مدينتها مَهَنَة ورباطها كُوفَن[b] ☆

قَايِن فى قصبة قوهستان لا طيّبة ولا سريّة بل صغيرة ضيّقة طمثة[c] لسان وحش وبلد قذر ومعاش قليل الّا ان عليها[d] حصنًا منيعًا واسمها بعمان[e] كبير ويحمل منها بزّ كثير والرفاق اليها تسير فى فرضة خراسان وخزانة كرمان مشاربهم من قنىّ ولهم ثلاثة ابواب ☆ وطَبَس التَّمْر عليها حصن وسوقها صغير وجامعها لطيف شربهم من حياض تجرى اليها قنىّ ظاهرة[f] ورايتُ بها حمّامات طيّبة ☆ وكُرِى على ثلاثة فراسخ من نحو المفازة دون هذه فى العمارة ☆ والرقّة صغيرة قريبة من المفازة شربهم من عيون ☆ وتُون عامرة آهلة كثيرة الحاكة وبهما علمآء وكبرآء ☆ وخَوْسْت عليها حصن على فم المفازة وهى اكبر واقلّ اهلًا من تون قليلة الاشجار شربهم من عيون ☆ وطَبَس العُنّاب تسمّى طبس مَسِينَان كثيرة العنّاب[g] ☆

---

a) C لانها احسن سوقًا واحسن وضعًا وارخى وارحب. b) C فى السوق ☆ مهنة صغيرة عليها حصن وبها جامع شعث ☆ وكوفن رباط عليه حصن باربعة ابواب يقال ان دوره فرسخ مكسر فى زاويته رباط فيه المسجد الكبير وفى المسجد صهريج وبركتان ولهم قناة عذبة ☆ وزُوزَن هى الدار مدينة كبيرة على اربعين فرسخًا من المصر عامرة كثيرة للحاكة وصنّاع اللبود ☆ وبُوزْجَان هى القصر مدينة كبيرة ومن الناس من يجعلها لجام ولا يذكر القصر وما ذكرنا اصحّ. c) B طمىه. d) Jacut, IV, p. ٣٣, 2 عليهم. Deinde B حصن منبع. e) B بعمّان. Jacut نُعْمان, sed lectio confirmatur a C. f) B طاهره. g) C provinciam Kuhistân sic describit: قَايِن بلد ضيّق الساحة والمآء قليل الفضل والرخآء لها قهندز وعليها حصن وخندق بثلاثة ابواب باب كورن باب كلاواج باب زقاق اسنيجير (Cod. اسبنحير. An = استخر?) شربهم من قنىّ عامّة اهلها حاكة لسانهم وحش وزيّهم طفش لا سخاوة ولا ظرافة قرى متفرّقة ومفازات وحشة الّا ان اجنادها كثيرة ونواحيها بعيدة ومدنها معروفة وصينتها كبير وقصدها كثير وهى وطُرْثِيث فرضتا عمان ومطرحا كرمان وخزانتا خراسان ☆ وتُون اصغر من قاين كثيرة للحاكة وصنّاع الصوف عليها حصن والجامع وسط

جمل شؤون هذا الاقليم

هو اقليم بارد الّا سجستان وبُسْت وطَبَس التمر[a] فانهنّ على هوآء جروم الشام واما بلخ فهوآءها عراقىّ وهوآء مرو شامىّ وبرد خراسان الين من برد[b] هيطل وهذا الاقليم كلّه يابس ثم لا يتساوى[c] اليبوسيّة ايضًا وكلّما اشتدّ برد[b] موضع فى هذا الاقليم اشتدّ حرّه الّا سمرقند فانها طيّبة فى الصيف وكذلك نيسابور غير انها الين بردًا من سمرقند وفى هذا الاقليم كلّه ينامون على السطوح وهم فى تعب، قال ودخل عبد الله بن المبارك على عبد الرزّاق بصنعآء *فسأله عن الهوآء بخراسان[a] فقال *انّا ننام[d] ثلاثة اشهر فى البيوت[e] *وثلاثة فى الصِّفاف[a] وثلاثة فوق السطوح[f] ثم نرجع على هذا الترتيب قال اذًا[a] انتم يا خراسانىّ ابدًا[g] فى سفر لى عمرى كلّه انام فى هذا الموضع، وكذلك اكثر الشام وبعض فارس *وبعض كرمان[h] ومكثتُ انا عشرين سنةً ببيت المقدس انام فى البيت[i]، وغَرْجُ الشار[k] حارّة فى الصيف ✿ وهو كثير الانهار والثمار وليس فيه بحيرة الّا بخوارزم مالحة (156) واخرى بسجستان

البلد شربهم من قناة ظاهرة (Cod. طاهرة) بالجامع ✿ وبناوند (sic) عامرة جامعها فى الاسواق وعليها حصن ✿ ويُنَابِذ (Cod. وسنابذ) كثيرة القرى والبساتين واسعة ✿ وخُور (Cod. وخوز) صغيرة بنآؤهم طين لا حصن لها ولا بساتين مياهها ضعيفة وهى على طرف المفازة ✿ وطَبَس التمر حجازيّة (Cod. حجارية) عليها حصن وبها جامع ظريف وشربهم من قنا ✿ وطَبَس العُنّاب تسمّى طبس مسينان كثيرة العنّاب الدون وقد خرب حصنها ✿ ولم ار بقوهستان نهرًا جاريًا ولا موضعًا ذا مشاجر الّا طبس فانّى سرتُ نحو مرحلة كلّها قرى ونخيل وقنىّ وطبس مسينان ايضًا قد غابت فى اشجار العنّاب ولم ار بها قهندزًا الّا بقاين والجامع فيه ✿ والرَّقّة صغيرة وخَوْسْت عند سفح جبل ✿ وهذه الكورة واسعة غير انها مفاوز وجبال وكلّها مصارد (Cod. مصادر) الّا طبس وكرى.

a) C om. b) B هوآء. Pro وهذا C وهو (وهواء?). c) C تتساوا et اليبوسة. d) B ينام. e) C البيت. f) C السطح. g) B om. h) B وكرمادمص, fort. وكرمان ومصر? i) C موضع واحد. k) B الشاره.

واخرى ببخارا عذبنان ولا تجرى[a] السفن الّا بجيحون ونهر الشاش ۞

وهو اكثر[b] الاقاليم علمًا وفقهًا وللمذكّرين به صيت عجيب ولهم اموال جمّة وبه يهود كثيرة ونصارى قليلة واصناف المجوس وليس فيه[c] مجذومون * ولا يعرفون الجذام[d] واولاد علىّ رضه فيه[e] على غاية الرفعة * ولا ترى به هاشميًّا الّا غريبًا[f] ۞ ومذاهبهم مستقيمة غير ان الخوارج بسجستان ونواحى هراة كَرُوخ واستربيان[g] كثيرة وللمعتزلة بنيسابور ظهور بلا غلبة[h] وللشيعة والكرّاميّة بها جلبة والغلبة * فى الاقليم اصحاب[i] لابى حنيفة الّا فى كورة الشاش وايلاق وطوس ونسا وابيورد وطَرَاز وصنغاج[k] وسواد بخارا وسِنْج والدَّنْدَانقَان وأَسْفَرايِن وجُوبان[l] فانهم شفعويّة * كلّهم والعمل فى هذه المواضع على مذهبهم[d] ولهم جلبة بهراة وسجستان وسرخس والمروَيْن ولا يكون قاضيًا الّا من الفريقين وخطباء المواضع التى استثنينا[m] ونيسابور * ايضًا شفعويّة واحد جامعى مرو ايضًا الّا ان الاقامة به وبنيسابور مثنى[n] وللكرّاميّة جلبة بهراة وغرج الشار ولهم خوانق[o] بفرغانة والخُتَّل وجُوزْجَانَان وبمرو الروذ خانقه[p] واخرى بسمرقند * وبرساتيق هيطل اقوام[q] يقال لهم بيض الثياب مذاهبهم تقارب الزندقة واقوام على مذهب عبد الله السرخسىّ لهم زهد وتقرُّب[r] واكثر اهل تِرْمِذ[s] جَهْمِيَّة واهل الرقّة شيعة واهل كُنْدُر قدريّة والشار[t] يصلّى العيدين على قول عبد الله بن مسعود ومذهب ابى حنيفة يوالون بين القرآئين ويكبّرون اربعًا ۞

واما التجارات فترتفع[u] من نيسابور ثياب البيض الحَفِيَّة والبيباف[v] والعمائم الشهجانيّة الحفيّة[w] والراختج والناختج والمقانع * وبين الثوبين[x] والملاحم بالقزّ والمصمت العتّابىّ والسعيدىّ والطرائفىّ[y] والمُشْطىّ والحلل وثياب الشعر والغزل

a) C يجرى. b) B sine punctis. c) C به. d) C om. e) B om. f) C وبنو هاشم لا يوجدون. g) B واستردسان, C واسبرنبيان. Deinde C كثير. h) B غلابة. i) C لاصحاب. k) B وطران وصنعاج (C وصغاج). l) B وحوبان, C وكوبان. m) C الذى ذكرنا. n) C واحدى جامعى مرو شفعوية. o) C مدارس. p) C مدرسة. q) C وفى رساتيق هيطل قوم. r) C وتقوى. s) B تريد. t)? B وسدار. C haec ad واما om. u) C فيرتفع. v) B والساق. w) C الشهجانيه والحفيه. Deinde B والراحج والماجح. x) B sine punctis. y) B والطرائقى. Deinde B والمسطى. Vocales addidi.

المرتفع * والحديد وغير ذلك[a] ومن نسا وابيورد القزّ وثيابه[a] والسمسم * ودهنه وثياب الزنبقت[b] ومن نسا ثياب البنبوزيّة[c] وفرى الثعالب والبزاة ومن طوس البرام الفائقة والحصر والحبوب ومن رساتيق نيسابور ثياب كثيرة غليظة[a] ، ومن هراة البزّ الكثير وديباج دون وخلدى والزبيب[d] الطائفىّ والعنجد الاخضر والاحمر ودوشابه[e] وناطفه والبولاذ والفستق *واكثر حلاوات خراسان[f] ، ومن مرو الملاحم ومقانع القزّ والابريسم والقطن والبقر والجبن[g] والبزر والشيرج والنحاس ، ومن سرخس الحبوب والجمال ، ومن سجستان التمور والزنابيل[h] والحبال من الليف والحصر ، *ويرتفع من قوهستان ثياب تشابه النيسابوريّة بيض وبسط ومصلّيات حسنة[a] ، ومن بلخ الصابون والسمسم والارزّ والجوز واللوز والزبيب والعنجد والسمن وعسل الشمسىّ *من العنب[a] والتين ولبّ الرمّان والزاج والكبريت والرصاص واسبرك والزرنيخ والابخرة والنوقايات *على عمل الجرجانيّة[a] والابراد[i] والادهان والجلود ، ومن غرج الشار الذهب واللبود *والبسط الحسان والحقائب وما فى معناها[k] (157) والخيل الجيّدة[a] والبغال ، ومن ترمذ الصابون والحلتيت ، ومن وَلْوَالِج السمسم ودهنه والجوز واللوز والفستق والارزّ والحمّص والبيرى[l] والرخبين والسمن والقرون وجلود الثعالب ، ويرتفع من بخارا الثياب الرخوة والمصلّيات والبسط وثياب الفرش[m] الفندقيّة وصفر المنابر والطبرىّ وحزم الخيل تنسج[n] فى المحابس[o] وثياب اشمونىّ *والشحم وجلود الضان ودهن الراس[a] ، ومن كَرْمِينِيَة[p] المناديل ومن دَبُوسِيَة ووَذَار[q] ثياب الوَذَاريّة *وهى ثياب على لون المصمت وسمعتُ بعض السلاطين ببغداد يسمّيها ديباج خراسان[r] ومن رِبِنْجَن ازر الشتاء[s] من اللبود الحمر ومصلّيات وطاسات اسبيدروى والجلود ومرير[t] القنب والكبريت ، ومن خوارزم السمّور

---

a) C om. *b*) Sic B sive الزبنقت. *c*) B البنبوزيه. *d*) C وزبيب. *e*) C ودواشبه. *f*) C وغير ذلك. *g*) C والحمر. *h*) B والزبابيل. *i*) C والحلل (B sine puncto). *k*) C والانماط والحقيبات. *l*) B sine punctis, ut quoque sequens quod in C desideratur. *m*) C الفروش. *n*) B sine punctis, C بنسج. *o*) C السجون. *p*) B كرمينيّة. *q*) B وذار, C ودار. *r*) C وبنسا نظيرها. Deinde B ومن وبحه, C ومن وبكه. Coniectura edidi. *s*) B المسا i. e. النساء. *t*) B ومن بر, C ومرى.

والسنجاب وقاقون[a] وفنك ودَلَه والثعالب وخزبوست[b] وخركوش ملوّن وبزبوست[c] والشمع والنشّاب والنوز[d] والقلانس وغرا السمك واسنان السمك وخزميان[e] وكهروا والكيمخت والعسل والبندق وابوُز[f] والسيوف والدروع والخلنج والرقيق من الصقالبة والاغنام والبقر كلّ هذا من بُلْغار ويرتفع منها عناب وزبيب كثير وملابن[g] وسمسم وبرود وفروش وثياب اللحف وديباج بيشكش[h] ومقانع ملحم واقفال[i] وثياب آرَنْج والقسىُّ التى لا يقوى على معط القوس[k] الّا اشدّ الرجال * والرخبين[l] والمصل والسمك[m] والسفن * تنحت وتعمل ومن ترمذ ايضًا[m]، وبجمل[n] من سمرقند ثياب سيمكون والسمرقنديّة والقدور العظيمة من النحاس والقماقم الجياد والاخبية[o] * والركب والحكمات وسيور، ومن دِزَك اللبود الجياد والاقبية منها[m]، ومن بَنَاكِث[p] ثياب تركستان، ومن الشاش سروج * الكيمخت الرفيعة[q] والجعاب والاخبية وجلود تجلب من الترك وتدبغ[m] والازر[r] والمصلّيات والبنبيقات[s] والبزر والقسىُّ الجيّدة وابر دون[t] والقطن يحمل الى الترك[u] والمقاريض * ومن سمرقند ايضًا ديباج يحمل الى الترك وثياب حمر تسمّى ممرجل[v] وسينيزىّ وقزّ كثير وثيابه والبندق والجوز، ومن طوس الترك الحسنة والابراد الجيّدة[m]، ومن فرغانة * واسبيجاب الرقيق من الاتراك[w] مع الثياب البيض وآلات السلاح والسيوف والنحاس والحديد ومن طَرَاز بزبوست[x] ومن شَلْجِى الفضّة * ومن تركستان الى هذه المواضع تخرج الخيل والبغال وكذلك من الخُتَّل[y] ☆ ولا نظير لديواج[z] وطراز وطين وكماة[m] وشهجانىّ[aa] وابر وسكاكين

---

a) C وقاقم. b) B et C خربوست. Ad. seq. marg. C الارنب. B om. ملون. c) B et C وبربوست. d) B والنون. e) B وخرميان, C وخرمان. f) B واوز, C om. g) C وملابس. Deinde C والسمسم والبرود والفروش. h) B دسنكش, C سنكش. Videtur esse Persicum پيشكش. i) B sine punctis, C والاقفال. k) C معصه et اقوى pro اشد. l) B والرخمن. m) C om. n) C ويرتفع. o) C والاقبية. p) C پناكث. q) C كيمخت رفيعة. r) B et C والارز. s) C والبنبقات. t) C وابرذون. u) C للترك. v)? B ممرحك. Deinde وسنترى. w) C الرقيق وكذلك من اسبيجاب. Mox B ثياب sine art. x) B طران بربوست, C طرازبن بوسب. y) C والخيل. z) B لدواج, C لين واج. Deinde B وطران, C مطران. aa) C addit وفيروزج.

وريباس[a] نيسابور ولا لملابن[b] واشنرغاز وبطّيخ مرو * الكبير وعند كلّ من لم يدخل الرملة انه ليس فى الدنيا مثل خبزهم ولكن لا نظير له فى اقاليم الاعاجم ولا ترى مثل هريستهم[a] ولا نظير للحمّان بخارا * وجنس بطّيخ لهم يسمّى الشاق[c] ولا لقسىّ خوارزم وغضائر الشاش وكاغد سمرقند وباذنجان نسا[d] واعناب هراة[e] ✿ وبه معادن كثيرة بنيسابور فى رستاق رِيوَنْد[f] معدن الفيروزج وبرستاق . . . . . .[g] معدن السَّبَج[f] وبرستاق بَيْهَق معدن رخام وبطوس البرام وبزُوزَن (158) طين الاكل وبرستاق . . . . . .[g] طين الختم والكتابة[f] ومعادن الفضّة ببَرْوَان[f] وبَنْجَهير وشَلْجى وهو جبل يمدّ الى فرغانة ، النوشادر وفضّة وذهب من بارمان[h] وذو الغار من كورة ايلاق وهو ما يتصاعد من دخان الفضّة واقلّ ما يقع الى الناس من خالصه والزيبق عين تغور قرب قُبا[f] وليست بمعدن وقد كان ابو يوسف ظنّ ذلك ثمّ اخبر انه كما قال ابو حنيفة وبواشجرد زعفران جيّد وبقواذيان فوّه وفى هذا الجانب نفط وفيروزج لا يمكن منه وبه قير وزفت[i] ✿

---

a) C om. b) B لملابس, C وملابز. Deinde B واشنرغان. c) Sive الساف. C haec om., sed cf. ann. seq. d) C addit: وبطيخ الساس (الشاش). e) C addit: قال وجرت بين الحاكم عبد الحميد وبين مشايخ الرىّ مفاخرة فى البلدان عند (Cod. البلد بن عبد) الحسن بن بويه فقال عبد الحميد ان الله تعالى اباح اربعة اشياء ولم يجعل لها قيمة وهذه الاربعة تحمل من نيسابور الى الآفاق الحجر والمدر والماء والكلأ اما الحجر فالفيروزج يحمل الى اطراف الدنيا واما المدر فطين الاكل يحمل الى مصر والترك واما الكلأ فالريباس يحمل الى موائد الملوك والماء فالملح يحمل الى البعد للادوية فهذا اعزّ ما لا خطر له فكيف بما له خطر فاخصمهم. Cf. Kazwini, II, p. ٣١٩ ult. seqq. f) B sine punctis. g) In B lacuna. h) Sic. i) C haec sic habet: وهو كثير المعادن [من] نيسابور الفيروزج والسبج (Cod. والسنج) والرخام ولاهل طوس البرام ومن بذخشان الفصوص ومن پروان وبنجهير (Cod. وبنجهين) وجبل يمدّ الى فرغانة وشلجى معادن الفضّة واسعة ومن ايلاق النوشادر ومعادن ذهب وفضة واما ذو الغار فانه دخان الفضّة يتصاعد فيجمع واقلّ ما يقع الى الناس من خالصه

ورسومهم *تخالف رسوم اقاليم العرب فى اكثر الاشياء منها[a] انهم ياخذون الميّت *عند الدفن من قبل القبلة صاحب الراى منهم والحديث الّا الشيعة فانهم يسلّونه وقلتُ يومًا لاهل ابيورد انتم قوم على مذهب الشافعىّ رحمه والامر لكم فى بلادكم فلمَ لا تسلّون الميّت سلًّا قالوا ما كنّا لنتابع الشيعة ونخالف المسلمين[b] ولا يحول الامام[c] وجهه *عن يمين وشمال عند الصلاة[d] على النبىّ صلعم اذا خطب[e]* وللمؤذّنين سرير قدّام المنبر يؤذّنون عليه *بتطريب والحان[f]* ولا يتردّى الخطيب ولا ينقبّى انّما عليه درّاعة ولا يسرع[g] الخروج وفى جوامعهم[h] قدور من نحاس كبار على كراسىّ *يطرح فى الماء الجمد يوم الجمعة ويلبسون الخفاف فى الشتاء والصيف واقلّ ما ينتعلون[i] *ويذكّرون بلا دفاتر[k] فاما بمرو وسرخس وبخارا فلا يذكّر الّا فقيه او مفسّر وسائر الاقليم كلّ من اراد ورسم[l] اصحاب ابى حنيفة يذكّرون فى هذه الثلاث بلدان التى ذكرنا بمستملى[m] *وتضرب المقارع بين يدى اجلّة الامراء ويشهد كلّ احد فى كلّ شىء غير ان فى كلّ بلد عدّة من المزكّين[n] فان طعن الخصم على الشاهد سُئل عنه المزكّى* ولا يتحنّك فيه الّا فقيه او رئيس[o]* وبنيسابور[p] رسوم حسنة

والزيبق عين بقرب قبا وليست بمعدن وكان ابو يوسف ظنّ ذاك ثمّ اخبر انه عين (Cod. غيبر) كما قال ابو حنيفة وبواشجرد زعفران وبقواذيان قوّة وبهيبطل نفط وقير وزفت.

a) C om. b) C من القبلة فى جميعه. c) C الخطيب omisso deinde اذا خطب. d) C يمينًا وشمالًا يصلّى. e) C addit: الّا الحاكم ابو سفيان بسرخس لانه ممّن رحل الى بغداذ ولم ار بجميع المشرق خطيبًا الّا ان يكون هذا الحاكم بل كلّهم ثقلاء متكلّفون بلا بلاغة ولا طيبة. f) C عند الخطبة بتطريب غير حسن الّا بنيسابور فانهم يجدونها (l. يجيّدونها?). g) C pro his: ولا تبرّد الخطباء ولا يلبسون قباء ولا منطقة ولا يسرعون. h) C جميع الجوامع. i) C يملئونها ماء وجمدًا ايّام الجمع يكثرون لبس الخفاف ويقلّون التنعيل والتردّى وبهيبطل الاقبية. k) B دقاير. l) B ورتنم. m) C وللمذكّرين ببخارى ومرو وسرخس مستملى. n) B المزكّنين. o) C om. sed habet: وهو اقليم يقسى القلب ليس كالشام واليمن حدّثنا ابو الفضل بن

*منها مجلس المظالم فى كلّ يوم احد واربعاء بحضرة صاحب الجيش او وزيره فكلّ من رفع قصّة قُدّم اليه فانصفه وحوله القاضى والرئيس والعلماء والاشراف ومجلس للحكم كلّ اثنين وخميس بمسجد رجاء لا ترى فى الاسلام مثله ولوجوه البلد بالغدوات مجالس على ايّام الجمعة يجتمع فيها القرّاء يقرأون الى ضحى[a]، وتجمّلهم على ثلاثة *اوجه اما الفقهاء والكبراء فيتطيلسون ولا يتحنّكون الّا من يستحمق[b] ولهم لبسة ينفردون بها فى الشتاء يتلبّس احدهم ويجعل الطيلسان فوق العمائم ثم يلبس من فوق ذلك درّاعة ويرخى ما فوق العمامة على طرف الدرّاعة من خلف ورايتُ جماعةً بطوس وابيورد وهراة يفعلون ذلك واهل[c] سجستان يكوّرون العمائم مثل التبجان ولا يتطيلس بما وراء النهر الّا كبير انّما هى الاقبية المفتوحة وبمرو انصاف[d] العلماء يجعلون الطيالسة على احد اكتافهم مجتمعة فاذا ارادوا ان يرفعوا فقيهًا امروه بالتطيلس[e] ☆

تهامة (ابن نهامة .l) قال حدّثنا الزبير بن محمّد قال حدّثنا اسماعيل بن عبد الله بن ميمون قال حدّثنا اسماعيل بن عبد الكريم قال حدّثنا ابراهيم بن عقيل عن ابيه عن وهب انه سمع جابر بن عبد الله يقول سمعتُ النبىّ صلعم يقول غلظ القلوب والجفاء فى اهل المشرق والغداذيين (sic) والايمان فى اهل اليمن. p) C add. عدّة.

a) C pro his: مجلس القاضى يوم الاثنين والخميس بمسجد رجا ومجلس المظالم بيوم الاحد والاربعاء بحضرة الامير او الوزير وللوجوه مجالس بالغداوات يجتمع بها قرّاء القرآن الى ضحا يقرؤون دارة. b) B يتحكنون الا من يستحمق. Textus mancus esse videtur. Cf. C. c) B من اهل. d) B انصاف. e) C haec sic habet: وجوه الفقهاء والرؤساء يتطلّسون ويتحنّكون وكبار التجار يتطلّسون ولا يتحنّكون ومن دونهم لا يتطلّسون ولا يتحنّكون ويتلبّس احدهم ويجعل الطيلسان فوق العمامة ثم يتدرّع ويرخى الطيلسان من فوق العمامة على طوق الدرّاعة ويركب الخيل كلّمن شاء ولا يتطلّس بما (Cod. ما) وراء النهر الّا فقيه جليل او غريب وانّما هى الاقبية لانه جانب جهاد واذا تكلّم اكثر اهل بخارى هزّوا اكتافهم الى فوق ورايتُ ابا بكر الاسماعيلىّ يفعل ذلك واكمام اقبية الجند ضيّقة ويضرب الغرائق قدّام السلاطين ولا يدخل احد الحمّام الّا بمئزر.

ومياههم واسعة اما نيسابور فلهم قنىّ تجرى تحت الارض باردة فى الصيف يتجوّز[a] اليها من اربع مراقٍ الى سبعين ثم تظهر فى الضياع فتسقيها ومنها ما يظهر فى البلد ويدور فى المحلّات مثل التى بالحِيرَة وبلعاوا[b] وباب معمر وقناة ابى عمرو الخفّاف وقناة شاذياخ[c] وزقاق الداربّين وسوار كاريز[d] كلّ هذه تجرى على وجه الارض وتجد[e] فى بعض المواضع آبار حلوة ولهم (159) نهر على فرسخ بقرية بُشْتَقان[f] يُدير سبعين رحًى ✿ واما سجستان فلها عدّة انهار تسقى المدن والضياع منها نهر هِيرمِيد[g] يخرج من ظهر الغُور نحو الجنوب فينحدر الى مدينة بُسْت ثم ينشعّب على مرحلة من زَرَنْج فياخذ نهر الطعام على الرساتيق حتّى يبلغ نِبِشَك[h] ثم ياخذ منه نهر باشترود[i] فيسقى بست ثم ينحدر فيسقى عدّة من القرى الى كزك[k] وقد بنى ثمّ سكرٌ يردّ[l] المآء لئلّا يجرى الى البحيرة ٭ ولهذه الكورة نهر فَرَه يخرج من قرب الغور حتّى يسقى تلك النواحى ثم يقع فضله الى بحيرة الصنط[m] ولها عنده بحيرة من نحو كرمان عذبة هى قرار هذه المياه طولها اكثر من عشرين فرسخًا وعرضها مرحلة يرتفع منها سمك كثير عليها ضياع وغياض تشكل[n] بطائح العراق ✿ ونهر هراة يخرج[o] من تحت الغور ثم *ينشعّب عند راس الكورة فتمدّ منه شعبة الى

---

a) B دمجوز. *b*) Sic B. *c*) B ساداخ. Deinde وزقاق الداربين. *d*) B كاربن. *e*) B وىجد. *f*) B دشنقان. C pro his: المياه واسعة بنيسابور قنىّ تنزل اليها بدرج من ثلاث الى سبعين وحكى لى عن ابى نصر العبدوىّ انه قال لو جمعت [المياه] فى نيسابور لزادت على دجلة بغداذ ولهم ايضًا مياه تجرى على وجه الارض عدّة ونهر على فرسخ عليه سبعون (Cod. سبعين) رحًا وبعض ابارهم حلوة. Cf. supra p. ٢٩٩, 19 seqq. *g*) B هبرميْد, C هرميذ. *h*) B بيشك. *i*) B داشرود. Deinde coll. Ist. p. ٢٤٣ videtur excidisse: ثم فيسقى رساتيق كثيرة ياخذ منه نهر يسمّى سناروذ. *k*) B دود. Vid. Ist. p. ٢٤٤*b*. *l*) B دود. *m*) Sic B. *n*) B دسلك. C pro his: ولسجستان انهار عدّة منها نهر هرميذ (sic) يخرج من ظهور (sic) الغور نحو بست ثم ينشعب فيسقى الكورتين ولهم نهر فره يخرج من قرب الغور ثم يصير [الى] بحيرة نحو كرمان بعد ما أسقى عدّة رساتيق طولها مرحلتين فى مرحلة وبها سمك كثير. *o*) C يقبل.

القصبة ويتخلّل البلد[a] ثم يخرج الى البساتين وثَمّ جسر ليس بجميع[b] خراسان اعجب عملًا منه بناه رجل مجوسىّ وكتب عليه اسمه وانه اكل الصنّاع فى عمله الف جريب من ملح ويقال ان سلطانًا اراد ان يكتب عليه اسمه منهم من قال اسلم ومنهم من قال طرح نفسه فى النهر وينشعّب[c] منه الى القصبة سبعة انهار نهر برخوى[d] يسقى رستاق سنداسنك[e] ونهر بارشت[f] يسقى رستاق كواشان وسباوشان[g] ومالِن وتِبزان[c] ونهر اذربجان[h] يسقى رستاق سوسان[i] وكوكان ونهر غوسمان[k] يسقى رستاق كرك[l] ونهر كنك يسقى رستاق غوبان[m] وكربكرد ونهر سنفغر[n] يسقى رستاق *سرخس فى حدّ بوشنج[o] ونهر آجبير[p] يسقى القصبة ۞ واما نهر المرْوَيْن فيخرج من تحت الغور فيمدّ الى مرو العليا ثم يعطف الى السفلى فاذا صار منه على نحو مرحلة لقيه[q] وادٍ عظيم قد سُدّ من الجانبين *بالحطب تجبيب[r] واحبس المآء حتّى ساوى المَصبّ *ثم مدّ الى مرو[s] وعليه امير اقوى[t] من امير الحماية تحت يده عشرة آلاف رجل مرتزق[u] وعليه حرّاس يحفظونه لئلّا ينبثق ولا ترى احسن ولا اتقن[v] من قسمته ويحكى عن الذى قسمه انه قال ما تركتُ من العدل شيـًٔا الّا وقد استعملتُه فيه الّا ما عجزتُ عنه وقد اقيم لوح فيه شقّ على طوله فى عرضه شعيرة ربّما علا المآء فبلغ طوله فى اللوح ستّين شعيرة فتكون سنة خصبة ويستبشر الناس بذلك ورفعت المقادير واذا كانت ستّ شعيرات كانت سنة قحط وموضع

---

a) C البساتين ينشعب منه ما يدخل القصبة (B ىىشعب). Quae post sequuntur, in C desiderantur. b) B ىحتمع. c) B sine punctis. d) B ىوحون. Cf. Ist. p. ٢٦٥ seq., Ibn-H. p. ٣١٨. e) B شبيدان. f) B ىارشت. g) B كواسان وسياوسان. h) B اذرىحان. i) B مىوسان. Hic nonnulla exciderunt. k) B عوسحان. l) B كوك. m) B عردان. n) B سعف s. سعفر. o) B سوختنه بوسنج. p) B الحس s. الحنف. q) C ونهر المروين يخرج من تحت الغور ثم ينحدر على (الى l.) غرج الشار ثم الى مرو الروذ ثم الى مرونشاه (sic) ويلقاه على بريد. r) C بالخشب والحلفاء. s) C om. t) C وعليه امير على حدة وحرس لئلا ينبثق, ceteris omissis ad ويتخلل. u) B من درقه. v) B انقى.

مقياسهم على فرسخ من المدينة شبه حوض مستدير فاذا قدر المتولّى لذلك انفذ البريد ساعيةً الى ديوان النهر خاصّةً ثم ينفذون الرسل الى جميع المتولّين[a] شعب الانهار فيقسموا المآء على ذلك المقدار وعلى الموضع الذى ذكرنا اوّلًا اربعمائة غوّاص يراعونه[b] فى ليلهم ونهارهم وربّما احتاجوا دخول المآء فى البرد الشديد فيطلون انفسهم بالشمع وعلى كلّ رجل منهم[c] للخشب وجمع الشوك[d] بشىء معلوم فى كلّ يوم يستعدّونه لوقت الحاجة وانبثق وانا بنيسابور فاشرف الناس على الانجلآء وناب عليه الاموال العظيمة، ويتخلّل البلد منه اربعة انهار * نهر الزّرّق[e] يجرى على باب المدينة من نحو الربض فيدخلها ويتفرّق فى حياض قليلة عميقة والثانى اسعدى[f] منه يشرب[g] اهل محلّة باب سَنْجان[h] وميرَماهان ونهر هُرْمُزْفَرّه[i] (160) من نحو سَرَخْس يسقى طرف البلد ويسقى الضياع ونهر الماجان[k] وهو الذى يشقّ البلد ويتخلّل الاسواق ثم يخرج الى راس البلد فى شعاب وعليه فى البلد جسور تعبر الى الشوارع ولهم حياض مغطّاة ومكشوفة بمراقٍ وابواب يفتح اليها من النهر قدر الحاجة ولهم آبار حلوة، وان استوعبنا ذكر الانهار والمشارب طال الكتاب ولحق منه ملال[l] ✡ واما نهر الصُّغْد فانه ينتهى ببخارا ودخوله القصبة من كَلَاباذ وقد سُكِر وجعل له مفتح واسع واقيم فيه للخشب فاذا كان الصيف وغزر المآء رفعوا تلك الخشب واحدةً بعد واحدة على قدر زيادة المآء حتّى ينقلب[e] اكثره فى المفتح ثم يمدّ الى بِيْكَنْد ولولاً هذه الحيلة لقلب المآء على القصبة ويسمّى هذا الموضع[m] فَاشُون وباسفل المدينة ايضًا مفتح آخر يسمّى راس الوَرَغ[n] على هذا العمل وهذا النهر يشقّ البلد ويتخلّل الاسواق وينشعّب فى الشوارع ولهم حياض فى البلد واسعة مكشوفة قد اتُّخذ على حافتها بيوت من الالواح بابواب يغتسل فيها وربّما غلب مآء النهر المنقلب الى بيكند

---

a) B المتوليين. b) B يراعونهم. c) Excidit vocabulum e. g. قطع. d) B السرك. Cf. e. g. Ist. p. ٣٤٣, 5. e) B sine punctis. f) B اسعدى. g) B الماء. h) B بار سحان et deinde ومرماهان. i) B هو من فره. k) B دسوب. l) C pro his omnibus: انقطع ربّما نهر هراة هو بقيّة ونهر سرخس جان. عنهم ولابيورد نهر صغير وبنسا عيون كثيرة. m) B وسمى هذه المواضع n) B الوزع.

فغرق الضياع فى الصيف وغلب فى السنة التى اتيتُ[a] ثمّ على ضياع كثيرة وافتقر اقوام وخرج المشايخ الى سدّه وبذل الشيخ ابو العبّاس اليزدادىّ[b] فى ذلك اموالًا جمّةً احتسابًا ، وهو ماءٌ كدر ويطرح فيه بلاذات كثيرة فى البلد ويقال ان اصل اسم بخارا كوه خوران وطرحت الهاء والواو للتخفيف فصارت كخارا ثمّ ابدلوا من الكاف باءً ليوهموا على الناس فصارت بخارا وسمعتُ بعض الادباء ينشد[c]

انّ باءَ بُخارا باءٌ زائِدَه   وَالْأَلِفُ الوُسْطى بِلَا فَائِدَه   فَلَمْ يَبْقَ الّا خِرَا ،

ومصبّه من سمرقند الّا ان المياه تلقاه[d] ومبتدأه من الجبال ومقرّه فى بحيرة خلف الصغانيان ثمّ ينصبّ الى راس السكر ثمّ ينشعب[e] انهار سمرقند منها نهر[f] عظيم على ظهر البلد فيدخل البلد[g] ۞ ولا اعرف بهذا[h] الاقليم ماءً رديًّا الّا ماء كِشّ * ونَسا وبرسناق طَبَس النمر[i] ولا به هواءٌ رديًّا الّا زمّ فان اهلها مصفرّو[k] الالوان وهواء[l] نيسابور وسمرقند حسن يحتاج الى الدسم وانّما طالت اعمار اهل نيسابور من قوّة الهواء ، قال وقيل لعبد الله بن طاهر لم اخترتَ نيسابور على مرو قال لثلاثة اشياء لانّى رايتُ هواءها اقوى واهلها اوطأ والمعمّرين فيها كثيرًا[m] ۞

---

a) B اتتُ. b) B البزدادى. c) Metrum nullum est. Cf. Jacut I, p. ٥١٩, 16. d) B بلقاه. e) B ىىشعب. f) Ex marg. Textus ىحر. g) C haec sic habet: واصل نهر السغد من الجبال ومستنقرّه بحيرة خلف الصغانيان عليها عدّة من القرى وقد جعل له فوق بخارى مفتح يسمّى (Cod. تسمى) فاشون واقيم فيه الخشب فاذا غزر الماء فى الصيف رفعوا خشبة خشبة فينقلب اكثره فى المفتح ثمّ يسقى ضياع ذلك الوجه ولولا هذه الحيلة لغرقت القصبة [وباسفل المدينة ايضًا مفتح] آخر نحو هذا وهو ماء بجدر (? كدر an. l.) فيه سفل (l. ثفل) يقال فيه اشياء. h) C فى هذا. i) B كمر. k) B مصفرون. l) B om. Cf. supra p. ٣٠٠, 1 seq. m) B كثير. C pro his: ولا هواء مؤذيًا الّا نسا وزمّ ورسناق طبس وكشّ فانهنّ وبيّات واهلها مصفرّون (Cod. مصفرين) وهواءا نيسابور وسمرقند قويّان يحتاجان الى الدسم ودخول الحمّام ودهن البنفسج وانّما طال (marg. علها طول) اعمار النيسابوريّين من اجل الهواء اخبرتُ ان عبد الله بن

ومن العجائب بنيسابور جبل ترابه اسود مثل الانقاس[a] به يكتبون *الرسائل وما يجرى مجراها ويختمون الكتب وجبال بهيطل ونيسابور يقطعون منها الملح كما يقطع الحجر وبه[b] شجر لها ثمر اذا شُقّ خرج منه *حيوان له اجنحة[c] يطير *وماء مَازُل[d] ومسجد رجاء وطاحونة ابن . . . . . .[e] وايوان ابى مسلم وطواحين الريح بسجستان وبوشنج وحصن زرنج من العجائب بسرخس موضع يقصده طير فى يوم من السنة فيطرح نفسه فيه ويجمع الناس منه شيئًا كثيرًا وبمزدوران[f] كهف لا يعلم له منتهى[g] ✿ وبه مشاهد قبر علىّ الرضى بطوس قد بنى عليه *حصن فيه دور وسوق وقد بنى عليه عميد الدولة[h] فائق مسجدًا ما بخراسان احسن[i] منه وعلى[k] فرسخ من سرخس قبر *ابن عمّ له[l] قد بنى عليه[m] مشهد، *على فرسخين من مرو رباط فيه قبر صغير قالوا هو قبر راس الحسين بن علىّ رضه[n]، بطَبَس قبر صحابيّين[o]، وبحافة جيحون رباط (161) ذى القرنين *يقابله من الشرق رباط[p] ذى الكِفْل *يقال انه كان يجرّ بينهما سلسلة[n]، *بطرف نسا رباط افراوة[q] *وبازآء ابيورد[r] رباط كُوفَن[s] *وقد بنى خلفها ابو القاسم الميكالىّ

طاهر قال انما اخترتُ نيسابور على مرو لثلاث لان هوآءها اطيب واهلها اوطأ والمعمَّرين بها كثير.

a) B sine punctis, C الانقاص. b) C الى السلاطين ومن دونهم وآخر يقطع منه الملح كما تقطع الحجارة وبها. c) C فراش. d) B وما نازل. e) In B lacuna. C (vid. infra) habet طاحونة بر. f) B وبمرو ذران et in marg. فى الاصل وبمرذوران. g) C pro his: برستاق سرخس موضع تاتيه الطير فى وقت من السنة فتطرح انفسها فيه ولا تاتى الّا فى ذلك الوقت، بمزدوران كهف لا يمكن احد ان يدخله وفيه حكايات، بسجستان وبوشنج ارحية تديرها الريح ولذلك الرمال عجائب، وحصن زرنج وطاحونة بر وماء مازل من العجائب. h) B haec om. Deinde habet فادى. C post فائق addit الامير. i) C اظرف. k) C add. نصف. l) C عمّ الرضى. m) C add. ايضا. Pro بنى C بنا. n) C om. o) C وبطبس النمر قبر صحابىّ يقال له مالك. p) C ورباط. q) B افرو رباط (sic) عل. r) C ولابيورد. s) C addit: ولهما فضائل.

رباطين انفق عليهما اموالًا جمّة وحمل اليهما عددًا وآلات كثيرة وحبس لهما اوقافًا جليلة وانبط فيهما آبارًا حلوة وانشا ثمّ ضياعًا عدّة وقبره ثمّ[a]، *وبين نيسابور وقهستان رباط سهيل بفضّل وثمّ عين حارّة[b] ذكروا ان اصحاب النبىّ صلعم اشتدّ بهم البرد فدعوا الله تعالى حتّى خرجت لهم *هذه العين للوضوء[c] وثمّ عدّة قبور من الصحابة، *وفى بيكند جامع يفضّلونه ورباط النور خلف بخارا له موسم كلّ سنة ودست قَطَوان[d] ✿

والسنتهم[e] مختلفة اما لسان نيسابور ففصيح[f] مفهوم غير انّهم يكسرون اوائل الكلم ويزيدون البآء[g] مثل بِيكُوْ[h] وبِيشَوْ ويزيدون السين بلا فائدة[i] مثل بخردستى وبكفتنستى وبخفتنستى[k] *وما يجرى مجراها وفيه رخاوة ولجاج[l]، واهل طوس ونسا احسن لسانًا، وفى كلام[m] سجستان تحامل وخصومة يخرجونه[n] من صدورهم ويجهرون فيه، ولسان بُسْت احسن[o]، ولا باس بلسان المرويين[p] غير ان فيه تحاملًا وطولًا ومدًّا فى اواخر الكلم[q] الا ترى ان اهل نيسابور يقولون براى اين وهم يقولون بترون اين يعنى من اجل هذا فقد زادوا حرفًا فتامّلْ هذا الضرب تجده كثيرًا، ولسان بلخ احسن الالسن الّا ان لهم *فيه كلمات تستقبح[r]، *ولسان هراة وحش[s] تراهم يفقمون[t] ويتكلّفون ويتحاملون *ثم يخرجون الكلام آخر ذلك ملوّثًا بالكوه، وسمعتُ بعض اصحاب المعدانىّ يقول امر[u] بعض ملوك خراسان وزيره ان يجمع رجالًا من خمس كور

---

a) Addidi ثمّ. C haec om. (Cf. supra p. ٣٣٠,*s*). b) B in his سهبل دفضل. C برستاق نيسابور رباط سهيل ثم عين جارية. c) C فتوضّوا منها واغتسلوا. d) C رباط النور بهيطل يفضلونه ويروون فيه اخبارًا ورباط قطوان وببيكند لهما مواسم وفضائل. e) C ولسانهم. f) C فصيح omisso اما. g) C البآء. h) B et C بيكوا. Deinde B بيشوا. C addit ويدهْ. i) C معنى. k) B خردستى وبكفسى وبحفتنستى. C om. بكفتنستى sed addit ونيكست. l) C om. B ولجاج. Deinde C omisso ولسان طوس deinde لسانا. m) C لسان. n) B يخرجونهم. o) C addit: ولرساتيقهم ولرساتيق نيسابور لسان آخر وحش. p) C مرو. q) C آخر الكلام seqq. omissis ad ولسان بلخ. r) C كلمات قبيحة. (B sine punctis). s) C وليس بجميع الاقليم اوحش من لسان هراة. t) C add. ويلوكون السنتهم. u) C وبخرجونه ملوث بالكوه قال وامر.

خراسان * التى هى الاصول[a] فلمّا حضروا تكلّم السجستانىّ فقال الوزير هذا لسان[b] يصلح للقتال ثم فاتح النيسابورىّ فقال *هذا لسان[c] يصلح للتقاضى ثم تكلّم المروزىّ[d] فقال وهذا لسان[b] يصلح *للوزارة ثم تكلّم البلخىّ فقال وهذا لسان يصلح[b] للرسالة فلمّا[e] تكلّم الهروىّ فقال وهذا لسان[b] يصلح للكنيف[f] ، فهذه اصول السنة خراسان[g] وغيرها تبع[h] لها ومشتقّة منها *وراجع اليها فلسان طوس ونسا قريب من النيسابورىّ ولسان[i] سرخس وابيورد قريب من لسان مرو[k] ولسان غرج الشار *بين لسان هراة ومرو ولسان جوزجان بين المروزىّ والبلخىّ ولسان الباميان وطخارستان قريب من البلخىّ الّا ان فيهما انغلاقًا[l] ، ولسان خوارزم لا يفهم[m] ، وفى لسان *البخاريّين تكرار الا ترى كيف يقولون يكى ادرمى ورايتُ يكى مردى وغيرهم يقول اعطيتُ[n] ادرمى وقِسْ[o] عليه ويكثرون قول دانستى[p] فى خلال كلامهم بلا فائدة *غير انها دريّة[q] وانّما سمّى ما جانسها[r] دريًّا لانها اللسان الذى تكتب به رسائل السلطان وترفع بها اليه القصص واشتقاقه من الدر وهو الباب يعنى انه الكلام الذى يتكلّم به على الباب[s] ، واهل سمرقند يستعملون *الحرف الذى بين الكاف والقاف[t] يقولون بكردكم وبكفتكم *ونحو ذلك[s] *وفيه برد[u] ، ولسان الشاش احسن السنة[v] هيطل وللصغد[w] لسان *على حِدَة يقاربها السنة رساتيق بخارا وهى مختلفة جدًّا مفهومة (162) عندهم ورايتُ الامام الجليل محمّد

---

a) C العظمى قال. b) C om. c) B وهذا. d) B المروى. e) C ثم. f) C addit: ولسان قوهستان غير حسن وفيه مدّة. g) C الجانب الغربى. h) C تبعا. Deinde B له. i) C pro his فلسان. k) C addit: غير ان الابيورديين يصفرون فى كلامهم. l) C قريب من البلخى والمروزى ومرو الروذ وجوزجانان. m) C addit: ولسان امل وفربر على نغمة الخوارزمى وبيان البخارى ولسان ترمذ قريب من البلخى. n) B sine punctis. ادرمى est pro درمى. o) B وقس. p) C بخارى لطافة غير انهم يكثرون كفتنا. q) B دربه et mox دربا. r) B جآء دسها. s) C haec om. t) C فى القاف *sic*. In exemplis ق superinscribitur in C, ubi بردكم. B وبكعكم. u) B sine punctis. v) B الالسنة, C السن. w) C ولاهل السغد.

ابن الفضل يتكلّم بها كثيراً واقلّ بلد ممّا ذكرنا الّا ولرساتيقه لسان آخر[a] ✿ والوانهم مختلفة احسنهم اهل الشاش وفرغانة وما وقع فى ذلك الصقع ثمّ اهل نسف وطراز وباراب ولا نظير لنسآئهم ثمّ السمرقنديّون ثمّ البخاريّون[b] ثمّ المراوزة ثمّ لا شىء[c] والوان طبس التمر حجازيّة[d] مثل سجستان وغزنين واهل خوارزم ببيض حمر غير ان لهم خلقة اخرى[e] ✿ وبه عصبيات بين[f] نصف نيسابور الغربىّ * وهو ما علا منه[g] ينسب الى منيشك وبين الآخر * ينسب الى الحيرة[h] عصبيّات وحشة على[i] غير المذهب * وقد صار الآن بين الشيعة والكرّاميّة[k] ، ويقع بسجستان عصبيّات * بين السمكيّة وهم اصحاب ابى حنيفة رحمه وبين الصدقيّة وهم اصحاب الشافعىّ رضه يهراق فيها الدمآء ويدخل بينهم السلطان[l] ، وفى سرخس بين العروسيّة وهم اصحاب ابى حنيفة وبين الاهليّة وهم اصحاب الشافعىّ[m] ، وبهراة بين العمليّة والكرّاميّة ، وبمرو بين المدنيّين[n] والسوق العتيق ، وبنسا بين الخنه[o] وراس السوق ، * وبابيورد كردارى وراس البلد ، وسمعتُ رجلًا يقول ما شرب من مآء قوينق الّا وتعصّب[p] ، وببلخ عصبيّات *على غير المذهب وكذلك سمرقند وجميع البلدان قلّ ما تخلو من عصبيّات[q] ✿

---

a) C لا يفهم وكسر (l. وكثيرا) ما رايتُ الامام الجليل ابا بكر بن الفضل السمرقنديين ثم البخاريين. b) B يتكلّم به وبالفرغانة يقولون بازامدم وبازشذم. c) B سى. d) Sequitur in B مثل حجارية. e) C haec sic habet: وجوه اهل الشاش احسن ثم نسف ثم طراز ثم السمرقندىّ (Cod. السمرقند) ثم البخارىّ ثم المراوزة واهل طبس التمر وبست وسجستان سمر. f) C وفيه عصبيات يقع. g) C om. (B علامته). h) C (sic) يقال الموحده. (B دمسس). i) C فى. k) C حروب على المذهب يهراق فيها الدمآء. l) C وبين الشيعة والكرامية ويدخل فيها السلطان بين السمكية وهم الحنيفيّون وبين الصدقيّين وهم الشفعويّة. m) C اصحاب ابى حنيفة [الشافعى والعروسية اصحاب] (sic) وبسرخس بين الاهكيّة. n) B المدسس, اكثرهم العروسيّة وهم مختلطون الّا ان زىّ العروسيّة اسفل البلد الدهاقنة C. Deinde C وسوق. o) B الجنه omisso ببين. p) C habet: وبابى ورد كردانى وبابى شهرى وسمعتُ ان احدًا لم يشرب من مآئها الّا تعصّب لاحد الطائفتين. q) C فلا تسأل وحشة وبسمرقند والشاش.

والولايات والخطبة فى هذا الاقليم كلّه على آل سامان ويحمل الخراج الّا امير سجستان وخوارزم وغرج الشار وجوزجان وبست وغزنين والختّل[a] فانّهم يبعثون الهدايا حسب ويرتفق امرآؤهم بالاخرجة وصاحب الجيش مقامه بنيسابور وسجستان بيد آل عمرو بن الليث والغرج بيد الشار وجوزجان بيد آل فريغون وغزنين وبست مع الاتراك[b]، واوّل من ملك هذا الاقليم كلّه اسماعيل ابن احمد سنة ٢٨٧ ثمّ رحل الى بخارا واضاف اليه المعتضد كرمان *وجرجان واضاف اليه المكتفى سنة ٢٩٠ الرىّ والجبال الى عقبة حُلْوان[c] فلما مات لقّبوه[d] الماضى وجلس[e] بعده ابنه احمد فقتل بفِرَبْر[f] وسمّوه الشهيد ثمّ جلس ابنه نصر وكان حاجبه ابو جعفر ذوغوا[g] وصاحب جيشه حمّوَيْه[h] ووزيره ابو الفضل ابن يعقوب النيسابورىّ[i] ثمّ *ابو الفضل[i] البَلْعَمىّ ثمّ *ابو عبد الله[i] الجَيْهانىّ فلما مات سمّوه السعيد *وجلس ابنه نُوح كان[k] حاجبه رشيق الهندىّ ثمّ الفَتَكين[l] وصاحب جيشه *ابو علىّ[i] الصغانىّ[m] ثمّ ابن مالك[n] ثمّ ابن قراتكين[o] ووزيره ابو منصور *ابن عُزَير[p] ثمّ الحاكم الجليل فلما مات سمّوه الحميد وقد[q] اضاف *ثلاثة من بنيه الى ثلاثة من الخدم[r] عبد الملك الى نجاح ومنصورًا[s] الى فائق ونصرًا الى طريف[t] فاجلسوا عبد الملك *ولم يكن فى آل

---

a) B والجبل. b) C والولايات كثيرة غير ان الخطبة لآل سامان والهدايا اليهم فاما سجستان فلبنى بانوا وجوزجانان لبنى فريغون والغرج للشار وبست وغزنين للاتراك وخوارزم بيد اميرين والخراج فى هذه المواضع لمن ذكرنا وهى ديار عدل وبقيّة من رسوم الاسلام. Bânû erat filia Amri ibno-'l-Laith; vid. Ibno-'l-Athír, IX, p. ٥٧. c) C والرى وجرجان الى حدود حلوان. d) C سموه الامير. e) C ثمّ جلس. f) B sine punctis. Deinde C فسموه. g) B ذو عوا, C دغوا. h) B sine punctis. C ut scripsi. i) C om. k) C واجلسوا ابنه نوحا وكان. l) B العمك بن. C البنكين. m) B الصنعانى. n) B برملك. o) B omisso ابن ترانكس. C inverso ordine ثمّ ابن قراتكين بعد ابن ملك. p) B عزيز ثمّ. Cf. quoque Ibno-'l-Athír, IX, p. ٧٩. q) C add. كان. r) C الى ثلثة من بينه ثلثة من الخدم وسلمهم اليهم. (B بنيه sine punctis). s) B et C منصور et mox نصر. t) B طريف.

سامان مثله كان حاجبه الفتكين ثم استخلف غلامه وصاحب جيشه ابن مالك ثم الفتكين فوقع عن الدابّة ومات فسمّوه[a] الرشيد واجلسوا ابنه نصرًا يومًا واحدًا *فجمع فائق العسكر[b] وخلعه واجلس مولاه المنصور وكان حاجبه *ابو منصور باقرى[c] ثم قلج[d] وصاحب جيشه ابن عبد الرزّاق ثم ابو الحسن ابن سيمجور[e] ووزيره اميرك بلعمىّ[f] ثم العتبىّ ثم ردّ البلعمىّ *ثم ردّ العتبىّ[g] فلما مات سمّوه السديد واجلسوا ابنه نوحًا[h] وكان حاجبه تاش[i] ثم هو انج[k] وصاحب جيشه ابن سيمجور ثم ولّاها[g] تاش ثم ردّ *ابا الحسن[g] ابن سيمجور ووزيره ابن الجَيْهانىّ[l] ثم ابن العتبىّ (163) ثم المزنىّ ثم الاصطخرىّ[m] ثم *عبد الله[g] بن عزير[n] ثم *ابو علىّ محمّد بن عيسى[g] الدامغانىّ، وهم من قرية *بنواحى سمرقند يقال لها[o] سامان واصلهم يرجع الى بهرام جور[p] وقد اعطاهم الله الظفر والتمكين وهم من[g] احسن الملوك سيرةً ونظرًا[g] واجلالًا للعلم واهله *وهم من[q] امثال الناس لو ان شجرة خرجت على آل سامان ليبست *الا ترى الى عضد الدولة وتجبّره وتمكّنه وكمال دولته وقوّة[r] امره خُطب عليه بجميع اليمن واصابها من غير حرب ولا دبّ الّا بكتاب كتبه ورسول انفذه وخطب له بالسند وفتح عمان وملك ما ملك فلما تعرّض لآل سامان وطلب خراسان اهلكه الله وشتّت جمعه وفرّق جيوشه ومكّن اعدآءه من ممالكه فتبًّا بمن عاند[s] آل سامان[t] ✿ *ومن رسومهم

---

a) C ولم ير مثله .وكان صاحب جيشه ابن ملك ثم الفتكين وحاجبه الفتكين ثم استخلف غلامه لما جعل اليه الجيش ثم وقع عبد الملك عن الدابّة وسمّوه. b) C فرجع فائق العبيد. B habet الفايق. c) ? B منصور باقوى, C ابو منصور فادرى. d) B فلج. e) C om. ابو الحسن; B hic et infra سمم حوى. f) B امرك بلغمى. g) C om. h) C وجلس ابنه نوح. i) B بانس, mox ناس. k) B هوانج, C ايش (ج) (sic). Cf. Ibno-'l-Athír, IX, p. ٧٠. l) Mohammed ibn Mohammed (Ibno-'l-Athír, VIII, p. ٢٨٣ et ٢٩٤), filius noti Abû Abdollah Mohammed ibn Ahmed, qui intelligitur p. ٣٣٧, 10. m) Vulgo عبد الرحمان الفارسى. n) B sine punctis. o) C يسمى بالسغد. Cf. Jacut, III, p. ١١٣, 16. p) C جوى. q) C وفى. r) C وقوه. s) B عابد. t) C pro his: وفى سنة ٩٠ قلّد المكتفى اسماعيل الرىّ والجبال ولهم حكايات ومناقب وسُلَنُ طريف (l. ظريفًا).

انهم [a] لا يكلّفون اهل العلم تقبيل الارض ولهم مجالس عشيّات جميع [b] شهر رمضان [c] للمناظرة *بين يدى السلطان فيبدأ هو فيسال مسئلةً ثم يتكلّمون عليها [d] وميلهم الى مذهب *ابى حنيفة وليس من رسمهم الانبساط الى الرعيّة وانّما الوزير الذى يمشّى الامور بلى اذا ارادوا ان يرفعوا رجلًا [e] اجلسوه معهم على الخوان كما فعل بالشيخ ابى العبّاس البَزْدَادىّ [f] *وربّما شافهوا الرسل عند المهمّات كما شافهوا الشيخ ابا صالح لما انفذوه الى صاحب الجيش ابى الحسن [g] ويختارون ابدًا افقه مَنْ ببخارا واعفّهم فيرفعونه ويصدرون عن رأيه ويقضون حوائجه ويولّون الاعمال بقوله مثل الشيخ الامام الجليل محمّد بن الفضل حتّى ان الناس قد ترافعوا ذلك فهم يشيرون الى من يكون بعده الا ترى الى اشارتهم الى الحاكم الامام محمّد بن يوسف لانه افقه الكهول واصونهم [h] ✿

واما الخراج فعلى فرغانة مائتا الف وثمانون الفًا محمّديّة وعلى الشاش مائة الف وثمانون الفًا مسيّبيّة وعلى خجندة من مقاطعة الاعشار مائة

ما صنع الملك وقت كسر جيشه بجرجان قال رفع يده وقال يا ربّ ما زلتَ تنصر ابآئى وتحفظ دولتهم وقد تعدّى علينا هؤلآء الديلم وبغى علينا هذا الظالم فان كانوا اشرّ منّا فانصرنا عليهم فلم يمرّ الّا القليل حتّى فشا موت عضد الدولة ثم مات اخوه ثم صاحب جيشهم وبدّد الله تعالى جيوشهم وفرّق جموعهم واهلك اولادهم الّا من رجع منهم الى السلم وعاد الى الصلح.

a) C ولهم رسوم جسنة. b) C الجمع فى ليالى. c) C add. بجميع الفقهاء. d) C ويبيد (l. ويبدأ) السلطان فسيل مسله (l. فسال مسئلة). e) C السنّة ولا ينبسطون مع الرعيّة وانما الوزير والحاجب الجليل الذان يمشيان الامور واذا حظى عندهم صدر من الصدور. f) B البزدادى. g) B الحسين. h) C pro his habet: ولا تخلو حضرتهم من المشايخ الاجلّة وذوى الرأى كالشيخ ابى الحسن بن الفضل تظنّ انه (l. ان) ملكًا يلقّنه او انه قد عرف من الغيب بعضه ومثل الشيخ ابى اسحق الشعيبىّ الكريم اصله والظاهر على كلّ قاصد فضله وسمعتُ بعض المشايخ يقول لابى نصر الحربىّ ليس بالحضرة احرُّ ولا اعظم منفعة للمسلمين من الشيخ ابى اسحق ثم اعجب من هذا ان امير الشرط يخطب بهم اذا ناب الخطيب نائبة (Cod. ناب - نائبه) مع انتقادهم وكثرة العلمآء فيهم وهذا لا تراه بعمل من الاعمال.

الف مسيّبيّة، وعلى الصغد وكشّ ونسف واشروسنة الف الف وتسعة وثلاثون الف واحد وثلاثون درهمًا محمّديّة، وخراج اسبيجاب اربعة الدوانيق[a] ومكنسة تبعث الى السلطان كلّ سنة مع الهدايا، وخراج بخارا الف الف ومائة الف وستّة وستّون الفًا وثمانمائة وسبعة وتسعون درهمًا غطريفيّة وكانوا ثلاثة اخوة محمّد ومسيّب وغِطْرِيف ضربوا هذه الدراهم وهى سود على عمل الفلوس لا تنفق الّا بهيطل ولها فضل على البيض، وخراج الصغانيان ثمانية واربعون الفًا وخمس مائة وتسعة وعشرون درهمًا، وعلى وخّان اربعون الفًا، وعلى خوارزم اربعمائة الف وعشرون الفًا ومائة وعشرون بدراهمهم وهى اربعة دوانيق ونصف، ووجدتُ فى بعض الكتب اصل خراج خراسان اربعة واربعون الف الف وثمان مائة الف وتسعمائة وثلاثون درهمًا وثلاثة عشر درهمًا ومن الدوابّ عشرون دابّة والفا شاة ومن الرقيق الف واثنا عشر راسًا ومن البرود وصفائح الحديد الف وثلاثمائة قطعة[b] ☆ واما الضرائب فهيّنة ويصعبون بحافة جيحون فى الرقيق ولا يعبّرون غلامًا الّا بجواز من السلطان وياخذون مع الجواز سبعين الى مائة وكذلك على الجوارى بلا جواز اذا كانوا اتراكًا وياخذون على المرأة عشرين الى ثلاثين درهمًا وعلى الجمل درهمين وعلى قماش الراكب (164) درهمًا ويوردون[c] سبائك الفضّة الى بخارا ومن اجلها يقع التفتيش وفى المنازل من درهم الى نصف[d] ☆

---

a) B الدوسف, C الدوانق; B et C اربع ut quoque in seqq. interdum eiusmodi vitium. b) Cf. Ibn-Khord. p. 40, ubi pro البرود in ed. est القدور, Cod. Oxon. المرور, sed cf. p. 39 paen. c) B ويردون. d) C haec habet: والخراج به رخيص الّا انه ضوعف وقت الامير الحميد للشغل الذى عرض له فاستقرض خراج سنة وبقى ذلك الى اليوم، فخراج نيسابور ١١٠٨٩٠٠ درهمًا وعلى ثلاث خزائنها ١٦٢٤٨٤٧ وخراج سجستان ٩٤٧٠٠٠ وذكر قدامة ان خراج سجستان ٣٨١١٠٠٠ وعلى غزنة الفا راس قيمتها ٩٠٠٠٠ وعلى كابلستان ١٥٠٠٠٠ وخراج بلخ ١٩٣٣٠٠ درهم وعلى خلم ١٢٠٠٠ درهم وعلى طخارستان والباميان ١٥٦٤٣٢ درهم وعلى جوزجان ٢٢٠٤٠٠ درهم وعلى مرو الروذ ١٠٠٠٠٢٣٧ وخراج مرو الشاه ١١٣٢١٨٤ درهما وخراج هراة ونواحيها ١٩٣٥٤٢١ درهم وخراج قهستان ٩٨٧٨٨٠ درهم وخراج سرخس

واما المسافات فتاخذ من أَخْسيكَث الى قُبَا مرحلة ثم الى أُوش مرحلة ثم الى أُوزْكَنْد مرحلة ثم الى ٱلعَقَبَة مرحلة^a ثم الى طبساس^b مرحلة ثم الى بَرْسَخَان^c الاعلى ٦ مراحل ثم الى موضع بغراخاقان^d مثلها، وتاخذ من اخسيكث الى باب بريدين ثم الى تُرْمُغان^e نصف مرحلة ثم الى جاجستان مرحلة ثم الى دامعو^f بريدين ثم الى خُجَنْدَة مرحلة، وتاخذ من أَسْبِيجَاب الى ساوات بريدين ثم الى بروجكث مثلهما ثم الى تمبياج^g مرحلة ثم الى

٩٠٠٠٠ وخراج خوارزم ٤٢٠١٢٠ درهمًا خوارزميّة وعلى ترمذ وزم ٩٧٠٤٢ درهم وخراج بخارى ١١٦٩٨٧٧ درهمًا غطريفيّة وعلى الصغانيان ٥٩٥٣٩ وخراج السغد وكش ونسف والبتّم ١٠٣٩٠٣١ محمّديّة وخراج الشاش ١٨٠٠٠٠ درهم مسيّبيّة (Cod. مسبليه) وخراج فرغانة ٢٣٠٠٠٠ محمّديّة ومقاطعة اعشار خجندة ١٠٠٠٠٠ مسيّبيّة (Cod. مسبليه) وخراج اسبيجاب اربعة (Cod. اربع) الدوانق ومكنسة ✿ واما الضرائب به خفيفة اثقلها على جيحون ولا تفتيش به الّا ربّما منعوا من حمل النقر ولا يعبر (Cod. نغبر) غلام تركيّ الّا بجواز (Cod. دیحوان) ويؤخذ عليه سبعون درهمًا، ومقاطعة معادن نيسابور من الفيروزج وغيره ٧٥٨٧٢٠ درهمًا. Kodáma dicit tributum Khorásáni fuisse anno 221 ex pacto cum Abdollah ibn-Táhir 38000,000 dirhemos (in tabula habet 37000,000), tributum Sidjistáni 1000,000 dirhemos. In margine C adnotatur: يقتضى ان الاعداد كلها دراهم. Cf. Kremer, *Culturgeschichte*, I, p. 331, 364, 376.

a) B om. *b*) B طماس, Kodáma اطباس, Ibn-Khordádbeh, p. 50 اطاس, ut recepit Sprenger p. 26. *c*) B برسخان. *d*) B نقرخاقان omisso موضع. Kodáma مدينة خاقان التنغزغز, Ibn-Khord. موضع نعرخاقان ملك البعر (l. التغزغز). Intelligitur sive Belâsaghûn sive Kâschgar, cf. Ibno-'l-Athír IX, p. ٩٩, 1. Distantiam 6 dierum quoque habet Kodáma. *e*) B برمغان, Kodáma برمقان, Ibn-Khord. p. 49 recte تُرمقان, vid. Jacut, V, p. 16. *f*) Sic. Kodáma قرية تدعى صابر ut quoque Ibn-Khord. (in edit. nonnulla desunt). *g*) B بتماج (s. ساج). Ibn-Khord. p. 48 دماج, Cod. دمماج, Kodáma تميياج. Quod hic addit فى ركواب l. فى ركوات i. e. in via cisternae sunt. (B مثلها).

بَارْجَاخ[a] بريدين ثم الى منزل مرحلة ثم الى شَاوَغَر نصف مرحلة ومن شاوغر الى طَرَاز[b] بريدين، وتاخذ من اسبيجاب الى غُزْكَرْد[c] بريدين ثم الى بِنْكَث[d] مرحلة وتاخذ من بنكث الى سُتُورْكَث[e] مرحلة ثم الى بَنَاكث[f] بريدين ثم الى نهر الشاش بريدين ثم الى خَاوَص[g] مرحلة ثم الى زَامِين مرحلة، وتاخذ من بنكث الشاش الى معدن الفضّة مرحلة ثم الى جاجستان[h] مرحلة ثم الى ترمغان[i] مرحلة، ومن بنكث الى غزكرد[f] مرحلة ثم الى اسبيجاب بريدين، وتاخذ من زامين الى خاوص مرحلة وتاخذ من زامين الى ساباط بريدين ثم الى شَاوَكَث[k] مرحلة ثم الى خُجَنْدَة مرحلة ✿ وتاخذ من سمرقند الى زَرْمَان[l] مرحلة ثم الى رَبِنْجَن[m] مرحلة ثم الى الدَّبُوسِيَة مرحلة ثم الى كَرمِينِيَة[n] مرحلة ثم الى الطَّوَاوِيس[o] مرحلة ثم الى دِيمَس مرحلة ثم الى بخارا مرحلة، وتاخذ من سمرقند الى زامين مرحلة ثم الى خَاوَص[p] مرحلة ثم الى بَنَاكث مرحلة ثم الى سُتُورْكَث مرحلة ثم الى بنكث مرحلة، وتاخذ من سمرقند الى دِرِزْدَه[q] مرحلة ثم الى كِشّ مرحلة ثم الى كَنْدَك مرحلة ثم الى باب الحديد مرحلة ثم الى قرنة[r] مرحلة ثم الى تِرْمِذ مرحلة ✿ وتاخذ من

---

a) B زازخاج. Ibn-Khord. نارجاج (Cod. نارحاج), Kodáma ارحاح, بارحاح et بارباح. Vid. Jacut in v. *b*) B طبران, Ibn-Khord. اطران, Kodáma مدينة طوار. *c*) B غركرد, C عركرد. Cf. Ist. p. ٣٣٧*b*. Ibn-Khord. p. 48 habet غركوى (Cod. عَرْكوك), Kodáma عين كرب. B sequitur hos, C, cuius locum infra dabo, Istakhríum. *d*) B ىىكث hic et deinde, C بيكث, Ibn-Khord. الشاش et Kod. مدينة شاش. *e*) B سبوركث, Ibn-Khord. بومكث (Cod. دومكت), unde apud Abulf. p. ۴۸٥ ortum est خوسكت, Kodáma (كب) موركثب. *f*) B sine punctis. *g*) B حواص, mox حاوص. *h*) B جاجشان. *i*) B درمغان. *k*) B ساوكث. *l*) B رربان. *m*) B رونحمن. *n*) B الرممىىه. *o*) B الطواويش. Sequens statio apud alios non memoratur. Cf. Ist. p. ٣٣٤*h*. *p*) B كاوس. Non videtur auctor animadvertisse stationem eandem esse quam supra خاوص appellavit. *q*) B ررذرة, C دزدزة et دردزة. Cf. Jacut in v. *r*) C قريه s. قريبه. Cf. Ist. p. ٣٣٧*k*.

بخارا الى بَيْكَنْد مرحلة ثم الى مِيَان كال[a] مرحلة ثم الى فِرَبْر مرحلة ثم الى جيحون نصف فرسخ، وتاخذ من بخارا الى جكم[b] مرحلة ثم الى رباط عنبيق مرحلة ثم الى جُبّ سعيد مرحلة ثم الى بَزْدَة مرحلة ثم الى رباط خواران[c] مرحلة ثم الى قرية البُخاريّين[d] مرحلة ثم الى قرية الخُوَارِزْميّين مرحلة ثم الى بلخان[e] مرحلة ثم الى كَالِف مرحلة ثم الى محلّة القياسين[f] مرحلة ثم الى تِرْمِذ مرحلة ۞ *وتاخذ من بخارا الى امزه[g] بريدين ثم الى رباط تاش مرحلة ثم الى شوروخ مرحلة ثم الى الرمل مرحلة ثم الى رباط طُغَان[h] مرحلة[i] ثم الى رباط[k] جِكَرْبَنْد مرحلة ثم الى رباط حسن مرحلة ثم الى نابادغين[l] مرحلة *ثم الى مضيق النهر مرحلة[k] ثم الى رباط ماش مرحلة ثم الى رباط سنده مرحلة ثم الى بغرقان[m] مرحلة ثم الى شُرَاخَان[n] مرحلة ثم الى كاث[o] مرحلة، وتاخذ من كاث الى خاس مرحلة ثم الى نُوزْكات[p] بريدين ثم الى وايخان[q] على اليمين مرحلة ثم الى نُوبَاغ[r] مرحلة ثم الى مَزْدَاخْقَان[s] في مفازة مرحلتين ثم الى درسان بريدين ثم الى كَرْدَر مرحلة ثم الى جُوِيقَان[t] بريدين ثم الى قرية براتكين[u] مرحلة ثم الى البحيرة مرحلة، *وتاخذ من رباط ماش الى

---

a) B ميباركال. Vid. Dorn, *Caspia*, Einl. p. XXXV, ann. 1. b) B حكم, C ut recepi. c) B حوران, C خوارن. Vid. supra p. ٢٩٢h. d) B et C النحاريين. e)? B بلنخان, C بلنحار. f) B sine punctis. Ad finem huius itinerarii C addit: وتاخذ من قواديان الى ترمذ مرحلتين. g) C امره. B وتاخذ من حارا الى امزه. C alio loco وتاخذ من بخارا الى امره مرحلة. Fort. idem est locus qui أمديزه s. آمديزه appellatur. h) B طعان, C طوغان. i) Hic C insert: ثم الى المضيق مرحلة. k) C om. l) B بادادغين, C ناباد. m) B sine punctis, C بعرقان. n) B سراحان, C شراحان. *Schurâkhân.* o) C كات ut solet. Hic etiam describit alteram viam: وتسير من فرخشة الى كات في مفازة ٨ مراحل. Cf. *Das alte Bett des Oxus*, p. 110 ann. 2. p) C بوزكات. q) B والنحجان. r) B نوناع, C نوناغ. Cf. Jacut in v. s) B مزدابعان, C مردانقان. Deinde C في المفازة. t) B حوبقان. C مرحلة pro بريديين. u) B براذكين, C برانقبين.

امير مرحلة ثم الى باراب سار مرحلتين ثم الى أَرْنَخِيوَه مرحلة[a]، ومن مزداخقان[b] الى وردراغ[c] مرحلة ثم الى كردر مرحلة، وتاخذ من كاث الى غردمان[d] مرحلة ثم الى وايخان[e] بريدين ثم الى ارنخيوه[f] بريدًا ثم الى نوكباغ[g] مرحلة، وتاخذ من اوزارمند الى دسكاخان خاس[h] بريدين ثم الى رَخُشْمِيثَن[i] مرحلة ثم الى خِيوَه مرحلة ثم الى كردرانخاس[k] بريدين ثم الى زردوخ بريدًا ثم الى هزاراسب بريدين، ومن اوزارمند الى روزوند[l] بريد ثم الى نوزوار[m] (165) مرحلة ثم الى زَمَخْشَر[n] مرحلة وكذلك الى الجرجانيّة[o] ☆ وتاخذ من بخارا الى نَخْشَب فى مفازة ثلاثين فرسخًا فيها رباطات ثم الى الصّغانيَان تمام ١٠ مراحل، وتاخذ من الصغانيان الى دَارزَنْجِى[p] او الى بَاسَنْد او بابساب[q] او سنكردة[r] مرحلة مرحلة ومن الصغانيان الى بوراب[s] بريدين ومن الصغانيان الى بهام[t] او غشّ[u] او زينور[v] ثلاثًا ثلاثًا ومن الصغانيان الى هنبان[w]

---

a) C haec non habet. (B ازدجير). *b*) B دانعان, C مردانقان. *c*) B sine punctis. *d*) B عرمان. *e*) B وانحار, C وايجان. *f*) B ازدحمره, C ازدحيره. *g*) B دوكماع. In C haec statio non est, ibique cetera quoque ad Khowârizm pertinentia desiderantur, additur vero aliud itinerarium. *h*) B سكاخان خاس. *i*) B رخمثمن. Scribitur sic pro اردخشميثن. Vid. Jacut, I, p. ١٩١ ult. *k*) B كردرانحساس. *l*) B زوروبد. *m*) B بوراوان. *n*) B سحمش. *o*) C addit hoc itinerarium: وتاخذ من الجرجانية الى اردكوا مرحلة ثم الى رباط باهان مرحلة ثم الى رباط مهدى مرحلة ثم الى رباط ميان شاه مرحلة ثم الى بئر الحاكم مرحلة ثم الى رباط ابى سهل مرحلة ثم الى رباط دوغاج مرحلة ثم الى رباط جعفر مرحلة ثم الى افراوة مرحلة. Pro ميان شاه Djordjânî habet ميان جاه, vid. *Das alte Bett des Oxus*, p. 27. *p*) B دارزنحى, C دازن نجى. *q*) B بادمات, C باتماب. Vid. supra p. ٣٦٨*i*. *r*) B سكرده, C سيكرده. Vid. supra p. ٤٩*i*. *s*) B سوارب, C بوزب. Vid. supra p. ٣٦٨*h*. *t*) B سهمام. *u*) Secundum C; B عشر. *v*) B ربوب, C زيتون. Deinde C ثلث مراحل ثلث مراحل. *w*) B هنبار, C هنان.

مرحلتين ومن الصغانيان الى الخُتّل[a] ٣٠ فرسخا ومن الصغانيان الى سمرقند ٤٠.[b] ❁

---

a) B الجبل. *b*) In C itineraria Transoxaniae haec sunt (praecedunt itineraria Khowarizmiae): ومن جيحون الى آمُل او الى فَرَبْر فرسخ وتاخذ من بخارى الى بيكند او الى جكم او الى امزه (Cod. امره) مرحلة مرحلة، وتاخذ من بخارى الى قراجون (Cod. فراخون) او الى فَرَخْشَة او الى الطَوَاوِيس مرحلة مرحلة، وتاخذ من بيكند الى ميان كال مرحلة ثم الى فربر مرحلة، وتاخذ من جكم (Cod. حكم) الى رباط عنيف الخ، وتاخذ من امزه (Cod. امره) الى رباط تاش الخ، وتاخذ من الطواويس الى كرمينية الخ، وتاخذ من قراجون (Cod. فراخون) الى ميان كال مرحلة ثم الى رباط آسنانة مرحلة ثم الى مايْمُرْغ مرحلة ثم الى نَسَف مرحلة، وتسير من فرخشة الى كات الخ، وتاخذ من سمرقند الى بَارْكَث او الى دِرِزْدَه (Cod. دزدزه) او الى زَامِين مرحلة مرحلة، وتاخذ من باركث الى رباط سعد مرحلة، وتاخذ من درزده (Cod. درذره) الى كَشّ الخ، وتاخذ من أُشْرُوسَنَة الى ساباط نصف مرحلة، وتاخذ من زامين (Cod. مرازمين) الى دِزَك مرحلة ثم الى خَرَقَانَة (Cod. حرقانه) مرحلة، وتاخذ من اشروشنة الى فغكث (Cod. فعكث) نصف مرحلة ثم الى خُجَنْدَة مرحلة، وتاخذ من بِنْكَث (Cod. بيكث) الى أُسْتُورْكَث مرحلة ثم الى وينكرد (Cod. وتبركرد) مرحلة ثم الى بئر (Cod. هر) حميد ثم الى بئر (Cod. هر, marg. لعله بئر) الحسين (Cod. الحسن) مرحلة ثم الى ديزك مرحلة ثم الى خرقانة (Cod. حزقانه) مرحلة ثم الى رباط سعد مرحلة، وتاخذ من بنكث (Cod. بيكث) الى رباط انفرن (Cod. انفرز) مرحلة ثم الى غزكرد (Cod. عركرد) مرحلة ثم الى اسبيجاب مرحلة، وتاخذ من اخسيكث الى خُوَاقَنْد (Cod. حواقند) مرحلة ثم الى خجند مرحلة ثم الى شَاوَكَث مرحلة ثم الى ساباط مرحلة ثم الى زامين مرحلة ثم الى فُورْنَمَذ (Cod. فوريمد) مرحلة ثم الى رباط سعد مرحلة، وتاخذ من قُبَا الى زَنْدَرَامش (Cod. زندرامتين fort. l. زندراميثن cf. Jacut II, p. ٩٥١) مرحلة ثم الى رِشْتَان (Cod. رستان) مرحلة ثم الى سُوج (Cod. نسوخ) مرحلة ثم الى كَنْد مرحلة ثم الى خجند مرحلة، وتاخذ من اسبيجاب الى بُدَخْكَث

وتاخذ من بلخ الى خُلْم مرحلتين ثم الى وَرْوَالِيز[a] مثلها ثم الى الطَّالَقَان مثلها ثم الى بَذَخْشَان[b] ٧ مراحل، ومن خلم الى سِمِنْجَان[c] مرحلتين ثم الى أَنْدَرَابَة[d] ٥ مراحل ثم الى كَارْبَابَه[e] ٣ مراحل ثم الى بَنْجَهِير مرحلة ثم الى فَرْوَان[f] مرحلتين، * وتاخذ من بلخ الى بَغْلَان ٦ مراحل ومن سمنجان الى بغلان[g] ٤، وتاخذ من بلخ الى مَذْر[h] ٩ مراحل ثم الى كَه مرحلة[i] ثم الى البَامِيَان ٣ مراحل، * ومن بلخ[k] الى أُشْبُورْقَان[l] مثلها ثم الى الفَارِيَاب مثلها ثم الى الطَالَقَان مثلها، وتاخذ من بلخ الى سِيَاه‌كَرْد[m] مرحلة ثم الى تِرْمِذ

مرحلة ثم الى طَرَاز مرحلة، ومن تُونْكَث الى مدينة الصين العظمى مائة واربعون يومًا فيما حكت الرسل للجيهانىّ وقد ذكر ذلك فى كتابه واوضح القول فيه ☆ وتاخذ من بخارا الى بُمُوجْكَث (vera lectio vid. تُمْجْكَث) او الى مَغْكَان (Cod. معكان) مرحلة مرحلة، وتاخذ من بخارا الى زَنْدَنَة بريدين، وتاخذ من سمرقند الى بُنْجِكَث (Cod. بيجكث) مرحلة ومن سمرقند الى اشْتِيخَن (Cod. استيخر) مرحلة ومن سمرقند الى أَبَارْكَث او الى وَرَغْسَر (Cod. ورغش) بريدين بريدين ومن سمرقند الى وَذَار (Cod. وخان) او الى كَبُودَنْجَكَث (Cod. كسودجكث) بريد بريد، ومن كِشّ الى نَسَف ٣ مراحل ومنها الى الصغانيان (Cod. hic ut semper الصغانيات) ٦ ومنها الى نَوْقَد قُرَيْش مرحلة ومنها الى سُونَج مرحلتان ومن نَسَف الى بَزْدَة مرحلة، ومن خَرَقَانَة الى دِزَك (Cod. رزك) مرحلة ثم الى زامين مرحلة، ومن الصغانيان الى قُوَادِيَان ٣ مراحل وكذلك الى وَاشْكِرْد او شُومَان، وتاخذ من الصغانيان الى دارزَنْجى الخ، وتاخذ من باراب الى شَاوَغَر مرحلتين، ومن اخسيكث الى كَرْوَان مرحلة وكذلك الى وانكث (Cod. ريكث).

a) B وراولين, C وراوالين. b) Sic C et marg. B cum اصل. Textus B بلخشان. c) B سمنجان, C منجان. d) B ازرانه, C اندرانه. e) B كاردانه, C كاربانه. Pro جاربابه. f) B فرون, C فرون. Deinde C مرحلة. g) Supplevi بغلان secundum Ist. p. ٢٨٩, 5. h) B مدر. i) C haec om. k) B male ثم. C haec ad وتاخذ om. l) B استورفان. m) B ساركرد, C سياركرد. Ibn-Khord. p. 51, 2 a f. سارخور (Cod. سارحور), Kodáma ساحرد. Istakhrí سياه جرد. Mox B ترند pro ترمذ.

مرحلة، وتاخذ من اليَهُودِيّة الى القاع مرحلة ثم الى اشبورقان[a] مثلها ثم الى السِّدْرَة[b] مرحلة ثم الى الدَّسْتَجِرْدَه[c] مرحلة ثم الى بلخ نصف مرحلة، وتاخذ من اليهوديّة الى قصر الامير مرحلة ثم الى فارياب[d] مرحلة ثم * الى كرك مرحلة ثم الى الطالقان مرحلة، وتاخذ من اليهوديّة الى أَنْبَار مرحلة ثم الى رباط مرحلة ثم الى بلخ مرحلة، وتاخذ من فارياب[e] الى آسْنَانَة مرحلة ثم الى جوبين وملين[f] مرحلة ثم الى أَنْدَخُوذ[g] مرحلة ثم الى رباط أَفْرِيغُون مرحلة ثم الى قنىّ غيات[h] مرحلة ثم الى كركوه مرحلة ✿ وتاخذ من مرو الى فَاز[i] مرحلة ثم الى مَهْدىّ أَبَاذ مرحلة ثم الى بَحيرَابَاذ[k] مرحلة ثم الى القَرِينَيْن[l] مرحلة ثم الى أَسَدَابَاذ[m] مرحلة او ثم الى حَوْزَان[n] مرحلة ثم الى قَصْر أَحْنَف بريدين ثم الى أَرْسْكَن[o] مرحلة ثم الى الأَسْرَاب مرحلة ثم الى

---

a) B السورفان. In C hoc itin. deëst. Ibn-Khord., p. 51 l. 6 a f. سرفان s. سرقان (Cod. السرمان l. اشبرقان). *b*) B البندرة. Constat lectio commentario Kodámae, et quoque est apud Ibn-Khord. *c*) B الدسحروه, Kodáma البدشجروه, Ibn-Khord. الوشكوك. *d*) B مارات, mox بارات; recte C. *e*) C haec om., sed alio loco habet: وتاخذ من اليهودية الى قصر الامير مرحلة ثم الى رباط مرحلة ثم الى بلخ مرحلة. Sequitur hinc قصر الامير non esse N. P. sed significare locum principis nempe Anbâr; cf. Ist. p. ٢٧٠. Deinde B اسنانه. *f*) B حوس وملين, C حويس وملس ut nunc scribitur nomen. *g*) B اندرحون, C اندخوى. *h*) B غمات, C قبر غيات. *i*) B فار. In C hoc itin. desideratur. Ibn Khord., p. 51, 3 قاب (قار, sed Cod. فار), Kodáma مار, *Djih. Numa*, p. ٣٢٩, 17 فارس. Vid. Jacut in v. *k*) B بحراباد, Ibn-Khord. مجداباذ (Cod. بحراباد), Kodáma بحيى اباذ, *Djih. Numa* حنباذ. *l*) B القريتين. *m*) B اسداب, secutus sum Ibn-Khord., Kod. et *Djih. Numa*. *n*) B حوران. Apud Ist. p. ٢٦١ et Ibn-H., p. ٣١٥ minus recte edidi خوزان; vid. Jacut in v. Ibn-Khord. احوران (in textu edito nonnulla desiderantur), Kodáma حواران, *Djih. Numa* حوراب. *o*) B اسكرن. Secutus sum Kodáma, coll. nomine رسكن apud Jacut. Ibn-Khord. برشك (Cod. برسك). Ad hanc stationem a Kaçr Ahnaf per urbem Marwarûdh iter est longius, nempe 10 Paras.

كنجاباذ[a] مرحلة ثم الى الطّالَقان مرحلة ثم الى كسحان[b] مرحلة ثم الى اليهوديّة مرحلة، وتاخذ من مرو[c] الى جَرُوجِرْد مرحلة ثم الى الدَّنْدانَقان مرحلة ثم الى تلستانة[d] مرحلة ثم الى أُشْتُرْمَغاك[e] مرحلة ثم الى سَرَخْس مرحلة، وتاخذ من مرو الى كُشْمَيْهَن[f] مرحلة ثم الى رباط الحديد[g] مرحلة ثم الى رباط نصرك مرحلة ثم الى جبّ[h] حمّاد مرحلة ثم الى رباط بارس مرحلة ثم الى آمل مرحلة * ثم الى جيحون فرسخًا[i] ✿ وتاخذ من ابشين[k] الى رباط شور[l] مرحلة ثم الى رباط شار[m] مرحلة ثم الى قرية القاضى مرحلة ثم الى شورمين[n] مرحلة ثم الى قرية المجوس مرحلة ثم الى خاره[o] مرحلة ثم الى رباط ميانه[p] مرحلة ثم الى كَرُوخ مرحلة ثم الى هراة مرحلة ✿ وتاخذ من ابشين الى رباط كُرْزْوان مرحلة ثم الى مرزك[q] مرحلة ثم الى رباط روذ[r] مرحلة * ثم الى مرو الروذ مرحلة ثم الى جسر حر[s] مرحلة ثم الى الطالقان مرحلة، ومن ابشين الى دِزَه[t] الى مرو الروذ ١٠ فراسخ[u] ✿

---

a) B sine punctis. Kodáma حماداد. Secutus sum Ibn-Khord. (Cod. كنحاداد). *b*) Sic B cum ح, Kodáma كمسحان, Ibn-Khord. كشنجاب (Cod. كسنحاب s. كنسحاب). Hinc apud Ibn-Khord. et Kodáma via pergit per stationes قصر خوط et ارغين ad urbem Fârajâb et porro (vid. supra) per القاع ad Schabûrgân. *c*) C مرو الشاه. Deinde B حروجرد, Jakubí, p. ٥٩, نكرر, Ibn-Khord. p. 47 l. 1 نبرجرد, Kodáma موجرد l. جَنُوجِرْد (vid. Jacut in v.). *d*) B دلستانه, Jakubí دلسانه, Ibn-Khord. p. 46 بلستانه, Kod. بلسانه. *e*) B استرمعان, Jak. اسرمعاد, Ibn-Khord. استرجمال, Kod. اسرمعاد. Inter hanc stationem et Sarakhs Ibn-Khord. ponit (Cod. المحار) قصر النجار (Kod. قصر النجار). *f*) B كشمهبير, C كشهمين. Stationes Ibn-Khord. et Kod. ab iis huius itinerarii differunt, propter causam a Sprengero p. 16 allatam. *g*) C الرباط السيده (sic). (B sine punctis). *h*) C بشر. *i*) C om. *k*) B اشين hic et infra. *l*) B سور. *m*) B سار. *n*) B sine punctis. *o*) C حاره. *p*) B ممانه. *q*) In C lacuna. *r*) B رود, C روز. *s*) Sic B, Sprenger p. 51 legit خر. *t*) B ادشين لحمادره. *u*) C haec non habet: sed وتاخذ من ابشين الى القصر الاعلى مرحلة ثم الى مروذ (deleta est) مرحلة. Hic insuper haec itineraria

وتاخذ من هراة الى اسفزار[a] ٣ مراحل والى مالن او الى كروخ او الى باشان مرحلة مرحلة وتاخذ من باشان الى خَيْسار[b] مرحلة ثم الى استربيان[c] مرحلة ثم الى مَارَابَاذ مرحلة ثم الى أَوْفَه مرحلة ثم الى خَشْت[d] مرحلة وانت فى الغور[e]، وتاخذ من هراة الى بَبْنَة[f] مرحلتين ثم الى كيف مرحلة ثم الى بَغْشُور[g] مرحلة ❊

وتاخذ من غَزْنين الى رباط البارد مرحلة ثم الى اسناخ[h] مرحلة ثم الى (166) حنس[i] مرحلة ثم الى البامبان مرحلة، وتاخذ من غزنين الى كَرْدِيز[k] مرحلة ثم الى اوغ مرحلة ثم الى لَجان[l] *وبها عين ماء[m] ثم الى وَيْهِنْد تمام ١٧[n] منزلا *وانت فى بلاد السند والهند[m] ❊ وتاخذ من بست الى رباط فيروزقند[o] مرحلة ثم الى ميغون[p] مرحلة ثم الى رباط كبير[q] مرحلة ثم الى بَنْجَوَاى[r] مرحلة ثم الى بكراباذ[s] مرحلة ثم الى خرساد[t] مرحلة ثم الى

---

addit: وتاخذ من مرو الروذ الى قصرى مرحلة ثم الى رباط عمدى (عمرى Djih. Numa, p. ٣٢٩, 19) ثم الى رباط ابى نعيم (بونعيمى Dj. N.) ثم الى رباط جعفرى مرحلة ثم الى سرخس مرحلة، وتاخذ من مرو الروذ الى قصر احنف مرحلة ثم الى لَوْكَر مرحلة ثم الى قرسن (sic, l. قرينين؟) مرحلة ثم الى رباط الامير مرحلة ثم الى رباط آخر مرحلة ثم الى حيرند (l. جِيرَنْج) مرحلة ثم الى مرو مرحلة، وتاخذ من مروذ (sic) الى قصر احنف مرحلة ثم الى بغشور مرحلة ثم الى القرينين مرحلة ثم الى نبوة مرحلة ثم الى باذغيس مرحلة.

a) B اسفران. b) B حنتبار, C حمنان. c) B اسربان, C اسبربان. d) B حسن, C خسن. e) C بالغور. f) B دمنه, C ثلاثه. Pro كيف B قسف. g) B دغشون, C بغ شور. h) B sine punctis. i) Sic C, B حمس. k) B كرديه, C كرذين. Vid. Jacut in v. l) B indistincte, sine punctis. m) C om. n) C تسعة عشر. o) B فيروز فمد, C om. Vid. Ist. p. ٢٤٨ et ٢٥٠. p) B ميعوف. q) B sine punctis, C om. Cf. Ist. p. ٢٥٠*d*, Ibn-Hauk., p. ٣٠٥*q*. r) B دمحوان, C فمحواى. s) B نكراباذ. Apud Ist. recepi تكين اباذ. t) B حرساد. Apud Ist. recepi خرسانة (Cod. F quoque habet حرساه).

رباط سراب مرحلة ثم الى رباط الاوقل[a] مرحلة ثم الى جنكل اباذ[b] مرحلة ثم الى قرية غرم[c] مرحلة ثم الى قرية خاست[d] مرحلة *ثم الى قرية جومة مرحلة[e] ثم الى خابسار[f] مرحلة، وتاخذ من سفنجاوى[g] الى رباط مرحلة ثم الى جنكى[h] مرحلة ثم الى رباط الحَجَرِيَّة[i] مرحلة ثم الى بنجواى[k] مرحلة، وتاخذ من بست الى دَاوَر[l] ۴ مراحل ثم الى الغُور مرحلة ۞ وتاخذ من زَرَنْج الى كَرْكُويَه مرحلة ثم الى بَشْتَر[m] مرحلة ثم الى جُوَيْن[n] مرحلة ثم الى بستك[o] مرحلة ثم الى كنجر[p] مرحلة ثم الى سرشك[q] مرحلة ثم الى وادى فَرَه مرحلة *ثم الى فره مرحلة[r] ثم الى دَرَه مرحلة ثم الى كوستان مرحلة ثم الى جاشان[s] مرحلة ثم الى قناة سَرِى[t] مرحلة ثم الى الجبل الاسود مرحلة ثم الى جامان مرحلة ثم الى هراة مرحلة ۞ وتاخذ من زرنج الى زانبوق[u] مرحلة ثم الى سروزن[v] مرحلة ثم الى حرورى[w] ثم الى دَهَك[x] مرحلة ثم الى رباط كروذين مرحلة ثم الى رباط قُهَسْتان[y] مرحلة ثم الى رباط عبد الله مرحلة ثم الى بُسْت مرحلة ۞ وتاخذ من زرنج الى جِزَه[z] ٣ مراحل ثم الى *فَرَه او الى القَرْنِين مرحلتين[aa] ومن فره الى نه مرحلة ومن زرنج الى الطاق مرحلة ومن زرنج الى كِشّ ٣٠ فرسخًا ۞

---

a) B الاوز. In C haec statio deëst. *b*) B حىكل اباذ, C جيكل اباذ. *c*) B عرم. *d*) B sine punctis, C حاشب (omisso قرية; cf. Ist. p. ٢٥٠*l* (Cod. F حاست). *e*) B om. C habet جرمة. *f*) B چاشان, C حادسان. *g*) B ىسىحاور. C hoc itin. om. Vid. Ist. p. ٢٥١. *h*) B sine punctis. *i*) B الحجرىه. *k*) B الحران. *l*) B دوار, C ذاورا. *m*) B ىشىىن, C (sic) سبير بريديں. Vid. Ist. p. ٢٤٨*i*. *n*) B حوىر. *o*) B بست, C semel لبستك (fort. البستك), semel ut recepi. Cf. Ist. p. ٢٤٨*l*, Ibn-Hauk, p. ٣٠۴, 15. *p*) B كىحىں, C كىىحر. *q*) C شك. *r*) C om. Deinde B et C ذره. *s*) B خاشان; apud Ist. recepi خاستان, sed vid. p. ٢٤٩*e* et Ibn Hauk. p. ٣٠٥*b*. *t*) C سرير. *u*) C رانبوق. *v*) C اسرورن. *w*) B حروزن, C حروريت. *x*) B دهبك. Haec et statio seq. in C desiderantur. Pro كروذين B كرودن. *y*) B هفشان, C ut recepi. *z*) B فره, C حزه. *aa*) C فوه الغريتين مرحلتين (B الفرنىس). Seqq. ad وتاخذ in C non sunt. Pro نه B به.

ونتاخذ من قَايِن الى تُون مرحلة ونتاخذ من قاين الى يُنَابِد[a] مرحلتين ثم الى كُنْدُر مثلها ثم الى طُرَيْثِيث[b] بريدين، ومن ينابد الى سَنْكَان[c] مرحلة، ثم الى جايمن[d] مرحلة ثم الى مَالِن كواخَرْز[e] مرحلة ثم الى بُوزْجَان[f] مرحلتين *ثم الى المَلّاحة مرحلة ثم الى القصر مرحلة[g]، ونتاخذ من نيسابور الى بيسكند[h] مرحلة ثم الى حسيناباذ[i] مرحلة ثم الى خُسْرُوجِرْد[k] مرحلة ثم الى *البوق او الى[l] يحيى اباذ مرحلة ثم الى مَزِينَان وبَهْمَن اباذ مرحلة ثم الى أَسَدَاباذ مرحلة ثم الى هَفْدَر[m] مرحلة ☆ ونتاخذ من نيسابور الى قصر الرِّيح[n] مرحلة ثم الى الرَّمَادَة[o] مرحلة ثم الى صاهه[p] مرحلة ثم الى مزدوران مرحلة ثم الى اوكينة[q] مرحلة ثم الى سرخس مرحلة، ونتاخذ من قصر الريح الى فرهاكرد مرحلة ثم الى نوكده[r] مرحلة ثم الى مالايكرد[s] مرحلة ثم الى بُوزْجَان ثم الى كلنا مرحلة ثم الى النق[t] مرحلة ثم الى

---

a) B ساساىد, mox ىساىد et ىىاىد, C بنايذ, ببياوذ et ىىاىد. *b*) B طرىىىث. C habet duo itineraria, alterum a Kâin ad Kondor, alterum a Kâin ad Tûn, ثم الى قلعة مرحلة ثم الى يناوذ مرحلة ومن ينابذ الى سكان. *c*) B et C سكان. *d*) B جاتمن, C حادمن. *e*) B كواخون, C مالركواخر. *f*) B نورحبّان, C يبوزجان. *g*) C om. *h*) B نيسكند, C ببيب كند, Kodáma يسكندر et ىسكندر, Edrîsî, II, p. 177 بهش كند. Post hanc stationem Kodáma et Edrîsî stationem inserunt, quam ille سكريدن, hic نهناباذ appellat. Apud Ibn-Khord. p. 46 l. 11 textus turbatus est. Cf. Sprenger, p. 14. Cod. habet: ثم الى نسكردر خمسة فراسخ ثم الى انسكندر خمسة فراسخ ثم الى نيسابور الخ. *i*) Kodáma حساباد, Edrîsî جسراباذ. *k*) B جسروجود et om. مرحلة. *l*) C om. Edrîsî habet نون. Deinde B ىحىى باذ, C يجياباذ. *m*) B هقدر, C hanc stationem non addit; vid. Ist. p. ٢٦٩*d*. Ibn-Khord. هكند. *n*) Sive دزباذ, Jakubí, p. ٥٩, 4. Male Jacut, II, p. ٥٧٣, 14 دزباز. *o*) Sive خاكسار, Jakubí l.l. ubi Cod. جاكاسر, coll. خاكساران apud Jacut. *p*) B صاصه. *q*) B sine punctis; Ibn-Khord. اركينه (Cod. انكىسه), Kodáma اركسه. *r*) B sine punctis. *s*) Sic B; C بالاركرد. *t*) Sic B, C الىنو ut vid. et sic legi posset in B.

امده مرحلة ثم الى هراة مرحلة ۞ وتاخذ من القصر الى الملّاحة[a] مرحلة ثم الى سَنْكان[b] مرحلة ثم الى يُنَابِد مرحلتين[c] ۞ وتاخذ من نيسابور الى كلكاو[d] مرحلة ثم الى الدارين مرحلة ثم الى نمخكن[e] مرحلة فمن اراد نسا اخذ الى ريك مرحلة ثم الى فرخان[f] مرحلة ثم الى بردر مرحلة ثم الى بغداوه[g] مرحلة ثم الى نسا مرحلة، ومن اراد ابيورد اخذ الى دزاوند[h] مرحلة ثم الى حوبران[i] مرحلة *ثم الى قلمبيهن مرحلة ثم الى أَبِيوَرْد مرحلة ومن قلمبيهن (167) الى كُوفَن مرحلة ومن كوفن الى ابيورد مرحلة[k] ۞ وتاخذ من نيسابور الى بغيش[l] مرحلة ثم الى القرية الحمراء مرحلة ثم الى المشهد[m] مرحلة ثم الى طَابَرَان بريدين[n] ۞ وتاخذ من نيسابور الى نشديغن[o] مرحلة ثم الى رباط مرحلة ثم الى[p] آخر مرحلة ثم الى طَرَيْثيث مرحلة، وتاخذ من نيسابور الى رِيوَنْد مرحلة ثم الى مِهْرَجان[q] مرحلتين ثم الى اسفراين[r] مثلها، وقد اختصرنا مسافات هذا الاقليم ۞

---

a) C ملاحة sine art. *b*) B et C سكان. *c*) C addit: ومن الرمادة او صاعد الى نوقان مرحلة. *d*) B كلاكاو, C nomen bis habet ut recepi (semel كلكاوا). *e*) B دمانجكن, C bis ut recepi. *f*) B فرحان et mox بردر. *g*) C معداوه. *h*) Sic B; C زراوند. *i*) Sic C; B حودران. *k*) C om. B habet قلمبيهن et قلمبهن. Sprenger p. 51 legit فلمبيهن. *l*) B بغيشن, C semel ut recepi, semel الغيبس. Kodáma بعيس, Edrîsî, II, p. 186 بغنش, Ibn-Khord. بغشن (Cod. الغَبْنَبِس (*sic*). *m*) C نوقان l. موقان. *n*) C add.: ومنهما الى العقبة مرحلة مرحلة. Supra nempe C sic habet: وتاخذ من نيسابور الى كلكاوا او الى بغيش او الى العقبة او [الى] بشديغن او الى ريوند مرحلة. Significatur autem nomine العقبة locus supra مزدوران dictus, quem Kodáma appellat العقبة (l. مزدوران) مروبان. *o*) B نشدغن, C semel بشديغن, semel اشديغن. *p*) C add. رباط. *q*) C فهرجان. *r*) C اسفرائين. C addit itin.: وتاخذ من نسا الى رباط مرغز مرحلة ثم الى برازوند مرحلة ثم الى جرمقان مرحلة، ومن نسا الى كوفن ٢٥ فرسخا. In C itineraria plane alio ordine sunt disposita.

اقليم الدَّيْلَم

هذا اقليم القزّ والصوف به صنّاع حذّاق، وفواكه تحمل الى الآفاق[a]، وبزّه معروف *بمصر والعراق[b]،، كثير الامطار[c]، مستقيم الاسعار،، مصر ظريف، *ولهم عمل[d] لطيف،، يجلّون الشريف، ويرحمون الضعيف،، كبرآء فى الفقه واجلّة فى الحديث رجال فى القتال وكلّ عفيف، رسوم حسان وذيل نظيف، بحر عميق به مدن تطيف[e]،، به اسماك سريّة وضباع جليلة وفواكه[f] لذيذة واشيآء متضادّة وارزاز كثيرة به تين وزيتون واترنج وخرنوب كثير العنّاب، حسن الاعناب، رساتيق رحاب،، ومدن طياب[g]، وخيش عجاب،، واسم كبير، ومآء غزير،، ودخل كثير، وبزّ خطير،، ✿ وانّما نسبناه الى الديلم لان به ديارهم وفيه ملكهم ومنه منبعهم وهم اليوم قوم قد استولوا[h] على ما يُصاقبهم من البلدان واحتووا على ائمّة الاسلام، واذعن لهم الخاصّ والعامّ،، ولم نجد لهذا الاقليم اسمًا يجمع[i] كوره فاضفناه اليهم ولقّبناه بهم لنفصّل كوره ونشهر[k] امره وليس هو بالكبير ولا مدنه بالكثير ولولا ان اسم الجبال مشتقّ[l] ولهما من العراق حظّا لاضفنا هذا الاقليم اليها وجعلنا الرىّ مصرها وقومس[m] من نواحيها ✿ وهذا شكله ومثاله[n] ✿

(169) وقد جعلناه[o] خمس كور اوّلها من قبل خراسان قُومِس ثم جُرْجَان ثم طَبَرِسْتَان ثم الدَّيْلَمَان[p] ثم الخَزَر والبحيرة متوسّطة فى هذه الكور[q] غير قومس فانها[r] متعالية فى الجبال *متوسّطة بين الرىّ وخراسان تفصل بينها وبين البحيرة كورة طبرستان[s] ✿ فاما قُومِس فانها كورة رحبة نزهة *حسنة الفواكه وهى ثمانون فرسخًا فى سبعين واكثرها جبال قليلة المدن خفيفة الاهل كثيرة

---

a) C العراق. b) C فى الافاق. c) B الامصار. d) C وعمل. e) C addit ترى et habet اسماكا et وضبابا. f) C وفواكها. g) B طماب et deinde وجيش. C طباب. h) B استووا. i) B بجمعه. Deinde C كورة. k) B لنفصل - ويشهر. C ونشهره omisso امره. Cetera ad وقد in C desiderantur. l) B مستنف et mox حظ. m) B وقوم. n) Hic p. 168 sequitur in B mappa. o) C جعلنا هذا الاقليم. p) C ديلمان. q) B الكورة. Deinde C الا. r) C لانها. s) C om.

الانعام ثقيلة الخراج معتدلة الهوآء[a] قصبتها الدّامَغان ومدنها سِمْنَان بِسْطَام زغنة[b] بِيَار مُغُون[c] ۞ واما جُرْجان فانها كورة سهليّة *جبليّة لولا البرد لعملت فيها النخيل ذات اترنج وزيتون وعنّاب وتين غزيرة الانهار كثيرة البساتين لها رستاق جليل والخيرات بها كثير والبحر قريب والمصر ظريف والاسم كبير[d] والخراج ثقيل اسم القصبة وهى مصر الاقليم[e] شَهْرَسْتَان ومن مدنها أَسْتَرَابَاذ وآبَسْكُون أُهُمُ[f] آخُرُ الرِّبَاط ۞ واما طبرستان فانها *كورة سهليّة بحريّة ولها ايضًا جبال[g] كثيرة الامطار قشفة كربة[h] وسخة مبرغثة[h] عامّة اخبازهم الارزّ *كثيرة الاسماك والثوم وطير المآء وبها[i] مزارع الكتّان والقنب[k] قصبتها آمُل ومن مدنها سَالُوس ميلة[l] مَامَطِير برجى[m] سَارِيَة طَميسَة[n] هرى بود[o]

---

a) C ضياع حسنة وقلاع حصينة وفواكه موصوفة وكورة واسعة ورجال شهام وسهول وجبال الا انها قليلة المدن خفيفة الاهل مع كثرة الانعام والاغنام نفيلة (l. ثقيلة) الخراج معتدلة الهواء اهل صلاح وستر وادب وعلم وصنعة وحذق يكون ثمانون (sic) فرسخًا فى سبعين. b) B زغنه, C رعىه, infra B رعنه, C زعبه. B supra رعمه, in mappa رهبه. Coniectura scripsi. Deinde B سار. c) B معور. d) B كثير. e) C pro his: جلية ذات اضداد (sic) غزيرة الانهار كثيرة البساتين رستاق جليل وبحر قريب ودخل كثير ومصر ظريف واسم كبير اسم قصبتها. f) Supra p. ٥١, 3 edidi الهُمّ, ut apud Ist. p. ٢٠٧, 1 et Ibn-H. p. ٢٦٩, 9 عين الهُمّ. Jacut, I, p. ٣٥٤, 12 praescribit أَلْهَـمْ, sed p. ٤٠٩ habet أَهُلُمْ. Cum vocali dhamma quoque editum est Abulfeda, p. ٤٣٧. Dorn, *Caspia*, p. 268 praefert أَلْهَـمْ, sed opinatur (p. 21, 95) nomine أَهُلُمْ eundem locum significari (*Ahlem*). g) C ايضا سهلية ولها جبال بحرية. h) C om. i) C مشجرة نزهة بها. k) C add. ولها خصائص واسم. l) B ميْله. Pro مامطير B et C ubique ماهطين. m) C om. B hic et in mappa درجى, in itin. ut recepi. C ibi برحى. Dorn, *Caspia*, p. 11 ann. 4 proponit componere nomen cum نُوجى apud Sahíroddín. n) C hic et infra طميشة. Nomen seq. supra in B scribitur هرا. Infra ponitur locus in provincia Djordjân. o) B et C دود, B supra (ubi cum nomine praeced. coniungitur) بود ut recepi.

مَنْطِير[a] نامية تَمِيشَة[b] ۞ واما الدَّيْلَمان فانها *كورة فى الجبال[c] صغيرة المدن لا *ترى لهم[d] لباقة ولا علم ولا ديانة *بل ثَمَّ دولة ورجلة[e] وهيبة ولهم رسوم عجيبة وقرى كثيرة وقد اضفنا اليها الجبل لان اكثر الناس لا يكادون يفرقون بينهم فقصبة الديلم[f] بروان[g] ومن مدنها ولامر[h] شكيرز[i] تارُم خشم[k] وللجبل دُولاب بَيْلَمان[l] شَهْر كُهَن رُوذ[m] ۞ واما الخَزَر فانها كورة واسعة خلف البحيرة قشفة كربة كثيرة الاغنام والعسل واليهود[n] بآخرها سدّ ياجوج وماجوج وعلى تخومها بلدان الروم ولها نهران اكثر مدنهم عليهما[o] يقلبان فى البحيرة وعلى تخومها من قبل جرجان جبل بِنْقِشْلَه[p] قصبتها[q] اتل ومن مدنها بُلْغار سَمَنْدَر[r] سُوَار بغند[s] قيشوى خَمْلِيج[t] بَلَنْجَر البَيْضَآء ۞

الدَّامَغَان قصبة صغيرة فى حصبآء خربة الاطراف رديّة[u] الحمّامات لا حسنة الاسواق ولا كثيرة الاجلّة غير انها جيّدة الهوآء وفى اهلها وطآء[v] عليها

---

a) B مطر, supra مطمر, C منطر. Videtur esse mera repetitio nominis مامطير, quod quoque مطير scribitur. Vid. Jacut in v. et indicem ad Dorn, *Muh. Quellen*, IV. Deinde B نامه, C نامنه, B supra مامية. Cf. ad Ist. p. ٢١٩*g*. *b*) B h. l. نميشه, supra تميسه, C تميشه, quod recepi. Habet quidem Jacut نميسة, sed errore ut videtur, quia dicit nomen esse idem quod طميسة. Cf. Dorn l.l. sub تميشه et تميسه. *c*) C الديلم (Cod. منه) وجبل فيه (Cod. الجبل) سهل فيه الجبل. *d*) C om. *e*) B ورحلة. *f*) C pro his: وثم انهار ومزارع واشجار وقرى كثيرة قصبتها. *g*) B h. l. ولابروان. *h*) Sic B hic et supra, C ولامتين. *i*) B شيكرر, supra شكيرر, C شكبرن. Coniectura scripsi. Deinde B ثارم. *k*) B supra حسم, infra حشم, C خسم. Deinde B والجبل. *l*) B h. l. سلمان. Abulfeda, p. ٤٢٨ بيمان. *m*) C كهزروذ, infra كهنروز et كهن روذ, B ubique كهزرود. *n*) C om. et habet وباخرها. *o*) B اكبر عليها. C بلدانهم. *p*) B بعشلا. *q*) C add. تسمى. *r*) B سمرقندى, C سمندى. *s*) B بغند, supra ut C sine punctis. Deinde B فسوى, supra فشوره, C ut recepi. *t*) B et C حملح, supra B حملج; vid. Jacut in v. (Dimaschkí p. ٢٦٣ خلمبج). Deinde B بلنحر. *u*) C دربة. *v*) B بطا.

حصن بثلاثة ابواب باب الرىّ باب خراسان باب . . . . . .[a] ولهم سوقان[b] سفل وعلو كدار صغيرة وقف على رباط أَفْرَاوَة ودِهِسْتَان وابناء السبيل ولا يخرج منه كرىّ[c] ولا تُقْبَلُ عليه زيادة فهم يتوارثونه والجامع فى الازقّة بهىّ نظيف ولهم حياض *مثل حياض مرو[d] ✡ وسِمْنَان *على الجادّة[e] بها جامع لطيف فى السوق[f] وماء يخترقها بالنوبة وحياض تملأ منه وقد خفّت[g] وقبلها قرية سِمْنَانَك[h] من نحو الرىّ بها سوق حارّ[i] ✡ وبِسْطَام خفيفة الاهل[k] كثيرة البساتين حسنة الفواكه نزهة الرستاق[l] ظريفة الجامع *كانه حصن وسط[m] الاسواق ولهم ماء جارٍ ✡ ومُغُون[n] على سكّة خراسان وزغنة (170) زريعة[o] حسنة الثمار ✡ وبِيَار بلدة لها قلعة واسوار ومزارع وانهار وكروم وثمار وذكر بالاقليم[p] والجبال ولهم بخراسان اعمال وايسار[q]، مع دين ورجلة[r] واعمار،، وفى الادب ائمّة واعلام، معدن الابل والاسمان[s] والاغنام، وحذق فى بناء وارسام، ومروّات وصدقات واسلام، وصلاح عليه الخاصّ والعامّ،، لا ترى النسآء فى البلدة بالنهار[t]، ولا بها قيان ولا خمّار،، ولا بدعة *يراها الفريقان[u] ولا غير حنيفىّ لهم[v] فقيه ونظّار[w]، ومع ذاك[x] لهم اسم فى الاقطار،، وفى الافروشة[y] عندى علم واخبار، وفى الاملاك اعاجيب واسمار،، مياسير باموال وانعام[z]، مشاهير بالطاف واكرام،، الّا ان لها عيوبًا واحزانًا[aa] ليس بها منبر على رسم البلدان، والسوق فى الدور والباعة نسوان،، لا[bb] يؤدّون طاعة لسلطان،

a) Lacuna in B et C. b) B سوقين, C سوق بن. c) C كدى. Mox B تقبل. d) C بابواب على جادة الرىّ. e) C om. f) C بالسوق. g) B et C حفت. Deinde C بها pro وقبلها. h) Jacut سِمْنَك. C om. من نحو الرى. B نحو pro بحر. i) C حاد i. e. جادّ. k) C الاطراف. l) C addit: بجمل كمتراها الى العراق. m) C فى. n) B ومغور (s. ومغشور). o) B ورعنه وربعه, C وزعبه رربعه. p) C فى الاعاجم. q) B وادسار s. واسار, C واثار. Deinde C اهل pro مع. r) B ورحله. s) C والسمن. t) C فى النهار ut antea in B. u) C ولا كفار (B دراها). v) C حنفى له. Deinde C فقه (B فقهه). w) B ونطار, C ونظّار. x) C ذلك. y) B الافروسة. z) C بانعام واموال et post واكرام addit ونوال. Pro بالطاف, C باللطاف. aa) C عيوب واسباب. bb) C ولا.

والمآء ضيّق لارض وبستنان،، بالطرجهارة[a] يقسم على رسم ارّجان، وتنعصّب وحش مع اصحاب كرّام ومرجوعة[b] من الديلم الى آل سامان،، والارحية تحت الارض والمآء محدار،[c] وكونها بمفازة غير مختار،، وهى بحصنين بينهما منازل المسجد[d] الكبير فى للحصن الداخل *منه باب واحد وفى وسطه قلعة هائلة خراب وللحصن الخارج[e] ثلاثة ابواب محدّدة[f] والبيادر داخل الحصن، وانّما استقصينا وصفها *كالقصبات لان[g] اصل اخوالى منها وكلّ قومسىّ تراه[h] ببيت المقدس فاعلم انه منها وقد كانوا عرفوا[i] جدّنا ابا الطيّب الشوا[k] وذكروا انه رحل الى الشام مع ثمانية عشر رجلًا[l] ايّام الحمريّة[m] ☆

شَهْرِسْتَان هى مصر الاقليم وقصبة جرجان، كثيرة الفواكه والزيتون والرمّان،، ومشاكلة رَمْلَة فلسطين[n] فى البلدان، لها بهآء وآئين اهل[o] مروّة واتقان،، وفيهم وطآء وظرف ولطف واحسان، حسنة الاسواق والمساجد والاتيان،، جيّدة البطّيخ والحلوآء والباذنجان، وكانّما عجن الخبز بالزيت والادهان،، بها النارنج والاترنج والعنّاب، والنخل لولا برد يفسد الارطاب،، وسمك عجيب شبه ثيران[p]، فهى بلدة سريّة عظيمة *القدر والشان[q]،، وانهار عليها جسور وطيقان، وبها علم ودين واشياخ واموال وقد زخرفوا الجامع وازّروا الحيطان،، *وهو بنصفين كفسا وبغداد[k] وعلى الرسم حذآء المنبر دكّان، وازآء دار الامير الى ثَمّ[r] ميدان،، واذان بتطريب ولحان، والخطيب حنفىّ[s] والاقامة اثنان،، ولها البحر ورستاق دِهِسْتان، وقد غابت فى *رياض واشجار[t] واقصاب وخُرْمَارُون فلا تنسى فآفة[u] العلم نسيبان،، به تين وزعرور ورمّان، بلا منع ولا طرد ولا

a) B بالطهرجارة. Deinde C مقسوم كارجان (B دعسم). b) C sine copula. c) B دنحدار. d) C والمسجد. e) C قدامه قلعة هائلة خراب ولهذا الحصن للمعنيين احدهما لتعلم انا قد باب واحد وللخارج. f) B مجددة. g) C اوجزنا فى وصف المدن لئلا يطول الكتاب وقد كان يمكننا ذلك والثانى ان. h) C تراها. i) B عرفنا. Deinde C احدنا. k) C om. l) C نفسا. m) B الحمرتة. n) C الرملة. o) C وثم. p) C عجب طيب كثيران. Explicatio huius comparationis infra sequitur. q) C tantum الشان. r) B والى دار الامين لا ثم. (C واذا). s) C وخطيب حنيفى. t) C tantum اشجار. u) B فاقه.

دفع[a] اثمان،، واجبال عامرة على نعت[b] لبنان، وخانات ظريفة[c] ومسجد دينار فهذا صحيح كلّه ولكن[d] فاسمع الآن،، هو مصرٌ حرّه شديد[e] مع كربٍ وذبّان[f]، وبراغيث ضارية اليها صرفنا اسم كركان[g]،، والطين حمأ والمآء آكران، ومن حلّها من بلده فليعدد الاكفان،، فان بها منجلًا بحصد الابدان، وتراهم على راس الجمل يوم النحر حزبان[h]،، فجروح ومضروب وحيران، ولا يفارقهم هرج وقتل وجيشان،، (171) جيش من الديلم والآخر من ترك[i] سامان، وتعصّب وحش عليه[k] الفريقان،، وتشيّع مفرط مع خلف قرآن، لها تسعة دروب اوّلها درب سليمان،، ثم درب القومسيّين ثم درب لشارع حيّان، ثم درب كندة ثم درب البادنجان[l]،، ودرب الباركاه قبله درب خراسان، فهذا ما اتقنته من[m] وصف جرجان،، ✿ وبَكْرَاباذ[n] ملتزقة بها بينهما نهر وقناطر وهى شبه مدينة عامرة بها مساجد[o] ومشايخ واجلّة والمقابر ممتدّة تقابل[p] المصر *على نهر بجسر[q] ولهم نهر آخر *فى العراض[r] يسمّى طَيْفُورى انظف واعذب من الآخر ولهم آبار جلوة ✿ وأَسْتَرَاباذ اطيب هوآء واصحّ مآء من جرجان عامّتهم حوكة[r] القزّ حذّاق فيه وقد خرب حصنها وانطمّ الخندق والجامع فى السوق على بابه نهر ✿ وآبَسْكُون بحريّة عليها حصن من آجرّ والجامع فى السوق والنهر طرف البلد وهى فرضة جرجان ومطرح الرحاب ✿ وهرى بحريّة دون آبسكون واخفّ اهلًا وفيهم نحافة ✿ وآخُر[s] مدينة رستاق دهستان على يمنة الطريق الى الرباط بها منارة ترى من البعد فى وسط القرى وجميع قرى دهستان اربع وعشرون قرية وهى من[r] اجلّ اعمال جرجان ✿ والرِّباط على فم المفازة قد خرّب السلطان[r] حصنه وكان بثلاثة[t] ابواب وهو عامر ظريف

---

a) C رفع. *b*) C على ما وصفنا لك. *c*) B insert على. Mox C دنيار, B sine punctis. *d*) C sine copula. *e*) C شديده حره. *f*) C ودبار. Mox C ضاربة. *g*) Nempe كُرْكَان significat *lupi*, et alibi habet auctor براغيث كالذئاب. Cf. quoque Spiegel, *Eran*, p. 122. Deinde Codd. (C حماء) والنين حما. *h*) B sine punctis. *i*) B النرك (C om. من). *k*) B وعليه. *l*) C البانجان. *m*) C سجعته لك فى. *n*) B ونكرناواد. *o*) C add. حسنة. *p*) C مع. *q*) C pro his: ولم ار بلدا اكثر مقابر منه. *r*) C om. *s*) C add. هى. *t*) C ثلثة.

مساجد حسنة * واسواق بهيّة[a] ومنازل لطيفة واطعمة طيّبة ليس به جامع[b] والمسجد العتيق فيه سوارى خشب وله نور وهو اسفل الرباط بموضع يشبه الدَّنْدَانقَان وفى وسط ذلك الموضع مسجد بمنارة لاصحاب الحديث *وسائر المساجد لاصحاب ابى حنيفة رحمه[c] ✿

آمُل قصبة طبرستان بلدة لها ذكر وشان، بها ثياب عجيبة حسان،، ومرافق وخصائص وبيمارستان، ولهم مع ذلك جامعان،، فى العتيق نهر واشجار يلى فى طرف الاسواق، والآخر بقربه[d] احاط بكلّ جامع رواق،، ونهر يدير ارحبة رقاق[e]، حسنة وجوههم وضيّة رشاق، متجر مفيد وحاكة حذّاق،، كثير ذكره وهم تجار، ولا تسئل عن طيب نكهة ورقّة اخصار،، ونظر بعيد بحسن[f] ابصار، فالثوم طيّبها والارزّ دقّها وجلا العيون انهار، بها علم كثير لا تخلو من امام ونظّار،، الّا ان خبزهم اثير[g]، وادمهم كريه وعيبهم[h] كثير،، وبقّهم عجيب وفسقهم عظيم وغيبتهم مديد وحرّهم شديد ودورهم حشيش ورسمهم خسيس خبز الحنطة يسكر[i] وطير الماء يزمن والبراغيث تلقلق والبيت يكِفُ والهواء قشف والكلام عجل والبلد وضر والسوق قذر والصيف مطر[k] ✿ سَالُوس بها قلعة من حجارة الجامع[l] على جانب ✿ وسَارِيَة عامرة لها[m] علوم وثياب فاخرة واسواق[a] واخلاق طاهرة حصينة بخندق وجسور هائلة فى الجامع نارجه[h] *باروقة دائرة[a] وفى قنطرة الجسر تبينة[n] ظاهرة تامّلْها لتعرف اوصاف الباهرة واسبابًا عاينتُها[h] لا هى بالعارية وانّى صادق اريد الآخرة ✿

---

a) C om. b) C add.: وهو اجلّ من مدن كثيرة. c) C ليس لهم غيره. d) B add. كل. e) B رفاق. f) B ىعىد ىحسن. g) B ابىر. h) B sine punctis. i) B ىسكر et mox ىزمن. k) C haec habet: بلدة جليلة سريّة وباهلها جمال ولهم خصائص ومرافق كثيرة البساتين والاشجار والارزّ والمزارع وبها جامعان فى العتيق منهما نهر واشجار وهى طرف السوق والآخر بقربه وثَمّ بيمارستان عامر ولهم نهر يدير الارحبة والتجارة به حسنة مع طيب نكهة وحسن عيون وعلم كثير وادباء وفقهاء غير ان خبزهم يسكر وعامّته من الارزّ وذاك لا يسكر وبقّ عجيب ثَمّ وامطار مترادفة ودورهم من الخشب والحلفاء. l) C والجامع. m) C بها. n) B ىىنة. C addit قد تبينت ceteris omissis.

بروان هى قصبة[a] الديلم صغيرة *لا سريّة ولا جليلة[b] ولا ظرف ولا شريفه، (172) ولا منازه طيّبة لفيفه،، ولا منازل رشيقة انيفه[c]، ولا اسواقها بالواسعة العطيفه،، ولا بلدانها كبيرة[d] ظريفه، ولا جوامع بل فى قرى كنيفه، غير انهم فى جلادة عجيبة ومنبع[e] العساكر الاليفه،، وحيث مستقرّ السلطان يسمّى[f] شَهْرَسْتَان قد حُفر ثَمّ بئر الى اسفلها فيها[g] اموالهم وآلاتهم[h] ☆ وسلارونـد بها قلعة يقال لها سَمِيرُوم[i] عليها سباع ذهب وشمس وقمر وبيوتهم لبن[k] ☆ وخشم هى مدينة الداعى لها *سوق عامر[l] وعلى طرف الاسواق جامع والنهر منها على جانب عليه جسر هائل وثَمّ دار الامير *وهى صغيرة كذلك تَارِمُ[m] ☆ والطَّالَقَان كبيرة عامرة نبيلة ليس فى الكورة مثلها وقد كان يجب ان تكون حضرة السلطان وعندى انهم كرهوا ذلك لتطرّفها بها علماء واجلّة وفيهم ظرف[n] ☆ ودُولَاب هى قصبة الجبل[o] بناؤهم من جصّ وحجر والجامع *على طرف وهو بلد طيّب وسوق حسن[p] وقدّام الجامع سهلة خلفه موضع[q] يجتمع فيه المياه ☆ وكُهَرود[r] قريبة من النهر بناؤهم بعض[s] حجر وبعض خركاهات والجامع وسط البلد ☆ ومُوغكان[t] قد خفّ اهلها وقلّ خيرها وبقيّة[u] مدن الجبل على الساحل ☆

اتِلُ قصبة كبيرة على نهر يمدّ الى البحيرة يقال له اتِل واليه *اضيف اسم البلد على شطّه من نحو[v] جرجان حولها وفيها اشجار بها مسلمون كثيرة[w] *وكان ملكهم يهوديًّا له رسوم وحكّام مسلمون ويهود ونصارى وعبدة الاوثان

---

a) C add. كورة. b) C غير سريّة ولا ظريفة, ceteris ad وحيث omissis. B in seqq. طرف. c) B انيقه. d) B sine punctis. e) B ومنع. f) B sine punctis, C ملكهم يسمونه. g) C وثم. h) C وخزائنهم. i) Vulgo سميران; vid. Jacut. k) C بيوتهم من اللبن. Deinde B وحشم, C خسم. l) C رستاق واسع. m) C وتارم صغيرة. n) C واما الطالقان فانها اكبر من القصبة واعمر وثم علماء وفهماء ومشايخ على مرحلة من قزوين (Cod. فرودن). o) B للجبل ut quoque infra; C اكبر مدائن الجبل. p) C منتطرف حسن وسوق جيد. q) B om. r) B وكهررود, C وكهنروز. s) C بعض بنائهم. t) C موعركان. u) C وسائر. v) C نسبت القصبة وهى جانب. w) C كثير.

وسمعتُ ان المامون غزاهم من الجرجانيّة وملكه ودعاه الى الاسلام ثم سمعتُ ان جيشًا من الروم يقال لهم الروس غزوهم وملكوا بلادهم وهى بلد عليها سور[a] وهى مفترشة الدور *تكون مثل جرجان او اكبر[b] ابنيتهم خيم وخشب[c] ولبود وخركاهات الّا القليل فانه[d] طين وقصر *السلطان من آجرّ[e] له اربعة ابواب احدها[f] الى ناحية النهر يعبر اليه *فى السفن[g] والآخر الى الصحراء وهى قشفة يابسة لا نعم ولا فواكه خبزهم الاتبر[h] وادامهم السمك ☆ وبُلْغار ذات جانبين بنيانهم خشب وقصب والليل ثَمَّ قصير والجامع فى السوق[i] ومن كانوا مسلمين غزاة[k] وهى على نهر اتل واقرب الى البحيرة من القصبة ☆ وسُوَار[l] على هذا النهر بنآؤهم خركاهات ولهم مزارع *كثيرة والخبز بها[m] واسع ☆ وخَزَر[n] على نهر آخر[o] من نحو الرحاب ذات جانب واحد وهى[g] ارحب وانزه ممّا[p] ذكرنا وقد كانوا رحلوا عنها الى ساحل البحر *وقد عادوا الآن اليها[q] واسلموا بعد ما كانوا يهودًا ☆ وسَمَنْدَر[r] بلد كبير عند البحيرة بين نهر[g] الخزر وباب الابواب دورهم *خيم الغالب عليها[s] النصارى قوم اوطياء يحبّون الغريب[t] الّا انهم لصوص وهى ارحب من خزر[u] لهم بساتين[v] وكروم كثيرة[w] بنيانهم خشب *منسوجة بالقصبان[x] وسطوحهم مسنّمة وبها مساجد كثيرة ☆

والبُحَيْرَة بعيدة القعر (173) مظلمة وحشة[g] والسفر فيها *اصعب منه فى البحرَيْن[y]

---

a) C وقد كان غلب عليها اليهود وقد اسلموا على البلد حصن. b) C مثل الدامغان. c) C من خشب. d) C من. e) C الامير من جص واجر; f) B et C احدهن. g) C om. h) B الاتمر, C من الاتين et deinde وادمهم من السمك. i) C الاسواق. k) B ومن كان مسلمون غزاه. C om. وهى sed habet: وهى اقرب من البحيرة الى القصبة. l) C addit: مدينة بها جامع. m) C ثم خبز الحنطة. (B والخمر بها). n) B وحدر, C وحذر. Videtur e duabus partibus urbis (Itil et Khazarân) duas urbes fecisse. o) C النهر الاخر. p) C من المدن التى. q) C ثم عادوا. r) B وسميدر, C وسمندى. s) C خركاهات والغالب عليهم. t) C الغرباء. u) B خرر, C البلدان التى ذكرنا. v) C add. وثمار. w) C add. واشجار. x) C قد نسجت. y) B المحرين. C tantum صعب.

لا ينتفع منها[a] بشىء غير السمك مراكبهم بها مقبّرة[b] كبار مسمّرة ليس فيها جزيرة مسكونة ولو ان رجُلًا دار حولها لامكنه لان الانهار الفائضة فيها ليست *بالكبار الّا نهر الكُرّ ونهر الملك وفيها[c] جزائر وغياض ومياه[d] ودوابّ[e] وبها جزيرة يرتفع منها الفُوّة[f] الكثيرة *ويقع سدّ[g] ياجوج وماجوج من ورائها على نحو من شهرين ☆

سد ذى القرنين قراتُ فى كتاب ابن خُرْدَاذْبَه[h] وغيره فى قصّة هذا السدّ على نسقٍ واحدٍ واللفظ والاسناد لابن خرداذبه لانه كان وزير الخليفة واقدر على ودائع علوم خزانة امير المؤمنين مع انه يقول حدّثنى سَلّام المترجم ان الواثق بالله لما رأى فى المنام كانّ[i] السدّ الذى بناه ذو القرنين بيننا وبين ياجوج وماجوج مفتوح وجّهنى وقال لى عاينْه وجئْنى بخبره *وكان الواثق وجّه محمّد بن موسى الخوارزمىّ المنجّم الى طرخان ملك الخزر وضمّ اليه[k] خمسين رجلًا ووصلنى بخمسين الف[l] دينار واعطانى ديتى عشرة آلاف درهم وامر باعطاء *كلّ واحد من الخمسين[m] الف درهم ورزق سنة واعطانى مائتى بغل تحمل الزاد والماء فشخصنا من سُرّ من راى بكتاب الواثق الى اسحاق بن اسماعيل صاحب ارمينيّة وهو[n] بتفليس فى انفاذنا وكتب لنا اسحاق الى صاحب السرير ثم كتب صاحب السرير الى ملك اللان[o] ثم كتب صاحب اللان الى فيلان شاه ثم كتب فيلان شاه الى طرخان[p] ملك الخزر فاقمنا عنده يومًا وليلة حتّى وجّه معنا خمسة ادلّة[q] فسرنا من عنده ستّة وعشرين يومًا ثم صرنا الى ارض سوداء منتنة الرائحة وكنّا قد[r] تزوّدنا قبل دخولنا

a) B بها. Deinde C بغير. *b*) C مغيرة. *c*) C بالكبر الا واحد فيها. *d*) B sine punctis. *e*) C add. وحش بلا ساكن. *f*) C الفواكه. *g*) C وسد. *h*) B خرداده, C جرداذه. Vid. ed. Paris. p. 99. In fragmento Bodleiano eadem narratio exstat. *i*) C ان ut Ibn-Khord. in ed., sed Cod. Bodl. كان. *k*) Ibn-Khord. tantum وضمّ الىّ. *l*) Ibn-Khord. بخمسة الاف. *m*) Ibn-Khord. كلّ رجل. Pro الف درهم Fragm. Ibn-Khord. Bodl. ديته. *n*) B وهم, C وهى et mox B et C انفاذها. *o*) C الآن B h. l. الآن. *p*) B add. الى طرخان ثم كتب. *q*) Ibn-Khord. ادلّاء. *r*) C وقد كنا.

اياها خلًّا نشمّه فسرنا فيها عشرة ايّام ثمّ صرنا الى مدن خراب فسرنا فيها سبعة وعشرين يومًا فسالنا عن تلك المدن فقيل هى التى كانت ياجوج وماجوج يتطرّقونها[a] فخرّبوها ثمّ صرنا الى حصون بالقرب[b] من الجبل الذى السدّ فى شعب منه واذا فى تلك الحصون قوم يتكلّمون بالعربيّة *والفارسيّة مسلمون يقرؤون القرآن لهم مساجد ومكاتب[c] فسالونا من اين اقبلنا فاخبرناهم[d] انّا رسل امير المؤمنين فاقبلوا يتعجّبون ويقولون امير المؤمنين فنقول نعم فقالوا شيخ هو ام شابّ فقلنا شابّ فقالوا اين يكون فقلنا بالعراق بمدينة يقال لها سُرَّ مَنْ راى[e] فقالوا ما سمعنا بهذا قطّ ثمّ صرنا الى جبل املس ليس عليه خضراء[f] واذا جبل مقطوع بوادٍ عرضه مائة وخمسون ذراعًا *واذا عضادتان مبنيّتان ممّا يلى الجبل من جنبَى الوادى عرض كلّ عضادة خمسة وعشرون ذراعًا[g] الظاهر من تحتها عشرة اذرع خارج الباب وكلّه مبنىّ بلبن من حديد مغيّب فى نحاس فى سمك خمسين ذراعًا *واذا دَرْوَنْد حديد طرفاه على العضادتين طوله مائة وعشرون ذراعًا قد ركب على العضادتين على كلّ واحدة بمقدار عشرة اذرع فى عرض خمسة وفوق الدروند بناء[h] بذلك اللبن الحديد فى النحاس الى راس الجبل وارتفاعه[i] مدّ البصر وفوق ذلك شرف حديد فى طرف *كلّ شرفة قرنان يثنى[k] كلّ واحد الى صاحبه[l] واذا باب حديد بمصراعين[m] مغلقين عرض كلّ مصراع خمسون (174) ذراعًا فى ارتفاع خمسين ذراعًا فى ثخن[n] خمسة اذرع *وقائمتاهما فى الدروند على قدره[o] وعلى الباب قفل طوله سبعة اذرع فى[p] غلظ باع فى الاستدارة وارتفاع القفل[q] من الارض خمسة وعشرون ذراعًا وفوق القفل بقدر خمسة اذرع غلق[r] طوله اكثر من طول القفل *وقفيزاه كلّ واحدة منهما ذراعان وعلى الغلق[s]

---

a) B يتطرفونها. b) C سرنا — فى القرب. c) C om. Ibn-Khord. كتاتيب. d) C واخبرناهم. e) C سَرَمَنْ رَاىْ. f) B et C حصن. g) C om. h) B بنى. i) B وارتفاع. k) B . . . . . . شرفه. l) C ex his omnibus tantum وشرف حديد. m) B et C مصراعين. Deinde C مقفلين. n) B et C نحو. o) C om. Ibn-Khord. فى دوارة على قدر الدروند. p) B et C om. q) C وارتفاعه. r) B قد علق. C om. ad مفتاح. s) Haec quoque B om.

مفتاح معلّق[a] طوله ذراع ونصف وله اثنا عشر دَنْدَانْكَه[b] كلّ دندانكه كيَدِ[c] اعظم ما يكون من الهواوين معلّق من سلسلة[d] طولها ثمانية اذرع فى استدارة اربعة اشبار والحلقة التى فيها السلسلة مثل حلق المنجنيق وعتبة الباب عشرة اذرع فى سمك[e] مائة ذراع سوى[f] ما تحت العضادتين والظاهر منها خمسة اذرع وهذا كلّه[g] بذراع السواد[h] ورئيس تلك الحصون[i] يركب فى كلّ جمعة فى عشرة فوارس مع كلّ فارس مرزبة حديد *فى كلّ واحدة[k] خمسون منًا ويضرب[l] القفل بتلك المرزبات كلُّ رجل[m] ثلاث ضربات[n] ليسمع مَنْ ورآء الباب الصوت فيعلموا ان هناك حفظةً ويعلم هاؤلآء ان اولئك لم يحدثوا فى الباب حدثًا واذا ضرب اصحابنا القفل وضعوا آذانهم يسمعون فترى[o] لاولائك دوىّ وبالقرب من هذا الموضع حصن كبير نحو عشرة فراسخ فى مثلها ومع الباب حصنان سعة كلّ واحد مائتا ذراع وعلى باب هذين الحصنين *شجرتان وبين الحصنين[p] عين عذبة وفى احد الحصنين آلة البنآء الذى بُنى به السدُّ من قدور الحديد والمغارف على كلّ ديكدان[q] اربع قدور مثل قدور الصابون وهناك بقيّة من اللبن الحديد قد التزق بعضه ببعض من الصدآء* وسالنا من هناك هل رأوا احدًا من ياجوج وماجوج فذكروا انهم راوا مرّةً عددًا فوق الشرف[r] فهبّت ريح سودآء فالقتهم الى جانبهم قالوا وكان مقدار الرجل فى راى

---

a) B et C om. Deinde B طول. b) C ديكدانه. Fragm. Ibn-Khord. دندانجه. In ed. دندانكانة, sed Cod. ut recepi. c) Fragm. Ibn-Khord. (cf. Jacut, III, p. ٥٧, 20) كدستج et sic Cod. Oxon. sed leviter corruptum. d) B بسلسلة, Ibn-Khord. فى سلسلة. e) Addidi فى. Ibn-Khord. فى بسط. f) C om. g) C طوله. Ibn-Khord. الذرع كله. h) Sic quoque Jacut l.l. ٥٨, 1. Ibn-Khord. بالذراع السوداء (textus editus بذراع). i) C الصباع. k) B واحد. C وزنها. l) C فيضربوا, Ibn-Khord. فيضرب. m) B رجال. n) C مرات. Deinde B يُسمع, Fragm. Ibn-Khord. يسمع. Mox B ويعلمون, Ibn-Khord. فيعلمون. o) B sine punctis. Ibn-Khord. فيسمعون لمن داخل دويا. p) B et C om. et C quoque cetera ad الة om. q) B ديذكان, Fragm. Ibn-Khord. داكدان. Edit. ركن, sed Cod. Oxon. دكان sic. r) B السرب. Textus editus Ibn-Khord. السور.

العين شبرًا ونصفًا[a]، ثم انصرفت بنا الادلّآء الى ناحية خراسان فخرجنا[b] خلف سمرقند بسبعة فراسخ وقد *كان اصحاب الحصون[c] زوّدونا ما كفانا *ثم صرنا الى الواثق فاخبرناه، وهذا يردّ قول من زعم انه بالاندلس[d] ✿

جمل شؤون هذا الاقليم

هو اقليم حارّ الّا قومس كثير المياه والامطار ليس به نهر تجرى فيه السفن الّا بناحية الخزر اشرّ مياهه وهوآئه بجرجان وهو قشف مؤن كثير الذمّة ولا يعمل فيه النخيل[e] ✿ ومذاهبهم مختلفة اما قومس واكثر اهل[d] جرجان وبعض طبرستان فحنفيّون[f] والباقون حنابلة وشفعويّة ولا ترى[g] ببيار صاحب حديث *الّا شفعويًّا[h] والنجّاريّة بجرجان كثير وللكرّاميّة بجرجان وبيار وجبال طبرستان خوانق[i] وللشيعة بجرجان وطبرستان جلبة فان قال قائل الم تقل انه ليس ببيار مبتدعة ثم قلتَ ان بها كرّاميّة قيل له الكرّاميّة اهل زهد وتعبّد ومرجعهم الى ابى حنيفة وكلّ من رجع الى ابى حنيفة او الى مالك او الى الشافعىّ او الى ائمّة الحديث الذين لم يغلوا فيه ولم يفرطوا فى حبّ معاوية ولم يشبّهوا الله ويصفوه بصفات المخلوقين فليسوا بمبتدعة وانا عازم على ان لا اطلق لسانى فى امّة محمّد صلعم ولا اشهد عليهم بالضلالة ما وجدتُ الى ذلك طريقًا بعد هذا الحديث لحسن الشريف حدّثنا محمّد بن محمّد الدهستانىّ ومسافر بن عبد الله الاستراباذىّ ومحمّد بن علىّ النحوىّ وعلىّ ابن الحسن (175) السرخسىّ قالوا[k] حدّثنا يوسف بن علىّ الفقيه الزاهد قال حدّثنا ابو الوليد احمد بن بسطام الطالقانىّ الفقيه الزاهد قال حدّثنا يوسف بن علىّ الأبّار السمرقندىّ قال حدّثنا علىّ بن اسحاق الحنظلىّ قال اخبرنى بشر بن عمارة قال قال مِسْعَر بن كِدام[l] قال ما ادركتُ من الناس من له عقل كعقل ابن مُرّة جآءه رجل فقال عافاك الله جئتُك مسترشدًا انّى رجل

---

a) B ونصف. b) C pro his: ثم قال اخرجتنا الادلة. c) C كانوا. d) C om. e) C نعمل فيه الخيل. f) C فعلى مذهب ابى حنيفة. g) B sine punctis. Deinde C ببمار. h) C ولا شفعوى. i) Quae sequuntur ad ونواحى الديلم in C desiderantur. k) B قال. l) B كرام.

دخلتُ فى جميع هذه الاهوآء فما ادخل فى هوى منها الّا القرآن ادخلنى فيه ولم اخرج من هوى الّا القرآن اخرجنى منه حتّى بقيتُ ليس فى يدى شىء قال فقال له عمرو بن مرّة الله الذى لا اله الّا هو لقد جئتَ مسترشدًا فقال والله الذى لا اله الّا هو لقد جئتُ مسترشدًا قال نعم ارايتَ هل اختلفوا فى ان محمّدًا رسول الله وان ما اتى به من الله حقّ قال لا قال فهل اختلفوا فى القرآن انه كتاب الله قال لا قال فهل اختلفوا فى دين الله انه الاسلام قال لا قال فهل اختلفوا فى الكعبة انها القبلة قال لا قال فهل اختلفوا فى الصلوات انها خمس قال لا قال فهل اختلفوا فى رمضان انه شهرهم الذى يصومونه قال لا قال فهل اختلفوا فى الحجّ انه بيت الله الذى يحجّونه قال لا قال فهل اختلفوا فى الزكوة انها من مائتى درهم خمسة قال لا قال فهل اختلفوا فى الغسل من الجنابة انه واجب قال لا قال فذكر هذا واشباهه ثم قرأ[a] هُوَ ٱلَّذِى أَنْزَلَ عَلَيْكَ ٱلْكِتَابَ مِنْهُ آيَاتٌ مُحْكَمَاتٌ هُنَّ أُمُّ ٱلْكِتَابِ وَأُخَرُ مُتَشَابِهَاتٌ قال فهل تدرى ما المحكم قال لا قال فالمحكم ما اجتمعوا عليه والمتشابه ما اختلفوا فيه شُدّ نيّتك[b] فى المحكم وايّاك والخوض فى المتشابه قال فقال الرجل الحمد لله الذى ارشدنى على يديك فوالله لقد قمتُ من عندك وانّى لحسن الحال قال فدعا له واثنى عليه ثم قال عمرو وان السلطان دعا اهل الكتاب الى امره فاجابوه فطرحهم فيما قد علمتم وهو داعيكم كما دعاهم وطارحكم فى[c] مثل ما طرحهم فيه فعليكم بالامر الاوّل، فان قال قائل ما الامر الاوّل فهو ما اجتمع عليه المتقدّمون، فرحم الله عبدًا تدبّر هذه الحكاية ولزم احدى المذاهب الاربعة الذين هم اهل السواد الاعظم وكفّ لسانه عن تمزيق[d] المسلمين والغلوّ فى الدين، وشهدتُ مجلس القاضى المختار[e] يومًا وهو اجلّ امام لقيتُه واعقلهم وادينهم وقد جرى فيه ذكر اختلاف الآية وتعصّب اهل الفرق فاشار بيده الى القبلة ثم قال من صلّى الى هذه القبلة فهم اخواننا المسلمون ورايتُ ابا زيد المروزىّ وكان امامًا متديّنًا يوتّر بثلاث ويستعمل مذهب ابى حنيفة فى مسائل عدّة وسمعتُ ابا الطيّب ابن احمد يقول كلّ قد اجتهد وكلّ معدود، واعلم

---

a) Koran. 3 vs. 5. *b*) ? B سدىىك. *c*) Addidi فى. *d*) B sine punctis.
e) B sine punctis. Intelligitur ابو الحسن على بن الحسن.

ان هذا التعصّب الذى ترى انّما ثوّره الجهّال والمتسرّفون من القصّاص وغيرهم واما الآية فعلى ما ذكرتُ لك، ونواحى الديلم شيعة واكثر الجيل سنّة ✿

واكثر ما يحمل من هذا الاقليم خصائص اما قومس فلهم المناديل البيض من القطن المعلمة[a] صغار وكبار وسوانج ومحشّاة ربّما يبلغ[b] المنديل منها[c] الفى درهم ولهم ايضًا اكسية وطيالسة[d] وثياب رقاق من الصوف ولاهل جرجان المقانع القزّيات[e] تحمل الى اليمن والعتّاب ولهم ديباج دون وتين وزيتون، ومن طبرستان (176) الاكسية التى تفضّل على الفارسيّة وطيالسة وثياب الخيش[f] المحمولة الى الآفاق ويباع منها بمكّة شىء كثير *صغار الدراهم وكبار تسمّى بالغرب المكّيّة[g] واللفائف[h]، ومن بيار بزّ وسمن كثير[i] ولهم خاصّيّة فى عمل الطين[k] حتّى لا ترى رئيسًا ولا عالمًا الّا وله فيه حذق ولقد كان ابو الطيّب الشواء[g] مع يساره وعدالته ابدًا تراه فى ضياعه[l] يبنى خصًّا او يرفع حائطًا *وكذلك اولاده وحفدته لهم هندسة وفطنة فى عمل البناء من غير تعلّم[g] وما رايتُ الطف من بناء *دور بيار[m] قد صاغوها صياغة واكثروا مرافقها ✿

ومياه هذا الاقليم انهار تنحدر من الجبال ونهر جرجان طَيْفُورِى ولهم آخر ونهر . . . . . .[n] فى الديلم يجتمع اليه مياه كثيرة ويفيض فى البحر ونهر اتل يخرج من نحو السند[o] ومياه الجيل تنحدر من جبال الديلم ومياه طبرستان من الجبال او من خُرْمَارُوذ[p] ✿ وبها مشاهد رباط دِهِسْتَان يقصد من[q] خراسان له نور وفضائل[r] وعلى يوم من بِسْطام موضع يقصد وبه[s] مجاورون وبظاهر

---

a) C معلمة. *b*) C بلغ. *c*) C الواحد. *d*) C وطيالس. *e*) C المقريات.
f) B لحسن s. لحمس. *g*) C om. *h*) C add. المثمنة. *i*) C كثير وسمن.
k) B sine punctis. *l*) B صناعه. Pro خصًّا C habet حصنا. *m*) C دورهم.
n) In B lacuna. Videtur autem supplendum اسبيذروذ. *o*) Sic. *p*) C وانهار هذا الاقليم ينحدر (تنحدر l.) من الجبال وبالديلم نهر عظيم تفيض (يفيض l.) فى البحيرة وسمعتهم برباط دهستان يذكرون ان نهرهم يقبل من طوس ونهر اتل يقبل من نحو الكفر ومياه الجيل ينحدر (تنحدر l.) من جبال الديلم.
q) B بعصدت. *r*) B ووطيل. *s*) B يقصدونه.

بسطام قبر ابى يزيد وبنواحى الخزر رباطات فاضلة ✿ ومن العجائب بطبرستان دويبّة صغيرة لها الف قائمة[a] اصغر من الجرادة وادقّ من الدودة اذا تحرّكت تخالها[b] امواجًا تظهر من[c] عناقيد العنب ودويبّة اخرى لها جناحان كجناحى السنونية[d] على عظم الثعلب تقصم الثمار قصمًا ولهم اسماك * مثل فلق الجمّيز واجتزتُ يومًا فى سوق السمّاكين بجرجان فرايتُ راسًا على قدر راس الثور فقيل لى هى راس سمكة[e]، بنواحى جرجان بئر تظهر[f] فيه شجرة كلّ سنة ثم تغيب[g] وقد احتال بعض السلاطين[h] وشدّها بالسلاسل الغليظة ففكّتها وكسرتها وغابت ✿

ولسان قومس وجرجان متقاربان يستعملون الهآء يقولون هاده وهاكن وله حلاوة ولسان[i] طبرستان مقارب له[k] الّا ان فيه عجلة ولسان الديلم مخالف منغلق والجيل يستعملون الخآء[l] ولسان الخزر شديد الانغلاق ✿ وفى الوانهم اهل قومس * ابتلآء[m] والديلم حسان اللحى والوجوه ايضًا ولهم طَلَل[n] وفى اهل جرجان نحافة[o] واهل طبرستان * احسن واصفى[p]، وفى الخزر مشابه من الصقالبة ✿ واكثر اسامى[q] اهل جرجان ابو صادق وابو الربيع وابو نعيم واهل طبرستان ابو حامد[r] ✿ ورسمهم بجرجان ان التذكير للفقهآء واهل الروايات[s] ولا يكثرون التطالس[t] وللديلم رسوم عجيبة لا يزوّجون الى غيرهم وكنتُ فى بعض الخانات[u] فاذا * بصبيّة تعدو ورجل شاهر سيفه يعدو خلفها يروم قتلها فقلتُ ما فعلت حتّى استوجبت القتل قال انها زوّجت الى غيرنا

---

a) C addit وهى. *b*) B sine punctis, C تنظنها. *c*) C فى. *d*) B السنونة. Appellatur haec bestia الثعلب الطيّار Kazwíní, II, p. ٢٤٣, 12. *e*) C pro his عظيمة. *f*) B دسر يظهر et mox شجوه. *g*) B يغيب. *h*) C الامراء عليها. *i*) C add. اهل. *k*) C يقاربه. *l*) B الخآء. *m*) B ابتلا. *n*) B ظلل. C pro his: احسن وابدانهم اجسم وابهى من غيرهم الّا الديلم فانهم حسان حداد ولحا وطلل. *o*) C add. وصفرة. *p*) C افضل واحسن, ceteris omissis ad واكثر. *q*) C وعامة كنى. *r*) C addit: وكذلك اهل نيسابور واهل مرو وسرخس ابو العباس. *s*) C ورسومهم المذكّرون بجرجان بلا مستملى لانهم (sive الا انهم) فقهاء وغيرهم بالضد. *t*) C التنطلس. *u*) B الحمامات.

وقتل من فعل ذلك واجبٌ عندنا[a]، واذا كان لهم مأتم كشفوا رؤوسهم *واجتمعوا وقد النتفّ المُعزِّى والمُعزَّى فى الاكسية واداروها على رؤوسهم ولحاهم[b] ولهم مجالس فى السكك والاسواق مرتفعة[c] يجتمعون بها *بايديهم الزُّوبِينَات[d] وعليهم الاكسية الطبريّة[e] يسمّون العالم معلّمًا وربّما[f] تعلّقوا بى وقالوا لوك معلّم واللوك هو الجيّد، ولا رسم لهم فى بيع الخبز *ويَتَخْفَرون من تسآءل[g] وانّما ينبغى للغريب ان يقصد دورهم فياخذ من الطعام ما يحتاج اليه[h]، ولهم اسواق على ايّام الجمعة فى السهل لكلّ قرية يوم فاذا فرغوا *انحاز الرجال والنسآء الى معزل[i] ينتصارعون فيه ورجل جالس معه حبل كلّ من غلب عقد له عقدة فاذا هوى الرجل امراة[k] راح معها فيتلقّاه[l] اهلها (177) بالبشر والترحيب *ويتباهون به ان رغب[m] فى كرمهم[n] فيضيّفونه ثلاثة ايّام ثم ينادى المنادى[o] بعد ما اجتمع معها اسبوعًا فى عمارة له[p] بمعزل فيجتمعون ويختطّون وسالتُ ابا نابتة[d] الانصاريّ قلتُ هل يصيبها[d] قبل العقد قال لو علموا بذلك قتلوه، وكثيرًا ما حضرتُ عقود اهل بيار[q] يجتمع الناس *بعد العتمة[r] مع كلّ رجل[s] قارورة من[n] مآء ورد والنيران تتقد[t] على باب *الختن والعروس[u] فيبدأ بعض المشايخ[v] فيخطب خطبةً بليغةً يطلب *فيها الزوجين ويطلب المرأة ثم يجيبه آخر من قبل العروس فى خطبة باحسن جواب واكثرهم خطبآء ادبآء ثم يعقدون

---

a) C رجل يعدو خلف امراة يريد قتلها فسالت ما الذى فعلت قال تنزوّجت الى غير ديلم. b) C والتفوا بالاكسية. c) C معلقة (in marg. لعله معلمه). d) B sine punctis. e) B الطبوبه. C pro his: بيد كل واحد فاس. Deinde C والعالم يسمونه معلما واللوك بلسانهم هو الجيد وكثيرا ما قصدونى وقالوا لوك معلم. f) B وربّا. g) B ودىحفرون من دسال. h) C pro his: ولكن يدخل الغريب فيتناول ما اراد من الطعام وذلك ممّا يسرّهم. i) C من تسوقهم واجتمع الرجال والنساء بمعزل. k) B هو رجل وامراة. l) B ويلقاه. m) B ادرعت. n) C om. o) C وينادى المنادى ويزوجوه منها ceteris omissis. p) B عمارىه et mox وىحىطون. q) C واما اهل بيار فكثير ما حضرت عقودهم. r) C وقد مضى من الليل الثلث. s) C واحد. t) B نقد, C توقد. u) C العروسين. v) C h. l. addit: وكلّهم خطباء ادباء.

النكاح ويقوم[a] اصحاب القوارير فيضربون[b] بها الحيطان ثم يعطى *صاحب كلّ قارورة[c] طبقًا من افروشة ولا ترى[d] مثل افروشتهم فى الدنيا[e] وسمعتُ ان بعض الملوك استدعى برجل منهم[e] يجيد عملها وبدقيق[f] من دقيقهم وشىء من سمنهم ودوشابهم *وامرأة تعملها[g] فلم تكن كالتى تعمل ببيار[h] ورايتُ من حمل منها الى مكّة ثم ردّه ولم يتغيّر[e] ومكثتُ اربعة اشهر احضر دعواتهم واعراسهم فما رايتُهم يزيدون على ثردة بعد لحم[i] قد اخرج عظامه ثم الارزّ ثم الافروشة الرطبة[k e] واذا وقعت عندهم الثلوج ارسلوا[l] النهر فى الشوارع فحملت[m] الثلج باجمعه وغسلت الازقّة[n] ولا ترى امرأة بالنهار انّما[o] يخرجن بالليل فى اكسية سود ولا تتزوّج امرأة مات عنها زوجها فان فعلت ضرب الصبيان على بابها بالخزف[p] ✿

ماء جرجان يقتل[q] الغرباء وبطبرستنان سمك يضرّ[r] الاسنان وطير لحمه ردىّ ✿ المملكة للديلم ويقع على جرجان حروب بينهم وبين صاحب خراسان[s] ✿

---

a) C pro his: المراة فيها من شيخ آخر قد قابله من فريق المراة فاذا سكت خطب الآخر خطبة حسنة ثم اجابه بالانعام وعقدا النكاح فاذا فرغا قام. Verba textus يطلب فيها الزوجين corrupta esse videntur. *b*) C فضربوا. *c*) C كل رجل. *d*) C ولم ار. Pro مثل in textu B كل. Deinde B فروشهم, C تلك الافروشة omisso فى الدنيا. *e*) C الامير صاحب الجيش استحضر رجلا منهم الى نيسابور. *f*) C دقيق (omisso fort. مع). *g*) C om. sed addit كان فعملها l. فعملنا. *h*) C فى ببيار. *i*) B اللحم. *k*) C ويعملون منها داسا يحمل الى مكة وتردّ (sic) فلا يفسد وحضرت دعواتهم واعراسهم وضيافاتهم وبيوت الاصدقاء فما رايتهم قد زادوا ولا نقصوا من ثريد ولحم مخلّع وارزّ وافروشة. *l*) C سيبوا. *m*) Scil. المياه. *n*) C فغسل الثلوج وتنظفت. *o*) B اما. *p*) C واذا مات عن امراة زوجها لم تتزوّج بعده فان فعلت اجتمع الصبيان يضربون بالخزف عل بابها ولا ترى امراة تخرج بالنهار بتّة وكذلك بافراوة وانما يخرجن (Cod. يخرجون) بالليل فى الاكسية السود وحوانيتهم فى الدور والباعة نساء. Quae sequuntur ad ردى in C non exstant. *q*) B يقبل. *r*) B بضر. *s*) C والولايات الديلم فى اهل بينين سلاروند وباذروند فاما سلاروند

خراج قومس الف الف درهم ومائة الف وستّة وتسعون الف درهم وخراج جرجان عشرة آلاف الف ومائة الف وستّة وتسعون الف وثمانمائة درهم[a]، وكان خراج بيار ستّة وعشرين[b] الف درهم فخرج رجل منهم الى بخارا فبنى قصرًا من طينٍ حسنٍ[c] ثمّ حمله على رقاب[d] الرجال * الى ان[e] وضعه * قدّام الامير نصر بن احمد[f] فاعجب به * وقال له[g] سل حاجتك قال * تردُّ خراجنا الى ستّة آلاف وتضيف دواويننا الى نيسابور فهى اليوم[h] من اعمال نيسابور الا ترى ان بينها وبين نيسابور قرية خراجها الى قومس اولا ترى انهم يسمّون * اهل بيار[c] القومسيّين ۞ ويقع بجرجان عصبيات على المذهب وبينهم وبين البكراواذيّين[i] قتل على راس الجل يوم العيد[k] يقع بين الحسنيّين[l]. والكرّاميّين حروب وحشة وعصبيّات[m] عجيبة ۞ ولاهل طبرستان ثلاث خصال بثلاث[n] طيب النكهة من اجل اكل[o] الثوم وحدّة الابصار * وحسنها من اكل الخضرة[p] ودقّة الاخصار من اكل[o] الارزّ ۞

واما المسافات فانك تاخذ من الدّامَغان الى الحَدّادَة مرحلة ثمّ الى بَدَش[q] مرحلة ثمّ الى مُرْجان[r] مرحلة ثمّ الى هَفْدَر مرحلة ثمّ الى أَسَدَاوَاذ مرحلة،

فانه من نحو اذربيجان قد تغلّبوا على تلك الديار والآخر هاهنا (Cod. هاهما sic) وتمّ سياسة وجلد وعدد وميدان وسلام، واما الجبل فلا يطيعون الّا لاولاد الداعى الذى اصله من صعدة وهما داعيان الاوّل والثانى، واما مدن الخزر فربما غلب عليها صاحب الجرجانيّة، واما جرجان وطبرستان فدول ربّما غلب عليها الديلم وربّما قهرتهم جيوش ملك المشرق.

a) C درهم ١١٩٦٨٠٠ addens ولكن ثمّ حمايات ومرافق للسلطان عظيمة. b) B et C وعشرون. c) C om. d) C عوانق. e) C حتى. f) C بين يدى الامير السعيد. g) C فقال. h) C تسقط عنّا العشرين الف وتحول دواويننا الى نيسابور فخراجها اليوم ستة الاف درهم وهى. B دواوينها. i) B البكراوبين. Deinde B قبل. k) C يوم الاضحى مثل مبرو, C البكراواد بن ceteris om. l) B الحسنين. m) B (ut quoque supra) عصبات. n) C ثلث من اجل ثلث. o) C لاكلهم. p) C لاكلهم الخضر. q) B بدش. r) B مرجان. Ist. p. ٢١٩, Ibn-H. p. ٢٧٥ مورجان.

وتاخذ من الدامغان الى جَرْمَجُوى[a] مرحلة ثم الى رباط[b] مرحلة ثم الى سِمْنَان مرحلة ثم الى راس الكلب مرحلة ثم الى قرية المِلْح مرحلة ثم الى خُوَار الرىّ مرحلة ٭ وتاخذ من الحدّادة الى بِسْطام مرحلة ثم الى قرية[c] مرحلة ثم الى زَرْدَابَاذ مرحلة ثم الى خُرْمَارُون مرحلة ثم الى جُهَيْنَة مرحلة ثم الى (178) جرجان مرحلة ٭ وتاخذ من زرداباذ مرحلة الى قرية[c] مرحلة ثم الى القباب مرحلة ثم الى بِيَار *الى الحوض[d] مرحلة* ثم الى اسداواذ مرحلة ومنها[e] الى طرثيث[f] ٣٠ فرسخا[g] ٭ وتاخذ من جرجان الى دينازارى[h] مرحلة ثم الى املوتنا[i] مرحلة ثم الى اجغ[k] مرحلة ثم الى سبداست مرحلة ثم الى أَسْفَرَايِين مرحلة ٭ ومنها[l] الى آبَسْكُون او الى رباط حفص او الى رباط علىّ مرحلة مرحلة ٭ وتاخذ من رباط علىّ الى رباط الامير مرحلة ثم الى بيلمك[m] مرحلة ثم الى[n] رباط دَهِسْتَان مرحلة *آخر فيها[o]* ٭ وتاخذ من آمُل الى بلور[p] مرحلة ثم الى اسك[q] مرحلة ثم الى نامهند[r] مرحلة ثم الى برزيان[s] مرحلة ثم الى الرىّ مرحلة ٭ وتاخذ[t] من آمل الى مَامَطِير[u] مرحلة ثم الى سَارِيَة مرحلة ثم الى برجى[v] مرحلة ثم الى راس الحدّ ثلاثا[w] ٭ وتاخذ من سارية الى ابارست[x] مرحلة *ثم الى ابادان مرحلة[y] ثم الى طَمِيسَة مرحلة ثم الى أَسْتَرَابَاذ مرحلة ثم الى جرجان مرحلتين ٭ وتاخذ من جرجان الى الدَّيْلَمَان ١٢ مرحلة ثم الى

---

a) B حرمجوى, C sine punctis. *b*) Nomine عليـاباذ. *c*) Lacuna in B. *d*) C om. B habet in marg. cum صح. Nomen بيار in B ut plerumque sine punctis, C ut interdum بيان. *e*) C ومن بيار. *f*) C طريثيث. *g*) C addit: ومنها (من بيار .i. e.) الى الدامغان فى المفازة خمسة وعشرون. *h*) Contractum ex دينار زارى. *i*) Ist. املوتنلو. *k*) B اجّر, C اخر. *l*) C وتاخذ من جرجان. *m*) B سلماك. *n*) B om. *o*) C om. *p*) B et C sine punctis. *q*) B اسىل, C اسل. *r*) C يامهند. *s*) B برزدان, C بربان. *t*) C ثم تاخذ. *u*) B et C ماهطين. *v*) C برحى. *w*) B مرحلة ىلثا, C ىلما. Intelligitur autem Tamîsa, cf. Sprenger, p. 53 cum Ist. p. ٢١٩. *x*) B اىارست, Ibn-H. بارست (Ist. مارست). *y*) B om. (C ابادار). Deinde C طميشه. B sine punctis.

أَرْدَبِيل مثلها، ومن آبسكون الى استراباذ مرحلةٌ ثم الى سارية[a] ۴ مراحل ✿ وتاخذ من آمل الى نَاتِل[b] مرحلة ثم الى سَالُوس مرحلة ثم الى كَلَار مرحلة ثم الى جبال الديلم مرحلة، وتاخذ من سالوس الى اِسْبِيذْرُوذ مرحلة ثم الى قرية الرصد مرحلة ثم الى[c] خشم مرحلة ثم الى بَيْلَمَان ۴ مراحل ثم الى الدُّولَاب ۴ مراحل ثم الى كُهَن رُوذ ٣ مراحل ثم الى مُوغكان مرحلتين ثم الى الكُرّ[d] مثلها ثم الى هشتاذر مثلها ثم الى الشَّمَاخِيَة مثلها ✿

اقليم الرِّحَاب

لمّا جلّ هذا الاقليم وطاب، وكثرت فيه الثمار والاعناب،، وكانت مدنه من انزه البلاد كمُوقَان[e] وخِلَاط وتَبْرِيز التى شاكلت العراق ورخصت به الاسعار، واشتبكت فيه الاشجار، وجرت خلاله[f] الانهار،، وحوت جباله الاعسال، وسهوله الاعمال،، وبواديه[g] الاغنام ولم نجد له اسمًا *عامًّا يجمع كُوَره[h] سمّيناه الرِّحَاب وهو اقليم للاسلام فيه جمال[i] وعلى المسلمين من الروم[k] حصار منه ترتفع[l] الاصواف المعمولة والتكك العجيبة ديدانه قرمز، وعن وصفه العجز،، ثمن الخروف درهمان، والخبز بدانق لبنان[m]، والفواكه بلا عدّ ولا ميزان،، وهو مع هذا ثغر جليل واقليم نبيل به كان اصحاب الرّسّ نحن[n] الحُوَيْرِث والحَارِث فيه من الطائف[o] سهم ومن الجنّات شبه وهو للاسلام فخر وللغازين دار[p] به المتاجر[q] المفيدة والكور القديمة والانهار الغزيرة[r] والقرى النفيسة والخصائص العجيبة والثمار اللذيذة اهل جماعة وسنّة وفصاحة وهيبة[s] لهم المنّ والفوّة والزنبق والقسبوبه[t] والبحر والبحيرات، والباب والرباطات،

---

a) C صارى. In B haec inde a ومن ابسكون et seqq. ad finem desiderantur.
b) C بابل. c) C om. Deinde habet خسم. d) C الكد superinscripto دسر.
e) B et C كنوقان. f) C وعزت جلالة. g) B ودرادىه. h) C يجمع كورة.
i) B جمال. k) C وللمسلمين من الكفار. l) C يرتفع. Deinde B الاسواف.
m) C امنان. n) B sine punctis. o) B الطايف. p) B وللعارس درب (C وللغازيين). q) C المناجرة. r) C الكثيرة et addit والمدن النزيهة. s) B وهنّه. t) B والقوّة والدرس والتسبوبه. Infra B quoque تسبوبه. Secutus sum C. Vid. Ist. p. ١٨٣h et Ibn-H. p. ٢۴١f.

والدين والخيرات،، الّا ان كلًّا فى مذهبه[a] غالٍ، ومع ذاك هم ثقال[b]،، وفى لسانهم[c] تكلّف، وفيهم[d] تصلّف،، والطرق اليها صعبة، وللنصارى بها غلبة،، ✿ وهذا شكله وصورته[e] ✿

(180) وقد جعلنا هذا الاقليم ثلاث كور اوّلها من قبل البحيرة الرّان ثم أَرْمِينيَّة ثم أَذَرْبِيْجَان ✿ فاما الران فانها تكون نحو الثلث من الاقليم فى مثل جزيرة بين البحيرة ونهر الرّسّ[f] ونهر الملك يشقّها طولًا قصبتها بَرْذَعة ومن مدنها تَفْلِيس القَلْعة[g] خُنَان شَمْكُور جَنْزَة بَرْدِيج[h] الشَّمَاخِيَة شَرْوَان بَاكُوه الشَّابَرَان[i] بابُ الأَبْوَاب الأَبْخَاز[k] قَبَلَة شَكِّى مَلَازْكَرْد تبلا[l] ✿ واما ارمينيّة فانها كورة جليلة رسمها ارمينى بن كنظر بن يافث بن نوح ومنها ترتفع الستور * والزلالىّ الرفيعة كثيرة الخصائص[m] قصبتها دَبِيل ومن مدنها بَدْلِيس خِلَاط أَرْجِيش[n] بَرْكَرى خُوَىّ سَلَمَاس أُرْمِيَة دَاخرّقان[o] مَرَاغة أَهْرُ[p] مَرَنْد سَنْجَان[q] قَالِيقَلَا قندرية[r] قَلْعَة يُونس نوريين[s] ✿ واما

---

a) B مدنه. b) B بقال (C ذلك pro ذاك). c) C نسائهم. d) C وفى اخلاقهم. e) C وشكله وهذا مثاله. Deinde in B (p. 179) et C sequitur mappa. f) C الراس. g) I. e. قلعة ابن كندمان. Deinde B حمار سمكون حنوه, supra حيان شمكور حيوه. C خمار سمكون حنوه. h) B hic et supra ut C سرودح. i) B et C السابيان ut quoque in mappa C, supra B sine punctis ut in mappa. Infra B سرسبان, C سرسان. k) C اللادحان, ut quoque in mappa B. Supra B الادحار. Cf. ad Ist. p. ١٨٧e. l) C in itin. تيبلا. De urbe Thelawi cogitari nequit, situs enim (inter Tiflis et Schakí) cum situ Thelawi non convenit et haec urbs, ut aiunt, Mokaddasío paullo recentior est (Dorn, *Caspia*, p. 206). m) C والحفورى النفيسة (B كمسره). n) C اخلاط ارجيس. o) B راجرسار, supra راحرسان ut C, mappa B واجوان, C زاخرمان. Cf. Ist p. ١٨١٥. In itinerario خرقان. p) Mappa B اوهر. q) B سنجاب, supra سنحار, C سنجار. r) B فنذرنه, infra قمدرنه, in itin. قمدرنه. C ubique ut recepi. s) B نوردين hic et infra. C h. l. بودين infra بورين, in itin. يورزين. De castello نَوْدِز cogitare non possumus, collato loco infra in itiner. cum Jacut, III, p. ٨٢٢.

اذربيجان فانها كورة اختطّها[a] اذرباذ بن بيوراسف بن الاسود بن سام بن نوح عمّ قصبتها وهى مصر الاقليم أَرْدَبِيل[b] بها جبل مساحته مائة واربعون فرسخًا كلّه قرى ومزارع يقال ان به سبعين[c] لسانًا كثرة خيرات اردبيل[d] منه اكثر[e] بيوتهم *تحت الارض[f] ومن مدنها رسبة[g] تَبْرِيز جَابَرْوان خُونَج المَيَانج السَّرَاة بروى وَرْثَان مُوقَان مِيمَذ[h] بَرْزَنْد ✿ فان زعم زاعم ان بَدْلِيس من اقليم أَقُور واستدلّ بانها[i] كانت فى ولايات[k] بنى حمدان اجيب[l] بانه لما ادّعاها اهل الاقليمين[m] جعلناها من هذا لانّا وجدنا لها نظيرًا فى الاسم وهى تَفْلِيس واما الولايات فليست حجّة فى هذا الباب الا ترى ان سيف الدولة كانت له قنّسرين والرقّة ولم يقل احد[n] ان الرقّة من الشام ✿

بَرْذَعَة قصبة كبيرة مربّعه، فى سهلة[o] لها حصن وسعه[p]،، اسواقها قد ظلّلت مجتمعه، *على ظهر السوق[q] مسجد *الجامع هى بغداد هذا الاقليم دورهم بهيّة من آجرّ وجصّ طيّبة حسنة كثيرة الفواكه بعض اساطين الجامع بجصّ وآجرّ وبعض بخشب ولها نهر يتخلّلها ونهر الكُرّ منها على فرسخين الانهار متقاربة منها نفيسة غير ان اطرافها قد خربت وقد خفّت من اهلها وتشعّث حصنها[r] ✿ تَفْلِيس حصينة بقرب الجبل بخرقها نهر الكُرّ وهى

a) C انشاها. Deinde B اذرباذ بن بردموداسف (C بيوراست et om. بن الاسود). b) C اردبيل وهو مصر الاقليم. c) B et C سبعون. d) C هذا المصر. e) B om. f) C اسراب. g) Secundum mappas B et C in meridie provinciae iacet. h) B بيمذ, supra سمند, C ممند. i) C انها. k) C ولايت. l) C اجيبه. m) C الاقليم. n) C om. o) C وطاء. p) C واسعة. q) C بظهرها. r) C للجمعه،، باساطين قد جصّصت مرتفعه، وبعضها من خشب ملتمعه،، ولها نهر خلال كلّ قارعه، يجرى الى وجوه اربعه،، كثيرة الاخيار والمطّوّعه، والفواكه الجيّدة الموسّعه،، هى بغداذ الرحاب فاجمعه، دور بهيّة ورحب ودعه،، ورخص دائم ولا بها مبتدعه، والكرّ منها على بريد موضعه،، فهى بين نهرين والبحيرة الملمعه، فيا لها من بلد ظريفة نظيفة منوّعه،، لولا عيب ان اردتَ فاسمعه، قد خربت اطرافها كبيلعه،، وخفّ اهلها والسلطان مبلعه، مجهولة نائية (Cod. نائئه) بعيدة منتّصعه (Cod. قنتصعه ?)،، قليل فقههم لحنبل منبعه،

جانبان بجسر[a] قد بُنى حيطانه بالحجارة ثم طرح عليها الخشب ۞ والقَلْعَةُ مدينة[b] بلا حصن فى سهلة بقرب جبل لَكْزَان[c] ۞ والشَّمَاخِيَة[d] على اسفل جبل بنيانهم حجارة وجصّ ولها مآء جارٍ وبساتين ونزه[e] ۞ وشَرْوَان كبيرة فى سهلة بنآؤهم حجارة والجامع فى الاسواق ولها نهر يخرقها ۞ ومُوغكان[f] على راس الحدّ وقد كانت آهلة والآن قد خفّ اهلها وهى على السكّة ۞ وبَاكُوه[g] على البحيرة هى احدى[h] فرض الاقليم ۞ وشَابَرَان[i] بلا حصن الغلبة فيها للنصارى راس حدّ ۞ وقَبَلَة حصينة النهر خارج البلد والجامع نآء على تلّ ۞ وشَكّى فى سهلة الغلبة للنصارى الجامع[k] فى سوق المسلمين ۞ ووَرْثَان[l] فى سهلة عامرة سوقها خلفه النهر والجامع متباعدان ۞ وبَيْلَقَان[m] صغيرة قومها جياد وبها ناطف موصوف ۞ ومَلَازْكِرْد[n] حصينة لها منابر[o] عدّة كثيرة (181) البساتين الجامع[k] على حافة السوق ۞ ونبلاء[p] للمسلمين بها[q] خمس مائة بيت والغلبة فيها[b] للنصارى نزهة ۞ والأَبْخَازُ[r] نزيهة وكذلك * مدن هذه الكورة[s]، وقَرْيَة يُونِس هى بلد الدَّيْرَانىّ بها مسلمون ۞ وبَابُ الأَبْوَاب على بحر الخزر محصّنة فى الحائط الذى من قبل الخزر[t] ثلاثة ابواب باب الكبير وباب الصغير وباب آخر نحو[u] البحر مسدود لا يفتح وعدّة ابواب من قبل البحر * وقبل الاسلام[v] والحائط قد مدّ من الجبل الى وسط البحيرة عليه ابرجة فيها مساجد وحرّاس والجامع وسط الاسواق به عين مآء بنآؤهم حجارة ودورهم حسنة ولهم مآء جارٍ ۞

وحصنها شعث (Cod. شعب) ودروب مرتفعه،، فهذا وصف سوق الران برذعه،
اوصاف صادق ومتّفق له رِعَه، هديّة لشيخ فاضل اوردتُها مسجعه،،.

a) C بحصن et om. حيطانه. b) C om. c) B الكزان, C لكان. d) B والشماخيّه, C وباكوه. e) C نزهة. Deinde C والشماخيه. f) C locum de موغكان om. Vulgo scribitur موغان s. موقان. g) C وشروان. h) C احد. i) B et C وسرسان. k) C والجامع. l) B وزيار. C om. فى سهلة. m) B ونكفان. n) C وملازجرد et deinde محصنة. o) B بنابر. p) B sine punctis. q) C add. نحو من. r) B واللادحار, C والابحار. C add. مدينة. s) C سائر المدن. t) In C ex corr. additur لها. u) C من نحو. v) B والاسلام.

دَبيل بلد جليل عليه حصن منيع والخير به كثير، اسمه كبير، وصوفه[a] خطير، ونهره[b] غزير، قد حفّ[c] به البساتين ذات ربض عتيق، وحصن وثيق، اسواقه صليب، وسواده *عجيب، الجامع على رابية كبيرة الى جنبه[d] كنيسة يصبطه[e] الاكراد به قلعة بنيانهم[f] طين وحجارة له ابواب عدّة منها باب كيدار[g] باب تفليس باب آنى[h] الّا ان الغالب عليه مع نبله النصارى وقد خفّ من[i] اهله وتشعّث[k] حصنه ✿ وبَدْلِيس فى وادٍ عميق يجرى فيه نهران، *فى المدينة يجتمعان[l]، وهى جانبان، فيها[m] قلعة من حجارة شبه ثور[n]، ✿ *وأَخْلَاط مدينة فى سهلة[o] لها بساتين حسنة وعليها *حصن من طين والجامع فى الاسواق وبها نهر ✿ وسَلَمَاس طيّبة عليها[p] حصن من طين وحجارة وبها نهر غزير والجامع على طرف السوق قد احاط بها[q] الاكراد ✿ وأُرْمِيَة[r] حسنة بقلعة عامرة والجامع فى البزّازين ولها حصن وبها نهر ✿ ومَرَاغَة سريّة لها حصن وبها قلعة ولها ربض وحصونها طين ✿ ومَرَنْد حصينة *يحدق بها البساتين[s] لها ربض عامر والجامع فى الاسواق ✿ وقندرية[t] مدينة احدثها الاكراد بها جامع لطيف[u] ✿ ونورين حصينة بها[v] قلعة وعلى باب الجامع عين ماء كثيرة البساتين نزهة[i] ✿ وقَلْعة يُونِس هى[i] مدينة الدِّيرَانىّ بها مسلمون ✿

أَرْدَبيل هو قصبة اذربيجان ومصر الاقليم عليه حصن منيع وهو اصغر من دبيل اسواقه مصلّبة الى اربعة دروب والجامع وسط الصليب على نشزة خلف الحصن ربض عامر الغالب[w] على بنيانهم الطين كثير الرواشن والفواكه والبلاذات

---

a) Marg. B اظ. ووصفه. b) B ونهر. c) C خفت. d) C رحيب والجامع فى الاسواق على رابية كبير الى جانبه. e) B تصبطه. f) C add. من. g) C كندار. Fort. l. كِيرَان, vid. Jacut in v. h) C انى. i) C om. k) C وشعث. l) C ويجتمعان فى المدينة. m) C بها. n) B شبه ثوران. o) C وخوى فى وطاة. Hinc patet excidisse nonnulla. p) In C haec desiderantur. q) C به. r) C وارمنينه. s) C بخندق بها بساتين. (B دىحدق). t) B sine punctis. Deinde C om. مدينة et B habet اخذتها. u) C addit: ولها ربض وحصونها طين. Deinde B ونورس, C وبورين. v) C وبها. w) C والغالب.

به مياه جارية وعساكر راتبة[a] وخيرات كثيرة وحمّامات طيّبة الّا انهم بخلآء ثقلآء قليل العلمآء وبلد وحش منتن *احد كنف[b] الدنيا اهل مكر وغفلة لا ينظرون فى العواقب، ولا يعذرون اهل المذاهب،، *لا مذكّر فقيه، ولا رئيس وجيه،، ولا معدّل اديب، ولا حاذق طبيب،،[c] ✿ وتَبْرِيز وما يدريك ما تبريز، هى الذهب الابريز،، *والكيميآء العزيز، والبلد لحريز[d]،، يختار على مدينة السلام، ونباهى بها[e] اهل الاسلام،، تجرى[f] خلالها الانهار، وتميد[g] فى سوادها الاشجار،، ولا تسال عن رخص الاسعار، وكثرة الثمار،، الجامع[h] وسط البلد، وطيبها لا يُحَدّ،، ✿ ومُوغَان[i] مدينة قد احاط بها نهران، وحولها حدائق حسان، كانها فى رحبها جنان، هى مع تبريز روضنان[k]، وللرحاب فى الاسلام مفخران، موضوعة بين اردبيل وجيلان، ومنها (182) الى برذعة ثمان، طيّبة نزيهة السواد والنهران يجريان[l]، والوجوه كاللؤلؤ والمرجان، ثم[m] اسخيآء وهم كرام ✿ بَرْزَنْد صغيرة وهى سوق الارمن وفرضة الكورة طيّبة مفيدة ✿ ومِيَانَه صغيرة فى سهلة كثيرة الخير ✿ وزَنْجَان هى على راس الحدّ قد تشعّثت لهم نهر وفيها السكّة، وكلّ مدن هذا الاقليم *طيّبة كثيرة الخيرات ومعادن الرخص والثمار واللحوم والنعم والطيبة[n] ✿

جمل شؤون هذا الاقليم

هو اقليم بارد كثير الثلوج والامطار وفيه *ادنى ثقل[o] واهله ابرد واثقل كبار اللحى وليس لسانهم بحسن وبارمينيّة يتكلّمون بالارمينيّة[p] وبالران بالرانيّة وفارسيّتهم مفهومة تقارب[q] الخراسانيّة فى حروف[r] ✿ ومذاهبهم مستقيمة الّا ان

a) B رابده et ومساكن pro وعساكر. C مرتبه. b) C كنيف. c) C ثم لا ترى مذكرا فقيها ولا رئيسا وجيها ولا معدلا اديبا ولا حاذقا طبيبا. B omisso وجيه, بعدل et بذكر. d) C والبلد العزيز والكيمياء الغريز والموضع لحريز. (B الحرير). e) C به. f) C يجرى. g) B ودمند. h) C والجامع. i) C وموقان. k) C وصنتان. l) B بالنهران, C والانهار تجريان. m) C ومع ذاك et om. وهم. n) C pro his tantum رحبة. o) B اذى وثقل. p) C بالارمنينه. q) C تخالف. r) C اشياء.

اهل الحديث حنابلة والغالب بدبيل مذهب ابى حنيفة رحمه ويوجدون فى بعض المدن بلا غلبة وكنتُ[a] يومًا فى مجلس ابى عمرو النَّخُوَىّ[b] يسمع الحديث فقال هاتوا مسئلة *وكان معى رفيق فسألنا مسألة[c] هيبة المشاع فتكلّمنا[d] فيها صدرًا ثم *ضعفنا فاخذ[e] الكلام كهل ثمّ فجوّده *فلمّا وقف الكلام قلتُ لله درّك لقد بالغتَ واشرتُ الى ان اختلف[f] اليه فقال[g] لستُ من اصحابكم *قلتُ وكيف هم لا يزيدون على ما اوردتَ لانها مسالة ضيّقة علينا قال هذا الذى اوردتُه من كلام الحاكم ابى نصر ابن سهل نظّار خراسان لانّى كثيرًا ما ناظرتُه[h]، *واما علم الكلام فلا يقولون به ولا يتشيّعون وكان بدبيل خانقاه وعندهم معرفة بعلم التصوُّف مع ادنى رزق ووقفتُ يومًا على مجلس ابى . . . .[i] الاردبيليّ وقد غصّ بالناس قيامًا وقعودًا يسالونه مسائل المعاملة فقلتُ ما تقول رحمك الله فى رجل كان له قلب يانس به فضاع منه اين يطلبه قال يعود الى السبب الذى نال[k] به فيعتصم به قلتُ قد حيل بينه وبين السبب قال يسال صاحب السبب ان ينيله ايّاه قلتُ لم يبق له جاه عند صاحب السبب فيساله قال يلزم قرع الباب حتّى يفتح له ويصرخ فى ظلم الليل[l] حتّى يرحمه ۞

والانهار المذكورة به[m] ثلاثة نهر الرّسّ ونهر الملك ونهر الكُرّ وهو اخفّهنّ يخرج من ناحية الجبل[n] على حدود جَنْزَة وشَمْكُور[o] الى قرب تفليس ثم يقع فى بلدان الكفر، ويليه فى العذوبة والخفّة نهر الرسّ وهو مادّ على تخوم السران يخرج من ارمينيّة[p] حتّى ينتهى الى وَرْثَان ثم ينتهى الى خلف مُوقَان فيقع فى البحر، واما نهر الملك[q] فخروجه من بلد الروم *من ورآئه كورة السران[r] حتّى يقلب فى البحر[s]، ولا يتّصل بهذا الاقليم غير بحر الخزر وبهذا الاقليم

---

a) C وحضرت omisso فى. b) B النَّجُونىّ, C ابى عمر الخوبّر. c) C فسالت مسئلة. d) C تكلمت e) C اخذ. f) B احملف. g) C pro his ثم قال لى. h) C ولكنى كنت بخراسان وناظرت ابا نصر بن سهل. i) In B lacuna. In C haec omnia desiderantur. k) C انيل. l) C الليالى. m) C فيه. n) C الجيل et deinde حفرة حدوده على. o) B حبيره وسمكون. p) C ارمنيينه. q) Intelligitur fluvius Samur. r) C om. s) C البحيرة.

بحيرتان احداهما بأُرْمِيَة طولها نحو اربعة ايّام سير[a] الدوابّ تقطع باقلاع يوم وليلة وبارمينيّة اخرى تعرف ببحيرة أَرْجيج[b] ۞

وبها تجارات[c] يحمل من برذعة الابريسم الكثير ومن باب الابواب ثياب الكتّان والرقيق والزعفران والبغال[d] الجياد ومن دبيل ثياب الصوف والبسط والوسائد والانماط والتكك الرفيعة ، ومن برذعة السنور[e] ويقع اليه البغال الجياد ويقوم ببرذعة يوم الاحد سوق يسمّى الكُرْكيّ يجتمع اليه اهل الكورة والنواحى *حتّى ان احدهم يقول يوم السبت ويوم الكركىّ ويوم الاثنين يباع فيه[f] الابريسم والثياب ۞ ولا نظير لتككهم ومحفوريّاتهم وقرمزهم وانماطهم (183) وصبغهم وفاكهة تسمّى الروقال[g] وقسبوبه *وسمك يقال له الطريخ[h] ولهم تين وشاه بلّوط فى غاية الجودة[i] ۞

ومن العجائب الباب[k] وهو حصن على ما ذكرنا من صُور وعَكًّا بسلسلة قد بنى من الصخر وجعل مِلاطه[l] الرصاص ، بتفليس[m] حمّامات على ما ذكرنا فى طَبَريّة[n] بلا وقيد ، جبل للحارث متعالٍ على[o] الاسلام لا يمكن احدًا صعوده[p] يقال انه مع الحُوَيْرِث من[q] جبال الطائف وانه كان على نهر الرسّ الف مدينة هى[r] الآن تحتهما ، بجامع اردبيل حجر كبير لو ضربت عليه المرازب ما عملت فيه[s] وقع من السماء على مسافة من البلد ثم حمل الى الجامع وسمعت ظريفًا[t] الخادم يقول بينا[u] نحن نسير بقرب[v] اردبيل اذا بشىء[w] ينزل من السماء كالدرقة العظيمة حتّى وقع الى[x] الارض فاذا به حجر فيجوز ان يكون هذا وهو على مثال *مصقلة الصبّاغين دقيق الطرفين[y] ، على مرحلة من مُوقان[z] قلعة عظيمة تسمّى الحسرة فوقها بيوت وقصور فيها ذهب عظيم صور

---

a) C سبق. b) B ارجبج, C ارجسج. Pro ارجيش. c) C والنجارات. d) B hic et deinde النعال. e) C السبور. f) C ببضائعهم من. g) C النزوقال ut Ist. Cod. C, vid. p. ١٨٢m. Deinde B وتسبوبه. h) C om. i) C الجود. k) C باب الابواب. l) B ملاط. m) C وبتفليس. n) C بطبرية. o) C add. جبال. p) C ان يصعده. q) B فى. Cf. Jacut, II, p. ١٨٤, 4. r) C وهى. s) C add. شيئًا. t) B طريف, C ظريف. u) C ببينما. v) C على قرب. w) C فاذا شىء. x) C على. y) C الانزجة. z) C نوقان.

طيور ووحوش قد احتال عدّة من الملوك عليها فلم يتمكّنوا من صعودها ، على ثلاثة فراسخ من دبيل دير ابيض من حجر منقور مثل قلنسوة فيه[a] *صور مريم من داخل على ثمانية اعمدة بينهنّ ابواب من اىّ باب دخلتَ رايتَ[b] صورة مريم ، وبالقرب منه صخرة سوداء عرقها دهن يستشفى به ، وعندها يوجد[c] القرمز وهى دودة تظهر فى الارض تخرج[d] اليها النسوان ينقّرنها بنحاسة معهنّ ثمّ يجعلنها فى قرن[e] ، وفى رساتيق اردبيل يحرثون بثمانية[f] ثيران واربعة سوابق لكلّ ثورين سابق وسألتهم اهذا[g] لصلابة الارض قالوا لا ولكن من اجل الثلوج ✿

ومن اردبيل الف ومائتنان[h] ورطل خُوَىّ ثلاثمائة ومنّهم ستّمائة وكذلك بارمية[i] ثمّ سائر الارطال[k] بغدادية ، قفيز[l] مراغة ومدّها عشرة امناء والكيلجة سدس القفيز ✿ بتبريز من رسم اصحاب السلطان انهم[m] يتختّمون بالذهب ، فى بحر[n] ارمية جبال مسكونة يربطون ارجل الصبيان بالسلاسل والحبال كى لا يتدحرجوا[o] الى البحيرة ، ولارمية عقبة فى طريق الموصل يركب الناس فيها اعناق الرجال كما تركب[p] الدوابّ لصعوبتها ✿

واما المسافات فانك تاخذ من برذعة الى يُونَان[q] او الى بَرْزَنْج[r] او الى جَنْزَة او الى قلقاطوس[s] مرحلة مرحلة ، وتاخذ من يونان الى *البَيْلَقان مرحلة ثمّ الى وَرْثان[t] مرحلة ثمّ الى بلخاب[u] مرحلة ثمّ الى بَرْزَنْد مرحلة ثمّ الى أَرْدَبِيل مرحلتين ، وتاخذ من برزنج الى الشَّمَاخِيَة مرحلتين ثمّ الى شَرْوَان ٣ مراحل ثمّ الى الابخاز[v] مرحلتين ثمّ الى جسر سَمُور[w] مرحلتين ثمّ الى باب الابواب ٣

---

a) B فيها. *b*) Haec in B desunt. *c*) C يؤخذ. *d*) B بخرج, C يخرج et deinde ينقرونها (B ينقّرونها), معهم et يجعلونه. *e*) B et C قرن. *f*) B et C بثمان et واربع (C om. سوابق quod B in marg. habet). *g*) C اتفعلون هذا. *h*) C ومائى. *i*) B ارمينيّه. *k*) C ارطالهم. *l*) C وقفيز. *m*) C ومن رسومهم تبريز (l. بتبريز) كل من كان من اصحاب السلطان فانهم. Deinde B يتختمون. *n*) C بحيرة. *o*) B يتدحرجون, C يتدحرجون. *p*) B تركب, C يركبون. *q*) B توبار, C نوبار. *r*) B برديج et بزدنج, C بدربح et بردنج, Mappa C بيروبح, i. e. برديج. *s*) B فلقاطوس et فلعاطوس, C فلقاطوش et فلقاطوش. *t*) C وثان. B pro his دغان s. مغان. *u*) B بلخان, C بلحار. *v*) B اللاباجان. *w*) B شمور.

مراحل، وتاخذ من جَنْزَة الى شَمْكُور[a] مرحلة ثم الى خُنَان[b]، ٣ مراحل ثم الى قلعة ابن كندمان مرحلة ثم الى تفليس مرحلتين، وتاخذ من قلقاطوس الى منتريس[c] مرحلتين ثم الى دُمبيس[d] مرحلتين ثم الى كيلواى[e] مرحلتين ثم تقع[f] فى الارمن الى دُبيل[g]، وتاخذ من دُبيل الى نَشَوَى ٤ مراحل ثم الى خُوَىّ ٣ ايّام ثم الى سَلَمَاس مرحلتين ثم الى أُرمِيَة[h] مرحلة ثم الى خَرَّقَان مرحلتين ثم الى مَرَاغَة مثلها ثم الى اردبيل ٤٠ فرسخًا ✿ وتاخذ من مَرَاغَة الى قندرية[i] مرحلتين ثم الى قرية[k]؟ ٣ مراحل ثم الى قلعة الحسن بن علىّ مرحلة ثم الى شَهْرَزُور ٣٠ فرسخًا، وتاخذ من (184) مراغة الى نورين[l] مرحلة ثم الى مَرَنْد . . . .[m] ✿ وتاخذ من خُوَىّ الى قلعة يُونس ٦ مراحل ثم الى قرية العصبيّات[n] مرحلة ثم الى . . . .[o] ثم الى تفليس مرحلة ثم الى تبلا[p] ثم الى شَكّى ثم الى لَكْزان مرحلتين[q] ثم الى الباب ٣ مراحل ✿ *وتاخذ من مراغة الى الخَرَّقان[r] مرحلتين ثم الى تِبْرِيز مرحلة ثم الى مرند مرحلة، وتاخذ من اردبيل الى الببير[s] مرحلة ثم الى سَرَاة[t] مرحلة ثم الى كُورسره[u] مرحلة ثم الى مراغة مثلها، وتاخذ من مراغة الى خره روذ[v] مرحلة ثم الى مُوسَى أَبَان مرحلة ثم الى بَرْزَة[w] بريدين ثم الى تفليس[x] بريدًا ثم الى

---

a) B سمكون. *b*) B حمار, C حمان. *c*) B ميرنش, C ميريس. *d*) B دممس. Ist. دومبيس. *e*) Ist. كيل كوى. Deinde C مثلها. *f*) C يقع. *g*) Vocalis in B. *h*) C ارمينه. *i*) B قندرنه. *k*) B قرنة. *l*) B نوردن, C يورزين. *m*) In B lacuna est indicata. *n*) B العصيبات. *o*) Lacuna in B; C habet: ثم الى تفليس . . . . مراحل. *p*) B sine punctis, C تيلا. Praep. الى desideratur. *q*) C الكزان مرحلتين مرحلتين. *r*) B الحرفان. *s*) Sic quoque Ibn-Khord. p. 97. Kodáma النبير et المعر. *t*) B سراب. *u*) B h. l. كوسره s. كوبسره, infra B et C كوبسره. *v*) Ibn-Khord. جنزة. Apud Sprenger, p. 61 حمره. Cod. حيزه. *w*) B برزد, Kodáma مروه. Secutus sum Ibn-Khord. (Cod. برله). *x*) Sic quoque Kodáma (B sine punctis). Stationem nihil quam nomen commune habere cum urbe Tiflis vix opus est observare. Kodáma habet a Barza ad Tiflis 2, hinc ad Djâbrawân 6 Far.; Ibn-Khord. a Barza ad Djâbrawân 8 Far.

جابْرَوان مرحلة ثم الى نَرِيزِ[a] بريدين ثم الى أُرْمِيَة[b] مرحلة ۞ وتاخذ من مرند الى النَّشَوَى مرحلتين ثقال ثم الى[c] دبيل مثلهما ۞ وتاخذ من مراغة الى اميولخاسن[d] مرحلة. ثم الى بَرْزَة[e] مرحلة ثم الى البَيْلَقَان[f] مرحلة ثم الى سِيسَر[g] مرحلة ثم الى تلّ وان مرحلة ثم الى الجاربا[h] مرحلة. ثم الى الدَّيْنَوَر مرحلة[i] ۞ وتاخذ من اردبيل الى المَيَانِج مرحلتين او[k] الى قنطرة سَبِيذْرُوذ ومن القنطرة الى السَّرَاة مرحلة ثم الى نوى[l] مرحلة ثم الى زَنْجَان مرحلة، وتاخذ من الميانج الى خُونَج مرحلة ثم الى كورسره[m] مرحلة ثم الى مراغة مرحلة ومن مراغة الى خَرَّقان *او الى أُرمية مرحلتين[n] ثم الى سَلَمَاس مثلها ثم الى خويّ مرحلة ثم الى بَرْكَرِي خمسًا ثم الى أَرْجِيش[o] مرحلتين ثم الى أَخْلَاط[p] او الى بَدْلِيس ثلاثًا ثلاثًا[q] ومن بدليس الى آمِد او الى

---

a) B دربر s. دربى. Apud Beládsorí, p. ٣٢٦, 1 et ٣٣١, 8 male edidi نريز secutus *Merácid.* Ibn-Khord. دريز (Cod. بزيز s. بزبز), Kodáma بدبر ,دربد et مويز.
b) Pro ارمية ut ceteri. *c*) B om. *d*) B اميو الحاسب, Ibn-Khord. سار خواسن (Cod. خواسب), Kodáma سواكاسن, Edrîsî, II, p. 170 شابر خاسن. Lectio partis posterioris certa videtur. *e*) B برزند, quae lectio orta est ex errore in nomine seq.; Kod. بوره. *f*) B sine punctis, in ed. Ibn-Khord. البيلقان, sed apud Sprenger p. 57 sec. Cod. السلقان, Kodáma السلعان, Edrîsî l.l. البيلقان et hic revera hunc locum esse urbem Bailakân opinatus est. Idem putasse videtur noster, ut patet e lectione برزند et confusio nominis huius stationis et urbis Bailakân quoque exstat apud Jakubí, p. ٤٧, 3 a f. nisi ibi sit lacuna. Ibn-Khord. addens من ارمينية sub eodem errore esse videtur. Cogitavi primum legendum esse السلقان (cf. Jacut, IV, p. ٩٨٨, 7), sed verosimilius est hanc stationem revera quoque al-Bailakân appellatam fuisse. *g*) B sine punctis. Kodáma سلس. *h*)? B الحاربا, Ibn-Khord. et Edrîsî الجنارجان (Cod. Ibn-Kh. sine punctis). Kod. الجورجان. *i*) C haec omnia non habet. *k*) C male ثم.
l) B ثوى. *m*) B et C كوبسره. *n*) Male sic. In C alterum مرحلتين om.
o) B et C ارديس. *p*) C خلاط. *q*) B om. alterum ثلاثا.

مَيّافارِقين اربعًا اربعًا، ومن مراغة الى الدينور ٦٠ فرسخًا، *ومن اردبيل الى تبريز . . . . ثم الى برقوى . . . . ثم الى مَلاَزْكِرْد ٣ ايّام ثم الى أَرْزَن ٦ ثم الى آمد ۴[a] ۞

اقليم الجبال

هذا اقليم حشيشه الزعفران، وشراب اهله العسل والالبان، واشجاره الجوز والاتبان، نزيه بهيّ خصيب[b] وله شان، به الرَّيّ الجليلة وهَمَذان، والكورة النفيسة اصْبَهان[c]، وسيظهر لك فضله اذا وصفنا البلدان، وذكرنا الدِّينَوَر الظريفة وكِرْمانَ شاهان[d]، ونعتنا نهاوَنْد وقُمّ وقاشان[e]، ووصفنا دُمّاوَنْد[f] وقَرْج[g] وقَصْران، لا حرّ به[h] ولا براغيث ولا ذبّان، ولا افاعى ولا عقارب ولا ديدان[i]، فى الصيف جنّة وروضة[k] وبستان، وفى الشتآء الحطب والفحم مجّان، ونَمَكْسُود يحمل الى خراسان، واعناب وتفّاح *الى الحَوْل[l] يدومان، وعلم كثير وعقل[m] وحذق واتقان،، غير انه شديد البرد ترى خدودهم فى الشتآء مشقّقه، واطرافهم ابدًا مخضرّه، ووجوههم مصفرّه،، وانوفًا[n] سائله، امّا غوال[o] حنابله،، يفرطون فى حبّ معاويه، او نجّاريّة غاليه، يقطعون بالكفر على الطوائف الهاديه،، وكم ترى به[p] من خسف وزلزله، وجور سلطان وبلبله، ابدًا فى الجلآء[q] وغلغله، ومن حلّه[r] من معلاه او مسفله، تراه من بردهم والهوآء فى مشغله، وافهم ما اقول ثم اعقله،، كلّما اشرف على العراق من حدّ[s] الصَّيْمَرة، *فهى الجبال المنعوتة المصوّره، وفى اصفهان لى مقالة منوّره، يعرفها الفقيه ان تدبّره، لارفع الخلاف والمناظرة[t]،، ۞

وهذه صورته ۞

---

a) C initium huius itinerarii lacunosi omittens habet: ومن ملازكرد الى ارزن الخ. *b*) C خصب. *c*) C اصفهان. *d*) C وكرماشاهان. *e*) C وكاشان. B et C وقما. *f*) Cum *taschdid* secundum B. *g*) C ودمبرا, B وقرجا. *h*) B optio inter خربه et جربه. *i*) C وعقارب وديدان. *k*) C وروض. *l*) C om. et habet تدومان. *m*) C om. *n*) B وانوف. *o*) C غواة. *p*) B om. *q*) C الجلاء. *r*) B ومرجله. *s*) C خلف. *t*) C وعلى خوزستان من نحو القنطرة،

(186) وقد جعلنا هذا الاقليم ثلاث كور وسبع نواحٍ وادخلنا اصفهان فى العدد * وألحقناها بطرف الصورة وافردنا وصفها وزدنا فيه الاشكال التى فيها والمعانى التى نذكرها[a]، فاوّل الكور من قبل الرحاب الرّىّ ثم هَمَذان ثم اصْفَهان والنواحى قُمّ قَاشَان[b] الصَّيْمَرَة كَرَج ماهُ الكُوفَة ماهُ البَصْرَة شَهْرَزُور ✿ فامّا الرىّ فانها كورة نزيهة كثيرة المياه جليلة القرى حسنة الفواكه واسعة الارض خطيرة[c] الرساتيق وهى التى اهلكت عُمَر بن سعد الشقىّ[d] حتّى قتل[e] الحسين بن علىّ[f] ثم اختارها مع النار حيث يقول اخزاه الله[g]

أَأَتْرُكُ مُلْكَ ٱلرَّيِّ وَالرَّيُّ رَغْبَةٌ   أَمْ أَرْجِعُ مَذْمُومًا بِقَتْلِ حُسَيْنِ
وَفِى قَتْلِهِ النَّارُ ٱلَّتِى لَيْسَ دُونَهَا   حِجَابٌ وَمُلْكُ الرَّيِّ قُرَّةُ عَيْنِ[h]

وفى الاخبار انها كانت منابت ثوم والى ذلك تعود الرىّ ملعونة وهى على بحر عجاج وتربتها لعينة تأبى ان تقبل الحقّ[i]، وقال هارون الرشيد الدنيا اربعة منازل دمشق والرقّة[k] والرىّ وسمرقند ورسم الرىّ[l] روى بن تبلان[m] بن اصفهان، وفى الخبر ان الرىّ باب من ابواب الارض واليها مستجرّ[n] الخلق، وقال الاصمعىّ الرىّ عروس الدنيا وسكّة الارض طيّبة الهوآء *سكّة خراسان وجرجان

فى (فهى .l) الجبال المنعوتة المصوّره، وفيها المسائل المذكورة المسطّره، اوردها محمّد فى كتبه المحبّره، وفى اصفهان لى مقالة محرّره، بيّنة ظاهرة منوّره، يعرفها ذو الفقه ان تدبّره، لارفع الخلاف والمشاجره، بالفقه والقياس والمناظره. Intelligitur Mohammed ibno 'l-Hasan as-Schaibânî. Vid. supra p. ١٩٤b. Deinde C وهذا صورة الاقليم. Sequitur mappa (B p. 185).

a) C (deëst aliquid) وافردنا وصفها وبالعناء (l. وبالغنا) فيه وصوّرناها فى اقليم فارس (l. الاشكال الذى (l. التى) فيها والمعانى التى يذكرها (l. نذكرها). *b*) C دماوند. *c*) C سريّة. *d*) B عمرو السعفى. *e*) C اهلك نفسه بقتل. *f*) C add. رضّهما. *g*) Ibno 'l-Athír, IV, p. ٤٤ et Jacut, II, p. ٨٩٩, 14 seq. Secundum B, qui habet رغبةً, legendum foret وَالرِّيِّ رُغْبَةٌ. *h*) B plene عينى. *i*) Cf. Jacut l.l. 18 seqq. *k*) B والرق. *l*) C ورسمها. *m*) C بسلان (et رسلان tanquam custos paginae) Jacut, II, p. ٨٩٥, 1 رى رجل من بنى شيلان. *n*) C منجر ut Jacut, II, p. ٨٩٩, 10.

والعراق[a]. ما عرفتُ لقصبتها اسمًا آخر ولها[b] من المدن آوَة سَاوَة قَزْوِين أَبْهَر شَلَنْبَة[c] الخُوار، ومن النواحي قُمّ دُمَّاوَنْد شَهْرَزُور[d]، ومن الرساتيق قوسين[e] قَصْرَان الداخل قَصْرَان الخارج سُرّ بِهْزَان[f] قَرْج جنى[g] سيرا فِيرُوزرَام ۞

واما همذان فانها كورة متوسّطة فى الاقليم جليلة المدن قديمة الرسم اختطّها[h] هَمَذان بن الفَلّوج بن سام بن نوح عمّ وقد قيل الجبال عسكر وهمذان اميره وهى اعذبها مآء[i] واسعة الاقطار غزيرة الانهار ملتفّة الاشجار لذيذة الثمار كثيرة المقاتلة[k] واعجبنى رستاقها غاية الاعجاب، وقرأتُ فى بعض الكتب ان الرىّ واصفهان ليسا[l] من بلاد البَهْلَوِيّين وانّما هى[m] همذان وماسَبَذان ومِهْرِجَانْقَذَق[n] وهى الصَّيْمَرَة وماه البصرة وهى نهاوَنْد وماه الكوفة وهى الدِّينَوَر، ولها من المدن أَسَدَاوَاذ[o] آوَه سبه[p] رَامَن وبه[q] سِيرَاوَنْد رُوذَرَاوَر[r] طَزَر والنواحى ماه الكوفة ماه البصرة ماسَبَذان[s] ۞

واما اصفهان فان قياسها من مسائل الشريعة ونظيرها على هذه الطريقة سؤر البغل والحمار على مذاهب شيوخنا اهل العراق قالوا[t] لما اخذا الشبه من اصلين مختلفين وشاكلا حكمين متباينين احتيط فى بابهما واعطى كلّ اصل حظًّا[u] منهما الا ترى انهما قد شاكلا السنّور فى سكناهما[v] البيوت وتعذّر التحرّز من اسآرهما[w] وشابها الكلب فى تحريم لحومهما فأُعطيا[x] من كلّ اصل حكمًا

---

a) C وقلت انا الرىّ المربعة الكبرى والحجّة العظمى. b) B om. c) B شلنبنه, C شبله. d) C om. e) B مدسس, C مدينتين. Coniectura edidi. Sprenger legit مكسين. f) B بهنان, C بهنان. g) Sic B; C sine punctis. Deinde B بسرا, C ut recepi. h) C رسمها. i) B اعذب ما, C عذبة المآء مع خفّة الهوآء وبرودة; cf. Jacut, IV, p. ٩٨١, 10. k) B المقابلة. l) C ليستا. m) B همـا. n) B ومهر خاىىدق, C sine punctis. o) C اسداباذ. p) C om. B supra سته. Deinde B et C وامر. B supra (una cum nomine seq.) امربه. Coniectura restitui. q) In mappa B وبه est prima statio a Hamadhân in via ad Ray. r) B روذادر, supra روذاور. Deinde B كزر, supra طرز. s) C (l. شهرزور) شهرور الصيمرة الكرج. t) C وقالوا. Mox B et C اخذ. u) B خطًّا, C حظ. v) B سكناها. w) C اسوارهن. x) C فاعطينا.

فكذلك اصفهان لما شاكلت هذا الاقليم فى اللسان والرسوم ودخلت فى حدود فارس وتربّعت بها التخوم وجب ان نعطيها[a] من كلّ اقليم حظًّا ونجعل لها مزيّةً وحكمًا فحظُّها من هذا الاقليم الذكر والوصف *وسهمها من[b] فارس الخطّة والرسم، (187) فان قيل فهلّا[c] جعلتَها كالاذنين فى قول الشافعىّ لما وقع الاختلاف هل هما من الراس او الوجه جعل لهما حكمًا ثالثًا وماءً جديدًا ومسحًا مفردًا فكذلك[d] اصفهان لما قيل هى من فارس وقيل هى من الجبال وجب ان تميّز[e] عنهما ويفرد[f] رسمها وتجعل حاجزًا بينهما فالجواب ان هذا القياس[g] فاسدٌ لانك لم تجمع بينهما بعلّة *وكلّ من قاس فرعًا على اصلٍ بلا علّة جامعة فقياسه فاسد[h] فان قيل العلّة الجامعة بينهما ان كلّ واحدٍ منهما يتجاذبانه شىءٌ محدود بسببٍ قوىّ فالجواب ان النبىّ صلعم قال الاذنان من الراس فرفع عنّا[i] الشكّ والاشكال فكيف نجعله اصلًا لما نحن منه فى شكّ، فان قيل معنى قوله من الراس اى هى فى الراس فالجواب حاشى رسولَ الله صلعم ان يقول ما لا فائدة فيه لان كلّ احد يعلم انها فى الراس وانّما اراد الحكم الذى يختلف فيه لا الموضع[k] الا ترى ان احدًا لا[l] يقول هى[m] فى الرقبة *او الكتف[l] وايضًا لو صحّ هذا الاصل لم يصحّ قياس اصفهان عليه لان ذلك يخالف الاصول وتصير اربعة عشر اقليمًا وكورة فتبقى الكورة بلا نظير كما قلنا لا يجوز الوتر بركعة لانه لا نظير لها فى الاصول، فان قيل وما نظير الاربعة عشر اقليمًا التى ابتدعتَها *وقسمتَ مملكة الاسلام عليها[l] فالجواب نظيرها وضع المنجّمين العالم كلّه اربعة عشر اقليمًا سبعة عامرة وسبعة غامرة *فلو انهم ميّزوا منها قطعة او فصّلوا عنها ناحية لصحّ قياس اصفهان عليها[n] فان قيل فهلّا جعلتَها كالاذنين *انهما من الراس لا محالة فقلتَ هى من فارس لا محالة[o] فالجواب التعارف اصل فى مذهبنا وهو مقدّم على القياس كما

---

a) C يعطيها (B نعطيها). b) C ومن. c) C هلا. d) B فلذلك. e) C تتميز. f) B ونفرد, C ونفرد. Mox B وتجعل رسمهما. g) C قياس. h) C haec om. i) C عنها. k) C الوضع. l) C om. m) C انها. n) C واياه لما كانت سلك الجيهانى ولم يفصلوا عنها قطعة فيسيغ لنا قياس اصفهان عليها. o) C من الراس لا محالة لانها فيه فكذلك يجب ان تكون اصفهان من فارس لا محالة.

قدّمنا وقد تعارف[a] الناس انها من الجبال فان قيل[b] فاجعلها من الجبال اذًا فالجواب[c] ان اختلاط[d] الملوك وتسمياتهم ووضعهم عندنا وفى علمنا من الاصول ايضًا ومثلهم فى هذا الفنّ كالصحابة فى علم الشريعة فكما انه ليس للفقهآء ان يخالفوا الصحابة فيما رأوه كذلك ليس لنا ان نخالف الملوك فيما رسموه وهم قد ادخلوا اصفهان فى رسوم فارس وربّعوا بها وبالرُّوذان التخوم فصار هذان ايضًا اصلين يتجاذبان اصفهان من هذا الوجه فلم نر وجهًا غير حملنا ايّاها على القياس المذكور[e] ☆

اليَهُودِيَّة قصبة اصفهان كبيرة عامرة آهلة كثيرة الخيرات، وبلد التجارات،، حلوة الآبار، لذيذة الثمار،، جيّدة الهوآء، خفيفة المآء،، عجيبة التربة، حسنة البقعة،، بها تجار كبار وصنّاع حذّاق، وبزّ يحمل الى الآفاق،، اهل جماعة وسنّة، وحذق وفطنة،، جامعهم عامر بالجماعات على الدوام، ولا بها حرّ ولا براغيث ولا هوامّ،، ويقال ان بُخْت نَصّر لما جلا بنى اسرائيل من الارض المقدّسة جاسوا بقاع الارض فلم يروا بلدًا تشاكله[f] ارضهم غيرها فسكنوها، الّا انها جنّة يرعاها بقر قوم غنم لا سخاوة ولا ظرافة تحت عمائمهم مخادّ، وفى معاملتهم فساد،، يقدّدون[g] الرئة غوالٍ حنابلة يُرى احدهم بخُفّيه وبزّته وفى كُمّه رغيف يكدمه او زبيب يقضمه تكون مثل دمشق بناؤهم طين واىّ طين طين ما رايتُ له من نظير وبعض اسواقهم مغطّاة وبعض مكشوفة والجامع فى الاسواق حسن على اساطين مدوّرة وله (188) منارة فى قبلته طول

---

a) B فقد تعارض. *b*) C قال. *c*) C الجواب. *d*) B اختلاط. *e*) Lector in B ad praecedentia iure observat: والمصنّف ما وجد شيئًا من اوصاف اصفهان ليكتب فكتب السؤال والجواب لئلّا يخلو كتابه من اسواد فى مثل تلك البلاد اخزاه الله حيث ضيّع اوقاتنا بمطالعة تزريقاته ولم نقف على طائل. C vero haec addit: وقد صنّف بعض الاصفهانيّين فيها كتابًا عظيمًا ذكر فيه جميع مدنها وقراها ودخلها وامرآءها وهو موجود بنيسابور وبخزانة عضد الدولة، قصبتها اليَهُودِيَّة ومن مدنها المَدِينَة السذحان (البَنْدَجان .l) سُمَيْرَم الزيز الدز أَرْدِسْتَان خُولَنْجَان. Deinde C incipit descriptione Rayi et Ispahan ultimo loco describit. *f*) B بيشاكله. *g*) C يقدرون. Deinde B المريه.

سبعين ذراعًا كلّها من طين لم يتغيّر منها شىء ونهرهم يشقّ البلد غير انهم لا يشربون منه وقد تبلّذ ممّا يلقى فيه[a] من النجاسات لها اثنا عشر دربًا[b] ✿ والمَدِينَة على *نحو ميلين[c] من اليهوديّة عليها حصن *وهى متعالية ودونها جسر عظيم وبها جامع وهى اقدم واحكم[d] ✿ والخُولَنْجَان من نحو خوزستان كبيرة عامرة كثيرة الفواكه ✿ وسُمَيْرَم عند سفح جبل كثيرة الجوز والفواكه بها جامع حسن محدث ناءٍ عن الاسواق وبها ماء جارٍ فى السوق والشوارع ينحدر عليهم من عين فى الجبل على طريق اليهوديّة وثَمّ قلعة مذكورة فيها عين ماء وما زالت خزائن الملوك فى هذه القلعة[e] ✿ والزيز

---

a) B om. b) C اليهودية هى قصبة اصفهان بلد عامر كثير الخير والفواخر وسمعتُ ان بنى اسرائيل لما جلاهم بخت نصّر عن بيت المقدس دوّخوا الارض فما وجدوا بلدًا على هواء بيت المقدس وطيبها الّا هذه فنزلها منهم جمع غفير، وما رايتُ جامعًا بعد جامع مصر اعمر بالجماعة من جامعهم ولا فى الاقليم بلدًا آهل من بلدهم ولا فى جميع الاسلام مثل تربتهم، اهل سنّة وجماعة وادب وبلاغة كم اخرجت من مقرئ واديب وفقيه ولبيب مع فواكه دائمة ونعم ظاهرة وكنتُ اشترى بها العنب الجيّد فى وقت النيروز منّا بمنّهم بدانق وكذلك التفّاح الفائق، موضوعة بين فارس وخوزستان والرىّ وهمذان والقوافل اليها ابدًا من البصرة وخراسان فهى جنّة الّا من يرعاها خنازير لسانهم وحش وادامهم طفس ونهرهم نجس ترى احدهم ببزّته وخفّيه (Cod. وخفته) وعمامته فى كفّه او كمّه رغيف (Cod. رغيفه) يكدمه او زبيب (Cod. زبيبا) يقصمه رديّو (Cod. رديين) المعاملة يقدّدون (Cod. يقدرون) الرئة ويفرطون فى معاوية، تكون اكبر من همذان واعمر من الرىّ فى وطاة بعيدة من الجبال والجامع وسط الاسواق والنهر يشقّ البلد غير انه بليذ ممّا يطرح فيه من الاوساخ وشربهم من آبار حلوة ولها اثنا عشر دربًا واكثر اسواقهم (Cod. واسواقهم) مظلّلة غير حسنة. c) C نصف فرسخ. d) C تكون مثل نصف همذان وبها جامع وهى مثل نصف القصبة فى العمارة. Locus de خولنجان in C desideratur. e) C وسميرم اصغر من المدينة بها نهر يجرى فى الاسواق والسكك وفوق السطوح كثيرة اللحوم والفواكه وبها جامع محدث حسن ناءٍ عن السوق والجبل مظلّ عليها ومن فوقها قلعة عجيبة فيها عين ماء.

مدينة صغيرة * فى الجبال على نهر طاب اشترينا الخبز فيها ثمانية امناء بمنّهم بدرهم واللحم والجوز وسائر الفواكه بها رخيص قد بُنى بها جامع لطيف سنة ٣٦٧ a ۞ وأَرْدِسْتان b اكبر من هذه المدائن من نحو المفازة جيّدة الاسواق عامرة الجامع بها مشايخ وفقهاء وهى ارض على بياض الدقيق ومنه اشتقّ اسمها ۞ وقاشان على تخوم المفازة كبيرة الاسم قديمة الرسم حولها مزارع حسنة وبها قنىٌّ عدّة ولهم حذق فى عمل القماقم ورايتُ بها طلحونًا c مثل المرسين ناعمًا ما رايتُ مثله وهى من معادن الخوخ الجيّد وبها عقارب عجيبة سمعتُ ان ابا موسى الاشعرىّ لما عجز عن فتحها حمل اليها من عقارب نصيبين فى الجرار ثم رماها الى داخل الحصن فاشغلتهم واذتهم فسلّموا البلد ۞ واصفهان كورة نفيسة وقد كانت قُمّ وكَرَج منها الّا ان بعض الخلفاء اضافهما d الى الرىّ وهمذان وما زالت دواوين هذه الكورة مفردة وذكرها مقدم لجلالتها عند الملوك والسلاطين ۞

الرىّ بلد جليل بهىٌّ نبيل كثير المفاخر والفواكه فسيح الاسواق حسن e الخانات طيّب الحمّامات كثير f الادامات قليل المؤذيات غزير المياه مفيد التجارات علماء سراة وعوامٌّ g دهاة ونسوان مدبّرات بهىٌّ المحلّات خفيف ظريف نظيف h لهم جمال وعقل وآئين i وفضل وبه مجالس ومدارس وقرائح k وصنائع ومطارح ومكارم وخصائص لا يخلو المذكّر من فقه ولا الرئيس من علم ولا المحتسب من صيت ولا الخطيب من ادب هو احدُ مفاخر الاسلام وامّهات البلدان به

---

a) C habet pro his: بنى جامعها سنة ثمان وستين وانا ثم وهى فى الجبال على نهر طاب ولهم عيون ايضا. b) B وازدستان. Ex etymologia patet auctorem scripsisse آرْدِسْتان. C habet: واردستان على تخوم المفازة فى ارض بيضاء تشبه الدقيق ومنه اشتقّ اسمها وهى كبيرة عامرة. Addit porro: وسائر المدن طيّبات والدز على جادّة العسكر. Quae deinde sequuntur usque ad الرى in C desunt, nisi quod hic descriptionem Káscháni habet inter urbes provinciae Ray (v. infra). c) B طلحونا. d) B اضافها. e) C كثير. f) C نظيف. g) B وعواه sed غواة vix huius loci est. h) B حفيف — نصف. i) B وادين, C om. k) B وفرايح, C وقرائح.

مشايخ واجلّة وقرّآء وائمّة وزهّاد وغزاة وهمّة كثير الجليد[a] والثلج ولفقّاعهم ذكر ولبزّهم اسم ولمذكّريهم فنّ ولرسانيقهم شان به دار الكتب الاحدوثة وعَرْصَةُ البِطّيخ العجيبة والرُّوذَة البهيّة وبه[b] قلعة ومدينة *حسن الخانات كامل الآلات نفيس سرىّ[c] ودخلنا يومًا على[d] ابى العبّاس اليَزْدادىّ وقد انزله ناصر الدولة موضعًا نزيهًا بنيسابور فقال ما علمتُ ان نيسابور بهذه الطيبة فهل الرىّ مثلها فتكلّم كلّ احدٍ بما عنده فقلتُ ايّد الله الشيخ[e] نيسابور اكبر واهلها ايسر والرىّ ابهى وانزه ومآؤها اغزر فالرىّ فوق ما وصفنا الّا ان مآءهم يسهل[f] وبطّيخهم يقتل[g] وعالمهم يضلّ اكثر ذبائحهم البقر قليل الحطب كثير الشغب لحوم عاسية وقلوب قاسية وجماعة منكرة وائمّة الجامع مختلفة يوم *للحنفيّين (189) ويوم للشفعويّين[h] وقال بعض الرجّاز[i]

اَلرَّىُّ فِيهَا دِرْهَمٌ كَدَانِقْ   وَالْخُبْزُ فِى أَعْلَى عُلُوِّ الْخَالِقْ
وَاللَّحْمُ قَدْ عُلِّقَ بِالشَّوَاهِقْ
وَكَمْ بِهَا مِنْ قَاطِعٍ وَسَارِقْ   أَسْرَقَ لِلْحَبَّاتِ مِنْ عَقَاعِقْ
وَلَيْسَ بِالْمَأْمُونِ مَنْ تُرَافِقْ
يَحْلِفُ بِالطُّورِ وبالمَشَارِقْ[k]   اِنِّى عَلَى حَقٍّ فَغَيْرُ صَادِقْ
وَهْوَ اِذَا خَصَّكَ[l] عَيْنُ الفَاسِقْ

وهو بلد كبير نحو فرسخ فى مثله الّا ان *اطرافه قد خربت[m] والجامع على طرف المدينة الداخلة عند القلعة ليس خلفه[n] عمارة والقلعة خربة[o] والمدينة الخارجة عامرة بلا اسواق[p] والاسواق والعمارات بالربض والمياه تتخلّله وفيه قنىّ[q] ودار الكتب باسفل الرُّوذَة فى خان[r] ودار البطّيخ عند الجامع ۞ وقَزْوِين

---

a) C الجلد. b) C ولهم. c) C نفيس سرى طيب. d) C add. الشيخ. Mox B البزدادى. e) C addit الفاضل. f) B دسهّل. g) C يقبل. h) C حنيفى ويوم حديثى. i) C الرجال. k) C والمشارق. l) C حصل. Deinde B غمر. m) C قد خرب جوانبه. n) C وراءه. o) C خراب. p) C addit: وقد كانوا اخذوا فى عمارة الداخلة ثم تركوه. q) C addit: ينزل اليها بدرج. r) C addit: ليست بكثيرة الكتب اتخذها الصاحب.

كبيرة كثيرة الكروم لها مدينة وعلى الربض حصن شربهم من آبار ومطر ونهر وهى ثغر الكورة ومن معادن الفقه والحكمة[a] ✿

هَمَذان هو مصر الاقليم كبير حسن قديم بارد المآء كثير العيون به جامع رشيق وبنيان[b] عتيق وهم قوم فيهم ملق يحبّون الغربآء قد احدقت به البساتين وتفجّرت منه المياه طيّب فى الصيف رفيق[c] فى الشتآء والجامع فى السوق شديد العمارة واسواقهم ثلاثة[d] صفوف والمدينة وسط البلد خربة[e] يدور الربض حولها ، فهمذان بلد نفيس والخبز[f] به رخيص جيّد الحلوآء كثير اللحوم له خصائص ومنازه الّا ان برده موصوف وحسدهم معروف ومكرهم مذكور وغلوّهم[g] مشهور معدن الرعد والبرق والثلج والدمق قال[h] الشاعر

اَلنَّارُ فِى هَمَذَانَ يَبْرُدُ حَرُّهَا   وَالبَرْدُ فِى هَمَذَانَ دَآءٌ مُسْقِمُ

---

a) C absoluta descriptione Rayi haec habet: الخُوار على جادّة قومس طويلة بها مآءٌ جارٍ وجامع لطيف ✿ وقَزْوِينُ كبيرة نفيسة بها نهر وعليها حصن ولها مدينة الجامع فيها وهى كثيرة الكروم (Cod. الروم) وفى الخبر قزوين باب الجنّة وليس فى مدائن الرىّ اجلّ منها ✿ وقُمّ عليها حسن ولها رستاق واسع وهو بلد كبير غير انه مختلّ خرب الاطراف قريب من المفازة ✿ وقاشان مدينة عامرة حولها رستاق حسن ومزارع كثيرة وبه حمّامات طيّبة وخيرات كثيرة وقنىّ (Cod. وفى) تحت الارض ومنها ظاهرة ✿ وسُرّ قريبة من المفازة عامرة اكثرهم يبخسون الاكسية الرفيعة والطيالسة الحسنة ✿ ودماوَنْد رستاق واسع على طريق طبرستان فى وسط الجبال اسم مدينته . . . . . . (l. وِيمَة) وبه منابر وهى بلد الجوز والفواكه ✿ وسائر الرساتيق عامرات ذوات انهار جارية وقرى جليلة وثمار وانهار ✿ وأَبْهَر على راس الحدّ عامرة كثيرة الحبوب طيّبة ✿ سَاوَة عليها حصن وبها حمّامات طريفة واخباز (Cod. واخبار) حسنة ومياه جارية والجامع بعيد عن السوق وهى على الجادّة. *b*) B sine punctis, C وبناء. *c*) C رفق. *d*) B et C ثلث. *e*) C تخربه *sic*. *f*) C والسعر (B والخبر). *g*) B وعلوهم. *h*) C وفيها يقول. Versus quoque leguntur apud Jacut, IV, p. ٩٥٨, 19 seqq.

والفقرُ يُكْتَمُ فى بلادٍ غيرِها   والفقرُ فى هَمَذانَ ما لا يُكْتَمُ
قَدْ قالَ كِسْرَى حِينَ أَبْصَرَ تَلَّهُمْ[a]   هَمَذانُ فانْصَرِفُوا فتِلْكَ جَهَنَّمُ

وليس لها اليوم[b] تلك العمارة والرىّ اطيب وآهل[c] واعمر منها[d] قد انجلى اهلها وقلّ العلمآء بها واذهبت الرىّ دولتها وهى بقرب[e] الجبل بنآؤهم طين وقرأتُ فى بعض الكتب انها كانت بريدين فى مثلها الّا ان بُخْتَ نَصَّر لمّا رجع من فتح[f] بيت المقدس رام فتحها فعجز عنه صاحبه فكتب اليه صوّرها لى فلما راى صورتها جمع الحكمآء فاستشارهم فيها فقالوا تحبس عنهم العيون سنة[f] ثم تخلّيها فانها تغرق فلما طاف عليها المآء خرب اكثرها وملكها فالى اليوم فيها مكامن ومخانى والمدينة متعالية ۞ وأَسَدَاوَاذ مدينة[f] صغيرة الّا انها[g] شديدة العمارة حارّة السوق كثيرة الخير والعسل على فرسخ منها إيوان كِسْرَى والعقبة بينها[h] وبين همذان وبها[i] مآء جارٍ والجامع * فى زقاق لطيف عامر[k] ۞ وطَزَر نائية عن الجادّة بها قصر لكسرى رخيصة الاسعار * والخبز اسواقها[l] مظلّلة ۞ والرُّوذَة وبوسنة[m] معادن اللوز منٌّ قلوب باربعة دوانيق وثَمّ نهر عظيم وهى بين الجبال ۞ وقَرْمَاسِين نزيهة[n] يحدق بها بساتين والجامع فى الاسواق لطيف وقد بنى عضد الدولة ثَمّ دارًا حسنة وهى على الجادّة وفقّاعها موصوف * ۞ وقَصْرُ اللُّصُوص صغيرة بها قصر من حجارة على اسطوانات واعمال عجيبة[o] ۞ ونهاوَنْد هى ماه البصرة * مدينة كبيرة ذات[p] انهار وثمار طيّبة بها جامعان ومزارع الزعفران[q] ولها مدينتان الجامع[r] الذى وسط البلد ليس[s] بالاقاليم (190) * مثله عمارة[t] وحسنًا[u] مدينتها رُوذْرَاوَر بها مزارع

a) In B optio inter lectionem receptam et بلهم. Apud Jacut تَلُّكُمْ, pro quo Fleischer iubet legere تِلْكُمْ coll. Koran. 7 vs. 41. *b*) C addit ايضا et habet العمارات. *c*) C واهلّ. *d*) B منه, C om. *e*) C تقرب. *f*) C om. *g*) C انه. *h*) C بينهما. *i*) B om. C habet يجرى pro جارٍ. *k*) C لطيف عام (l. عامر) بعيد عن الاسواق. *l*) C واسواقها (B والخمر). *m*) B وبوسنه. Vid. Ist. p. ١٩٨*b*, Ibn-H. p. ٣٩٠*b*. Mappa B اوسنه s. اوسته. In C descriptio duorum locorum deëst. *n*) C نزهة. *o*) C haec om. *p*) C بلد كبير ذو. *q*) C زعفران. *r*) C والجامع. *s*) C لم يكن. *t*) B مثل عمارته. *u*) C addit: وسمعت انه احترق. Deinde habet: والمدينتان سبراوند الخ وروذاور. B روداور.

الزعفران[a]، وسيبراوَنْد مدينة[b] على لحف جبل شربهم من عيون كثيرة البساتين والفواكه[c] ✿ والدِّيْنَوَر هى ماه[d] الكوفة طيّبة عامرة ظريفة الاهل مجتمعة الاسواق باردة المآء لا ترى انظف منه[e] قد جعلوا على افواه[f] العيون *مزمّلات وانطونيات يخرج منها المآء[g] وهى تتفجّر عيونًا *وقد احدق بها بساتين[h] والجامع نآءٍ عن الاسواق على[i] المنبر قبّة حسنة ومقصورة ما رايتُ *احسن منها[k] مرتفعة عن ارض المسجد ✿ والصَّيْمَرَة هى ماسَبَذان[l] كبيرة عامرة *كثيرة الخير يتّصل بها رستاق فى الجبال عمل واسع فى طريقٍ صعبٍ ✿ وكَرَج ابى دُلَف مدينة مرتفعة منقطّعة[m] العمارة بجامع واحد ومباههم كما ذكرنا بالدينور، ولها كَرَج اخرى[n] ✿

جمل شؤون هذا الاقليم

هو اقليم بارد كثير الثلوج والجليد خفيف على القلب فى اهله لطافة ولباقة اذا افردت عنه اصفهان، واليهود به اكثر من النصارى والمجوس به كثير[o] وللفقهآء والمذكّرين به صيتٌ وذكرٌ وبالخيرات معروف[p] ✿ ومذاهبهم مختلفة اما

---

a) C addit نزيهة. b) C هى. c) C om. Deinde B وديـنـور. d) B مادە, ut quoque supra pro ماه male corrigitur. e) C من مائها. f) C اقسام (i. e. افام) ابطونيبات يخرج منها (add. المآء). Mox B ut quoque C وابطونيبات. g) C مثل مزملات العراق. h) C ذات بسانين كثيرة وفواكه حسنة. i) C وعلى. k) C مثلها. l) C ماء سندان. m) B منقطعه. n) C pro his: بها اضداد من الثمار ونخيل وجوز بنيانهم من الجصّ والجر ويتخلّلها المياه طيّبة نفيسة غير انها صغيرة مدينتها السِيروَان ذات مزارع ونخيل ✿ وكَرَج منقطّعة العمارة فيها جامع واحد ومباههم (Cod. ومياتهم) كما ذكرنا بالدينور (Cod. بالزينتون) تنسب الى ابى دلف ✿ وبرج دونها على الجادّة، وخلفها عمل واسع الطريق اليه صعبة. o) C كثيرة. p) C haec addit: وليس به جَرَم سِير ولا نخيل الّا بالصيمرة والسيروان وجميع اقاليم الاسلام يوجد فيها النخيل الّا الرحاب ولا توجد ببلدان الروم، حدّثنا ابو عبد الله محمّد بن احمد الدبّاس بالرَّجان قال حدّثنا القاضى الحسن بن عبد الرحمان قال حدّثنا عقبة بن محمّد

بالرىّ فالغلبة للحنيفيّين وهم نَجّاريّة الّا رساتيق القصبة فانهم زَعْفَرانيّة يقفون[a] فى خلق القرآن وسمعتُ بعض دعاة الصاحب يقول قد لان لى اهل السواد فى كلّ شىء الّا فى خلق القرآن ورايتُ ابا عبد الله ابن[b] الزعفرانىّ قد عدل عن مذهب ابآئه *الى مذهب النجّار وتبرّأ منه اهل الرساتيق[c] وبالرىّ حنابلة كثير[d] لهم جلبة *والعوامّ قد تابعوا الفقهآء فى خلق القرآن[e] واهل قُمّ شيعة غالية *قد تركوا الجماعات وعطّلوا الجامع الى ان الزمهم ركن الدولة عمارته ولزومه[b] وهَمَذان واجنادها اصحاب[f] حديث الّا الدينَوَر فان بها خاصًّا وعامًّا وجلبةً لمذهب سفيان الثورىّ والاقامة فى الجامع مثنى وعلى ذلك كان اهل اصفهان فى القديم[g] ☆ ويختارون قراءة[h] ابى عبيد وابى حاتم وادغام ابى عمرو *وابن كثير[i] ☆

وتجاراتهم[k] مفيدة يحمل من الرىّ البرود والمنيّرات والقطن والقصاع والمسالّ

البصرىّ قال حدّثنا احمد بن ابى عبد الله الاسلمىّ قال حدّثنا ابو قتيبة مسلم بن قتيبة الباهلىّ عن يونس عن الحارث الطائفىّ قال سمعتُ عامرًا الشعبىّ يقول كتب قيصر الى عمر بن الخطّاب من قيصر ملك الروم الى عمر بن الخطّاب اما بعد فان رسلى اخبرتنى ان قبلكم شجرة يابسة ليس بخليقة من الشجر تخرج مثل آذان الحمير ثم تفلق (Cod. يفلق) عن مثل اللؤلؤ ثم تخضرّ فتكون (Cod. يخضر فيكون) كالزمرّد الاخضر ثم تحمرّ فتكون (Cod. فيكون) كالياقوت الاحمر ثم ترطب فتكون (Cod. فيكون) كالفالوذج اكلًا (Cod. اكل) ثم تيبس فتكون عصمة للمقيم وزادًا للراكب فان يكون رسلى صدقتنى فانها من شجر الجنّة، فكتب اليه عمر رضّه من عمر الى قيصر اما بعد فان رسلك قد صدقتك وانها الشجرة التى انبتها الله عزّ وجلّ لمريم حين نفست بعيسى فاتّق الله ولا تتّخذ عيسى الٰهًا من دون الله.

a) B يقعون. b) C om. c) C وقال بخلق القران. d) C كثيرة. e) C وفقهآء على مذهب الشافعىّ اجلّة واهل قزوين نجّاريّة وفيهم شفعويّة. f) C اهل. g) C addit: والآن قد رجعوا لمذهب ابن حنبل وثَمّ فقهآء من الفريقين اجلّة. h) C حروف. i) B الكبمر, C والكبير. Lector in marg. C proponit emendationem quam recepi. k) C والتجارات به.

والامشاط ومن قَزْوين الاكسية والجوارب والقسىّ ومن قُمّ الكراسىّ واللجم والركب وبزّ وزعفران[a] كثير ومن همذان ونواحيها البزّ والزعفران والاسبيذروى * والثعالب والسمّور والخفاف والاجبان ومن سُرّ الطيالسة الرفيعة[b] والاكسية الحسنة ✿ ومن خصائصهم[c] بطّيخ الرىّ وخوخها وحلل اصفهان واقفالها * ونمكسودها والبانها[d] وقماقم قاشان وطلخونها[e] وجبن الدينَوَر وترذوغ[f] قزوين وقسيّها[g] ✿

يقع بالرىّ عصبيات فى خلق القرآن وبقزوين ايضًا بين الفريقين وبهمذان لا على المذهب ✿ ومياههم آبار اصفهان رديّة[h] وماء الرىّ يسهل ومن شرب من نهر قزوين من الغرباء سقطت اصابع رجليه وماء زَنْدَرُوذ[i] صحيح وهواءها عجب وفواكه الرىّ رديّة[k] ✿

وبه عجائب بقرب بِيسُتُون صورة عجيبة يزعمون انها كانت دابّة كسرى، ولنهر اصفهان مغيض[l] عجيب لا يقربه الّا الطير، فى رستاق رُوَيْذَشْت[m] رمال مثل الجبال لا يعمل فيها الريح ولا تؤذى[n]، بناحية قاشان حصن حوله[o] خندق وقد احدق به الرمل[p] ترفرف حوله الريح ولا يقع فى الخندق (191) شىٔ من الرمال[q] فان القى فيه رمل هبّت فى الوقت ريح فاخرجته، وفى وسط الرمال[q] صحراء فرسخ فى مثله مزارعهم فيها على سبيل[r] ما ذكرنا من الخندق وتلقى السباع مواشيهم فى تلك الصحراء فلا تبدأها[s] بسوء، وبنواحى قاشان جبل يرشح كرشح العرق ولا يسيل فاذا كان شهر تِير[t] يوم تِير من كلّ سنة اجتمع

a) B وبزّ وزعفران, C وبزور الزعفران. b) C om. B habet سر pro سر. c) C والخصائص. d) C ونمكسود سميرم. e) B وطلحودها. f) B وبردوغ. C وتردوغ sed in marg. proponitur emendatio ودروغ. g) C addit: وكراسىّ قمّ وخناقات همذان وخفافها (Cod. وحناقات). h) C add. للغرباء. i) C نهر اصفهان. k) C addit: وبطيخها قاتل. l) C مفيض. m) B زندوست. n) B يودى. o) C وحوله. Mox C قد. p) B et C om. q) C الرمل. r) C نحو. s) C يبدأها. t) B et C دمن. Pro altero تير C iterum دمن. Apud Abu-Noaim, Historia Ispah., (MS. Leid.) in capite ذكر بعض خصائص اصبهان, legitur فى ماه تير روز تير.

اليه الناس بالاوانى ويقرعه صاحب الآنية بِفِهْرٍ ويقول اسقِنا من مآئك لعلّة كذا وكذا فيجتمع لكلّ واحدٍ قدر الحاجة، وبنواحى قاشان نبات ينبسط على وجه الارض فيصير[a] زجاجًا ابيض يبرق يستعمل فى الادوية، وبنواحى اصبهان[b] مَرْج فيه حيّات ما بين ذراع الى خمسة، وفى رستاق قهستان حيّات يتلاعب بها الصبيان فلا يلدغن[c]، فى رستاق النزارجانان[d] قرية يقال لها ماثة[e] بها دويبّة فى خلقة الخنفساة تدبّ فى الليلة المظلمة تتّقد مثل السراج وترى[f] موضع الوقيد بالنهار[g] اخضر، وبهذه الناحية حجارة شبه[h] السكّر محبّبة اذا ضرب بعضه ببعض اخرج النار، بقاشان مآء يسقى الزروع ثم يعود حجارة، وبقهستان مآء من شرب منه وبحلقه علقة ماتت فى الوقت، وكهف يقطر منه مآء ثم يعود حجرًا، وشجرة تمدّ شيـًٔا عظيمًا بها ملاعق ومراود[i]، برستاق الغامدان[k] عين يخرج ايّام الربيع منها سمك ثم تخرج منها[l] حيّة سودآء فاذا خرجنا[m] غارت الى الحول، بزيادة[n] جامع اليهوديّة شجر ذكروا انه يشاكل[o] الواقواق ✿ *وبه معادن برستاق[p] قهستان وبالتَّيْمَرَة الصغرى وبالكبرى معادن فضّة وذهب وبقهستان معدن موميا، وبساغند[q] زاج جيّد يقارب المصرىّ، وجبل الكحل بكورة اصفهان ✿

وامنانهم[r] مختلفة منّ الرىّ ستّمائة ورطلهم ثلاثمائة ومنّ سائر الاقليم اربعمائة ويزن اللحم بالرىّ بالرطل وآلات الصيادلة تزن[s] بمنّ خراسان، ومنّ

---

a) C فيعود. b) C اصفهانى. c) Ex una noster duas historiolas fecit. Pratum illud iacet in regione قهستان. d) B الدارجانات, C الدارجانان. Abu-Noaim برستاق الرار بطسوج جانان. Cf. apud Jacut زارجان. e) B sine punctis, C مايه. Secutus sum Abu-Noaim. f) B ودرى. g) C الوقد بالليل. h) C تشبه. i) Intelligitur arbor سده sive arbor culicum. k) C الغامذان. Abu-Noaim القهرار, sed deinde aliud memorabile narrat de pago in رستاق القمدار. Cf. Jakubí, p. ٥١, 13. Mox C تخرج et deinde يخرج (B sine punctis). l) B منه. m) C خرجت. n) B et C sine punctis. o) C يشابه et الوقواق. p) C وفى رستاق. q) B وبساغند, C وساعند. r) B وامنادهم, C وارطالهم. s) C الصيادنة يباع.

اجناد اصفهان[a] ثلاثمائة *ومنّ اليهوديّة همذانىّ[b] ❀ ومكاييلهم *مختلفة الجريب[c] عشرة اقفزة وستّة اكفّ[d] وجريب أَرْدَسْتان[e] سبعة عشر منًّا وجريب اليهوديّة ثلاثة عشر بالاردستانىّ ❀ وسنجهم[f] خراسانيّة وسنجة الرىّ تزيد فى *كلّ مائة[g] درهمًا وربعًا وسنجة طبرستان ارجح ❀ اهل الرىّ يغيّرون اسماءهم[h] يقولون لعلىّ وحسن واحمد علكا حسكا حمكا[i] واهل همذان احمدلا[k] ومحمّدلا وعيشلا[l] وبساوة ابو العبّاسان حسنان جعفران[m] واكثر كنى اهل قُمّ ابو جعفر واهل اصفهان ابو مسلم وبقزوين[n] ابو الحسين ❀ والسنتهم مختلفة اما بالرىّ فيستعملون الرآء يقولون[o] رادهٔ[p] راكن واهل همذان يقولون واتم *واتوا وبقزوين[q] القاف واكثرهم يقولون للجيّد نج[r] ولسان الاصفهانيّين وحش وفيه مدّ *ولا يرى فى السنة الاعاجم اقرب ماخذًا من لسان اهل الرىّ[b] ❀ واحسنهم الوانًا اهل الرىّ والباقون مخصّرون[s] ❀

وبه جبال شاهقة *مثل بيسُتُون منيع املس لا يُرتقى[t] وبه غار فيه عين تجرى وجبل[u] دماوند ممتنع جدًّا يرى من نحو خمسين فرسخًا وسمعتُهم يقولون[v] ان احدًا لا يرتقيه، وجبال الخُرَّمْدِينيّة[w] ممتنعة وهم قوم مرجئة بلا خلاف لا يغسلون من جنابة ولا رايتُ فى قراهم مساجد وجرى بينى وبينهم مناظرات *فقلتُ الا يغزونكم[x] (192) المسلمون *وانتم تعتقدون هذا

---

a) C addit جر. *b*) C om. *c*) C الجريب وهو. *d*) B آلاف. *e*) B بالازدستانى et ازدستان. *f*) C ونقودهم. *g*) C المائة. Deinde B et C درهم وربع. *h*) B اسماوهم, C اساميهم. *i*) C وحسكا وحمكا. *k*) B احمدا. *l*) C om. Deinde B وسباوه, C ثم بساوه. *m*) C ابو العباسيان وحسنيان وجعفران. *n*) C واهل قزوين. *o*) C فيقولون. *p*) C addit تكن. *q*) C وواتوا واهل قزوين يستعملون. *r*) B نح. Est pro نيك. Deinde C واهل اصفهان اوحشهم لسانا. *s*) B مُحَصّرون. *t*) C جبل بيستون ممتنع لا يرتقى املس كله. *u*) C ثم جبل. Deinde B نهاوند et C مرتفع pro ممتنع. *v*) C يذكرون. *w*) B وجبال الحرامية (الخُرَّمية l.) ممتنعة وهم قوم مرجئة يسمّون C .الحرمذنيه الحرمنديه لا يغسلون. Bâbek appellatur tum الخُرَّمى tum الخُرَّمدينى, vid. e. g. Veth, Supplem. ad *Lobbo-'l-Lobâb*, p. 85. Pro مرجئة B مرجبه. *x*) C ثم قلت لهم لا يغزوكم.

المذهب[a] قالوا أَلَسْنا *موحّدين قلتُ كيف وقد انكرتم فرائض ربّكم وعطّلتم الشريعة قالوا انّا ندفع الى السلطان فى كلّ سنة اموالًا جمّةً[b] ✿ ولا اعرف به مشاهد بلى *به من عجائب الاكاسرة ومواضع الفراعنة[c] مثل قصر شِبيرين *ودار خُسْرُو وقصور كِسْرَى وقناة قد رفعت بالصخر من نحو فرسخ كان يجرى فيها الخمر واللبن ونحو هذا[d] ✿ ومن عيوبهم ما قدّمناه فى عنوان الاقليم وفى اهل اصفهان بله وغلوّ فى معاوية ووُصف لى رجل بالزهد والتعبّد فقصدتُه وتركتُ القافلة خلفى وبتُّ عنده تلك الليلة وجعلتُ اسايله الى ان قلتُ ما قولك فى الصاحب فجعل يلعنه ثم قال انه اتانا بمذهب لا نعرفه قلتُ وما هو قال يقول معاوية لم يكن مرسلًا قلتُ وما تقول انت قال اقول كما قال الله عزّ وجلّ[e] لَا نُفَرِّقُ بَيْنَ أَحَدٍ مِنْ رُسُلِهِ ابو بكر كان مرسلًا وعمر كان مرسلًا حتّى ذكر الاربعة ثم قال ومعاوية كان مرسلًا قلتُ لا تعقل[f] اما الاربعة فكانوا خلفآء ومعاوية كان ملكًا وقال النبىّ صلعم الخلافة بعدى الى ثلاثين سنة ثم تكون ملْكًا فجعل يشنّع علىّ واصبح يقول للناس هذا رجل رافضىٌّ فلو لم تدرك القافلة لبطشوا بى ولهم فى هذا الباب حكايات كثيرة وتراهم يقدّدون الرئة وينادمون بها والنسآء بجرسن[g] الحمّامات وترى عمائمهم مثل المخادّ مع خلق وحش ورسوم منكرة يخرج الدجّال مِن سوقهم ✿

والولايات فيه للديلم والرىُّ من اجلّ ممالكهم اوّل من غلب عليه ونزعه[h] من يدِ خلفآء[i] آل سامان الحسن بن بُوَيْه ولقّب نفسه بركن الدولة ثم ابنه بويه لقّب نفسه[a] بمؤيّد الدولة ثم اخوه علىٌّ[k] لقّب نفسه[a] بفخر الدولة وصاحب جيشهم يكون بالدامَغان[l] وقد غلبوا العوامّ على دورهم وضياعهم

a) C om. b) C pro his: مسلمون وايضا فانا ندفع الى السلطان مالا جزيلا et addit: وجبال اصفهان قرع لا ينتفع بها. c) C فيه مواضع الاكاسرة. d) C وعجائبهم والقناة التى كانت تجرى فيها الخمر واللبن والموضع الذى يخرج منه الدجال سوق اليهودية, ceteris omissis ad الولايات. e) Koran. 2 vs. 285. f) Cod. تفعل sed indistincte; cf. supra p. ١٥٩, 6. g) B بحرسون. h) C واخذه. i) C الخلفا. Mox B ساسان. k) C addit بن الحسن. l) C بقومس.

واجلى اكثر الناس من جورهم وهم الآن اصلح ولهم سياسة عجيبة[a] ورسوم رديّة غير انهم لا يتعرّضون للتركات[b] واذا اجازوا بجائزة اجروها[c] الى الممات مع صولة وهيبة وصبر فى الحروب ونصرة ومملكة واسعة ودولة قويّة قد خطب عليهم بالصين واليمن وقاوموا ملوك الزمن وملك المشرق[d] قد عجز عنهم وخلفاءُ بنى العبّاس فى حجرهم وسبعة اقاليم جليلة[e] فى قبضتهم ۞ والضرائب فى هذا الاقليم غير كثيرة ولا[f] ثقيلة الّا باصبهان * واعمالها يؤخذ من كلّ حمل دخل اليهوديّة ثلاثون درهمًا[g] ۞ وخراج الرىّ عشرة آلاف الف[h] درهم وخراج الدينور ثلاثة آلاف الف[i] درهم وخراج قُمّ الفا الف درهم[k] وقُمّ وزَنْجان الف الف وستّمائة الف[l] وثمانية وعشرون الفًا والصَّيْمَرة ثلاثة آلاف الف ومائة الف قاشان الف الف دماوند عشرة آلاف الف ۞

واما المسافات فانك تاخذ من الرىّ الى كِيلِينَ[m] مرحلة ثم الى كَيْس[n] مرحلة ثم الى الخَوَار مرحلة * وتاخذ من الرىّ الى قُسْطان[o] مرحلة ثم الى مشكويه[p] ثم الى وبروه[q] مرحلة ثم الى ساوة مرحلة ثم الى سوبقين[r] ثم الى المَصْدَقان[s]

---

a) B عجيبه (fort. l. عجمية). *b*) B للمركاب. *c*) B اخّروها. *d*) B الشرق. Deinde C يسامحهم وامير المؤمنين تحت حجرهم. *e*) C om. *f*) C add. وهى. *g*) C فانهم ياخذون عن كل حمل ثلثين درهما وبينها وبين ارجان والعسكر ضرائب صعبة. *h*) C ١١٠٠٠٠٠٠. *i*) C ٣٨٠٠٠٠٠. *k*) C addit: وخراج اصفهان البيوم ١١٠٠٠٠٠, ceteris omissis. Pro وقم seq. probabiliter legendum est وابهر. *l*) Additur in B الف. *m*) C كليين. *n*) B طبس. Non videtur differre a كَيْسَب (vid. Jacut et *Kâmus*). *o*) Vulgo قسطانة, vid. quoque Ist. p. ٢١٤*k*. *p*) C مكسوه. *q*) Sic. Male vero h. l. ponitur statio, quae 8 Par. ab occidente Sâwae collocatur ab Ibn-Khord. p. 45 qui habet داوداباذ (Cod. داوراباذ), Kodáma, qui habet دورود (sive دورد) et Edrîsî (II, p. 165) qui habet داردابار. *r*) Edrîsî سوسنين et sic in ed. Ibn-Khord., sed Cod. سُوسُرس (بس). Apud Kod. deëst. In B haec omnia desunt. *s*) Vulgo المزدقان; sed secundum Jacut iacet inter urbes Sâwa et Ray.

مرحلة ثم الى الرُّوذة مرحلة ثم الى الدُّكّان[a] مرحلة، وتاخذ من همذان الى بُوزَنَجِرْد[b] مرحلة ثم الى قرية الجنّ[c] مرحلة ثم الى الدكّان مرحلة، وتاخذ من همذان الى أَسَدَاوَاذ مرحلة ثم الى قصر اللُّصُوص مرحلة[d] (193) ثم الى قنطرة النُّعْمان مرحلة * ثم الى جبل بِيسُتُون مرحلة ثم الى قَرْمَاسِين مرحلة[e] ثم الى قصر عمرو بريدين[f] ثم الى الزُّبَيْدِيَّة مرحلة ثم الى طَزَر[g] نصف مرحلة والى المَرْج تمامها[h] ثم الى حُلْوَان[i] مرحلة ۞ وتاخذ من كرج الى سواد مقولة[k] مرحلة ثم الى خوزن[l] مرحلة ثم الى برزانيان[m] مرحلة ثم الى آوه مرحلة ثم الى قرية جرا[n] مرحلة ثم الى رباط جرا مرحلة ثم الى وَرَامِين مرحلة ثم الى كسكانة[o] مرحلة ثم الى الرىّ مرحلة، وتاخذ من كرج الى وفراوندة[p] مرحلة ثم الى دارقان[q] مرحلة ثم الى خروذ[r] مرحلة ثم الى سابُرْخُوَاس مرحلة ثم الى كركويش مرحلة ثم الى الخان مرحلة ثم الى رزمانان مرحلة ثم الى اللُّور مرحلة، وتاخذ من قصر اللصوص الى كبير حراس[s] مرحلة ثم الى نهاوَنْد بريدين،

---

a) C h. l. الديجان. Est locus quoque ايُّوب با appellatus, distantia 7 Paras. a Karmâsîn, et totidem a Kaçro-'l-Loçuç (Kangawer) secundum Ibn-Khord. et Kodáma. *b*) B بورر بحرد, C بيوزدجرد. *c*) C دوديوان, ut vid. pro دهديوان. *d*) Ist. p. ١١٥ et Ibn-H. p. ٢٥٩ interponunt hic ماذران. *e*) C haec om. Ist. et Ibn-H. collocant با ايوب (قرية ابى ايوب) inter قنطرة النعمان et Bisutun. *f*) C مرحلة. Ist. et Ibn-H. om. hanc stationem, memorant vero Ibn-Khord. et Kod. *g*) B طرز. Ibn-Khord. et Kod. قصر يزيد, quod igitur alterum huius loci nomen esse videtur. *h*) C ثم الى المرج مثلها. *i*) B خوان. C deinde addit: وتاخذ من اليهوديّة الى قاشان ٤٠ فرسخًا نذكر المراحل فى اقليم فارس ۞ وتاخذ من الرىّ الى دِزَه مرحلة ثم الى دَيْر الجِصّ مرحلة ثم الى كاج مرحلة ثم الى قُمّ مرحلة ثم الى قرية المجوس مرحلة ثم الى قاشان مرحلة. Sequens itinerarium habet inverso ordine. *k*) B مفعرا. *l*) B حورن. *m*) B بزراستان. *n*) B hic et deinde حرا. *o*) Male Ist. p. ٢١٤*k* legi كشكانه et composui cum كستانة = قسطانة. *p*) Lectionem B vid. apud Ist. p. ١٩٧*k*. Apud Ist. et Ibn-H. فراوندة. *q*) C رداقان. *r*) B حرود. *s*) Kodáma كبحراس. In C hoc itin. et seqq. desiderantur.

وتاخذ من همذان الى الديمر[a] مرحلة ثم الى راكاه[b] مرحلة ثم الى نهاوند مرحلة، ومن نهاوند الى راكاه مرحلة ثم الى خوارب[c] مرحلة ثم الى الكَرَج مرحلة، وتاخذ من همذان الى طاق سعيد[d] مرحلة ثم الى خوارب مرحلة، ومن الكرج الى جراناباذ[e] مرحلة ثم الى ابنعه[f] مرحلة ثم الى جَرْبَاذَقَان[g] مرحلة ثم الى قنوان[h] مرحلة ثم الى مرج وزهر[i] مرحلة ثم الى السارمين[k] بريدين ثم الى ازميران[l] مرحلتين ثم الى اليهوديّة نصف مرحلة ۞

اقليم خُوزِسْتَان

هذا اقليم ارضه نحاس نباتها الذهب[m]، كثير الثمار والارزاز والقصب، وفيه الاجّاص والحبوب والرطب، والاترنج الفائق والرمّان والعنب، *نزيه طيّب[n] انهاره عجب،، بزّه الديباج والخزّ، والرقاق من القطن والقزّ،، معدن السكّر، والقَنْد والحلوآء الجيّدة وعسل القطر،، به تُسْتَرُ التى اسمها فى المشرقَيْن، والعَسْكَرُ التى تميّز[o] الدولتَيْن، والاَهْوَازُ المشهورة فى الخافقَيْن،، وبَصِنَّا التى ستورها فى الدنيا *الى سِدْرة المنتهى[p]، ومثل خزّ السُّوس لا[q] ترى،، ومع هذا به معادن النفط والقار، ومزارع الرياحين والاطيار[r]،، ثم واسطة بين فارس والعراق به كانت وقائع الاسلام وثمّ معارك القوم وقبر دانيال لا يخلو من فقيه واستاذ ولا *فى الثمانية[s] افصح منهم لغات، به الدواليب الظريفة، والطواحين الغريبة، والاعمال العجيبة،، والخصائص الكثيرة، والمياه الغزيرة،، دخله كان يعضد الخليفة، وله آئين وطيبة،، *لم يطب لى فى الثمانية

---

a) Kodáma الديمن. *b*) Kod. راكا, واكاه et واكان. *c*) Kod. h. l. خوراب, deinde حوار, ubi B حوارب. *d*) Kod. طاسفيدين. *e*) Kod. حرناباد. *f*) Sic B; Kod. انفيسه. *g*) B حرنانمان, Kod. حرناديار et جرنديار. *h*) Kod. فيوران et فرران. *i*) Kod. مرج ورهن. *k*) B السارمين, Kod. الماءزمين et المازمين. Vera lectio videtur esse ماربين (Abu-Noaim). Deinde Kod. 12 Paras. i. e. مرحلتين. *l*) Kod. ارميران. Deinde Kod. 12 Paras. *m*) Cf. Jacut I, p. ۴۱۱, 14. *n*) B نزه طيبة. *o*) C تمير. *p*) C ثم الى سكر هذا الاقليم المنتهى. *q*) C فلا. *r*) C والاطيان. *s*) C بالثمانية.

غيره، فما[a] اجلّه من اقليم لولا اهله، وما احسن قصبانه لولا مصره،، *لانّه يعنى الاهواز مزبلة الدنيا، واهله فمن شرّ الورى[b]،، وسنذكر فيه كلّ خبر رُوى او مثل ضُرب قال ابن مسعود رضّه سمعتُ النبىّ صلعم يقول لا تناكحوا الخُوز فانّ لهم اعراقًا تدعو الى غير الوفآء، وقال علىّ بن ابى طالب رضّه ليس على وجه الارض شرٌّ من الخوز ولم يكن منهم نبىٌّ قطّ ولا نجيب[c]، وقال عمر رضّه ان[d] عشتُ لابيعنّ الخوز ولاجعلنّ اثمانهم فى بيت المال، *وفى حكاية اخرى[e] مَنْ كان جاره خوزيًّا فاحتاج الى ثمنه[f] فليبعه، وسُئل فقيه[g] عن رجل حلف ان يطبخ شرّ الطيور بشرّ الحطب[h] ويطعمه شرّ[i] الناس قال ينبغى[k] ان يطبخ رَخَمَة بحطب الدِّفْلَى ويطعمه[l] خوزيًّا، *ولا تراهم مع تلك الاموال الجمّة والتجارات العجيبة والصناعة (194) النفيسة عندهم من التمييز والتدبير ما عند غيرهم اذا ترعرع اولادهم طرحوهم فى الغربة وابلوهم بالاسفار والكسب فينتبهون[m] من بلد الى بلد ولا حظّ لهم فى علم ولا ادب ۞ والخوز ما علا عن الاهواز لانّ اكثر اهل الاهواز ناقلة من البصرة وفارس وكنتُ يومًا اسيرُ مع ابى جعفر ابن محسن[n] بالاهواز فشاجره بعض السوقة فقال له انتم معاشرَ الخوز لا خيرَ فيكم فقال له السوقىّ الخوز ما كان فوق الاهواز مثل العَسْكَر وجُنْدَىْسَابُور والسُّوس وامّا نحن فعراقيّون، وسمعتُ انّ اهل بَصِنَّا وبَيْرُوت وما يقع فى ذلك الصقع لهم اذناب بين القبل والدبر مثل الاصابع ألَا ترى انّ اهل العراق يقولون لهم فى الشنيعة يا خوزىّ يا ذنبانىّ والرجل الذى وُجد فى الخوارج حين قاتلوا امير المؤمنين عليًّا[o] رضّه ودلّ عليه وقال له ثدى كثدى النسآء كان من هذه البقعة التى ذكرنا، وتراهم مصفرّين من غير علّة اصحاب غلّ وحسد وغلوّ فى المذهب غفر الله لنا ولهم ولا اخذنا بما

---

a) C ولم يعجبنى فى اقاليم العجم غيره وما. b) C pro his: ومع ذاك به كل علة واذى قد غلب على بواديه العرب، واشتدّ به الحرّ والنصب،،. c) Cf. Jacut, II, p. ٤٩٥, 17 seq. d) C وقال عمر بن الخطاب رضّه لان. e) C وقال. f) C ببيعه. g) C بعض الفقهاء. Aliter Jacut II, p. ٤٩٧, 15 seqq. h) C الاحطاب. i) C اشر. k) C يجب. l) B ويطعم. m) B فهو. n) B محمس ut vid. o) B على.

ذكرنا من عيوبهم فانّا لم نُرِدْ هتك سترهم ولا ابدآءَ عيوبهم ولكن اوضحنا ما رُوى فيهم عن النبىّ صلعم واصحابه ☆ وهذا شكله ومثاله مبلغ جهدنا وغايةَ علمنا وبالله نستعين ونستوفق ونعتصم ونستهدى[a] ☆

(196) اعلم انّ هذا الاقليم كان يعرف قديمًا[b] بالاهواز وسبع كورها والآن قد تعطّلت بعض تلك الكور واختُلف فى بعض *وناقض اصولنا[c] بعضٌ وقد قلنا انّ مَثَل الملوك فى *علمنا مثل[d] الصحابة فى علم الشريعة *اذا قال احدهم قولًا لم يُعْلَمْ له مخالف من الصحابة عُمل بقوله وكان حجّةً[e] وكان عضد الدولة من اجلّة ملوك زمانه لانّ له فى الاسلام آثارًا[f] وعجائب *ألَا ترى الى مدنه التى بناها وانهاره التى كراها والاسمآء التى اخترعها والاشيآء التى ابتدعها[g] وقد كان يسمّى هذا الاقليم سبع الكور وتعارف الناس[h] ذلك فاتبعناه *فى ذلك اذ لم نجد له مخالفًا[i] ☆ فاوّلها من قِبَل الجبال السُّوس ثم جُنْدَيْسابور ثم تُسْتَر ثم عَسْكَرُمُكْرَم ثم الأَهْوَاز ثم رامَ هُرْمُز ثم الدَّوْرَق وهذه الاسامى تجمع الكور والقصبات وهنّ قليلات المدن والاقليم قريب الاطراف ☆

---

a) Pro his omnibus C habet: واذا شتم العراقىّ صاحبه يقول له اذهب يا خوزىّ وفيهم غتمة وجفوة وقلّة مروّة وغفلة لا يصلحون للسفر، ولا ينتفع بهم فى الحضر،، مصفرّين مياههم فى الصيف تَغْلى، ودورهم من الحرّ تُضْنَى (Cod. تصنى)،، يتكلّمون كالشياطين، وظاهرة فيهم دور الفاسقين،، تراهم مع تلك الاموال الكثيرة والمتاجر الحسنة والصنائع الدقيقة اذا ترعرع اولادهم اشقوهم فى الاسفار وعرضوهم للاخطار واشغلوهم بالمكاسب ينتبهون فى الارض لا فى علم ولا فى أَدَب ولا حظّ لهم فى ذلك الّا القليل اكثرهم حاكة وصالحوهم حُبّيّة (Cod. حبيبه) ورسومهم جاهليّة ورءوسهم وحشة واخلاقهم قبيحة غفر الله لنا ولهم ولا اخذنا بما وصفنا من عيوبهم فانّما اردنا به البيان لا الغِيبة واوضحنا ما روى عن النبىّ عم وحكى عن الصحابة، وهذا صورته وبالله تعالى نستعين. Sequitur mappa (B p. 195). *b*) C فى القديم. *c*) C وتناقض بعض اصلها فى. *d*) C كمثل (l. العلم) هذا العالم. *e*) C haec om. Deinde habet ومدن ابتناها وانهار اجراها وقد كان. *f*) C اشارات, B اثار. *g*) C واسماء وضعها واشياء ابتدعها. *h*) C add. فى. *i*) B haec om.

فاما السُّوس فانها كورة *من تخوم العراق وحدّ الجبال[a] بها مزارع الرزّ والاقصاب ويطبخ بها[b] سكّر كثير، من مدنها بَصِّنا مَتُّوت بَيْبرُوت[c] البذان قَرْبَة الرَّمل كَرْخَة ۞ واما جُنْدَيْسَابُور فانها كورة عمرها سابور *بن فارس[d] واضافها الى نفسه متّصلة بتخوم الجبال نزيهة[e] ويقال انها كانت مركز الملوك فى القديم يطبخ بها سكّر كثير، من[f] مدنها الدِزّ[g] الرُّونَاش بابوه قاضبين[h] اللُّور ۞ واما تُسْتَر فانها كورة كثيرة الفواكه والاعناب والاترنج[i] والثمار عامّتها تحمل الى الاهواز والبصرة لم ار لها[k] مدينة بعد البحث ولذلك *قدّمنا الاحتجاج فى بابها وذكرنا[l] انها تخالف اصلنا لانه لا بدّ لكلّ *قصبة من مدن كما[m] لكلّ قائد من جند فان قيل قد نقضتَ ما اوردتَه فى سرخس فالجواب سرخس لا تسمّى كورة وهذه تسمّى كورة *والاسمآء فى هذا الباب للملوك[d] ۞ واما العَسْكَرُ فانها كورة جليلة يشقّها ويحيط بها ثلاثة انهار وبها[n] رستاق المَشْرُقَان، لها من المدن جوبك[o] وزَيْدان[p] سوق الثلثآء حُبك[q] ذو قرطم برجان[r] خان[s] طوق وسوق العسكر يوم الجمعة *ثم الى

---

a) C على قرنة (Cod. قرنة) الاقليم تتاخم الجبال والعراق جميعًا. *b*) B به. *c*) Jacut habet متوث et بيبرون. C om. متوت. *d*) C om. *e*) B بنزيه. *f*) C ومن. *g*) B hic ut supra الدن, in itinerario الرز. Deinde B الروباس ut quoque supra, C sine punctis. Secundum Jacut, IV, p. ۱۱۱ hic locus est idem qui nunc Dizful appellatur, antea quoque قنطرة اندامش (Ist. p. ۱۹v, coll. Defrémery, *Mém. d'hist. orient.*, I, p. 142). *h*) B hic et supra بادوه قاصبس (C قاضبين). *i*) B والترنج. Deinde C post والثمار addit: التى تميز الكورة وهى et legit وبحمل فواكهها الى البصرة. B habet عامته. *k*) C بها. *l*) C قلنا. *m*) C كورة من عدّة من المدن كما انه لا بد. *n*) B ولها. *o*) B supra جونك, C خونك. *p*) B وزندان, supra sine punctis; C ورندان. Vid. Jacut in v. et cf. Ist. p. ۹٥*f*. In mappa Mokaddasíi inter Daurak et Asek scribitur in B دسوا, in C دسرا. *q*) C sine punctis ut quoque seqq. Vocalis in B supra. *r*) In B lectio dubia est, posset legi بيرجان. C sine punctis. Kodáma in capite stationum (السكك) memorat البرجان tanquam اخر عمل الاهواز i. e. in ipso confinio, 11 stationibus a Suko 'l-Ahwáz, 1 statione ab Arradján sitam. *s*) C خور.

خان طوق ستّ مدائن على اسامى أيّام الجمعة لكلّ يوم سوق[a] ✿ واما الأَهْوازُ فان سابور لما[b] بناها جانبَيْن سمّى احدهما باسم الله عزّ وجلّ والآخر باسمه ثمّ جمعهما[c] باسم واحد فاسمها[d] هرمزداراوشيبر * ثمّ طُرِح اسمه وبقى داراواشيبر[e] ثمّ سمّتها العرب الاهواز وهى كورة يدخل فيها ما خرب وتعطّل من الكور القديمة * وهى مَنَاذِرُ الكُبْرى ونهر تِيرَى وبلدٌ[f] اجتزنا بها فى نهر الرَّبّان فرايتُ بناءً عجيبًا وسمعتُ انها كانت من دجلة[g] الى نهر خوزستان فقلتُ لقاضى الخُوزيّة وكنتُ معه فى المركب ما الذى دهاها قال نزل عليها المُبَرْقَعُ لمّا استجاب له الزنج فجاوبوه فجعلوها كما ترى قال وكانت اجلّ من البصرة وذكر ان الناس الى اليوم ينبشون منها اموالًا كانوا قد كنزوها واوانى من الصفر وغير ذلك[h]، والذى عرفتُ من مدن الاهواز نهر تِيرَى مَنَاذِرُ الكبرى مناذر الصغرى جوزدك بيروه[i] سوق الاربعاء حصن مَهْدىّ باسِيان شُوراب[k] بندم الدَّوْرَق[l] وسنة[m] جُبّى ✿ (197) واما الدَّوْرَق فانها كورة

---

a) C ثم كل يوم سوق فى مدينة تسمى باسم اليوم. *b*) C om. et habet وسما. *c*) C جمعهم. *d*) C فصار. Pro هرمزد اراوشير non dubito legendum esse هرمزد اردشير, in quo nomine هرمزد est nomen Dei, اردشير conditoris; cf. Jacut I, p. ۴۱۱, 2, IV, p. ۹۹۹, 6. Sed explicatio auctoris hoc casu necessario falsissima est. Qui Saporem conditorem appellant, nomen antiquum هرمزداد سابور scribunt (Jacut I, p. ۴۱۰, 22). Istakhri p. ۸۸ ult. هرمزشهر, Jacut in v. هرمشير, et I, p. ۴۱۰, 16 هوزمشير. In explicatione auctoris nomen Dei دارا est, cf. Vullers in v. *e*) C om. et habet ثم سمت العرب الكورة. *f*) In mappa C adscribitur ad ripam laevam canalis الربان versus Tigridem بلدان خربها المبرقع. Urbs الخوزية in altera ripa iacet. *g*) B ut saepissime Codd. الدجلة. *h*) Haec omnia in C desiderantur. Deinde habet: مثل نهر تيرى ومناذر الكبرى وهما مدينتان وبقية المدن جوردك الخ. B supra quoque جوردك. *i*) B h. l. sine punctis. *k*) B et C h. l. سوراب, supra B سوران; vid. Jacut in v. Pro بندم in itinerario infra مندم exstat. *l*) B hic et supra et mappa C sine articulo. Infra nomen scribitur a B الدوربق, a C الدوبق, sed lectio constat coll. supra p. ۲۷, 16: الدورق كورة ومدينة وقرية بخوزستان. *m*) Supra p. ۵۳, 1 B سنه. Pro جبى C habet ازر اجم i. e. آزَر أَجَّم. Supra جبى in الدورق quoque collocatur a B.

تتاخم العراق على القرنة[a] من مدنها آزر[b] أَجَم بحساباذ[c] الدز اندبار[d] مبراقيان[e] مبراثيان ✿ واما رامَهُرمُز فانها كورة تتاخم فارس نزيهة عامرة الجبال كثيرة النخيل والزيتون والحبوب لا حظّ لها فى السهل الّا اليسير ولا مزارع فيها لقصب السكّر[f] ولا يبلغ اليها انهار الاقليم ولهم نهر على حِدَةٍ من مدنها سَنْبِل إيذَج تيرم[g] بازنك لاذ غروة[h] بابج كوزوك[i] كلّهنّ جليلات جبليّات ✿

السُّوس قصبة عامرة طيّبة ولهم فى الخير رغبة بها اسواق بهيّة واخباز حسنة ومياه جارية تدير *فى البلد الارحية ولها[k] حمّامات جيّدة وحلاوات رخيصة وضياع نزيهة ونعم كثيرة *وسواد حسن وقصب عجب وعلم وقرآن وحديث وادب وسنّة وجماعة وجامع سوىٌّ على اساطين مدوّرة[l] غير انّهم حنابلة[m] وفى الصيف غير طيّبة *ثمّ ترى دور الزناة عند ابواب الجامع ظاهرة ثمّ لا ترى لقرّائهم ولا لمشايخهم هيبة ولا لمذكّريهم قيمة ولا حسبة ويقطعون اوقاتهم بالرقص واكثرهم حُبّيّة[n] والمدينة خربة والناس يسكنون الربض وقد كانت حصينة على نشزة عجيبة الّا ان جيوش عمر حاربوهم حربًا عظيمًا فهدموها وقبر دانيال فى نهر خلف المدينة وعلى حافة النهر قبال القبر مسجد حسن

---

a) B et C القريه. Cf. supra p. ۴۰۵ ann. *a*. *b*) B ارز hic et supra, C om. sed insert infra; vid. Jacut, I, p. ۹۱. Deinde B آجم. Cf. p. ۴۰۹*m*. Vulgo أَزَم scribitur, ut C et B supra. *c*) B h. l. وبحساداد, supra بحساباذ, C بحسانان. Deinde B الدن, ut quoque supra. Probe distinguendum hoc oppidum ab eo الدز quod in provincia Djondaisabur iacet. *d*) B om. Supra B sine punctis. Deinde in C sequitur ازر جبى, ut supra p. ۵۲. *e*) B ميراقبان, C ميراقمان, infra B et C ميراقيان; supra B ميراقمان. *f*) C القصب والسكر. *g*) B h. l. بترم, supra تدرم. *h*) B et C h. l. عروه (supra B عدوه). Deinde B بابج, C بامج s. بادج; supra B باىح. *i*) Infra C كوردك, B كوروك. *k*) C عدة ارحية بها وبها. *l*) Pro his C habet: اهل جماعة وسنة. *m*) C addit حبيبه i. e. حُبّيّة et habet deinde وهو فى. *n*) B حبيبه.

والقبر لا يدرى انّما ينزل فى المآء وله قصّة a ۞ وبَصِنّا صغيرة غير انها عامرة رجالهم ونسآؤهم ينسجون الانماط *ويغزلون الصوف b ولهم نهر يسمّونه دجلة فيه سبعة ارحية فى السفن والجامع حسن c على باب المدينة *من نحو النهر d والنهر منها e على رمية سهم *وعليها حصنان محكمان مصلّى العيد بينهما f ۞ وبَيْرُوت g كبيرة بها h نخل كثير يسمّونها البصرة الصغرى، ويقال i انها كانت قصبة كورة فى القديم k ورايتُها من البعد l وانا سائر من البِذان اريد بَصِنّا ۞ وكَرْخَة m عامرة طيّبة صغيرة سوقها يوم الاحد شربهم n من نهر وعليها حصن ولها بساتين، وسائر المدن *نزهات عامرات والاقليم كلّه انهار تجرى o ۞

جُنْدَيْسَابُور كانت قصبة عامرة جليلة وبلدة قديمة وكانت مصر الاقليم *والآن قد اختلّت وغلب p عليها الاكراد، وظهر فيها الجور والفساد،، غير انها كثيرة السكّر وسمعتُهم يذكرون ان عامّة سكّر خراسان والجبال منها q وهم اهل سنّة ولهم نهران وطُرُز كثيرة وضياع جليلة ومزارع الارزاز والرخص

---

a) C pro his: ثم لا ترى لمشايخهم هيبة ولا لمذكّريهم حقيقة دور الزنآء بقرب الجامع ظاهرة واوقاتهم يقطعونها بالرقص والطيبة والناس اليوم يسكنون الربض وقد خربت المدينة لان عليها نزلت جيوش عمر حين فتحوا الاقليم فخرّبوا المدينة وقد كانت حصينة وسكن الناس الربض وقبر دانيال خلف المدينة من الوجه الآخر فى وسط النهر وعلى حافة النهر حذآء القبر مسجد حسن. b) C والستور. Cf. Jacut I, p. ٩٥٩, 4. Apud Masudí, II, p. 186 pro نصيبين reponendum videtur بصنى, ut ib. متوث pro منوت. c) B om. d) C haec ponit ante على باب المدينة. e) C om. f) C ومصلى العيد فى البلد بين الحصنين. g) Jacut, qui locum seq. transcribit (I, p. ٧٨٩), habet بيروذ. h) C به. Jacut add. حتى انهم post كثير. i) C يقولون. k) C om.; Jacut قديما. l) C من البعيد, Jacut om. C addit: فى النخيل (i. e. غائبة) غامسه, ceteris omissis ad بصنا. Pro البذان Jacut المذار. m) Vid. Ist. p. ٨٨f. In sola mappa C كرجه scribitur, ceterum ubique ut recepi. Nomen dedit fluvio qui hodie appellatur Kercha. n) C وشربهم. o) C ذوات مياه عامرات نزيهات. p) C ومركز السلطان وهى الان مختلّة قد غلب. q) C يحمل من عندهم.

والخيرات[a] وبها فقهآء ومياسير[b] ☆ واللّور على حدّ الجبال ويقال انّها مضافة منها الى هذا الاقليم وبها طُرُز[c] كثيرة غير ان سكّرها ليس بالجيّد، *ولم ادخل بقيّة المدن[d] ☆

تُسْتَر *ليس بالاقليم اطيب ولا احصن ولا اجلّ من هذه[e] يدور حولها النهر ويحدق بها البساتين والنخل[f] معدن كلّ حاذق فى عمل الديباج والقطن قد جمعت *الاضداد، وفاقت البلاد، واشتهرت فى العباد،، وهى التى قيل انها جنّة ترعاها الخنازير ولا تسأل عن الفواكه والخيرات[g] ولقد استطبتُها واستحسنتُها ترى اسواقًا سويّة وخصائص كثيرة يرحل اليها من المشرق والمغرب ولهم مياه باردة تجرى تحت الارض الّا ان جامعهم لطيف والحرّ عندهم شديد (198) وجسرهم طويل وليس غيره طريق وكثيرًا ما يضلّ فى اسواقها الغريب وبالجانب الآخر عمارة يسيرة ومقابرهم وسط البلد والجامع وسط الاسواق فى البزّازين وعلى باب البلد *سوق بزّ آخر[h] وعند الجسر موضع نزيه به القصّارون ومَنْ اراد ركوب السفينة الى العسكر احتاج ان يمشى نحو فرسخ ولها قرى يا لك من قرى بلا منابر[i] ☆

العَسْكَرُ كان للحجّاج بن يوسف غلام اسمه مُكْرَم نزل بعسكره[k] هذا الموضع فاستطابه[l] واحاش الناس اليه وعُمر[m] فسمّى عَسْكَرَ مُكْرَمٍ وهى قصبة لا يرى

---

a) C ورخص وخيرات. b) C ومياسين. c) B طُرف. Deinde C كثير. d) C وبقية المدن عامرات. e) C قصبة جليلة واسعة حصينة. f) C والنخيل. g) B والخمرات. h) B سوقين أخر. i) C pro his omnibus inde a الاضداد habet: وهى بساتينها الاترنج والرمّان الحسن والعنب والكمثرى الفائق والرطب جنّة خوزستان ومتجر فارس وخراسان وديباجها يحمل الى مصر والشام واهلها فى نعمة ولها فى الصيف مآء بارد فى قنىّ تحت الارض الّا ان جامعهم لطيف وحرّها شديد والعلم بها قليل والنهر عليها مثل الخندق والجسر من نحو جنديسابور طويل من سفن ومن ذلك الجانب عمارة قليلة والجامع وسط البلد فى البزّازين على باب البلد سوق بزّ ايضًا ويحيط بها قرى جليلة بلا منابر. k) C addit فى. l) C om. m) B وعُمّر. Deinde C وسمى.

*بالاعاجم انظف منها[a] ثمر طيّب بهىّ الاسواق كثير الخير[b] رخيص الحلوآء حسن الاخباز ولهم خصائص وبه متاجر ولهم[c] عقلآء فهمآء واكثرهم علمآء *تراهم يدرسون فى المسجد الى ضحى[d] غير انهم قد بغّضوا انفسهم الى الناس بعلم الكلام، وخالفوا بالاعتزال جميع الاسلام، *حتّى ذمّهم[e] المذكّرون والعوامّ،، وبها[f] علّة دوآءها الاثام، وكزوذا[g] تقتل بالسمام، فليس للغريب بها[h] مقام،، *دخلتُها[i] صلاة الغداة وخرجتُ منها[k] المغرب وهى جانبان اعمرهما الّذى يلى العراق وبه الجامع ومعظم الاسواق وبين الجانبين جسران من سفن[l]، وسائر المدن على انهار وبهنّ[m] طُرُز كثيرة بخاصّيّة[n] المَشْرُقان وما يُدْريك ما المشرقان، *والاصوب ان تكون خان طوق من مدن الاهواز[o] ✿

الأَهْوَازُ هو مصر الاقليم ضيّق منتن ذميم[p]، لا دين ولا لهم اصل كريم، ولا فقيه امام ولا مذكّر حكيم، ولا وقت طيّب ولا قلب سليم، الغريب به[k] فى حيرة سقيم، ولا عيش هنىء *فيه ايضًا[q] للمقيم، بقّ وبراغيث وكرب عظيم، فى الليل دبس[r] وفى النهار حرّ السموم،، ابدًا يرقبون الشمال ويخافون الجنوب عقارب وحيّات ومآء حميم، وقوم سوء فى شرّ مضر وضيق وشوم،، يُجْبى[s] اليه الفواكه من مكان سحيق، ومن البعد يُجلب اليه الدقيق،، ثمّ[t] سواقٍ يابس، وجبل عابس، وسوق طَفِس[u]،، وتراب سبخ[v] *لبيس لقارئهم طيبه، ولا لجامعهم حرمه[w]،، ولا لبلدهم رئيس، ولا لفقيههم

---

a) C فى الاعجام بلد انظف منه. b) C بهى كثير الاسواق والخير. c) C اقوام. d) C om. e) C وذمهم بذلك. f) C وبهم. g) B وكروزا, C وكرودا. Pro بالسمام B et C بالسهام. h) B به. i) C ودخلتها. k) B om. l) C السفن. m) C وبها. n) C بخاصة. o) In hac provincia collocatur supra p. ٥٢. C haec om. p) B دنيم. q) C ايضا فيه. r) B دبس, C يبس, sed secundum collationem huius capitis quam Belin fecit Constantinopoli in usum Barbier de Meynard, quamque hic amice mecum communicavit, ut recepi. Deinde pro النهار C habet اليوم. s) C تجىء. t) C om. ثم. u) C ضيق. v) B سنخ; cf. Ist. p. ٩٠, 4 a. f. et locum Jacuti ibi laudatum, ann. *n*. w) C لا لجامعهم حرمه ولا لقارئهم طيبه.

مُجلس،، اهل مباراة وتعصُّب، *ومُماراة وتقلُّب،، تَرَى اهل البلد حزبَيْن، وفى الصحابة فريقَيْن[a]،، الا انه خزانة البصرة ومطرح[b] فارس واصفهان وبه قياسير حسنة واخباز نظيفة[c] وآدام وبه تجتمع الخزوز والديباج واليه تحمل البضائع والاموال وهو[d] مغوثة وفرجة للتجّار، *ومنهل عامر لكلّ مارّ[e]، واسمه كبير فى الاقاليم والامصار،، شتآؤه طيّب والخريف لولا الذُّبَاب، والربيع ايضًا لولا براغيث كالذِّبَّاب، *وهو مع[f] ذلك رفق بالضعيف[g] فى الثياب،، يكون مثل[h] الرملة ذو جانبَيْن الّا ان الجامع ومعظم الاسواق فى الجانب الفارسىّ والجانب العراقىّ جزيرة خلفها *عمود النهر[i] على ما ذكرنا من فسطاط مصر بينهما قنطرة هِنْدُوَان من الآجرّ عليها مسجد يشرف على النهر حسن *وقد كان[k] عضد الدولة *هدمها وبناها مع المسجد بناءً عجيبًا لتضاف اليه فأَبَى الناس ان يسمّوها الّا قنطرة هندوان[l] وعلى هذا النهر دواليب عدّة يديرها المآء تسمّى النَّوَاعِير ثمّ يجرى[m] المآء فى قنىّ متعالية الى حياض فى البلد وبعض يجرى الى البساتين ويمدّ العمود من خلف الجزيرة نحو صيحة الى *شاذُرْوَان قد بُنِىَ من الصخر عجيب يتبحّر المآء عنده وثَمّ فَوَّارات وعجائب والشاذروان[n] يردّ (199) المآء ويفرّقه ثلاثةَ انهار تمدّ[o] الى ضياعهم وتسقى مزارعهم وهم يقولون لولا الشاذروان ما عمرت الاهواز *ولا انتفع بانهارها[e] وفى الشاذروان ابواب تفتح اذا كثر المآء لولاها لغرقت الاهواز وتسمع للمآء المنحدر صوتًا يمنع من النوم[p] اكثر السنة وزيادته *تكون فى الشتآء لانّه من الامطار لا من الثلوج[q] ونهر المَشْرُقَان يشقّ فى اسفل البلد الّا انه يجفّ[r] عامّة السنة *وينبحّر المآء[s] بموضع يسمّونه الدَّوْرَق[t] والاهواز بهذه الانهار

---

a) C pro his: نراهم فى الصحابة فريقان واهل البلد حزبان. *b*) C et B a prima manu خزانة — مطرح inverso ordine. *c*) C نظاف. *d*) C وهم. *e*) C om. *f*) C ومع. *g*) B الضعيف. *h*) C نحو من. *i*) C العمود. *k*) C بناه. *l*) C haec om. *m*) B et C تجرى. *n*) C pro his: موضع يسمونه الشاذروان وهو حائط قد بنى من الحجارة فينبحر الماء وعنده فوارات عجيبة واعمال غريبة. *o*) C يمد et يسقى زروعهم. *p*) B الماء. *q*) C يكون من (الماء) المطر فى الشتاء لا من الثلج. *r*) B et C يخف. Cf. Ist. p. ٩٠, 1 et 2. *s*) C وينبحر الما ثم. *t*) B الدوربف, C الدوبق (يسمى). Vid. supra ad p. ٤٠٩*l*.

طيّبة والسفن تذهب وتجىء وتعبر[a] مثل بغداد ويفترق الانهار فى اعلى البلد وتجتمع باسفله فى موضع يقال له كارشنان[b] ومن ثَمَّ تركب السفن الى البصرة ولهم طواحين على الماء[c] عجيبة ✿ *وسُوق الأَرْبَعَآء على شعبة من[d] هذا النهر ذات جانبين بينهما قنطرة من خشب تجرى[e] تحتها السفن والجانب العراقىّ اعمر وفيه الجامع ✿ وحِصْنُ مَهْدِىّ عامرة بها *تجتمع انهار الاقليم كلُّها ثم تفيض الى البحر وبها[f] حصن بناه مهدىّ وهى ثغر لقربها من البحر وهناك[g] رباطات وعباد الجامع على الشطّ وبها مجتمع[h] الطرق وسائر[i] المدن على انهار لها جزر ومدّ وبها[k] نخيل ومزارع *واعمر سواد الاهواز نحو سوق الاربعآء وما يدخل فى ذلك الصقع[l] ✿

الدَّوْرَق قصبة عامرة منطرّفة من نحو العراق على نهر ذات[m] رستاق واسع وسوق كبير وخصائص وخيرات حسنة الوضع ومعدن للخيش وهى اصغر من السوس وسوقها[n] منشعّب والجامع على طرفه شربهم من النهر *واليها يقصد حجّاج[o] فارس وكرمان ✿ ميراثيان[p] ذات جانبين ولها اسواق عامرة فى كلّ جانب جامع[q] ✿ وميرافيان[r] لها رستاق واسع على نهر يصل اليها المدّ والجزر وبه[s] قرى كثيرة واعمال نفيسة ✿ *وجُبّى عمل واسع ذو قرى عامرة وانهار ونخيل[l] ومنها كان ابو علىّ راس المعتزلة ✿ ومن الناس من جعل[t] عبّادان من *هذه الكورة وانّما[u] هى من العراق *فان قيل انّما جعلناها من هذا الاقليم لاتّفاقهم فى اللسان ولانّ لها نظائر فى هذا الاقليم فى القافية أَلَا ترى انّك تقول عبّادان مثل ما تقول باسِيَان ميراقبيان البِذَان فالجواب

---

a) C om. Pro بغداد C semper habet بغداذ. b) C كان شنان. c) C النهر. d) C سوق الاربعا على بعض. e) C يعبر. f) C يجتمع الانهار من الاقليم كله والماء ثم دنجر بها. g) C وثم. h) C مجمع. i) C وبقية. k) C ذوات. l) C om. m) C لها. n) C سوقها et mox الجامع. o) C وهى فرضة لحاج. p) C والباسيان. q) C om. جامع et addit: ومنهم من يجعلها مع ميرافيان من مدن الاهواز وهذا اصح. r) B et C وميرافيان ut quoque infra B; vid. supra p. ٤٠٥. C addit مدينة. s) C h. l. insert حمى i. e. جُبّى. t) C يجعل. u) C خوزستان وهذا خطاء انما.

اما اتّفاقهم فى اللسان فليس بحُجَّة لان سواد البصرة كلّهم عجم واما موافقتها هذه المدائن فى آخر اساميها فان لها ايضًا نظائر من مدن البصرة فى هذا المعنى مثل بدران رومان[a] وشقّ عثمان، فان قيل ما قلناه اوْلى لانّ هنا ترجيحًا ليس معكم وذاك انها توافق الاقاليم ايضًا فى هذه العلّة ألَا ترى انّك تقول خوزستان فالجواب يجب ان تجرى العلّة فى جميع المعلولات وتعمّ سائر النظائر فنقول انّ شامان وسليمانان ايضًا من خوزستان، فان ارتكب ذلك قيل له فما تنكر على قائل يقول ان عبّادان من جزيرة العرب لانّ لها نظائر فيها وهى عمان نجران سمران[b] فاذا لم يجُزْ ان نجعلها من الجزيرة من اجل هذه العلّة علمتَ انّها لا تشبه بَدْليس لمّا قِسْناها على تَفْليس لانّا لم نجد بأَقْور موضعًا على هذه القافية ووجدنا بالرِّحَاب عدّةً من مدن وقرى،[c] ✿

رامَ هُرْمُز قصبة كبيرة بها اسواق عامرة وخيرات كثيرة وجامع بهيّ عنده اسواق فى غاية الحسن بناها عضد الدولة ما رايتُ اعجب منها نظيفة ظريفة قد زُوّقت وبُرْبِقَت وبُلّطت[d] (200) وظُلّلت وجُعل عليها دروب تُغْلق فى كلّ ليلة يسكنها[e] البزّازون والعطّارون والحصّارون وفى سوق البزّ قياسير حسنة شربهم من * نهر وآبار والنهر بالنُّوَب[f] وقد حفّت بها النخيل والبساتين وبها دار كتب * كالتى بالبصرة والداران جميعًا اتّخذهما ابن سوّار وفيهما اجراء على من قصدهما ولزِمَ القراءة والنسخ الّا ان خزانة البصرة اكبر واعمر واكثر كتبًا وفى هذه ابدًا شيخ يُدْرس عليه الكلام على مذاهب المعتزلة[g] ومصلّى العيد على طرف البلد بين الدور وهو[h] بلد نفيس الّا انهم يحتاجون فى ليالى الصيف الى الكِلَل مع[i] كثرة البقّ وقد خفّت اطرافها وغلب السلطان على ضياعها، ودخلتُ على رئيسها[k] ابى الحسن ابن زكريّاء وقد كان * سكن

---

a) Fortasse B روديبان. *b*) Fortasse legendum est سمدان. *c*) In C haec omnia, inde a فان قيل, desunt. *d*) B وبلطلت et deinde B et C وطالت. *e*) C سكنها. *f*) C ابار وخارج البلد انهار ويدخل اليهم منها نهر بالنوبة. *g*) C pro his: مثل ما بالبصرة والرىّ عليها اوقاف واجر (l. واجراء) راتب لمن يدرس عليه وثمّ شيخ يدرس الكلام على مذهب المعتزلة. *h*) C وهم et جليل pro نفيس. *i*) C من. *k*) B om.

فلسطين مدّة مديدة[a] فقال لقد ندمتُ على مفارقة تلك الديار ورجوعى الى بلد[b] لا ارى به قرّة عينى[c] *واذا به يتوسّل ويجتهد ان يُعْطَى من ضياعه التى أُخذت منه مقدارَ قُوت فلا يُعْطَى[d] ، ثم الشارق اليها صعبة والعرب بها محيطة وترى طباعًا رديّةً ورؤساءَ وحشيّةً[e] ۞ وايذج هى اجلّ مدن الكورة وسلطانها يقوم بنفسه تكون مثل أَسَدَاواذ وسطَ الجبال يقع بها ثلج كثير[f] *يحمل الى الاهواز والنواحى[g] وشربهم من عين شعب سليمان ومزارعهم على الامطار ولهم ماءٌ آخر كثيرة البطّيخ والخيرات وهى فى هوّة[h] ۞ وكوزوك جبليّة ايضًا لا ينقطع منها العنب[i] كثيرة البنفسج والريحان طيّبة ۞ وغروة[k] من المذكورات على ما ذكرنا من العمارات[l] ۞ ولان جبليّة[m] وكلّ مدن هذه الكورة من هذا *الجانب الواحد وسائر[n] الوجوه بوادٍ ۞

جمل شؤون هذا الاقليم

هو اقليم حارٌّ مياهه[o] معتدلة الّا ماءَ جنديسابور *فانّه مع صحّته خشن[p] وهواءُ السوس غير صحيح وكلّما قرب من *دجلة بغداد[q] فهو اصحّ وبه نخل كثير وليس به جبل شاهق ولا رمل دهس[r] الّا بين البِذان[s] ونهر تِيرَى ولا يقع به ثلج *ولا يتجلّد الماءُ الّا بسواد[t] رامَ هُرْمُز *ويشقّ اكثرَه الانهارُ[u] يجرى فى جميعها السفن ، قليل[v] النصارى *غير كثير اليهود والمجوس[d] وبه مذكّرون لهم جلبة[w] وادنى صيت وبه متقرّئون[x] الّا الاهواز ورباطات وتصوّف[y]

---

a) C جاور بيت المقدس مدة. b) C بلدى. c) C عين. d) C om. e) C وحشه. Deinde B et C وايدج. f) C كبير. g) C om. et habet شربهم sine و. h) B هوره, Jacut, I, p. ٤١٩, 5 ubi hic locus legitur, هوّة. Deinde B وكوروك, C وكوردك. i) B العيث. k) B وعدوة. l) C العمارة. m) C add. ايضا. n) C الوجه ومن سائر. o) C مياته. p) C فان فيه — خشونة. q) C الدجله. r) B دهش. s) B البلدان. t) C الا بجبال. u) C pro his: وليس فيه بحيرة. Deinde وبجرى فى جميع انهاره. v) C add. به. w) B جبليّه. x) B متقربون, C متقريون. C om. الا الاهواز. y) B وتصرف. C om. الا العسكر, post quae verba in B exstat لى.

الّا العسكر، وقبلتهم غير صحيحة بخاصّة بصنّا[a] *ولمّا عُدْتُ منه الى البصرة قال لى اصدقائى بمَنْزَحُون أَعِدِ الصلوات التى صلّيتَها بخوزستان فانهم يصلّونها الى غير القبلة[b] ۞ *ومذاهبهم مختلفة هو اكثر الاقليم معتزلة اما العسكر فكلّهم واكثر اهل الاهواز ورام هرمز والدورق وبعض اهل جنديسابور واما السوس واجنادها فحنابلة حُبّيّة[c] ونصف الاهواز شيعة وبه اصحاب ابى حنيفة كثير ولهم فقهاء وائمّة وكبراء وبالاهواز مالكيّون[d] ولمّا دخلتُ السوس قصدتُ الجامع فى طلب شيخ اسمع منه شيئًا من الحديث وعلىّ جبّة صوف قبرصيّة وفوطة بصريّة فدفعتُ الى مجلس الصوفيّة فلمّا قربتُ منهم لم يشكّوا الّا وأنّا صوفىّ فتلقّونى بالترحيب والتحيّة واجلسونى فيما بينهم وجعلوا يسالوننى ثمّ بعثوا رجلًا فاتى بطعام فجعلتُ انقبض عن الاكل وما كنتُ صحبتُ هذه الطائفة قبل ذلك فجعلوا يتعجّبون من انقباضى وعدولى عن رسومهم وقد كنتُ أُحبّ ان اخالطَ هذه (201) الطائفة واعرفَ طريقتهم واعلمَ حقائقهم فقلتُ فى نفسى هذا وقتك هذا موضع انت به مجهول فانبسطتُ اليهم فكشفتُ ثوب الحياء عن وجهى فمرّة كنتُ اراسلهم وكرّة ازعق معهم وتارة اقرأُ لهم القصائد واخرج معهم الى الرباطات واذهب الى الدعوات حتّى والله حللتُ من قلوبهم وقلوب اهل البلد بحيث لا غاية ووقع لى بها اسم وقصدنى الزوّار وحُملتْ الىّ الثياب والصُرَر وكنتُ آخذه وادفعه اليهم برُمّته فى الوقت لانّى كنتُ غنيًّا فى وسطى نفقة وافرة وانا كلّ يوم فى دعوة واىّ دعوة وكانوا يظنّون انّى افعله زهدًا وجعل الناس يتمسّحون بى ويُذيعون خبرى ويقولون لم نر فقيرًا قطّ افضل من هذا حتّى اذا وقفتُ على سرائرهم وعرفتُ ما اردتُ منهم هربتُ منهم فى سحو ليلة فاصبحتُ وقد قطعتُ ارضًا فبينا انا يومًا بالبصرة وعلىّ ثوبى وغلام يتبعنى اذا رآنى[e] رجل منهم فوقف ينظر الىّ شبهَ المتعجّب فجزتُ عليه شبهَ المنكر ۞

---

a) C بخاصه ببصا. *b*) C haec om. *c*) B وحببه. *d*) C pro his: ومذاهبهم فيه مختلفة اما اهل السوس فحنابلة حببية ونصف الاهواز شيعة واهل العسكر معتزلة واهل جنديسابور وتستر اصحاب ابى حنيفة والشافعى وبرام هرمز من كل لون. Deinde omnia om. ad ورسومهم. *e*) B راى.

ورسومهم لا *يتطلّس الّا وجيه اكثرها اردية مربّعة والعوامّ[a] بالمناديل والفُوَط ولهم لَبَاقة واذا صلّى الامام الغداة بجوامعهم اجتمع عليه الناس فختم بهم ودعا *وكذلك بشيراز[b] وللخطبآء به[b] يلبسون الاقبية والمناطق *على رسم العراق[b] ولا يهلّلون بعد الجُمْعة[c] ويلتفت الخطيب يمينًا وشمالًا ويصحّون[d] بالدعآء خلف الصلوات *على رسم الشام ومصر[b]، ويدخلون الحمّامات بلا ميازر ويكثرون خبز الارزّ وركوب البقر *ووضع حِبَاب المآء[e] فى الشوارع والطرق *بين الاجناد على كلّ فرسخ وربّما حُمل اليها المآء من بُعْد، ورسومهم قريبة من رسوم العراق[f] يختارون ما كبر من الفصوص وجلّ من اللؤلؤ ولا يرى فى الاسلام[g] اصحّ من موازين العسكر ثمّ الكوفة ✿

والتجارات به مفيدة لانّ[h] كلّ سكّر تراه ببلدان[i] الاعاجم والعراق واليمن فمن ثَمّ يُحْمَل ويرتفع من تستر الديباج للحسن[k] والانماط *وثياب مرويّة حسنة وفواكه كثيرة ومن السوس السكّر الكثير وبزّ والخزوز[l] ومن العسكر مقانع القزّ تُحْمل الى بغداد وبزّ[m] جيّد *له بقآء وثياب القنّب والمناديل[b] وغير ذلك ممّا يرتفق به اهل الاهواز وستور بصنّا *وانماط قرقوب[b] معروفة وتعمل بنواحى واسط ستور[n] يكتب عليها ممّا عُمل ببصنّا وتخرج خروجها وليست مثلها ويعمل[o] بالاهواز فوط من القزّ حسنة تلبسها النسآء ويعمل بنهر تيرى أُزُر كبار ✿ ولهم خصائص ليس مثل مُرى جنديسابور وحلوآء الاقليم[p] وخزّ السوس غيبر العمائم لانّ سَكْب[q] الكوفة لا نظير له وسكّر العنب وببصنّا الانماط

---

a) C يتطلسون الا الاغنياء واوساط الناس. *b*) C om. *c*) C الصلوة. *d*) C ويصيحون. *e*) C ويكثرون وضع الجباب sed addit فيها الماء post والطرق. *f*) C om. et habet ويختارون. *g*) C ولا ترى. *h*) C كان. *i*) C فى بلدان et addit واقور post والعراق. *k*) B للحنش s. للحمش. *l*) C والبزّ للحسن من القطن ومن السوس الخزّ الذى لا نظير له ثيابٌ لا عمائمُ لان سكب الكوفة احسن. *m*) B ومرو. *n*) C add. على عملها, sed. om. deinde وتخرج خروجها. *o*) C h. l. insert: بالعسكر مناديلا (sic) من القنب كثيرة, et habet deinde: وبالاهواز فوطا. *p*) C add. وسكره, omissis verbis وخز — حسنة. *q*) B سكت.

والسنور الجيّدة وبقول[a] حسنة ودَسْتَنْبُوى[b] تستر وقصب السوس[c] ورطب نهر تيرى فى غاية الجودة ✿

ويقع عصبيات فى الاهواز[d] بين المروشيّين[e] وهم شيعة وبين الفضليّين وهم سنّة *حروب وبين[f] اهل *البذان وبصنّا وبين اهل[g] تستر والعسكر *وبين اهل تستر والسوس عصبيّات[g] من اجل تابوت[h] دانيال *عمّ وذلك انّهم ذكروا لمّا ظهر قبر دانيال عمّ جُعل فى تابوت فكان يُحْمَل الى (202) المواضع يستسقى به قالوا فتباعد التابوت عنّا ثمّ عاد الى تستر فضبطوه فبعثنا اليهم عشرةً من المشايخ رهائن الى وقت ردّه فلمّا حصلوه شقّوا له هذا النهر وبنوا هذا الازج وخلّوا عليه الماء وبقى اولائك الرهائن عندهم فمن ثمّ وقعت بيننا هذه العصبيّات ومن اجل هذا ذهب قدر مشايخنا الى اليوم[i] ✿

ومن الاقليم فى اللحم والسمك غير الاهواز اربعة ارطال ومنّ الخُبز[k] *مكّىّ ومنّ[l] الاهواز بغداديّ فى كلّ شىء ✿ ونقودهم[m] مثل المشرق الذهب بالدوانيق كلّ دانق ثمان واربعون *تمونة وهى الارزّة[n] وكلّ الف درهم وُزنت باصفهان فانها[o] تنقص بتستر خمسة وعشرين[p] ثمّ التستريّة تزيد على الاهوازيّة بستّة دراهم وكلّ مائة دينار وُزنت بقزوين فانها تزيد بتستر خمسة *واربعة دوانيق[q] وكلّ مائة درهم وُزنت بخراسان نقصت بخوزستان درهمين[r] وليس يعرفون القيراط ✿ ومكاييلهم المكّوك والكُرّ والمختوم والكفّ والقفيز فكّوك جنديسابور ثلاثة امناء ونصف والكرّ اربعمائة وثمانون ومختوم الاهواز صاعان[s] وهو ثلاثة اكفّ والقفيز سبعة امناء من الحنطة وكرّهم الف ومائتان وخمسون منًا حنطة

---

a) B وتقول. b) B ودسنبوى. c) C addit. وخبزها وحسن (l. وخيش?) الاهواز وبنهر تبرى رطب يختار على معقلى البصرة, ceteris ad الجودة omissis. d) C بالاهواز. e) C المروسيين et mox الفضيليين. f) C حروب وحروب بين. g) C om. h) B om.; C ante وذلك insert: وبين اهل البذان وبصنا حروب. i) C haec omnia om. k) B الجُبّن. l) C رطلين ورطل. m) C وسنجهم. n) C ارزة يسمونها تمونة. In praeced. B et C ثمانية. o) B فانه. p) B et C وعشرون. q) C واربع دوانق (B quoque واربع). r) B درهمان. C om. وليس — القيراط. s) C صاعيين.

ويكون الفّاء[a] من الشعير ۞ وليس فى اقاليم الاعاجم افصح من لسانهم وكثيرًا ما يمزجون فارسيّتهم بالعربيّة ويقولون[b] ابين كتاب وَصْلا كُنْ وابين كار[c] قَطْعا كُنْ واحسن ما تراهم ينكلّمون بالفارسيّة حتّى ينتقلون الى العربيّة واذا تكلّموا باحد اللسانَيْن ظننتَ انهم لا يُحْسِنون الآخر وفى كلامهم طنين ومدٌّ فى آخره واذا قالوا اسمع قالوا ببخش[d] ويسمّون الكباد[e] خيمال *ورعوس اهل رام هرمز مبلطحة[f] وليس لهم صفآء ولهم لسان لا يفهم، واخبرنا ابو الحسن مطهر بن محمّد الرامَهُرْمُزِىّ قال حدّثنا منصور بن محمّد قال حدّثنا اسحاق ابن احمد[g] قال حدّثنا محمّد بن خالد بن ابراهيم قال حدّثنا ابو عصمة قال حدّثنا اسماعيل بن زياد قال حدّثنى مالك القطّان عن خُلَيد عن عمران[h] المَقْبُرىّ عن ابى هُرَيرة قال قال رسول الله صلعم ابغض[i] الكلام الى الله الفارسيّة وكلام الشياطين الخوزيّة وكلام اهل النار البخاريّة[k] وكلام اهل الجنّة العربيّة[l] ۞ *وخراج الاهواز ثلاثون الف الف درهم وكانت الفرس تقسّط[m] على جميع الاقليم خمسين الف الف درهم[n] ۞

واما المسافات[o] تاخذ من السوس الى قُرْقُوب مرحلة ثم الى الطِّيب مرحلة، وتاخذ من السوس الى بصنّا بريدَيْن ثم الى البِذّان[p] مثلها، وتاخذ من جُنْدَى سابور الى اللُّور مرحلة ثم الى الدِزْ[q] مرحلتين ثم الى رايكان[r] مرحلة ثم الى كُل بابيكان[s] ٤٠ فرسخًا مفازة ثم الى[i] كَرَج ابى دلف مرحلة، وتاخذ من تستر الى *قرية الرمل[t] مرحلة ثم الى بصنّا مرحلة، وتاخذ من العسكر

a) B et C الف. b) B sine copula. c) B كان. Deinde C قطع. d) ? B بنجش, C بحسن. e) C الكياد et حيمال. f) B ووروس رام هرمز منلطحه, C مبلطحه. g) B محمد. h) B عمر بن. i) B om. k) B sine punctis, C المخارية. l) C addit: وتسمع بالاهواز علون (Cod. غلون) وعلان ما شيت. m) B بسسط. Vid. Jacut, I, p. ٤١١, 17, Ibn-Khordádbeh, p. 41, 3 a f. n) B دينار; vid. Jacut et Ibn-Khord. In C haec omnia desunt. o) C addit فانك. p) C البزاز. q) C الذر. r) B sine punctis. C راى كان. s) B داركان l. بادكان. C كلبابيكان. t) B et C tantum قريه, sine الرمل quod coniectura supplevi.

الى لحصن مرحلة ثمّ الى لحصن ايضًا مرحلة ثمّ الى رام هرمز مرحلة، وتاخذ من العسكر الى تستر او الى الاهواز مرحلة مرحلة، *وتاخذ من جنديسابور الى السوس او الى تستر مرحلة مرحلة ومن بَيْرُوت الى السوس او البِذان مرحلة مرحلة[a]، وتاخذ من الاهواز الى شُوَراب بريدًا ثمّ الى مندم[b] مرحلة ثمّ الى[c] قصبة الدورق مرحلة، وتاخذ (203) من الاهواز الى سوق الاربعآء مرحلة ثمّ الى حصن مهدىّ مرحلة ثمّ الى فم العَضُدىّ مرحلة *ثمّ انت فى دجلة العراق[d]، وتاخذ من حصن مهدىّ الى بَيَان[e] فى سبخة على الظهر مرحلة ۞ واعلم انّ نهر الاهواز *ودجلة يفيضان الى بحر الصين بينهما هذه السبخة وكان الناس فى القديم يذهبون فى النهر الى البحر ثمّ يعودون فيدخلون من البحر الى دجلة ثمّ الى الابلّة[f] وكانوا على خطر وفى تعب حتّى شقّ عضد الدولة نهرًا عظيمًا من *نهر الاهواز الى نهر دجلة[g] طوله اربعة فراسخ والطريق[h] اليوم فيه ۞ وتاخذ من الاهواز[i] الى أَجَم مرحلة ثمّ الى آزَر مرحلة ثمّ الى رام هرمز مرحلة، وتاخذ من الاهواز الى[k] الدورق مرحلة ثمّ الى خان مرحلة ثمّ الى بصنّا مرحلة ثمّ الى قرية الرمل مرحلة ثمّ الى قُرْقُوب مرحلة، ولها طريقان أُخراوان[l]، وتاخذ من الاهواز الى نهر تيرى مرحلة ثمّ الى نهر العبّاس[m] مرحلة ثمّ الى الحُوزِيّة[n] مرحلة ثمّ *تركب الماء

---

a) C habet: ومن جنديسابور الى السوس مرحلة ومن السوس الى بيروت مرحلة. b) Supra p. ٤٠٦, 12 بندم. c) C om. d) C ثمّ الى نهر دُبّا مرحلة ثمّ الى الأُبُلّة مرحلة كلها فى الماء. e) B بسار. C om. فى سبخة. f) C pro his: ونهر بغداذ يجريان الى البحر بينهم (l. بينهما) اسبخة وكان الناس يذهبون — فيدخلون الدجلة الى البصرة. g) C الى دجلة النهر (B الدجلة). h) C فالطريق. i) C addit: الى الدورق مرحلة ومن الدورق. k) B male addit مدينة et hanc ob causam, ut videtur, Sprenger, p. 68 itinerarium hoc falsum declaravit. Intelligitur nempe hic الدورق in provincia Ahwáz, vid. supra p. ٤٠٩ l et ٤١١, 20. C habet hoc itinerarium: ثمّ من الدورق الى خان مرحلة. l) *Sic* pro اخرى. C اخريان. m) C عباس. n) B الخوريه.

الى الابلّة[a] مرحلة، وتاخذ من الاهواز الى الاسْحاقيّة[b] مرحلة ثم الى الجسر المخترق مرحلة ثم الى حصن مهدىّ مرحلة، وتاخذ من نهر العبّاس الى عسكر ابى جعفر مرحلة *ثم تعبر[c] الى الابلّة وهى طريق الدوابّ، وتاخذ من رام هرمز الى سَنْبل مرحلتين ثم الى أَرَّجان مرحلة، وتاخذ من رام هرمز الى تيرم[d] مرحلة ثم الى غروة[e] مرحلة ثم الى البازيبر[f] بريديين ثم الى ايذَج مرحلة ثم الى الدِز[g] مرحلة ومن[h] الدز الى الدَّوْلَاب مرحلة ومن الرامّ الى الزُّطّ مرحلة، وتاخذ من رام هرمز الى بدة[i] مرحلة ثم الى جسر جهنّم مرحلة ۞

أقليم فارِس

هذا اقليم ترابه معادن وجباله مشاجر شوكه العَنْزَرُوت ومن اغنامه البازهر[k] الموصوف، وعيونه المومياى[l] المعروف،، واليه تنسب *اقاليم الثمار به نخل واترنج وزيتون وريباس واقصاب وعكّوب، وجوز ولوز وخرنوب،، وبه تعمل[m] الابراد والخزوز، والبسط الصنيعة والبزوز[n]،، والاكسية العجيبة والستور وثياب كتّان تشاكل القصب[o] وديباج وانواع من الحلل ۞ به المنازه[p] المذكوره، والقصبات المشهوره،، والمدن الطيّبة كفَسَا وشعب بوّان[q]، وسَابُور ونُوبَنْدَجَان،، ودارابَجِرْد الجليلة الشان، ولا يخفى فضل سِيرَاف وأَرَّجان،، وباصْطَخْر العجائب والبنيان[r]،

---

a) C الى الابلة مرحلة فى الدجلة. b) C الاساقيه addens فى النهر (pro الجسر habet الحسن). c) C وتعبر. d) B sine punctis, C بيوم. e) B et C عروه. f)? B السازبر, C البادى. Fortasse intelligitur oppidum quod p. ۴۰۷, 5 بازنك appellatur. g) B الدن. Intelligitur h. l. الدز in provincia Daurak. h) C وتاخذ من. i) *Sic* B. In C haec desunt. k) C البازهو. l) B المرمادس; C om. عيونه et المعروف. m) C الثمار اقاليم به نخيل وزيتون واترنج وخرنوب وريباس وعكوب ويعمل به (B الثمار به). Quum infra in descriptione Schirázi B habeat الثمار اقاليم pro اقاليم الثمانية, fortasse hic quoque idem legendum est. n) C والخزوز. Deinde واكسية عجيبة وستور. o) C add. وخز. p) C المنارة. q) C بوزان. r) C عجائب البنيان.

وقد جلّت جُور على البلدان، بماورد واسباب، وشابهَتْ سابُور سُغْدًا باضراب، وزادت[a] عليها بزيتون واترنج واقصاب، فهى اشجار واثمار وانهار ۞ ففارس[b] اقليم جليل طيّب كثير الخيرات، ومعدن التجارات، *وقال لى يومًا ابو الحسن المومّلىّ كيف وجدتَ فارس[c] قلتُ وجدتُها اشبه الاقاليم بالشام لانها تجمع اضداد الثمار وبه جروم وسرود ومعتدلات، وجبال مشجرة عامرة وعسل وزيتون وبركات، لم ارها بعد الشام الّا بفارس[d] الّا انه معدن الجَوْر والفسَاد كثير العقارب[e] وحش اللسان ثقيل الضرائب حارّ الاطراف بارد الصرود ورسوم[f] المجوس به ظاهرة واكثر الضياع مقتطعة *عمره فارس بن طهمورث[g] ۞ وهذا شكله ومثاله ۞

(205) وقد جعلنا فارس[h] ستّ كور وثلاث نواحٍ فاوّلها من قبل خوزستان أرّجان ثم أرْدَشير خُرّه ثم دَرَابَجِرْد[i] ثم شيراز *ثم سَابُور[k] ثم اصْطَخْر والنواحى الرُّوذان نَيْرِيز[l] خَسُو ۞ فاما ارّجان فانها كورة جليلة سهليّة جبليّة[m] بحريّة كثيرة النخيل والتين والزيتون والدخل والخيرات يحكى[n] عن عضد الدولة انه قال غرضى من العراق الاسم ومن ارّجان[o] الدخل، وارّجان كان ابن قرقيسيا[p] بن فارس غضب على ابيه[q] ورحل من أقّور فكوّرت له هذه الكورة واضيف اليها بعض مدن اردشير خرّه[r] وغيرها وان قويت[s] مقالة مَنْ جعل رامَ هُرْمُز من فارس فيجوز ان تكون من المضافات وقد رُدّت الآن * الى

---

a) B وزيادات. *b*) C فارس. *c*) B فارسا. *d*) C pro his: ودخلت يوما على ابى الحسن المومّلى وجرى حديث فارس فقلت ايد الله الشيخ هو اشبه الاقاليم بالشام لانه يجمع اضداد الثمار والجروم والمصارد والمعتدلات ثم جباله كلها مشجرة عامرة وبه عسل كثير ونعم وبركات. *e*) C العقاب. *f*) C sine copula. *g*) B طهموث et ut interdum عمّر cum teschdid. In C haec desunt. Deinde C وهذه صورته Sequitur mappa (B p. 204). *h*) B فارسا. C om *i*) Sic fere semper B; C fere ubique داراجرد. *k*) C om. *l*) B تيبرس, C وتيبزين. Deinde B حسوا, C وحسوا. Vid. infra. *m*) Videtur supplendum بريّة coll. Ist. p. ۱۲۸, 3. *n*) C ويحكى. *o*) C h. l. الرجان. *p*) C قرقيسا. *q*) C الله. *r*) B et C hic et saepius ازدشير خره ut solent Arabes. *s*) B et C قويت.

خوزستان ۞ وقصبة ارّجان[a] على اسمها ومن مدنها نحو البحر قوستان[b] داريان مَهْرُبَان[c] جَنَّابَة سِينِيز[d] وفى الجبال جُومَة[e] هِنْدُوَان[f] ۞ واما أَرْدَشِير خُرّه فانها كورة قديمة رسمها نمروذ بن كنعان ثم عمرها من بعده سيراف[g] بن فارس اكثرها ممتدّ على البحر[h] شديدة الحرّ قليلة[i] الثمار قصبتها سِيرَاف ومن مدنها جُور مِيمَنْد[k] نابَنْدِ[l] الصِّيمَكَان[m] خَبْر[n] خَوِرِسْتان الغُنْدِجَان كُرَان[o] سَمِيرَان زِيرَبَاذ نَجِيرَم نابند[p] دُونَ سورو[q] راس كِشْم ۞ واما دَرَابَجِرْد فانها كورة نفيسة[r] عمرها درابجرد بن فارس وبها كان المصر فى القديم وكان ينزلها الملوك كثيرة المعادن جليلة الخصائص طيّبة الهوآء قصبتها على اسمها ومن مدنها طَبَسْتان[s] الكُردبان[t] كُرْم يَزْدَخواسْت المَسْكانات رمّ

---

a) C قصبتها الى حالها. B h. l. الرجان. *b*) C فوستان, sed infra قوسمان; B ut recepi. *c*) B ماهرىان, C ماهريان, supra B ماهبروان. *d*) B سيبس, C سينين ut B supra. *e*) C بلا شابور et B supra بلا سابور, quod est nomen regionis, cuius Djuma est urbs. *f*) Ist. p. ۱۱۳ eandem urbem appellat هنديجان. Cf. Jacut IV, p. ۹۹۳. *g*) B سراف. *h*) C بحر الصين. *i*) Jacut, I, p. ۱۹۹, 14, ubi hic locus exstat, كثيرة. *k*) B سمند, C ميميد, B supra ميمند. *l*) B بادن, C بابر. Supra B بابد. *m*) B et C الصميكان, supra B الصمكان. *n*) B et C حمر, B supra جير. Deinde C خوزستان. *o*) In B litterae ر inscribitur خف. Deinde B شميران ut quoque Jacut l.l. *p*) B بابند, C بامد. B supra بابند. Puto coniungendum esse nomen cum دون ut significetur Nábend inferius. *q*) C سورا ut B supra. Infra B et C سورون, sed in itinerario سوروا. Iterum locum memorat auctor in capite sequenti et quidem sub duabus formis شهروا et سوروا, tamquam si duo oppida essent (vid. Ist. p. ۱۹۳*c*). Deinde C ut B supra راس كسم. Infra B كشيم. Cf. Ouseley, *Travels*, I, p. 162. *r*) C سريّة. *s*) B hic طسنان, supra طبستان. Vid. Jacut, II, p. ٥٩٠, 12, ubi hic locus laudatur, et Ist. p. ۱۰۷*i*. In mappa B طمستان. *t*) B et C الكرديان (B add. vocal.), supra B الكودبان. Vid. Ist. p. ۱۰۷*l*. Lectionem receptam commendat forma كردمان (الكردمان) quam habent Codd. Istakhrii E, O, F et L.

شهريار[a] كدروا اوجين[b] ايك[c] ولها ناحية نَبْرِيز[d] مدنها خيار[e] المُرَيْزِجان[f] المَاذَوَان *وناحية خَسُو مدنها[g] رُوبَنْج رستاق الرستاق فُرْج تارم[h] ومن المدن ذات الرساتيق الجليلة جُوَيم[i] ابى احمد الاصْبَهَانَات سنان[k] برك ازبراه[l] ✿ واما شِيرَازْ *فانها لم تكن[m] فى القديم كورة وانّما كانت مدينة[n] بناها شيراز بن فارس *الّا انّ المسلمين مصّروها[o] لمّا فتحوا الاقليم[p] واستطابها الملوك فنزلوها وهى فى الدواوين *الى اصطخر مضافة[q] غير انّى قد اضفتُ اليها مدنًا كثيرة وكوّرتُها لانّ بها المصر الاعظم[r] والدولة لها والدواوين اليها وهى كثيرة الجبال معتدلة الهوآء قصبتها *على اسمها[s] ومدنها البَيْضاَء قَسَا المصّ كُنول جُور[t] كَازَرِين دَشْتُ بَارِين جَمّ جُوبَك[u]

---

a) B شهيران, C شهيرار. Ist. p. ١٠٩*h*. Deinde C كذروا. In itinerario B et C جدروا. *b*)? B اوحمر, C اوحين. *c*) B ابك, C om. Vid. Jacut l.l., ubi ceterae urbes inde a يزدخواست desunt. Quoque scribitur ايج, Ist. p. ١٠٨*b*. *d*) B تبرس, C تيزين (sic) وناحيتان احديهما. *e*) B خنار s. جنار, C حمار. In itinerario خير appellatur. Cf. Ibn-H. p. ١٨۴*g*. *f*) Secundum Ist. p. ١٠٨. B et C المزجان (in mappa B مريرحان, C مرىحان). Pro الماذوان apud Ist. p. ١٠٨ male edidi الماروان secutus Jacut. Vid. Ouseley, *Travels*, II, p. 156 seq. *g*) C والاخرى حسوا ومدنها. Deinde B et C رودىح. Pro خسو hic ut supra حسوا, in itinerario حسو scribitur ut recepi apud Ist. p. ١٠٨*h*. Nunc appellatur خسويه (Khesuieh), Ouseley, *Travels*, II, p. 111, 114, 134. *h*) B فرج بارم. *i*) B حوىم, C فجويم. *k*) B om.; C سبان et in mappa سيبان, B supra سيباد. Secutus sum Ist. p. ١٠٧ et ١٣٢. Nomen sequens scribitur پرك in *Djihán-Numa*, p. ٣٦٩. *l*) B ازبراه, sed supra ut C et Ist. p. ١٠٧. In mappa C ازبره (B اردره). *m*) C فلم يكن. *n*) C قرية. *o*) C وانما مصرها المسلمون. *p*) C فارس. *q*) C مضافة الى اصطخر. *r*) C om. *s*) C شيراز. *t*) B جوم, C حور. Supra iam inter urbes provinciae Ardeschír Khorra enumerata est. Deinde B et C كازرين. *u*) C حومك, B supra جونك. In B sequitur ده, quod omisi, non improbabile esse putans, id esse variam lectionem partis posterioris nominis جوبك quod proprie جوبه pronunciatur (cf. Jacut, II, p. ١۴٢).

جمْكان[a] كُورْد[b] بَجّه[c] هَزَار أَبَك[d] ۞ واما سابُور فانها كورة نزيهة قد اجتمع فى البستان الواحد منها النخل والزيتون والاترنج والخرنوب والجوز واللوز والتين والعنب والسِدْر وقصب السكّر والبَنَفْسَج والياسمين وترى الانهار[e] جارية والثمار دانية والقرى مُتدّة[f] تمشى الفراسخ تحت ظلّ الاشجار مثل سُغْد وعلى كلّ فرسخ خبّاز وبقّال قريبة من الجبال اسم قصبتها شَهْرَسْتان ومن مدنها دَريز[g] كازَرُون خُرّه[h] النُّوبَنْدَجَان كارِيَان كُنْدُرَان[i] تَوَّز رَمّ الاكراد جُنْبَد[k] خَشْت[l] ۞ واما إِصْطَخْر فانها اوسع الكور كثيرة المدن كبيرة الاسم عمرها اصطخر بن فارس ومن[m] مدنها هَرَاة مَيْبُذ[n] مائين القَهْرَج الحِيرَة[o] فارُوق (206) سَرْوِسْتان[p] أُسْبَنْجان[q] بَوَّان كرمان[r] شهرباتنق[s] أُورْد

---

a) Nomen componendum videtur cum بحيرة جنكان, Ist. p. ١٠٠ et ١٢٢, non cum urbe جنقان (ib. p. ١٢٠). Quod Jacut, II, p. ١٧٩, 3 habet جبكان corruptum est. Vid. Ibn H. p. ١٨١b. B h. l. جمّكان, C حمكان. b) B h. l. كورود. Infra Codd. كرد. Male Jacut II, p. ٢٥٨ كَرْد. c) B وبنحه, C روبجه, B supra بحه. Cf. Ist. p. ١٠٣. d) B h. l. انك. Vullers in voce ابكٌ. Fortasse est Jacuti آبَج. e) C ولا ترى الا انهارا. f) B صيده. Jacut, III, p. ٩, 4 ubi hic locus laudatur متصلة. Idem pro الفراسخ habet ايالما. g) B et C h. l. دران. Supra B دردن. h) B h. l. et in mappa خره, C جره ut B quoque supra et infra habet. Vid. Ist. p. ١١٢c. i) C h. l. كيدران ut infra B habet. Cf. Jacut, III, p. ٥, 22. k) Plenius جنبد ملغان ut infra. B supra جنبذ. l) B حسن, supra جشن. m) B من. n) B بيمد, C ميمد. Supra B مادمد. In mappa C ممد. Vid. Ist. p. ١٠٠. Deinde B مايين, supra مادسن, C مابين. o) B om. p) B شروستان. q) C اسابحان. Ist. p. ١٠٣ اوسبنجان. r) In C et in B supra deëst كرمان. Necessarium autem erat hoc بوان distinguere a celeberrimo بوان in provincia Sábur, quod rectissime factum est additamento كرمان, cf. Jacut, I, p. ٧٥٣, 20. Eodem modo صاهك in hac provincia appellatur صاهك كرمان ut distinguatur ab alio eiusdem nominis loco. Vid. Ibn-H. p. ١٩٣, 8. s) B شهريانو, C شهردايو. Supra B شهربا. Cf. Ist. p. ١٠٢, 2, ubi شهر فانك. In mappa Cod. Istakhríi C سهر دادك. Pro اورد quod sequitur vulgo ارد scribunt.

السـرون خُـرَّمَـة[a] دِه أُشْتُـرَان تَـرْك نِـيـشَـان[b] صـاهـه شَـبَّـابـك[c] ✿

أَرَّجان قصبة شديدة العمارة كثيرة الخيرات جليلة المدن سريّة الاهل تجمع الثلج[d] والرطب، والليموا[e] والعنب،، هي معدن التين والزيتون، وبها[f] يعمل الدبس الفائق والصابون،، خزانة فارس والعراق ومطرح خوزستان واصفهان بها نهر غزير يشقّ البلد وجامع حسن عامر على طرف الاسواق به[g] منارة طويلة ظريفة بنيانهم حجر غير مؤلّف *وبه سوق البزّازين[h] على عمل سوق سجستان[i] عليه ابواب تغلق كلّ ليلة وهو صفوف مصلّبة[k] والابواب من الاربع جوانب يقابل بعضها بعضًا ولا[l] ترى احسن من سوق الحنطة بها نظيفة طيّبة فى الشتآء قد غابت فى النخيل والبساتين وآبارها[m] حلوة وقُلْ ما شئتَ فى الخبزات[n] والاسماك والثلج والرطب الّا انها فى الصيف جهنّم ويملح مآء[o] النهر من وقت العنب الى وقت المطر ولا ترى النسآء فى بلد اغنّ[p] منهنّ بها، لها ستّة[q] دروب درب الاهواز درب رِيشَهْر درب شيراز درب الرُّصَافة درب الميدان[r] درب الكيّالين وهى من فتوح عثمان بن ابى العاصى[s] والجامع من بنآء الحجّاج ✿ وجُومَة صغيرة شربهم من نهر اسم رستاقها بَلَا سَابُور وهى *جبليّة نزيهة شبه غوطة دمشق يقال[t] انّ سابور بن فارس

---

a) B et C جرمه ut quoque B supra. *b*) B برك بيشان ; C برك بيشان. Supra B ترك بيشان, sed infra B et C تركستان. Videtur intelligi idem locus, cuius nomen apud Ist. p. ١٠١ edidi طرخيشان et pro quo iam correxi طَرْخِنيشَان apud Ibn-Haukal, p. ٢٠٤, 6. Infra apud nostrum in loco ex Ist. descripto sub hac forma occurrit. *c*) B شبانك, C شابابك. In mappa B سابك, in mappa C سابابل. In itinerario B ساباوك, C ساوباك (l. ساباوك). Ouseley, *Travels*, I, p. 211, ann. 27 scribit شباوك. *d*) C الثلوج. *e*) C والنيموا. *f*) C وفيها. *g*) C فيه. *h*) C (l. وبها سوق دن (بز. *i*) C زرنج. *k*) C مصوره. *l*) C ثم لا. *m*) C والابار بها. *n*) B الخمرات, C الخيرات. *o*) B om. ماء. *p*) B اغر. *q*) B سبعة. *r*) C habet vocab. Persicum اسپريس (Cod. اسبويس). *s*) C العاص (B et C om. ابى). *t*) C نزيهة جدا فى الجبال يشبه رستاقها غوطة دمشق ويقال.

كان يختارها على جميع البلدان التى عمرها[a] بخراسان وخوزستان وثَمّ مات وقُبر ✿ الدَيرجان[b] مدينة رستاق رِيشَهْر[c] متوسّطة رحبة ✿ وبيبران[d] مدينة سَنْبِل وكانت من خوزستان فى القديم ✿ وهِنْدُوَان[e] من نحو البحر ذات جانبين *الجامع والسوق[f] من قبل ارّجان وبقيّة الدور وسوق السمك فى الجانب *الآخر من نحو البحر[g] ✿ وداريان[e] لها سوق عامر ورستاق واسع ✿ وسِينِيز[h] على نصف فرسخ من البحر فوق مَهْرُبَان[i] لها سوق طويل يدخل اليها خور تجرى فيه المراكب والجامع نآءٍ عن السوق ودار الامارة متقابلة[k] كثيرة القصور ✿ ومَهْرُبَان على البحر والجامع على الشطّ[l] ولهم مآء ضعيف وهى فرضة الكورة وخزانة البصرة عامرة جيّدة الاسواق ✿ وجنّابة[m] ايضًا على خور اسواقها بازقّة[n] والجامع وسط البلد شربهم[o] من آبار مالحة وبرك ومنها كان ابو سعيد *وابو طاهر[p] القرمطىّ ✿

سِيرَاف هى قصبة أَرْدَشِيرخُرّه[q] وكان اهلها حينَ عمارتها يفضّلونها على البصرة لشدّة عمارتها وحسن دورها وظرف جامعها ولباقة اسواقها ويسار اهلها وبُعْد صيتها وكانت حينئذ دهليز الصين دون عمان وخزانة فارس وخراسان، وعلى الجملة ما رايتُ فى الاسلام اعجب من دورها ولا احسن قد بُنيت من خشب الساج والآجرّ شاهقة تشترى الدار الواحدة[r] بفوق المائة الف درهم ثم انها خفّت لمّا ولى الديلم وانجلوا الى سواحل البحر وعمروا قصبة[s] عمان ثم جاءت زلزلة سنة ٦٦ او ٦٧ *فقلقلتها وحركتها[t] سبعة ايّام حتّى هرب الناس الى البحر وتهدّم[u] اكثر تلك الدور وتفطّرت[v] وصارت آيةً لمن تاملّها وعبرةً *لمن

---

a) C اعمرها. *b*) Ex C. In B lacuna est. Fortasse idem est locus quem Ist. p. ١٢١, 3 a f. appellat دارجان. *c*) C رئيسهم. *d*) Sic C. In B lacuna est. Mox C سسمل. *e*) Ex C; in B lacuna. *f*) C السوق والجامع. *g*) C البحرى. *h*) B سينين. C وقوسان i. e. قوستان (vid. supra p. ٤٢٣, 1), unde probabile fit quaedam deësse. *i*) B مهران, C مهريان. *k*) C تقابله. *l*) C الساحل. *m*) C add. بحرية. Cf. Jacut II, p. ١٢٣, 3 et 4. *n*) C بارقه. *o*) C وشربهم. *p*) C om.; B وطاهر. *q*) B ازدشيرخره. *r*) B om. *s*) C om. *t*) C فزلزلتها. *u*) C وهدم. *v*) C وتقطرت.

اتّعظ بهاء *a* وسالتُهم ما الذى صنعتم حتّى رفع الله حلْمَه عنكم قالوا كثر فينا الزنا، *وفشا فينا الربا *b*،، قلتُ فهل اعتبرتم بما ارى (207) قالوا لا وحُدّثتُ عن نسائهم بشىء قبيح ورايتُ اهل فارس مع كثرة فسقهم *c* يضربون بهم الامثال وأُخْبِرتُ انهم قد اخذوا فى العمارة وقد بدت ترجع الى ما كانت *d* وهى باب جهنّم من شدّة *e* الحرّ والماء يحمل البيها *f* من البُعْد ولهم قناة صغيرة عذيبيّة *g* وفواكههم قليلة موضوعة بين الجبل والبحر وما حولها فأرْض *h* قفر بالقرب منها نخيلات ۞ وزيرَبَاذ *i* على راس الحدّ من قبل كرمان *على البحر *e* بها قلعة ما رايتُ اعجب منها شربهم من آبار ضعيفة *ما كان احلى منها فعليه باب لخاصّيّة الامير *k* كلّما نصب بئر تحوّلوا الى آخر ۞ ونَجِيرَم بحريّة ايضًا بها جامعان قد نقر *قاعة احدهما فى الصخرة *l* وعنده سوق خارج البلد شربهم من آبار وبرك *m* تملأ من المطر ۞ وكركم عامرة والجامع على رابية على راس *n* السوق يصعد اليه *فى درج *o* خشب ۞ وكارِيان *p* صغيرة الّا انّ رستاقها عامر وبها بيت نار يعظّمونه ويحملون *q* ناره الى الآفاق ۞ وراس كِشْم *r* صغيرة لها سوق واسع الجامع فيه يصعد اليه بدرج *s* ۞ وسورو على راس حدّ كرمان بحريّة صغيرة وقد بدت تعمر *لانّ حمولات عمان اليها ونفر كرمان ترفع منها *t* شربهم من ماء يُقْبِل من الجبل فيجتمع فى موضع فاذا انقطع حفروا ذلك الموضع نحو خمسة اذرع فيخرج عليهم *u* ماء حلو ۞

---

a) C وموعظة. *b*) C haec om. sec. apogr. meum, sec. collat. Belin habet cum lectione الوبا. *c*) C فسادهم. *d*) In B expunctum sequitur عليه; C لما كانت. Deinde C هى ثم. *e*) C om. *f*) C البيهم. *g*) B عذبية. Deinde C قليلة الفواكه, omisso موضوعة. *h*) C وحولها ارض. *i*) C ودرباد, B وزيرباذ. *k*) In his B احلا et ولخاصية. C loco horum verborum عليها اغلاق ما كان للسلطان et mox نصت pro نصب. *l*) C قاع احد الجامعين فى الصخر. *m*) C add. خارج البلد. *n*) B باب. *o*) C بدرج. *p*) Supra in provincia Sabur collocatur. Jacut, IV, p. ٢٢٤ ult. seq. hunc locum transscripsit. C وكاربان, B sine punctis. *q*) C ويحمل. *r*) B كشيم et om. صغيرة, C كسم. *s*) C فى درج. Deinde B et C وسورون. *t*) C pro his: وحمولات خراسان اليها. Pro نفر B habet بفر et برفع pro ترفع. Ante اليها inserendum videtur تحمل vel talequid. *u*) C لهم.

دَرَابَجِرْد[a] قصبة نفيسة لها مدينة حصينة ذات بساتين ونخيل[b] وثلج *واصداد عدّة[c] حسنة الاسواق *معتدلة الهوآء[c] ولهم آبار وقنىّ فى وسطها قبّة[d] المومياء وتلّ فيه مسجد الجامع وبعض الاسواق فى المدينة *وبقيّتها بالربض[e] وهو[f] جانب واحد وسوق البزّ[g] شبه خان له بابان وللمدينة اربعة ابواب دورها فرسخ مكسّر وعلى قبّة المومياء باب حديد وقد وُكّل رجل بحفظه[h] فاذا كان شهر مِهْرماه[i] صعد العامل والقاضى وصاحب[k] البريد والعدول وأُحْضرت المفاتيح وفُتح الباب ثمّ دخل[l] رجل عريان فجمع ما نزّ[m] فى تلك السنة ولا يبلغ رطلًا على ما سمعتُ من بعض العدول *ثمّ يجعل[n] فى شىء *ويختم عليه ويبعث[o] مع عدّة من المشايخ الى شيراز ثمّ يغسل الموضع فكلّ ما ترى فى ايدى الناس فانّما هو معجون بذلك المآء ولا يوجد الخالص الّا فى خزائن الملوك ۞ وفُرْج مدينة[p] غير كبيرة الّا ان بها جامعًا وحمّامًا ليس لهما[q] بالاقليم نظير وهى كثيرة الخير[r] وسط البلد قلعة على تلّ والمآء من ناحية ۞ وبرك فى هودة[s] على فرسخين من الجبل والجامع على جانب السوق حسن نظيف شربهم من قنىّ ۞ وجُوَيم ابى احمد من الامّهات سعة رستاقها عشرة فراسخ تحوطه[t] الجبال كلّه نخيل وبساتين شربهم[u] من قنىّ ونهر صغير جانبَ السوق وبين الجامع والسوق زقاق طويل وهو على نشزة حسن يصعد اليه بخمس درجات وسطه حوض يملأ من مآء المطر يخرج منه فى كلّ يوم قدر الحاجة ظريف[v] ۞ ورُسْتاق الرُّسْتاق[w] صغيرة ليس لسوقها ذاك الكبر الّا انّ

---

a) C semper داراجرد. *b*) C add. كثيرة. *c*) C om. *d*) Jacut, II, p. ۵۹۰, 13, ubi hic locus exstat, قنة. *e*) C والبقية فى الربض. *f*) C add. من. *g*) C البر. *h*) B بحفظه, C لحفظه, Jacut بحفظه. *i*) Mensis septimus. Jacut habet نيرماه qui est mensis quartus. *k*) C صاحب. *l*) Jacut يدخل. Mox B فيجمع. *m*) Jacut تَرَقّى (ortum ex نزّ فى). *n*) C فجعل. *o*) C وختم عليه القاضى وبعث. *p*) B om. *q*) B لها. *r*) C add. فى. *s*) B هوبة i. e. هوية. *t*) C بحوطه, Jacut, II, p. ۱۹۴, 13 تُحَوّطه. *u*) C وشربهم. Deinde Jacut من القنىّ ولهم نهر صغير فى. *v*) B om. Deinde C om. copulam. *w*) C add. هى.

رستاقها اربعة فراسخ فى مثله كلّه بساتين ومياه واشجار شربهم من نهر يدخل عليهم ۞ وتارم على راس حدّ كرمان جامعهم نآءٍ عن السوق وشربهم من شعبة نهر يدخل عليهم لها بساتين (208) ونخيل وبها عسل كثير ۞ ونَيْريز[a] كبيرة الجامع الى جانب السوق شربهم[b] من قنىّ ورستاقهم عشرون فرسخًا فى مثلها، ولم ادخل بقيّة المدن *ولكن أُخبرتُ انهنّ سريّات طيّبات جليلات الرسوم[c] ۞

شِيرَاز هو مصر الاقليم بليذ[d] ضيّق حديث لسان وحش ورسم سخيف لا رئيس معتمد ولا شارع فسيح[e] ولا عالم اديب عدولهم لَوَطَه، وتجارهم فَسَقَه، وسلاطينهم ظَلَمَه،، من الضيق فى الاسواق يزدحمون، واكثرهم يقولون ما لا يفعلون،، تراهم يدخلون الحمّامات بلا ميازر وتنطح رؤوسهم الرواشن ولا ترى على مجوسىّ غيارا[f]، ولا لصاحب طيلسان مقدارا،، ولقد رايتُ اهل الطيالس سكارى، ويلبسه[g] المكدّون والنصارى،، وبه دور الزنآء ظاهره، ورسوم المجوس مستعمله،، ولا تسمع[h] الخطبة من صياح السؤّال، وفى المقابر مجتمع الفسّاق، وفى اعياد الكفرة[i] تزيّن الاسواق،، وضُرِبَتْ على الحوانيت الضرائب الثقال،، ومُنع الخارج منه الّا بجواز، وحُبس الداخل والمجتاز،، وصَعُب العيش به[k] وضُعّف الخراج، *لم يذوقوا برد العدل ولا سلكوا المنهاج[l]،، مزارعهم تسقى بالدلآء[m]، والاعناب والتين فبالغلآء[n]،، وخبزًا حسنًا فلا[o] ترى، *وهم من قصر الرواشن فى بلآء،، وسير بهيمتين فى سوق واحد فلا، اهل طنز ومرآء[p]،، الّا انّه معتدل الهوآء، طيّب فى الصيف وفى الشتآء،، ومآء *خفيف اذا شربت ممّا جرى، ومياه[p] الآبار حلوة قريبة المستقى[q]،، اهل يسار وتجارة وتعطّف على

---

a) B ودبردن, C ونبزيين. b) C وشربهم. c) Haec ex C supplevi. d) B sine punctis. Descriptio urbis quam secundum nostrum dare prae se fert Jacut, III, p. ٣٤٩, cum textu nostro tantum quoad argumentum convenit. e) C فسح. f) C مجوس عيارا. g) C ويلبسه. Deinde B المكذبون, C المكديين. h) C ثم لا يسمع. i) C الكفار. k) C ثم. l) C om. Deinde habet ثم مزارعهم. m) C بالدولاب ut antea quoque B. n) B قبل الغلا. o) C لا به. p) C om. q) Pro المستقى C habet ولهم مياه خفيفة جارية.

الغُرَبَآء *لهم خصائص وصنائع وعقل ودَهَآ،، ومعروف وصدقات وبَهَآء ومشايخ ووجوه وثَنَآ،، واستاذ لولا لحن المُسْتَمْلِى وصاحب الامْلآء كثير الصوفيّة ومجالس القُرّآ،، ولهم غَدَوَاتِ الجمع ختمات لها نورٌ وبَهَآء وجامع لا نظير له فى الثمانية٭ اقاليم له يوم الجمعة سَمَآ،، باساطين على عمل المسجد الاقصى وبه دار امارة اليها المنتهى،، ولهم كشَبِسْتان[b] نيسابور بيت[c] قرى نظيفة الاطعمة والهرائس لا الشوآء قد اشتهر بالاكسية والبرود ودار المرضى،، ولها ثمانية دروب[d] باب اصطخر درب تستر[e] درب بنداستانه[f] درب غسّان درب سلم درب كُوَار[g] درب مُنْدَر[h] درب مَهَنْدَر وهى نحو دمشق فى الرقعة وضيق الدور قريب من بنآء الرملة بالحجارة وشبه بخارا فى البلاذة الجامع فى الاسواق وجانب منه الى البزّازين والبيمارستان بعيد منه له وقف جليل وبه آلات حسنة واطبّآء حذّاق وباصفهان آخر اعمر منه وباب اصطخر يشبه ابواب منًا بمكّة وله مياه تجرى غير نظيفه فلا آبارهم بالخفيفه،، احسن موضع منه باب اصطخر وباب الجامع واخفّ مياههم القناة الّتى تجرى من جُوَيم وتدخل دار عضد الدولة وابعد الجبال اليها على فرسخ واقرب الحطب اليها على مرحلة وكان عضد الدولة قد اضاف اليها محلّة كبيرة فسيحة باسواق حسنة وقد تعطّلت[i] ٭ وكُرْدْ فَنَّاخُسْرُو فَنَّاخُسْرُو هو عضد الدولة وقد

---

a) B الممار. b) B كشبنقان. c) B دلث. d) Altera manus in B ابواب. e) C سبيق. f) B بنداشتانه, C ut recepi. Cf. *Djihán Numa*, p. ٢٦٣, 6. g) C كوان. Idem a Jacut, IV, p. ٣٢٩, 12 باب كول appellari videtur. *Djih. N.* كوادر. h) Vullers پُنْدَر s. پَنْدَر. Pro مهندر *Djih. N.* منهدر. Castellum de quo nomen habet, hodie appellatur فَهَنْدَر, Ouseley, *Travels*, II, p. 29 seq. (مهندر = پهندر =). i) Pro his inde a لهم C habet: وبه مشايخ وصنائع وخصائص وعلماء وتصوّف ورسوم حسنة وجامع سرىّ عامر بمجالس العلماء والقرّاء والجماعات كل يوم وبه دار عضد الدولة لا ترى لملك مثلها يجتمع فيها الرطب والثلج بنيانهم حجارة على عمل فلسطين والجامع فى الاسواق باساطين مدوّرة وقناطر معقودة ويشبه جوامع الشام وبه بيمارستان مثل الذى باصفهان فيه الالات والاطبّاء والخدّام والجرايات لم ار مثلها فى بلد وللمصر ثمانية دروب

خطّ[a] على نصف فرسخ من شيراز مدينة *وشقّ اليها نهرًا كبيرًا اجراه من مرحلة انفق عليه الاموال العظيمة وهو الذى يجرى فى سفل داره[b] وجعل الى جنبها بستانًا *سعته نحو فرسخ[c] ونقل اليها الصوّافين وصنّاع الخزّ[d] والديباج *وكلّ بزّكان[e] يعمل اليوم (209) بها أَلَا ترى الى اسمها عليه مكتوب واتّخذ بها القوّاد[f] دورًا حسنة وعقارات جليلة[g] وجعل لها عيدًا فى كلّ سنة يجتمع[h] فيه للفسوق واللهو والآن قد خفّت[i] بعد موته *واشرفت على الخراب[k] وبطل سوقها ✿ وفَسَا[l] ليس فى الاقليم انزه ولا اطيب *ولا اجود اهلًا ولا احسن فواكه[m] منها لها مدينة كبيرة فيها سوق كلّه من خشب *الجامع فيه وهو[n] من آجرّ اكبر من جامع شيراز له صحنان *على عمل جامع مدينة السلام[o] بينهما سقيفة[p] وقُلْ فى طيبها وخيراتها ما شئتَ وبها خشب

درب اصطخر درب سببق (sic) درب بنداستانه درب غسان درب سلم درب كوان درب مندر درب مهندر افسح موضع به باب اصطخر يشبه ابواب منا بمكة واحسن موضع لهم عند الجامع واخفّ مياههم قناة جويم تدخل دار عضد الدولة وابعد الجبال منها على فرسخ واقرب الحطب منهم على مرحلة وقد كان عضد الدولة شرع فى ان يزيد فيها فعمر محلّتين عظيمتين باسواقها والان قد تعطّلت والبلد اليوم مثل بخارا.

a) Jacut, IV, p. ٢٥٨, 11 اختطّ. b) C pro his: تشبه سرخس واسعة يجرى وسطها نهر ساقه من الجبال من مرحلة وانفق عليه اموالًا لا تحصى وبنا بها جامعًا. Jacut om. verba الذى — داره. c) C طوله فرسخ وامر القواد حتى بنوا فيه الدور والعقارات. d) C الاكسية. e) B بز كان. Jacut وصُنّاع البَزّكانات وكتب اسمه على طرزها. f) Jacut corrupte قُوارات et om. حسنة. g) C haec om. h) C يجتمعون omisso فيه. Mox B الفسوق, Jacut للفسق. i) Jacut خربت. k) C et Jacut om. Deinde Jacut habet وبطلت رسومها et de hoc festo nonnulla addit. l) B وفسّا et plus semel in hoc Codice additur *teschdíd.* m) C ولا احسن فواكها ولا اجود قوما. n) C والجامع فيها. Verba كله من خشب in quibus C om. من, in B et C collocata sunt post آجرّ. o) C om. p) C شقيقة. Hinc ad ودشت بارين C omnia om.

سَرْو مثل ما ببلد الروم ۞ ونَسَا[a] يسمّونها البَيْضآء نظيفة ظريفة طيّبة على الوجه الآخر بها جامع حسن ومشهد يقصد ۞ ودَشْتُ بَارِينَ مدينة[b] لا رستاق لها ولا بساتين ولا نهر *ولا آئين[c] شربهم من مياه ضعيفة[d] ۞ وبَجّه كبيرة وسط الجبال بنآؤهم حجارة والجامع فى السوق سعة[e] رستاقها مرحلتان يقع بها ثلوج ۞ وهَزَار صغيرة لها[f] رستاق واسع شربهم من قنىّ ظاهرة[g] ۞ وكُول عامرة الجامع[h] فى البزّازين *والقصّابين والخبّازين ومن الوجه الآخر[i] ميدان شربهم من نهر[k] ۞ وجُورُ مدينة طيّبة نزيهة حسنة رحبة ظريفه، معدن الورد والخصائص اللطيفه،، بها منارة محكمة *انيفه، ومع ذلك فهى بلدة حصينة وسطها[l] قلعة عالية ظريفه[m]،، رستاقها *نحو من[n] مرحلة خفيفه، ضياعها *محدقة بها لفيفه،، شربهم من[o] نهر وقنىّ لهم نظيفه، هى احد المنازه والمنازل الاليفه[p]،، ومع ذلك[q] بالخافقَيْن بزورها[r] معروفه،، وكان اسمها بالفارسيّة كُور *يوافق اسم القبر[s]، فكان اذا خرج اليها عضد الدولة قيل[t] ملك بكور رفت يعنى[u] قد ذهب الملك[v] الى القبر فكره ذلك فقلّب[w] اسمها الى احسن ما يكون وسمّاها[x] بِبِيرُوزَابَاذ *يعنى فى اتمّ دولة[y] ۞

شَهْرَسْتان هى قصبة سابور وقد كانت عامرة آهلة طيّبة واليوم قد اختلّت

---

a) B نسّا. Supra iam dixit Mokaddasí نسا esse nomen proprium urbis postea البيضاء dictae, et hinc Jacut, IV, p. ٧٧٨, 6. Cf. Ibn-Hauk. p. ١٩٧i. b) C om. مدينة. Deinde Jacut, II, p. ٥٧٩, 11: لها رستاق ولكن لا بها بساتين. c) C et Jacut om. d) Jacut ردئة. Hic porro addit: قال البَشّارى وكان فيه وقعة للمهلب بالازارقة. e) C om. et habet mox مرحلتين. f) C فيها جامع والى جنبه. g) C add. فى البلد. Deinde B وكوك. h) C والجامع. i) C ولها. k) C addit: ويعمل بها ماورد فايق. l) C ولها ظريفة. Pro انيفه B habet انيقه. m) C عجيبة. n) C om. o) C pro his: جليلة اريقة بها mox omisso لهم. p) C الشريفه. q) C ذاك. r) B sine punctis. C وعندنا. s) C om. Cf. ad h. l. Jacut, III, p. ١٤٩, 17 seqq. t) C قالوا بالفارسية. u) C وتفسيره. v) B om. w) C وقلب. x) C فسماها. Jacut فيروزاباذ ut vulgo scribitur. y) C om.; Jacut ومعناه اتم دولته. Vid. quoque III, p. ٩٢٨, 16.

وخرب اطرافها الّا انها كثيرة الخيرات ومعدن للخصائص والاضداد * بلد الاترنج الحسن والادهان[a] والقصب والزيتون والعنب اسعار[b] رخيصة * والبان كثيرة وبلدة نزيهة وبساتين[c] وعيون غزيرة ومساجد محفوظة وحمّامات طيّبة وخانات عدّة وزهد ومعرفة وثلج وفواكه متضادّة[d] قد اعبقت[e] بساتينها بروائح الياسمين، واجتمع بها[f] الرطب والتين، *ووُجد بها الخرنوب الغريب[g] بناؤهم حجر وجصّ والجامع خارج البلد وسط[h] البساتين حسن لطيف لها اربعة ابواب باب هُرْمُز باب مِهْر باب بهرام باب شهر وعليها خندق والنَّهر دائر على * القصبة كلّها يُعْبَر على جسور[i] وعلى طرف البلد قلعة تسمّى دُنْبلا[k] قدّامها مسجد وفى وسطها آخر به *حجر اسود مفروش وسطه[g] محراب يرون[l] انّ النبىّ صلعم صلّى فيه * وثَمّ مسجد للخضر عم[m] بقرب القلعة حبس جاهلىّ حيطانه بالمرمر وهى[n] موضوعة فى لحف جبل لها شعبان كلاهما بساتين واشجار[o] وقرى وخارج البلد قنطرة عظيمة *كانت وقت كونى بها منقطعة[p] ولهم سوق يسمّونه العتيق *قد اختلّ وخرب وخفّ البلد وقلّ اهلها واذهبت كازرون دولتها ومع ذلك[q] مأوهم ثقيل، وكلّ مصفرّ (210) عليل، *وليس بها عالم جليل[g]، ☆ ودَرِيز[r] مدينة صغيرة بها سوق جيّد وصنّاع كتّان كثير[s] ☆ وكازَرونُ عامرة كبيرة هى دمياط الاعاجم[t] وذلك انّ ثياب الكتّان التى على عمل القَصَب وشبهَ الشَّطَوىّ وان كانت *من عُطب[u] تُعْمَل

---

a) Jacut, III, p. ٣٤٢, 17 ويجتمع بها الاترج. b) Jacut واسعارهم. c) Jacut tantum وبساتين كثيرة. Pro بلدة C بلد. d) B متضاددة. e) B اعبقت. f) C فيها. g) C om. h) C فى et om. حسن. i) C اربعة ابوابها. k) B ذنب لا, C بندلا, Jacut l.l. 20 دُنْبُلا. Deinde Jacut وهناك. l) C ذكروا, Jacut يزعمون. m) C haec om. et legit وبقرب. Jacut om. حبس — بالمرمر. n) C وهو. o) C وانهار. p) C om. Jacut haec paullo aliter habet. q) C pro his: وهى طيبة الا ان. r) B ودريز. Correcte h. l. scribit C. Deinde C om. مدينة. s) C omisso كتان addit: يعملون الكتان وهى على جادة كازرون. t) C دمياط الصغيرة وسجستان المجهولة. Jacut, IV, p. ٢٢٥, 16 ut B. u) B من حطب, C حطب, Jacut حَطَبًا.

بهـا وتـبـاع فيهـا *الّا ما يعمـل[a] بتوّز ثمّ هى كلّها قصور وبساتين ونخيل ممتدّة[b] عن يمين وشمال وبها سماسرة كبار *وسوق كبير جادّ[c] وخيرات وثمار وعمارات واشجار ومعظم الدور والجامع على تلّ يصعد اليه والاسواق وقصور التجار تحت وقد بنى عضدُ الدولة دارًا جمع فيها السماسرة دخلها على السلطان[d] كلّ يوم عشرة آلاف درهم وللسماسرة فى البلد قصور حصينة حسنة وهذا الرستاق تشابهه رساتيقُ سجستان كلّه مزارع وحصون متّصلة ونخيل وليس بها نهر *مدّاد الّا[e] قنىّ وآبار[f] ۞ وخُرّه[g] مذكورة على راس جبل كثيرة النخيل والنهر تحت البلد معدن التمور والناطف ۞ والنُّوبَنْدَجَان[h] مدينة نزيهة لها ذكر وشان، قد زانه قصر ابى طالب[i] عيبان، والجامع والمياه والبستان، وعشرون عينًا تنبع فى كلّ[k] مكان، واسواق كبيرة عامرة حسان، واعناب وارطاب ونارنج[l] ورمّان، وعلى فرسخين منها[m] شعب بوّان، *وعلى منزل مدينة تمدح بآسْمان[n]، وهى فى سهلة قريبة من الجبال ورايتُهم قد زادوا فى الجامع من[o] قدّام *الّا انّ امامهم جاهل والقضاة اثنان، فهذا ما عرفناه من جديدة[p] بَنْدَجَان، ثمّ لا ينظرون مع ذاك[q] فى عواقب الزمان، ۞

---

a) B تعمل الاماء (s. الارماء). b) C add. العامرة. c) B حادّ, C حارّ.
d) Jacut للسلطان. e) Jacut ماد انما هى; cf. C. f) C pro his omnibus habet: وسوق حارّ وقصور عجيبة وقد بنى بها عضد الدولة دارًا عظيمة باربعة ابواب داخلها دار اخرى فيها يباع هذه الثياب دخلها فى كل يوم عشرة الاف درهم ومعظم الدور والجامع على تلّ يصعد اليه والاسواق وسوق (sic) التجار تحت وفى هذا الرستاق مزارع الكتّان وليس لهم نهر انّما هى ابار وقنىّ قليلة. g) B et C وجره. h) B sine articulo. i) Videtur عيان esse nomen huius palatii. Abu Tálib autem est Abu Tálib Zaid ibn Alí an-Nubindjání, Ibno 'l-Athír, VIII, p. ١٣٢ et ٢٠٢. Infra pons Abu Tálibi bis memoratur. k) B om. l) C وتوت. m) C ومنها على فرسخين. n) Nempe سابور s. شهرستان. C habet: والمدينة المدعوّة باسمان. o) B om. C habet بالجامع. p) B حديده. Verbum hoc elegit, alludens ad versionem Arabicam syllabae نو in نوبندجان. Nomen بندجان sine نو memoratur a Jacut in v. q) C pro his omnibus: غير انهم لا ينظرون.

وخَوراَواَذان[a] صغيرة الّا انها عامرة رفقة *والعيش بها هنىء[b] أَلَا ترى كيف[c] جمعت اسمين الهونَ والعمارة *بها سوق جادّ والجامع[d] عامر وخيرات واشجار[e] وانهار تخترقها حتّى *ان بعض الحوانيت علتها[f] ☆ وجُنْبَد مَلَّغان[g] *مدينة وسط[h] النخيل لها[i] سوق طويل *وجامع بهىّ[k] يصعد اليه *فى درج[l] الى جنب السوق ليس حوله بناء شربهم من قنىّ وفى البلد حياض وهى على راس الحدّ *فى سهلة تحت الجبال[m] ومَلَّغان قرية *من حدّ ارَّجان خربة[n] ☆ وكُنْدُرَان كبيرة فيها[o] قلعة ينزلها السلطان شربهم من ماء المطر ومن آبار والجامع *ناء عن السوق[p] ☆ وتوّز صغيرة الرسم كبيرة الاسم *من اجل الثياب التى تعمل بها من الكتّان أَلَا تراه يسمّى توّزيًّا[q] واكثره يُعْمَل بكازرون وهاؤلاء احذق واحسن عملًا لهم نهر كبير[r] يجرى على جانبها وبين الجامع والسوق زقاق *وهى بعيدة عن الجبال[s] ☆ وخَشْت وسط الجبال لها رستاق واسع وقلعتها[t] مذكورة وسوقها عامر شربهم من نهر كبير ☆ ورَمّ الاكراد[u] لها رستاق ونهر وهى وسط الجبال ذات بساتين ونخيل وفواكه وخيرات ☆

اِصْطَخْرُ قصبة قديمة مذكورة فى الكتب مشهورة فى الخلق *كبيرة الاسم

a) C خوداواذان. Auctori compositum est ex خَوار et آواذان. Locus non differre videtur ab eo qui vulgo خوبذان appellatur. In itinerario et mappa B خواذان, C خواذان (et خوذان), quae alia forma nominis eiusdem esse videtur. In enumeratione fluminum pro نهر الخوبذان, B habet خاوندان, C خاويذان, ibique fortasse legendum est خاوبذان. Apud Ist. p. ١٣٣, 3 et 2 a f. restituatur الخوبذان. b) B om. C om. رفقة. c) C انها قد. d) C وبها سوق حار وجامع. (B حادّ). e) C om. et habet deinde والمياه. f) C انى رايت بعض الحوانيت على النهر. g) Ist. et Jacut ملجان. h) C قد فى وسط الجبال احدق بها. i) C ولها. k) B om. l) C بدرج et om. الى — بناء. m) C om. n) C على فرسخ. Deinde B وكيدران. o) C بها. p) C فى ناحية. q) B توّزى. r) C pro his: اليها ينسب ثياب الكتان وهم احذق من صناع كازرون شربهم من نهر. Cf. Jacut, I, p. ٨٩٠. s) C غير طويل. t) C وقلعة. u) Locum descripsit Jacut, II, p. ٨٢١, 7 seq.

جليلة الرسم[a] اليها كانت الدواوين فى الاصل غير انها حاجب[b] فى هذا العصر خفيفة الاهل *صغيرة الوضع شبّهتُها بمكّة لان لها شعبين[c] ويتّصل بها جبلان الجامع[d] فى الاسواق على عمل *جوامع الشام باساطين مدوّرة على راس كلّ اسطوانة بقرة ذكروا[e] انه كان فى القديم بيت نار *والاسواق محدقة به من ثلاث جوانب[f] وفى وسط البلد شبه واد وعلى باب[g] خراسان قنطرة عجيبة *وبستان حسن ومن ثَمّ يُقْبِل النهر[h] بنآؤهم طين ولهم مشارع *الى النهر وحياض فى البلد[i] وليس المآء فى اعلى[f] البلد *بواسع (211) ومآؤهم غير صحيح لانه يجرى على مزارع الارزّ كثيرة الحبوب والرمّان والخيرات الّا ان فيهم حمقًا[k] ☆ وهَرَاة مدينة[f] صغيرة فيها الجامع *وحوانيت يسيرة ودور قليلة ومعظم الاسواق والعمارة بالربض ولهم نهر كبير يتخلّله وللمدينة باب واحد وقد احدق بالجميع البساتينُ الحسنة بها تفّاح جيّد وزيتون وسائر الفواكه الّا ان مآءهم ثقيل ويقال ان نسآءهم يغتلمن[l] اذا ازهرت اشجار الغُبَيرآء[m] كما تغتلم السنانير[n] ☆ وجرماء[o] كبيرة لها سوق عامر *الجامع بقربه[p] وعلى السوق بابان

---

a) C om. et habet واليها. b) B جاحب. c) C pro his: يكون (sic) مثل بيت المقدس. d) C والجامع. e) C جامع شيراز على راس اساطين القاعة نقر (sic) من حجارة ذكر. Deinde B habet انها كانت. f) C om. g) C درب. h) C pro his: وعند درب شيراز رصيف من حجارة سود. i) C وفى البلد حياض قليل. k) C pro his: واسع وهم قوم فيهم حمق وهى كثيرة الرمان والارز الجيد والحبوب. l) B يبغتلمون. Vid. Jacut, IV, p. ٩٥٩, 22 (ubi l. يغتلمن et تغتلم) et Kazwíní, II, p. ١٨٩. m) B الغبّيرا. n) Jacut القطاط. C pro his habet: وعدة حوانيت ودور يسيرة بباب واحد والاسواق والدور فى الربض ولهم نهر كبير يتخلل الربض والبساتين ملتفة بجميع البلد حسنة التفاح كثيرة الزيتون الا ان مآءهم ثقيل (Cod. يعتل) ويرمين (Cod. ويرمون) نسآءهم بقبيح (Cod. قبيح) وهى مدينة عبد الرحمان وزير ملك خراسان. Secundum Istakhrí قرية عبد الرحمان est اباذه. o) B وحرما. p) C والجامع بقرب السوق.

شربهم من قنىّ ظاهرة *على وجه الارض[a] ۞ ده أُشْتُرَان صغيرة قربها قرية ولها جامع *به منارة طويلة[b] فى سوق صغير والنهر تحت البلد وحولها بساتين حسنة[c] ۞ وبَوَّان واسعة الرستاق[d] وسط الجبال يشقّها نهر وهى جانبان بلاء بساتين[e] ۞ وتركنبيشان[f] صغيرة سعة رستاقها نحو[g] مرحلة شربهم من نهر ۞ وكُورْد[h] عامرة معدن الجوز والثمار جبليّة شربهم من نهر ۞ ومِهْرجاناواذ لها رستاق واسع[i] شربهم من انهار ۞ ومَائين على جادّة اصفهان عامرة كثيرة الفواكه ۞ وسَرْوستان *الجامع وسط البلد جبليّة وقنيُّهم ظاهرة[k] ۞ وصَاهَه صغيرة وهم *قوم جياد فيهم رفق بالغرباء وحذق فى كتبة[l] المصاحف ۞ وكَثَه على طرف المفازة *شديدة البرد قليلة الفواكه[g] ۞ وخُرَّمَة[m] لها رستاق واسع وثَمّ رخص وبها قلعة شربهم من قنىّ وتحتها[n] نهر ۞ وبَرْقُوه[o] محصّنة مشتبكة العمارة كثيرة الاهل وجامع جيّد ۞ وفرعا بقرب هراة رخيصة الاسعار ۞ وكَرَه[p] مثل هراة *ولم نرتّبْ مدن هذا الاقليم[q] ۞ وجَرْمَق[r] اخصب هذه المدن وارخصها[s] اسعارًا *واكثرها اشجارًا[t] على جادّة المفازة ۞ وبرم[u] فى سهلة لها رستاق يسقى من *الآبار وهى[v] حصينة كثيرة القصور ۞ *وأُرْد فيها حصن عظيم ولها ربض عامر يسمّونها لخر وتعدّ فى مدن اصفهان[w] ۞ والرُّوذان

---

a) C om. Deinde B دما ستران, C ده اشترار (supra ده اشران). Locus non differre videtur a قرية الجمال, uti in mappa et in itinerario appellatur statio inter الروذان et (ساباوك) سبابك. b) C om. et habet فى السوق الصغير. c) C حسان واشجار كثيرة. d) C add. فى. e) C بها. f) B وتركستان, C ودرك دستان. Vid. supra p. ۴۲۵b. g) C om. h) B وكوزرد. i) B om. k) C جبلية ولهم قنى ظاهرة والجامع وسط البلد. l) C جياد مع الغرباء مدينة الرستاق ولهم حذق فى كتابة. m) B وخومه, C وجومه. Deinde C واسع رخيص. n) C وبها. o) B وترقوه. p) B et C وكرد. Cf. Ist. p. ۱۳۳. Fortasse كرو legendum est. q) C om. Vult „non secundum ordinem enumeravimus." r) Sic solet scribere pro سرمق. Male Jacut, II, p. ٦۴ hunc locum confudit cum جرمق in deserto Khorásáni. s) C وارخصهن. t) C om. Deinde habet طريق pro جادة. u) B et C ودرم. Vid. Ist. p. ۱۰۱b. v) C ابار. w) Haec ex C addidi, apud quem legitur ازد et ويعد.

كانت من نواحى كرمان وكان لها ثلاث مَدائن[a] أُنَاس أَذْكَان[b] أَبّان فاما أُنَاس فقد بقيت على راس الحدّ *ومدينتها بكرمان[c] ليعتدل حدود الاقليمَيْن وتستوى النخوم وقد اعتدل هذا الاقليم وتربّع بهذه الناحية من هذا الجانب[d] وباصفهان من الجانب[d] الآخر وبقيت اكثر كورة[e] اصطخر بينهما *وعلى قصبة الروذان[f] حصن منيع بثمانية[g] ابواب باب اناس باب بيروى[h] باب خور مرداوان[i] باب نَسْرين[k] باب مِهْمَان باب شيراز باب كَبْنُخر[l] والثامن باب مايفنا[m] ورايتُه مسدودًا[n] وبها جامع لطيف حسن[o] يصعد اليه بدرج مبسوط بالحصى وكلّ مساجدهم عالية كثيرة الاساكفة *والمعتزلة وحمّاماتهم وسخة وهى معدن القصّارين والحاكة حولها بساتين حسنة ومقابر عالية[p] بقباب عجيبة والبان كثيرة وقنىّ عدّة منها ما يدخل المدينة وثمّ عين يستشفى بمائها وعلى السور شُرَف وليس لها ربض وهى خفيفة الاهل وقد احاط بها الرمال[q] ☼

---

a) C et Jacut, II, p. ٨٣٠, 12 مدن. b) B اردكان, C واردكان. Deinde B ابار. c) C وهى اليوم من كرمان. Jacut corrupte ومدينتها الكرّان. C om. seqq. ad النخوم. d) C الوجه. e) Jacut كُوَر. f) C وقصبة الروذان عليها. g) C لها ثمانية. h) B sine punctis. i) B حورمرداوان, C حورمرداواد. k) B نسرين, C دستر. l) B كيحر, C كاجير. m) B مادغيا s. مايعنا. n) C قد سدّ. o) C om. p) Jacut ومقابره عامرة. q) C pro his habet: رديّة الحمّامات حسنة البساتين رخيصة الاسعار وما رايتُ ببلدان الاعاجم احسن من مقابرهم ولهم عدّة من القنىّ وعلى حصنها شرف يهدون (l. يهدن) وليس لها ربض وقد خفّ اهلها واحاطت الرمال بها كور (sic) مثل ساوه يعمل بها ثياب كثير على عمل البمّى غير جيّد. Pro البمى Cod. السم cum علـه الـسمـن in marg.

جمل شؤون هذا الاقليم

اعلم[a] ان بفارس صرودًا[b] لا يثمر فيها الاشجار *من شدّة البرد[c] ولا ينعش[d] فيها الزرع مثل *الأُزد والرُّون والرُّهْنان واطراف اصطخر[e] وجروم لا يمكن النوم فيها بالنهار من شدّة الحرّ مثل سِيراف *وأَرَّجان وما بينهما[f] ويقع الاعتدال بين الحدّين *وما فيها من البلد مثل شيراز (212) ومدنها واطراف[g] سابور والثلج موجود فى جميعه بجمل من القرب والبعد الغالب[h] عليه الجبال اكثرها مشجرة والزريعة[i] قليلة وفيه خفّة وبه *منازه حسنة[k] وقلاع منيعة وعجائب كثيرة وخصائص غريبة ومعادن جليلة وفواكه لذيذة المجوس[l] به اكثر من اليهود *وبه نصارى[m] قليل *وبه مجذّمون[n] قليل ولم ار بلدًا اكثر عُورًا من كازَرُون والمفاليج[o] بشيراز كثير ✿ *والعمل فيه على مذهب اصحاب الحديث واصحاب ابى حنيفة رحمه كثير وللداؤوديّة دروس ومجالس وغلبة ويتقلّدون القضاء والاعمال وكان عضد الدولة يعتقده اكثر الفقهاء من الثلاثة مذاهب معتزلة والشيعة بسواحله كثير ✿ ومن رسومهم اذا صلّيت العصر كلّ يوم جلس العلماء للعوامّ الى المغرب وكذلك بعد الغداة الى ضحًى وايّام الجمع يجتمعون فى غير موضع وطابت شيراز بجامعها والصوفيّة به كثير ويكبّر فى جوامعهم بعد الجمعة ويلتفت على المنبر بالصلاة على النبىّ صلعم ويؤذّن بين يديه جميعًا بلا تطريب ولا يشهد الّا عدل ويلبس

---

a) Hic C seqq. insert: انى اقمتُ بهذا الاقليم نحو (نحوًا l.) من حولَيْن ودخلتُه كرّتين ودوّختُ جرومه وسروده ومعتدلاته وتدبّرتُ ما ذكره ابراهيم بن محمد الفارسىّ فيه وغيره وسألتُ عنه اهل الخبرة به ولا يمكننى ان استقصى وصفه وآتى على شؤنه مخافة ان يطول الكتاب غير ان الخ. *b*) C add. منها ما. *c*) C om. *d*) C ينعس. *e*) C الازد وما يدخل فى ذلك السقع. B habet الازد والزور والرهمان. *f*) C وسواحل البحر والرجان ومنها دون ذلك فى البرد والحرّ. *g*) C وهو كورة شيراز وبعض مدن. *h*) C والغالب. *i*) C add. منها. *k*) C منازل نزيهة عدة. *l*) C والمجوس. *m*) C والنصارى. *n*) C واما المجاذيم فهم. *o*) C والمفلوجين.

العوامّ ثياب السود ويكشفون الصوف ويكثرون التطلّس ويسطّلون العمائم وليس لاهل الطيالسة بشيراز مقدار انّما هو لاصحاب الدراريع وكما يُرْفع بالمشرق العلمآء هاهنا ترفع الكتبة، وللشوّائيين دكاكين على حِدَة ✿ وبنيانهم اذا أُلّفت الحجارة حسن واذا كانوا فى عملها وحش وجلستُ يومًا الى بعض البنّآئين اعنى بشيراز واصحابه ينقشون بمعاول وحشة واذا حجارتهم على ثخانة اللبن فاذا اعتدلت قدّروها ثم خطّوا خطًّا وقطعوه بالمعول فربّما انكسرت البلاطة فاذا اعتدلت اقاموها على حدّها فقلتُ لهم لو اتّخذتم مسفنة[a] وربّعتم الاحجار واحكيتُ لهم بنآء فلسطين وطارحتُهم مسائل فى البنآء فقال لى الاستاذ انت مصرىّ قلتُ لا بل فلسطينىّ قال سمعتُ ان عندكم تخرّم الاحجار كما يخرّم الخشب قلتُ اجل قال احجاركم ليّنة ولصنّاعكم لطافة، ورايتُ لهم اعمالًا عجيبة وخفًّا[b] واتقانًا لم ارها بسائر الاقاليم مثل راس السكر[c] وجسر دخوند وانى طالب عُملتْ فى هذا العصر يعجز عن مثلها كلّ بنّآء بالشام واقور، واكثر جوامعهم باساطين، والبيت الداخل من الحمّام لا يمكن فيه المكث من الحرّ وسمعتُ بعض غلمان والدى رحه يقول يتبغنس[d] ابو الفَرَج الشيبرازىّ فى الحمّام الذى بناه بابواب الاسباط[e] لانه ادخل النار تحت بعض البيت الداخل وليس كما قال ولكنّه راى رسوم الشام فى هذا الباب تخالف رسوم فارس فجعل بعض البيت على رسوم اقليمه وبقيّته على رسوم الشام، وقلّ ما يلبسون الميازر وربّما حرسته[f] النسآء ولا يطرح القصّة[g] الّا فى موضع واحد وياخذون الميّت سلًّا ويمشى الرجال قدّام الجنازة والنسوان خلف وبخوزستان يمشون من الناحيتين ويقيمون الزمر والطبل فى المواتيم وفى المقابر ولا يعرف فى اقاليم الاعاجم الخروج الى المقابر لختم القرآن وانّما يجلسون للتعزية فى المساجد ثلاثة ايّام ويكثرون فيه لبس الشمشكات[h] والنعال ويلين[i] فيه القلب[i] ادنى شىء وفيه يبوسة[i] ويصلّون التراويح فى مرّتين

---

a)? B مسغيه. *b*) B وحقا. *c*) Intelligitur سكر فنّاخسرو خرّه quem construxit Adhodo'd-daula; vid. Jacut, III, p. ١٠٧ et infra. *d*) B يتبعنس. *e*) Hierosolymis; vid. supra p. ١٧٠, 11. *f*) Pronomen pertinet ad الحمام. *g*) B القصه. *h*) B et C الشمسكات. *i*) B sine punctis.

ويقدّمون (213) فيها الصبيان ويعيّدون مع المجوس فى النيروز والمهرجان ودور الزنا بشيراز ظاهرة بقبالات[a]، وعددهم *على شهور[b] الفرس اوّلها فَرْوَدِين[c] ماه أَرْدِبَهِشْت[d] خُرْدَاذ تِيرْماه[e] مُرْدَاذ *شَهْرِيرِ مِهْر آبَان آذَر دَىْ بَهْمَن أَسْفَنْدارْمُذ[f] *ولكلّ يوم من الشهر اسم عليها تاريخات الدواوين مثل ايّام الجمعة بسائر الاقاليم اوّلها هُرْمُز بَهْمَن أَرْدِبَهِشْت[g] شَهْرِير أَسْفَنْدَارْمُذ خُرْداذ

---

a) C pro his omnibus inde a والعمل فيه habet: فيه عدّة مذاهب من حنيفين (l. حنفيّين) وشفعويّين وداوديّين ومعتزلة وحنابلة وشيعة ولا ترى الداوديّة باقليم اكثر منهم به يقلّدون الحكومات ولهم مجالس ورؤس (l. ودروس) وفتاوى الّا ان الغالب والمستعمل اهل الحديث والاقامة فرادى واكثر الشيعة بالرجان وليس لهم قراءة يختارونها ولا للمذكّرين به صيت ثم للصوفيّة جلبة بشيراز ۞ وبه رسوم حسنة وقبيحة وذلك انهم الى ضحا كبير فى الجامع بشيراز حلقًا حلقًا اما فقه واما ذكر واما قرآن ويوم عرفة يحضرون الصلاة مشاة الشريف منهم والوضيع فاذا صلّوا العصر تفرّقوا وقد اعقبوا ما بين الصلاتين بالقرآن والصلاة والذكر ولا يطرّبون اذان المنبر ويكبّرون بعد صلوة الجمعة مثل الشام ولهم فى الجامع بعد العصر وبعد المغرب كما ذكرنا من المجالس ۞ واكثر بنيانهم حجارة ولا نعمون (l. يعيبون) كشف الصوف ولباس الاسود منه ويظلّلون قاعة جامع شيراز مثل البصرة ومصر، واما القبيحة فرسوم المجوس فيهم فاشية ودور (Cod. ودون) الزنا بشيراز ظاهرة تتقبّل (Cod. sine punctis) وتقصد كالحمّامات والجاه والقدر للكتبة واصحاب الدراريع، يسلّون الميّت سلًّا ويمشون باجمعهم قدّام الجنائز الّا النسآء ويقيمون الزمر والطبل فى المقابر والمآتم مثل خوزستان ويدخلون الحمّامات بلا مبازر وتحرس حمّاماتهم النسآء مثل اصفهان ورايت المُكَدّين (Cod. المكدين) بين الصفوف والحمّارة خلف الخمير عليهم الطيالسة وهى لباس الحائك والحجّام والرستاقىّ وعددهم الخ.

b) C بشهور. c) C فروردين. d) B ازدبهشت, C اردبهشت ماه خرداذماه.

e) B تير sine ماه. f) B سهرير مهر اباى اذردى مهمر, ultimo nomine omisso. C hoc legit اسفيدارمذ. g) B ازدبهست.

مْرْدَاذ *دَيْبَاذَر آذَر آبَان[a] *خَوْر ماه تِير جُوش دَيْبَمِهْر[b] مِهْر سَرُوش رَشن فَرْوَدِين[c] بَهْرَام رَام بَاد[d] ۞

*واما التجارات فيرتفع[e] من ارّجان الدبس[f] الفائق والصابون الجيّد والتين والزيت والفوط وثياب الكندكيّة والبربهار، ومن مَهْرُبَان الاسماك والتمور والقِرَب[g] الجياد، ومن سِينِيز[h] ثياب تشاكل القصب *ربّما حُمل اليهم الكتّان من مصر واكثر ما يعمل اليوم من الذى يزرع عندهم[i]، ومن سِيرَاف الفوط واللؤلؤ وأُزُر الكتّان[k] والموازين والبربهار[l]، ومن دَرَابَجِرْد كلّ شىء نفيس من *الثياب المرتفعة والوسط والدون[m] وما يشاكل الطبرستانىّ[n] وحُصُر تشبه العبّادانىّ والبسط الجيّدة *وستور سوزن جرد والبزر الكثير والتمر[o] والدوشاب والزّنبق الطيّب[p]، ومن فُرْج الثياب والبسط *والستور والدبس الجيّد والبزر والكتّان[l]، ومن تارم *الدوشاب والتمور[q] والقرب والسطائح *والدلآء الحسان والمراوح الكبيرة[r]، ومن جَهْرَم البسط والستور والانماط المُحكمة[s] ومن شِيرَاز *الاكسية البرّكانات لا موضع لها غيره والمنيّرات الّتى لا شبه لها فى الكدّ مع رقّة وحسن والابراد الجياد ويعمل به خزّ وديباج وقصب[t] وحلل، *ومن فَسَا[u] ثياب القزّ *تحمل الى الآفاق واكسية حسان رقاق[v] وانماط وبسط وفوط ومنيّرات *تشاكل الاصفهانيّة[l] والوشى والستور *المثمنة والفروش[l] الرفيعة والستور[l] الابريسميّة والعُصْفُر[w] والموائد والخركاهات[x] *ومناديل الشَّرَابيّة[l] وغير

---

a) B دىمادراذ ابار. b) B جورماه تىر حوسى ددىمهر. c) B فروز دن. d) Haec omnia in C desunt. In B ut vides octo nomina dierum ultimorum desiderantur, sed lacuna non est indicata. e) C وبه تجارات يرتفع. f) C الدوشاب. g) C والقرد. h) B et C سينين. i) C pro his omnibus والمخمل l. والمحمل. k) B وارز كتان, Deinde B والموازير. l) C om. m) C pro his البر (l. البز) الكثير. n) C الطبرى. o) C والستور والبزر والتمور (B والبزر pro والبرر). p) C om. Mox B قرج. q) C om. et habet القرب. r) C om. B الكبره. s) C الجيده. t) C tantum المنيرات والابراد وخز وديباج. u) B وبفسّا. v) C tantum والاكسية. w) C والصفر. x) B والكركاهان. Marg. C الخيام التى تليق بالملوك.

ذلك، *ويعمل بسابور[a] عشرة ادهان دهن بنفسج ونيلوفر ونرجس وكاذه وسوسن وزنْبق ومرسين ومَرْزَنْجُوش وبادرنك[b] ونارنج وفواكه كثيرة *وجوز وزيت واترنج وقصب سكّر والصفصاف تحمل الادهان الى البعد والفواكه الى المصر[c]، ومن كازَرُون ثياب القصب[d] وكذلك من توّز *ودَرِيز[e] وتلك النواحى ودَبيقىّ[f] ومناديل مُحْمَلَة تحمل الى الآفاق الثمانية وبينها وبين الشَّطَوِيّة بون عظيم، ومن جُور وكُول الماورد الذى لا نظير له وثياب كثير[h]، ومن اصْطَخْر الارزّ والماكولات[c]، ومن الرُّوذان ثياب تشاكل اليَمّىّ واديم *اجود من[i] الاطرابلسىّ والقرب والشمشكات[k] ۞ ولا نظير *بشيراز للاجّاص العمرى والبرّكانات والمنبّرات[l] ودوشاب ارّجان *وبها شجر مثل الشوك العنزروت نوّاره وكذلك بنواحى سابور وبها الملحنات[m] جياد ومن درابجرد ملح الطبرزد[n] والنفطىّ *وجميع الالوان وفى نهرهم سمك لا عظم له وفى جبال نَبْريز[o] عنزروت ايضًا ومنها الشُّنْبَاذَة وحجر المغنيسيا وبنواحى شيراز ريحان ورقه مثل ورق السوسن دخله يشبه النرجس وخيار له مثل شوك (214) القُنْفذ[p] وينبت بها زعفران وأَرْزن وبفَسَا تين حسن وسرو عجيب وسفرجل نادر[q] ۞ وبه معادن المومياى بدرابجرد وبارّجان ايضًا *موضع آخر[r] *وبنَبْريز معادن حديد وطين ابيض يكتب به الصبيان الواحهم وطين اسود للختم، بين شيراز وسابور حلتيت كثير[s] ۞

---

a) C ومن سابور. b) C وباذرنك. c) C om. d) C الكتان. e) B وديد. f) B ودىىقى et mox محمله. g) B sine punctis. h) C haec omnia om. i) C يشابه. k) B الشمسكات. l) C لاجاص العمرى بشيراز. m) B هماحاب. n) C pro his: وماورد جور وكول واكسية شيراز وملح الطبرزذ. o) B تبرىز. p) B sine punctis. q) C haec omnia om. r) C om. Deinde B وبتمرىز. s) C pro his: ومن جبال تيزين (l. نبريز) ونواحى سابور وارجان العنزروت وهو شوك ينبسط على الارض يشبه الدرمنه زهره وعنزروت (l. العنزروت) وبنيزين (l. وبنبريز) معادن حديد وطين ابيض يكتب الصبيان به الواحهم ويبيّضون به دورهم وحلتيت كثير وينبت بمعتدلات الاقليم زعفران وبفسا اشجار سرو عجيبة ويوجد بنبزين (l. بنبريز) السنباذه وحجر المغميساء (sic) ومن جرمق وبرقوه زاج جيد.

وبه[a] عجائب بطرف ارّجان نار تشتعل بالليالى وتدخن بالنهار، يخرج من *آبار فى جبال فَسَا[b] مآءٌ ينبع من جبل[c] من مثل ضرع تحته حفرة يجتمع فيها ينفع من[d] قد يبس من الريح، وثَمّ مياه اذا شرب منها الانسان عنّاه كما يعنّى الدوآء، ولهم طلسم منى ماء[e] ظهر بدابّة دآءٌ حُمل الى ذلك الموضع فتطوف فى الارض طوفة ثم تنام على الارض وتضع بطنها عليها[f] فامّا ان *تموت او تستريح فى الوقت[g]، على فرسخ من اصطخر ملعب سليمان[h] يصعد اليه فى مدرجة حسنة من حجارة وثَمّ اساطين *سود وتماثيل ومحاريب واعاجيب على عمل ملاعب الشام[i] تحته عين مآء قالوا مَنْ شرب منها خرج منه[k] بقايا الخمر منذ[l] اربعين يومًا *وبين الاساطين حمّام ومسجد سليمان[e] اذا جلس الانسان فى هذا الملعب كانت الضياع والمزارع بين يديه مدّ البصر[m]، قد سكر[n] عضد الدولة النهر الذى بين شيراز واصطخر بحائط عظيم جعل *اساسه بالرصاص[o] فتبحّر المآء *خلفه وارتفع[e] فجعل عليه من الجانبين عشرة[e] دواليب على ما ذكرنا *من خوزستان[p] وتحت كلّ *دولاب رحًا فهو اليوم من عجائب فارس وبنى ثَمّ مدينة وجرّى المآء فى قنىّ فاسقى ثلاثمائة قرية وفى هذا[q] الرستاق تفّاح بعضه حلو وبعضه حامض، بسابور خادم من حجر اسود متوشّح بازار مكتوب على عضده بالفارسيّة قائم وسط الطريق وسطه تسعة اشبار وطوله قامة وذراع، على فرسخ من النوبندجان[r] صورة سابور على باب كهف عليه تاج تحته ثلاثة اوراق خضر حول[s] مشط

---

a) C وفيه. *b*) C جبال بفسا (B ut solet فسّا). *c*) B حمل et deinde om. من. *d*) C لمن. Mox B بمس من الريح. *e*) C om. *f*) C عليه. *g*) C تبرأ من او تموت. *h*) C سليم. *i*) C عجيبة واعمال هايلة ومحاريب وتماثيل واعاجيب. *k*) C منها. *l*) C in textu من. *m*) C البصرة. *n*) C سجر. Cf. p. ٤٤.*c*. *o*) C ملاط اساساته الرصاص. *p*) C بخوزستان. *q*) C pro his: رحا ناعورة وفتح من كلّ جانب طاقات يخرّ منها الماء بحدته على اسفل القواعين (l. النواعير) فيديرها وفيها بما يدور ببيوت تمتلئ من المآء ثم تقلبه اذا دارت على قنىّ تجرى الى ثلاثمائة قرية وبنى على هذا الموضع مدينة حسنة بها حمّامات طيّبة وجامع حسن بهذا. *r*) C سابور. *s*) B طول.

رجله ثلاثة عشر شبرًا ومن راسه الى قدميه[a] احد عشر ذراعًا خلفه ماء واقف لا مدّ له ولا منفذ[b] وثمّ ريح تخرج شديدة، وعلى نصف فرسخ من *باب شهر[c] حوض ينبع منه ماء ثم يفترق *انهارًا ماء صاف كالزلال يسمّى سَرْوسير[d]، بقرية عبد الرحمان *شبه بئر ايّوب بابليا[e]، *بسابور جبل قد صُوّر فيه كلّ ملك ومرزبان يعرف للعجم[f]، بمورجان كهف يقطر من سقفه ماء ان دخل رجل لم يخرج الّا بما يكفى لرجل[g] وان كانوا الفًا فبما يكفيهم[h]، بجور بركة *على باب البلد[i] وثمّ قدر نحاس عظيمة[i] يخرج من فيه[k] اعلى تلك القدر ماء عظيم، بصاهك[l] بئر لا تقف[m] له على قعر يفور منه ماء[n] يدير رحًا ويسقى[o] تلك القرية، بالغندجان نهر[p] بين جبلين يخرج منه دخان لا يمكن احد ان يقربه وان اجتاز به طائر سقط فيه فاحترق، فى بحر سيراف موضع عبرنا *به فانحدر بعض الملّاحين فغاصوا فى البحر ومعهم قِربٌ ثم خرجوا وقد ملؤوها ماء عذبًا فسالناهم فقالوا عين تخرج فى قعر البحر[q]، على نصف فرسخ من كازرون قبّة قالوا هى[r] وسط الدنيا[s]، *بنواحى اصطخر تلال زعموا انها رماد نار ابراهيم عم، وبه قناطر عجيبة محدثة وجاهليّة[f] ☆

* ومياهه غزيرة وبه انهار عدّة[t] فاما نهر طاب فانه يخرج[u] من جبال

---

a) C قدمه (Idem شبر et ذراع habet). *b*) C جرى. *c*) C سابور. Porta est urbis Sábur s. Schahrastán, p. ۴۳۳, 7. *d*) C habet انهار كالزلال, ceteris om.; B سروشر. *e*) C عمقه قامات جاف عامّة السنة الّا فى وقت واحد ينبع منه ماء يسقى الزرع ويدير الارحية. Vid. Ist. p. ۱۵۰. *f*) C haec om. *g*) C رجل. *h*) C الف فبما يكفى الف. (B فما). *i*) C om. *k*) B قمه. Ist. p. ۱۵۰ ult. تقبه. C addit فى. *l*) B et C بماهك. *m*) B تقف, C يقف. *n*) C ماء. *o*) C يسقى. *p*) Sic B et C pro بالهندبجان بئر, vid. Ist. p. ۱۵۱. Marg. C لعله بئر. *q*) C pro his: فيه فنزل الملاحون وغاصوا فيه ومعهم القرب ثم خرجوا وهى (Cod. وهم) ملانة من الماء الحلو. *r*) C يزعمون انها. *s*) C addit: لها عيد فى يوم من السنة. *t*) C واسعة والمياه التى بهذا الاقليم والانهار كثيرة. *u*) C ينحدر.

اصفهان ويمدّ على تخوم الاقليم *الى ارّجان وعليه السكّة تعبر على قناطر غير مرّة[a] ونهر شيرين ونهر الشاذكان ونهر درخيد[b] ونهر خُوبَذان[c] ونهر رتين[d] ونهر (215) اخْشين *ونهر سَكّان[e] ونهر جرسيق[f] ونهر الكُرّ ونهر فَرَواب ونهر تيرزة[g] *هذه امّهات الانهار[h] ✿ واما البحيرات فخمس بحيرة البَخْتَكان[i] *نحو عشرين فرسخًا مالحة بكورة اصطخر وبحيرة دَشْت أَرْزَن بكورة سابور عشرة فراسخ عذبة ربّما جفّت وعامّة سمك شيراز منها[k] وبحيرة كازرون *عشرة فراسخ مالحة منشعبة فيها صيد ومنافع[k] وبحيرة الجُنْكان[l] *نحو اثنى عشر فرسخًا يعملون فى اطرافها الملح بكورة اردشير خرّة[k] وبحيرة الباشفوية[m] *ثمانية فراسخ مالحة عليها بردىّ وآجام، واما بحر الصين فانه يمدّ على تخوم الاقليم الجنوبيّة كلّها[n] ✿

*وبه من احياء الاكراد ثلاثة وثلاثون الكرمانيّة الرامانيّة مدثر حىّ محمّد ابن بشر الثعلبيّة[o] البنداَمَهْريّة حىّ محمّد بن اسحاق الصباحيّة[p] الاسحاقيّة الادركانيّة السهركيّة الطهمادهنيّة[q] الزباديّة[r] الشهرويّة المهركيّة البنداقيّة[s] الخسرويّة الزنجيّة الصفريّة[t] المباركيّة استامهريّة[u] الشاهونيّة الفراتيّة السلمونيّة[v] الصيريّة الازاددختيّة[w] المُطّلبيّة المماليّة الشاكانيّة[x] الجليليّة وهم خمس مائة بيت[y] ✿ *واما القلاع فباصطخر[z] قلعة عظيمة *سعة

---

a) C pro his: الى سينين (سينيز .l) ثم يقلب فى التخوم عليه عدة من القناطر وهذا الاقليم كثير القناطر منها قنطرة ابى طالب من الجبل الى الجبل وقنطرة عضد الدولة من العجائب. b) B درجيد, C درحيد. c) B خاوندان, C خاويذان. Cf. supra ad p. ۴۳٥a. d) B et C رش. Edidi ut apud Ist. p. ۹۹ et ۱۲۰ et Ibn-H., p. ۱۸۰ et ۱۹۱. e) B om. f) B حرسن, C حرسين. g) B et C برزه. Vid. I., p. ۹۹m et Ibn-H., p. ۱۸۰o. h) C وغيرهن. i) B et C البحكان. k) C haec om. l) B sine punctis. m) B الباشفريه, C الباسفريه; Ist. p. ۱۳۳ الباسفهوية. n) C pro his: مالحات وبحيرة دشت ارزن عذبة. o) Ist. p. ۱۱۴ البقيلية, sed Cod. L النفيسية. p) B الصاحبيه. q) B الطهادهنيه. r) B الزباديه. s) B البندافيه. t) B الصقريه. u) B اسباصهريه. Deinde السهاوبيه et القراثيه. Cod. Ist. L. المزانية. v) B السلمويه. w) B الارادذحيه et المطبيه. x) B الحليليه et الساكانيه. Tria nomina desunt. y) C haec omnia om. z) C والقلاع باصطخر.

راسها فرسخ فيها حياض ماء وامير راتب وباغة وبها خزائن عدّة من الملوك واموال جاهليّة، وبشيراز قلعة بناء عضد الدولة انفق عليها اموالاً جمّةً وحفر فيها بئرًا فى الجبل الى اسفله، وبنَسا وكَنّه وفَسا وقرية الآس ودرابجرد وجُنْبَذ[a] وارّجان وزيربَاذ وبعض وسط البحر وذكر ابراهيم بن محمّد الفارسىّ انها تبلغ خمسة آلاف قلعة[b] ☆ ورمومه خمسة اكبرها رمّ احمد[c] بن صالح يعرف بالديوان[d] ثمّ رمّ شهريار *يعرف برمّ البازنجان وهم الذين فى ناحية اصفهان من هذا القوم *ناقلة من هذا الرمّ ثمّ رمّ احمد بن الحسن[e] ويعرف برمّ الكاريان وهو رمّ اردشيرخرّه[f] ☆

*ووضع فارس انها مقسومة على خطّ من لدن ارّجان الى النوبندجان الى كازرون الى خُرّه ثمّ على حدود السّيف الى كارَزين حتّى يمدّ على الرّمّ[g] فما كان يلقى الجنوب فجروم وما كان نحو الشمال فصرود، فيقع فى الجروم ارّجان ونوبندجان وسينيز وتوّج[h] وخُرّه وداذين[i] وموز وكارزين ودشت البوسقان[k] وكير وكيزرين وأبْزَر[l] وسَميران وخُمايْجان والخُرْمُق[m] وكُران وسِيراف ونجيرم

---

a) B وحمد, C وحنبذ. b) C pro his omnibus: فيها كنوز ملوك فارس من عهد الجاهليّة صعبة حصينة فيها بِرك ماء ولا يفارقها امير محكم وقلعة بناها عضد الدولة بشيراز على قلة (Cod. قلعة) جبل وحفر فيها بئرًا شقّ الجبل الى ان بلغ الماء وانفق عليها الاموال وقلعة كنه والبيضاء وفسا ودارابجرد وحنبذ (l. وجنبذ) وارّجان وذكر ابرهيم الفارسى خمسمائة قلعة وثلثة وثلثين (Cod. وثلثون) حيًّا من الاكراد. Deinde habet واما الرموم فخمسة. c) Debet esse الحسين, vid. Ist. p. ٩٨*f*. d) B بالزيراز, C بالربوان. e) B haec om. inde a ناقلة. Supplevi ex Ist. p. ٩٩, 1. Deinde B وتعرف. f) Pro his inde a يعرف برم C tantum habet: ثمّ رم النازنجان ورم جعفريه ثمّ رم ازدشير. Regiones رم اللوالجان et رم جيلويه desunt in utroque Cod. g) B الرموم ut fere omnes Codd. Vid. Ibn-H., p. ٢٠٣*l*. Mox B جروم sine ف. Cf. Ist. p. ١٣٦. h) Coniectura scripsi coll. Ist. l.l. 3. B وبرحم. i) B ودابر. Deinde pro وموز وكارزين B habet وموركان. k) B ودست الموسىاقان. Cf. Ist. p. ١٣٦*h*, ubi addatur: Cod. F بوسغان, L الموسقان. Deinde وكير. l) B وابور. Male apud Ist. (p. ١٠٦ et Ibn-H. edidi ابزر. Vid. *Tádjo-'l-arús* in v. m) B والجرق. Deinde وكوّان.

وحصن ابن عمارة وما فى اضعافهنّ، ويقع فى الصرود اصطخر والبيضآء *ومائين وايرج[a] وكام فيروز وكُرْد *وكَلّار وسَروسِبير والاوسبنجان وأُرْد[b] والرون *وصرام وبازرنج وسردن والخُرّمة[c] والحيرة والتّبْريز[d] والمَسْكانات والايج[e] والاصبهانات وبورم ورهنان وبوّان وطَرْخنيشان والجَوبرّقان[f] واقْليد والجَرْمَق وبَرْقوه وما جرى مجراهنّ، ويقع الاعتدال ما بين ذلك وهى كورة درابجرد وشيراز وفسا وما يدخل فى هذا الصقع ممتدًّا الى جور ونواحيها[g] ۞ *والمضار مآء ارّجان[h] ردىّ وكذلك مآء درابجرد وآبار شيراز ثقيلة والغالب[i] على الجروم فساد الهوآء وتغيير[k] الالوان ثمّ اصحّها سيراف وارّجان[l] وجنّابة وسينيز[m] واعدلها *ما بين الحدّين[n] وبدشت بارين عين يستشفى[o] بها من العلل ومآء *قصبة سابور[p] ثقيل ۞

*وهو بلد الجَوْر[q] قرأتُ فى كتاب بخزانة عضد الدولة اهل فارس اجمع الناس بطاعة السلطان واصبرهم على الظلم واثقلهم خراجًا واذلّهم نفوسًا وفيه اهل فارس لم يعرفوا (216) عدلًا قطُّ، فان قال قائل أَوَلَيس قد مدحهم النبىّ صلّعم حيث يقول لو ان الايمان بالثريّا لتعلّق به رجال من اهل فارس[r] قيل له خراسان وفارس كانتا عند العرب شيئًا واحدًا ومتى اخرجت عالمًا قطُّ مذكورًا فى الآفاق وكم قد اخرجت خراسان مثل ابن المبارك وابن راهَوَيْه ونظائرهما فى الفقه والحديث والى اليوم لا تخلو من ائمّة اجلّة وفارس خالية

---

a) B sine punctis. *b*) B وكلان وسروشير والاوسخان وازد. Illud سروسير non differt a سروستان, quod h. l. recepi apud Ist. et Ibn-H.; Codices utrumque formam exhibent, vid. Ist. p. ١٠٣h, ubi addatur lectio O سراوسين et سرسس, F سروشير et سروسير, L سروسن et سوق سير. *c*) B وضرار وبارزنج وسرند. *d*) B والتبرنز. *e*) B والانج. *f*) B وبروم ووهنان وبرلد وطرحسان والجربه. *g*) Haec omnia inde a ووضع فارس in C desunt. Pro جور B habet خوز. Quod inter hasce regiones enumerat Darábadjird gravis est error. *h*) C وما الرجان. *i*) B sine copula. *k*) B وبغمر, C وتغير. Cf. Ist. p. ١٣٧, 8. *l*) C ثم ارجان. *m*) B et C وسينين. *n*) C وسط الاقليم. *o*) C يتداوى. *p*) C اصطخر. *q*) B الحور, C الخوز. *r*) Cf. Jacut, III, p. ٨٣٧, 2.

من هذا الضرب ولا ترى لهم تصنيفًا يعتمد عليه ولا رسمًا فى العلم يرجع اليه أَوَلَا ترى ان ابا خالد قال فارس ثلاثة آلاف فرسخ وانّما هذا الاقليم مائة وعشرون فى مثلها فعلمتَ انه اراد خراسان وما حولها[a] ✿ والولايات فيه للديلم[b] اوّل مَنْ غلب عليه علىّ بن بُوَيه *ولم يعقب فتبنّى عضد الدولة وملك من بعده وهو ابن اخيه وبنى بشيراز دارًا لم ار فى شرق ولا غرب مثلها ما دخلها عامّىّ الّا افتتن بها ولا عارف الّا[c] استدلّ بها على نعمة الجنّة وطيبها خرّق فيها الانهار ونصب عليها القباب واحاط بالبساتين والاشجار وحفر فيها الحياض وجمع فيها المرافق والعدد وسمعتُ رئيس الفرّاشين يقول فيها ثلاثمائة وستّون حجرة ودارًا كان مجلسه كلّ يومٍ واحدًا[d] الى الحول وهى سفل وعلو وخزانة الكتب حجرة على حدة عليها وكيل وخازن ومشرف من عدول البلد ولم يبق كتاب صُنّف الى وقته من انواع العلوم كلّها الّا وحصله فيها وهى ازج طويل فى صفّة كبيرة فيه خزائن من كلّ وجه وقد الصق الى جميع حيطان الازج والخزائن بيوتًا طولها قامة فى عرض ثلاثة اذرع من الخشب المزوّق *عليها ابواب[e] تنحدر من فوق والدفاتر منضّدة على الرفوف لكلّ نوع بيوت وفهرستات فيها اسامى الكتب لا يدخلها الّا وجيه وطفتُ فى هذه الدار كلّها سفلها وعلوها وقد فُرشت فيها الآلات فرايتُ فى كلّ مجلس ما يليق به من الفرش والستور ورايتُ بيوت الخيش[f] نزع عليها الماء من[g] قنىّ حولها من فوق بالدوام ورايتُ الانهار تطّرد فى البيوت والاروقة واظنّه بناها على ما سمع من اخبار الجنّة وبان بونًا بعيدًا وضلّ ضلالًا مبينًا وباء بالاوزار، ولم تبق له الدار،، وسكن الاجداث، بعد الملك والآلات،، ولقد مات باشرّ موتة واراه الله نفسه خَسِرَةً[h] وصار لنا موعظة وعبرة وانشدنى بعض الخدم ابياتًا ذكر انه سمعها منه عند موته وقد ملك ثمانية اقاليم واخطب له بالسند واليمن وطمع فى المشرق وعاند صاحب

---

a) C haec omnia inde a وهو بلد الجور h. l. om., vid. infra. b) B الديلم; C اليوم pro فيه. c) B om. الا. d) B واحد. e) B om. et habet ينحدر. Correxi secundum C. f) B الحيش. g) B fortasse فى. h) B حسرة.

المغرب وخافته الملوك وقبض على صاحب الروم، وعرف انواعًا من العلوم، وتبحّر فى علم النجوم،، شعر

تَمَتَّعْ مِنَ ٱلدُّنْيَا فَإِنَّكَ لَا تَبْقَى   وَخُذْ صَفْوَهَا مِنْهَا وَدَعْ عَنْكَ ٱلرَّنْقَا
وَلَا تَأْمَنَنَّ ٱلدَّهْرَ إِنِّي أَمِنْتُهُ   فَلَمْ يُبْقِ لِي حَالًا وَلَمْ يَرْعَ لِي حَقَّا
وَأَخْلَيْتُ دَارَ ٱلْمُلْكِ مِنْ كُلِّ نَاعِمٍ   وَشَتَّتُّهُمْ غَرْبًا وَشَرَّدْتُهُمْ شَرْقَا
فَلَمَّا لَمَسْتُ ٱلنَّجْمَ عِزًّا وَرِفْعَةً   وَصَارَ رِقَابُ ٱلْخَلْقِ[a] لِي كُلُّهُمْ رِقَّا
رَمَانِي ٱلرَّدَى سَهْمًا فَأَخْمَدَ جَمْرَتِي   فَهَا أَنَا هَنَّا عَاجِلًا حُفْرَةً أَلْقَى
فَلَمْ يُغْنِ عَنِّي كُلُّ مَالٍ وَلَمْ أَجِدْ   لَدَى قَانِصِ ٱلْأَرْوَاحِ فِي مَصْرَعِي رِفْقَا
فَأَفْسَدْتُ دُنْيَايَ وَدِينِي سَفَاهَةً   فَمَنْ ذَا ٱلَّذِي مِنِّي بِمَصْرَعِهِ أَشْقَى[b] ✿

---

a) Marg. B النّاس خ. b) Pro his omnibus inde a ولم يعقب C haec habet: لقّب نفسه بعميد الدولة ولم يكن له ابن فتبنّا عضد الدولة وملك الاقليم من بعده ثم ملكه ابنه ابو الفوارس وكان عضد الدولة احد الجبابرة وذوى الهمّة وكان بنا بشيراز دارًا لم ار فى شرق ولا غرب مثلها ولما دخل الاستاذ ظريف (طريف .Cod) شيراز اتُّخذت له دعوة فى البستان ورتبت (وزيّنت .l) هذه الدار وفرشت ثم ادخلوا به حتى طافها وانا معه فرايتها دارًا ما دخلها عامّىّ الّا افتتن بها ولا عاقل الّا تاقت نفسه الى قصور الجنّة وعندى انه انما بناها على مثال ما سمع من دور الجنّة وهى سفل وعلو وقد شقّ الى السفل نهرًا يدير رحًا اتى به من مرحلة ويدخل المدينة التى بناها فذلك النهر يجرى فى بعض البيوت والاروقة جريًا حادًّا واجرى الى العلو قناة اخرى من فرسخين وجعلها تمرّ على سطوح بيوت الخيش فتنتثر عليه بالدوام فهو ابدًا مبلولًا وجعل من البيوت ما لونه لون الغضار الصينىّ ومنه ما لونه حجرىّ ومنه ما هو مفروش بالرخام ومنه مذهّب ومصوّر وجعلها ثلاثمائة وستّين دارًا لكلّ يوم دار كلّ دار لا تشبه الاخرى فى البناء والمفارش والستور والسُّرر واحدقها بالبساتين العجيبة التى قد جمعت الثمار الغريبة وافرد منها دار الكتب عليها خازن ومشرف ومفتاح وناظر من عدول البلد لم يبق كتاب صُنّف فى نوع من العلوم الّا جمعه فيها وهى ازج طويل فيه خزائن من كلّ وجه وقد الصق الى حيطان تلك الخزائن بيوتًا طولها قامة فى عرض ثلاثة

*وخراج هذا الاقليم مختلف[a] يؤخذ بشيراز على جريب الحنطة والشعير مائة وتسعون درهمًا ومن الارطاب والمباطخ مائتان وسبعة وثلاثون درهمًا وعلى القطن مائتان *وستّة وخمسون[b] درهمًا واربعة دوانيق وعلى الكروم الف واربعمائة وخمسة وعشرون درهمًا والجريب الكبير[c] سبعون ذراعًا (217) بذراع الملك وهو تسع قَبَضات[d] وخراج كُوار[e] على الثُلُثَين ممّا[f] ذكرنا *حطّه الرشيد[g] وخراج اصطخر ينقص عن خراج شيراز فى الزرع بشىء[h] يسير وما اسقاه[i] المطر فعلى الثلث *ولا تسئل عن ثقل الضرائب وكثرتها[k] ☆ وبه عدّة

اذرع مبيّنة عليها ابواب تنحدر عليها والدفاتر منضّدة على الرفوف لكلّ نوع بيتـا (بيت .l) او بيوت وفهرستات فيها اسامى الكتب وقد فرش ذلك الازج بقمص (عله قص .marg) العبّادانىّ وعقد على بابه رواق وجعل على باب الدار بوّابون ولا يدخلها الّا وجيه، والجوز (والجور .l) فيه غالب وقراتٌ فى كتاب بهذه الخزانة اهل فارس اجمع الناس بطاعة السلطان واصبرهم على الظلم واثقلهم خراجًا واذلّهم نفوسًا، وفيه اهل فارس لم يعرفوا عدلًا قطّ، فان قائل قال اليس النبىّ صلّعم مدحهم حيث قال (هذا مخالف لظاهر الحديث .in marg) لو انّ الايمان بالثريّا لناله رجال من اهل فارس، قيل له خراسان وفارس كانتا عند العرب شيئًا واحدًا الا ترى ابا خالد قال فارس ثلاثة آلاف فرسخ وانّما هذا الاقليم مائة وعشرون فى مثلها فعلمتَ انما اراد به خراسان ولعمرى لو ان العلم والايمان بالثريّا لتعلّق به اهل خراسان ومتى اخرجت فارس عالمًا او زاهدًا او نجيبًا، ونعوذ بالله من ضرائب هذا الاقليم وكان الامير ابو الفوارس امر لى فى كلّ سنة بثلاثمائة درهم فقلتُ لابى الفضل بن بهامة (نهامة .l) هل تجدُ لى تاويلًا يطيب لى هذه الصلة قال هذا مال عامّتُه ضرائب ودخلُ ضياع قد تغلّب عليه قلتُ لا جرم انّى لا اقبضهُ ابدًا.

a) C فاختلف الخراج واما. *b*) B وسبعة وثلاثون; cf. Ist. p. ١٥٧, 11. Mox C دوانق. *c*) Coll. Ist. l.l. 12 et 13 patet hic nonnulla verba excidisse. Pro سبعون Ist. ستون habet. *d*) B et C male قصبات. *e*) Ist. جور. *f*) B ما. *g*) C om. (B خطه). *h*) B et C شى. *i*) C من اسقى. *k*) C pro his: ودخل فارس القديم لا ما قد ابتدعه الديلم اربعة وعشرون الف الف درهم. Deinde habet والارطال مختلفة رطل شيراز الخ.

ارطال رطل شيراز الكبير ثمانية[a] ارطال بغدادىّ به يوزن الخلّ واللبن ونحوهما *ولهم منٌّ مكّىّ[b] وبالرطل البغدادىّ يزنون اللحوم[c] والخبز *وما يجرى مجراهما[d] ومنٌّ الخبز بفَسا ثلاثمائة *والقطن والحبوب ويزنون السكّر والزعفران والعسل والحنّاء والبقم وآلة الصيادلة بمنّ ثلاثمائة[e] ويزيد عليه منٌّ *القديد واللحوم والحديد ونحوها بخمسة وعشرين[f] منٌّ دَرَابَجِرْد *المعروف منّه[g] فى جميع الاشياء غير آلة الصيادلة اربعمائة واربعون درهمًا[h] والغزل والخبز والعصفر *والشعر والمرعزىّ[h] والصوف *اربعمائة وثمانون درهمًا[i] *منٌّ نَيْرِيز فى كلّ الاشياء غير آلة الصيادلة ثلاثمائة وعشرون ومنٌّ الغزل ثلاثمائة واربعون[k] ✿ ومكاييلهم قفيز فسا ستّة امناء بالثلاثمائة[l] فى الحبوب وما كان من لوز وشعير فقفيزه ستّة امناء[m] وقفيز الارزّ والحمّص والعدس ثمانية امناء فقفيز نيريز[n] ثلاثة ارطال بغدادىّ فى[o] الشعير والزبيب والقشمش والذرة وقفيز الحنطة يزيد عليه ومنٌّ ارّجان[p] ثلاثة ارطال غير السكّر وقفيزهم عشرة امناء بالكبير[q] والمكّوك نصف القفيز والجريب عشرة اقفزة ويؤخذ[r] على القوانين *لكلّ نخلة[s]

---

a) C ثلاثة. Verum videri posset اربعة, nam secundum Ist. p. ١٥٩, 6—8, pondus maius 1040, pondus minus Bagdadense 260 drachmas continet. Sed observandum libram (رطل) Bagdadensem esse dimidium ponderis (منّ). *b*) C om. Deinde habet وبه يزن القطن وبالبغداذى. *c*) C اللحم. *d*) C وغيرهما. *e*) C pro his: القطن والحبوب وآلة الصيادلة. In textu B levis corruptela esse videtur. *f*) B اللحم والقديد بخمسة وعشرين. C واللحوم والحديد ونحوهم خمسة وعشرون. Deinde C ومن. *g*) C om. Deinde habet فى كل شىء. *h*) C om. *i*) C يزيد منّه ثمنون. In seqq. B تبرنز. *k*) C habet: (Cod. بتيزيين) ومن الغزل بنيريز ثلثمائة وسائر الاشياء غير آلة الصيادلة ثلثمائة وعشرون. Deinde C واما المكاييل فقفيز. *l*) C لثلاثمايه. *m*) C add. بمنّ مكة. *n*) B فععرا تبرنر, C قفيز تيزيين ut solent. *o*) Coniectura addidi فى. C, qui ut saepius habet بغداذى, omittit verba فى — الذرة. *p*) C من الرجان. *q*) C add. بهذا المن. *r*) C add. بالرجان. Pro القوانين (cf. Ist. p. ١٥٧, 3) B العوانس. C العوادس hic et infra. *s*) B على كل نخلة.

ربع درهم والصباغ تتفاوت بِسَنْبل[a] من ثلاثة دراهم الى نصف درهم وبأرَّجان الى درهم وارض القوانين وان انكشفت عشرون درهمًا ❁

واما المسافات *فانك تاخذ[b] من أرَّجان الى رِيشَهْر مرحلة ثم الى مَهْرُبَان مرحلة، *وتاخذ من ارَّجان الى بسابك[c] مرحلة ثم الى دهليزان مرحلة ثم الى خابَرَان[d] بريدين ثم الى وادى الملح مرحلة ثم الى رامَهُرْمُز بريدين[e]، وتاخذ من أرَّجان الى الزَّيْتُون[f] بريدين ثم الى حبس[g] مرحلة ثم الى بندق[h] مرحلة ثم الى جُنْبَذ بريدين *او بريدًا فى العقبة[i] ثم الى زنك[k] بريدين ثم الى دخوند[l] مرحلة ثم الى خَوَاذان[m] بريدين ثم النُوبَنْدَجان[n] مثلها، وتاخذ من أرَّجان الى كنيسة المجوس مرحلة ثم الى قرية[o] مرحلة ثم الى الزيز[p] مرحلة ثم الى العينيَّة[p] مرحلة ثم الى النهر مرحلة ثم الى خرندة[q] مرحلة ثم الى سُمَيْرَم مرحلة، وتاخذ من مَهْرُبَان الى سِينِيز *او الى النهر مرحلة ومن النهر الى ارَّجان مرحلة ومن سينيز[r] الى سنجاهان[s] مرحلة *ثم الى جنَّابة مرحلة[t] ثم الى دشت داوودى[u] مرحلة ثم الى توَّز مرحلة ثم الى خَشْت[v]

a) B شنبل, C ىسىىل b) C فتاخذ. c) C بساىك, Kodáma نسابل (sive secund. Sprenger p. 67 سنابل), Ibn-Khordádbeh, p. 54 stationem non memorat. Sprenger proponit legere سنبل (سوق). d) C جابزان, Kod. sine punctis. Vid. Ist. p. ٨٩e. e) In B haec desunt. f) B sine punctis. Jacut, II, p. ٩٦٥, 5 زَيْتان. In mappis Codd. Ist. C, O et F sine articulo scribitur (O et C sine punctis, F ىمتون habet). g) B حىس. h) B ىنىدق, Ist. p. ١٣٣ ult. بندك. i) C ومن طريق العقبة بريد. Ibn Khordádbeh, p. 54 illam 'akabam عقبة الفيل vocat. k) C رتك. l) B دحوىد, C خويذ. Supra p. ٤٤, 12 memoratur جسر دخوند. Ist. l.l. stationem درخيد appellat. Apud Ibn Khordádbeh الزرجونة (Cod. الررحونه) dicitur. Pons a Jacut memoratur sub خوبذان (II, p. ٤٨٧). m) B خواذان, C خوذان; nomen contractum est ex خوراواذان, vid. supra p. ٤٣٥a, et vulgo vocatur الخوبذان. n) B sine articulo. o) In B post الى lacuna est. p) B sine punctis. q) C حرىده. r) C pro his tantum مرحلة ثم. s) C sine punctis. t) C om. u) C داودن. v) B خشب, C چشت.

مرحلة *ثم الى نيماراه نصف مرحلة صعبة[a] ثم الى سابور مثلها[b] ۞ وتاخذ من سيراف الى جَمّ مرحلة *ثم الى برزرة مرحلة ثم الى كيرند[c] مرحلة ثم الى مه مرحلة ثم الى رايكان[d] مرحلة ثم الى بيبابشوراب[e] مرحلة[f] ثم الى جُور مرحلة، ومن سيراف الى *عمان فى البحر او الى البصرة اقلاع خمس الى عشر ومنها الى البحرين سبعون فرسخا عرض البحر[g] ۞ وتاخذ من دَرَابَجِرْد[h] الى خَسُو مرحلة ثم الى كرب مرحلة ثم الى جُوَيم ابى احمد مرحلة ثم الى كاريان[i] مرحلة ثم الى باراب مرحلة ثم الى كُرَان مرحلة ثم الى سيراف مرحلة، وتاخذ من درابجرد الى جَرْمَوَا[k] مرحلة ثم الى رستاق الرستاق مرحلة ثم الى بُرْك[l] مرحلة ثم الى تارم[m] مرحلة، وتاخذ من درابجرد[n] الى جاه

---

a) C om. B بيماراه. Significat *dimidium viae*. *b*) C مرحلة. *c*) C كمويد (كمويه) et in mappa كرلد. Cf. Ist. p. ١٣٩*d*. Alteruter Istakhríi s. Mokaddasíi stationem male collocavit in itinerario. Statio مه ab Ist. vocatur مى. *d*) C sine punctis. Nomen significat *amoenus* nec male quadrare videtur in خان ازادمرد; cf. Ist. l.l. *e*) C بيانسوراب. Est idem locus quem Ist. appellat دشت شوراب. Probabile igitur est priore parte nominis idem significari quod voce دشت nempe *campus*, *planities*. Tribui igitur voci بيباب significationem formae protractae بيابان. *f*) In B haec omnia desunt. Deinde C ثم الى جور نصف مرحلة. Secundum Ist. sunt 5 Par. *g*) C pro his habet: قصبة عمان او الى (Cod. مرحلة) والى البصرة فى البحر اقلاع خمس خمس فى طيب الريح ربما كانت عشرة ايام ومن سيراف الى البحرين يومين يشقّ البحر عرضا وسيروا اقرب الى عمان. Oppidum سيرو est idem quod supra سورو appellatur; vid. p. ٤٢٢*q*. *h*) C semper داراجرد. De خسو vid. supra. *i*) B sine punctis. *k*) Eundem locum جرموا in itinerario nostri occupat quem رم شهريار s. رم المهدى in itinerario Istakhríi; vid. p. ١٣٢. Fortasse hoc est nomen regionis, illud oppidi. Aliter censet Sprenger, p. 76. B et C habent حرموا, mappa C حرمد. *l*) Supra p. ٤٢٣, 3 et ٤٢٨, 13 برك tamquam locus diversus a فرج describitur. Cf. quoque ad Ist. p. ١٠٩*c*. Sed hic in itinerario برك plane eundem locum occupat quem فرج apud Ist. p. ١٣٢, 7 et 8, quare eundem locum intelligi certum videtur. Plus autem semel nostro accidit ut ex uno loco duos efficeret, eum memorans sub nomine populari quod ipse audiverat, et sub nomine quod in fontibus scriptis invenit. Vid. e. g. supra ad p. ٢١٧*g* et ٤٢٢*q*. *m*) C يارم. *n*) C سيراف male.

زندايا[a] مرحلة ثم الى تيمارستان[b] مرحلة ثم الى فَسّا نصف مرحلة ۞ وتاخذ من شيراز الى كَفْره[c] مرحلة ثم الى كُول مرحلة ثم الى بومهان[d] مرحلة ثم الى جُور مرحلة، وتاخذ من شيراز الى قرية جُوَيم[e] مرحلة ثم الى خُلّان[f] بريدين ثم الى الخرارة[g] مثلها ثم الى جركان[h] مرحلة ثم الى النوبندجان[i] مرحلة * فيها شعب بَوّان الذى هو احد منازه الدنيا[k]، وتاخذ من شيراز (218) الى قرية الرمّان مرحلة ثم الى سَرْوِسْتان[l] مرحلة ثم الى كُرْم مرحلة ثم الى فسا مرحلة، وتاخذ من شيراز الى داريان[m] مرحلة ثم الى خُرّمَة[n] مرحلة ثم الى كث[o] مرحلة ثم الى خَيْم[p] مرحلة ثم الى تَيْرِيز[q] مرحلة ثم الى كدروا[r] مرحلة ثم الى رباط زرودوا[s] مرحلة * ثم الى نهر من مرحلة[t] ثم الى هننه[u] مرحلة ثم الى بيمَنْد[v] مرحلة ثم الى السيرجان بريدين[w]، وتاخذ من شيراز الى ركان[x]

---

a) B زندايا. Idem locus nunc چاه كوچ appellari videtur, Ouseley, *Travels*, II, p. 114. *b*) Sic C; B sine punctis. *c*) B كفوه. *d*) B بوماهان. Istakhrí a Kafra ad Djur partim aliam viam describit. Deleantur ibi p. ١٢٨ in ann. *l*. verba *Apud — scribitur*. *e*) Probe distinguatur a جويم ابى احمد. Apud Kodáma nomen corruptum est in حديم et حديں, apud Ibn Khordádbeh sec. Cod. Oxon. حوبر (locus in editione, p. 54, vs. 9 desideratur). C om. قرية. *f*) C خلار, vid. ad Ist. p. ١٣٣*f*. *g*) C الجرارة et deinde بريدين pro مثلها. *h*) C خركان; cf. Ist. l.l. *h*. Ibno 'l-Athír VIII, p. ٢٠٢ كركان cum var. l. كرجان. Cod. Ibn-Khord. الكرحان. *i*) B sine articulo. *k*) C om. Cf. Ibn Khordádbeh l.l. *l*) B سروشمان. Ist. p. ١٣١ ult. خورستان (ut quoque in mappa Mokaddasíi) et pro قرية الرمان habet خان ميم. Statio eadem nunc videtur appellari ماهلو s. مهالو, Ouseley, *Travels*, II, p. 68 seqq. *m*) B sine punctis. *n*) B خرمه, C (حرمه) حرمد. De situ loci cf. Jacut, III, p. ١٠٧, 10 et Ist. p. ١٣٥, 1. *o*) C كت. *p*) C حين, B حمر s. حمن. *q*) B تيبزدس, C تيبزيس. *r*) B جدروا. Cf. supra p. ٤٢٣, 1. *s*) C ردوروا. B بدبان (Sprenger, p. 72 بدمان). *t*) C haec om. *u*) C sine punctis. *v*) B دبس, C ميمد. Cf. Ist. p. ١٦٨, 10. *w*) C مرحلة ut antea quoque B. *x*) B السرحان.

مرحلة ثم الى راس السكر مرحلة[a] ثم الى زياداباذ[b] مرحلة ثم الى جبّ[c] امير المؤمنين مرحلة ثم الى راس الدنيا مرحلة، وتاخذ من شيراز الى صاهه[d] مرحلة *ثم الى دَشْت أَرْزَن مرحلة *صعبة فيها عقبة بالان[e]، وتاخذ من فسا الى كَارَزِين[f] مرحلة ثم الى هُرْمُز مرحلة ومن كارزين الى خارزين[g] مرحلة، ولا اعرف مصرًا توسّط اقليمه الّا هذا وهَمَذان الا ترى ان منه الى[h] كَثَه او الى تارم او الى نَجِيرَم او الى نهر طاب *ستّين ستّين ومنه[i] الى الزوايا الاربع سينيز[k] او الرُّوذان او سورو[l] او تخوم اصفهان ثمانين ثمانين[m]، وحوله مدن *تتقارب مسافتها[n] اليه حدّثنى رجل بكازَرُون قال هرب بعض الناس من السلطان[o] فعدا الى سابور ثم سال كم الى شيراز قالوا ثمانية عشر فعدا الى كازرون ثم سال كم الى[p] شيراز قالوا ثمانية عشر فعدا الى خُرّه[q] *ثم سال كم الى شيراز قالوا[r] ستّة عشر فعدا الى *جور ثم سال فقالوا عشرون ومنه الى البيضآء مرحلة[s] ۞ وتاخذ من سابور الى كازرون مرحلة ثم الى خُرّه[t] مرحلة، ومن سابور الى النوبندجان[u] مرحلة ومن سابور الى كرك[v] مرحلة ثم الى

---

a) C مرحلتين (secundum Belin بريديين). *b*) B زباداباذ, C زياداواذ. *c*) B حب, C ببير. *d*) Vix necesse est observare hunc locum (C الصاهه) diversum esse a صاهه (= صاهك) in provincia Istakhr. Dascht Arzen iacet inter Schiráz et Kázerun. Ist. p. ١٣٠ hanc stationem appellat sive ei substituit خان الاسد (خان شير). *e*) C om. *Nozhat al-Kolub* apud Ouseley, *Travels*, I, p. 316 ann. 73 كريوه مالان. *f*) B كازرين. Mox C هرم pro هرمز; cf. Ist. p. ١٠٥, 4. *g*) B sine punctis. Fortasse idem locus intelligitur qui supra p. ٤٤٧, 13 secundum Ist. p. ١٣٦ (cf. p. ١٠٥) appellatur كيزرين. Hoc casu hic legendum foret خارزين aut ibi كيرزين. *h*) C h. l. insert نجيرم او الى quae deinde om. *i*) C ستون ستون ثم منه. *k*) B سنس, C سينين. *l*) B سورط, C سوروا. *m*) C ثمانون ثمانون. *n*) C يتقارب مسافاتها. *o*) C شيراز. *p*) C بينه وبين. *q*) B خمده, C جره. *r*) C فسال فقالوا. *s*) C pro his: يومهان (l. بومهان) فقالوا له. مثل ذلك ومن شيراز الى نسا مرحلة. *t*) B حره, sed in mappa خره, C in textu et in mappa جره. *u*) B sine articulo. *v*) B كوك, C كارك.

دشت ارزن مرحلة، ومن كازرون الى قرية لحطب[a]. بريدين *ثم الى دشت ارزن مثلها، ومن كازرون الى دريز[b] بريدين ثم الى راس العقبة مثلها[c] ثم الى توّز مثلها *ثم الى قرية مثلها ثم الى جنّابة مثلها[c] ۞ *وتاخذ من اصطخر الى راس السكر بريدين ومن اصطخر الى البيضآء او الى قرية لحمام مرحلة ومن قرية لحمام الى زيادواذ[d] بريدًا ثم الى جبّ امير المؤمنين[e] ثم الى راس الدنيا ثم الى خورستان[f] مرحلة ثم الى هراة مرحلة ثم الى راذان[g] مرحلة ثم الى شاباوك[h] مرحلة ثم الى روار[i] مرحلة ثم الى قرية لجمال[k] مرحلة ثم الى الرُّوذان مرحلة، وتاخذ من اصطخر الى بيبر[l] بريدين ثم الى كهمندة[m] مرحلة ثم الى *قرية بِبَنْذ[n] مثلها ثم الى أَبَرْقُوه[o] مرحلة ثم الى قرية الاسد[p] مثلها ثم الى الأُرْد[q] مرحلة ثم الى قلعة المجوس مرحلة *ثم الى كَثَه مرحلة[r] ثم الى أَنْجِيرَه مثلها ۞ وتاخذ من اليهوديّة[s] الى خان رش[t] مرحلة ثم الى قُومِسَة[u]

---

a) Statio quam noster قرية لحطب appellat, ab Ist. p. ١٣٠ vocatur تبيره. *b*) Pro دريز C دبير. *c*) B haec om. *d*) B زيداواد, C زيداوا. *e*) C pro his: وتاخذ من اصطخر الى نسا او الى زيداوا مرحلة مرحلة. Quae deinde sequuntur ad وتاخذ habet inverso ordine post قلعة المجوس مرحلة nempe: وتاخذ من الروذان الى قرية لجمال مرحلة ثم الى روان مرحلة ثم الى ساباوك مرحلة ثم الى راذان مرحلة ثم الى هراة اصطخر مرحلة ثم الى خوزستان مرحلة ثم الى راس الدنيا مرحلة ثم الى قومشة مرحلة. *f*) B et C خوزستان. *g*) B راداں. Cf. Ist. p. ١٠٢, 4. *h*) Supra شبابك; vid. p. ٤٢٥, 1. *i*) C روان. *k*) B لحمال. Cf. supra ad p. ٤٣٧*a*. *l*) B دبر, C تبيزيں. Deinde C مرحلة. *m*) B كيبهنده. Ist. p. ١٢٩ كهمند. *n*) B tantum بند. Deinde C مرحلة. *o*) B دبرقوه, C ابرقوده. *p*) B et C male الاس, ut iam observavit Sprenger, p. 73. Deinde C مرحلة. *q*) B et C الازد. Probabile est nomine الارد eundem locum significari qui nomine قرية لجوز. *r*) B et C om. Supplevi ex Ist. p. ١٣٠. Deinde C om. ثم – مثلها. B habet لحبيره. *s*) C يهودية اصفهان. *t*) Si hoc itinerarium recte sese habet, patet me male composuisse خان رش cum خان اويس Ist. p. ١٣٣*d*. Neque sequens كرو (كرويه) cum كرو (كوز) quidquam commune habere potest. *u*) B ڡومسه, C قومشه ut hodie appellatur, vid. Ouseley, *Travels*, II, p. 453 seq. (quoque قمشه).

مرحلة ثم الى كروه[a] مرحلة ثم الى سُمَيْرَم مرحلة، *وتاخذ من اليهوديّة الى الخان خان لنجان[b] مرحلة ثم الى كرو[c] مرحلة ثم الى ماس[d] مرحلة ثم الى خان رُوشَن[e] بريدين ثم الى اصطخران مرحلة ثم الى قصر اعين مرحلة ثم الى حرسكان[f] مرحلة ثم الى مائين مرحلة ثم الى أزر سابور[g] مرحلة ثم الى شيراز مرحلة[h]، وان شئت فخُذْ في مفازة من قُومِسَة الى روزكان مرحلة ثم الى ازكاس مرحلة ثم الى سَرْوِشْتَان[i] مرحلة ثم الى سرمسه[k] مرحلة ثم الى لاه وكره مرحلة ثم الى قرية الخلّاف مرحلة ثم الى كماهنك مرحلة ثم الى قرية ابن بندار مرحلة ثم الى اصطخر مرحلة، وتاخذ من سُمَيْرَم الى جعفراباذ[l] مرحلة ثم الى الزاب[m] مرحلة ثم الى كُورد[n] وكَلّار مرحلة ثم الى مِهْرجاناواذ مرحلة ثم الى اش وبورد[o] مرحلة ثم الى نَسَا[p]* بريدين ثم الى شيراز مرحلة، وتاخذ *من اليهوديّة الى خالنجان مرحلة ثم[q] الى بَارْكَان[r] مرحلة ثم الى

---

a) C كرويه. *b*) C pro خان لنجان habet الخان لنحان مرحلة ثم الى الخان, nempe secundum Belin. In apographo meo verba وتاخذ — مرحلة desiderantur. *c*) C كبروا. Ist. p. ١٣٣, 1 كوز sec. E, sed B, ut quoque F, L et Kodáma, كرو et sic recepi apud Ibn Hauk. *d*) C مابين. Vid. Kodáma apud Ist. l.l. *b*. Ist. stationem om. *e*) Ist. اويس, sed cf. p. ١٣٢*q* et ١٣٣*d* (ubi addatur L h. l. روشن), et Ibn-Hauk. p. ٢٠١٢. *f*) *Sic*. Kodáma حوسكان. Inter hanc et seq. stationem est iugum Kansá in quo est مرصد, Ist. p. ١٣٢. *g*) C ارزّ سابورّ. Kodáma نيشابور et نيسابور. Significatur autem eadem statio quam Ist. l.l. appellat هزار. *h*) In B haec omnia desunt. Contra sequens itinerarium in C desideratur. *i*) B سورستان. Male Ouseley, *Travels*, II, p. 451 legit *Sardistán*. *k*) Fort. Cod. سرمستة. *l*) C جعفراواذ. *m*) B الرباب. Eadem statio esse videtur quae in ed. Ibn Khordádbeh, p. 58 appellatur كاب, (Cod. بحاب), nam quod ibi legitur (3 a f.) كورة corrigendum est in كُورَد ut Cod. habet. *n*) B كورود. Deinde B وكلاد. Cf. Ist. p. ١٠٣, 2 et Jacut in v. *o*) C om. وبورد. *p*) B انسا. *q*) C من الخان لىحان. Lectio B خالنجان est pro خان لنجان. Apud Ibn Khord. p. 58 in خانذان (Cod. خانزار et خانران) corruptum est. Kodáma habet الجار l. الخان s. لنجان. *r*) B باركان. Jacut بارجان. Kodáma بابكان. Hic inter Bárdján et Sepid Dascht insert stationem كرپركان.

أَسْبِيذ دَشْت مثلها[a] ثم الى *جعاد وجورد مثلها[b] ثم الى *الرباط مثلها[c] ثم الى كورستان مرحلة ثم الى جسر جهنّم مرحلة ۞

اقليم كِرْمان

هذا اقليم يشاكل فارس فى اوصاف ويشابه البصرة فى اسباب ويقارب خراسان فى انواع لانه قد تاخم البحر واجتمع فيه البرد والحرّ والجوز والنخل وكثرت به التمور والدوشاب[d]، والثمار والارطاب،، به جِيرُفْت الذى[e] تضرب به الامثال، ومَنُوقان[f] الذى تشدّ اليه الرحال، وعند تمر[g] خَبيص بيقف الرجال، وله سهول وجبال، وبه سمّاق ورمّان[h] وانعام كثيرة وجمال[i]، وخصائص عجيبة واعمال[k]، به يسيل النوتيا على مرازيب[l] كزلال، وقد اوضحنا بذكر نَرْماسير[m] المقال، وثياب بَمّ[n] بالخافقين هى جمال، ومع ذاك[o] اوطياء ولا فيهم ثقال، وكرمان[p] متجر يسار وحسن حال، صحيح مياهه[q] ووسط على اعتدال، ودين وعفّة ترى به[r] على كمال، فصيح لسانهم والعقل غير زال[s]، فكرمان سرّية لولا خلال، حرّ فى السواحل[t] وحيّاتهم طوال، ولا لهم[u] نضارة ولا مذكّر يفقه العوامّ نحيفة اجسامهم تحاكى الخلال، كثيره[v] قفاره ولا نهر يجرى به الدقال[w]، وللدولتين مطلب يرى[x] لهم به مجال، يفيض[y] هروجه وكم

---

a) C مرحلة. *b*) C جور مرحلة. Itineraria Ibn Khord. et Kodámae cum nostro partim tantum conveniunt. Vid. Sprenger, p. 67 seq. *c*) C .....مرحلة. *d*) C om. ut quoque والارطاب. Jacut, IV, p. ٣٦٤, 9 habet والاشجار. *e*) C hic et deinde التى et suffixa gen. fem. *f*) B et Jacut male موقان. *g*) B دمر. *h*) B ورمال. *i*) B وحمال. *k*) C om. *l*) C مرازنب. Deinde B كُرلال. *m*) B نرماسس infra نرماسين, C دىماسىر, infra دىماسىر et دىماشر. *n*) C ثم et h. l. ponit هى. *o*) C ذلك. *p*) C وترمان. *q*) C مياته s. مياتة. *r*) C تراه (B ترابه). *s*) C addit: وليس فى نسبتهم زاى ولا فى المدن صاد. Deinde فكرمان هى. *t*) B sine art. *u*) C om. Deinde B نظارة. *v*) C كثيرة. *w*) B يجى به الدوال. Deinde C om. cop. *x*) C ترى, B sine punctis. *y*) B دعمص, C دغيص.

فيه من قتال[a] ،، ۞ وهذا مثاله وشكله وبالله التوفيق لا شريك له ۞

وهذا الاقليم[b] خمس كور وناحية أوّلها من قبل فارس بَرْدَسِير[c] ثم نَرْمَاسِير *ثم السِّيرَجَان[d] ثم بَمّ ثم جِيرُفْت ۞ فاما بَرْدَسِير فانها كورة تلى المفازة لها سرود وجروم يسمّونها بلسانهم كُوَاشِير[e] قصبتها على اسمها ومن مدنها مَاهَان كوغون زَرَنْد جَنْزَرُوذ[f] كُوه بَيَان[g] قواف أُنَاس[h] زاور[i] خوناوب[k] غُبَيْرَا كارشنان[l]، وناحية خَبِيص مدنها نشك[m] كشيد[n] كوك كثروا ۞ واما[o] نَرْمَاسِير فانها[p] تلى المفازة ايضًا من نحو سجستان *قصبتها على هذا الاسم وكذلك للخمس[q] ومن مدنها باهر[r] كرك ريكان[s] نَسَا ۞ واما السِّيرَجَان فانها متوسّطة بين الكور *مائلة نحو فارس قصبتها المصر ومن[t] مدنها بِيمَنْد الشَّامَات واجب[u] بزورك[v] خور دشت برين[w] ۞ واما بَمّ فانها[p] تتاخم فارس

---

a) B مقال, C قبال. Deinde C وهذه صورته. Sequitur mappa (B. p. 220). b) C add. على قياسنا. c) B h. l. بردسى. C كواشير. Vid. Ist. p. ١٦١g. d) B om. e) C فاما كواشير فانها — وجروم. f) B et C جيرود, supra B رزند حبرود. g) B h. l. نبادات, supra نبان, infra نبان, C in textu et mappa بنان. Vid. Jacut sub كوبيان. Pro قواف B supra قراف, infra قولف. h) B sine punctis. i) B راوز, supra راون ut C. Infra B وراور, C راود. Vid. Ist. p. ٢٣٩, ٢٣٣. k) B supra جوباوب, infra حوداوب. l) B infra كارستان, supra كاوسنان. C كارسان et infra كارشان. Jakubí, p. ٦۴ كرستان. Deinde C خبيص وهي ناحية لها اربع مدن. m) B h. l. نسك, C بسك. n) B supra كشيك. o) C hic et deinde فاما. p) C addit كورة. q) C واسم للخمس كور وقصباتها واحد. r) C h. l. باهو, supra B باهر. s) B hic et supra et C infra ut recepi. C h. l. sine punctis, B infra زنكان. Cf. *Djih. Numa*, p. ٢٦٠, 11. t) C معتدلة الهواء من. u) B supra احبّ, C h. l. واحب et in mappa ولب. v) B h. l. بروك, supra ut recepi, infra بروك, C h. l. برودك, infra بروك. Deinde B خورد. w) B دشت بيرين, supra ut recepi, infra دستربن. C h. l. دشت بارين, infra سبيرين. *Djih. Numa*, p. ٢٥٨ med. et ٢٦٠ دشت بر.

ايضًا من مدنها دارزين[a] طوشتان[b] اوارك مِهْرِكِرْد[c] راين[d] ✿ واما جيرُفْت فانهنا انزه كور الاقليم تتناخم بحر الصين وتصاقب[e] مكران وتجمع الاضداد غزيرة الانهار حسنة الثمار كثيرة المدن منها باس جكين[f] مَنُوقَان درهقان جوى سليمان[g] كوه بارجان قُوهِسْتان مَغُون جواون[h] وَلَاشْجِرْد زوذكان[i] درفانى[k] ✿

بَرْدَسِير[l] قصبة ليست بالكبيرة لكنّها حصينة[m] واليها دواوين الاقليم اليوم[n] وبها الجيش على جانبها[o] قلعة كبيرة *فيها بساتين وقد حفر فيها بئر عظيمة عجيبة من بناء ابى علىّ ابن الياس وهو الذى اختار هذه القصبة وسكنها[p] عشرين سنة على الباب حصن وخندق مجسّر[q] لها اربعة ابواب باب ماهان باب زَرَنْد باب خَبِيص باب مبارك اكثر شربهم من آبار[r] ولهم قناة *وفى وسط

---

a) B sine punctis, supra دارز, C دارزتر et in descript. داريتر. Infra ex Ist. quoque dat formam دارجين. Cf. Ist. p. ١٦١*d*. b) B infra كوستان, C h. l. طوستان, infra طرستان. Pro اوارك B et C infra اورك. c) B h. l. بهركرد. Infra B et C مهرك. Fortasse est idem locus quem Jacut, IV, p. ٧.. appellat مهريجرد, quo casu ibi pro تمد (l. ult.) legendum est بم. d) B h. l. رادن, C ورابن. Forte est hodiernum *Ragin*. e) C وتلاصق. f) B باس حكمن, supra اباس جكمر, in descript. وجكين (s. ياس) باس, in itin. اناس وجكيم; C باس حكمر, in descript. باس وحكين, in itin. باس حكين. *Djih. Numa* p. ٢٥٨ med. ماسكان وچكينو. g) B h. l. جوى سلمان, C حوى سليم. h) B supra جواوز, C خواون. i) B hic زوذركان, supra رودكان, infra رودركان, C h. l. ut recepi, infra دروكان. k) B supra et C infra درقانى. Ist. دربای, vid. p. ١٦٥*d*; Ibn-H. p. ٢٢٢, 1 درفارد. Hic in C sequitur locus, quem B habet in fine descriptionis urbium. l) C وهى بالفارسية كواشير اردشير. Cf. Jacut, II, p. ٥٥٥, 12 بردسير تعريب اردشير. m) B حصنه. n) C om. o) C الى جنبها. p) C بها بساتين عجيبة بناها ابو على ابن الياس وحفر فيها بئرًا فى الجبل الى اسفله انفق عليه الاموال العظيمة وهو اوّل من اختار هذه القصبة وكان نحو من (adde بها). q) B محبس. Deinde C ولها. r) C الابار.

البلد قلعة اخرى والجامع قربها[a] لطيف وبحدق بالبلد بساتين والقلعة عالية[b] كان يصعد اليها *ابن الياس على[c] الدوابّ الجبليّة المعتادة لصعودها وينام فيها[d] كلّ ليلة *والقنىّ تسقى بساتينهم المحيطة[e] ✿ وماهان[f] مدينة العرب الجامع وسط البلد شربهم من نهر *فى وسطها قهندز[g] بباب واحد يحوط به خندق وتسبير[h] منها مرحلة الى القصبة فى اشجار مشتبكة ومياه جارية ✿ وكوغون *جامعها وسط البلد شربهم من نهر وقنىّ ✿ وزرَنْد[i] قد بنى ابن الياس على حافتها قلعة وهى كبيرة[k] شربهم من قنىّ والجامع فى الميدان عند السوق[l] ✿ وجَنْزَرُوذ كثيرة[m] الفواكه الجامع فى الاسواق ولهم نهر[n] ✿ وأُنَاس اكبر من الرُّوذَان على راس الحدّ خربة[o] بها كتّاب فره والجامع وسط السوق شربهم من قنىّ وسط البلد حصن[p] ولها ربض ✿ وكُوه بَيَان صغيرة لها بابان وربض فيه حمّامات وخانات والجامع على الباب قد التفّت بها البساتين والجبل منها قريب سوقها[q] صغير والعلم بها قليل *وخطيب سُخنة عين[e] ✿ وزاور اكبر من كُوه بَيَان لها حصن[r] على راس الحدّ ✿ وخوناوب *متوسّطة الجامع وسط الاسواق[s] كثيرة المزارع والضياع وشجر الغُبَيْرآء بعض سقيهم بالدواليب وطواحينهم بالجمال ✿ وقواف وبَهَاوَذ[t] بينهما ثلاث فراسخ سردسير كلّه بساتين وهما عامرتان نزيهتان ✿ وغُبَيْرَا صغيرة لها قرى باردة شربهم من نهر *فى الوسط قهندز[u] وقد بنى ابن الياس خارج البلد سوقًا

---

a) C فى القلعة وسط البلد غير التى ذكرنا وبها بساتين والجامع وسط البلد. b) C والقلعة الكبرى مطلّة على البلد, c) B om. Deinde C الجبل l. للخيل et B للخيليّة pro الجبلية. d) C بها. e) C om. f) C insert هى. g) C وسطها قلعة et mox بها. h) B ودسم, C وبسير. Deinde C منه, B om. i) C haec om. et quoque in B deëst وزرند. Hic habet وقد. k) C مدينة كبيرة عليها حصن بستة ابواب. l) C add. ولهم نهر. Deinde B وحنزود, C وخنزود. m) C كبيرة. n) C بهن *sic*. Deinde B واناس. o) C وقد خربت. p) C قلعة. q) C ولها سوق. r) C add. وهى. s) C om. (B متوسط). t) B et C ونهاود. Vid. Jacut sub بهاباذ et sub كوبيان. u) C وسطها قلعة.

الجامع[a] وسط البلد ۞ وكارشتان باردة كثيرة الجوز والمزارع شربهم من نهر لها[b] خمس وعشرون قرية تشرب[c] منه ۞ وخَبيص عليها[d] حصن باربعة ابواب جيّدة التمور الجامع (222) وسط البلد شربهم من قنىّ ونهر ومدنها على تخوم المفازة وهنّ عامرات معدن[e] التمور والابريسم *كثيرة التوت[f] ۞

نَرْمَاسِير قصبة جليلة[f] كبيرة عامرة هى المطرح والمغوثة، *ثمّ فى هذا الاقليم[g] احدوثة،، خزانة مقصودة نفيسة وبلدة آهلة عجيبة قصورها حسنة انيقة[h] بحار كبار *كثيرة المتاع والجمال[i] منها يصدر نفر خراسان، واليها *يحمل متاع[k] عمان،، وبها تجتمع[l] تمور كرمان، *وعليها طريق حاجّ سجستان[m]،، ومنها ينقل البربهار، بها قوم جياد واموال ويسار،، الّا انها فاسدة النسوان، منتطرّفة عن البلدان، *لا يامن فيها السلطان،، ولا يطارق بها العيّار، ولا يطول بها الاعمار، ولا فقيه نظّار،، ولا مقرئ امام هى اصغر من السيرجان[n] عليها حصن باربعة ابواب باب بَمّ باب صوركون[o] باب المصلّى باب كوشك والجامع وسط الاسواق عامر يصعد اليه بعشر[p] درجات من الآجرّ[q] حسن به منارة ليس لها *فى الاقليم من نظير وثَمّ قلعة[r] يقال لها كوش وران على[s] باب بمّ ثلاثة حصون[t] يعرفن بالاخوات يحدق[u] بالبلد البساتين والنخيل وتجمع الاضداد[v] من الثمار شربهم من قنىّ ولا باس بحمّاماتهم[w] ۞ وريكان عليها حصن والجامع على بابها كثيرة النخيل[x] والبساتين ۞ وباهر وكرك[y] عامرتان على[z] حدّ سجستان لهما بساتين ونخيل

---

a) C والجامع. b) C ولها. Deinde B خمسة. c) B يشرب. d) C وناحية خبيص البلد عليه. e) C خزائن. f) C om. g) C فى المشرق. h) C add. بها. i) C ومتاع وجمال. Deinde ومنها. k) C للحمل امتعات. l) C وفيها يجمع. m) C واليها طريف سجستان, ceteris ad الا انها omissis. n) C haec om. o) C صركون. p) C بنحو عشر. q) C الجصّ والاجرّ. r) C نظير فى الاقليم وقلعة. s) C وعلى. Pro بمّ B ثمّ. t) C ثلث قلاع. u) C وقد احدق. v) C ويجتمع بها المتضادات. w) B لحماماتهم. Deinde B وزنكان. x) C النخل. y) C هى كرك l. هى وكرك. z) C insert راس.

ونهر وقنىّ نزيهتان[a] ۞ ونَسا لها بساتين فى سهلة والجامع فى الاسواق شربهم من نهر تكون مثل نابلس[b] ۞

السّيرْجَان هو[c] مصر الاقليم واكبر القصبات واكثرها علمًا وفهمًا واحسنها رسمًا وآئينًا[d] عامرًا اهل *تنعّم اسواق فسحة وشوارع فرجة ودور حسنة بها بساتين ومياه جارية والجدارات رفيعة عامرة معتدلة والاموال كثيرة جمّة[e] وخصائص وصناعة وجامع حسن *ومنارة وبلد كبيرة حصينة[f] ابهى واوسع[g] من شيراز[h] هوآءٌ معتدل ومآءٌ صحيح[i] وطعام نظيف واضداد مجتمعة[k] وخيرات كثيرة[k] واسعار رخيصة وعلم ودراية *الّا ان اكثرهم معتزلة وهى من اهلها خفيفة ومدنها قليلة[k] لها ثمانية دروب درب حكيم[l] درب خاريحان[m] درب بَمّ درب معلّى[n] درب الميدان درب فصيل[o] درب روحان درب شيبان[p] ولها سوقان عتيق وجديد للجامع بينهما فى معزل[q] قد بنى فيه[r] عضد الدولة منارة عجيبة على راسها اعمال من الخشب دقيقة منها ما يدور وبنى على باب[s] حكيم دارًا حسنةً ومياه البلد من قناتين شقّهما عمرو وطاهر[t] ابنا لَيْث تدور فى البلد وتدخل دورهم وتعمّ بساتينهم بناؤهم[u] طين ومن نحو بَمّ اكثر البساتين[v] ۞ وبيمَنْد عليها حصن منيع وابواب حديد والجامع وسط السوق شربهم من قنىّ ۞ والشّامَاتُ كثيرة البساتين

---

a) C om. B نزيهات. *b*) C ونسا مدينة فى سهلة تكون مثل نسا خراسان شربهم من نهر والجامع فى الاسواق ولها بساتين وهذه الكورة حارّة. *c*) C هى. Jacut hunc locum recepit, v. III, p. ٢١٣, 13 seqq. *d*) B وابينًا, C om. *e*) C منعم ترى اسواقا حسنة وشوارعا (sic) فرجة ودورا سريّة ومياه جرية (l. ومياهًا جارية) واموالا جمة وجدارات عالية وبلدة نظيفة ذات بساتين. *f*) C ومنارة طويلة. B ومنازه pro ومنارة. *g*) C add. واطيب. *h*) C add. ثم. *i*) C خفيف. *k*) C om. *l*) C حليم, sed infra ut B. *m*) B حاريحان, C خاوىحان. *n*) B معلّمى. *o*) B فصيل. *p*) C sine punctis. Nomina portarum in *Djih. Numa*, p. ٢٥٧ cum his non congruunt. *q*) C بمعزل عن السوقين. *r*) C به quod ponit ante منارة (B منازه). *s*) C درب. *t*) B وظاهر. *u*) C بنيانهم. *v*) C بساتينهم.

والكروم فواكهها[a] تحمل الى النواحى والجامع[b] وسط البلد ۞ وواجب عامرة كثيرة البساتين الجامع[a] فى الاسواق شربهم[a] من قنىّ ولهم منازه[c] وهى طيّبة ۞ وبزورك كثيرة الاهل على اسفل جبل مشتبكة بالبساتين حسنة الثمار شربهم[a] من قنىّ ۞ وخور[d] جليلة كثيرة الفواكه[e] يشقّها نهر الجامع *على حافته[f] ۞ ودشت برين رستاق واسع كثير النخيل والنيل والحبوب[g] لا اعرف له مدينة ۞ وبهار من نحو بَمّ على ما ذكرنا من العمارة والنخيل ۞ وخَنّاب[h] من هذا الوجه منهم من لا يضيفها الى هذه الكورة ۞

بَمّ قصبة جليلة طَيّبة كبيرة[i] اهل صناعة وحذاقة ومتاجر (223) مقصودة ثيابها فى الآفاق معروفة وهى فى الاسلام مشهورة وللاقليم مفخرة[k] الّا ان عامّتهم حاكة وليس لمياهها[l] حلاوة ولا لهوآئها طيبة وعليها[m] حصن باربعة ابواب باب نَرْمَاسِير[n] باب كوسكان[o] باب اسْبيكان باب كورجين[p] وسطها قلعة *فيها الجامع والاسواق وبقيّة الاسواق خارج[q] وفى وسط البلد نهر يجرى[r] على حافة البلد ثم يشقّ البزّازين ويدخل القلعة ثم يخرج الى البساتين بنآؤهم طين جيّد *عَلِكٌ من اسواقها سوق جسر جرجان[s] واكثر شربهم من قنىّ *ومن حمّاماتهم المذكورة حمّام زقاق البيذ[t] وجبل كود[u] منها على فرسخ وطواحينهم على المآء بقربها قرية عظيمة *اكثر ما يعمل من[v] الثياب بها ۞ وطوشنان كثيرة البساتين جيّدة الحنطة شربهم من نهر *وقنىّ يسيرة وهى زريعة ۞ ودارزين بها جامع حسن وشربهم من نهر[w] ولهم بساتين

---

a) C addit copulam. *b*) C الجامع. *c*) C منارة, *d*) C add. وسيرين. *e*) C فواكه كثيرة. *f*) C om. Deinde habet وسيرين, B ودستردن. *g*) C add. جرم سير et post مدينة habet وبه قرى سريّة. *h*) B وخباب, C sine punctis. *i*) C نزهة. *k*) C وفخر للاقليم. *l*) C لمائها. *m*) C sine copula. *n*) B نرماسن, ut solet, C برماسين. *o*) C كوكسان. *p*) B sine punctis. Deinde C فى وسطها. *q*) C الجامع فيها وبعض الاسواق. *r*) B بحر. *s*) C om. et habet اكثر. (B حسر حرجان). *t*) C h. l. om. Post فرسخ insert: اطيب حمام بها الذى فى زقاق البيد. (B fortasse المبيذ). *u*) C كيد. *v*) C يعمل اكثر. *w*) B haec om. Deinde C om. خيرات ومنازه.

ومزارع وخبرات ومنازه ۞ واوارك ومِهْرِكِرْد[a] ملتصقتان بينهما قلعة بناها ابن الياس شربهم من نهر وبناؤهم[b] طين ۞ وراين صغيرة الجامع وسط الاسواق كثيرة البساتين يعمل بها ثياب كثيرة على عمل البَمّىّ[c] وتخرج خروجها ۞

جِيرُفْت هى اطيب القصبات، ومعدن الفواكه والخيرات، بها يجتمع المتضادّات[d]، وفيها المنازه والروضات، طيّبة الاسواق والحمّامات، نظيفة الخبز والادامات، حلوة البطّيخ الّا ان حرّها شديد *وبها مؤذيات، ومع ذلك بقّ وحيّات، قليلة العلم والآلات[e]، عليها حصن باربعة ابواب باب سابور[f] باب بَمّ باب السِّيرَجان باب المصلّى والجامع على طرف *عند باب بَمّ[g] من آجرّ وجصّ بعيد عن الاسواق شربهم من نهر يتخلّل الشوارع والاسواق شديد الجرية[h] يدير عشرين رحًى وهى اكبر من اصطخر بناؤهم طين اساسه حجر يحمل[i] اليها الثلج وفى الجامع نهر *يجرى حسنة الرستاق جدًّا[k] قد اجتمع فى بساتينها[l] النخل والجوز *وعلا النرجس[m] والنارنج وعبقت *منهما الارياح فهى حسنة نزيهة[n] ۞ وهُرْمُوز على فرسخ من البحر شديدة الحرّ الجامع[o] فى السوق وشربهم من قنىّ[p] *حلوة وسوقهم جادّة[q] وبناؤهم من[g] طين ۞ وباس وجكين مدينتان على مرحلة[r] من البحر اصغر من هرموز جامعهما[s] فى الاسواق ۞ ومَنُوقان هى بصرة كرمان، ومنها ميرة خراسان، من التمور الرخيصة الحسان، وهى مع ذلك جانبان، بينهما وادٍ يابس[t] كلّان،

---

a) B واورك ومهزك, C واورك ومهرك. C addit مدينتان. b) C وبنيانهم. Deinde B om. nomen راين habens وصغره. c) C male كثير اليمن. Deinde ويخرج. d) C المضادات. Deinde habet: من الفواكه بهيّة الاسواق حسنة الدور طيّبة للحمّامات كثيرة العلماء وهى احدى (Cod. احد) جنات الدنيا الا ان الحرّ بها الخ. e) C om. (B مودنات). f) C سامور. g) C om. h) C الحرّ بها نهر. B et C شديدة. i) C ويحمل. k) C وقْلْ فى رستاقها ما شئت. l) C بساتينهم. m) C والنرجس. n) C فيها ارباح الاوراد والفواكه وهى فى غاية الطيبة. (B habet فمهما et فى pro فهى). o) C والجامع. p) C القنى. q) C om. B حاد. r) C يوم. s) C جامعها. t) B باسر.

احدهما كونين والآخر زامان، بينهما[a] قلعة وجامع سِيَّان[b]، منهما الى البحر يومان، وايّام الى درهقان[c]، وهى مفخر *كفى الرحاب[d] مُوقّان، *فان قال قائل ومن اين علمتَ ان كلّ بلد آخره آن له خاصّيّة قيل له بكثرة التجارب وله ايضًا دليل من كتاب الله تعالى الا ترى ان المخلوق يجوز ان يسمّى رحيمًا فاذا دخلت الالف والنون[e] صار رحمان وصار خاصًّا لله عزّ وجلّ والا ترى ان كلّ ماء جارٍ يسمّى حميمًا فلمّا تبعته الالف والنون صار لجهنّم خاصًّا والقطر هو النحاس فلمّا اراد الله تعالى ان يعلمنا انه عذاب على اهل جهنّم لحق به الالف والنون[f] ۞ ودرهقان[c] فى رملة وبرّيّة[g] قريبة من البحر شربهم من قنىّ لها بساتين وبها نخيل الجامع[a] وسط البلد ۞ وجُوى سُلَيْمان متوسّطة كثيرة الاهل واسعة الرستاق وشربهم[h] من نهر يتخلّل البلد والجامع وقهندز[i] وسطها ۞ وكوه بارجان[k] كثيرة البساتين (224) معتدلة الهواء تجمع الاضداد لها قهندز[l] والجامع فى البلد شربهم من نهر وآبار ۞ وقُوهِسْتَان ابى غانم *وسطة حارّة[m] كثيرة النخيل شربهم من نهر يتخلّل البلد والجامع وسطها وبها قهندز[l] ۞ ومَغُون كثيرة البساتين والنارنج شربهم من قنىّ وهى *من معادن[n] النيل ۞ *وجواون صغيرة شربهم من قنىّ[m] ۞ ووَلَاشْجِرْد عليها حصن ولها قهندز يسمّونه[o] كوشة شربهم من قنىّ ذات بساتين[p] ۞ ورودكان عامرة بها نخيل وبساتين ونارنج كثير شربهم من نهر وقنىّ ۞ ودرفانى[q] نصفها جرم سير ونصفها سردسير وهى درب فيها فاكهة متضادّة طيّبة نزيهة[r] ۞

وبين السيرجان وبمّ[s] راتين دارجين مابين[t] وبين جيرفت والمفازة

---

a) C addit copulam. b) B سبان. c) B درهفان. d) C كرحاب. e) B واللام. f) C haec omnia om. g) B وبريه. h) C sine copula. i) C وقلعة. k) B وكورة بارحان. C نارجان. l) C قلعة. m) C om. n) C معدن. o) C قلعة يسمونها. Deinde B كوسه. p) C ولها بساتين وحواون (sic) اصغر منها. Deinde B ورودركان، C ودروكان. q) C ودرقانى. r) C addit: وهذه الكور كلها طيبة. s) C insert: ثلث مدن. t) B رابس دارحير، C رابس دازخين مادس، مادسر. Desumta haec sunt ex Ist. p. ١٦١, sed nomen postremum errore ortum videtur ex ما بين. Supra B مائس et راثين et دازخين.

جَنْزَرُوذ[a] فِرْزِين وبين جيرفت والسيرجان ناجت خير[b] وبين السيرجان وفارس[c] كشيستان جيروقان[d] مرزقان السورقان مَغُون[e] ثم ادخلهنّ ولم ار عاقلًا أُدبّر معه فى بابهنّ والى ايـن وجب[f] ان يصفن[g] ۞ واما اسْبِيذ[h] فقد جعلناها نظير تيماء ۞

جمل شؤون هذا الاقليم

هو اقليم *تزيد جرومه على سروده[i] ووسطه معتدل مثل فارس *وفارس اوسع واجلّ واعمر وهذا كثير المفازات وبه جبال منيعة وله دخلة مقوّسة عند البحر وقد جعل له الفارسىّ دخلة فى فارس مثل الكمّ عند الرّوذان وجرومه على حرارة جروم فارس سواء وصروده تقصر عن صرود فارس[k] وليس فى جرومه شىء من الصرود *وربّما وجدتَ[l] فى صروده جرومًا وهم سمر الى النحافة وفيهم وطاء وسلامة وهواءهم صحيح *ورايتُ بـه مجذومين[m] ۞ والمذاهب الغالبة للشافعىّ

---

a) B جيرود, C حمرود. Deinde B فردين, C فودير. Supra B جيرون قودين. *b*) B باحب حمر, C باحب جبر, vid. Ist. p. ١٦٠. *Djih. Numa* p. ٢٦٠, 7 تاخت et جبر. Supra B فاحت حمر. Mappa C ولست et حس. Cod. Ist. L habet lectiones باحب, راخت et راحب. *c*) B وكرمان. Deinde B كستان ut quoque supra, C كسكسان. Mappa B كسيستان, C كيسان. *d*) B h. l. حمروقان, C sine punctis. Deinde B سوزقان ut supra, in mappa مردقان, C مرزفان, mappa مردهان. *e*) B hic et supra مقرن, C مغرن. Patet auctorem nomina corrupta e suo Codice Istakhríi transscripsisse, non videns se eadem loca iam sub vero nomine partim descripsisse. *f*) B حب. *g*) C فهذه اثنى عشر (l. اثنتا عشرة) مدينة ما دخلناها ولا لقيت فهيمًا (Cod. فيهما) ادبر معه فى اضافتهنّ الى الكور المقاربة لهن فاقود بهن (l. فافردتهن) لهذا المعنى. Seqq. in C desunt. *h*) B اسبذ. Cf. Jacut, IV, p. ٢٠٦, 7. *i*) C مواضع الحرّ به اكثر من مواضع البرد. *k*) C وهو اضيق رقعة من فارس وفارس اجلّ واعمر وهذا اكثر نخيلًا (Cod. نخيل) وفيه مفازات وصروده الين بردًا من صرود فارس. *l*) C وهو الحجاز الصغير بكثرة النخيل ثم لا تجد (Cod. يجد) وتجد. *m*) C pro his: فى الدنيا احلى من تمورهم ايضا تصلح (Cod. يصلح) للعصائد.

الّا جيرُفْت وقد قلّ الفقهآء بها وبدا اهل الحديث يغلبون الّا بهُرْمُوز وليس لمذكّريهم علم كثير وذُكر لى بعض علمآئهم بكُوه بَيَان فقصدتُ مسجدًا فيه رئيسهم مع جماعة من المشايخ فسالتُهم عنه فبعثوا رجلًا يدعوه وجعلوا يسالونى الى ان قالوا اهل بيت المقدس يصلّون الى الكعبة وما يشاكل هذا من المعضلات قلتُ عالمكم هذا يجلس لكم قالوا نعم قلتُ ولم يعلمكم هذا المقدار لا حاجة لى فى لقآئه ورايتُ آخر ببمّ لا يتحصّل من تذكيره على شىء ولم ار لهم رؤسًا ولا مناظرات يعتمد عليها بلى ادبآء[a] ما شئتَ *وللخوارج ببمّ جلبة وجامع على حِدَةٍ فيه بيت مال[b] ۞ ورسومهم لها لباقة فى الثياب يقاربون اهل فارس فى اكثر رسومهم ولا يرفعون من تمورهم ما وقع من النخل وربّما وجد التمر فى مواضع مثل مَنُوقان[c] وما فى معناها مائة مَنّ بدرهم ورسم الجَمّالين[d] انهم يحملون التمر الى خراسان مناصفة يقصدها كلّ سنة نحو مائة الف جمل ويدخلون على غفلة ويعطى السلطان كلّ جمّال دينارًا ويكثر الزنا والفساد بنَرْمَاسِير حينئذٍ وسمعتُ بعض الجَمّالين يقول هٰهنا امراة قد زنى بها جميع اهل النفر عن آخرهم فى هذه السفرة[e] ۞

a) B ادبا. b) Haec verba in B post فى اكثر رسومهم collocantur. In C haec leguntur: والمذاهب الغالب على مذاهبهم اصحاب الحديث الّا جيرفت فانهم حنيفيّون وقد بدا اهل الحديث يكثرون بها غير هرموز واصحاب ابى حنيفة ايضًا كثير بالكور الاخر ولا ترى غير الفريقين والمعتزلة بالسيرجان كثير والغالب على الرودبال وقوهستان والبَلُوص والمرىحان (والمنوجان .l) التشيّع وللخوارج الخ. Cf. Ist. p. ١٦٧. c) B منوفان. d) B الحمالين ut quoque in seqq. e) C ورسمهم انهم لا يرفعون ما يقع من التمر وربّما وجد مائة مَنٍّ بدرهم وقد تناقصت الخيرات وتلك الرسوم اليوم وسمعتُهم يذكرون انه يحمل فى كلّ سنة من التمور والبربهار نحو مائة الف حمل يحملون التمر على النصف ربّما دخلوا فى وقت واحد قال ولما دخلها عضد الدولة جآء النفر وهو بها فهاله ذلك ثمّ قال ارحلوا بنا من بلد يدخلها مثل هذه الخلائق على غفلة ويُعْطَى كلّ رجل من الجَمّالين (Cod. الحمالين) اذا خرجوا دينارًا من خزانة السلطان ومن اجل النفر اشتدّت عمارة نرماسير (Cod. برماسير).

والتجارات مفيدة[a] من عندهم تحمل تمور خراسان ونيل فارس ومزارعه من حدود وَلَاشْجِرْد[b] الى هُرْمُوز، ويحمل من بمّ العمائم والمناديل والطيالسة والثياب الرفيعة تختار على جميع المرويّات[c] ويُعمل بالسيرجان من هذا البزّ شئ كثير ويُعمل بها ما يعمل بقمّ من الكراسىّ وما يجرى مجراها ولا تكون على حسنها وترفع من نواحى جيرفت النيل الكثير (225) والكمّون ولهم فانيد ودوشاب رخيص والغالب على طعام اهل هذه الكورة الذرة والتمر ۞ ومن خصائصهم التوتياء المرازبىّ وانّما سمّى مرازبيًّا[d] لانهم يتّخذون شبه اصابع من الخزف كبارًا[e] ثم يصبّونه عليه فيلتزق به فيبقى[f] كالمرازيب ورايتُهم يجمعونه من الجبال وقد بنوا اكوارًا عجيبة طويلة يصفونه كما يصفى الحديد ولم اره الّا بالقرى، ثم لا ترى احلى من تمرهم لا يمكن ان يؤكل نيًّا وانّما يصلح للعصائد ولا نظير لثمانية[g] اجناس تمور صَيْحانىّ المدينة وبُرْدىّ المروة ومُسْقِر وَبْلَة ومصين عُمَان ومَعْقِلِىّ البَصْرَة وأَزَاد الكُوفَة وانْقِلَى صُغَر وكرماشانى[h] هذا الاقليم ۞ ومنهم مكّىّ ومكاييلهم مختلفة وسنجهم خراسانيّة ۞ وبه معادن حديد وفضّة ۞

اكثر مياههم قنىّ وليس به نهر عظيم ونهر جيرفت شديد الجرية يسمع له وجبة عظيمة وخرير يجرّ الصخر ولا يستطيع احدٌ ان ينزله[i] ۞ والجبال المذكورة بهذا الاقليم جبال القُفْص والبُلُوص والبارز[k] ومعدن الفضّة *وجبال

a) B مفيدهم. b) B لاسجرد. Cf. Ist. p. ١٦٧. c) B المروبات. d) B مرازبى. e) B كبار الخرف. f) B فيبقى. g) B لثمان. h) Posset legi وكوماشانى. i) C pro his omnibus: وبه تجارات يحمل من الاقليم التمور الكثيرة والدوشاب والناطف ومن نرماسير البربهار ومن السيرجان بزّ كثير على عمل البمّىّ والكراسىّ واشكالها ومن بمّ الثياب الرفيعة والعمائم والاردية ومن جيرفت النيل والكمّون وغير ذلك ۞ وبه معادن حديد وفضّة وفانيد وقصب سكّر وحجر يجمع من الجبال ثم يصفى كما يصفى الحديد وقد اتّخذوا شيئًا مثل الاصابع من الخزف كبارًا (Cod. كبار) يصبّونه عليه ثم يكسر عن تلك الاصابع فيكون التوتيا المرازبى لانه يبقى مثل المرازيب واكثر ما رايتهم يعملونه بالقرى، والغالب على طعام جيرفت الذرة والتمور. k) C h. l. والبارز. Jacut, IV, p. ١٤٨, 22 والقارن.

القفص شمالىّ البحر من خلفها جروم جيرفت والرودبار وشرقيّها الاخواس ومفازة بين القفص ومكران وغربيّها البلوص ونواحى هرموز[a] ويقال انها سبعة اجبل وان بها *نخلًا كثيرًا وخصبًا ومزارع[b] وانها منيعة *جدًّا والغالب عليهم النحافة والسمرة وتمام الخلق ويزعمون انهم عرب ونحن نستقصى وصفهم فى المفازة ان شآء الله° واما البُلوص فقد شتّتهم عضد الدولة واسرهم وسباهم وقد كانوا اولى باس وكان القفص يخافونهم وكانوا اصحاب نعم وبيوت شعر مثل البادية°[c] واما جبال البارز فانها مشجرة عامرة فيما سمعتُ وهى ايضًا ممتنعة ولا يتاتّى بهم احد وهم حديثو الاسلام وقد كان غزاهم يعقوب وعمرو ابنا الليث وثمّ معادن من حديد[d] وغيره° واما جبال المعادن فهى جبال فيها فضّة طولها نحو[e] مرحلتين° *وبكرمان شعاب عامرة مشجّرة[f] مثل الدربانى[g] وما فى معناها[h] ✿ ولسانهم مفهوم يقارب الخراسانىّ وربّما انغلق لسان الرستاق ولسان القفص والبلوص غير مفهوم *يشابه السندىّ[i] ✿

وضع هذا الاقليم جروم ثُلُثا الاقليم من جيرفت وجبال القفص *ودشت بر وروبست[k] وما يدخل فى هذا الصقع من النواحى والقرى ومدن بَمّ داخلة فيه ايضًا الى تخوم المفازة وحدود مكران وليس بعد جيرفت وبمّ ممّا يلى المشرق شىء من الصرود ويقع غربىّ جيرفت صرود وثلوج ما بين جبل

---

a) C والقفص قوم يسمّونهم الكوج اشرّ خلق الله تعالى واخبثهم طباعًا واقلّهم مروّة واقساهم قلوبًا ينزلون هذه الجبال وكذلك كانوا البلوص حتّى افناهم عضد الدولة ونحن نستقصى وصفهم فى المفازة. b) C نخيلًا (Cod. نخيل) ومزدرعات. c) C pro his: ولهم انعام واغنام. Deinde وجبال البارز مشجرة عامرة ممتنعة لا. d) C وبم (sic) معادن الحديد منها. e) C insert من. f) *Taschdíd* in Cod. g) B الدربانى. h) C haec om. Deinde habet: ولسانهم (sic) الاقليم. i) C om. et h. l. habet ومنهم — مختلفة. Deinde addit C: واما نقودهم فان الديلم قد ضربوا دراهم مثل القطارى يشترى بلمعن (l. ثلاثون) بدينار يستعمل فى اقاليمهم السبعة ولهم درهم آخر جيّد يسمّى العدلىّ. Deinde omisso loco de situ, habet وقد كانت لهم الولايات. k) B وحسب بروبرست. Vid. Ist. p ١٦٥*g*, Ibn.-H. p. ٣٢٢*d*. Cod. Ist. L habet روبست.

الفضّة الى دربانى[a] الى ان تشرف على جيرفت، والميجان[b] صرود منها عامّة فواكه جيرفت وثلجها، والثُلْث من الاقليم صرود من اقصى السيرجان الى حدّ فارس ثمّ الى المفازة من هذا الوجه وتدخل فى ذلك كواشير[c] وتقع خَبيص فى الجروم فهذا تفسير قولنا ربّما دخل فى سروده جروم، واما حدود كرمان فان شرقيّها ارض مكران ومفازتها والبحر وراءَ البلوص وغربيّها ارض فارس وشماليّها المفازة ويقع البحر على جنوبيّها ۞ والولايات كانت لآل سامان اضافها المعتمد الى اسماعيل[d] سنة ٢٩٠ *لمّا ظفر بعمرو بن الليث[e] ثمّ عصى ابو علىّ ابن الياس وتغلّب[f] عليها وكان يخطب عليهم[g] ثمّ ملكها (226) *علىّ ابن بويه وصارت الى اليوم للديلم[h] الّا انهم يحملون فى كلّ سنة الى صاحب خراسان[i] مائتى الف دينار وما ملكوها الّا بعد قتل عظيم *وكسر العامّة[k] وقد خرّبوها واكثر[l] اعمالهم خراب، وقرأتُ فى بعض الكتب بفارس حديثًا *باسناد الى النبىّ صلعم[m] كانّى انظر الى شان الديلم فى أُمّتى وقد اغاروا على اموالهم .وخرّبوا المساجد وهتكوا الحُرم واضعفوا الاسلام وازالوا النعم وهزموا الجيوش ولا يغلبهم غير امر الله يخرج رجل من ارض خراسان حسن الوَجه فارس فى عارضيه بياض وفى صدره خال اسود حسن القامة عظيم الخطر فيلسوف عالم اسمه نبىٌّ من ولد العجم يفتح الله على يديه الدروازات[n] الصغرى فيملك[o] من خراسان الى باب الدروازات الكبرى ولا يرفع السيف حتّى لا يبقى منهم احد حامل سلاح قيل يا رسول الله وما يكون بعد ذلك قال يخرج صاحب خراسان الى بيت الله فيخطب له على المنابر *بخراسان والزوراء[p] وارض فارس والعراق ومكّة والمدينة قيل يا رسول الله وما يكون بعد ذلك قال دويلة طويلة يصير الناس كالأُسد لا يؤدّون الامانات ولا يحفظون

a) B دريانى. b) B والمنجار. c) B كواسين. d) C الامير الماضى. e) C om. f) C فتغلب. g) C لهم. h) C tantum الديلم. i) C ملك المشرق. k) C وحروب صعبة. l) C وكذلك كلّ. m) C اسنادُه ان (l. عنّى) سقط عن النبىّ صلعم قال. n) Hic et deinde B الدروات, C الدوارب. Coniectura scripsi. o) B فيهلك. Post من C add. بلد. p) C بالزوراء.

الحُرمات ۞ وخراج كرمان ستّون الف الف درهم[a] وضرائب شهروا وسورو اخفّ من ضرائب[b] سيراف ۞

واما المسافات فتاخذ من بَرْدَسِير[c] الى السِّيرَجَان مرحلتين وتاخذ من بردسير *الى حدّ المفازة[d] الى جَنْزَرُوذ مرحلة ثم الى زَرَنْد مرحلة ثم الى المفازة مرحلة ۞ وتاخذ من نَرْمَاسِير[e] الى الفهرج[f] مرحلة * وهى على طرف المفازة[g]، وتاخذ من نرماسير الى جُوِى سليمان ٣ مراحل ثم الى ريكان[h] مرحلة ثم الى موخكان مرحلة ثم الى الطيب مرحلة ثم الى مروغان مرحلة ثم الى باس وجكين[i] مرحلة ثم الى هروك[k] مرحلة ثم الى قصر مهدىّ[l] مرحلة ثم الى هُرْمُوز مرحلة ثم الى العرصة بريدين[m] ۞ وتاخذ من السيرجان الى كاهون مرحلتين ثم الى رستاق الرستاق مرحلة، وتاخذ من السيرجان الى بِيمَنْد بريدين ثم الى كُرْدَكان[n] بريدًا ثم الى أُنَاس[o] مرحلة ثم الى الرُّوذان بريدين[p]، وتاخذ من السيرجان الى الشامات مرحلة ثم الى بهار[q] مرحلة ثم الى خُنَّاب[r] مرحلة ثم الى غُبَيْرَا[s] مرحلة *ثم الى كوغون فرسخًا[t] ثم الى رائين[u] مرحلة ثم الى سَرْوِشْتان مرحلة ثم الى دارجين مرحلة *ثم الى بَمّ مرحلة[g]، وتاخذ من السيرجان الى فِرْزِين[v] مرحلتين ثم الى ماهان مرحلة ثم الى خَبِيص ٣ مراحل، وتاخذ من بَمّ الى نرماسير[w] مرحلة وتاخذ من بَمّ الى دارجين مرحلة ثم الى هرمز[x] مرحلة ثم الى جيرفت مرحلة[y] ۞

---

a) C add. ودخله القديم الف الف درهم. b) B om. Non tantum hic, sed quoque in mappis سورو et شهرو tamquam duo loco diversa notantur. Cf. supra p. ٤٢٢q. c) C بردشير. d) C om. Deinde B حيرود, C حمرورد. e) B نرماسين, C برماشير. f) C فهرج sine art. g) C om. h) B زركان s. رزكان. i) B اناس وجكير, C باس حكين. k) B هرود. l) C كوشك مهدى. m) C نصف مرحلة. Sequens itiner. in C deëst. n) B كردن, C كورون. Mappa B كودكان, C كودكنان. Vid. Ist. p. ١٦٨ et Ibn-H. p. ٢٢٤, 17. o) C باس. p) C مرحلة. q) B دهار, C نهار. r) B sine punctis, C حباب. Pro مرحلة C hic et mox مثلها. s) B h. l. غُبترا. t) C om. (B كرغون). u) C باس, B اناس. Mappa B راس. v) B فردين, C فردين. w) B نرماسن, C البرماسير. x) B et C هرمز. Vid. Ist. p. ١٦١e. y) C addit hoc itinerarium, quod Kodáma

اقليم السِّنْد

هذا اقليم الذهب والتجارات، والعقاقير[a] والآلات،، والفانيذ[b] والخيرات، والارزاز والموز[c] والاعجوبات،، به[d] رخص وسعة ونخيل *وتمرات، وعدل وانصاف وسياسات،، وبه خصائص وفوائد وبضاعات، ومنافع ومفاخر ومتاجر وصناعات،، ومصر جليل ومدن سريّة وقصبات، وسلامة وعافية وثَمّ امانات[e]،، قد جاور البحر، وشقّه النهر،، *وحوى النخل، وله سهل وزرع على البعل[f]،، مصر ظريف، ونهر شريف، وامره طريف، غير ان ذمّته مشركون، والعلمآء به قليلون،، ولا تصل[g] اليه الّا بعد اخطار البرّ واهوال البحر، *بعد الشقّ وضيق الصدر[h]،، وهذا مثاله وشكله ✿

(228) وقد جعلنا *هذا الاقليم[i] خمس كور واضفنا اليه مُكْرَانَ لانها بقربه[k] مصاقبة له وليتّصل الاقاليم[l] بعضها الى بعض وبالله التوفيق، فاوّلها من قبل كرمان مُكْرَان ثم طُوران ثم السند[m] ثم وَيْهِنْد ثم قَنّوْج ثم المُلْتان وادخلنا الملتان ايضًا للعلّة *التى ذكرنا[n] فاذا بنا[o] قد رجعنا الى تخوم[p]

---

quoque habet: وتاخذ من السيرجان الى قهستان مرحلة ثم الى رباط كوغ (كومخ .Kod, كوع .Cod) مرحلة ثم الى كاهون (ساهوى .Kod) مرحلة ثم الى ازمين (امسر .Kod) بريديين ثم الى خنّاب (جنان .Cod, جناب .Kod) مرحلة ثم الى غبيرا (عسر .Kod) بريديين ثم الى كوغون (كورم .Kod) مرحلة ثم الى كسك مثلها ثم الى رائين (راسن .Cod زابر .Kod) مرحلة ثم الى دارجين مرحلة ثم الى بمّ مرحلة.

a) C وبه العقاقير الكثيرة. *b*) B والفانىد, C add. الجيد. *c*) C مع الخصائص. *d*) C وثم. *e*) C pro his: وثمار وبه فوائد ومنافع ومتاجر ومفاخر مع قصبات جليلة ومدن نبيلة وفيه ثمار متضادّة وسلامة وعافية وعدل وامانة. Pro جاور B جاوز. *f*) C وانبت الموز والنخل. Deinde مصره et نهر. *g*) B يصل, C يوصل. *h*) C والتعب والشر. Deinde B om. وهذا مثاله وشكله. Sequitur mappa (B p. 227). *i*) C السند. *k*) B لا بقربه, C om. *l*) C add. ويلتأم. *m*) C المنصورة. *n*) C المذكورة. *o*) C نحن. *p*) C om.

خراسان واتينا على اقاليم الاعاجم كلّها ولم نشذّ[a] من الاسلام شيئًا واعلم انّى قد درتُ على تخوم هذا الاقليم وبلغتُ سواحله كلّها ورايتُ وسمعتُ ما ساذكره واكثرتُ السؤال عن *اساميه وتفحّصتُ[b] عن اخباره وعرفتُ مدنه *ومع هذا فلا اضمن من وصفه ما اضمن من غيره ولا اصف الّا امصاره ولا استقصى فى شرحه لما روى كفى بالمرء الكذب ان يحدّث بكلّما يسمع ولقوله صلعم ليس الخبر كالمعاينة[c] ولولا خشية ان يختلّ هذا الاصل ويبقى من الاسلام صدر لاعرضنا[d] من الكلام فيه[e] *واما المثال والشكل فعلى سبيل ما دبّرتُ مع من عرف هذا الاقليم ودوّخه من اهل الفهم واكثر ما مثّلتُ *من الاقاليم فلم امثّلها[f] حتّى دبّرتُ مع عقلآء ذلك الاقليم واستعنتُ بفهمآئه[g] وقد اكثرتُ فيه من كلام *ابراهيم بن محمّد[g] الفارسىّ *الذى نسمّيه الكرخىّ واسندناه اليه[h] وبالله نستعين ✿

فاما مُكْران فقصبتها بَنّجْبُور[i] ومن مدنها مَشْكَة كِيج[k] سرى شهر[l] بَرْبُور[m] خواش[n] دَمِنْدان جالك[o] دَزَك دشت على التِّيز[p] وذكر الفارسىّ[q]

---

a) B يشد. C ولم نترك من بلدان الاسلام ونواحيها شيئًا. *b*) C اسبابه والتفحص. *c*) C الا القليل ووصفته صفة لم يصفها غيرى. ثم انى بعد هذا لا اضمن من وَصْفه ما اضمن من غيره لانى ما شققته ولا دوّخته كما جلتُ غيره. *d*) C لاعرضت. *e*) C h. l. addit: لقول النبى صلعم كفى بالمرء كذبًا ان يحدث بكل ما سمع ولقوله ليس الخبر كالمعاينة. *f*) B افلم نمثلها. *g*) C om. *h*) C وغيره واسندت كلّ حكاية الى صاحبها واما الصورة فهى شكل ابرهيم لم اغيّر منها شيئًا. Vid. de loco textus, p. ٥ ann. *a*. *i*) B ىخمون, supra ىجنو et ىخور, in descript. ىحور, C ىحور et in descript. ىحبور. Lectio recepta quoque est in *Djih. Num.*, vid. Ist. p. ١٧٠ *h*. Elliot, I, p. 389 opinatur locum hodie appellari *Punjgoor*. Fort. apud Ist. et Ibn-H. et alios legendum est فنزبور s. فنجبور. *k*) B كنج, supra كبخ, C كبح. Cf. Jacut, IV, p. ٣٣٢, 22. *l*) In itin. B سراى شهر, C دسرى شهر. Pro lectione سراى facit Ibn-Khord. p. 57. *m*) B دربور, supra بزبوز, C بربور. Videtur intelligi urbs پَنْپُور *Djih. Numa* l.l., Cf. Elliot, I, p. 368. *n*) Idem locus videtur,

كبرتون راسك * قال وهى مدينة [a]لخروج به بند قَصْر قَنْد اصفقة فهلفهرة قنبلى[b] أرْمَائيل *وذكر من الاولى النيز ومشكة وذكر ولم يصف شيئًا منها[c] ۞ واما طُوران فقصبتها قُزْدَار[d] ومن مدنها قَنْدَبيل[e] بجترد[f] جترد بكانان[g] خوزى رُسْتَاكُهَن رستاق روذ موردان رستاق[h] ماسَكان كهركور[i] وذكر الفارسىّ[k] محالى كِيزكانان سورة قُصْدَار ولم يذكر غيرهنّ ۞ واما السِّنْد فقصبتها المَنْصُورَة[l] ومن مدنها دَيْبُل[m] زندريج كدار مايل[n] تنبلى وقال

---

qui in itin. appellatur خواص (C حواص). In mappis hodiernis Gwascht (Gwast). *o*) B supra خالك. H. l. B et C حالك; in itin. B جالف, C حالق. In mappis hodiernis *Djalk*. Deinde recepi دزك secundum C (B ubique درك). Cf. Ist. p. ١٧١*a*. *p*) B et C النين. *q*) C ابرهيم فى اشكاله. Servavi كبرتون ut B ter et C habent. Videtur autem noster ex duobus locis كيز et قنزبور fecisse unum. Cf. Ist. p. ١٧٠*h*. Si vero legendum foret كنزبور, lectio confirmaret Istakhríi قنزبور cum ق.

a) C om. Deinde addit copulam. *b*) B h. l. قبيلى (ut in mappa), supra قسلى, infra ut recepi, C sine punctis, ut quoque in mappa. Deinde B ازامايل, supra ازامايلا, infra ازاميل, C ازامادل. Mappa B ارماميل, C اماميل. Recepi ut apud Ist. et Ibn-H. ارمائيل. Elliot, I, p. 364 seq. praefert ارمابيل, putans locum esse hodiernum *Bela*. *c*) C om. *d*) B h. l. قردار, supra قزدان, C قزدان et قردار. *e*) B supra قندابيل, C sine punctis. *f*) B et C بحترد, B supra بحشبرد. Hoc et sequens nomen (quod in C desideratur) alibi non inveni. Infra B كثرد, C كثيرد. *g*) B supra يكابان, C نكانان. Deinde B حوزى, supra ut recepi, C حورى. *h*) C om. رستاق, ut quoque B supra (hic quoque ibi روذ sine رستاق habet). Pro موردان C infra habet دموردان. *i*) B supra كهركوز. *k*) C ابرهيم. Deinde C مجالى, mappa B مخالى (h. l. مجالى), B et C كبركانان (C infra كيزكانان), et قصران pro قصدار, uti saepius in Istakhríi Codd. *l*) C واما المنصورة فهى القصبة. *m*) B et C دبيل. Deinde B زندريج, C رندريج, B supra زندرابج. *n*) C كد ارمايك, B supra كدار مايل.

الفارسىّ[a] البِبِرُون قَالَّرِى أَنَّرِى بَلَّرِى المسواهى البهرج بانية منحاترى سَدُوسَان الـرُّور سُوبَارَة كيناص صَيْمُور ۞ واما وَيْهِنْد فان الفارسىّ سمّاها الهند فقال مدن الهند قامُهُل[b] كَنْبَايَة سُوبَارَة سَنْدَان صَيْمُور المُلْتَان جندرور[c] بسمد ثم قال *فهذه مدن هذه البلاد[d] وسالتُ رجلًا من اهل العلم والحكمة وكان يجلس للناس بشيراز والاهواز *ويقصّ عليهم[e] ويعرف بالزهد وقد اقام بتلك *البلدان مدّة مديدةً[f] صف لى تلك النواحى صفة يمكن ادخالها فى هذا التصنيف وانعتها لى نعتًا حتّى كانّى *انظر اليها[g] وكذلك سألتُ فقيهًا آخر *من اصحاب ابى الهيثم النيسابورىّ قد وطئ[h] تلك النواحى وعرف اسبابها فصحّ عندى من قولهما[i] ان وَيْهِنْد هى القصبة وان من[e] مدنها وذهان بيتر[k] نوج لوار[l] سمان قوج ۞ واما قَنُّوج فانها القصبة

---

a) C وذكر ابرهيم. Deinde B habet: التنزون فارون ابرى بلوى المشراهى البهرج دادبه منجابرى سدوسان الرور سوباره كيناص صيمور; supra B تيزون قارون ابرى بلرى المسواهى البهراج دادبه منحاترى الرور سريان كيناس صيمور; C التيرون فارن ابرى دلوى المسراهى البهرج دادبه منحاترى سدوسان الرور سوماره كماص صيمور. Servavi lectionem البيبرون, licet in dubium vocata sit ab Elliot, I, p. 396 seq. Jacut habet نيروز (نيرون) ut quoque in mappa B (النيروز, C sine punctis). In mappa B مشواهى, C مسراهى. Lectio منجابرى praefertur ab Elliot, I, p. 391, sed quare non dicit. Tria ultima nomina perperam hic collocata sunt. Lectio كيناص e nomine كنباية corrupto orta esse debet. b) B قهامهل supra مهامل, C فهامهل, in itin. B دهابل, C بهامر. Deinde B كنيايه, supra كينمايه. c) B جندرون, C sine punctis. Deinde C دسمند (B بسمند). d) C هذه مدن الهند. e) C om. f) C البلاد المدّة الطويلة. g) C اشاهدها. h) C لقيته بكازرون وكان قد درس على الفقيه ابى الهيثم بنيسابور ووطئ. i) C من مجموع قوليهما. k) B sine punctis, C تيبر. Cf. Elliot, I, p. 48 ann. 1. l) B fort. لواب.

ايضًا ومن مدنها قدار ابار[a] كهارة بارد[b] وُجَين اورهة[c] (229) زهو هر برهيبروا[d]، ولم يذكرهنّ الفارسىّ بتّة[e] ✿ واما المُلْتان فهى القصبة ايضًا ومن مدنها برار راماذان ورويبن برور[f] ✿

بَنَّجْبُور[g] قصبة مكران لها حصن من طين حوله خندق وهى بين النخيل لها بابان باب طوران باب التيز[h] شربهم من نهر والجامع وسط الاسواق قوم غتم ليس معهم من الاسلام الّا الاسم[i] لسانهم بلوصىّ ✿ والتيز[k] على البحر كثيرة النخيل بها رباطات فاضلة وجامع حسن وهم قوم متوسّطون لا علم ولا ظرف[l] غير انها فرضة مشهورة ✿ قُزْدَار قصبة طوران فى صحرآء ذات جانبين بينهما وادٍ يابس بلا جسور فى احدهما دار السلطان فيه[m] قلعة ويسمّى[n] الجانب الآخر بودين[o] وفيه دور التجار والمطارح وهى[p] افسح وانزه *والقصبة على صغرها[q] مفيدة واليها يقصد نفر خراسان وفارس وكرمان ومن بلدان الهند[r] الّا ان مآءها ردىّ اذا شرب منه الانسان ثقل بطنه وسلطانهم[s] عادل متواضع[t]، بنيان مدنها من طين[u] ومشاربهم من قنىّ وهنّ فى صحرآء غير كثرد[v] وكيزكانان فان لهما نهرًا *ولكثرد آبار ومزارع المدينتين على العذى[w] وكلّهنّ جروم الّا كثرد فانها باردة ربّما[x] وقع بها ثلج وجمد[y] المآء ✿

---

a) B ابار, C لبان. Deinde C كهاده. b) B بارد et deinde حبر, C وجيم. Videtur intelligi Odjain. c) C اوهه, B supra اودهه. Videtur intelligi Urihar (Elliot, I, p. 55). Deinde C رهو ut B supra. d) B برهمن وا, C برهين. Pro هر B supra هرو. e) C ولم يذكرها الفارسى البتة. Deinde بحبور pro الملتان. f) B راماذان روبن برور. g) C male والتين i. e. والتيز. h) B التمن, C التيز et deinde وشربهم. i) C الرسم et ولسانهم. k) B sine punctis, C male قزدار. Hic addit مدينة. l) B et C طرف. Deinde C (l. سرية) فرضة سريه. m) C وفيه. n) C واسم. o) C نوديين et deinde وفيها التجار. p) C وهو. q) B om. r) C add. اليها القوافل. s) C وثم سلطان. t) C addit: ومن رستاق دموردان (supra موردان) يرتفع الفانيذ ومن ماسكان الفائق منه. Deinde بنيان جميع. u) C الطين. v) C كثيرد, infra كثير. Deinde B وكبركانان. w) C ومزارعها على المطر. x) C وبما. y) C وبرد.

المَنْصُوَرة هى قصبة السند[a] ومصر الاقليم *تكون مثل دمشق[b] بناؤهم خشب وطين[c] والجامع من حجر وآجرّ[d] كبير مثل جامع عمان على سوارى ساج[e] لها اربعة ابواب باب البحر باب طوران باب سَنْدان باب المُلْتان ولهم نهر يحوط بالبلد[f] اهل لباقة *ولهم مروّة[g] وللاسلام عندهم طراوة والعلم واهله كثير والتجارات ثَمّ[h] مفيدة ولهم ذكاء وفطنة *ومعروف وصدقة[i] والهوآء[k] ليّن والشتاء هيّن والامطار كثيرة والاضداد مجتمعة ولهم خصائص غريبة *وثَمّ جواميس عظيمة[l] شربهم من نهر مِهْرَان والجامع[m] وسط الاسواق *والرسوم تقارب العراق مع وطاء وحسن اخلاق[n] الّا انه شديد الحرّ كثير البقّ بلغمانيّون الغالب عليهم الكفّار خرب الاطراف قليل الاشراف ☆ ودَيْبُل[o] بحريّة قد احاط بها نحو من مائة قرية اكثرهم كفّار[p] والبحر يسطع جدارات[q] المدينة كلّهم *تجار كلامهم سندىّ وعربىّ[r] وهى فرضة الكورة كثيرة الدخل وثَمّ يغيض *مهران فى البحر والجبل[s] منهم على صيحة والبحر يدخل السوق اهل ظرف وتلبّس[t] ☆ وتنبلى[u] عليها حصن بحريّة ايضًا[v] قليلة المسلمين والتجار المجهّزين[w] ☆

وَيْهِنْد قصبة جليلة اكبر من المنصورة لها بساتين كثيرة طيّبة نزيهة فى مستوى *موضوعة انهار غزيرة وامطار عظيمة واضداد مجتمعة وثمار حسنة واشجار مديدة ونعم ظاهرة واسعار رخيصة[x] العسل ثلاثة امناء بدرهم *وعن

---

a) C الكورة. b) C كبيرة تكون نحو من نيسابور. c) C من الخشب والطين. d) C بالاجر والحجارة. e) C الساج. f) C يحيط فى البلد ورايتهم. g) C ومروّة. h) C والتُجارة اليها. i) C om. k) C add. بها. l) C وجواميس عظيمة بها يعمل النعال الكنتانيه (l. الكنباتيّة) والثياب الحسنة. m) C sine copula. n) C ورسومهم تشاكل العراق. o) C والدبيل. p) C تجارة. q) C جدران. r) C مسلمون وكلامهم السندية والعربية جميعا. s) C نهر من مهران وفى الجبل والبحر. t) C واهل طرف وتلبيس (in marg. ad طرف legitur لعلها طرب). u) Nomen in C omissum est. v) C add. وهى. w) C والمجهرين (B المحهزين). x) C غزيرة الانهار كثيرة الامطار جامعة للاضداد حسنة الثمار رخيصة الاسعار.

رخص للخبز والالبان فلا تسال قد سلموا من المؤذيات وتخلّصوا من العاهات واشتبكت حولها اشجار الجوز واللوز وكثر فيها الارطاب والموز الّا[a] ان هوآءها رطب وحرّها صعب وبنآؤهم قشّ وخشب وربّما وقع الحريق *فى بنآء القصب تشاكل فسا وسابور لولا هذه العيوب[b] ❀

قنّوج قصبة كبيرة لها ربض ومدينة بها[c] لحوم كثيرة ومياه غزيرة وبساتين محيطة ووجوه (230) حسنة ومآء صحيح وبلد فسيح ومتجر ربيح[d] *وكلّ صبيح[c] وموز رخيص الّا انها كثيرة الحريق *قليلة الدقيق اكلهم[e] الارزّ ولبسهم الازر[f] *بنآء خسيس وصيف بغيض[g] منها الى الجبال اربعة فراسخ والجامع فى الربض رخيصة اللحوم والنهر[h] يتخلّل البلد اكثر طعام المسلمين[i] الحنطة وبها علمآء واجلّة ❀ وقدار[k] طيّبة الهوآء نزيهة[l] كثيرة البساتين يخرج اليها ملوك القصبة *عند شدّة[m] الحرّ يصيفون بها[c] وسائر المدن جرم سبير[n] شربهم من انهار وقنىّ ❀

المُلْتَان تكون مثل المنصورة غير انها اعمر[o] ليست بكثيرة الثمار غير انها رخيصة الاسعار الخبز ثلاثون منّا بدرهم والفانيذ ثلاثة امنآء *بدرهم حسنة تشاكل دور سيراف[p] من خشب الساج طبقات ليس عندهم زنآء ولا شرب خمر ومن ظفروا به يفعل[q] ذلك قتلوه او حدّوه[r] ولا يكذبون فى بيع ولا يبخسون *فى كيل[c] ولا يخسرون فى وزن يحبّون الغربآء واكثرهم عرب شربهم من نهر غزير والخير بها كثير والتجارات حسنة والنعم ظاهرة والسلاطين عادلة لا ترى فى الاسواق امراة متجمّلة ولا احدا يحدّثها علانية مآء مرئ وعيش هنئ وظرف[s] ومروّة وفارسيّة مفهومة *وتجارات مفيدة واجسام

---

a) C والخبز والالبان فشبه المتجّان قد اشتبك فى بساتينهم الجوز مع اللوز وكثر فيها النخل والموز وسلموا من المؤذيات لولا. b) C مثل عدن. c) C om. d) B sine punctis, C ربح. e) C وخبزهم. f) C السوزر والارز. g) C om. (B وصف نغيض). h) C ونهر. i) C طعام المسلمين اكثره. k) C add. مدينة. l) C نزهة. m) C فى. n) C جروم. o) C اعم. p) C دورهم على. q) C ومن ظفر به على. r) C خذوه *sic.* s) C وطواف.

صحيحة[a] الّا انها سبخة بليذة[b] ودور ضيّقة وهوآء حارّ يابس وهم سمر وسود ✿ فهذا ما عرفنا من وصف *بلدان هذا الاقليم[c] ✿

جمل شؤون هذا الاقليم

هو اقليم حارّ به نخيل ونارجيل وموز فيه[d] مواضع معتدلة الهوآء جامعة الاضداد[e] مثل وَيْهِنْد ونواحى المنصورة والبحر يمدّ على اكثره ولا اعرف[f] ان به بحيرة وبه انهار عدّة وذمّته عبدة الاوثان[g] وليس للمذكّرين به صيت ولا لهم رسوم تذكر ✿ مذاهبهم *اكثرهم اصحاب حديث ورايتُ القاضى ابا محمّد المنصورىّ داوديًّا اماما فى مذهبه وله تدريس وتصانيف[h] قد صنّف كتبًا عدّة حسنةً واهل الملتان شيعة يهوعلون[i] فى الاذان ويثنون[k] الاقامة ولا تخلو القصبات من *فقهآء على مذهب ابى حنيفة رحّه[l] وليس به مالكيّة ولا معتزلة *ولا عمل[m] للحنابلة انهم[n] على طريقة مستقيمة[o] ومذاهب محمودة وصلاح وعفّة قد اراحهم الله من الغلوّ والعصبيّة والهرج والفتنة ✿

ويحمل[p] من طُوران الفانيذ *اجود من ماسَكان[q] ومن سَنْدان الارزّ الكثير وثياب[r] ويعمل بسائر الاقليم من البسط *وما يجرى مجراها[s] ما يعمل بقهستان خراسان[s] ويحمل *منه نارجيل كثير وثياب حسنة ومن المنصورة النعال[t] الكنباتيّة النفيسة ومنه تحمل الفيلة[u] والعاج والاشيآء الرفيعة والعقاقير النافعة ✿ ومنهم بطوران مكّى وكذلك بالملتان والسند والهند ✿ ومكاييلهم بطوران

---

a) C haec om. (In B deëst مفهومة). *b*) C ىبليذة. Deinde C ودورهم وحشة ضيقة. *c*) C هذا الاقليم وسمعنا. *d*) C كثير وفيه. *e*) C للفواكه المتضادّة. *f*) C وما عرفت. *g*) C الاصنام. *h*) Haec in B desunt. Deinde C om. قد — حسنة. *i*) C نهرعلون *sic*. *k*) C add. فى. *l*) C الحنيفية. *m*) C غالبة. *n*) C انما هم. *o*) C حسنة. *p*) C والتجارات يحمل. Apud hunc vero sectiones huius capitis ut saepius alio ordine sunt dispositae. B hic et infra طواران pro طوران, ut supra p. ٢٤, 14. *q*) C om. (B semper الفانيد). *r*) C addit: مع الاشياء البحرية. *s*) C om. *t*) B sine art. *u*) C النارجيل والنعال الكتانية والثياب الحسنة والفيلة.

يسمّى الكيجىّ يزن اربعين منا حنطة ربّما وجد ثمانية بدرهم الى اربعة واسم كيل الملتان مطل يزن اثنى عشر منا حنطةً[a] ✿ *وتسمّى دراهم السند القاهريّات لكلّ واحد خمسة ولهم الطاطرا فى الواحد درهمان الّا ثلثًا ودراهم الملتان على عمل دراهم الفاطمىّ وينفق فيها القنهرىّ[b] الذى بغَزْنين يشبه القروض (231) باليمن الّا ان القَرَوِيَّة عندهم اجلُّ[c] ✿ وخصائصهم ليمونتهم وهى ثمرة مثل المشمش حامضة جدًّا واخرى مثل الخوخ يسمّونه الانبج لذيذ والفالج الذى تراه بالمشرق وفارس يولد البخاتى وهو اعظم من البخت له سنامان مليح لا يستعمل ولا يملكه الّا الملوك ولا تكون البخت الّا منه والنعال[d] الكنباتيّة[e] ✿ فى اهل مكران غبًا[f] الوانهم سمرة ولسانهم وحش يلبسون القراطق ويسبلون الشعور ويشقّقون الاذان مثل الهند واكثر نواحى الاقليم على ما ذكرنا ✿

ومهران لا يخالف النيل[g] فى شىء *من الحلاوة والزيادة وكون التماسيح فيه[h] وخروجه *من الناحية التى يظهر منه بعض شعب[i] جَيْحُون قبل

---

a) C ومَنٌّ طوران مكى واسم كيل الملتان مطل تزن (يزن .l) اثنى عشر منا حنطة ومنّهم مكى ولاهل طوران الكيجى تسع اربعون (اربعين .l) منا حنطة ونقودهم الدراهم تسمى ثمنه من درهم الى اربعة. b) B العنهرى. c) C تسمى القنهريات يزن الدرهم خمسة ولهم الطاطرا يزن درهمين الا ثلث (ثلثا .l) وارطال الملتان ونقودهم مثل التى للمغرب وينفق فيهم القنهريات. Lectionem B القاهريات est in Ist. p. ۱۷۳, lectio القنهريات est pro القندهاريات Ibn-H. p. ۲۲۸, 14. d) B والبغال. e) C تسمّى والخصائص ثمرة مثل المشمش الليمونة (Cod. الليموية) حامضة جدًّا واخرى مثل الخوخ تسمّى الانبج (Cod. الابج) لذيذة ومن عندهم يحمل الفالج لنتاج البخاتى وهو اعظم من البخت له سنامان لا يوجد الا عند الملوك. Deinde habet: ورسومهم يرسلون الشعور مسبلة ويلبسون القراطق ويشقّقون الاذان مثل الهند ويكثرون لبس الازر الّا التجار والمشايخ واقلّ ما يلبسون الخفاف واهل الملتان لا يحنكون العمائم وفى اهل مكران غبا وسمرة وكلامهم يشاكل اصوات الطيور. f) B om. g) C ولهم انهار اما مهران فلا يخالف نيل مصر. h) C om. i) C بقرب اوّل مخرج.

الوَخْش[a] ويظهر بناحية الملتان حتّى يجرى الى حدود المنصورة *فيقع فى البحر عند الدَّيْبُل[b] وعليه مزارع عند زيادته كما ذكرنا بمصر ونهر سنْدَرُود من الملتان على ثلاث مراحل وهو كبير عذب ☆ واما الاصنام[c] بهذا الاقليم فصنمان[d] بهبروا من حجر لا يصل اليه[e] احد له طلسم اذا وضع الرجل يده بقيت لا تصل اليه وهما على شبه الذهب والفضّة كلّ من[f] طلب عندهما حاجةً *زعموا انها تقضى[g] وثَمّ عين ماء خضراء كانها زجار اشدّ بردًا من الجليد حجرها يبرئ الجراحات *والخُدّام ياكلون من جذر الزناة وعليه اوقاف من الزناة كثيرة[h] ومن اراد ان يكرم ابننه جعلها وقفًا عليه[i] فهما فتنة ورايتُ رجلًا من المسلمين ذكر[k] انه ارتدّ *ورجع الى عبادتهما وافتتن بهما ثم عاد الى نيسابور فاسلم وهما طلسمان[l] وبعدهما صنم الملتان[m] واليه تنسب الكورة ويسمّى فرج[n] بيت الذهب *لان المسلمين لما فتحوا الملتان كان[o] الامر عليهم ضيّقًا فوجدوا بها[p] من الذهب ما اغناهم *وبيت هذا الصنم قصر مبنىّ فى اعمر موضع من الاسواق[q] وسطه قبّة حسنة حولها بيوت الخُدّام *وهو تحت القبّة على صورة رجل متربّع[r] على كرسىّ من جصّ وآجرّ وقد البسوه[s] جلدًا يشبه السنجاب احمر لا يتبيّن[t] منه غير عينيه وهما جوهرتان وعلى

---

a) B الزخش, C الوحش. *b*) C ويقع فى بحر ديبل (Cod. ديبل) (B الدُبيل). *c*) C اصنامهم. *d*) C فان اعظمها الذى دمولى على فرسخين منها وبعده صنمان. Deinde B بهبروا, C بهيروا. *e*) In C ex corr. additur يد. *f*) C كلما. Mox B et C عندها. *g*) C قضيت. *h*) B كثير. C pro his: وعليهما خزان واوقاف زناة جذرهنّ لنفقاتهم. *i*) C عليهم. *k*) C يذكر. *l*) C عن الاسلام وافتتن بما راى ثم عاد فاسلم وهما طلسمان لان الطلسمات تكون صورًا كما ذكرنا من ابى (Cod. اى) رياح حمص ولم يصنع ليعبد (l. تصنع لتعبد) من دون الله عز وجل. *m*) C addit: اسمه الملتان. *n*) B et C مرج (C omisso بيت). *o*) Addidi الملتان كان. C لانه لما فتحها المسلمون كان. *p*) C فيها. *q*) C وهو فى بيت والمعتكفين وهو متربّع على اجل موضع فى السوق فى. *r*) C صورة رجل. *s*) C البس. *t*) B sine punctis, C يلبس male.

راسه اكليل ذهب قد مدّ باعَيْه[a] على ركبتيه وقبض اصابع يديه كانه يحسب اربعة، وما بعد هذه الاصنام دونها ✿

ورياضهم مكران والراهوق والدَّيْبُل وأَرْمَائيل وقنبلى[b] اكثر عذى ولهم مراعٍ واسعة ومواشٍ كثيرة الّا انها قشفة وهى منجر وفرضة وسَنْدَان وصَيْمُور وكَنْبَايَة[c] مدن حصنات رخيصة الاسعار ومعدن الارزاز والعسل، وعلى شطوط مهران بوادٍ وعرب كثير والغالب على نواحى مكران المفاوز والقحط والضيق وهى جروم واسعة بها رستاق يسمّى[d] الخروج مدينته راسك واخرى تسمّى خرزان[e] ويتّصل بها من نحو كرمان[f] ناحية مَشْكَة سعتها ثلاث مراحل قليلة النخيل وبها اضداد والغالب على مكران البوادى ومزارع العذى وبها بطائح كبطائح العراق وبواديهم شبه الاكراد وثَمَّ زُطٌّ كثير يسكنون اخصاصًا ويتغذّون بالسمك وطير المآء ✿ (232) والراهوق[g] وكلوان رستاقان متّصلان مضافان الى مكران فمنهم من يجعل الراهوق[g] من المنصورة وهو قليل الثمار، واكبر مدينة بمكران القَنْزَبُور[h] وبها نخيل والقُصْدَار[i] خصبة رخيصة الاسعار بها اعناب وتجتمع بها اضداد ولا بها نخيل ✿ ووضع هذا الاقليم شرقيّه بحر فارس وغربيّه كرمان ومفازة سجستان واعمالها وشماليّه بقيّة بلاد الهند وجنوبيّه مفازة بين مكران[k] وجبال القفص من ورآئها بحر فارس وانّما احاط بحر فارس بشرقىّ هذه البلاد وجنوبيّه من ورآء هذه المفازة من اجل ان هذا البحر يمتدّ من صَيْمُور على الشرقىّ الى تيز[l] مكران ثم يعطف على هذه المفازة الى ان يتقوّس على بلاد كرمان وفارس ✿ والذى يقع من المدن فبناحية مكران التيز وكبرتون ودزك[m] وراسك وبه وبند وقصر قند واصفقة وفهل فهره[n] ومشكى وقنبلى وارمائيل[o] ✿

والولايات *فى هذا الاقليم[p] مختلفة *على مكران سلطان على حِدَةٍ

---

a) C ذراعيه. b) B والزاهوق والدُبيل وأُميل وقبيلى. C haec usque ad sectionem الولايات om. c) B وكنبانه. d) B دسقى. e) Ist. جَدْران, Ibn-H. جردان. f) B مكران. g) B iterum والزاهوق. h) B العمرسون. i) B والزاهوق. Cf. Ist. p. ١٧٦ ult. seqq. k) B كرمان. Cf. Ist. p. ١٧٠. l) B بيس. m) B ودرك. n) B وفهل وفهره. o) B وازاميل. p) C om.

وهو[a] متواضع عادل لا ترى[b] مثلهم ، واما المنصورة *فعليها سلطان من قريش يخطبون للعبّاسىّ وقد كانوا خطبوا على عضد الدولة ورايتُ رسولهم قد وافى الى ابنه ونحن بشيراز ، واما بالملتان فيخطبون للفاطمىّ ولا يحلّون ولا يعقدون الّا بامره وابدًا رسلهم وهداياهم تذهب الى مصر وهو سلطان قوىّ عادل ، والغلبة بقنّوج وبوَيْهِنْد للكفّار وللمسلمين سلطان على حدة[c] ۞ والخراج يؤخذ من الحمل اذا دخل طوران[d] ستّة دراهم وكذلك اذا خرج ومن الرقيق اثنا عشر *اذا دخل حسب[e] وان كان من نحو الهند فعشرون من الحمل وان كان من قبل[f] السند فعلى مقادير القيم وعلى الجلد المدبوغ درهم دخل ذلك فى كلّ سنة الف الف درهم ياخذه[g] على تاويل العشور[h] ۞

واما المسافات فتاخذ من تيز مكران الى كِيس ٥ مراحل ثم الى فَنّزْبُور[i] مرحلتين ثم الى دزك ٣ مراحل ثم الى راسك مثلها ثم الى فهل فهرة مثلها ثم الى اصفقة مرحلتين ثم الى بند[k] مرحلة ثم الى به مرحلة ثم الى قصر قند[l] مرحلة ثم الى ارمائيل[m] ٦ مراحل[n] ثم الى دَيْبُل ٤ مراحل ۞ وتاخذ من التيز الى قصدار[o] على الساحل فى طول مكران ١٢ مرحلة ، ومن المنصورة الى

---

a) C منقطّعة على طوران سلطان. *b*) C add. بعد الشارىين cum annot. in marg. لعلها الشاشيين sed l. الشاريّين nempe principes Ghardjistáni. *c*) C فكانت لقوم من قريش يخطبون لولد العباس وقد كان خطب فى السواحل لعضد الدولة ورايت اميرهم عند ابنه بشيراز (Cod. ابيه دسمراد) يستنجده على غلام خرج عليه ، واما مكران فكان عليها سلطان قوىّ وسمعتُ انهم اليوم يخطبون على المغربىّ ، وبقنّوج الغلبة للكفّار وللمسلمين ايضًا امير وكذلك بويهند واما الملتان فان سلطانها يتوالى المغربىّ ويخطب له ولا تنقطع الرسل بينهم والهدايا ولا يولّون واليًا الّا بامر منه. Deinde C والضرائب. *d*) B طواران. *e*) C واذا خرج لا شىء. *f*) C نواحى. *g*) B ياخذ, C تاخذه. *h*) C add. ودخل مكران الف الف ايضا. *i*) B فمروز, C فيروز. *k*) C بيد. *l*) C قصر فيد. *m*) B et C ازاميل. *n*) Excidit in B et C ثم الى قنبلى مرحلتين. Mox B دُبْيل, C دبيل. *o*) B et C قصران.

ديبل ٦ مراحل ومن المنصورة[a] الى الملتان ٢٠ مرحلة ومن المنصورة الى اوّل[b] حدّ البدهة[c] ٥ مراحل ثم الى النيز ١٥ مرحلة ✿ ومن الملتان الى غَزْنين[d] ٨٠ فرسخًا فى *براريّ ومفاوز[e] يلحق للحمل *مائة وخمسون درهمًا غير الكراء[f] وربّما قطعوها فى ٣ اشهر ✿ ومن الملتان الى المنصورة الطريق فى قرى وعمارات ٤٠ فرسخًا ومائة[g] فى مفازة قليلة العمارة ✿ وتاخذ من المنصورة الى قُزْدار ٨٠ فرسخًا[b] ثم الى كنكابان[h] مثلها ثم الى سِيوه مثلها ثم الى مدينة[i] ولامتان مثلها ثم الى ساغن[k] ٦٠ فرسخًا[l] وسطها منبر ثم الى غزنين مرحلة ✿ وتاخذ من قزدار الى مَشْكَى ٥٠ فرسخًا ثم الى جالق[m] ١٣٠ فرسخًا[b] ثم الى خواص[n] مثلها ثم الى سرى[o] شهر (233) ٢٠ فرسخًا[b] ثم الى نهر سليمان مثلها ثم الى نهفن[p] ٥٠ فرسخًا[b] ثم الى جِيبِرْفت مثلها ✿ ومن[q] الملتان الى بالس ١٠ مراحل ثم الى قَنْدَابيل[r] ٤ ثم الى قصدار[s] ٥ ومن قندابيل الى المنصورة ٨ او[t] الى الملتان ١٠ مفاوز[u] ومن المنصورة الى قامُهل[v] ٨ مراحل ثم الى كَنْبَايَة ٤ مراحل ثم الى سُوبَارَة مثلها وهى على[w] فرسخ من البحر ومن سَنْدَان الى سَيْمُور ٥ مراحل ثم الى سَرَنْدِيب ١٥ مرحلة ✿ ومن الملتان[x] الى بسمد[y] مرحلتان ثم الى الرور ٣ مراحل ثم الى أَنْرى[z] ٤ مراحل ثم الى قَلَّرى[aa] مرحلتان ثم الى المنصورة مرحلة ثم الى قامهل[bb] مرحلة ✿

---

a) Excidit in B et C الى قصدار ١٥ مرحلة ومن قصدار. *b*) B om. *c*) B البراهمة, C البرهة. *d*) B sine punctis. *e*) C قرى وبرارى. Deinde B يلحف. *f*) C tantum خمسون درهما. Pro غير B عبر. *g*) B وممادة. *h*) C كنكابار. Fort. leg. كندابان (Ghandawa)? *i*) C om. *k*) B ساعن, C ساغز. *l*) C add. فى. *m*) B جالف, C حالق. *n*) C حواص. *o*) B سراى, C دسرى. *p*) B نهرا, C دحعر cum annot. in marg. كذا ولعله نهفن. Hoc recepi. *q*) C وتاخذ من. *r*) B et C قندايل hic et deinde. *s*) B et C قصران. *t*) C ومن قندايل. *u*) C مراحل فى مفازة. *v*) B دهابل, C بهامر. *w*) C add. نحو. Ist. habet نصف. *x*) C سيمور. *y*) B نسمد, C بسمدا. *z*) C انزى. *aa*) B et C فلوى. *bb*) B ماهل, C مامهل. Hoc falsissimum est, ortum e male lecto Istakhríi loco p. ١٨٠, 1.

المفازة التى بين هذه اقاليم

*اعلم ان بين اقاليم الاعاجم الّا الرحاب وخوزستان مفازة قد توسّطتها[a] طولانيّة ليس بها[b] نهر يجرى ولا بحيرة ولا رستاق ولا مدينة[c] قليلة السكّان كثيرة الدعّار[d] صعبة المسلك مبعّضة[e] الاعمال وحشة الجبال متباعدة القرى مكامن ممتنعة وسبل منقطعة وعيون ضعيفة[f] الّا ان الحياض والقباب فى طرقها كثيرة وفراسخها قريبة وفى مواضع منها سباخ ورمال ومياه وغدران[g] قفرة مخيفة اكثرها من خراسان[h] وبعضها من كرمان وبعض من فارس *والجبال ومن بلد السند وسجستان[i] ومن اجل هذا كثر الدعّار بها لانهم[k] اذا قُطعوا[l] فى عمل هربوا الى آخر[m] وكمنوا فى جبل[n] كركسكوه *او سياه كوه حيث[o] لا يقدر عليهم ولا يمكن الوصول اليهم[p] ☆

---

a) C هذه مفازة متوسّطة بين اقليم (l. اقاليم) العجم الى (l. الّا) الرحاب وخوزستان وهى. Cf. Jacut, IV, p. ١٤٩, 3 seqq. b) C منها l. فيها. c) C addit الا سمسد i. e. سنبيك, vid. infra. d) C hic et deinde الذعّار. e) B مبغضة, C معقّصة l. معفصة. f) C addit: قد غلب عليها اللوج وضاق بها العيش. g) C وعيون. h) C قوهستان. i) C وبعض من الجبال ومن بلد السند بعض ومن سجستان. k) C وحازوا على الناس لانهم كانوا. l) Vocalis in B. m) C addit: الى ان غزاهم عضد الدولة فاباد البلوص وهتك القفص وحمل منهم ثمانين شابًّا رهائن فالى اليوم هم فى سجن شيراز يردّون فى كلّ مدّة ويؤخذ ثمانين (l. ثمانون) اخر مكانهم فاعمال الديلم من ذلك الوجه مصانة ويقع الهتك فى اعمال خراسان. Deinde habet ومكامنهم. n) C جبال. o) C وسياه كوه بحيث. p) C hic addit: وجرى حديث القفص يومًا فى مجلس ابى الفضل بن نهامة (Cod. sine punct.) بشيراز فقال انّما استاسدوا لغفلة (Cod. الغفلة) امير خراسانَ عنهم فقلتُ ايّد الله تعالى الشيخ راس العين ومنبع القوم عندكم ثمّ الملامة على ملك خراسان وانّما العجب من هؤلآء كيف يتركونهم فى وسط اعمالهم يتخطّون بلدانهم الى المفازة. Deinde plura omittit aut alibi habet.

وليس بها من المدن الّا سَنِيك[a] وهى فى حدود سجستان ويحيط بها من المدن المعروفة من كرمان خَبِيص *زاور نَرْمَاسِير كوه بَيَان[b] ومن فارس يَزْد كَثّة عُقْدَة زَرَنْد ومن اصفهان أَرْدِسْتَان ومن الجبال قُمّ قاشان دِزَه[c] ومن قهستان[d] طَبْس كُرِى قَايِن خُور[e] ومن الديلم بِيَار[f] ✿ ومثلها كمثل البحر كيف ما شئتَ فسرْ اذا عرفت السمك[g] الّا ان[h] الطرق التى *قد مثّلناها فى الشكل[i] قد اشتهرت وسلكت من اجل الحياض والقباب المعمولة فيها ولو *انّا . . . . حتّى نذكر[k] جميع طرقها ومخارجها لتعجّب الناظر من ذلك وان منها لطرقًا تخرج الى بِيَار وخُسْرُوجِرْد[l] ومواضع لا يوبه بها ولقد خرجنا من *طَبْس نريد فارس[m] فكثنا فيها سبعين يومًا نعدل من ناحية الى ناحية[n] مرّة نَقَعُ فى طريق كرمان وتارة[o] نقرب من اصفهان[p] فرايتُ من الطرق والمعارج[q] ما لا احصيه وهى جبال كلّها فيها رمال قليلة وعقاب هيّنة وسباخ صعبة وسرود وجروم ونخيل وزروع ورايتُ اسهلها واعمرها طريق الرىّ واصعبها[r] طريق فارس واقربها طريق كرمان[s] وكلّها مخيفة من[t] قوم يقال لهم القُفْص يسيرون اليها من جبال كرمان[u] قوم لا خلاق لهم وجوه وحشة وقلوب قاسية وباس وجلادة لا يبقون على احد ولا يقنعون بالمال حتّى

---

a) B سفند ut quoque Jacut l.l. 9. Cf. Ist. p. ٢٢٨r. b) B زور نرماسن كوه نبان. c) B حره. d) Jacut et Ist. قوهستان. e) B حور. f) B sine punctis. Pro الديلم Jacut قومس. g) Jacut السمت. Male apud hunc deinde لان. h) C qui haec alio loco habet, addit هذه. i) C ذكرنا. k) C انا حى يذكر. In B parva lacuna post انا cum signo verbi in marg. notati, ibi vero non exstat. l) B وجسروجرد. C corruptissime وجود وخسن ساں, ut mox pro لا يوبه habet لايق به. m) B فارسًا. C طرثيث جملة فوارس. n) C اخرى. o) C وكرة. p) C addit: وتارة نرجع نحو خراسان. q) C والبنيات والاودية والجبال. r) C addit واتعبها. s) C addit: وابعدها طريق اصفهان. Deinde B فكلها مخفيّه. t) Sequitur in C: القفص الذين ذكرناهم فى العنوان. Ibi autem habet: وهؤلاء القفص يسكنون جبالًا بكرمان يناخم (l. تتاخم) كورة جيرفت بنيسابور (l. ينسابون) منها الى المفازة مثل الجراد وهم قوم الخ. u) Jacut لهم بكرمان وهم.

يقتلوا من ظفروا به[a] بالاحجار كما تقتل[b] الحيّات تراهم[c] يمسكون راس الرجل[d] على بلاطة ويضربونه بالحجارة[e] حتّى ينصدع[f] *وسالتُهم عن ذلك قالوا[g] لا تفسد سيوفنا ولا يفلت منهم احد الّا ندر[h] ولهم مكامن وجبال يمتنعون بها وكلّما قطعوا فى عمل هربوا[i] الى آخر قتالهم بالنشّاب[k] ومعهم سيوف وكان البُلُوص (234) اشرّ منهم حتّى اباده عضد الدولة وانكى فى هاؤلآء ايضًا وعند صاحب فارس منهم ابدًا امّة رهائن يذهب قوم ويرجع آخرون واذا كان مع القوافل بذرقة من قبل سلطان[l] فارس لم يتعرّضوا لهم وهم اصبر خلق الله على الجوع والعطش زادُهم شئ مثل الجوز يتّخذ[m] من النبق[n] يتقوّتون به يدّعون الاسلام وهم *اشدّ على المسلمين من الروم والترك[o] اذا اسروا الرجل امروه بالعَدْو معهم نحو عشرين فرسخًا حافى القدم جائع الكبد ولا يرغبون فى الدوابّ ولا يتعاطون الركوب انّما هم رَجّالة[p] وربّما ركبوا الجمّازات، وحدّثنى رجل كان من اهل القرآن وقع فى ايديهم قال وجدوا كتبًا وطلبوا فى الاسارى رجلًا يقرأ فقلتُ انا فحملونى الى رئيسهم فلما قراتُ الكتاب[q] قرّبنى وجعل يسالنى عن اشيآء الى ان قال ما تقولون فى ما نحن فيه

---

a) C حتى لا يقتلون كل من ظفروا به بسلاح بل يدقون رءوسهم. Jacut: حتى يقتلون صاحبه وكل من ظفروا به قتلوه. b) B يعتل, C تفدغ رءوس. c) C et Jacut om. d) Jacut add. ويضعونه. e) C ثم يضربونه بالحجر. f) C ينفدغ, Jacut ينفدّغ. g) C يقولون. h) In C post احد sequitur: وهم اقسى قلوبًا واشرّ من الروم واصبر خلق الله تعالى الخ. i) B وهربوا. k) B قتالهم النشاب. Vid. Jacut l. ult. In seqq. hic textum ampliorem habet. l) B السلطان. m) C يتخذونه ut quoque Jacut, p. ١٥٠, 3. n) C add. واخلاط اخر. o) C وهم ابعد الناس منه. Deinde habet: اذا وقع فى ايديهم الرجل اكرهوه على العَدْو فرسخًا الى ان يامنوا ثم يقتلونه ولا الخ. p) Male Jacut رحّالة. q) Jacut الكتب. In C haec non sunt. Hic post الجمازات habet: وهذه مفازة منكرة وقد زادوها وحشة خزاهم الله، وهذا مثالها والله تعالى اعلم. Deinde sequitur mappa et descriptio viarum quam mox dabo. Hanc descriptionem excipit caput جمل شؤون هذه المفازة incipiens verbis اعلم ان مثلها كمثل البحر. Hoc caput quoque continet locum sequentem de montibus et de rebus miraculosis. Denique صفة المنازل.

من قطع الطريق والقتل قال قلتُ من فعل هذا استوجب من الله المقت والعذاب الاليم فى الآخرة قال فتنفّس الصعدآء وانقلب على الارض وقد اصفرّ وجهه ثم اعتنقنى مع جماعة ، وسمعتُ جماعة من التجار يقولون ان عندهم انهم لا يظفرون الّا باموال لا تزكّى ويرون ان ما ياخذونه حقٌّ لهم واجب ✿ والجبال اعظمها وامنعها كركسكوه اليه ينسب[a] ما واجه الرىّ من هذه المفازة وليس هو بالكبير غير انه منقطع المرتقى ذو[b] معاطف ومكامن ومخابى خفيّة ، ويليه *فيما ذكرناه[c] سياه كوه *وهو دونه فى الكبر غير انه منيع[c] *ويقع طريق[d] الرىّ بينهما عند قصر الجِصّ *وثَمّ جوف[c] ✿ وبها[e] من العجائب على فرسخين من راس المآء نحو[f] خراسان حجارة سود صغار نحو اربعة فراسخ ، عند قبر الحاجّىّ نحو بارسك[g] حصًى صغار بعضها فى لون الكافور بياضًا وبعضها فى لون الزجاج خضرةً ، بين خراسان وكرمان صورة لوز وتفّاح وعدس وباقلّى من حجارة وصورة *عدّة من الناس[h] وقصر عجيب فيه تماثيل *وعقود دقيقة وهو اعجوبة لم ار مثله[i] ✿

---

a) B om. b) C واعظم جبل فيها وامنعه كركسكوه واليه ينسب مفازة الرىّ وليس بالكبير ولكنه منقطع ممتنع يكون اسفله نحو (l. نحوًا) من فرسخين به مآء يسمّى مابيده (l. مآء بنده) وسطه ميدان وفى جوانبه مياه عدّة ضعيفة وهو شديد السلوك صعب المرتقى له. c) C om. d) C وطريق. e) C وفيها. f) C عند. g) B باسك, C مانسك. C in descriptione viarum بارسك, in mappa بارسل. h) C اناس كثير. i) C هائلة. Hic addit: تلال سود عند الجرمق يزعمون انها رماد نار ابرهيم عم. Descriptio viarum in C haec est: وقد وضعنا طرقها المعروفة اربعة هنّ امّهات وذكرنا ما لا بدّ منه من البُنيّات (Cod. البينات) اوّلها طريق اصفهان ثم طريق فارس ثم طريق كزمان ثم طريق السند كلّها تخرج الى كور خراسان والى الدامغان والى الجبال ✿ فاما طريق اصفهان فانها الى الرىّ والى نيسابور واما طريق فارس فانها الى نيسابور والى قوهستان والى اندامغان ولها بنيّات (Cod. s. p.) عدّة واما طريق السند فانها الى نيسابور والى قوهستان ولها شعبة الى هراة واما طريق كرمان فانها الى خراسان والى سجستان (Cod. كرمان) وهى نائية (Cod. نادمه) ولا يخرج الى السند الّا من سجستان ولا

واما صفة المنازل * التى ابتدانا بذكرها[a] دَيْرُ الجِصّ وهو[b] من آجرّ كلّ اجرّة[c] مثل اللبنة العظيمة واسع كثير المرافق عليه ابواب حديد وعلى بابه

مخرج من سجستان الى فارس الّا فى كرمان ✿ طريق الرى تاخذ من الرّىّ الى دِزَه مرحلة ثم الى دَيْرِ الجِصّ مرحلة ثم الى كاج مرحلة ثم الى قُمّ (قريه .Cod) مرحلة ثم الى قرية المجوس مرحلة ثم الى قاشان مرحلتين ثم الى حصن بدرة (برده .Cod) مثلها ثم الى رباط ابن رستم مرحلة (ثم الى حوض male sequitur: الرباط مرحلة) ثم الى دانجى (داريحيى .Cod) مرحلة ثم الى اليهوديّة مرحلة ✿ طريق نيسابور تاخذ من طُرَيْثيث الى رباط زنجى (رباط بجى mappa; cf. Ist. p. ٢٣٩*m*) مرحلة ثم الى بنّ مرحلة (cf. Ist. p. ٢٣١ ult) ثم الى درزينك (دربيك mappa) مرحلة ثم الى نُوخَانى مرحلة ثم الى حُلْوَان مرحلة ثم الى بنّ اخرى (cf. Ist. p. ٢٣٩*h*) مرحلة ثم الى جاه بانه (حاربانه mappa) مرحلة ثم الى جاه ربك (ربك mappa) مرحلة ثم الى برمشيرك (بيرمسيرك mappa) مرحلة ثم الى لوكير (لولوكير mappa) مرحلة ثم الى الاخرى (اخرى mappa) مرحلة ثم الى حوض الحاجب مرحلة ثم الى جَرْمَق مرحلة ثم الى الماء الحارّ (الما الحار mappa) مرحلة ثم الى خان ورديه (وردونه mappa) مرحلة ثم الى هيجرمج (هيجرمج text. et mappa) مرحلة ثم الى حوض علىّ مرحلة ثم الى كوشكان مرحلة ثم الى الركونين مرحلة ثم الى سكش مرحلة ثم الى اليهوديّة مرحلة ✿ طريق اخرى تاخذ من طرثيث الى بنّ مرحلتين (بنّ اخرى leg. 6 stat. nam est) ثم الى بسنادران (بسنادراى .Cod) مرحلة ثم الى سريش مرحلة ثم الى رستاق طَبْس مرحلة ثم الى رباط كوران (حوران apud Ist. p. ٢٣٩ recepi) مرحلة ثم الى ارازامة (ارزمة in descript.) مرحلة ثم الى المهلبى بريدًا (بريد .Cod) ثم الى رباط آب شتران (استران mappa) مرحلة ثم الى رباط بُشْت باذام مرحلة ثم الى ساغند مرحلة ثم الى خزانة (حزانه .Cod) مرحلة ثم الى الجبيره (الجز .Cod اىحيره mappa) مرحلة ✿ طريق الدامغان تاخذ من الدامغان الى ونده اربعين فرسخًا ثم الى جَرْمَق خمسين فرسخًا ✿ طريق قهستان تاخذ من كُرِى الى

a) C om. Deinde B ودير. *b*) C om. *c*) C واحدة.

بقّال[a] مقيم وحياض المآء خارج منه[b] *مدوّرة يجتمع فيها مآء المطر غير انّى رايتُه شعثًا[c] ۞ وكاج كانت[d] قرية على رابية وقد[e] خربت وانجلى اهلها *اظنّ من القُفْص[d] *وتفترق منها الطرق واحدة هى التى ذكرنا وفيها عبرنا والاخرى الى قُمّ مرحلة ثم الى قرية المَجُوس مرحلة ۞ وبدرة[f] حصن لها

معزل (مغول .Ist) مرحلة ثم الى آب شُور مرحلة ثم الى حوض هزار (هزان .Cod) مرحلة ثم الى بئر بر (جاه بر .infra cum Ist ,بىربردم .Cod) مرحلة ثم الى غَمْر سُرْخ (.Cod. s. p) مرحلة ثم الى معزل مرحلة ثم الى بيرة مرحلة ثم الى شور دوازده (سورداوذ .vid. infra ,Cod) مرحلة ثم الى دركوجوى (دركوخْرى .Cod) مرحلة ثم الى زاور (روز .Cod) مرحلة ثم الى خَبِيص مرحلة ۞ اخرى تاخذ من كرى الى كوه بَبَيان (بنان .Cod) ستّين (ستون .Cod) فرسخًا كثيرة القباب والحياض على مرحلتين من كوه ببيان (بىان .Cod) عين مآء ۞ اخرى لهراة تاخذ من هراة الى قرية سلم عشر مراحل ثم الى راس المآء اربع مراحل ثم الى دارستان (رارستان .Cod) مرحلة ثم الى نرماسير (برماسير .Cod) مرحلة ۞ طريق هراة تاخذ من قرية سلم الى سنيك (سمىد .Cod اسبيذ mappa) خمس مراحل ثم الى نرماسير خمس مراحل فى عيون ضعيفة وقباب قليلة ۞ طريق سجستان تاخذ من زرنج الى سنيك (سمىد .Cod) خمسة ايّام، والطريق الجديدة هى من هراة الى قرية سلم ۞ طريق خبيص تاخذ من خبيص الى الدروازق (الصاوزق mappa ,الدراور .text) مرحلة ثم الى شورروذ (,شوروذ .text وادى mappa) مرحلة ثم الى بارسك (.Cod. s. p) مرحلة ثم الى نيمة (,تيمه .text بيمه mappa) ثم الى الحوض مرحلة ثم الى راس المآء (المآء deëst in textu) مرحلتين ثم الى كوكور (كوكون mappa ,كوركون .text) مرحلة ثم الى خَوْسْت (حراب mappa ,خوسب .text) مرحلة بمرحلة (sic) ۞ واما طريق السند فانها تخرج الى كرمان وسجستان لم اسلكها ولم اتقنها.

a) C يقال. b) B om. c) C tantum: الا انى رايته شديد التشعّث. Deinde B وثم تفترق الطرق واحدة الى قم وقد ذكرناها والاخرى الى ندره وهى فى اقليم الجبال. d) C om. e) C قد. f) C وكاخ. Nomen بدرة in B sine punctis.

مزارع وبها نحو من خمسين دارًا ۞ ورباط ابن رستم به مآء جارٍ الى حوض فى الرباط ۞ وداتجى[a] قرية كبيرة عامرة، وهذا[b] اعمر طرق المفازة *لانها على تخوم الجبال[c]، ومن كركسكوه الى الدير اربعة فراسخ[d] ومنه الى سياه كوه خمسة[e] ۞ ولم اسلك طريق نيسابور الى اصفهان الّا انهم يذكرون[f] انها انيسة مسلوكة وبها رمال صعبة ۞ ورباط كوران حصن به مَنْ يحفظه وخارج منه عين مالحة يشربونه[g] ۞ وأَرَزَمَة[h] ثلاثة آبار لا تفى بالقوافل (235) الكبار ۞ والمهلبى عين ضعيفة عندها رباط خرب[i] ۞ ورباط آب شُنْرَان[k] *هو معدن الخوف وماوى الكوج به قناة عذيبيّة تصبّ الى بركة والرباط حسن ما رايتُ ببلدان الاعاجم احسن منه من الحجارة والجصّ على عمل حصون الشام عليه ابواب حديد وهو شديد العمارة وفيه قوم يحفظونه بناه ابن سيمجور[l] صاحب جيش ملك المشرق[m] ۞ وبُشْت باذام شبه قرية كلّ شىء فيه موجود به[n] مزارع واسعة واغنام كثيرة وقناة غزيرة وجمال مَسافِرٍ[o] *وفيه فرج ومغوثة[p] ۞ وساغند قرية عامرة آهلة[q] ۞ وخزانة قرية فيها حصن ومزارع وزرع[e] وضرع ونحو[r] مائتى رجل وبساتين[s] ۞ والزاور قرية عامرة عليها حصن وبها مآء جارٍ

---

a) B وداٰ انجى, C داربجى et supra داربحيى. *b*) C وهذه. *c*) C om. *d*) C بريدين. *e*) C مرحلة. *f*) C ذكروا. *g*) C قوية. *h*) C sine punctis, supra ارازامة. *i*) C قد خرب. *k*) B آب اشتران l. اداسراز. *l*) B سيم. *m*) C haec sic habet: جوى حسن مبنىّ بالحجارة عليه ابواب حديد بناه ناصر الدولة ابو الحسن ابن سيمجور به قناة عذيبيّة ساقها من الجبل تقلب فى بركة على باب الرباط وتدخله ايضًا وما رايتُ رباطًا احسن منه غير انه معدن الخوف وماوى للكوج ومن امثالهم الكوج ابدًا برباط اب اشتران وقد رحلوا منه وسينزلون به (وسينولوا به .Cod) والناس ثَمّ على حذر. Deinde C بارط بشت باذام. *n*) C ولهم. *o*) C وابل نسافر. *p*) (B فرح), وهو مغوثة. Hic addit: قبله على فرسخين قرية بها مآء جارٍ تسمّى المزرعة. C *q*) C كثيرة الاهل والخير. Deinde B وحرانه, C وحزانه. *r*) C add. من. *s*) In C haec adduntur: كَرْمَا (= جَرْمَق) قرية بها نخيل وعمارات وعندها قريتان اخريان (قريتين اخر .Cod) اسم احداهما ارابة (ازايه .Cod) والاخرى بيابق

من حدّ كرمان ۞ ودركوجوى[a] بها عين ضعيفة وليس بها عمارة ۞ وشور دوازده[b] رباط قد خرب وثَمّ[c] وادٍ فيه اشجار ونخيل بلا ساكن مخوف جدًّا ۞ ودر بردان[d] صحرآء بها آبار بلاء[e] انيس وبعده[f] منزل به حوض يمتلئ من الامطار بلا انيس[g] ۞ ونابند رباط يسكن[h] وحوله بيوت عدّة ومآء يدير رحًى صغيرة ومزرعة ونخيل[i] ۞ وبئر شك بها بئر حلوة[k] بلا انيس[l] وقباب متّصلة وحياض عامرة *وقبل نابند نخيلات وخرب قباب[m] ۞ ودارسنان قرية *فيها نخيل بلا عمارة[n] ۞ *ونبيمة رباط فيه مَنْ يحفظه[o] ۞ وقرية سلم[p] بها

(Cod. برانـدوا) وثَمّ عيون ومزارع ومواشٍ يسكنهنّ نحو من الفى رجل ۞ ومن بشت باذام الى ماعند (?ساغند) حصن خرب مرحلة وثَمّ اشجار توت وحبائك (Cod. وجبائل) قليلة تزرع وثَمّ يجتمع القفص ويستعدّون (Cod. ويستعدوا) لقطع الطرق ويدبّرون (Cod. ويدبروا) ورايتُ ثَمّ رجلًا واحدًا يزرع تلك الحبائك (Cod. الجبائل) قلتُ له الا تستوحش فى هذا الموضع قال اعلم انى ذهبتُ الى نيسابور فى بعض السنين فكنتُ فيها نحو شهر وانا ضيّق الصدر مستوحش من الناس حتّى رجعتُ الى هاهناء ثم الى غدير من مآء ثَمّ مرحلة اخرى ربّما جفّ ثم الى عين ضعيفة مرحلة عندها قبّة واحدة ثم بعدها بثلاث فراسخ عين عند جبل ثم الى تمام المرحلة مهاباد وهى من كرمان وهذه خفيّة صعبة (Cod. s. p.) البنيّات من الطريق. Deinde B والرور, C الرون.

a) B ودركـود, C دركـوحـرى. *b*) B et C وسورداور. *c*) C وهـو. Patet hinc apud Ist. p. ٢٣٣, 4 et Ibn-H. p. ٢٩٣, 1 pro شعث legendum esse شعب. *d*) C درداور. Ibn-H. دير. *e*) C om. *f*) C ثم بعده. *g*) C ساكن. Deinde B وبهادند (in quo ب praepos. esse potest), C بمادند; infra B بمادند. *h*) C مسكون. *i*) C addit: قبلها بفرسخين عين مآء عند اصيلات نخيل وقباب بلا انيس وعن يمين المنزل بصحجة نخيل كثيرة ومراعٍ بلا ديّار وفى ماوى للقفص. Deinde B وبنوشك, C موسك. *k*) C حلو. *l*) C مساكن. *m*) B وخر قباب tamquam si خر esset nomen loci. C haec om. *n*) C بها نخيل عامرة. *o*) C om. B ودمه. Textus autem in utroque Codice turbatus est, descriptio haec valet de راس الماء, ut C habet et confirmatur ab Ist. p. ٢٣۴ paen. *p*) C insert:

ابنية *مدّ البصر متهدّمة ليس بها عين ولا حوض ولا انيس وهى من كرمان[a] ✿ وراس الماء به عين تنزّ الى حوض وتسقى مزرعة[b] ✿ وكُوكُور[c] قرية عامرة *من قهستان[d] ✿ وبيرة قرية صغيرة بها نفر *من الناس[e] ✿ ومعزل[f] عين ماء *ولا ترى به ديّارًا ولا عمارة[g] ✿ وجاه بر بئر عندها[h] قباب *مثل بركسوا[i] وثَمّ حوض ✿ ومعزل اخرى *وهى قباب وحوض ماء[k] ✿ واما سَنِيج[l] فانها[m] من مدن سجستان *فى الدواوين غير انها فى حدود هذه المفازة[e] بها قنىّ *ومزارع كثيرة عامرة آهلة[n] ✿ فهذا المعروف من المنازل *المشهورة فى الطرق المذكورة وان ذكرنا البنيّات وما فيها من القرى والمياه طال الكتاب[o] واقلّ مرحلة *ممّا ذكرنا الّا وفيها حياض وقباب[p] على كلّ فرسخ[q] منها حوض او قباب على بيوت[r] يلجأ اليها فى الامطار ولا ترى فى هذه المفازة رباطًا غير ما ذكرنا وليس بها اهل غير بُشْت باذام والخبز والعلف فى غيره متعذّر وانّما يجب ان يحمل ويتزوّد لها زاد ستّة ايّام وطولها على السوآء ستّون فرسخًا او نحوها ✿ وفى طريق الرىّ نهر يخاض عظيم ينحدر الى خوزستان وموضع شديد البرد *فى جميع السنة[s] ✿

معدودة فى قرى كرمان ومنها يفترق الطرق ✿ راس الماء. Infra pro راس الماء, C habet داراور lege دَرْوازق et de hoc loco valet descriptio بها ابنية الخ, vid. Ist., sed textum ipse pessumdedit auctor, ut patet ex additamento وهى من كرمان.

a) C كثيرة قد خربت وكانت فى القديم عامرة ليس بها غير الوحشة لا غدير ولا ديار. Deinde داراور. *b*) C addit: وثم رباط فيه من يحفظه, quae B de نيمة habet. *c*) B وكوبور, C وكوكون. *d*) C تعدّ من قوهستان. *e*) C om. *f*) B et C h. l. ومعزل. Ist. مغول. *g*) C بلا ديار. *h*) B عدّة, C عنده. *i*) Sic B, C om. *k*) C بها حياض وقباب. *l*) B واسفند, C واما سبنج. *m*) C add. تعدّ. *n*) C وهى كبيرة آهلة تحدق بها المفازة نظير تيماء. *o*) C التى شاهدنا وصحّ عندنا. *p*) C الّا ويجد بها الحياض والقباب. *q*) In C sequitur: والطرق واضحة, ceteris omissis. *r*) B ببوت. *s*) B وجميع السنة.

فهذا ما *عرفنا من اقاليم الاسلام وشاهدنا وسمعنا وصحّ عندنا من وصف البلدان نسال الله العفو والغفران انه رحيم منّان[a] ۞ فرحم اللهُ عبدًا نظر فى كتابنا فاستحسنه[b] او رضيه واستصوبه الّا دعا لنا بنيّةٍ صادقةٍ وطلبةٍ خالصةٍ ان لا يجعله علينا وبالًا يومَ نُسال عن الصغير والكبير والدقيق والجليل، حين لا ينفع عذر ولا تذليل،[c] ولا يغنى صديق ولا خليل،، الّا مَنْ أَتَى ٱللَّهَ بِقَلْبٍ سَلِيمٍ، وعمل لذلك الموقف العظيم، وخاف من ذلك الخطب الجسيم،، يوم يجثو الانبياء على الركب، وينقطع كلّ سبب ونسب،،

---

a) C وقفنا عليه ووفقنا له وقد بقيت مدائن لم اقف عليها لا تبلغ الخمسين. b) C deinde habet: الّا دعا لنا بالفوز يوم نسال عن الدقيق والجليل يَوْمَ لَا يَنْفَعُ مَالٌ وَلَا بَنُونَ، ولا خليل ولا والد ولا حميم،، يوم ترى كلّ عبد مشتغلًا بنفسه، منكّس براسه، نادم على ما فرط فى امسه،، يوم يشيب الولدان، وتحضر النيران، ويرتفع الدخان، ويوضع الميزان، ويخرس اللسان، ويحكم الديّان،، هنالك يجزى كلّ عامل بعمله، واغتبط بما قدم من احسانه، ووجد ما قدّم ليوم قيامه،، جعلنا الله والشيخ الفاضل السيّد الكريم المفضّل من الذين لا خوف عليهم ولا هم يحزنون. c) B بدليل.

وقال مصنّفه فى وداعه[a]

كِتَابٌ كَاللَّآلِى والرَّبِيعِ   وكالعِقْيَانِ والرَّوْضِ المُرِيعِ
كَذٰلِكَ فيه ذِكْرُ الأَرْضِ طُرًّا   بَدِيعًا ثم سُمِّىَ بالبَدِيعِ
أَقَالِيمِ البِلَادِ وكُلِّ أَرْضٍ   وكُلِّ جَزِيرَةٍ مِثْلِ الصَّدِيعِ
فِجَاجِ الأَرْضِ من عَدَنٍ وشَامٍ   وسُوسِ الغَرْب بالنَّبَأِ الرَّفِيعِ
مَنَابِعِهَا وغُدْرَانِ الفَيَافِى   وما فى الأَرْضِ من طَوْدٍ مَنِيعِ
وأَثْمَارِ الأَقَالِمِ بَعْدَ نَخْلٍ   مع الحِرَفِ العَجَائِبِ بالجَمِيعِ
فمنها ما رَأَيْتُ وجُسْتُ فيها   ودُخْتُ نَهَارَهَا بَعْدَ الهَزِيعِ
ومنها ما أَثَرْتُ له حَدِيثًا   عن الشَّعْبِىِّ يُؤْثَرُ او وَكِيعِ
ذَكَرْتُ بَدَائِعَ الأَمْصَارِ شَتَّى   وكُلَّ مَدِينَةٍ مِثْلَ الصَّدِيعِ
ومَيَّزْتُ البُحُورَ بفَضْلِ عِلْمٍ   وتَجْرِبَةٍ كتَمْيِيزِ القَطِيعِ
وأَلْسِنَةَ الوَرَى جِيلًا فَجِيلًا   لُغَاتِ العُرْبِ عن لُغَةِ الشَّنِيعِ[b]
مَتَاجِرَ كُلِّ اِقْلِيمٍ وأَرْضٍ   وهَيْآتِ الرَّقِيقِ المُسْتَبِيعِ
مُشَاكِلُ كُلِّ اِقْلِيمٍ مِثَالٌ   لَقَدْ جَآءُوا بِطَوْقِ المُسْتَطِيعِ
لِيَنْظُرَ فى أَعَاجِيبِ البَرَايَا   وما فى الارض بالوَشْيِ الوَلِيعِ
ويَعْلَمَ قُدْرَةَ الدَّيَّانِ حَقًّا   وإِبْدَاعَ المُهَيْمِنِ والسَّمِيعِ
ويَعْبُدَهُ عِبَادَةَ مُسْتَكِينٍ   وعَبْدٍ فى عِبَادَتِهِ مُطِيعِ

---

a) In C haec adduntur.   *b*) C الشمع.

يُذِيعُ[a] أَيَادِىَ الرَّحْمٰنِ طُرًّا   لِمِفْضَالِ الوَرَى دَأْبُ المُذِيعِ
فَإِنَّ اِذَاعَةَ الاِحْسَانِ تَنْمُو   الى الرَّحْمٰنِ من قَوْلِ المُشِيعِ
وصُغْتُ أُجِيلُ فيه الفِكْرَ جُهْدِى   رَجَآءَ الخُلْدِ فى يَوْمٍ فَظِيعِ
وغُفْرَانَ الذُّنُوبِ بعَفْوِ رَبِّى   ومن نارٍ ومن فَزَعٍ وَجِيعِ
فَدُونَكَ حِكْمَةً كالدُّرِّ حُسْنًا   أَبَا حَسَنٍ وَزِيرَ ابْنِ[b] الرَّفِيعِ
مُقَدَّسَةً تَبِصُّ بَصِيصَ شَذْرٍ   مِنَ اليَاقُوتِ أُلِّفَ للقَرِيعِ[c]

تم والحمد لله وحده[d]

---

a) C نديع. b) C بْنَ. c) C للقزيع. d) In B nulla subscriptio exstat, ultimum nempe folium voluminis deperditum est. C قال كاتبه فرغت من كتابته بحمد الله وحسن توفيقه فى غرة رجب المبارك سنة ٦٥٨ حرره الحسن بن احمد بن محمود بن الكمال حامدا ومصليا ومستغفرا ✿

Apographum quo usus sum, factum est ab اسعد كرام anno 1289.

ERRATA.

---

*٢, 20 l. المعصبية sine *taschdid.*

٢٢*q* lectio الاكام servari potest, et est revera antiquior (Nöldeke).

*٣٢, 8 l. بلاغتنا.

٣٢, 10 potius الانهاء (Thorbecke).

٤٥*d* والسندة l. والسذة. Est festum Persicum سَذَه. Dele igitur verba: »Pro — عيد" (Nöldeke).

٤٦, 3 potius لتبايُنِ الصحة وتنحاز (Thorb.).

*٥١, 14 l. نواح.

*٩٨, 6 l. خطرًا.

*١٢٨, 4 l. فتنل اى.

١٣٤, 19 l. باخَمْشا (Nöldeke).

١٩١*a* et *c*. Restituendum est كفر كيلى apud Kodáma. In mappis hodiernis (e. g. Van de Velde) »Kefr Kile" (Nöldeke).

٢٠٤, 1 et *a* l. وحَيْسهم (v. Kremer).

٢٥٠, 6, ٢٥٣, 13 l. مُخْرِى sine *taschdíd* (Nöldeke).

٣١٦, 8 l. اسوار كاريز ut ٣٢٩, 4.

P. ١٤٧, 19 l. ابوابهما.

١٥٣, 13 l. رقودًا.

١٥٨, 7 l. ثمانى عشرة.

١٦٧ ann. *k*. l.: Jacut مشهور.

١٦٨, 6 correctius عشر.

١٨١, 5 l. ستّة pro اربعة (Codd. اربع).

١٨١, 6 l. فالسبعة et والسبعة.

٢٠٠, 3 l. يمين قطيعة, cf. p. ٢٠٦, 2 et ٢٠٥, 14 seq.

Praeter Codicem Berolinensem, olim Sprengeri, cuius longum praeter morem usum debeo benevolentiae Cl[i] Lepsius, ad manum habui apographon Codicis Constantinopolitani, quod summa liberalitate mihi confici curavit Minister Imperii Regis Neerlandici. Continet hic Codex aliam, generaliter minus locupletem, redactionem operis quam Berolinensis.

Pars altera operis sub prelo est et post pauculos menses sequetur.

D. G.

P. ٥١, 3 أَلْهَم l. أَلْهَمُّ.

٥٣, 6 pro لجهنة l. لحمضة et dele ann. *c*.

٥٣, 19 دريجان l. درزيجان.

٥٩, 5 quae de longitudine dicuntur quoque absurda sunt.

٦٠, 14 l. الاقليم.

٦٠, 16 pro مائة l. مائتين.

٦١, 8 pro سبعة l. ستّة.

٦٣, 6 post الجبال dele signum ء.

٦٣, 14 وخراسان melius الى خراسان.

٦٦ ann. 7 a f. والتنابيد l. والتنابيد.

٧١ ann. *w* l. المرندجة (de forma in Gloss. agetur sub رندج).

٧٢, 11 l. والسّكّر.

٨٢, 11 l. وآثارات.

٨٥, 4 المغرب l. الغرب.

٩١ ann. *n*. Male h. l. laudatur Jacut. Debuerat fieri in ann. *e* ad عنّة.

٩٤, 4 verba فى البحر transponenda sunt post اوال.

٩٨ ann. *g* *hunc* l. *hanc*.

١٠١, 10 pro اسر l. أُسْرِعَ.

١٠٢, 3 l. الآيب (de eo in Gloss. agetur sub اوب).

١١٢, 3 pro تاخذ من l. تاخذ الى s. تاخذ من مكة الى.

١١٢, 11 طريق melius طرق.

١١٣, 15 بقربة sic Codd., sed l. يقرّ به.

١٣٣, 7 illud ثم ridiculum esse, debueram notare. In versione auctoris errorem corrigam. Desumpta haec sunt ex Ibn Khordâdbeh, ubi est وجباه.

١٤٠, 12 الرقة false pro قرقيسيا. Videtur auctor confundere fluvios Khâbûr et Balîkh.

١٤٤, 15 l. تدبير.

PRAEFATIUNCULA.

Nobile Mokaddasîi opus in Europa ferme ignotum fuit, donec V. Cl. Sprenger Codicem ex India attulit magnumque eius valorem tum in catalogo suorum librorum manuscriptorum, tum alibi praedicavit. Nunc, paucos post annos, tot viri docti librum pertractare concupiscunt, ut opportunum visum sit partem priorem recentem a prelo iam publici iuris facere. Mihi inde hic fructus spero ut eveniat, quod lectores ad meam notitiam perferre velint quaecunque in textu passim interpretatu difficili (p. ٣. nominasse sufficit) ipsis minus recte edita videantur, ut toto opere absoluto locorum obscuriorum explanationem, erratorum emendationem adiungere possim. Sequentia ipse in hac parte sive emendanda sive annotationi addenda habeo:

P. ١٥, 1 verba يعنى يسار البحر transponenda sunt post الاخرى l. 2.

٢٠ ann. *i* pro فيلقى l. فقلقى.

٢٤, 7 الاسامى i. e. الاشيآء اسامى.

٢٦ ann. *b* dele verba: „quae ad aliud nomen pertinere videntur."

٢٨ ann. *t* بنطيبوس est lapsus calami pro تقيبوس.

٢٩, 9 pro تنبع عيونا l. وينْبُع بالحجاز.

٣٣, 15 pro ومصر l. وبالبصرة.

٤٠, 8 l. بنَسا.

VIRO CLARISSIMO

A. SPRENGER

HONORATO AMICO

HANC OPERIS EXIMII, QUOD OBLIVIONI ERIPUIT, EDITIONEM

D. D. D.

M. J. DE GOEJE.

DESCRIPTIO IMPERII MOSLEMICI

AUCTORE

Schamso'd-dîn Abû Abdollâh Mohammed ibn Ahmed ibn abî Bekr al-Bannâ al-Basschârî

AL-MOKADDASI.

EDIDIT

M. J. DE GOEJE.

LUGDUNI BATAVORUM.
APUD E. J. BRILL.
1877.

BIBLIOTHECA GEOGRAPHORUM ARABICORUM.

EDIDIT

M. J. DE GOEJE.

PARS TERTIA.

DESCRIPTIO IMPERII MOSLEMICI

AUCTORE

Al-Mokaddasi.

LUGDUNI BATAVORUM.
APUD E. J. BRILL.
1877.

This volume was originally published in 1877. For historical purposes, the original prelims have been retained.

Cover illustration: 'Mappemonde arabe', Manuscrits orientaux, Arabe 2214, Bibliothèque nationale de France.

ISSN 2214-5737
ISBN 978-90-04-25870-9 (paperback)

This book is printed on acid-free paper.

Aḥsan al-taqāsīm fī maʿrifat al-aqālīm
by al-Muqaddasī

Descriptio imperii Moslemici / *auctore Schamso 'd-din Abu Abdollah Mohammed ibn Ahmed ibn abi Bekr al-Banna al-Basschari al-Mokaddasi*

M.J. de Goeje's Classic Edition (1877)

TUTA SUB AEGIDE PALLAS · 1683 ·

BRILL

LEIDEN | BOSTON

Bibliotheca Geographorum Arabicorum

VOLUME I-3

The titles published in this series are listed at *brill.com/bga*

Aḥsan al-taqāsīm fī maʿrifat al-aqālīm by al-Muqaddasī